中国林业
国家级自然保护区

第 3 卷

◎ 国家林业局　编

中国林业出版社

图书在版编目（CIP）数据

中国林业国家级自然保护区：全3册／国家林业局编．
－北京：中国林业出版社，2016.12（2017.5重印）
"十一五"国家重点图书出版规划项目
ISBN 978-7-5038-8867-0

Ⅰ.①中… Ⅱ.①国… Ⅲ.①林业－自然保护区－
中国　Ⅳ.① S759.992

中国版本图书馆 CIP 数据核字（2016）第 326701 号

出　版　人　金　旻
策划编辑　徐小英
责任编辑　徐小英　杨长峰　赵　芳
责任校对　梁翔云
美术编辑　赵　芳

出　　　版　中国林业出版社
　　　　　　（100009 北京西城区刘海胡同 7 号）
　　　　　　http://lycb.forestry.gov.cn
　　　　　　E-mail:forestbook@163.com
　　　　　　电话：(010)83143515
发　　　行　中国林业出版社
设计制作　北京捷艺轩彩印制版技术有限公司
印　　　刷　北京中科印刷有限公司
版　　　次　2016 年 12 月第 1 版
印　　　次　2016 年 12 月第 1 次
　　　　　　2017 年 5 月第 2 次
开　　　本　215mm × 280mm
印　　　张　86.5
字　　　数　2790 千字（插图 4160 幅）
定　　　价　1780.00 元（共 3 卷）

《中国林业国家级自然保护区》

编审委员会

主　任：陈凤学

副主任：张希武

编　委：（按姓氏笔画排序）

于志浩　万　勇　王　伟　王才旺　王学会　王章明　韦纯良　木日扎别克·木哈什

尹福建　卢兆庆　田凤奇　邢小方　刘　兵　刘凤庭　刘建武　刘艳玲　江贻东

李俊柱　吴剑波　张　平　张　洪　陈　杰　林少霖　郑怀玉　宗　嘎　孟　帆

孟　沙　段　华　顾晓君　徐庆林　唐周怀　黄德华　董　杰　詹春森　黎　平

戴明超

编写组

主　编：张希武

副主编：孟　沙

编　者：（按姓氏笔画排序）

刁训禄　于长春　王自新　王俊波　王恩光　王鸿加　王喜武　扎西多吉

方　林　石会平　申俊林　吕连宽　朱云贵　刘文敬　刘润泽　安丽丹　孙可思

孙吉慧　孙伟滨　杜　华　李　忠　李承胜　吾中良　何克军　张　宏　张　林

张　毅　张改丽　张树森　张秩通　张燕良　陈红长　卓卫华　赵性运　胡兴焕

贾　恒　徐子平　徐惠强　郭红燕　黄传兵　蒋迎红　蔡武华　管耀义

◎ 序

从党的十六大报告中第一次提出"生态文明"这个重大命题并确立"生态文明建设"重大举措以来,历次党的代表大会和国务院政府工作报告中都把加强生态保护、实施可持续发展战略作为重要内容。2015年,十八届五中全会审议通过了《中共中央关于制定国民经济和社会发展第十三个五年规划的建议》,将绿色发展作为五大发展理念之一,对生态文明建设作出重大战略部署。自然保护区作为保护生物多样性的有效途径、保护自然资源以及自然生态系统的重要手段,在推进生态文明建设和绿色发展中具有不可替代的重要作用。

自1956年开始,在中国科学院和林业部门的推动下启动了我国自然保护区事业,今年正值我国自然保护区事业60周年,六十年来栉风沐雨,六十年来春华秋实,正是党中央和国务院的高度重视,地方政府部门和林业行政主管部门的不断努力,我国自然保护区事业取得了辉煌的成就。截至2014年年末,全国自然保护区数量为2729个,总面积147万平方公里,占陆地国土面积14.84%,其中,国家级自然保护区数量为428个,总面积96.52万平方公里。截至2015年年末,林业部门管理的各级各类自然保护区2228处,总面积达1.24亿公顷,国家级自然保护区达345处,林业自然保护区是我国自然保护区建设主体,占全国自然保护区面积和数量80%以上,形成了布局合理、类型齐全、层次丰富的自然保护区体系,为全球生物多样性保护作出了举世瞩目的贡献。

党的十八大对生态文明建设所做的系统论述和部署,为今后自然保护区保护工作提出了更高的要求,也给我国自然保护区事业的发展带来新的机遇。2015年4月,《中共中央国务院关于加快推进生态文明建设的意见》强调:"加强自然保护区建设与管理,对重要生态系统和物种资源实施强制性保护,切实保护珍稀濒危野生动植物、古树名木及自然生境。"面对我国以全球4%的森林、14%的草地和3%的湿地生态系统提供全球22%人口的各项社会福祉而同时承担着保护全球10%以上生物多样性的重任,我们必须树立尊重自然、顺应自然、保护自然的生态文明理念,

把生态文明建设放在突出地位，充分发挥自然保护区关键作用，努力建设美丽中国。

在自然保护区事业 60 周年之际，自然保护区正迈入一个全新管理变革的时代。一直以来，我有个想法，就是提供一个窗口，用于展示我国自然保护区建设所取得的成就，为社会各界了解我们祖国生态保护提供一个平台。这次我们选择的截至 2015 年年末林业部门管理的 345 个国家级自然保护区，承载着我国最优美的自然景观、最集中的自然资源、最珍贵的自然遗产和最突出的生态效益，是我国自然保护区事业最典型和最杰出的代表，是美丽中国的靓丽标杆与美好示范。

我们希望通过这本书，让社会各界体会到我们祖国的美丽和富饶，体会到自然资源与自然环境的丰富和多样，更体会到我国自然保护工作的艰辛和不易。我们更希望大家在看完这本书后，能够增加为我国自然保护事业和建设美丽中国添砖加瓦的意愿。相信在国家和社会各界共同关注和积极支持下，经过全体自然保护工作者，特别是广大自然保护区一线工作者的继续努力与奋斗，我国自然保护区事业的明天一定会更美好！我们的美丽中国梦一定会实现！

国家林业局副局长

2016 年 3 月

◎ 前　言

　　今年是中国自然保护区建立 60 周年。1956 年 9 月，秉志等 5 位科学家在全国人大第一届第三次会议上提出"请政府在全国各省（区）划定天然森林禁伐区保存自然植被以代科学研究需要案"的 92 号提案，国务院请林业部会同中国科学院和森林工业部研究办理。林业部于当年 10 月提交了《天然森林禁伐区（自然保护区）划定草案》，提出自然保护区的划定对象、划定办法和划定地区。根据这个草案的要求，全国各地开始划定自然保护区，成立专门管理机构，广东省鼎湖山、福建省万木林、云南省西双版纳等我国第一批自然保护区陆续建立起来。1973 年，作为自然保护区主管部门的农林部起草了中国《自然保护区暂行条例》（草案），在同年 8 月召开的全国环境保护工作会议上讨论并得到通过。以此为标志，我国自然保护区建设开始起步。

　　60 年来，林业部门管理的自然保护区从无到有、从小到大，保护事业不断发展壮大，截至 2015 年年底，全国林业已建立各级各类自然保护区 2228 处，总面积 1.24 亿公顷，约占国土面积的 12.99%，其中国家级自然保护区 345 处，林业自然保护区数量和面积占我国自然保护区的 80% 以上，基本形成了布局较为合理、类型较为齐全、功能较为完备的自然保护区网络，在保护生物多样性，维护生态平衡等方面发挥了巨大的作用，有效保护了国土生态安全，维护了中华民族永续发展的长远利益，为建设山青水秀天蓝的美丽中国作出了重要贡献！

我国自然保护区事业取得的巨大成就，离不开国家和社会各界的高度关注和大力支持，为向社会各界展示我国自然保护区建设的形象与成就，国家林业局启动了《中国林业国家级自然保护区》一书的编写工作，国家林业局自然保护区研究中心负责稿件的收集、整理、编审等工作，并邀请相关学科专家组成编审小组，对全国各省、自治区、直辖市林业厅（局）和自然保护区管理局提供的稿件和照片进行了多轮细致的审查、校对、修改和补充，共计345处林业管理的国家级自然保护区在本书中收录。

本书的编写与出版具有重要的意义，不仅是对林业自然保护区建设成果的总结与展示，也是自然保护区相关学科重要的工具书，更是外界了解自然保护区的窗口。本书在编辑出版过程中，得到了全国各省、自治区、直辖市林业厅（局）、自然保护区管理局和众多审稿专家的支持，在此一并表示衷心的感谢！

由于编者水平有限，疏漏之处在所难免，望读者谅解，并敬请各界批评指正。

本书编写组
2016 年 3 月

◎ 目 录

第1卷　　　▶ 华北篇

东北篇

● 辽宁省

● 吉林省

● 黑龙江省

第2卷

华东篇

华中篇

❯ 华南篇

第3卷

> 西南篇

● 重庆市

重庆缙云山国家级自然保护区
重庆金佛山国家级自然保护区
重庆大巴山国家级自然保护区
重庆雪宝山国家级自然保护区
重庆阴条岭国家级自然保护区
重庆五里坡国家级自然保护区

● 四川省

四川卧龙国家级自然保护区
四川唐家河国家级自然保护区
四川九寨沟国家级自然保护区
四川马边大风顶国家级自然保护区
四川蜂桶寨国家级自然保护区
四川美姑大风顶国家级自然保护区
四川龙溪—虹口国家级自然保护区
四川攀枝花苏铁国家级自然保护区
四川若尔盖湿地国家级自然保护区
四川贡嘎山国家级自然保护区
四川王朗国家级自然保护区
四川白水河国家级自然保护区
四川察青松多白唇鹿国家级自然保护区
四川米仓山国家级自然保护区
四川雪宝顶国家级自然保护区
四川海子山国家级自然保护区
四川长沙贡玛国家级自然保护区
四川老君山国家级自然保护区
四川格西沟国家级自然保护区
四川黑竹沟国家级自然保护区
四川小寨子沟国家级自然保护区
四川栗子坪国家级自然保护区
四川千佛山国家级自然保护区

● 贵州省

贵州梵净山国家级自然保护区
贵州茂兰国家级自然保护区
贵州草海国家级自然保护区
贵州雷公山国家级自然保护区
贵州习水国家级自然保护区
贵州麻阳河国家级自然保护区
贵州宽阔水国家级自然保护区

西南篇

● 云南省

云南西双版纳国家级自然保护区
云南南滚河国家级自然保护区
云南高黎贡山国家级自然保护区
云南白马雪山国家级自然保护区
云南哀牢山国家级自然保护区
云南文山国家级自然保护区
云南黄连山国家级自然保护区
云南药山国家级自然保护区
云南大围山国家级自然保护区
云南分水岭国家级自然保护区
云南永德大雪山国家级自然保护区
云南无量山国家级自然保护区
云南大山包黑颈鹤国家级自然保护区
云南会泽黑颈鹤国家级自然保护区
云南轿子山国家级自然保护区
云南元江国家级自然保护区
云南云龙天池国家级自然保护区
云南乌蒙山国家级自然保护区

● 西藏自治区

西藏珠穆朗玛峰国家级自然保护区
西藏羌塘国家级自然保护区
西藏察隅慈巴沟国家级自然保护区
西藏雅鲁藏布大峡谷国家级自然保护区
西藏芒康滇金丝猴国家级自然保护区
西藏雅鲁藏布江中游河谷黑颈鹤国家级自然保护区
西藏色林错黑颈鹤国家级自然保护区
西藏类乌齐马鹿国家级自然保护区

重庆 缙云山
国家级自然保护区

　　重庆缙云山国家级自然保护区位于重庆市北碚区、沙坪坝区、璧山县境内，距市中心约60km。为华蓥山腹式背斜山脉的一个分支。其东北面至北碚区嘉陵江温塘峡，西南面至沙坪坝区青木关关口。地理坐标为东经106°17′～106°24′，北纬29°41′～29°52′。其范围成北北东至南南西走向的长方形，东西长约23km，南北宽约3.3km，总面积为7600hm²。2001年晋升为国家级自然保护区，属森林生态系统类型自然保护区。保护区内有典型的亚热带常绿阔叶林，以森林植被及其生境所形成的自然生态系统为主要保护对象。

◎ **自然概况**

　　缙云山自然保护区地质构造属川东褶皱带华蓥山帚状弧形构造。褶皱带由明显的北北东—南南西走向的3个背斜，两个向斜构成，构造单元由西北向东南分别为沥鼻峡背斜，温塘峡背斜和观音峡—中梁山背斜组成，背斜之间有宽缓的澄江向斜和北碚向斜谷地，嘉陵江由西北向东南横切3个背斜和两个向斜，因而形成3个险峻的峡谷，称为沥鼻峡、温塘峡、观音峡。峡谷两侧山高岩陡，峭拔幽深，地势险要，其雄奇瑰丽之势，犹如长江三峡的缩影，故素有"嘉陵江小三峡"之称。褶皱带在白垩纪末期第三纪初的四川运动形成。地层有三叠纪，侏罗纪和第四纪地层。缙云山为背斜中间的一支——温塘

雅安琼楠

峡背斜的一部分，与小三峡上下相映，风景秀丽，海拔200～952.2m，相对高差752.2m。岩层为三叠纪须家河组厚层砂岩形成，山的北段由于流水沿岩石节理裂缝溯源侵蚀，形成许多垭口和山峰，从北到南，连绵相接，有朝日、香炉、狮子、聚云、猿啸、莲花、宝塔、玉尖、夕照9个突兀的山峰，山形奇异，景色别致。山的南段为箱形山脊，顶部平缓。全山西北翼较缓，坡度约20°，东南翼较陡，倾角在60°～70°。重庆缙云山国家级自然保护区具有亚热带季风湿润性气候特征，年平均气温13.6℃，最热月（8月）平均气温24.3℃，最冷月（1月）平均气温3.1℃，极端最高气温36.2℃，极端最低气温－4.6℃，≥10℃年积温为4272.4℃；

黛　湖

缙云山远眺

相对湿度年平均87%，水汽压年平均14.9mbar；年平均降水量1611.8mm，最高年降水量1783.8mm，冬半年（10月至翌年3月）降水量368.0 mm，占全年降水量的22.8%，夏半年（4～9月）降水量1243.8mm，占全年的77.2%；年平均蒸发量777.1mm，月平均蒸发量64.7mm，7～8月蒸发量共255.4mm，占全年蒸发量的32.8%；雾日数年平均89.8天，年平均日照时数低于1293h。缙云山林内最高月平均气温（8月）24.5℃，最低月平均气温（2月）3.7℃，月均温年较差20.8℃；林外空旷地最高月均气温25.8℃，最低月平均气温3.3℃，月均温年较差22.5℃，比林内年较差高1.7℃，最热月均温林外比林内高1.3℃，最冷月均温林外比林内低

0.4℃。保护区内山脊及两翼的土壤是以三叠纪须家河组厚层石英砂岩、炭质页岩和泥质砂岩为母质风化而成的酸性黄壤及水稻土，其地形平缓，土层深厚，土壤肥力高；山麓地区为侏罗纪由紫色页岩夹层上发育的中性或微石灰性的黄壤化紫色土。保护区内土壤分为黄壤和水稻土两大类，并有少量分布零星的紫色土。黄壤中包括：砂质黄壤、土质黄壤、粗骨质黄壤、石质黄壤、碳渣土、腐殖质黄壤、冷砂土、冷砂泥土、黄砂土、黑渣土；水稻土包括冷砂田、冷砂泥田、黄泥田。保护区内水系十分复杂，属嘉陵江水系干流中下游三级中的一个四级区中璧北河流域区的璧北河流右岸区、黛湖流域区、梁滩河流域区的马鞍溪流域区。保护区岩层为砂、泥页岩相

间组合，上层为厚砂岩，下层为泥页岩，泥页岩积水。岩层越厚，积水越多。在砂岩和泥页岩接触面，有接触水流出，岩体在这些流水的长期作用下，形成山脊线。在东南翼和西北翼上发育的许多平行排列的顺向河及冲沟，构成了缙云山的梳状水系。冲沟长度一般0.7～1km，最长1.8km，最短0.5km，大多属于幼年冲沟，其弯曲度不明显，多为直线型冲沟，而沟谷为"V"字型，谷宽10～50m，也有几米宽的，由于山体蓄水量较大，冲沟大多数（12条）有常年流水，成为山泉，最终汇入嘉陵江。缙云山东南翼上的山泉，在黑石坪东北面的归入马鞍溪，在黑石坪西南面的归入龙凤溪；西北翼的山泉全部归入璧北河（运河），这3条溪河最后分别

缙云山远眺

九峰之四

栀子

在澄江镇、北碚碚石、兼善中学（何家嘴）流入嘉陵江。保护区地下水类型属平行岭谷裂隙水区的碎屑岩孔隙裂隙水，单井涌水量小于 100m³/ 天。

缙云山自然保护区共有植物 1966 种，其中苔藓植物 109 种，淡水藻类植物 105 种，蕨类植物 148 种，裸子植物 45 种，被子植物 1559 种。其中国家一级保护植物有伯乐树、水杉、秃杉、珙桐、银杉、攀枝花苏铁、红豆杉、南方红豆杉、银杏、苏铁、四川苏铁、金花茶 12 种；国家二级保护植物有 33 种；以缙云山植物作为模式标本命名的植物有 38 种。保护区内共有动物 1605 种，其中无脊椎动物 1249 种、软体动物 50 种、环节动物 65 种，陆生脊椎动物有 4 纲 23 目 61 科 174 属 241 种；其中列为国家一级保护动物有豹、云豹、黑鹳 3 种，国家二级保护动物有水獭、小灵猫、大灵猫、鸢、雀鹰、红隼等。

缙云山国家级自然保护区自然景观及人文景观较为丰富。山上奇峰耸翠，林海苍茫，古刹林立，名胜古迹密布，素有"川东小峨眉"之称。有自南朝刘宋景平元年间以来先后建成的缙云寺、

白云寺、石华寺、复兴寺等八大寺庙；有晚唐石照壁、宋代石刻、石坊、石碑、墓塔、亭台、古寨等古迹；有原"世界佛学苑汉藏教理院（1932 年）"遗址及原中共南方局夏季办公旧址；还有狮子峰、香炉峰、佛光岩、八角井、海螺洞、黛湖、绍龙观道教文化园区、白云竹海、植物园展示区及植物标本陈列馆等名胜古迹。

◎ 保护价值

缙云山自然保护区以森林植被及其生境所形成的自然生态系统为主要保护对象，包括亚热带常绿阔叶林森林生态系统及生态环境；国家级和省级重点保护的野生动植物及栖息地；珍稀濒危物种、模式植物和特有植物种；森林、自然及人文景观。保护价值表现在：森林覆盖率高、物种多样性丰富、区系起源古老几个方面。起源于古生代的植物类群有观音座莲科、松叶蕨科等类群。缙云山是桫椤科植物的北限分布区，有桫椤、粗齿黑桫椤和小黑桫椤 3 种古老的孑遗植物。物种稀有性程度高：据调查有国家重点保护野生的珍稀濒危植物 45 种，国家重点保护动物 11 种。特有

性显著：有伯乐树科和杜仲科 2 个中国特有科，25 个中国特有属，以缙云山植物为模式标本命名的缙云冬青、缙云瑞香、缙云黄芩等 38 种；有棒细颚姬蜂、优美围啮等 6 个昆虫特有种。具很高的保护和研究价值，在国际上有较大影响。

◎ 功能区划

依据自然生态条件、生物群落特征，以及保护、经营目的的要求，本着有利于充分发挥保护区的多功能，有利于保持森林生态系统的完整性，有利于自然与生态系统的保护与管理，有利于开展生物与环境科学研究和资源可持续利用等原则，根据《重庆缙云山国家级自然保护区总体规划（2002 ~ 2010 年）》，将保护区划分为核心区、缓冲区和实验

秀杉

狮子峰

香炉峰

区，分区确定保护与管理策略。

（1）核心区：核心区的划分主要考虑被保护的物种丰富、集中、地域连片；生态系统较完整，未遭受人为破坏；保护对象有适宜的生长、栖息环境和条件；区内无不良因素的干扰和影响；保护种群有适宜的可容量；外围有较好的缓冲条件。核心区面积1235hm²，占总面积的16.3%。

（2）缓冲区：位于核心区的外围，将核心区完整的包围在其中。为防止和减少核心区受到外界的影响和干扰，根据森林植被、自然地形、村民多少等实际情况，在核心区外围划缓冲区。在部分不能划缓冲区的地段，可通过核心区围栏工程将核心区与实验区分开。缓冲区面积1505hm²，占总面积的19.8%。

（3）实验区：分布在保护区区界以内、缓冲区界限以外的所有范围划为实验区，面积4860hm²，占保护区总面积的63.9%。

（夏一平、范宗强供稿；郭守锡摄影）

缙云寺

重庆 金佛山
国家级自然保护区

重庆市

重庆金佛山国家级自然保护区位于重庆南部南川区境内，东邻武隆、道真，南连正安、桐梓，西靠万盛，北及南川城区，是四川盆地东南缘与云贵高原的过渡地带，大娄山山脉东北端。地理坐标为东经107°00′～107°20′，北纬28°50′～29°20′，总面积41850hm²。属中亚热带野生植物类型的自然保护区。保护区始建于1979年，由四川省人民政府批准为省级自然保护区。1997年重庆直辖市成立后，将"四川省南川金佛山自然保护区"改为"重庆市金佛山自然保护区"。2000年4月经国务院批准为"重庆金佛山国家级自然保护区"。

◎ 自然概况

金佛山自然保护区在古生代曾是海洋的一部分，经过中生代燕山造山运动而形成，后经喜马拉雅山运动的几度抬升和伴随产生的断裂与陷裂，以及受长时期的侵蚀、冲刷、溶蚀逐渐演化而发育成目前的地貌，属新华夏构造体系，地质构造的主要展布为北北东、南北、北北西及部分弧形构造线，尤以北北东向构造线最为明显。骨干褶皱构造自西

北向东南发展。龙骨溪背斜从西南至东北横贯保护区，支撑着整个地质构造，整个背斜由寒武系、奥陶系、志留系地层组成。金佛山保护区属川东褶皱地带，为大娄山山脉连北端的最高峰，保护区由金佛、柏枝、箐坝三山共4片108座山峰组成，主峰风吹岭海拔高度2251m，最低海拔580m。其地形地貌兼具四川盆地与云贵高原两地的特点，有典型的石灰岩喀斯特地貌。由于地表形态特征、岩溶性及新构造运动的差异

金佛山南天门（任桢学摄）

性，全区分布着低山峡谷、中山台地两大地貌。山地占98.78%。山势高，切割强烈、多陡岩和狭谷，地形的层次性明显，岩溶发育多溶洞，山体海拔大多在1400m以上，中山台地周围有梯级断层悬崖，上层由栖霞系灰岩构成了较大面积的缓坡与平台，北坡陡峭，沟谷深切，南坡较为平缓。中山台地：主要分布在金佛、柏枝、箐坝三山海拔1000m以上，相对高差500～1000m的地带。山脉展布方向大多与构造线一致，地层成层性明显，每层均有剥夷面。低山狭谷：主要分布在龙骨溪背斜和金山向斜两翼，海拔800～1200m，相对高差500m以上地带，由寒武系、奥陶系和志留系岩层组成，经风化溶蚀而又受水系冲刷，形成深沟狭谷地貌。向斜东翼岩层平缓，浸蚀作用强烈，多为深切地形。本区位于亚热带湿润季风气候区，气候温和、雨量充沛、多云雾、

金佛山西坡植被（任桢学摄）

金佛山山顶阔叶林植被

冬微寒夏暖，具明显的季风气候特点，又受东太平洋湿润季风气候的影响，加之金佛山山体复杂，有利于暖湿气流的引伸，经各种复杂地形和垂直高度的变化，对光、热、水资源起着阻滞和再分配作用。据多年观测资料显示，保护区常年平均气温低于 8.3℃，年极端最高气温 39.8℃，出现在 7 月；年最低气温－7.9℃，出现在 2 月。最热月为 7、8、9 月，平均气温 17.8℃，1 月平均气温－2.1℃。常年平均日照 1079.4h，年平均降水量为 1395.5mm，最大降水量可达 1643.1mm，最小年降水量为 1085.6mm，雨量大多集中在 6 月。年平均有雨日 236 天，有雾日 263 天，相对湿度 90%。金佛山保护区土壤因受地质制约和生物气候因素的相互作用，具有地带性和地域性分布和明显的垂直带谱特征。从总体上看，形成的母岩主要是石灰岩、沙岩、页岩等。土壤的垂直带谱型为：山地黄壤（700～1200m），山地暗黄壤（1200～1700m），山地黄棕壤（1700～2000m）以及山间沟谷的粗骨性黄泥和少量的高山草甸土分布。区内水系发育，溪流众多，呈树枝状，大体上由中间向四方发散，主要河流有 26 条，其中集雨面积在 100km² 以上的 12 条，100～50km² 的 9 条，50～20km² 的 5 条，平均径流量 57.053m³/s，年总水量为 16.6 亿 m³，河流总长 506km。金佛山发源的溪河均属长江水系，主要河流有凤嘴江、半溪河、龙骨溪等。

金佛山自然保护区野生动物资源丰富，已知脊椎动物 103 科 477 种，其中哺乳动物 25 科 92 种，鸟类 42 科 221 种，两栖动物 8 科 32 种，爬行动物 10 科 41 种，鱼类 18 科 91 种，无脊椎动物 221 科 1285 种（亚种）。在我国颁布的重点保护野生动物中，金佛山保护区就有 47 种，其中国家一级保护动物有云豹、黔金丝猴、赤麂、白颊黑叶猴、绿尾虹雉、金雕 6 种；国家二级保护动物有猕猴、金钱豹、大灵猫、红腹角雉、白腹锦鸡、白枕鹤、穿山甲、齐口裂腹鱼等 40 种。保护区内的森林植被区系组成十分复杂，群落繁多，垂直分布明显，根据不同的海拔高度和植物种类出现的差异，将其植被划分为 4 个垂直带：山脚沟谷偏湿性常绿阔叶林带、浅丘偏暖性针叶林带、山腰偏暖性针阔混交林带、山顶落叶、常绿阔叶与竹类偏寒湿林带。该区的植被可划分为 11 个植被型、42 个群系。区内的 6 个银杉群系代表了分布最北、个体数量最多的银杉居群，在北半球有一定的典型性和代表性。区内植物种类十分丰富，早在 18 世纪就引起国际植物界的注目，目前已知高等植物 302 科 1607 属 5629 种，其中裸子植物 10 科 40 属 63 种，被子植物 181 科

1273属4602种，蕨类植物47科112属624种，苔藓56科173属340种；另有地衣8科9属26种，菌类61科185属584种。其中列为国家重点保护植物有65种，国家一级保护植物有：银杉、珙桐、光叶珙桐、银杏、金佛山兰、红豆杉、南方红豆杉、伯乐树、水杉9种；国家二级保护植物有金毛狗、华南桫椤、篦子三尖杉、金佛山兰、独花兰等56种。金佛山保护区地处"川东—鄂西特有现象中心"的范围内，区内的特有种多，但分布区域狭窄、数量少，有南川润楠、南川秃房茶、南川械、南川木波罗、南川椴、南川桤叶树、金山杜鹃、金佛山美容杜鹃、金山安息香、金佛山方竹、金山小赤竹、金山百合等200余种。模式标本植物达400多种，药用植物2700多种，经济植物4000多种。

金佛山自然保护区是我国中亚热带常绿阔叶林森林生态系统保持较完整的地区之一，以亚热带原始森林为主体的生物有机体与环境之间保持着相对稳定。

(1)环境资源优越，生物组合区系复杂。金佛山自然保护区以其独特的

地理位置和地貌形态而形成特殊气候环境。具有四季分明、少晴多雨、多雾、高湿等气候的特点，使不同地质年代、不同区系植物常常混生在一个植物群落里，形成了异常丰富的动植物资源，使保护区成为我国植物资源较富集的地区之一，素有"天然植物基因库"和"天然植物园"的美称，区内分布的蕨类植物是西双版纳的2倍，其保护价值、科研价值与生态旅游价值极高。

(2)生物区系古老，种质资源丰富。金佛山自然保护区虽然受到第四纪冰川的破坏及后来的地质变化的影响，但是仍有部分古地质、古生物被保存了下来，在后来的地质变化过程中又被保存了下来。因此，古老孑遗植物异常丰富，如银杉、银杏、珙桐、红豆杉等。在保护区内，除银杉成片块状分布形成6个小居群外，没有发现其他的单株个体存在，其古老、孑遗的程度，代表了这些植物的珍稀性。在金佛山保护区内，分布有4000多种人工栽培利用植物（药用植物）的祖先或近缘种：例如热带水果的原生种野荔枝、银杏的野生种源、野大豆、黄毛草莓、野樱桃、南川秃房茶、红豆杉等，这些野生生物在遗传育种上

金佛山方竹林（任桢学摄）

是具有极高价值的种质资源。

(3)植物区系组成丰富，生态系统相对稳定。金佛山保护区亚热带植物区系富集，居全国首位。从面积比率看，金佛山保护区土地面积仅为全国的1/8000，但高等植物则多达5629种，占全国1/5。据中国科学院植物研究所调查资料显示，在面积只有150m²的样地中就有植物67种，其中特有种50种。目前已知经济植物（包括药用油料、香料、食用、染料、鞣料、饮料和其他工业原料植物在内）4000多种，药用植物2700多种，是我国经济植物和药材主产区之一，并已成为我国中草药种植研发基地。

(4)地层古老，海洋生物化石集成。金佛山保护区的地质构造除缺少震旦纪外，可看到一套完整的地质层，分布着寒武系、奥陶系、志留系、二叠系、三叠系，堪称地质上的一绝，有重要的科研价值。区内不仅有大量活的生物基因，而且还留下了大面积的海底生物化石集成岩，在金佛山烂坝箐一带的岩层全部是海底生物化石，各种各样的海底生物化石，给古生物的研究提供了珍贵的历史资料。

生态石林植被（马建伦摄）

（5）生态系统的脆弱性。金佛山保护区的植被绝大部分生长在山地石灰岩上，这些石灰岩上的土壤大多数较薄，地势陡峭，峡谷深切，水流落差大，区内的植被若遭破坏，是极难恢复的，并会带来严重后果，在一定程度上生态环境表现得十分脆弱。

（6）生态旅游资源丰富，综合价值极高。金佛山保护区具有独特的喀斯特地貌特征，自然景观异常丰富，除有金佛晚霞、狮子口、南天门、古佛洞、金佛殿、千层岩等自然景观外，还有南宋古战场遗址、东汉尹子祠、清代龙济桥、文峰塔等人为景观，自然景观与人文景观交相辉映，各具特色，总的来说金佛山集幽、静、秀、雄、奇、险于一堂，山上森林茂密，峭壁奇特，溶洞星罗棋布，风光迷人。春天满山杜鹃花香醉人；夏天竹林拱卫，幽深宁静；秋天晚霞和云海同现，梦幻多端；冬天林海雪原，一片银色世界。

金佛山笔架峰近景（任桢学摄）

◎ 功能区划

根据保护区的地形地貌、自然资源与环境状况、保护对象的空间分布和人为活动的影响程度，在不影响保护的前提下，兼顾当地群众生产生活的需要，将保护区区划为核心区、缓冲区和实验区。其中核心区 9324hm²，占保护区总面积的 22.3%；缓冲区 19092hm²，占保护区总面积的 45.6%；实验区 13434hm²，占保护区总面积的 32.1%。

◎ 科研协作

金佛山自然保护区建立后，许多科研单位对金佛山的自然地理、生态环境、动植物区系、植被类型、森林资源、土壤地质、水文矿产资源做了不同程度的专业调查和研究，获得了丰硕的成果，为保护区提供了珍贵而极具价值的历史资料。近年来，保护区管理局在保护好自然资源的基础上，积极与重庆市药物种植研究所、中国科学院植物研究所、北京大学生命科学院等单位合作，开展了"金佛山动植物资源调查""金佛山猴类资源调查""金佛山真菌资源调查""金佛山黑叶猴生物学特性研究""无毒蛇繁殖技术研究""龟类资源调查""金佛山野生观赏蕨类植物资源调查及开发利用""金佛山岩溶生态系统考察""银杉濒危机制的研究""金佛山银杉的繁殖试验研究""金佛山方竹繁育试验研究"等方面的调查与研究，发表多篇论文，多次获省、市、地区级科技成果奖。

（马建伦、范宗强供稿）

喀斯特地貌上的阔叶林（马建伦摄）

阔叶林景观（马建伦摄）

金佛山杜鹃花海（任桢学摄）

金佛山山顶溪流（马建伦摄）

南方红豆杉

重庆 大巴山 国家级自然保护区

重庆大巴山国家级自然保护区位于重庆市北端，大巴山南麓，城口县境内。地理坐标为东经108°27′～109°16′，北纬31°37′～32°12′。涉及城口县的左岚、高楠、巴山、龙田、北屏、岚天、河渔、高观、东安、厚坪、明中、寥子和咸宜13个镇（乡）的56个村，东西长76.8km，南北宽65.9km，总面积136017hm²。属森林生态系统类型自然保护区。2000年5月重庆市人民政府批准"重庆大巴山自然保护区"为市（省）级自然保护区。2003年6月，经国务院批准，重庆大巴山自然保护区晋升为国家级自然保护区。

◎ 自然概况

大巴山自然保护区位于大巴山南麓，属大巴山弧形断褶带的南缘部分，由一系列西北至东西走向的雁列式褶皱和冲断层组成。褶皱紧密，断层密集。岩层走向为北西至南东向，并向南弧形凸出。境内有第四系、三叠系、二叠系、志留系、奥陶系、寒武系、震旦系7个系，37个组、群的地质，最新地层为第四系的新冲积，最老地层为震旦系南沱组或跃岭河群，分布最广的是寒武系地层，其次是三叠系地层。保护区属米仓山、大巴山中山区，山脉受地质构造和岩性的控制，排列较为整齐，诸列山岭均由北西向南东展布。全区地貌特征明显，形成四级夷平面，由北而南层层下降。从南西至北东，岭谷相间，相对高差大。层状地貌明显，层状结构为W形。旗杆山以南为溶蚀谷地和溶蚀洼地负地貌，任河谷地3～4级阶地普遍发育。全区主要分布着低山河谷、中山和峰丛台地三大地貌。保护区地表水系发育，河网密布，所有河流均属长江水系。北部为汉江流域的任河水系，南部为嘉陵江流域的前河水系。任河、前河为境内两条主要河流。保护区地下水主要以岩溶水的形式在地下深处运动，资源总量为6.22亿m³，占境内水资源总量的20%。保护区属亚热带温湿气候，气候温和，雨量充沛，日照较足，四季分明，冬长夏短，湿度大，年均无霜期213天。区内年平均气温为13.7℃，7月平均气温最高，1月平均气温最低。春季升温快，秋季降温

麦吊云杉

大巴山植被

也快。极端最高气温为 39.3℃，极端最低气温－13.2℃。区内年平均日照时数为 1267.3h，年均日照百分率 32%，平均总太阳辐射 385995J/cm²，年总生理辐射为 189137J/cm²。保护区历年平均降水量为 1418.1mm。一年中，降水量主要集中在 5～9 月的汛期。降雨特征是：雨量集中，旱、涝交错，伏天多旱，秋天多雨。保护区由于地质复杂，侵蚀切割强烈，因而区内土壤形成具有两个特点：一是土壤的有机质积累较多，二是坡地多，相对高差大，土层向薄的方向发展。成土母质主要有震旦系、寒武系、奥陶系、志留系、二叠系、三叠系的各种杂色石灰石、白云岩、白云质灰岩、凝灰质灰岩、

板岩、各色砂岩、页岩等岩石的残积物、坡积物，以及第四系老冲积物等，还有部分低山河流两岸的零星老冲积物。保护区内主要土壤为山地黄壤、山地黄棕壤、棕壤、山地草甸土土类。海拔 1500m 以下分布山地黄壤，1500～2000m 之间分布山地黄棕壤，2000m 以上分布棕壤和山地草甸土，非地带性土壤为石灰土类。

大巴山自然保护区有脊椎动物 150 科 706 种。其中鸟类 14 目 35 科 106 属 183 种；两栖纲 2 目 4 科 10 属 12 种；爬行纲 2 目 6 科 12 属 18 种；兽类 9 目 23 科 53 属 65 种；昆虫资源极为丰富，已经鉴定的有 11 目 70 科 378 种。保护区内有国家重点保护野生动物共 39

种，其中国家一级保护动物有豹、云豹、金雕、林麝 4 种；国家二级保护动物有金猫、黑熊、猕猴、鬣羚、苍鹰、秃鹫、红腹角雉、红腹锦鸡、鹰鸮、灰鹤、大鲵、中华虎凤蝶等 35 种。鱼类共 12 科 37 属 50 种。以高山鱼类区系复合体和一些适应山区生活的平原鱼类区系复合体的种类为主，具有多个区系复合体成分。

大巴山自然保护区植物种类十分丰富，早在 18 世纪就引起了国际植物界的注目，据现有资料统计，保护区内共有高等植物资源 281 科 1454 属 4907 种，其中苔藓植物 61 科 148 属 266 种；蕨类植物 39 科 98 属 420 种；裸子植物 9 科 26 属 64 种；被子植物 173 科

1182属4157种（亚种、变种）。保护区地质古老，生态系统较为完整，森林覆盖率达79.3%，珍稀、濒危、孑遗植物众多。本区有国家重点保护植物230种：其中国家一级保护植物有光叶珙桐、珙桐、红豆杉、南方红豆杉、银杏、独叶草等6种；国家二级保护植物有篦子三尖杉、秦岭冷杉、大果青杆、巴山榧、连香树、杜仲、香樟、楠木、红豆树、厚朴、水青树、崖白菜、香果树、榉木及兰科植物等124种。模式植物采自该保护区的有289种，其中以"巴山"或"城口"命名的植物45种，标本均收藏于国内外著名的标本馆中，有重大的国际影响。本区还分布有被世界自然保护联盟（IUCN）宣布灭绝的植物——崖柏，属柏科崖柏属植物。

景观资源有以下几类。

（1）地质景观

大巴山：大巴山绵延数千里于渝陕之间，东连巫山和神龙架，长达150km。光头山：位于县境东南部，为全县最高点。神田：位于城口东北，距县城60km；还有五个包、牛心山。渝陕界梁：位于县北边界，是城口与陕西岚皋县交界的一段大巴山脉，北是八百里秦川，南是巴渝烟云。两扇门：古代川陕要道，位于河鱼乡。青龙峡：位于高观与东安乡之间。龙门峡：位于明中乡境内，约4km²。海宝玉古生物化石点：位于桃园乡。

（2）水域风光

任河：源于东安乡与陕西交界的老鸦铺七星洞，流经高观、修齐、坪坝、葛城、龙田、巴山等7个镇（乡），经四川万源、陕西紫阳，注入汉水。前河：源于光头山，流经明中、桃园、蓼子、明通，途经宣汉、达县流入渠江。亢河：地处东安乡境内，发源于城口与巫溪交界的山梁上，东南与巫溪红池坝、小三峡相通。羊耳坝水库：地处龙田乡境内，距县城15km。鱼泉：县内现有活鱼泉45眼，以东安鱼泉和前河鱼泉最为出名。

（3）生物景观

大巴山森林绝大部分是天然次生林，原始森林不多，主要分布在大巴山主脉一带；城口草地资源丰富，全县草山草坡达8.8万hm²；黄安坝草场：距县城70km，是国家南方草场草坡示范开发区，分布于大巴山主峰上，总面积达2.4万hm²。

秦岭冷杉群落

（4）人文景观

大巴山自然保护区内至今保留着许多文化古迹，如诸葛寨、点将台、明城墙、烈士陵园等，集文物古迹、自然奇观与爱国主义教育于一体。

◎ 保护价值

保护区的主要保护对象有：中亚热带森林生态系统及其生物多样性；珍稀动植物资源及其栖息地，特别是以崖柏为代表的稀有珍贵树种群落及豹等国际极度濒危动植物及栖息地；以及不同地带的典型自然景观。

大巴山自然保护区位于华中腹地，同时是北半球亚热带的核心地带，地质、地貌、气候、土壤、植被和生物区系都显示了极大的多样性，其自然综合体有重大的科学意义和保护价值。

典型性：保护区森林生态系统保存完好，反映出我国华中地区中亚热带森林生态系统的天然本底，代表性突出。该区不受三峡库区淹没的影响，自然环境相对稳定，适合做长期科学监测。

多样性：保护区内有多种生态系统及景观。物种多样性丰富，维管束植物达4907种。区内有多种栽培植物和家养动物的野生近缘种或祖先型，其种质资源是育种的主要材料。

稀有性：保护区有多种主要珍稀和特有的动植物资源。其中国家一级保护植物7种，国家二级保护植物191种；国家一级保护动物4种，国家二级保护动物35种。著名的濒危树种崖柏为本区特有种。

自然性：保护区内人口稀少，加上保护区成立较早，生物多样性至今仍保存完好，核心区域人迹罕至，基本上处于原生状态。

学术性：大巴山自然保护区是研究华中地区森林生态系统发生、发展及演替规律的活教材，是重要天然植物园和生物基因库，是多种生物的模式产地，具有很高的科学研究价值。

区域生态价值：保护区地处长江中游，区内仁河和前河两条主要河流分别注入汉江和嘉陵江，而汉江和嘉陵江是长江中游两大支流。大巴山自然保护区生态系统的稳定，不仅对于多种珍贵稀有濒危物种的生存，而且对于维护长江流域、特别是三峡库区的生态安全有着非常重要的作用。

◎ 功能区划

依据《中华人民共和国自然保护区条例》《森林与野生动物类型自然保护区管理办法》《自然保护区工程总体设计标准》等，将大巴山自然保护区区划6个核心区，自西向东分别是谭家大梁核心区、天台山核心区、三个包核心区、蒸笼铺核心区、金子山核心区和明中核心区。核心区总面积42614.1hm²，占保护区面积的31.33%。谭家大梁核心区的北界、天台山核心区西段北界、三个包核心区东界和南界、明中核心区的南界在自然地形上是人迹罕至的分水岭，在行政区划上分别是省界和县界，因此这部分在分区上划出300m的缓冲带；其余部分根据核心区的区划和周边自然地形、行政界线及居民、耕地等情况，区划缓冲区。缓冲区总面积31530.6 hm²，占保护区面积的23.18%。保护区内除核心区、缓冲区外的区域，中山、沟谷地形，适宜生产生活、旅游开发等经营活动，区划为实验区。实验区面积61872.3hm²，占保护区面积的45.49%。

大巴山自然保护区自建立以来，科研工作取得的成绩，包括：①崖柏就地拯救保护工程：2003年开始前期工程，对崖柏原生地实施了就地保护，采集了崖柏种子进行人工育苗，并进行了组培试验；②林麝及其栖息地保护与恢复工程：大巴山地区曾经分布

巴山榧

有大量林麝，但2000年调查发现，林麝野生种群密度<1 头／km²，恢复大巴山地区林麝资源刻不容缓；③ 2004年，申报了林麝及其栖息地保护与恢复工程，并已开展了前期科研工作；④豹监测：建立国家级自然保护区以来，连续开展了豹的监测工作。

（蔡吉祥、范宗强供稿）

重庆 雪宝山
国家级自然保护区

重庆雪宝山国家级自然保护区位于重庆市开县北部，大巴山南坡，属三峡库区腹地，地理坐标为东经108°34′23″～108°53′45″，北纬31°33′23″～31°41′40″。总面积23452hm²(234.52km²)，东西宽30.6km，南北长19km。辖区内最高海拔2626m，最低海拔为460m。自然环境独特，植被类型多种多样，据初步统计，辖区内共有13个植被型，48个群系，能够代表亚热带和暖温带气候特点的植被类型在此均有分布，尤其是保护区内还分布有大面积在较低纬度亚热带华中地区极为罕见的亚高山草甸和世界级极危物种——崖柏。

◎自然环境

雪宝山自然保护区所处的一字梁山系大巴山南坡的主要支脉，属于南大巴山帚状构造带，东西结构为主，展布地层多呈条状、鼻状、窟窿状则多为半圆形或环形；构造类型多，地层较老，岩层倾角大；断层、裂隙、溶洞多。区内地层比较古老，主要地层为寒武系、奥陶系、志留系、二叠系和三叠系。其地貌特征为：典型的深切割中山漕谷；山顶平缓、落水洞发育；山势陡峭、坡度较大。

雪宝山自然保护区虽属于北亚热带，但气候具有亚热带湿润气候向暖温带过渡的性质，其特点是：气候温和、雨量充沛、四季分明、植物生长期长、冬暖春早、夏热秋凉、日照少、季风气候显著。辖区内年平均气温6.0～10.0℃，极端最低气温－17.0～－12.8℃，极端最高气温27.0～32.0℃，常年积雪3个月左右。

清江画廊（刘 康摄）

辖区处于原四川四大暴雨区之一的大巴山暴雨区的核心部位，雨量充沛，年降水量在1500mm以上，东北部地区甚至超过1800mm。

雪宝山自然保护区的土壤类型分布极为错综复杂，母岩主要有灰岩、白云质灰岩、板岩、页岩及砂岩。受地质地貌、气候、植被等因素的影响，土壤具有明显的山地垂直分布带谱的特点。

雪宝山自然保护区的河流均属于长江流域的小江水系。保护区南部边界是东里河，西部边界为满月河，辖区内有支流钟鼓溪、神龙溪、栏牛溪、大河沟、关面河、邓家沟等。地表径流主要靠大气降水补给，保护区处于大巴山暴雨区的中心，尤其是高海拔地区降水更加丰富，多年平均径流量大于1000mm。地下水主要为碳酸盐岩裂隙溶洞水，天然资源总量约为2.66亿m³。

雪宝山进山公路（刘 康摄）

十里坪（刘 康摄）

雪宝山自然保护区分布有高等维管束植物215科1136属3813种，其中蕨类植物38科90属346种；种子植物177科1046属3467种。种子植物中有裸子植物9科24属43种，被子植物168科1022属3424种。辖区内不仅分布有世界级极危物种——崖柏，还有红豆杉、南方红豆杉、银杏、珙桐、光叶珙桐5种国家一级保护植物和国家二级保护植物28种，另有123种野生植物被列入待公布的《国家重点保护野生植物名录（第二批）》中。保护区内兰科植物种类很丰富，共有野生兰科植物44属109种，是同纬度地区野生兰科植物分布比较集中的地区之一。

崖柏 *Thuja sutchuenensis* Franch属柏科崖柏属植物，是起源于恐龙时代的"活化石"植物，仅产于我国重

雪宝山崖柏种子（邢继畴摄）

雪宝山崖柏（邢继畴摄）

庆大巴山南麓，1998年世界自然保护联盟（IUCN）公布的1997年度世界受威胁植物红色名录中，将崖柏列为已灭绝的3种中国特有植物之一。1999年重庆雪宝山自然保护区发现了大面积的崖柏群落，主要分布在海拔1000～2300m的斜坡、陡岩落叶阔叶林、针阔混交林中。辖区崖柏主要有以下特点：①数量、居群多，分布有野生崖柏30000多株，且分布点多，有大量的不同居群；②面积、范围广，从低海

拔到高海拔均有分布；③林龄结构完整，各种年龄段的植株均有分布，甚至考察中发现有胸径80cm的大树，从而改变了过去认为崖柏是小乔木的固有认识，更坚定了崖柏的保护和开发价值；④崖柏种群自然更新困难，崖柏幼苗数量相对丰富，有种群的自然更新。崖柏是一种极为重要的经济树种，其木材纹理美观、质轻而柔韧、且抗腐防虫，树脂内富含香精，根系发达，陡崖上生长良好，有抗强风和护坡的作用，在土壤条件好

雪宝山冬季（刘 康摄）

雪宝山秋景（刘 康摄）

桦林（刘 康摄）

的地段生长快，可长成高 20m 以上，胸径 2m 的大乔木，因此保护并扩大崖柏种群，积极开展栽培技术研究，进行合理的开发利用，意义相当重大。

重庆雪宝山自然保护区野生动物种类繁多，目前已查明的陆生脊椎动物有 288 种，其中两栖类 2 目 8 科 19 种、爬行类 3 目 9 科 19 种、鸟类 14 目 43 科 188 种；哺乳动物 8 目 24 科 62 种。据初步统计，自然保护区有鱼类 5 目 13 科 40 属 49 种，昆虫 18 目 193 科 1849 种。

雪宝山自然保护区内陆生脊椎动物中国家重点保护的有 31 种，国家一级保护动物兽类有云豹、豹、林麝 3 种，鸟类有金雕 1 种；国家二级保护动物 27 种，其中两栖类 1 种，鸟类 15 种，兽类 11 种；三级保护动物共 175 种，其中，两栖类 15 种，爬行类 19 种，鸟类 119 种，兽类 22 种。CITES 公约附录 I 和附录 II 物种共有 24 种，其中两栖类 1 种，鸟类 10 种，兽类 13 种。

◎保护价值

雪宝山自然保护区的核心工作是保护森林生态系统和崖柏等珍稀濒危野生动植物的多样性和完整性。具体保护：①世界极危物种——崖柏及其生境；②典型的大巴山南坡植被格局及生物多样性；③相对纬度、海拔最低的大面积的亚高山草甸；④石灰岩山地常绿阔叶林等多种植物群落类型；⑤亚热带——暖温带过渡性生境和生物区系；⑥珍稀濒危野生动物及其栖息地；⑦丰富的兰科植物资源。

（1）保护野生动植物资源、维护生物多样性。雪宝山自然保护区的建设和发展，为更多的动植物资源提供了生存空间，最大限度地减少人为因素对生态系统的破坏，有效地保护珍稀动植物资源，维护自然生态系统的完整性、稳定性和连续性。尤其是对世界性极危物种—崖柏进行抢救性的原生地保护，促进种群恢复，并积极开展人工引种、培植技术的研究，2013年人工育苗 40 万株，为扩大保护区崖柏种群起到重要作用。必将引起国际社会的关注，提高我国在生物多样性保护领域的国际地位。

（2）净化空气、调节气候，保护生态环境。雪宝山自然保护区的森林每年可吸收二氧化碳 $1902×10^4kg$，释放氧气 $1426.5×10^4kg$，可消除空气中吸附尘埃 $66.6×10^4t$。另外可吸收氯气、氟化氢、二氧化硫及汞、铅蒸气等有毒气体。雪宝山自然保护区将有效地保护该地区天然林资源，对保护和改善区内及三峡库区的生态环境起到十分重要的作用。

（3）涵养水源、保持水土、改

雪宝山朝天大佛（刘 康摄）

雪宝山远眺（刘 康摄）

良土壤。雪宝山自然保护区的森林面积为19020.2hm²，年蓄水量可达5345×10⁴m³，保护区每年可减少泥沙流失量147.5×10⁴t。因此，雪宝山保护区的建设将更有效地保护该地森林资源，增强水源涵养能力，减少水土流失，使得保护区的水源涵养效益更加突出。

◎功能区划

雪宝山保护区按照功能区划原则和依据，在实地调查与充分论证的基础上，根据保护对象的数量、空间分布特点，结合环境条件及区内居民生活方式等情况，采取自然区划为主的区划法，将雪宝山保护区内部按照功能性差异划分为核心区、缓冲区、实验区三个功能区。其中核心区7254hm²占总面积的30.9%，缓冲区5056hm²占总面积的21.6%，试验区11142hm²占总面积的47.5%。

◎科研协作

雪宝山自然保护区是为广大公众普及自然科学知识的重要场所。保护区利用标本、模型、图片、录像以及生态环境教育小径、珍稀野生植物种质保存基因库等"天然实验室"向人们普及生物学、自然地理等自然知识、并提供直接的感性教育，有利于提高人们对保护自然环境、保护珍稀濒危动植物的认识，使人们不断热爱自然、保护自然，进一步增强全社会的环保意识。

雪宝山自然保护区是人们进行生态旅游、体验自然，养生休闲的宝地。境内群峰多姿，草甸绚丽，峡谷幽深，泉瀑清澈，山势雄伟，兼有众多的珍稀动植物、丰富的森林景观、人文景观及浓郁的地方风情，具有极大的生态旅游价值。

雪宝山自然保护区是研究亚热带到暖温带生态交错带上，大巴山南坡亚热带森林生态系统发生、发展及演替的活教材，是华中地区重要的物种基因库，汇集了多种区系地理成分，加上生态系统的多样性，丰富的珍稀濒危动植物资源，使得雪宝山国家级自然保护区成为良好的科研、教学基地，这里的研究工作具有很高的科研和学术价值。促进保护区科研工作的不断深化和自然保护事业的不断发展，进一步对外交流，加速信息的传递，

七窝凼（刘 康摄）

雪宝山之五彩草甸（刘 康摄）

有利于引进人才、技术和资金；同时，保护区生态旅游的开展，可以促进保护区所在地的对外开放，并提高雪宝山保护区在国内国际的知名度，对尽快提高保护区工作人员的科学文化素质，提高保护区管理水平，繁荣我国的自然保护事业有积极的推动作用。

（雪宝山自然保护区邢继畴、刘洋供稿）

重庆 阴条岭
国家级自然保护区

重庆阴条岭国家级自然保护区位于重庆市巫溪县东北部，地处渝、鄂两省交界处，距巫溪县城约30km。东与神农架林区和五里坡国家级自然保护区接壤，北与湖北的堵河源自然保护区和十八里长峡自然保护区相邻，西与巫溪县白鹿镇、宁厂镇、城厢镇、通城乡毗邻，南与巫溪县双阳乡、兰英乡接界。地理坐标为东经109°41′19″～109°57′42″，北纬31°23′52″～31°33′37″，行政隶属于两场五村，即官山林场、白果林场、双阳乡双阳村、双阳乡马塘村、双阳乡七龙村、双阳乡白果村、兰英乡兰英村。保护区类型为森林生态类自然保护区。主要保护对象为亚热带森林生态系统以及野生动植物。

◎自然概况

阴条岭自然保护区所在的巫溪县地质发育自远古代震旦纪，在4亿～5亿年前的"加里东运动"中，成为华北、华中和狭义的长江流域地区唯一的一块加里东褶皱，因地势险峻，地震危害极小，一般烈度小于6度，处于相对稳定状态。该区地处大巴山弧形构造与淮阳山字型构造西翼反射弧的结合部位，大部分地区居于南大巴山弧形构造挤压带，地质构造复杂。其格局表现为近东西向的紧密线型褶皱和冲断裂。该区石灰岩分布极其广泛，加之降雨充沛，气候温和，岩溶发育十分强烈，暗河纵横，洼地、漏斗、落水洞、天坑极多。境内地壳褶皱上升强，地形高差大，暴雨多，因此各种地质灾害——滑坡、岩溶塌陷和岩崩、泥石流等时有发生。

阴条岭自然保护区地貌基本骨架

刺楸

明显受地质构造的控制，为典型的深切割中山地形。区内最高峰阴条岭，海拔2796.8m，为重庆市最高点，最低点兰英铁索桥以上340m左右，海拔450.0m，保护区海拔高差2346.6m。山脉多呈东西走向，形成平行岭谷，立体地貌景观颇具特色：一方面总体上表现为强烈的切割，崇山峻岭连绵起伏，悬崖峡谷随处可见；另一方面地形有明显的高山区平坝。

阴条岭自然保护区属亚热带湿润区，春秋相连，冬季漫长。全年平均大于10℃的日数为225天左右，年降雨日数为120天左右，年降水量1400mm，其中55%～60%的降水集中在夏季，从而形成明显的雨季。夏秋季，在中国大陆台风路径图上，该地区恰好位于台风路径影响之外，而冬季该地区又恰好未在寒潮影响区内，自然灾害较少。年平均相对湿度85%左右，年平均干燥度1.0。优越的气候条件非常有利于植物生长、动物的繁衍和生存，从而形成了保护区内特有的森林生态环境。

龙洞沟小溪

层峦叠嶂

阴条岭自然保护区内水体在山谷间广泛分布，有阳板河、清岩河、龙洞河3条主要河流，山谷溪流主要包括天池、小阳板、杨柳池、棋盘沟、甘水峡、龙洞沟等溪流山涧。区域内地表水资源极为丰富，年径流量836mm，水质清澈透明，无任何环境污染。

阴条岭自然保护区内的土壤类型错综复杂，母岩主要有灰岩、白云质灰岩、板岩、页岩及砂岩。从地质地貌、气候、植被等因素方面看，其土壤具有山地垂直分带的特点：保护区海拔由低到高，依次分布有山地黄壤、黄棕壤和棕壤等土壤类型，此外还零星分布有潮土、紫色土和灰化土。

阴条岭自然保护区植被类型丰富完整。保护区自然生境多样，植被类型多样，有10个植被型，28个群系组和56个群系。其中，藻类植物8门31科55属145种；维管植物184科884属2807种；蕨类植物36科69属231种；裸子植物6科19属32种；被子植物145科796属2544种。保护区具有大面积原生性亚高山草甸，是三峡库区中保存较为完好的大面积原生性中山草甸植被类型，其中栖息着许多分布区域非常狭窄的地方特有种。

保护区内珍稀濒危动植物丰富。国家珍稀保护植物43种（其中国家一级保护植物有珙桐、光叶珙桐、红豆杉、南方红豆杉、银杏5种；国家二级保护植物有秦岭冷杉、大果青杆、鹅掌楸、水青树、凹叶厚朴等21种）；国家重点保护动物有11目16科36种（其中一级保护动物有金雕、川金丝猴、云豹、金钱豹、林麝、梅花鹿等6种，二级保护动物有猕猴、黑熊、鸢、红隼、红腹锦鸡等30种）。此外巫山北鲵、泽陆蛙、黑斑侧褶蛙、隆肛蛙、尖吻蝮和竹叶青蛇等6种重庆市级重点保护动物。

保护区内动物种类资源丰富。共有65目211科748种。无脊椎动物38目129科430种（其中浮游动物11目21科55种，底栖无脊椎动物4门36科49种，昆虫12目72科326种）。脊椎动物有鱼类、两栖类、爬行类、鸟类、兽类等，有27目82科318种（其中鱼类2目5科15种，两栖类2目7科17种，爬行类1目6科23种，鸟类15目43科208种，兽类7目21科55种）。

阴条岭自然保护区自然风景资源极为丰富。区内有重庆市的第一高峰阴条岭；有悬崖千仞的张家垭口；有茫茫苍苍的大官山草甸；有奇峰突兀、怪石嶙峋的龙王岭；同时还有龙洞湾、公母水、舍命沱、丢命滩、阎王鼻子鬼门关等一些奇特的自然景观。另外，这里的人文景观也极为丰富，兰英寨传说是薛刚反唐时期其夫人纪兰英逃亡于此并安营扎寨的地方，至今还有古炮台、洗马池、拴马桩等古战场的遗迹。多样的风景资源是自然的造化，是不可多得、不可再造的，保护风景资源是保护区的又一项重要使命，开展生态旅游是保护区发挥其社会价值的重要组成部分。

◎保护价值

（1）生态区位十分重要。阴条岭自然保护区与湖北十八里长峡自然保护区、湖北堵河源自然保护区、神农架大九湖自然保护区、重庆五里坡自然保护区接壤，与神农架林区、重庆大巴山自然保护区、重庆雪宝山自然保护区相近，这些保护区（林区）共同构成了一个保护区群，是一个有机的整体。该保护区群构成了三峡库区北岸重要的生态屏障，对于保障三峡库区乃至全国的生态安全具有极其重要的战略意义和不可多得、不可替代、不可再生的重要地位，生态安全意义非常重大。作为该保护区群的典型代表，阴条岭自然保护区以其丰富的生物多样性、原始古老的森林植被和森林植物资源、自然稀有的生态环境成为长江北岸、大宁河上游的重要水源地，其生态地位异常重要。

（2）植物种类多样、丰富。保护区拥有种类丰富的植物资源。根据初步

黄臀鹎（鹎科）

红嘴蓝鹊（鸦科）

眼纹噪眉（画眉科）

调查，保护区内有藻类植物共计8门31科55属145种（含变种）；维管植物2807种，分属于187科884属，占中国维管植物总科数的50.55%，总属数的25.41%，总种数的10.03%。保护区的经济资源植物种类也很丰富，其中观赏植物资源330种，药用植物有中草药植物1754种（不完全统计），野生食用植物有144种，工业用植物有278种。可见，保护区拥有非同一般的野生动植物物种数量，极为丰富的生境类型，适合多种生物的生存繁衍，保护区蕴含了极为丰富的遗传物质，是一座价值无比的自然物种基因库。

（3）森林植被原始、自然。阴条岭自然保护区种子植物中白垩纪发展起来的代表有壳斗科3个常绿的属（栲属、石栎属、青冈属），樟科的润楠、樟、木姜子和山胡椒等属，说明了保护区植被的原始性。基于A.C.Smith对被子植物原始科的研究，本区种子植物原始科属很多，如银杏科、木兰科、马兜铃科、樟科、木通科、罂粟科、杜仲科、五味子属、杉木属等。以上都表明该区植物起源古老，同时也说明保护区所在区域受第四纪冰川的影响较小，使得第

丽纹攀蜥（攀蜥科）

菜花原矛头腹（蝰科）

四纪前的植物得以繁衍延续，成为孑遗植物的避难所。保护区有4片原始林片区，即红旗原始林片区、杨柳池原始林片区、白果龙洞原始林片区和兰英原始林片区，原始林总面积6357.672hm²，占保护区总面积的28.35%，4片区内森林面积有6002.64 hm²，占片区总面积的94.42%，占保护区森林总面积的38.64%，集中了保护区内所有的森林类型，森林分布面积在片区内占有绝对优势，且森林起源较为原始，生态系统复杂稳定，是大神农架生物多样性关键区域的典型代表。原始的森林植被不仅在涵养水源、保持水土、调节气候等方面具有重要的作用，同时对于研究植物演化具有重要的科研价值。

（4）植被类型丰富、完整。保护区自然环境条件优越，自然生境多样，植被类型丰富完整。根据《中国植被》分类原则和分类系统，保护区内的植被类型可以划分成10个植被型28个群系组56群系。植被型主要包括寒温性针叶林、温性针叶林、暖性针叶林、温性针阔叶混交林、落叶阔叶林、常绿落叶阔叶混交林、常绿阔叶林、竹林、落叶阔叶灌丛和草甸。保护完好的森林、灌丛和草甸，具有良好的生态服务功能，如涵养水源，水土保持，防风固沙，调节气候，防旱除涝，减少山崩滑坡和泥石流等自然灾害。保护区具有大面积原生性亚高山草甸，是三峡库区中保存较为完好的大面积原生性中山草甸植被类型，其中栖息着许多分布区域非常狭窄的地方特有种。保护区丰富的植被类型

中华大蟾蜍（蟾蜍科）

红豆杉（红豆杉科）

鹅掌楸（木兰科）

大官山原始草场

珙桐

秦岭冷杉

是我国中南西部山地丘陵区保存最为完好的区域之一，是该区域植被类型最为多样和完整的区域，不仅是该地区的典型代表，其所提供的生境类型也极为丰富，共同构成了极为复杂多样的生态系统，具有明显的环境效益、极高的研究价值和保护价值。从这个角度来说，阴条岭自然保护区是十分稀有的自然生态系统保护区。

（5）适宜的范围和面积。自然保护区规模的确定必须以满足维持保护对象生存、繁衍及发展所需的最小面积为依据。综合分析重庆阴条岭国家级自然保护区的保护对象和景观生态格局，保护区目前划定的范围是一个长期以来形成的比较原始、封闭的区域，已经形成了一个相对稳定的景观生态系统，能够满足野生动植物物种的生存和群落的稳定及良性演替对最小面积的需求。重庆阴条岭国家级自然保护区总面积22423.1hm²，属于中型保护区，保护区内有超过200km²大范围的无人区，是自然生态系统保育和研究的理想区域。

（6）保护研究价值巨大。重庆阴条岭国家级自然保护区作为自然生态的森林生态类型自然保护区和科学研究基地，具有巨大的保护价值和科研潜力。保护区丰富的动植物种资源和原始多样的植被类型是我国中南西部山地丘陵区的典型代表，保护区具有丰富多样的野生动植物物种，极为丰富的生境类型，适合多种生物的生存繁衍，保护区蕴含了极为丰富的遗传基因。

保护区将为自然生态研究和生态保护研究提供多样的研究对象和研究素材。首先，保护区是研究各种生态系统结构、功能和演化规律的基地。区内有三峡库区保存较为完好的大面积原生性中山草甸，具有重要的研究价值。通过对这些规律的研究，可以探索出合理保护森林生态系统，拯救系统内濒危珍稀物种的方法和途径，为植被恢复和生境重建提供科学依据，同时可以为当地经济发展寻求出一条在保证最佳生态效益的前提下，获得最大经济效益和社会效益的途径。其次，在生物科学研究上，保护区对研究动植物种群的适应性等方面具有极高的学术价值，通过对环境敏感类群的深入研究，进一步探索自然环境改变对动植物的影响；保护区丰富动植物种类包含了极为丰富的资源物种，对其进行利用研究也具有重要的意义；保护区为我国珍稀动物金丝猴的重要分布地，对金丝猴及其栖息地进行深入研究，对我国野生动物保护科学研究具有重要意义；保护区有巫山北鲵等分布非常狭窄的中国特有种，对其进行研究具有十分重要的意义。第三，通过定位观测，可以研究森林在改善气候、水源涵养、水土保持等方面的重要生态作用。

◎功能区划

重庆阴条岭国家级自然保护区总面积22423.1hm²。其中：核心区7851.2hm²，缓冲区6238.4hm²，实验区8333.5hm²。白果林场和官山林场的土地属于国有资源，国有土地面积为13173.0hm²，占保护区总面积的58.75%，双阳乡的双阳村、马塘村、七龙村、白果村以及兰英乡兰英村的资源属集体所有，面积9250.1hm²，占保护区总面积的41.25%。

◎科研协作

在保护区的组织下，自2000年以来，西南大学、湖北林科院、中科院植物标本馆、重庆自然博物馆等单位先后对保护区及其周边区域的自然资源、生物资源以及森林生态系统等进行了多次实地考察和调查研究，初步掌握了保护区内的自然地理、生态环境和自然生态系统的本底状况，并编写完成了《阴条岭自然保护区综合科学考察报告》，为保护区的保护管理以及发展建设提供了科学依据。

（阴条岭自然保护区程大志供稿）

重庆 五里坡
国家级自然保护区

重庆五里坡国家级自然保护区位于巫山县东北部，地处重庆市与湖北省交界处，地理坐标为东经 109° 47′ ～ 110° 10′，北纬 31° 15′ ～ 31° 29′，范围涉及 2 个林场、5 个乡镇，总面积 35276.6hm²。根据地形地貌、自然资源与环境状况、保护对象的空间分布、人为活动的影响程度，保护区划分为核心区、缓冲区和实验区。其中，核心区面积 17323.1m²，占总面积的 49.11%；缓冲区面积 6555.8hm²，占总面积的 18.58%；实验区面积 11397.7hm²，占总面积的 32.31%。保护区是三峡库区的重要生态屏障。

◎自然概况

五里坡自然保护区地质发育自震旦纪，在 4 亿～ 5 亿年前的"加里东运动"中，成为华北、华中和狭义的长江流域地区唯一的一块加里东褶皱，因而地形险峻，地质特征丰富；地震危害极小，一般烈度小于 6 度，处于相对稳定状态。

五里坡自然保护区位于大巴山弧和川东褶皱带的结合部，为典型的中深切割中山地形，大多为低山和中山地形，海拔多在 1000 ～ 2000m，其中最高点是太平山，海拔 2680m，最低点是脚步典河，海拔 170m，与三峡库区 175m 蓄水面相连。山脉多呈东西走向，形成平行岭谷，立体地貌景观颇具特色：一方面总体上表现为强烈切割，崇山峻岭连绵起伏，悬崖峡谷随处可见；另一方面地形有明显的成层性，成片的低丘平坝展现在不同的夷平面上。

五里坡自然保护区的土壤类型分布极为错综复杂，母岩主要有灰岩、白云质灰岩、页岩及砂岩。受地质地貌、气候、植被等因素的影响，土壤具有明显的山地垂直分布带谱的特点：1500m 以下为黄壤，1500 ～ 2100m 为山地棕黄壤，2100 ～ 2400m 为山地棕壤，此外还零星分布有潮土、紫色土和灰化土。

五里坡自然保护区属于亚热带湿润区，春秋相连，夏季凉爽，冬季漫长，年均温高于 10℃ 的日数约 225 天，年降水量 1400mm，其中 55% ～ 60% 的降水集中在夏季，雨季明显。年平均相对湿度 85%，年平均干燥度为 1.0。优越的气候条件形成了区内特有而良好的森林生态环境和丰富的森林植被类型，非常有利于野生动植物的生存和繁衍。

五里坡自然保护区内溪流众多，地表水资源极为丰富，径流总量 1.5 亿 m³，有当阳河、庙堂河等 2 条主要河流，另有无数条小溪遍布其中。

五里坡自然保护区地形复杂，地势险要，惊险绝伦，极富华山之韵，就其资源本身而言，具有得天独厚的旅游优势。有鬼斧神工、悬崖千仞的薄刀梁；有茫茫苍苍、风吹草低见牛羊的大葱坪、

朝阳坪草甸；有奇峰突兀、怪石嶙峋的打鼓岭；处处茂林修竹，有植被丰茂、垂直带谱分布明显、动物出没其间的冷家湾、里河、铁磁沟等原始森林；还有麻布笈、羊翻水、后溪河、阎王鼻子鬼门关等一些奇特的自然景观。人文景观也极为丰富，尤其是红恩寺、八王寨和钟安寺遗址。其中富有神秘色彩的八王寨，传说是张献忠抗击清兵的营寨，有旗杆台、洗马池、拴马桩等古战场遗迹，具有很高的旅游开发价值。

五里坡自然保护区位于具有国际意义的生物多样性关键地区，是典型的中亚热带与北亚热带的过渡地带，加之地形切割严重，形成复杂多样的生态环境，植被类型多种多样，可分为 7 个植被型、19 个植被亚型、59 个群系。其中寒温性针叶林 1 个群系，温性针叶林 4 个群系，暖性针叶林 4 个群系，阔叶林有 28 个群系，竹林有 7 个群系，灌丛 8 个群系，灌草丛 7 个群系。

五里坡自然保护区有维管植物 2646 种（含种下等级），隶属 196 科 894 属。其中，蕨类植物 32 科 63 属 208 种，种子植物 164 科 831 属 2438 种，分别占我国种子植物科属种的 54.49%、27.89%、9.93%。其中被子植物 158 科 811 属 2404 种，分别占我国被子植物科属种 54.30%、27.53% 和 9.87%；裸子植物 6 科 20 属 34 种，分别占我国裸子植物科属种的 60%、58.82% 和 17.62%。保护区植物种类非常丰富，是中国裸子植物的重要繁衍基地，对于裸子植物的保存具有战略性地位。

五里坡自然保护区的植物类群中，含有种数比较多的大科（50 种以上）有樟科 8 属 51 种、毛茛科 21 属 85 种、蔷薇科 33 属 155 种、蝶形花科 33 属 82 种、伞形科 25 属 58 种、唇形科 31 属 73 种、忍冬科 8 属 59 种、菊科 61 属 167 种、百合科 28 属 90 种、兰科 29 属 58 种和禾本科 73 属 119 种。这 11 大科在我国的属数分别为 32 属、108 属、200 属、37 属、90 属、90 属、18 属、220 属、60 属、161 属和 200 属，本区属数占相应科我国总属数的 25.00%、19.44%、16.50%、89.19%、27.78%、34.44%、44.44%、27.73%、46.67%、18.01% 和 36.50%，体现出五里坡自然保护区种子植物区系在我国植物区系中的重要地位。含 20～50 种的较大科有玄参科 15 属 47 种、蓼科 9 属 42 种、壳斗科 6 属 41 种、荨麻科 13 属 39 种、卫矛科 5 属 39 种、槭树科 2 属 37 种、大戟科 17 属 34 种、鼠李科 7 属 34 种、小檗科 5 属 30 种、葡萄科 6 属 28 种、榆科 6 属 21 种等，这些科也是本植物区系的重要组成部分，构成了本区系植物组成的多样性和丰富性。冬青科、榛科、漆树科和桦木科等科虽然种数少于 20 种，但是它们在五里坡自然保护区植被组成中常常以优势种甚至是建群种的成分出现，对于植被的组成起着重要作用，对于群落的发展演化也有一定的决定性影响作用。

五里坡自然保护区国家一级保护野生植物有4种，国家二级保护野生植物有15种。珍稀植物中很多是单种科，如珙桐、水青树和连香树都是著名的单种科植物，这些植物在植物分类学上的地位重要，对于研究植物进化具有不可替代的作用。此外，赤壁草、檫木、宜昌橙、川鄂獐耳细辛、刺茶、三桠乌药、山羊角树、肥皂荚、人血草、牛鼻栓、血皮槭、鞘柄木、天师栗、疏花水柏枝、铁杉等虽然不是国家重点保护植物，但也非常濒危或在科研或经济上具有相当的价值。

五里坡自然保护区分布有陆生野生脊椎动物29目94科252属422种，其中兽类8目24科57属70种，鸟类17目51科159属294种，爬行类2目11科26属35种，两栖类2目8科10属23种。陆生野生脊椎动物目、科、属、种分别占重庆市陆生野生脊椎动物总数的96.67%、89.52%、80.77%、69.75%，占三峡库区的100%、94.00%、84.56%、73.39%。其中国家一级保护动物有金丝猴、云豹、金钱豹、林麝、梅花鹿、金雕、白肩雕等8种，国家二级保护动物有猕猴、穿山甲、豺、黑熊、青鼬、水獭、大灵猫、小灵猫、金猫、鬣羚、斑羚、赤颈鸥鹏、鸳鸯、鸢、苍鹰、赤腹鹰、雀鹰、松雀鹰、大鵟、普通鵟、灰脸鵟鹰、白腹隼雕、白尾鹞、猎隼、游隼、燕隼、灰背隼、红脚隼、红隼、红腹角雉、勺鸡、白冠

长尾雉、红腹锦鸡、红翅绿鸠、绯胸鹦鹉、草鸮、红角鸮、领角鸮、雕鸮、黄脚渔鸮、领鸺鹠、斑头鸺鹠、鹰鸮、灰林鸮、长耳鸮、短耳鸮、大鲵等47种。二者共占陆生脊椎动物种总数的13.03%。

五里坡自然保护区及其周边区域中（仅涉及与保护区集水区相关的大宁河水系）已记录到鱼类7目16科72属113种，其目科属种数分别占重庆市鱼类的77.78%、80.00%、75.79%、66.47%，占巫山县鱼类的77.78%、88.89%、87.80%、84.33%。

五里坡自然保护区已鉴定昆虫12目73科209属258种。其中蜻蜓目4科10属11种、螳螂目1科2属2种、直翅目8科15属19种、革翅目1科1属4种、同翅目5科7属8种、半翅目6科26属28种、鞘翅目12科39属43种、脉翅目1科1属1种、长翅目1科1属1种、鳞翅目20科78属103种、双翅目4科10属12种、膜翅目10科19属26种。其中蝴蝶类昆虫有10科88属156种，其科属种数分别占三峡库区科属种的83.33%、53.33%、42.39%，是神农架国家级自然保护区科属种的90.91%、97.78%、131.09%。

地表无脊椎动物作为森林生态系统的重要组成部分，在维持和保证生态系统的健康和发展方面，尤其是对于植被的恢复、重建和扩展，具有不可忽视的重要作用。在2006年进行的科学考察中，共采集到地表无脊椎动物标本12708只，鉴定12445只，记录到3门11纲28目118科。其中优势类群有3类，即蚁科、

长角跳科、疣跳科，分别占所采集到的无脊椎动物数量的22.70%、11.87%和11.43%；常见类群12类，即隐翅虫科、棘跳科、圆跳科、等节跳科、狼蛛科、甲螨亚目、长奇盲蛛科、鳞跳科、前气亚目、中气亚目、步甲科、缨甲科，分别占所采集无脊椎动物数量的9.98%、5.54%、5.18%、5.10%、3.94%、3.82%、2.15%、1.94%、1.65 %、1.43%、1.43%、1.15%。

◎保护价值

（1）保护区是三峡库区重要生态屏障，全国优质水资源战略储备库的重要水源地。保护区地处重庆市最东端，三峡库区腹地，距离三峡库区175m蓄水面仅几十公里，是三峡库区腹心地带的重要的生态屏障。三峡库区生态环境建设是确保三峡工程发挥预期功能的先决条件。由于生态环境的脆弱，水土流失导致的大量泥沙沉积是三峡库区生态环境的巨大隐患，并且就整个库区而言，对水库威胁因素最大的是库区中部的泥沙。保护区特殊的地理区位，决定了保护区及其周边区域的水土保持、生态环境建设和生物多样性保护工作，将成为整个三峡库区生态环境建设的重要组成部分，将对三峡工程安全运营、持续发挥预期功能具有重要作用。

（2）保护区是秦巴山地自然保护区群的重要组成部分。保护区位于生物多样性热点地区——秦巴山区，是秦巴山地生态屏障的重要组成部分。同时，保护区位于神农架西坡，紧接神农架国家级自然保护区，是大神农架生物多样性整体保护不可缺少的关键区域。保护区面积虽然仅有神农架保护区面积的53.98%，但野生动植物种数却不相上下，其中，保护区维管植物的科属种数分别是神农架保护区的98.49%、102.52%、95.80%；野生动物目科属种的数量分别是神农架保护区的107.41 %、109.30%、101.20%、

94.62%。金丝猴、金钱豹、林麝、金雕等野生动物在五里坡保护区与神农架保护区及周边其他保护区之间自由往来，栖息繁衍，成为五里坡保护区、神农架保护区以及周边其他保护区的共同保护对象。

（3）保护区具有大片的原生植被，具有重要的保护价值。由于保护区地形复杂，山势陡峭，加之地处偏远区域，交通不便，大片的森林植被基本保持原生状态，具有重要的保护价值，在当阳河、金家坪、园林漕、葱坪、太平山一带，有面积约 3000hm² 的原始森林，其中具有丰富的野生动植物资源，种类众多的珍稀濒危物种和古树名木，具有重要保护价值。在海拔 2200～2650 m 大葱坪、朝阳坪分布有面积近 300hm² 的呈原生状态的亚高山草甸，是三峡库区中保存较为完好的大面积原生性亚高山草甸。此外，五里坡、里河、葱坪、朝阳坪等地的森林也完成了植被的天然更替，正处于生长旺盛时期，呈现了原生植被的明显迹象。保护区植被具有明显的垂直梯度格局，植被类型多样性，植被带谱完整，构成了独特的亚高山生态系统，是研究亚热带到暖温带生态交错带上，北亚热带山地生态系统发生、发展及演替的活教材。

（4）保护区地处生物多样性关键地区，具有丰富的生物多样性。保护区地处湘黔川鄂边界地区的巫山山系，是具有国际意义的陆地生物多样性关键地区，其植物区系位于中国—日本森林植物亚区并与中国—喜马拉雅森林植物亚区的过渡地带，已记录到种子植物 164 科 831 属 2438 种，分别占我国种子植物科属种的 54.49%、27.89%、9.93%；在动物地理区划方面为古北界华北区的黄土高原亚区、东洋界华中区的西部山地高原亚区和东部丘陵平原亚区的交汇地带，动物种类丰富，有陆生野生脊椎动物 29 目 94 科 252 属 422 种，分别占重

五里坡自然保护区景观

庆市陆生野生脊椎动物总数的 96.67%、89.52%、80.77%、69.75%，占三峡库区的 100%、94.00%、84.56%、73.39%。此外，还记录到鱼类 7 目 16 科 72 属 113 种，已经鉴定昆虫 12 目 73 科 209 属 258 种，以及大量的地表无脊椎动物。

（5）珍稀濒危动植物种类丰富，尤其许多分布范围狭小的特有物种具有极其重要的保护价值。五里坡生物物种独特而丰富，动植物类群在科属种水平及其地理分布上的特有性强，具有重要性、典型性、代表性、乡土性和较大的潜在经济价值，野生生物物种的显示度极高。保护区具有我国南方与北方、华东区与西南区动植物区系交汇的显著特征，特别是许多受国家重点保护的古老、孑遗、特有、珍稀、濒危动植物种类残存于保护区内，堪称物种避难所。保护区具有丰富的珍稀濒危动植物物种，尤其许多分布范围狭小的特有物种具有极其重要的保护价值。在保护区记录到的 164 科 831 属 2438 种种子植物中，有国家一级保护野生植物珙桐、光叶珙桐、红豆杉、南方红豆杉等 4 种，国家二级保护野生植物水青树、喜树、杜仲、樟树等 15 种；国家珍稀濒危植物 18 种。保护区记录到的 29 目 94 科 252 属 422 种陆生脊椎动物中，有国家一级保护野生动物金丝猴、金钱豹、林麝、金雕、白肩雕等 8 种，国家二级保护野生动物猕猴、穿山甲、豺、黑熊等 47 种，其中中国特有种或主要分布于中国的物种 69 种。据记载，早在 20 世纪 90 年代，保护区就有金丝猴 2～3 群，种群数量

超过 100 多只，对整个神农架地区金丝猴保护具有重要意义。保护区的许多珍稀野生动物分布范围狭窄、数量极少，如宁陕小头蛇、巫山北鲵、巫山角蟾、利川齿蟾等都是分布非常狭窄的中国特有种，其中巫山北鲵、巫山角蟾仅分布在巫山县及附近地区，分布区域不超过 20 万 hm²。

（6）具有大面积原生性亚高山湿润草甸。在保护区大葱坪、朝阳坪一带，分布有面积将近 300hm² 的亚高山草甸，其间穿插有常年不干涸的积水坑塘 10 多处，有的面积达到 400m²，是三峡库区中保存较为完好的大面积原生性亚高山草甸植被类型，也为一些两栖动物的提供了特殊栖息繁衍场所，其中栖息着许多分布区域非常狭窄的地方特有种，为北亚热带区域亚高山草甸的科学研究提供了最好的原生环境和材料。

◎科研协作

保护区依托各大专院校和科研单位开展了大量的科研工作，进行了重点野生植物资源调查、重点动物资源调查、湿地动植物资源调查、植被调查等；聘请中国林业科学研究院对保护区的自然地理、植被分布、珍稀植物、野生动物等进行了综合考察；与重庆有关科研单位协作，进行了红豆杉等珍稀植物的生态、生物学特性研究和野生动物引种、驯化与繁殖研究等。2010～2011 年期间与重庆动物协会对野生动物进行了一次红外线野外监测合作。

（五里坡自然保护区供稿）

四川卧龙国家级自然保护区位于四川盆地西缘，阿坝藏族羌族自治州东南部，岷江上游汶川县的映秀镇西侧。东与汶川县映秀镇连接，南与大邑、庐山两县毗邻，西与宝兴、小金县接壤，北与理县及汶川乡草坡乡为邻。地理坐标为东经102°52′~103°24′，北纬34°45′~31°25′。东西长52km，南北宽62km，总面积20万hm²。属森林生态系统类型的自然保护区。保护区始建于1963年，1990年经国务院批准晋升为国家级自然保护区。区内下辖卧龙、耿达两乡（镇），现有农村人口4500人，藏、羌民族人口占85%以上。1983年3月，经国务院领导批示同意，四川省人民政府批准，正式成立了汶川县卧龙特别行政区。1983年7月，林业部、四川省人民政府联合作出了《关于进一步搞好卧龙自然保护区建设的决定》，明确了"特区作为省政府的卧龙特区，隶属省政府，管理局作为林业部的卧龙自然保护区管理局，直属林业部，特区、管理局实行两块牌子、一套班子、合署办公的管理体制"。

西河岩石流水

密林深处（原始密林）

风 光

◎ 自然概况

卧龙自然保护区地质构造属龙门山脉褶断带的中南段，区内从前古生代至中生代三叠纪地层发育齐全。地貌为四川盆地向川西高原过渡的高山峡谷地带。自第三纪冰川以来，新构造运动异常活跃，山体剧烈抬升，河流强烈下切，形成区内峰峦重叠，山高谷深，交差悬殊的复杂地形。保护区的河流主要有皮条河、中河、西河和正河。皮条河发源于巴郎山东麓，与发源于四姑娘山东坡的正河在磨子沟汇合成耿达河（又称鱼子溪），全长70km，经映秀注入岷江。西河发源于马鞍山至三江口，与发源于齐头岩和牛头山的中河汇合成寿西河，经漩口注入岷江。河流丰水期在5~10月，枯水期为11月至翌年4月，洪峰期多在7~8月出现。境内河流主要靠降水、融雪水和地下水补给，其特点是流程短、落差大、水能蕴藏丰富。卧龙自然保护区属青藏高原气候带，其气候特点是年温差较小，干湿季节分明，降雨量集中。全区最高气温和最低气温分别为29.8℃和-11.7℃，年平均气温8.9℃，年均降水量为888.0mm，年蒸发量为888.1mm，相对湿度80%，年日照时数为949.2h。

由于卧龙自然保护区地形的屏障，古冰川作用的规模和强度比相邻地区要弱，海拔3500m以下地带受冰川影响较小，成为了动植物的"避难所"。又由于保护区地处横断山脉北部，是两个动物地理单元的交界处，加上气候垂直变化明显，为动植物繁衍创造了有利条件。这些因素共同造就了本区植被类型的多样性，区内动植物种类繁多，保存了不少古老孑遗物种和特有物种。全区共有高等植物217科814属1898种，其中苔藓类植物46科102属174种，蕨类植物30科70属191种，裸子植物6科10属20种，被子植物135科632属1604种。保护区内野生动物种类也十分丰富，有脊椎动物82科450种，其中兽类109种，鸟类365种，两栖类21种，爬行类25种，鱼类18种，昆虫1700多种。

随着海拔升高，卧龙自然保护区水热条件的差异呈现出明显的山地自然垂直带谱。在水平距不到50km的范围内，可以看到几个不同气候带的植被类型，正所谓"一山有四季，十里不同天"。

4200m的高山海子

其中针叶林67040.3hm²，针阔混交林10198.8hm²，阔叶林11402.8hm²，灌木林29965.4m²，疏林425hm²。根据河流分布情况，大致可以把卧龙划分为西河、正河、皮条河和中河四大片区。西河片区雨量充沛，空气清新，重峦叠嶂，飞瀑遍布，古树参天，青竹遍野，万亩珙桐林和著名的水青树、连香树等珍稀植物大量分布，原始的常绿阔叶林带、常绿落阔混交林带和针阔混交林带层次分明。春夏之交，两三百头羚牛一起活动的壮观场面不时可见，被誉为珍稀野生动物的"世外桃园"。正河片区大量分布着粗犷奔放的高山流石滩、清新艳丽的高山草甸、清纯如玉的高山湖泊和古朴的原始森林。海拔4300m以上终年积雪。高山流石滩的主要植被为红景天、雪灵芝等高山植物。高山草甸色彩斑斓，各种高山花卉争奇斗艳。高山湖泊四周峭壁高耸，湖面随光照角度不同呈现出不同的姿

色，变化万端。大量原始森林分布区松萝密布，随时可见刀劈斧削、指天拔地、高峻挺拔、英武粗犷、气象万千的山壁。这里是高山动物的聚集中心，野生动物的避难所。在海拔3800m以上，200只左右一群的岩羊不经意就会映入眼帘，更是金丝猴、羚牛等珍稀动物的密集分布区。皮条河片区是当地4500多少数民族群众赖以生存之地，曾经也是森工企业的主要生产地。在卧龙建立保护区、搬迁森工局后，森林植被得到了恢复。特别是实施天然林保护和退耕还林（竹）工程以来，卧龙保护区在全国率先建立了协议保护模式，激发了群众参与保护的积极性，野生动植物的栖息地得到了快速恢复。整个皮条河流域山清水秀，空气清新，气候宜人，灌木林带、人工林带和原始森林相互交错，悬崖峭壁、山涧飞瀑、淙淙溪流、参天绿树、鸟语花香，构成一副和谐美丽的画卷。这里依然是野

大熊猫　　大熊猫

生动物的天堂，各种动物的活动痕迹、采食痕迹遍布林间。世界著名的"五一棚"大熊猫野外观测站和中国保护大熊猫研究中心都在这一区域。中河片区山灵水秀，奇峰异瀑，原始的常绿阔叶林带和针阔混交林带覆盖了整个片区，也是羚牛、水鹿、斑羚、毛冠鹿、藏酋猴等珍稀动物的原始栖息地。

卧龙自然保护区内国家重点保护的珍稀野生动物有大熊猫、金丝猴、羚牛、白唇鹿、云豹、豹、雪豹、绿尾虹雉、斑尾榛鸡、金雕、胡兀鹫、雉鹑、黑鹳、林麝等珍稀濒危动物共 57 种，其中列为国家一级保护的动物共 14 种，国家二级保护动物 43 种。保护区内被列为国家级重点保护的珍稀濒危植物有 25 种，其中国家一级保护植物 3 种珙桐、水杉、红豆杉；国家二级保护植物 9 种。

◎ 保护价值

大熊猫是中国的特有物种，被誉为"国宝"，称之为动物的"活化石"，具有很高的物种保护、科学研究、文化娱乐和观赏价值，是大自然的遗产，也是世界人民宝贵的自然遗产。大熊猫及其栖息地本身是人类共有的自然遗产，在卧龙自然保护区有良好的分布。卧龙自然保护区是保护大熊猫及其生物多样性遗产的关键地区，是中国自然保护事业的一面旗帜，在大熊猫及其栖息地保护中具有举足轻重的地位，也是世界自然遗产"卧龙—四姑娘山—夹金山脉"四川大熊猫栖息地中最重要的大熊猫保护区。卧龙自然保护区分布有大面积的大熊猫主食竹，区内的环境、水热等气候条件完全适合大熊猫的生活习性需要，为邛崃山系大熊猫的主要分布区之一，是大熊猫分布最为密集的地区，也是保存完整的大熊猫重要原始栖息地，被誉为"熊猫之乡""大熊猫王国"。由于卧龙自然保护区地形复杂，气候温暖湿润，适宜竹类生长，所以在海拔 3600m 以下均有竹林分布。包括可供大熊猫食用的拐棍竹、冷箭竹、白夹竹、油竹、短锥玉山竹、华西箭竹和美竹等 7 个竹种，为大熊猫生存繁衍提供了优越的条件。大熊猫野生种群为中国独有，目前，在邛崃山系、岷山山系和秦岭山系较好的保存了大熊猫及其栖息地，而卧龙自然保护区正位于邛崃山系大熊猫及其栖息地的核心地带，是中国大熊猫分布最为密集的地区，至少分布有野生大熊猫 143 只，占野生种群的 10% 左右，在正河、中河、西河和皮条河流域均可以找到大量的大熊猫巢穴、粪便和食迹，是野生大熊猫数量分布最多的保护区。

◎ 科研协作

卧龙与其他保护区最为明显的区别就是，为了抢救野生病饿大熊猫，开展保护大熊猫科学研究，1980 年，受世界自然基金会（WWF）的资助，林业部在卧龙保护区大熊猫栖息地范围内的核桃坪建立了以圈养繁殖大熊猫为主的专业科研机构——中国保护大熊猫研究中心，目前已经成为全世界科研水平最高，圈养繁殖数量最多，规模最大的大熊猫基地。中国保护大熊猫研究中心进行圈养大熊猫研究的最终目的，是使大

大熊猫育仔

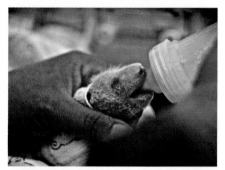

大熊猫人工哺乳

分布在 3800m 高山的羚牛

前凉四姑娘山后身

多数圈养的大熊猫和其后代返回野外，以壮大濒临灭绝的大熊猫野生种群，使大熊猫永远繁衍下去。

◎ **功能区划**

卧龙自然保护区共划分为 3 个功能区。核心区面积为 151840hm²，占保护区总面积的 75.9%。缓冲区位于实验区和核心区之间，面积 30540hm²，占保护区总面积的 15.3%；缓冲区包括公路沿线两旁 500m 范围内的区域，卧龙镇、耿达乡农户居住附近的农耕地及部分山林草地，以及旅游点线周围 500m 区域。

◎ **管理状况**

1963 年，卧龙自然保护区建立时，还是一个 2000 多工人的森工企业。当人们发现过度的采伐和乱捕滥猎，已使大量原始森林遭到破坏，大熊猫等珍稀

动物的数量及其生存空间急剧减少的时候，卧龙的木材采伐数量已远远超过30 万 m³。1975 年，中国政府搬迁了森工企业。随后，卧龙的大熊猫栖息地保护工作徘徊过，犹豫过，反复过。想过迁出所有老百姓，走纯保护之路。最终发现，与其他保护区不同，卧龙的保护必须以人为本，野外保护与社区发展兼顾，它绝不是保护人员在野外跟踪到几只野生动物那么简单。于是大胆地自主创新，开创了具有卧龙特色的保护之路，探索出了中国自然保护事业的卧龙模式。

（卧龙自然保护区供稿）

大熊猫洞

四川 唐家河 国家级自然保护区

四川唐家河国家级自然保护区是以保护大熊猫为主的森林生态系统类型的自然保护区。位于广元市青川县境内，岷山山系龙门山脉西北侧，摩天岭南麓。地理坐标为东经104°36′～104°56′，北纬32°30′～32°41′。东西长约31km，南北宽约20.5km，总面积40000hm²。北与甘肃省文县境内的白水江国家级自然保护区相连，东接青川东阳沟省级自然保护区，西与绵阳市的平武县毗邻。1978年经国务院批准建立保护区，1986年晋升为国家级自然保护区。

◎ 自然概况

唐家河自然保护区属亚热带季风气候，温暖湿润，夏季凉爽，冬季漫长。区内1月份平均温度为−1.2℃，7月份平均温度为19.7℃，年平均温度12℃。年平均降水量为1150mm（全年约60%的降水集中在7～9月），无霜期不足180天。保护区内沟谷发育，水网密布，大小溪沟甚多，主要干流有北路沟和唐家河，主要支流有洪石河、文县河、石桥河、小湾河等170多条。河水先流入清江河，再经黄沙河注入嘉陵江，属长江流域嘉陵江水系。河水终年不断，河床不规整、多乱石、落差大、水流急，丰水期流量为50～80m³/s，枯水期流量为1～1.5m³/s。唐家河保护区属龙门山断裂带与秦岭、摩天岭

碧云潭（邓建新摄）

褶皱带的波及区，境内出露岩层主要为二叠纪、石炭纪和泥盆纪的千枚岩、板岩、花岗岩、灰岩和砂页岩等。唐家河国家级自然保护区处于川西北高原与盆地边缘接壤的高山峡谷地带，境内山势陡峭，河谷深切，属侵蚀构造型中高山地貌。整个保护区地势西北高而东南低，最高海拔3864m，最低海拔1150m，相对高差2714m，有名的大草坪、大草堂、大草坡、摩天岭都在海拔3000m以上。

唐家河自然保护区内动植物资源极为丰富。据调查，有脊椎动物430种，其中属于我国特有的74种，属于珍稀濒危国家重点保护的有72种，主要代表种有大熊猫、金丝猴、羚牛、豹、云豹、林麝、马麝、金雕、白尾海雕、胡

阴平古道

林 海

兀鹫、斑尾榛鸡、雉鹑、绿尾虹雉等；大熊猫数量为60只，金丝猴1000多只、羚牛1200多只。有植物2422种，属于国家重点保护的珍稀植物有12种，其中国家一级保护植物有4种，代表种有珙桐、红豆杉等。

唐家河自然保护区内有多处关隘要塞，易守难攻，素有"守则全蜀安，失则益州危"的美誉。魏将邓艾曾率军在摩天岭"束马悬车裹毡推转而下，入川灭蜀"，明将付友德亦曾偷袭阴平灭夏。由此，"阴平古道吊两国兴废之由"被后世传为佳话。1935年，红四方面军第30军军长李先念在指挥摩天岭战役时曾于摩天岭北坡筑下数道防守工事，阻挡胡宗南部的围追堵截。正是这些富有传奇色彩的重大历史事件，使区内邓

艾伐蜀遗留下的古栈道、古关口、磨刀石、写字岩、落衣沟、丁平山，红军留下的部分战壕、桥梁等遗迹具有了较高的欣赏和怀古价值。区内有岷山山系动植物博物馆、野生动物观测站、野生动植物监测科普站点等，内存近千件实物标本可提供各类环境教育。

◎ 保护价值

唐家河自然保护区内雨量适中、气候适宜，植被较为完整，从低到高依次分布有亚热带常绿阔叶林、常绿与落叶阔叶混交林、落叶阔叶混交林、针阔混交林、亚高山针叶林、亚高山灌丛及草甸以及流石滩植被。唐家河保护区的核心保护对象——大熊猫主要生活在海拔1800～2800m之间的针

阔混交林及亚高山针叶林内。这段跨度1000m的海拔带面积约150k m²，大量分布着大熊猫的主要食物青川箭竹、缺苞箭竹、糙花箭竹和巴山木竹，竹林总盖度超过80%，并且在这个区域，有超过100条常年流水不断的溪流。丰富的食物、洁净的泉水和保存完好的森林，为唐家河的大熊猫营造了良好的栖息环境。据调查，唐家河国家级自然保护区有大熊猫46只，是四川大熊猫分布密度最高的保护区之一。这一海拔带还是国家一级保护野生动物川金丝猴及林麝的主要生活区域，同时还是羚牛、亚洲黑熊、鬣羚等多种动物的重要栖息地，而珍稀的保护植物如珙桐、连香树、水青树、领春木、红豆衫等也集中分布在这个区域，

川金丝猴

大熊猫

黄麂

绿尾虹雉（邓建新摄）

瀑 布

鬣羚

羚 牛

珙桐

紫荆花

可知这 150km² 的莽莽林海是唐家河自然保护区最重要和关键的区域。

保护区海拔 2800～3800m 的针叶林林缘、高山灌丛、高山草甸及流石滩等区域，碧云蓝天下，大片的灌丛及草甸沿着柔和的轮廓线伸向天际，在这 70～80km² 的区域内，一年中约有半年时间，羚牛成群地生活在这里；由于有丰富的食物来源，金钱豹、猞猁及豺也时常出现在此地，伺机捕食。此外，绿尾虹雉也多栖息在这一带。

由于九环线公路的阻隔，阻断了岷山北段的大熊猫与以岷山主峰雪宝顶为分布核心的大熊猫种群进行基因交流的机会，而唐家河保护区重要的地理区位使得其将平武老河沟、青川东阳沟、甘肃白水江南部以及唐家河本身的大熊猫栖息地及种群连成一片，为四川北部大熊猫种群的繁衍生息及有效保护创造了更为有利的条件。

按照唐家河自然保护区 1986 年的功能区划，保护区划分为核心区、缓冲区和实验区。核心区包括了重点保护对象的集中分布区域和保存较为完好的自然生态系统，面积为 24300hm²，

占保护区总面积的 60.75%；缓冲区面积为 11200hm²，占总面积的 28%；实验区面积为 4500hm²，占总面积的 11.25%。

◎ 科研协作

1981 年至今，唐家河自然保护区接待美国、德国、英国、加拿大、日本、澳大利亚、新西兰、印度、韩国、泰国、墨西哥等 10 多个国家及中国香港、澳门、台湾地区前来考察、交流的专家达 300 多批 2000 余人次。特别是近几年，唐家河自然保护区的国际合作项目深受好评。出色地完成了德国技术援助项目（GTZ）。正在实施的有：全球环境基金会（GEF）合作项目；世界自然基金会（WWF）岷山地区大熊猫监测项目；在 10 年合作伙伴关系框架内按年度计划进行的华盛顿国家动物园合作项目；德国复兴银行（KFW）合作项目。与东北林业大学和西华师范大学合作建立了科研教学实习基地。现正在积极申报野生紫荆繁育项目，并与中国科学院动物研究所联合申报了有关扭角羚的研究项目。

◎ 管理状况

通过多年努力，在各级党委、各级政府和主管部门的关心、支持下，保护区管理局于 1999 年荣获国家林业局、国家环境保护总局、农业部、国土资源部等 4 部门联合颁发的"全国自然保护区管理先进集体"荣誉称号。2002 年，获得国家林业局颁发的"全国自然保护区建设和管理先进集体"光荣称号。2004 年，保护区作为全国范围内仅 8 家被国家林业局邀请的自然保护区之一参加了全国自然保护区建设管理工作会议，并作为全国 10 家自然保护先进单位之一在会上做了典型材料经验交流，受到了国家林业局的高度评价。

（唐家河自然保护区供稿）

标志

四川 九寨沟
国家级自然保护区

四川九寨沟国家级自然保护区位于四川省西北部岷山山脉南段的阿坝藏族羌族自治州九寨沟县境内，因保护区内有9个藏族村寨而得名，地理坐标为东经103°06′~104°05′，北纬32°05′~33°06′。距离成都市约400km，是一条纵深约50km的山沟谷地，总面积650.74km²。九寨沟自然保护区是以保护大熊猫、金丝猴等珍稀动物及其自然生态环境的野生动物类型的自然保护区。九寨沟国家级自然保护区也是国家级风景名胜区，始建于1978年，1992年被列入《世界自然遗产名录》，1994年晋升为国家级自然保护区，1997年正式加入"世界生物圈保护区网"，2002年通过"绿色环球21"认证。

树正群海春景（森林与湿地）

◎ 自然概况

九寨沟的山水形成于第四纪古冰川时期，现保存着大量第四纪古冰川遗迹。九寨沟的地下水富含大量的碳酸钙质，湖底、湖堤、湖畔均可见乳白色碳酸钙形成的结晶体；而来自雪山、森林的活水泉又异常洁净，加之梯状分布的湖泊层层过滤，其水色愈加透明，能见度高达

20m，形成了"翠海、叠瀑、彩林、雪峰、藏情、蓝冰"自然景观，被誉为九寨沟"六绝"，水乳交融，美不胜收。九寨沟地处长江水系嘉陵江上游，为白水江流域西部的一条大支沟，于羊峒处汇入白水江，流域内地势总体上南高北低，地表水自南向北径流，流域面积651.35km²。九寨沟河水补给来自大气降水和地下水。按河流流量大小的分配，大体上可以划分为

枯水期（11月至翌年3月）、平水期（4~5月和10~11月）和丰水期（6~9月）。丰、枯水期流量变幅小，最大月平均流量为最小月平均流量的4.2倍（嘉陵江水系其他河流一般在10~25倍之间），白水江年变差系数Cv值为1.2（嘉陵江水系其他河流一般在2~6之间）。九寨沟流域内植被发育良好，地下水补给充分，地表径流比较稳定。九寨沟河水化学类型为HCO_3-Ca，$HCO_3-Ca \cdot Mg$型。受地下水补给的影响，河水矿化度为133~392.5mg/L；其主要阴离子为HCO_3^-，含量为134.2~280.7mg/L，其次为SO_4^{2-}，含量为3.5~36.1mg/L；主要阳离子为Ca^{2+}，含量36.07~87.20mg/L，其次为Mg^{2+}，含量为4.90~20.67mg/L；pH值7.3~8.5，总碱度含量为120.1~195.2mg/L，略偏碱性；水化学稳定系数为0.26，属弱沉积性河流。因此，九寨沟的水体含丰富的色素离子，是水体色彩变化的基础，从而形成幽蓝静娴，镜映

箭竹海冬景

火花海三级叠瀑秋景

山峦，如梦如幻，五彩斑斓，奇妙多变的自然山水景观。

九寨沟自然保护区地处青藏高原东南缘，是青藏高原到四川盆地的过渡地段，立体气候明显。九寨沟年平均气温7.8℃，极端低温－17℃，极端高温32.6℃，积雪期从11月至翌年4月，最大积雪深度达15cm，全年无霜期100天左右。年日照时数为1600h，≥10℃的积温为3000～3500℃，相对湿度为60%～70%。年均降水量761.8mm，年水面蒸发量746.2mm，陆地蒸发量275mm。因此，九寨沟的空气温度具有白天高，夜间低，午后最高，日出前最低的日变化规律。

九寨沟自然保护区地形起伏，相对高差大，造就了成土母质的垂直分带特性。在这种特殊的环境地质条件下，该区域的土壤分布具有"以水平分布为基础，以垂直分布为主导"的特点。土壤垂直带谱结构完整。各带的代表性土壤类型依次为：山地褐土、黄土、山地棕壤土、山地暗棕壤土、亚高山草甸土、高山草甸土、高山寒漠土等。

九寨沟自然保护区有脊椎动物122种，其中两栖类4种、爬行类4种、鸟类93种、鱼类2种、兽类76种。九寨沟现有维管束植物151科636属2061种，其中有蕨类植物19科32属73种、裸子植物6科13属37种、被子植物126科591属1951种。保护区内植物资源非常丰富，据不完全统计，有药用植物138科506属1309种，野生花卉初步统计有91科340属1191种，芳香植物有30科108属322种，纤维植物共69科196属563种，蜜源植物约75科197属451种。

九寨沟自然保护区内地广人稀，景物特异，富于原始自然风貌，四季景色迷人，自然景色以四沟（扎如沟、树正沟、则查洼沟、日则沟）118个海子为代表，包括五滩十二瀑，十流，数十泉等主要水景。本区的翠海、叠瀑、彩林、雪峰、藏情、蓝冰号称"六绝"，驰名中外，被誉为"童话世界"。区内主要有湖泊景观、瀑布景观、钙华台地与激流景观、泉流景观、古生物化石景观、地质剖面景观、地质构造景观、洞穴与洼地景观、第四纪冰川遗迹景观、地质灾害遗迹景观、山岳地貌景观、矿物岩石景观、奇特与象形山石景观、峡谷地貌景观、气象景观、人文景观等景观类型。大自然的鬼斧神工巧妙地在九寨沟50km多的主沟内布下了118个奇特的湖泊，由飞瀑、溪流把它们串接在一起，从而使沟中的任何一景看起来都似一幅优美的图画。水是九寨沟的灵魂，湖、泉、河、滩连缀一体，千颜万色，高低错落的群瀑高唱低吟，大大小小的群海碧蓝澄澈，水中倒映红叶、绿树、雪峰、蓝天，变幻无穷，形成水在树间流，树在水中长，花树开在水中央的自然奇景。

500年前，九寨沟的先民们从遥远

诺日朗瀑布

的西藏阿里迁徙至此，世世代代，繁衍生息，与周围的羌族、回族、汉族携手合作，创造了独特的苯教文化。由于这里正处于从藏区到汉区，从牧区到农区的过渡地带，因此，九寨沟的民风民俗又不完全同于西藏，具有厚重的边缘文化色彩。在九寨沟周围，藏、羌、回、汉各民族和睦相处，互相促进，共同繁荣。至今，九寨沟人的衣食往行、婚丧嫁娶和生产方式等，还保持着浓郁而古朴的藏族传统：精美的服饰，剽悍的腰刀，香醇的青稞酒、酥油茶，洁白的哈达，欢快的踢踏舞，稳健的二牛抬杠，是对生活的炽爱；遍地的玛尼堆，高耸的喇嘛塔，循环不息的转经轮，是对宗教的虔诚。宝镜岩下，翡翠河旁，绿阴掩映中有一片飞阁流丹、金光耀眼、晨钟暮鼓，肃穆巍峨的建筑群，这就是九寨沟内唯一的宗教活动场所——建于明末的藏传苯教寺院扎如寺。整个建筑群结构精巧，特点突出，具有民族风格，庄严而神圣。

树正群海

树正群海秋景

◎ 保护价值

九寨沟自然保护区内生物多样性丰富，物种珍稀性突出。九寨沟又是以高山湖泊群、瀑布、彩林、雪峰、蓝冰和藏族风情并称"九寨沟六绝"，被世人誉为"童话世界"，号称"水景之王"。

九寨沟自然保护区是岷山山系大熊猫A种群的核心地和走廊带，具有典型的自然生态系统，为全国生物多样性保护的核心之一，动植物资源丰富，具有极高的生态保护、科学研究和美学旅游价值。

九寨沟自然保护区有藻类419种、菌类203种、维管束植物2061种；无脊椎动物693种（包括浮游动物71种、底栖无脊椎动物45种、昆虫539种、非昆虫陆生无脊椎动物38种）、脊椎动物310种（鱼类2种、两栖类6种、爬行类4种、鸟类222种、兽类76种）。物种的珍稀性也非常明显，高等植物中有74种国家保护的珍稀植物，其中：国家一级保护植物有银杏、红豆杉和独叶草3种。国家一级保护野生动物有大熊猫、金丝猴、羚牛、林麝、豹5种；国家一级保护鸟类有金雕、绿尾虹雉、斑尾榛鸡、雉鹑4种。国家二级保护植物66种，主要集中在兰科（43种），列入中国濒危植物红皮书的植物5种。保护区还有丰富的古生物化石，古冰川地貌十分发育。

从文化多样性来看，九寨沟自然保护区内居民信奉苯教。苯教是藏区最古老、原始的本土宗教，后佛教从印度传入，经过佛、苯之争，佛教逐步成为藏区主流教派。在漫长的历史进程中，佛教、苯教相互吸纳，在广大藏区融洽相

远处雪山有古冰斗（蹇代君摄）

树正瀑布

珍珠滩瀑布

天鹅海冬景

树正群海冬景

水中再生树（王庆九摄）

处，弘法扬善。苯教在传承其原始宗教仪轨的同时，吸呐佛教的内容，因此，也有其个性鲜明的深邃文化内涵。苯教在中国遗存的地方不多，因此也有很大的保护价值。

◎ 功能区划

根据区域划分原则，结合九寨沟自然保护区生态环境条件、植被类型组合和地域分异等特点，将保护区划分为核心区、缓冲区和实验区。核心区是九寨沟自然保护区的精华所在，集中了保护区特有、稀有的野生生物物种和具有代表性的自然生态系统地段。核心区面积 49782.3 hm²，占保护区总面积的 77.4%。缓冲区位于实验区与核心区之间，主要包括实验区外围宽约 1km 的范围，面积 9027.5hm²，占保护区总面积的 14.04%。实验区包括九寨沟及其支沟两岸宽约 1km 的范围，面积 5487.5hm²，占保护区总面积 8.53%。

◎ 科研协作

九寨沟自然保护区坚持与中国科学院、人与生物圈中国国家委员会等国内科研机构、专家学者和大专院校进行长期合作；分别与美国华盛顿大学、加州大学、澳大利亚塔斯玛利亚大学以及美国大自然保护协会（TNC）、苏格兰国家博物馆、加拿大瑞丙山国家公园、世界生物圈委员会、世界自然基金会（WWF）合作，进行学术研究成果交流，为提升九寨沟的国际影响力提供了可靠的智力保障。

（九寨沟自然保护区供稿）

911

四川 马边大风顶
国家级自然保护区

四川马边大风顶国家级自然保护区位于四川省乐山市马边彝族自治县境内，地理坐标为东经103°14′～103°24′，北纬28°25′～28°44′。保护区总面积30164hm²，是以保护大熊猫、羚牛、珙桐等珍稀濒危野生动植物及其自然生态环境为主的森林生态系统类型自然保护区。该保护区是1978年经国务院国发（1978）256号文批准成立，1994年晋升为国家级自然保护区。

◎ **自然概况**

马边大风顶自然保护区地处四川盆地与云贵高原的过渡地带，属中高山地貌，山高坡陡、层峦叠嶂、沟河纵横、谷壑万丈。地质结构属于扬子准地台西缘"康滇地轴"北段的凉山褶断带，古生代地质发育较完整。保护区河流系岷江水系，境内河流主要靠降水、融雪水和地下水补给。特点是：流程短、落差大，水量充沛，水能蕴藏丰富，水电开发潜力较大。保护区气候类型属中亚热带季风湿润气候，冬季长而寒冷，夏季短而温凉，年平均气温约10℃，光照少，日照率低于18%，年降水量1800～2000mm，雨日240天左右，四季多夜雨，夏季暴雨多，气候类型多样。保护区境内土壤垂直分布明显，海拔1600m以下为山地黄壤，1600～2200m为山地黄棕壤，2200～2800m为山地暗棕壤，2800～3600m为山地灰化土，3600m以上为亚高山灌丛草甸土。土壤有轻微的富铝化现象，表层有机层含量多，下层较少，pH值4.3～4.6，潮湿黏重，

林涧青流

淋溶现象明显，石砾含量约30%，自然肥力较高。保护区植被垂直分布带谱明显，海拔1000m以下为桤木、杉木等组成的河谷次生疏林；海拔1000～1500m为常绿阔叶林，建群种为丝栗、润楠、楠木、香樟、木荷等；1500～2500m为常绿阔叶林和落叶阔叶混交林，优势种为槭树、珙桐、水青冈、连香树、水青树、栲树、木荷等；2500～3000m为针阔叶混交林，建群种为铁杉、冷杉、桦木等；3000～3500m为亚高山暗针叶林，建群种为峨眉冷杉、岷江冷杉等；3500m以上为高山灌丛草甸及流石滩植被，优势种为高山杜鹃、箭竹、玉山竹等。

马边大风顶自然保护区内植物资源极其丰富，已记录的高等植物有198科1021属2430种。保护区内野生动物以

林 海

林涧小溪

横断山脉—喜马拉雅成分为主，已记录的脊椎动物332种，包括两栖类13种，爬行类14种，鱼类8种，哺乳类79种，鸟类218种。

马边大风顶自然保护区生态旅游区古树翠竹、绿叶红花，构成了美丽的森林群落景观。万亩珙桐，初春时节，白鸽满园，蔚为壮观。还可观赏到成群嬉戏的猴子，五彩斑斓的锦鸡，河边散步的水鹿，奔跑的岩羊，悠闲的羚牛，偶尔还可见到大熊猫的踪影。保护区内的峰、峦、岩、岭构成了一幅幅天然图画，有幽深曲折的峡谷景观、轮廓优美的山峦景观、神秘莫测的溶洞景观。还有动态水景景观和暗河温泉景观。保护区周边为彝族聚居区，彝族同胞独特的生活习惯、传统文化、服饰饮食以及奇风异俗成为生态旅游的重要景观资源。

◎ 保护价值

大熊猫及其栖息地是该保护区的重点保护对象。保护区内分布有大熊猫30～40只，主要栖息在皆日依莫、依惹、捏史觉、马依补希沟北面支沟、郭色拉打、戈皆拉打、日别依皆等沟系的有林地区域。该区域内的大熊猫位于整个大熊猫现代自然分布区狭长条状弧形带的尾端，保护区现有野生大熊猫数量占整个凉山山系大熊猫总数的2/3，并与相邻的美姑、峨边、雷波等地形成独立的凉山大熊猫野生种群，既是野生大熊猫生存繁衍的重要地带，又具有与邛崃山系和岷山山系不同的特征，成为大熊猫野生种群和遗传多样性保护的关键区域之一。

马边大风顶自然保护区气候垂直变化明显，山势陡峭，高差悬殊，植物垂直带谱明显，完整地保存了从亚热带山地常绿阔叶林至高山草甸等多种不同的森林系统类型；森林植物群落组成复杂、多样，特有珍稀植物繁多，是典型的中亚热带季风湿润气候区生物物种基因库。保护区的建立，不仅有利于大熊猫、羚牛等珍稀濒危物种以及中亚热带山地森林生态系统及物种多样性保护，而且对于研究保护区内气候、土壤、动植物区系的发生和演化，生物多样性的形成和演替，也具有非常重要的意义。

马边大风顶自然保护区珍稀濒危野生动植物丰富，除大熊猫外，还有国家一级保护野生动物9种：川金丝猴、羚牛、云豹、豹、林麝、四川山鹧鸪、金雕、胡兀鹫和华南虎（历史记录）；国家二级保护野生动物40种，代表种有藏酋猴、豺、黑熊、小熊猫、水獭、大灵猫、林麝、马麝、水鹿、斑羚、岩羊、鬣羚、苍鹰、雀鹰、乌雕、兀鹫、白尾鹞、燕隼、藏雪鸡、血雉、红腹角雉、蓝马鸡、灰鹤、大鲵、胭脂鱼和拉步甲等。国家一级保护野生植物有珙桐、光叶桐；国家二级保护野生植物有杪椤、篦子三尖杉、连香树、杜仲、四川红杉、峨眉含笑、水青树和木瓜红8种。海拔1800～2500m地带广泛分布有以珙桐为建群种的林分，保护价值极高。

由于马边大风顶自然保护区内无居民居住，加之保护区周边的高山峻岭所形成的天然屏障，使保护区具有相对封闭的环境，森林生态系统大多处于原生状态，人为干扰少，天然林分占99.2%，已成为川南地区重要的生态屏障，发挥着巨大的森林生态效益，如涵养水源、调节气候、保持水土、净化空气等。特别是保护区水土保持、水源涵养的功能，对保护岷江的水质和流量等都具有十分重要的作用，是长江中上游地区的绿色瑰宝。

马边大风顶自然保护区良好的气候条件、丰富多彩的野生动植物资源、众多的瀑布溪流、险峻的高山峡谷，必定会吸引众多游人前来观赏游览，从而为保护区和周边地区的经济发展提供新的途径。

◎ 功能区划

根据《中华人民共和国自然保护区条例》第十八条"自然保护区可以分为核心区、缓冲区和实验区"以及"原批准建立自然保护区的人民政府认为必要时，可以在自然保护区的外围划定一定面积的外围保护带"等规定作为保护区功能区划分的主要依据。同时，根据有利于保持森林生态系统的完整性，为保护对象创造良好的生存、栖息环境；有利于保护区自然资源和生境的保护管理和持续利用，最大限度地发挥保护区的生态、社会、经济三大效益；有利于保护和科研等基础设施的建设，便于科研活动的开展和对外交流合作的原则，并结合保护区自然地理特征、生态环境条件、生物物种、植被类型组合的地域分异和利用现状等因素，保护区划分为核心区、缓冲区、实验区和外围保护带。

（1）核心区：是保护区内保存最完好的各种原生性生态系统及大熊猫等珍稀濒危动植物集中分布地，栖息环境条件好，区内无人为因素的干扰和影响，其范围包括了保护区的大部分原始林区。核心区面积20110hm²，占保护区总面积的66.7%。核心区的主要任务是保持其生态系统不受人为干扰，在自然状态下进行更新和繁殖，保持其物种多样性，成为所在地区的一个遗传基因库。

（2）缓冲区：位于核心区外围，对核心区起保护与缓冲作用，扩大和延伸被保护物种生存和活动的区域。缓冲区由部分原生性生态系统、次生生态系

峡谷与林海

蝴 蝶

珙桐花

古 树

统组成。缓冲区面积 5180hm²，包括保护区内大部分采伐迹地，占保护区总面积的 17.2%。

（3）实验区：实验区位于缓冲区外围，由部分原生或次生生态系统及人工生态系统（包括荒山荒地）组成，面积 4874hm²，包括高山牧场以及生态旅游活动区域，占保护区总面积的 16.1%。

（4）外围保护带：保护区周边地区森林面积大，珍稀动植物资源丰富。与保护区相邻的觉罗豁林场、中山林场均为原始林区，面积 12179hm²，其中森林面积 9526hm²，森林覆盖率 80.5%，活立木蓄积量达 150 万 m³；目前，该区域已纳入天然林保护工程。

马边大风顶自然保护区周围的永红、高卓营、白家湾、烟峰、沙腔、梅子坝等乡亦有大面积的天然林和天然次生林，森林面积 7348hm²，活立木蓄积约 57 万 m³。由于保护区周边地区茂密的森林、特殊的环境，使其成为与保护区同等重要的大熊猫等珍稀动植物的栖息地。为了加强对该区域的大熊猫及其栖息环境的保护，形成完整的保护区

域，规划将该区域划为外围保护带，北至马边河，东到高卓营河，外围保护带面积共 29700hm²，其中国有林场面积 12179hm³。

◎ **管理状况**

保护区建立以来，在野生动物保护和森林防火等工作中取得了一定成绩。开展了经常性的保护巡逻工作，有效地打击了偷猎野生动物和盗伐林木的不法分子；加强了护林防火工作，通过有线广播、标牌、标语等形式大力宣传《中华人民共和国森林法》《中华人民共和国野生动物保护法》《森林和野生动物类型自然保护区管理办法》等法律、法规，提高了周边居民对自然保护工作重要性的认识，赢得了基层地方组织对保护工作的支持；积极配合高等院校和国内外科研机构开展保护、抢救大熊猫等珍稀动物的工作，在抢救大熊猫中作出了一定成绩。

马边大风顶自然保护区的建立，对周边社区的生产、生活、文化产生了较大的影响，为社区传统文化注入了一股生态文化的新内涵。通过保护区与周边

社区的共建共管，进一步改变了社区居民的意识、观念和行为趋向，同时为保护区和周边社区的共同发展，为增强保护区与社区的经济活力，逐步实现以区养区，实现人口、资源、环境协调发展目标进行了有益的探索。

（马边大风顶自然保护区供稿）

蜂桶寨 四川

国家级自然保护区

四川蜂桶寨国家级自然保护区地处四川盆地向青藏高原的过渡带，邛崃山脉中段，夹金山南麓，青衣江的源头。保护区总面积约40000hm²。地理坐标为东经102°48′～103°00′，北纬30°19′～30°47′。1994年经国务院批准建立国家级自然保护区，是以保护大熊猫、川金丝猴、珙桐等珍稀野生动植物及其自然生态环境为主的森林生态系统类型的自然保护区。周边的卧龙、黑水河、喇叭河3个自然保护区，形成了一个保护型铁三角，蜂桶寨国家级自然保护区处在铁三角的中心地带，是邛崃山系大熊猫栖息地关键性的走廊带，对连接邛崃山系的大熊猫栖息地，促进大熊猫种群间基因交换具有十分重要的作用。

国家一级保护野生动物——川金丝猴（高华康摄）

◎ 自然概况

蜂桶寨自然保护区地势东南低、西北高，山体剧烈抬升，河流强烈下切，地形起伏很大，高差悬殊。最高海拔为4896m，最低海拔1000m。形成了山势陡峭、沟壑纵横、奇峰峥嵘、峰崖壁立、怪石嶙峋的独特景观。保护区独特的地势地貌和气候条件使其成为许多孑遗物种的避难所，中、外科学家先后在这片神秘的土地上发现并命名了151种动、植物新种，是全世界少有的天然生物基因库，同时也是邛崃山系大熊猫基因交流的重要走廊带。这里气候温和湿润，雨量充沛，冬无严寒、夏无酷暑，年平均降水量700～1300mm，湿润的气候孕育了丰富的动、植物资源，至今蜂桶寨保护区共发现模式种（亚种）151种，其中植物73种，动物78种，以"穆坪（现宝兴）"二字命名的有50种。法国生物学家阿尔芒·戴维在这里发现动植物新种（亚种）达数十种，其中包括震惊中外的动物活化石——大熊猫，植物活化石——珙桐，昆虫活化石——大卫两栖甲。

据不完全统计，蜂桶寨自然保护区内已知有维管束植物107科429种，其中蕨类植物12科22种，裸子植物4科12种，被子植物91科395种。国家重点保护的植物有珙桐、光叶珙桐、红豆杉、独叶草、连香树、水青树等。由于区内水热条件的垂直差异大，植物垂直带谱明显：海拔1000～1500m为亚热带常绿阔叶林带，海拔1500～2000m为常绿阔叶与落叶混交林带，海拔2000～2900m为针阔混交林带，海拔2900～3500m为以冷杉为优势树种的针叶林带，海拔31500m以上为高山灌丛、高山草甸。区内野生动物资源也十分丰富，有脊椎动物380种，其中，国家一级保护野生动物有大熊猫、川金

植物活化石——珙桐（高华康摄）

蜂桶寨保护区风光（高华康摄）

丝猴、云豹、豹、雪豹、白唇鹿、羚牛、林麝、马麝、黑鹳、绿尾虹雉、胡兀鹫、雉鹑等13种；国家二级保护野生动物有水鹿、小熊猫、血雉等33种，具有很高的保护价值。

◎ 保护价值

　　蜂桶寨自然保护区内大熊猫数量多，密度大，分布广泛。大熊猫栖息地面积327.2km²，占保护区总面积的83.8%。该区栖息地保护完好，无农耕地，大熊猫可食竹种类多，生长良好，适于大熊猫生养栖息。据1986年第二次全国大熊猫普查统计，蜂桶寨自然保护区有野生大熊猫23只左右，主要分布在锅巴岩沟、汪家沟、青山沟、邓池沟、得胜沟、大水沟、快乐沟、桦溪林沟、椿米沟、冷木沟等地。第三次全国大熊猫普查显示，宝兴县境内有大熊猫140余只，蜂桶寨保护区内有大熊猫40余只，在数量上比第二次普查的结果增加了一倍。20多年的保护历程，使蜂桶寨保护区职工同大熊猫结下了不解之

缘，保护区职工同宝兴县人民一起为保护大熊猫作出了重大的贡献，先后抢救病饿大熊猫50余只，成活41只，其中放归21只，向国家提供20只。从新中国成立初期到现在，宝兴县共向国家输送大熊猫120多只，其中18只作为国礼赠送给苏联、朝鲜、美国、英国、法国、日本等8个国家。1972年中国政府赠送给美国的第一对大熊猫"玲玲""兴兴"就出自这里。1990年北京亚运会吉祥物大熊猫"盼盼"、世界上第一只人工截肢的大熊猫"戴丽"、世界上第一只人工救护的野生残疾大熊猫"紫云"、嗷嗷待哺的"硗远""武岗""白杨""张卡"……从这些被人们成功抢救的骄子身上演绎出许多可歌可泣的动人故事，谱写出许多人与动物和谐相处的篇章。

　　蜂桶寨自然保护区是世界第一只大熊猫模式标本产地。100多年前，法国博物学家阿尔芒·戴维在邓池沟发现并命名了冰川时代的活化石大熊猫，大熊猫从此走出深山走向世界。那是1869年的一天，戴维来到了宝兴邓池沟，在

国家一级保护野生动物——大熊猫

国家一级保护野生动物——羚牛（奚志农摄）

国家一级保护野生动物——绿尾虹雉（高华康摄）

一户姓李的猎人家里,他看到了一张"从来没见过的黑白兽皮",当地人称这种动物为"黑白熊"。两个月后,戴维得到一只活的黑白熊,这只黑白熊死后被制成标本,送到巴黎,一个惊人的发现随之震惊了世界。戴维在日记中写道:"我从宝兴寄往巴黎的哺乳动物标本有110种,其中有40多种属于新的种类。在这些物种中,最著名的包括大熊猫、麋鹿、金丝猴等。"我国一级保护植物珙桐也是他在夹金山发现的,以后传播欧美,成为风行世界的观赏植物。在巴黎自然历史博物馆,至今还保存着100多年以前戴维采集的这些珍贵标本。

◎ 功能区划

蜂桶寨保护区总面积39039hm²,其中,核心区面积27581.5hm²,缓冲区面积2897.5hm²,实验区面积8560.0hm²,分别占保护区总面积的70.65%、7.42%、21.93%。区内地势东南低、西北高,山体剧烈抬升,河流强烈下切,地形起伏很大,高差悬殊,最高海拔为4896m,最低海拔1000m,形成了山势陡峭、沟壑纵横、奇峰峥嵘、峰崖壁立、怪石嶙峋的独特景观。

跌宕溪流

◎ 管理状况

现已动工修建的保护区科研宣教中心,融自然风光与人文景观为一体,是保护区的标志性建筑,是向社会各阶层人士系统、充分地展示保护区的重要窗口。将展示19世纪中叶至今在宝兴发现的近200种植物及近100种动物的模式标本,展示以保护大熊猫为代表的珍稀濒危野生动植物方面取得的成就等。

多年来,保护区根据实际情况,应用3S技术开展了生物多样性监测。设计了10条固定的监测路线和多条随机监测线路。组织成立了专门的监测队伍,每年都对保护区内野生动植物的生存状况进行监测巡护。收集了大量大熊猫及其他珍稀野生动植物的数据,加大了对栖息地的监测力度,随时掌握野生动植物及其栖息环境的变化。

开展科学研究和对外合作交流是保护区发展的命脉,蜂桶寨自然保护区先后与中国科学院、四川师范大学、四川农业大学、西华师范大学等部门合作,开展了保护区内野外大熊猫种群的调查、大熊猫的DNA鉴定、大熊猫蛔虫病流行病学的监测以及小型兽类的调查

藏酋猴(高华康摄)

莲香树(高华康摄)

研究。1991年以来,与美国、加拿大、瑞士、德国等国际科研机构合作,开展了绿尾虹雉繁殖的科研项目,十几年来,积累了丰富的经验,收集了大量绿尾虹雉繁殖行为的图像资料和文字资料,逐渐攻克了一个又一个的技术难关,取得了阶段性的成果。2004年合作期满后,蜂桶寨国家级自然保护区独立承担了后续工作,继续开展这项具有相当难度的科研项目。2006年成功繁殖了9只雏鸟,超过了历史最高水平。

蜂桶寨自然保护区在加强保护、谋求自身发展的同时把周边社区的发展视为己任,利用自己有限的资金和引进外资,共同开展周边社区的公益事业和扶贫开发,先后出资支持社区水电站建设,乡、村公路建设。1998~2004年实施的德国援助项目,从深度和力度上更大地支持了社区建设,先后进行了魔芋、板栗的种植和长毛兔养殖等项目,实施了卫星电视户户通工程和自来水工程等,改善了人们的生活质量,发展了社区经济,增强了社区居民的精神文明建设。今后,保护区还将积极引进新的项目,促进周边社会主义新农村的建设,如指导社区沼气池的建设,继续推进扩

蜂桶寨保护区自然景观（高华康摄）

大长毛兔的养殖等。通过项目的实施加强了保护区与社区的血肉联系，增强了社区群众自觉遵守法律法规、自愿参与保护工作的积极性，创造了良好的社区共管氛围。

几十年来，在多方的关心和支持下，保护区在保护与发展的道路上积极探索。为了充分发挥自然资源丰富、风景优美、气候宜人、文化底蕴深厚等特点，保护区正大力推进以大熊猫生态旅游为主的旅游步伐，积极引进资金，开发并打造具有自己独特性的蜂桶寨风景区，推出大熊猫发现之旅、野生动物探索之旅、青年学生爱国主义教育之旅等为主体的生态旅游。同时开发具有保护区特点的旅游商品，如蜂桶寨药蜜、大理石雕、大熊猫国画等特色旅游纪念品。2005年，蜂桶寨景区被评为"四川最具潜力地景区"称号。

在蜂桶寨自然保护区，能感受到大自然带来的惬意与神奇，还能体验到独特的民族文化和异域风情。保护区周边的嘉绒藏族，是具有独特风格的藏民族，其语言属汉藏语系藏缅语族藏语支嘉绒语；当地藏民的服饰也很独特，部分装束与蒙古族和羌族相似，具有民族过渡地区的显著特点。

蜂桶寨自然保护区内的邓池沟天主教堂，始建于1839年，是四川省历史最早、保存最完整的古教堂建筑。远远看去，天主教堂是一个四川建筑风格的木质四合院，进入主堂又呈现的是欧洲哥特式的意境，可谓是西方法兰西建筑风格与巴蜀建筑文化有机结合的经典之作，具有极高的考古价值和艺术价值。

（蜂桶寨自然保护区供稿）

四川 美姑大风顶
国家级自然保护区

四川美姑大风顶国家级自然保护区位于四川省凉山彝族自治州美姑县东北部，地理坐标为东经102°52′~103°20′，北纬28°32′~28°50′。属青藏高原的东南缘，横断山脉中段，位于黄茅埂山脉顶峰大风顶以西。行政范围包括美姑县树窝、龙窝、依果觉、炳途、尼哈、苏洛乡；四周分别与越西申果庄、甘洛马鞍山、马边大风顶、峨边黑竹沟自然保护区相连。保护区总面积50655hm²，以大熊猫、金丝猴、珙桐等珍稀野生动植物及其栖息地为主要保护对象，属森林生态系统类型自然保护区。四川美姑大风顶国家级自然保护区于1978年经国务院国发〔1978〕256号文批准，1979年建立，面积15950hm²，1994年经林业部林函护字〔1994〕174号文确认为国家级自然保护区，2005年经国务院办公厅国办函〔2005〕29号文批准，将保护区面积扩至50655hm²。

大风顶景观

美丽觉湖

◎ 自然概况

美姑大风顶自然保护区地处青藏高原东南部的横断山脉与四川盆地的西南边缘交汇处，属川滇南北构造东沿部分的凉山褶断带，主要为深切割的中山地貌类型，地势由西南向东北倾斜，最高海拔3998m，最低海拔1356m，相对高差2642m。区内河流众多，水资源丰富，主要有美姑河、滥龙拉达河和瓦侯河，支流、溪沟众多，形成了3条树枝状的水系。其中美姑河属金沙江水系，发源于保护区内的马加耶依达，县境内流经长度104.9km；滥龙拉达河属大渡河水系，发源于保护区的阿米多洛，境内流经长度17km；瓦侯河属岷江水系，发源于保护区内大风顶西坡的杜觉洛者，境内总长45km。不同的水系又形成了不同的气候类型，金沙江水系的美姑河流域属四川盆地亚热带湿润气候区的盆地边缘区，是四川盆地向川西高原山地的过渡地带，属低纬度高海拔山区，具有冬较冷，夏稍热，降雨充沛，雾多湿度大的低纬度高原性气候特点，气温年差较小，日差较大，年均霜期125天，冬季长达135天；岷江水系的瓦侯河流域属中亚热带季风湿润气候类型，为四川盆地西缘的"华西雨屏"的边缘，年平均气温10.2℃，无霜期240

原始针叶林

森林景观

天，年均降水量1089mm，相对湿度80%左右，温和湿润，植物生长季节长，多云雾，四季分明。受成土母质及气候的影响，保护区的土壤垂直带谱明显，海拔2150m以下为黄壤和紫色土带；海拔2150～2550m区域为黄棕壤与紫色土呈复区分布；2550～2900m为棕壤带；2900～3200m为暗棕壤带；3200～3500m为亚高山草甸土；3500m以上为高山草甸土。土壤具有轻微的富铝化特征，潮湿黏重，淋溶现象明显，自然肥力高，pH值4.5～5.4。复杂多样的地形、气候、土壤和水文条件，孕育出丰富的野生动植物资源。据科考记录，保护区共有脊椎动物29目89科296种，其中兽类8目27科81种，鸟类16目47科189种，爬行类1目4科10种，

两栖类2目7科10种，鱼类2目4科5属6种；有维管束植物144科423属926种，其中蕨类植物26科38属66种，裸子植物5科16属19种，被子植物113科369属841种。区内植被垂直带谱明显，海拔1700～2000m为常绿阔叶林；海拔2000～2400m为常绿、落叶阔叶混交林；海拔2400～3000m为温性针阔混交林；海拔2600～3500m为寒温性针叶林；海拔3000～3500m为亚高山草甸、灌丛带。

森林植被构成了保护区生物景观的主体。针叶林带包括寒温性针叶林、温性针叶林、温性针阔混交林和暖性针叶林等植被型；阔叶林带包括落叶阔叶林、常绿—落叶阔叶混交林、常绿阔叶林和竹林等植被型；灌丛及灌草丛带包

括常绿针叶灌丛、常绿阔叶灌丛、落叶阔叶灌丛、常绿阔叶灌丛—灌草丛等植被型。

◎ **保护价值**

美姑大风顶自然保护区珍稀野生动植物种类丰富，残遗物种、狭域分布种以及地域性分化的种类较多。保护区维管束植物中，国家一级保护植物有银杏、红豆杉、南方红豆杉、珙桐4种，国家二级保护植物有狭叶瓶尔小草、连香树、西康玉兰、水青树、杜仲、天麻、油麦吊云杉、宽叶粗榧等8种，未确定级别而建议保护的植物尚有串果藤、峨眉凤仙花、白花凤仙花、三尖杉、水青冈、糙叶树、川八角莲、天师栗、山桐子、刺楸、大叶三七和赤杨叶、领春木、华

榛、麦吊云杉、大王杜鹃、紫茎等种类。另外，珙桐属、八角莲属、串果藤属、箭竹属和藤山柳属等11个属为中国特有分布属，珙桐、杜仲、水青树、麦吊云杉、大王杜鹃、紫茎、串果藤、红豆杉、猫儿屎和白花凤仙花等410个种为中国特有种，占保护区维管束植物总数的48.41%，这些中国特有植物成分对保护区植物区系影响直接而深远，它们是构成该地区森林、草坡、草甸及林下植被的重要成分；糙叶树属、泡花树属、栲属等18属为第三纪孑遗植物属，占保护区种子植物总属数的4.7%；美姑老鹳草、美姑灯心草、凉山香茶菜、金沙槭、金沙醉鱼草、大风顶玉山竹等属典型的地域性分化种类。在动物种类中，国家一级保护野生动物有大熊猫、川金丝猴、豹、云豹、林麝、羚牛、黑颈鹤、四川山鹧鸪8种；国家二级保护动物有黑熊、藏酋猴、猕猴、穿山甲、小熊猫、黄喉貂、水獭等29种；四川省省级保护动物有小䴙䴘、普通夜鹰、白喉针尾雨燕和横斑锦蛇4种。保护区特有种动物较多，其中：中国特有兽类20种，主要分布于我国的兽类有9种，两者共计29种，占保护区兽类总数的35.8%，特别是凉山田鼠目前仅分布在美姑大风顶自然保护区内；中国特有鸟类11种，占保护区鸟类的5.82%，特别是四川山鹧鸪，数量稀少，仅分布在凉山山系以美姑为中心的屏山、雷波、马边、甘洛等县；中国特有爬行动物5种；特有两栖动物9种。

美姑大风顶自然保护区是大熊猫凉山山系种群的集中分布区和腹心区，是凉山山系大熊猫种群交流的关键性地带，也是凉山山系大熊猫栖息地完整性不可或缺的部分，它与马边大风顶、越西申果庄、甘洛马鞍山和峨边黑竹沟自然保护区毗邻，构成了凉山山系大熊猫保护网络，在凉山山系的大熊猫及生物多样性保护上有着不可替代的地位，具有典型的代表性。保护区的植被保存了从常绿阔叶林到高山草甸的各种植被类型，凉山山系的常绿阔叶林区是古老的第三纪古热带和温带植物群的衍生物和植物种再度分化的起源地。保护区地处全球生物多样性保护25个热点地区之

一的中国西南山地地区，其自然综合体有重要的科学意义和保护价值。

美姑大风顶自然保护区东南与马边大风顶保护区接界，北面以与峨边的县界山脊为界，西北面与甘洛的马鞍山自然保护区相连，西面与越西的申果庄自然保护区接壤，只有在美姑县境内才与社区连接，具有较好的生境连接和自然封闭性。本保护区成立较早，1994年就成为国家级自然保护区，在树窝乡和龙窝乡境内还保存有较大面积的原始林生境。在依果觉乡凉北森工局施业范围内，由于砍伐较早，森林更新恢复好，现在人工林内都已有大熊猫活动，其余砍伐区的植被也在逐渐恢复，使保护区基本上保存了一定的自然性。保护区总面积范围内，不仅保护了凉山山系大熊猫的关键生境带（即美姑与峨边交界的椅子垭口区域和洪溪—挖黑的维核洛区域），避免了大熊猫栖息地的隔离，将凉山山系大熊猫连成了一个整体，使大熊猫能够自由的迁移和繁衍，同时也能满足其他珍稀野生动植物的生存需求，使它们在保护区内能得到有效的保护。

美姑大风顶自然保护区地处岷江和

大熊猫栖息地

金沙江上游支流地区，这里大面积的森林植被在调节当地气候、保持水土、涵养水源、稳定长江流域水资源、维持区域生态平衡等方面都起着非常重要的作用。在特殊区域环境的影响下，保护区保存了多种珍稀、孑遗生物，具有良好的生物多样性，是古老的第三纪古热带和温带植物群的衍生物和植物种再度分化的策源地，是全国自然生态系统保存较为完整的自然保护区与物种基因库，具有重要的科学研究价值。

◎ **功能区划**

为实行分类管理，做到重点突出，目标明确，根据国家有关法律法规以及保护区的性质、动植物分布、生态类型、人为活动、可持续发展等具体实际，将保护区区划为核心区、缓冲区、实验区 3 个功能区域。核心区面积 31087.5hm²，占保护区总面积的 61.39%；缓冲区面积 17185.0hm²，占保护区总面积的 33.93%；实验区面积 2372.5hm²，占保护区总面积的 4.68%。

◎ **科研协作**

美姑大风顶自然保护区相继接待了世界野生动物基金会美国生物专家麦金隆博士和英国生物学专家安德鲁·劳里博士，德国莱茵州林务官哈尔特·诺曼博士，世界野生动物学会的美国动物学家肯·约翰逊、世界雉类学会的卡尔博士等以及北京大学、四川大学、西华师范大学、中国科学院等部门的专家学者在保护区开展的植被、珍稀树种、大熊猫生境、大熊猫的分布与数量、雉类与生物多样性监测研究等调查或考察以及全国第一、二、三次大熊猫资源调查。2002～2003 年由四川大学、四川省林业科学研究院在保护区完成了保护区综合科学考察，使区内的资源现状基本清楚。2006 年 7 月，保护区在与中央民族大学生命与环境科学学院多次合作和友好协商的基础上，建立了中央民族大学四川美姑大风顶国家级自然保护区科研教学基地，随着基地的建立，必将对保护区的科研及保护管理工作起到积极的推动作用。

（美姑大风顶自然保护区供稿）

滥龙

救助大熊猫

大熊猫

龙溪河风光

四川 龙溪—虹口
国家级自然保护区

四川龙溪—虹口国家级自然保护区位于四川省都江堰市北部,地理坐标为东经103°32′~103°43′、北纬31°04′~31°22′,西北面与阿坝羌族藏族自治州的汶川县相接,东面与彭州市相邻,南与都江堰市紫坪铺镇接壤。距四川省省会成都市仅40km。保护区面积31000hm²;外围保护带面积11700hm²,含龙池森林公园、龙池镇及虹口乡管辖范围。是以保护大熊猫、川金丝猴、羚牛等珍贵稀有野生动物及其森林生态系统为主要任务的森林生态系统类型自然保护区。四川龙溪—虹口国家级自然保护区1997年经国务院批准成立并正式命名。

◎ 自然概况

龙溪—虹口自然保护区地处横断山北段川西高山峡谷这一世界生物多样性关键区域内,位于四川盆地向青藏高原的过渡带上,地质构造复杂,地质历史悠久,山峦起伏,坡陡谷深,气候温暖湿润,是目前世界上亚热带山地动植物资源保存最完整的地区之一。保护区属华夏地质构造体系,龙门山褶皱带中南部,在大地构造上属扬子准地台和青藏地槽区,地质构造复杂,区内从元古界到第四纪地层均有显露。从保护区北端光光山海拔4582m的最高峰到南端海拔850m的龙洞子,相对高差达3732m,为典型的高山峡谷地貌。光光山主峰为整体出露的黑色花岗岩,主峰附近还有许多角峰、刃脊、冰斗湖和"U"形谷等第四纪冰川遗迹。这些孤峰、断崖、冰斗是保护区内宝贵的地貌景观资源。保护区土壤类型及分布表现出明显的垂直带谱。海拔1600m以下,主要为山地黄壤带;海拔1600~2200m,主要为山地黄棕壤带;海拔2200~2800m,主要为山地棕壤和灰棕壤带;海拔2900~3500m,主要为山地棕色灰化土带;海拔3500m以上为高山草甸土带,土体呈暗棕色或灰棕色。保护区属四川盆地亚热带湿润季风气候区。其所在的龙门山脉横亘于盆地西北,形成了一道巨大的天然屏障,阻挡着暖湿气流的西进和北上,暖温气流随地势爬高凝结成雨,使整个龙门山地区成为四川省内降水量最多的地区,即著名的"华西雨屏"。年降水量1600~1900mm,云雾多、日照少、湿度大,年日照数仅800~1000h,年平均相对湿度在80%以上;气温偏低,且随海

光光山附近龙池湖

深溪大桥风光

拔增加而降低,年均温 10℃左右,1 月最低气温可达 −10℃,7 月最高气温为 25℃左右。保护区外围保护带南侧与岷江相邻,紧靠都江堰渠首工程。保护区内的主要河流有白沙河和龙溪河,均属岷江一级支流,是境内常年性自然河,两河支流多发源于主河道两侧山坡,呈树枝状或伞骨状,流入主河道。白沙河:发源于虹口乡光光山南麓,主河道由北至南纵贯保护区东部,至白沙镇入岷江,全长 49.3km。龙溪河:发源于龙池岗南麓,经龙溪场至楠木园汇入岷江,全长 18km。在海拔 4000m 以上地区,还残留有面积大小不一的冰斗湖。因从发源地到汇入岷江的流程短,落差大,形成了众多的瀑布和水流湍急的江面,阳光岩瀑布、深溪沟瀑布等远在十里开外便闻其声,近距离又可体验飞珠贱玉的美感。位于保护区西南侧坐落在群山环抱之中的龙池,海拔高度 1800m,枯水期水面面积约 4.22hm²,是区内最大的天然湖泊;群山拱卫的翡翠龙池,风光旖旎,湖光山色及其晴方潋滟调和着这人间瑶池的旷世之美。

龙溪—虹口自然保护区内已记录的高等植物有 208 科 1063 属 2510 种;其中被子植物 161 科 965 属 2254 种;裸子植物 10 科 31 属 86 种;蕨类 36 科 67 属 180 种;苔藓约 50 科 100 属 390 种。漫步在保护区内,可见到各种奇花异草,如似鸽子飞翔的珙桐花,五彩缤纷的杜鹃花,清香四溢的兰草以及柔软得让人不忍触摸的苔藓地被。保护区内动物种类繁多,有脊椎动物 586 种,包括哺乳纲 99 种,鸟纲 367 种,爬行纲 22 种,两栖纲 23 种,鱼纲 75 种。区内昆虫总数估计在 10000 种以上。

龙溪—虹口自然保护区内山、峰、石、林、花、水、峡、瀑等构成了姿态各异、四季不同的自然景观。既有险峰、茂林、古树、奇花,又有湖泊、溪流、峡谷、瀑布;既有高山流石滩、飞来峰构成的地质地貌,又有罕见的珍禽异兽。丰富的文化资源有悠久的水文化、茶马文化和神秘的龙池传说等。特别是从中山到高山地带分布了大面积的杜鹃,形成了完整的杜鹃群落垂直带谱,是保护区最有特色的景观资源。

◎ 保护价值

龙溪—虹口自然保护区主要保护对象为:大熊猫及其栖息地,金丝猴、羚牛等濒危野生动物及其栖息地;珙桐、连香树、水青树等孑遗植物及其生境;高山峡谷自然生态系统和自然景观。

国家一级保护野生动物有 13 种,除大熊猫、川金丝猴、羚牛外还有云豹、豹、林麝、黑鹳、金雕、胡兀鹫、斑尾榛鸡、雉鹑、绿尾虹雉、金斑喙凤蝶等;国家二级保护动物有小熊猫、猕猴、藏酋猴、

龙溪森林景观

飞水岩瀑布

犳等45种。同时，保护区还位于我国鸟类中画眉和雉类的现代分布中心。

保护区内以珙桐、水青树、连香树为代表的古老孑遗植物种类较丰富。属国家一级保护植物有珙桐1种，二级重点保护植物有篦子三尖杉、连香树、杜仲、四川红杉、峨嵋含笑、水青树等10种。另外，由于特殊的地理环境，使保护区内保存了许多起源古老，分布却十分狭小的本区特有种。如灌县复叶耳蕨、灌县杜鹃、灌县槭、笔竿竹等，成为保护区内具有特殊价值的遗传资源。

龙溪—虹口自然保护区内特殊的地理位置和气候的垂直分异，形成了保护区多样的植被类型。垂直带谱明显，自下而上可分为亚热带常绿阔叶林、常绿落叶混交林、落叶阔叶针叶混交林、亚高山暗针叶林、亚高山灌丛、高山草甸和高山流石滩稀疏植被。基带植被由于受人为活动影响，只在局部地段残存；其他植被带基本保持原生性或原始状态。

龙溪—虹口自然保护区堪称我国亚热带地区生物物种基因库，也是横断山北段生物多样性最丰富的区域之一，

1994年被中国科学院列为全国生物多样性"五大基地"之一。保护区在动物地理区系中系东洋界与古北界的过渡地带，属西南山地亚区、西部山地高原亚区、青海藏南亚区等九个动物地理区的过渡区。且位于大熊猫现代自然分布区狭长条状弧形带的中段，与世界著名的卧龙大熊猫自然保护区一江之隔，也是大熊猫栖息地的重要组成部分。其显著特点是直接联系着岷山山系和邛崃山系两个最大的大熊猫野生种群，是野生大熊猫生存和繁衍的关键区域和"天然走廊"。保护区的建立，不仅有利于大熊猫和其他珍稀濒危物种的保护以及亚热带山地生态系统的多样性保护，而且对于研究位于两大地貌、气候类型过渡地带的山地生态系统、动植物区系的发生和演化，生物多样性的形成和演化，也具有十分重要的意义。

◎ 功能区划

根据区域划分原则，结合龙溪—虹口自然保护区生态环境条件、植被类型组合和地域分异等特点，将保护区划分为三个功能区，即核心区、缓冲区和

实验区。核心区位于保护区北部，核心区面积为20300hm²，占保护区总面积的65.5%，其原生态特征十分明显。缓冲区面积3700hm²，占保护区总面积的11.9%。实验区面积7000hm²，占保护区总面积的22.6%。外围保护带包括龙池森林公园、龙池镇、虹口乡所管辖范围，外围保护带面积11700hm²。

◎ 科研协作

龙溪—虹口自然保护区先后与四川省林业厅、世界自然基金会（WWF）、中国科学院等单位签定并完成了龙溪—虹口国家级自然保护区大熊猫数量和生境监测巡查项目、大熊猫栖息地研究项目，2003年与世界自然基金会、都江堰市拉法基水泥有限公司签定了由拉法基水泥厂资助的保护区大熊猫巡护监测项目及社区宣传教育项目。2003年以来，每年完成由四川省林业厅统一安排的大熊猫巡护监测及社区调查项目，其技术规程为监测大熊猫数量变化和生境变化及社区状况提供了技术保障。2005年8月，野生大熊猫"盛林一号"在龙溪—虹口国家级自然保护区内成功放归

光光山风光

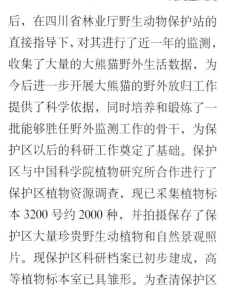

中山秋景

后，在四川省林业厅野生动物保护站的直接指导下，对其进行了近一年的监测，收集了大量的大熊猫野外生活数据，为今后进一步开展大熊猫的野外放归工作提供了科学依据，同时培养和锻炼了一批能够胜任野外监测工作的骨干，为保护区以后的科研工作奠定了基础。保护区与中国科学院植物研究所合作进行了保护区植物资源调查，现已采集植物标本3200号约2000种，并拍摄保存了保护区大量珍贵野生动植物和自然景观照片。现保护区科研档案已初步建成，高等植物标本室已具雏形。为查清保护区

内植物种类及其分布，编辑保护区植物名录，做了大量的准备工作。

龙溪—虹口自然保护区管理局十分注重自身能力的提高。2003年在英国野生动植物国际（FFI）资助及国内专家的指导下，完成了《龙溪—虹口自然保护区管理计划》的编写；保护区还组织了"摄影技术"和"大熊猫巡护监测技术操作"培训。为打开对外交流的窗口，学习先进的保护管理方法和技术，保护区先后派出20人次参加国家林业局、WWF、四川省林业厅等机构和自然保护组织在北京、陕西、成都等地举办的培训班和研讨会；先

后接待了来自美国、德国、印度、日本、加拿大、澳大利亚等国专家和自然保护人士50多人；接待来自中国科学院和全国各地十几所大学的专家、工作人员200余人；已经与WWF、FFI、美国哥伦布动物园、中国科学院植物研究所、中国科学院动物研究所、华东师范大学、北京林业大学、四川大学等国内外机构建立了良好的合作关系。

（龙溪—虹口自然保护区供稿）

攀枝花苏铁
国家级自然保护区

四川攀枝花苏铁国家级自然保护区地处我国西南川、滇两省交界的云贵高原西北部，位于攀枝花市西区、仁和区境内，保护区范围涉及格里坪和布德镇两个镇。地理坐标为东经101°32′~101°35′，北纬26°36′~26°38′。总面积1358.3hm²，是保护攀枝花苏铁这一珍稀濒危植物及其生态环境为主的野生植物类型的自然保护区。四川攀枝花苏铁自然保护区成立于1983年，因其在我国生物多样性保护方面具有典型性和代表性，1996年经国务院批准晋升为国家级自然保护区。

攀枝花苏铁雌花开放

◎ 自然概况

攀枝花苏铁自然保护区地质构造属四川地槽区，金沙江复背斜，出露地层多为震旦系灯影组石灰岩，次为奥陶系白云质石灰岩，另有极少量震旦系观音岩组砂岩（仅分布于彪水岩附近）。地震烈度7.5°。保护区位于金沙江与雅砻江的分水岭——沙鲁里山南端，属横断山南段高山峡谷的一部分。区内为沟谷深切的中山地貌，北面有丰家梁子横亘，纵列鸡爪梁子众多，悬岩陡壁四处可见。保护区地势西北高东南低，最高海拔2259.6m（团山包），最低海拔1120.0m（猴子沟与保护区边界交点），相对高差1139.6m。在保护区成立之前，由于攀枝花钢铁公司采石灰石矿，使用炸药爆炸开矿，加之机械采

攀枝花苏铁雌花含蕾

运大量矿石，使猴子沟右面山脊中上部山体整体左移下滑，填平了猴子沟近百米的溶沟，因此，现地形与原地形差异较大。保护区地处金沙江下游河谷地带，河谷深切，地势低凹，呈封闭状，焚风作用显著，气候干燥炎热。海拔1500m以下属南亚热带半干旱气候。据攀枝花市气象局资料，该区全年无冬季，夏季长达190天以上，年均温21℃，≥10℃积温7500℃，最热月均温27.6℃，极端最高温41℃，最冷月均温13℃，极端最低温0℃；年降水量800mm，雨量集中于6~9月，占全年降水量的92.0%；年蒸发量为年降水量的3倍以上，3~5月最干燥，相对湿度低于40.0%，干燥度1.5~3.5。海拔1500m以上，属中亚热带半湿润

攀枝花苏铁八雄花连放

攀枝花苏铁自然生境

气候，气候干热特征不太明显，年均温15～19℃，最冷月均温6～10℃，干燥度1.0～1.49，≥10℃积温5100～6000℃，年降水量800～1000mm。保护区内山高坡陡，多岩石裸露，气候炎热，雨量集中，干湿季分明，水土流失严重，故土壤发育年轻，其特点是物理风化大于化学风化，加之雨水的冲刷和堆积作用，土壤发育层次不明显，石砾、角砾含量高达75%，呈母岩反应，pH值7.3～8.1，肥力中下。在成土母质（石灰岩）、气候、植被、地形和人为活动的综合作用下，土壤形成了具有较为明显的垂直地带性特征。海拔1500m以下分布红色石灰土，海拔1500m以上分布棕黄色石灰土。保护区南临金沙江，东临金沙江支流巴关河，属长江水系。

金沙江该段最大流量4430.0m³/s，最小流量450.0m³/s。巴关河源于攀枝花市同德乡橘子坪，全长28.0km，由于中上游拦河提灌，旱季基本无水流。保护区内沟谷纵横，长度2.0km以上的仅有弯沟箐、硝厂沟、猴子沟3条，由于岩体裂隙多且深，土壤蓄水力低，故旱季无水流，而地下水则较丰沛，含水深度100～300m，浅泉眼5口，其中彪水岩2口，水流量分别为3.1L/s和2.4L/s；弯沟箐1口，水流量40.0L/s；老熊沟1口，水流量10.0L/s；蚂蟥湾1口，水流量2.0L/s。泉水水质较好，可直接饮用，是周边农田灌溉的命脉。

攀枝花苏铁自然保护区热量丰富，土壤独特，地形复杂，气候垂直带明显，故植物资源较丰富，种类较多。据初步调查，区内有高等植物88科182属248种，其中种子植物76科166属227种，蕨类植物5科9属14种，苔藓类植物7科7属7种。保护区植被属盆地西南缘山地干性常绿松栎林区与金沙江、雅砻江、安宁河干热河谷稀树灌木林小区。除攀枝花苏铁外，还有龙棕、栌菊木等国家和省级保护物种。云南梧桐因数量稀少，在20世纪80年代被列为国家二级保护植物，目前保护区有约500余株野生云南梧桐自然分布。由于保护区面积小，周边工农业发达，人为活动频繁，区内野生动物资源贫乏。据初步调查，保护区内脊椎动物共有15目32科88种，其中：两栖类仅有1目2科5种，爬行动物1目3科9种，鸟类7目21科61种，兽类6目9

云南梧桐

攀枝花苏铁自然生境

科13种。这些动物被列入国家二级保护的有鸢、雀鹰、红隼、游隼、红腹角雉、白腹锦鸡、穿山甲、小灵猫9种，被列入省重点保护的动物有中华鹧鸪、鹰鹃、星头啄木鸟、豹猫4种。另外，保护区内还有西南横断山特有种滇蛙、华西雨蛙、裸耳龙蜥、红腹角雉、白腹锦鸡等8种。

攀枝花苏铁国家级自然保护区地处金沙江干热河谷，海拔落差大，气候垂直带明显，从下至上为南亚热带半干旱气候至中亚热带半湿润气候，植被由干热河谷稀树灌丛至常绿阔叶林过渡，具有明显的干热河谷植被垂直带谱性。地质地貌为岩溶喀斯特地貌，区内有地下水天然出口、天然岩洞及奇峰异石。每年3~6月，攀枝花苏铁花成片开放，蔚为壮观；每年7~8月份，百合等野生花卉四处开放，生机盎然；每年9~10月份，攀枝花苏铁种子成熟，更显华丽富贵。保护区地处金沙江干热河谷，干湿季分明，冬季阳光明媚，为有名的太阳城。

◎ 保护价值

我国现存苏铁属的种类约有16种，其中已有资料记载的有14种，分布于台湾、华南及西南各省区，其中零星或小面积天然分布的仅有台东苏铁、滇南苏铁、叉孢苏铁、贵州苏铁、篦齿苏铁、宽叶苏铁、少刺苏铁、叉叶苏铁、多歧苏铁等几种苏铁。在1997

年世界自然保护同盟（IUCN）编制的《世界受威胁植物红皮书》中，苏铁目植物中82%的种类都被收入其中，列为重点保护对象。苏铁也被《濒危野生动植物种国际贸易公约》（CITES）列入附录中，禁止非法进出口。在我国，苏铁属所有种作为国家一级保护植物已于1999年被列入《国家重点保护野生植物名录》。2001年启动的"全国

与石抗争的攀枝花苏铁

攀枝花苏铁雌花结实

泸菊木

野生动植物保护及自然保护区建设工程"中，苏铁被列为15大重点保护物种之一。攀枝花苏铁是1971年发现的苏铁新种，1981年才正式定名，1984年被列入我国第一批珍稀濒危保护植物名录，攀枝花苏铁对于研究我国横断山脉植物区系的发生和发展以及古生物、古生态、古气候、古地质、古地理和种子植物的起源和演化都具有十分重要的地位，与大熊猫、恐龙并称"巴蜀三宝"。区内的攀枝花苏铁是我国乃至亚洲自然分布纬度最北、面积最大、株数最多、分布最集中的天然苏铁林，属于世界性珍稀濒危孑遗物种，是植物界的"活化石"。区内有攀枝花苏铁234776株，其中攀枝花苏铁成树136087株，幼树56495株，幼苗42194株。

◎ 管理状况

为使保护区内攀枝花苏铁得到有效保护，进一步提高保护区保护管理水平，完善监测、科研、宣教、防火、防病等基础设施建设和社区发展建设，为保护区的长远发展提供一个指导性文件，攀枝花苏铁国家级自然保护区管理处分别于1997年、2000年、2002年委托四川省林业勘察设计研究院会同有关单位，按照国家对自然保护区保护管理的要求，编制了《四川攀枝花苏铁国家级自然保护区总体规划设计》《四川攀枝花苏铁国家级自然保护区基本建设可行性研究》《四川攀枝花苏铁母树林及人工培育基地建设项目可行性研究》等，并于2001～2005年进行了保护区一期基本建设，使保护区内以攀枝花苏铁为主的珍稀动植物得到有效保护，加快了保护区的建设步伐，使保护区的保护管理更加科学化，基础设施建设更加现代化，以逐步实现保护区的有效保护管理和可持续发展。

（攀枝花苏铁自然保护区供稿）

龙棕

四川 若尔盖湿地
国家级自然保护区

四川若尔盖湿地国家级自然保护区地处青藏高原东缘，位于四川省阿坝藏族羌族自治州若尔盖县境内，范围涵盖辖曼、唐克、嫩哇、红星、阿西和班佑6个乡及阿西、辖曼、向东、分区5个国营牧场。地理坐标为东经102°29′～102°59′，北纬33°25′～34°00′。东北部、东南部为核心区，南部为缓冲区，西部为实验区。保护区东西宽47km，南北长63km，总面积166570.6hm²，是以保护黑颈鹤、白鹳等珍稀野生动物及高原沼泽湿地生态系统为主要保护对象，集生物多样性保护、科学研究、宣传教育、生态旅游和可持续利用为一体的综合性湿地生态系统类型的自然保护区。若尔盖湿地自然保护区于1998年经国务院《国函[1998]68号》文件批准为国家级自然保护区。

若尔盖湿地风景之一

若尔盖湿地风景之二

◎ 自然概况

若尔盖湿地地处龙门山北东向构造线、大雪山北向西构造线和秦岭东西向构造线交汇的三角地带，属于秦岭东西向构造与岷江南北向构造之间的过渡地带。岩层在山峰及丘顶少数地方有出露，在保护区的北面，地层出露较为齐全，包括前志留系、志留系、泥盆系、石炭系、二叠系、三叠系、侏罗系、白垩系和第四系地层。保护区为高原浅丘沼泽地貌。区内丘陵断续分布，丘顶浑圆，相对高度一般不超过100m。丘间开阔，地势平坦，开阔度2km以上，一般5～6km，最宽达20km。丘间沟壑纵横，蜿蜒迂回，流水不畅，形成大面积的沼泽地和牛轭湖，湖群洼地主要分布在哈丘湖、错拉坚及嫩洼一带。由于气候寒冷，沼泽植被生长良好，植物残体分解缓慢，因而沼泽地泥炭层堆积深厚。保护区属黄河水系，西面离黄河30km。主要河流是黑河（墨曲）及其支流达水曲。黑河从东南至西北纵贯全区，北注黄河，达水曲发源于若尔盖县阿西乡，贯穿保护区的核心部分，哈丘湖、措拉坚、拉隆措等主要湖泊及其周围的沼泽集中在达水曲流域。区内河流迂回曲折，河曲发育，河床比降仅2%～5%，水流平稳缓慢，流速0.1～0.3m/s。区内牛轭湖较多，较大的有哈丘湖、措拉坚湖、拿龙措湖3个，面积分别为6.6km²、2.6km²和1.5km²，湖泊沼泽化明显，

若尔盖高原沼泽湿地

鸟瞰若尔盖湿地

水质浑浊，腐殖质含量较高。由于地表平坦低洼，水流不畅，形成大面积沼泽，沼泽的发育与水文条件密切相关，河溪下切越深，疏干宽度越大，沼泽发育就越小。有的地段人、畜不能通行，但为水生动物特别是水禽提供了良好的栖息场所。地下水主要是第四系松散堆积层孔隙水，无深层承压水，潜水主要含于第四系松散地层中，有冲积、洪积、坡积潜水。沼泽中的潜水距离地面小于1m。闭流、伏流、伏流宽谷中大面积常年积水，谷的两侧潜水位仅0.5～1m，雨季慢升至地面。保护区北边的317号公路沿线为扇前溢出带，地理水位接近或高于地表。潜水呈带状溢出，个别的泉源出露。潜水在洪积、坡积物前端成带状或泉源溢出，有的直接

补给沼泽，有的流出地表，汇成小溪再流入沼泽，涌水量一般为0.2～1.0L/s，流量不稳定。若尔盖湿地属高原温带湿润季风气候区。气候特点是：冬季寒冷干燥，多大风，日照强，降雪少，昼夜温差大。春季气候回升缓慢，倒春寒频繁，解冻期长；秋季季风雨热同期，气温较高，降雨集中。年平均气温0.7℃，最热月7月平均气温10.7℃，最冷月1月平均气温－10.7℃，气温年相差为21.4℃，历年极端最高温24.6℃，极端最低温－33.7℃，年降水量493.6～836.7mm，年平均降水量656.8mm，相对湿度78%；日照时间长，辐射强度大，年日照时数为2573h；秋天多东北风，冬天多西北风，平均风速2.4m/s，最大风速40m/s，

年大风日数多达70天；灾害天气主要有干旱、冰雹和大风。保护区内出露地层主要是三叠系板岩、页岩、千枚岩及第四纪沉积物，成土母质主要有湖相沉积母质、冲积母质、洪积母质、坡积母质、残积母质。在气候、生物、地形和时间等成土因素的作用下，发育成为沼泽土、亚高山草甸土、高山草甸土、生草冲积土、风沙土及人工草地土壤。

若尔盖自然保护区内野生动物资源较丰富，共有野生脊椎动物22目44科93属，其中鱼类15种，两栖类3种，爬行类3种，鸟类85种，兽类24种，昆虫及其他无脊椎动物88种。保护区内鱼类均为鲤形目，共15种，分属2科6属。具有重要经济价值的有花斑裸鲤、骨唇黄河鱼等6种。区内两栖爬行

动物有中国林蛙、岷山蟾蜍、倭蛙3种；爬行动物有红原沙蜥、高原蝮、秦岭滑蜥3种。保护区内鸟类隶属于14目26科62属，古北界51种，东洋界5种，广布种14种，古北界种类占明显优势。鸟类区系组成具有青藏高原的典型成分，如黑颈鹤、棕头鸥、雪鸽等；水域鸟类主要由鸭科、鸥科、鹬科和鹡鸰科组成；优势种有红脚鹬、普通燕鸥、赤麻鸭等。沼泽鸟类优势种为长嘴百灵；草甸灌丛鸟类优势种为褐背拟地鸦、黄嘴朱顶雀等。在保护区北面的热尔大坝，猛禽和腐食性鸟类的数量多，常见的有鸢、大鵟等；灌丛鸟类常见的有赭红尾鸲、麻雀等。保护区居住型鸟类主要由部分雀形目留鸟和夏候鸟组成，如黑颈鹤、白眼潜鸭等；半居住型鸟类主要是部分鸭类和鸥类，如普通燕鸥、赤麻鸭等；觅食型鸟类主要是一些活动范围广的猛禽，包括隼形目、鸮形目和鸦科的部分鸟类。鸟类中列为国家一级保护的有黑颈鹤、白鹳、黑鹳、金雕、玉带海雕、白尾海雕、胡兀鹫7种；国家二级保护的有大天鹅、小天鹅、灰鹤、草原

雕、高山兀鹫、猎隼、蓝马鸡、雕鸮等16种；四川重点保护的有6种；属《中日保护候鸟及栖息环境协定》和《中澳保护候鸟及其栖息环境协定》中的鸟类有30种；属国家和国际间保护的鸟类共有49种。鸟类中属于我国特产种的有蓝马鸡、黑颈鹤等7种。

保护区内兽类属古北界的有21种，东洋界3种，分属于5目12科20属。其中食肉目13种，偶蹄目和啮齿目各有4种，兔形目2种，食虫目1种。属国家二级保护的有水獭、荒漠猫等7种，其中水獭和藏原羚数量较大；有益的或有重要经济科研价值的兽类有狼、赤狐等13种；有一定危害的种类有黑唇鼠兔、根田鼠等4种。

若尔盖自然保护区内共有维管束植物50科115属362种，其中蕨类植物1科1属2种，被子植物49科164属360种。此外还有藻类植物1科1属1种。区内植物中，伞形科小芹属的紫茎小芹和玄参科细穗玄参是中国特有种，也是横断山区的特有种。细穗玄参和掌叶大黄是濒危种。保护区内的植被类型随海

拔高度呈现垂直分布规律，从谷底湖边至山顶依次为沼泽植被、沼泽草甸、高山草甸和高山灌丛。区内植被的主要类型是由嵩草属、薹草属、羊茅属、甜茅属诸种形成的高山草甸或沼泽草甸，常见伴生种有蓼属、马先蒿属、毛茛属、翠雀属、龙胆属、黄芪属、棘豆属、紫菀属及橐吾属植物。保护区沼泽植被发育茂盛，共有9种植物群落：芦苇—水甜茅群落、肥状薹草群落、毛果薹草—睡菜群落、毛果薹草—狸藻群落、木里薹草—狸藻群落、木里薹草—条叶垂头菊群落、乌拉薹草—眼子菜群落、龙顺眼子菜群落、藏嵩草—驴蹄草群落。灌丛群落类型仅分布于保护区东南部丘陵中上部，主要是以小叶柳、紫丁杜鹃、金露梅、忍冬等组成的群落。

◎ 保护价值

若尔盖自然保护区拥有丰富的自然资源，秀丽的高原风光和宜人的景色，又位于具有浓厚藏族文化的少数民族地区，栖息着众多的野生动物，尤其是众多的珍稀水禽，具有重要的美学、文化

若尔盖高原沼泽湿地

若尔盖湿地风景之三

若尔盖湿地风景之四

鸟瞰若尔盖湿地——花湖

湿地鸟类

价值和科研价值。区内有面积约20hm²的麦多湖和哈丘湖、措拉坚湖、隆哈木湖、纳洛乔沼泽和纳勒乔沼泽等，自然生态景观十分美丽。

若尔盖湿地是世界上最大的一片高原活泥炭沼泽，面积约4000km²。湿地沼泽的泥炭分布面积达5000km²，泥炭最深处达38m，平均深度达10m，总储量70亿m³，蓄水可达56亿m³，加上湖泊草甸的蓄水，总蓄水量100亿m³。若尔盖湿地也是大气重要的碳汇地，对减少大气二氧化碳等温室气体浓度，降低温室效应，稳定气候等具有重要的作用。

◎ 功能区划

若尔盖湿地自然保护区分为核心区、缓冲区、实验区3个部分。其中核心区分为两片，两片之间通过缓冲区有机相连；核心区总面积为48672.9hm²，占保护区总面积的29.22%。缓冲区位于核心区的四周，将核心区与保护区区界及实验区相隔，面积为73990.7hm²，占保护区面积的44.42%。实验区位于保护区的西部，面积为43908hm²，占保护区面积的26.36%。

（若尔盖湿地自然保护区供稿）

935

四川 贡嘎山 国家级自然保护区

四川贡嘎山自然保护区地处青藏高原东南缘，地理坐标为东经101°29′～102°10′，北纬29°01′～30°08′，行政区划范围位于甘孜藏族自治州的康定县、泸定县、九龙县和雅安市的石棉县境内。保护区总面积为409143.5hm²，属森林生态系统类型自然保护区，以保护高山森林生态系统、生物多样性与自然景观为主。1997年12月经国务院批准成立国家级自然保护区。

◎ 自然概况

贡嘎山自然保护区地质构造处于青藏（微）板块与扬子板块的交接带。境内东北向和西北向两组断裂发育，并彼此交织形成一菱形断块。本区地貌格局深受大地构造的控制，青藏板块与扬子板块的挤压，以及新构造运动强烈的差异性断块抬升，形成了区内山脉河流的相向排列和南北走向，并造就了本区以高山峡谷为主的地貌。区内最低海拔1400m，最高海拔贡嘎山主峰7556m，高差6156m。保护区属亚热带季风气候区。但由于青藏高原的隆起，影响并改变了环流形势，形成了一个独特的气候类型：干湿季分明，垂直分带明显，贡嘎山主脊线东西坡气候差异显著。保护区由于地形地貌条件复杂，生物、气候要素区域差异明显，因而发育了多种多样的土壤类型，且肥力状况差异显著，在空间分布上具有明显的地域差异性和垂直分异性特征。保护区处于大渡河和

贡嘎云海

雅砻江之间，绝大部分属于大渡河水系。区内河流多、密度大。保护区植物区系具有区系成分起源古老，物种分化显著，特有种丰富，地理成分混杂，替代现象明显的特点。区内喜马拉雅植物区系、中国—日本植物区系、泛北极植物区系与亚热带植物区系占据着不同地域和海拔高度，并彼此交汇渗透。贡嘎山自然保护区是中国西南山地动植物种类最丰富的地区之一。根据有关资料分析，区内有维管束植物185科869属2500种。其中，蕨类植物29科51属120种，种子植物156科818属2380种。保护区巨大的谷岭高差和东西环境条件的差异，形成了完整而复杂的植被带谱以及东西坡垂直带谱结构的差异。

贡嘎山自然保护区动物资源丰富、组成复杂，并以森林动物和高山动物为主要特征。据调查，这里野生脊椎动物有70科322种。其中，兽类21科60种，鸟类40科266种，爬行类4科22种，两栖类5科14种。兽类中属国家一级保护动物有白唇鹿、马鹿、林麝、马麝、羚牛、大熊猫、雪豹7种；国家二级保护动物有小熊猫、毛冠鹿、白臀鹿、水鹿、盘羊、豹、云豹、金猫等19种。鸟类中属国家级保护的动物有红腹角雉、绿

贡嘎山西坡景色之一

贡嘎山西坡景色之二

林中湿地

原始森林与温泉

尾虹雉、藏马鸡、藏雪鸡、血雉、白腹锦鸡等。另外，在我国99种特产鸟类中，四川占58种，贡嘎山保护区就有30种。贡嘎山是一个自然景观的综合体。其景观类型包括了现代冰川和古冰川遗迹、原始森林、野生动物、温泉、高山湖泊、雪峰等。

花彩雀莺

红花五味子

◎ 保护价值

贡嘎山自然保护区是以保护高山生物多样性及自然景观为主的自然保护区，其主要保护对象为：以大雪山系贡嘎山为主的山地生态系统，包括区内的森林、草地、湿地、高山流石滩、荒漠等多个生态系统类型；以白唇鹿、马鹿、林麝、马麝、羚牛、大熊猫、雪豹、小熊猫、黑颈鹤、绿尾虹雉为代表的珍稀野生动物资源和以康定木兰、四川红杉、连香树、油麦吊云杉等为代表的珍稀野生植物资源；以海螺沟低海拔现代冰川为主的各种自然景观资源。

生物多样性保护价值：贡嘎山属横断山脉著名的极高山区，拥有从亚热带到寒带的山地自然垂直带谱，生物区系和生物地理成分复杂，古老、特有、珍稀物种丰富，属国家保护的动物30余种，植物20余种，各种资源植物种类繁多。

科学研究价值：贡嘎山这一高山自然综合体处于青藏高原与四川盆地的过渡地带，各种自然地理过程不仅表现出了典型性，同时还表现了过渡性、混合性和复杂性，是开展高山生态系统观测研究的理想场地，是深入了解贡嘎山区及横断山区各种自然地理现象和过程，监测区域环境动态最理想的区域，可为深入研究青藏高原形成及演变，探索贡嘎山的隆起抬升与青藏高原的形成演变关系提供依据。通过对贡嘎山垂直梯度的生物气候、土壤及水文、大气质量，以及不同自然垂直带中自然生态系统结构、功能特征等的长期观测研究，可为

四川雉鹑

亮叶杜鹃

山地生态学、山地气候学、山地土壤学、山地水文学、山地环境学的形成及变化和全球气候变化提供有价值的依据。

景观价值：在景观组成上，本区共有现代冰川71条，冰川面积290km²，其中较大的6条，皆由主峰向四面辐射状分布。冰川除其特殊结构显示的景观如粒雪盆、冰瀑布、冰川舌外，还有冰川运动、冰川消融、冰川侵蚀所形成的微景观，如冰裂缝、冰面湖、冰洞等。植物物种丰富、区系成分复杂、植被垂直带谱完整具有丰富的以森林和高山动物类型为主的野生动物资源、20余处温泉和50余个高山湖泊。

生态价值和社会价值：贡嘎山地区生态环境的好坏，对四川省乃至长江中下游地区影响很大。贡嘎山地区大面积现代冰川，是长江水源的重要组成部分，高大的贡嘎山山脉，对区域气候也产生很大影响。

◎ 功能区划

按照有利于保持森林生态系统的完整性，有利于自然资源及生态环境的保护管理，有利于开展生物及环境科学研究，有利于资源的合理开发利用，实现保护区的可持续发展等原则，将保护区

划分为核心区、缓冲区、实验区3个功能区。核心区面积225105hm²，占总面积的55.02%。主要功能在于保护山地自然生态系统、高山生物多样性和独特的自然景观，保护珍稀野生动植物及其栖息地，境内山地自然垂直带谱在区内得到较完整的反映，从温带到寒带垂直带谱齐全明显完整。缓冲区面积67702.6hm²，占保护区总面积的16.55%。缓冲区可以保护核心区免遭外界干扰和破坏，同时也是珍稀野生动物的良好栖息地，在扩大和延伸保护动植物的生存区域和活动范围上意义重大，其重要保护物种在缓冲区内同样受到严格保护。实验区面积11633.9hm²，占总面积的28.43%。在核心区和缓冲区的外围，起到对核心区更大的缓冲和保护作用，也是保护区与周边社区联系的纽带。

（贡嘎山自然保护区供稿）

四川 王朗 国家级自然保护区

四川王朗国家级自然保护区位于中国四川省绵阳市平武县境内，与世界闻名的九寨沟、黄龙寺自然遗产地并背相连。地理坐标为东经103°55′～104°10′、北纬32°49′～33°02′，总面积32297hm²，是我国最早建立的以保护大熊猫等珍稀野生动植物及其栖息地为主的野生动物类型自然保护区之一。王朗自然保护区始建于1965年，2002年经国务院批准晋升为国家级自然保护区。"王朗"是藏语的音译，即放羊的地方，与王朗管理处所在地"牧羊场"相吻合。

◎ 自然概况

王朗自然保护区地处横断山北缘的川西高山狭谷地区，青藏高原与四川盆地的结合部。地势由西北向东南倾斜，属深山切割型山地，峰峦叠嶂，山高谷狭，溪流纵横，也构成了王朗沿线的奇丽风景，尤其是以王霸楚下的鬼门关地带最为险峻。保护区的土壤分布与基岩及水热条件的垂直分布密切相关。海拔由低到高依次分布有山地棕壤（2300～2850m）、山地暗棕壤（2600～3500m）、亚高山草甸土（阳坡海拔2300～3500m）、高山草甸土（3500～4000m）、高山流石滩荒漠土（4000m以上）。该区属丹巴—松潘半湿润气候，受季风的影响，干湿季节明显，年降水量859.9mm，主要集中在5～8月份。由于王朗地处高海拔地区，其平均温度低，年均温度2.9℃，7月平均气温12.7℃，1月平均气温为

原始林

−6.1℃，极端最高温26.2℃，极端最低温−17.8℃。

王朗自然保护区分布有许多国家重点保护的野生动物如大熊猫、金丝猴、林麝、羚牛等，优良的自然环境为它们提供了舒适的家园，使得它们能在王朗保持无忧无虑的生活。据调查，在王朗境内活动的大熊猫有27只左右，密度以长白沟区域为最大。王朗还有包括绿尾虹雉、斑尾榛鸡、雉鹑、血雉、红腹角雉等大型雉类，是珍稀鸟类生存的天堂。王朗因特殊的地理位置与生态环境，承载了多种该区特有的珍稀物种，如四川毛尾睡鼠、四川林跳鼠、黑喉歌鸲、棕头歌鸲，近年来仅在王朗发现这些动物的踪迹，王朗是这些珍稀动物的良好庇护所。王朗自然保护区植物资源丰富，拥有大面积的原始森林，主要树种有冷

大窝凼长坡

冬季的草坡（大面积云冷杉林）

杉、云杉、红桦、糙皮桦、方枝柏、杜鹃等。其中独叶草、星叶草、四川红杉等为国家二级保护植物，且为孑遗种；冷杉、云杉群落为该区的顶级群落；有众多种类的珍贵中药材，如冬虫夏草、天麻、贝母、细辛、大黄、黄精等。有野生果树及食用植物33种，如碎米荠（山根菜）、楤木（刺龙包）、卵叶韭（鹿耳韭）、空筒菜、野山楂、沙棘等。

王朗自然保护区的植被群落以典型的亚高山暗针叶林为主，如竹根岔的大草坪和大窝凼正沟均能很容易地看见原始的针叶林；高山草坡和林间草坪也是具游览价值的群落，如大窝凼的"金草坡"，正沟的一道坪、二道坪等以及竹根岔的大草坪；高山草甸、流石滩植被，其观赏时期为5～10月，最佳日期为9月，层林尽染，红叶飘落，极为壮观。

而到了冬春季节，茫茫大雪为人们提供了冬季旅游的好去处；王朗的周边还生活着一支古老而独特的白马民族，其语言、风俗、历史文化有别于其他任何民族，并保留了原始、古朴的文化传统，与自然风光一起构成了独具特色的生态旅游景区。

◎ 保护价值

王朗自然保护区地处岷山山系腹心地带，属全球生物多样性核心地区之一的喜马拉雅—横断山区，保持了典型的自然生态系统，其多样性、稀有性、代表性、原始性名扬中外。由于王朗保护区动物地理上处于古北界和东洋界分界线的南侧，为青藏高原东南角，加之北面为高大的龙门山系，西北为岷山山脉，南为摩天岭，使保护区处于高山环抱的崇山峻岭之中，保护区沟谷开口于东，一条独路自此通行。保护区中生活着大量珍稀濒危保护植物和国家重点保护的野生动物，植物有星叶草、独叶草、天麻；动物有大熊猫、金丝猴、蓝马鸡、羚牛等，从而使这里因有显著的稀有性和感染力被列入"中国生物多样性保护行动计划"中应予优先保护的森林生态系统保护区。

王朗自然保护区的动物和植物区系南北渗透明显，第四纪冰川期间动、植物向南退缩，在这里找到了合适的避难所，间冰期动植物向北扩展。这里的动物和植物成分复杂而古老，原始的孑遗种类、特产种类丰富，集原始性、复杂性和演化中心特点于一体，成为了世界生物学家关心的热点地区之一。

大熊猫是王朗自然保护区最主要的

岩羊

大熊猫

王朗豹猫

保护对象，资源异常丰富，1998 年调查计有大熊猫 27 只左右，种群密度达到 0.19 只 / km²，位居全国大熊猫保护区之首，大熊猫栖息地面积 15770hm²。尤为重要的是，王朗不仅在于本区域大熊猫资源丰富，栖息地环境优越，而且是我国现存最大野生大熊猫种群——岷山 A 种群的核心组成部分，更是连接九寨沟、松潘、平武、北川等 4 个县大熊猫栖息地的关键节点。王朗保护区的存在，将九寨沟、白河、白水江、唐家河、小河沟、黄龙寺、泗洱、片口、小寨子、白羊、勿角等 11 个保护区有机地连成了一体，构成岷山山系一个总面积达 3274.79km² 的保护大区，使 200 余只大熊猫个体能够得到集中保护，使岷山山系保护区网络的生态保护功能因此得到更加有效的发挥。有人曾亲眼看到王朗的大熊猫翻越 4300m 的垭口到黄龙保护区去。经历了大熊猫主食竹开花等多种不利局面后，通过大量的保护管理措施，王朗大熊猫的数量在不断的恢复。目前王朗大熊猫主要分布在长白沟、解放沟、机械工棚沟、水闸沟等较低海拔区域。

◎ 功能区划

王朗国家级自然保护区分为核心区、缓冲区、实验区。核心区面积为 28202.0hm²，占保护区总面积的 87.32%，该区不允许旅游等生产经营活动；缓冲区 2587.5hm²，占保护区总面积的 8.01%，可进行有组织的科研考察等活动。沿公路两侧 50m 内为实验区，面积 1507.5hm²，占保护区总面积的 4.67%，能够从事生态旅游、参观考察等活动。

◎ 科研协作

王朗自然保护区在各级政府和林业主管部门的长期支持下，逐渐建立了信息交流的平台和科研合作机制，提高了自身的管理决策水平，增加了自身的可支配收入。通过参与项目，职工的能力建设得到加强，王朗保护区的形象和当地知名度得到提高，从而促进了其他工作的开展。保护区建立以来，先后与中国科学院、北京大学、四川大学、四川省林业科学研究院以及美国宾州大学等

王朗的冬季　　　　　　　　竹根岔沟尾草坪

高山风光

国家一级保护植物——星叶草

王朗风光（许总拍摄）

国内外研究机构开展合作，进行了各项研究调查，为保护区进行科学规划和管理提供了依据。目前已经成为北京大学、四川大学、中国科学院成都生物研究所、绵阳师范学院的野外工作站和教学实习基地。在科研合作中，王朗自然保护区努力给研究人员提供良好的工作环境，最大限度地满足他们的要求，并协调参与具体项目。王朗自然保护区已建立了共享的信息数据库，以科研吸引科研，使科研合作走上了良性发展的道路。近年来，王朗自然保护区与世界自然基金会（WWF）、保护国际（CI）、国际爱护动物基金会（IFAW）、德国技术合作公司（GTZ）等保护组织保持着密切联系。

蓝马鸡

红花杓兰

黄花杓兰

◎ 管理状况

王朗生态旅游是基于保护的小规模、负责任的旅游活动，它提高当地社区的经济水平，促进外界参与大熊猫保护机制的建立。

王朗的生态旅游项目在资源评估、规划设计、设施建设、具体接待、解说培训、认证等方面得到了国际专家的指导，积累了许多实际的经验教训，已经成为生态旅游的示范和培训基地。在王朗生态旅游项目开展过程中，培养共识、加强能力建设和推广交流实际经验成为推动王朗生态旅游项目成功开展的核心活动。国际国内生态旅游市场已经打开，目前已经成功地接待了英国发现探索旅行团、云南海外旅行团、新西兰团以及国际散客等数批生态游客，并与四川的多个国际旅行社建立了长期的合作关系。生态旅游的成功开展已经成为王朗自然保护区展示保护与发展协调进行的窗口。它促进了王朗自然保护区基础设施建设的改善，带动了天然林停采后周边社区经济的发展，所收入的资金直接促进了监测巡护等保护工作的开展，通过项目提高了保护区和社区的能力。为推广与国际接轨的生态旅游项目，2002年，王朗初步通过了澳大利亚生态旅游认证，并于今年启动了"绿色环球21"的国际权威生态旅游。

（王朗自然保护区供稿）

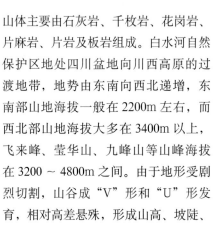

白水河
国家级自然保护区

四川白水河国家级自然保护区地处成都平原西北部，龙门山脉中南段，东与德阳市九顶山自然保护区相连，北与汶川县交界，西与四川龙溪—虹口国家级自然保护区接壤。地理坐标为东经103°41′~103°57′，北纬31°10′~31°29′。保护区总面积30150hm²，属森林生态系统类型自然保护区。白水河自然保护区于2002年7月由国务院批准晋升为国家级自然保护区。

◎ **自然概况**

白水河国家级自然保护区地理上位于龙门山褶皱带的中南段，映秀断裂带从其境外通过，成为龙门山褶皱带与四川中台坳两地质构造单元在彭州市境内的分界线，形迹清晰明显。区内地层分布大致以西北部为古生带地层，东南部为中生代三叠纪变质岩系地层，东南边缘有三叠纪煤系地层和其他金属地层。

山体主要由石灰岩、千枚岩、花岗岩、片麻岩、片岩及板岩组成。白水河自然保护区地处四川盆地向川西高原的过渡地带，地势由东南向西北递增，东南部山地海拔一般在2200m左右，而西北部山地海拔大多在3400m以上，飞来峰、莹华山、九峰山等山峰海拔在3200~4800m之间。由于地形受剧烈切割，山谷成"V"形和"U"形发育，相对高差悬殊，形成山高、坡陡、

谷窄的地貌特征。白水河自然保护区的河流属沱江水系湔江上游。本区河流主要有银厂沟、龙漕沟、牛圈沟等，汇集区内50余条岔沟之水注入湔江，湔江流经境内20km余。据有关水文资料，湔江年均流量26.3m³/s，枯水期（12月至翌年3月）流量为2.11m³/s，最大洪水流量（8~9月）为4490m³/s；河道落差大，水流湍急，终年不断，是成都平原重要的水源涵养地。白水河自然保护区属亚热带湿润气候区，气温垂直分异明显，形成山地垂直气候带，随海拔由低到高分别为北亚热带、山地暖温带、山地中温带、山地寒温带、山地亚寒带。降雨量多，降雨集中，多暴雨，冬季以固态降水为主，年均降水量966.9mm，年均蒸发量980mm左右。雨日多，日照少，湿度大，年日照时数1300~1400h，年无霜期278天。全

白水河景观之一

白水河景观之二

区年平均气温 12.3℃，极端最高气温 29.8℃，极端最低气温 5.1℃，区内气候适宜大熊猫可食竹生长。

◎ 保护价值

白水河自然保护区自然资源和人文资源异常丰富。保护区所在的中国西南山地被列为全球 25 个生物多样性热点区域之一，是全球生物多样性最为丰富的温带森林生态系统；中国西南山地约占中国地理面积的 10%，却分布着约占全国 50% 的鸟类和哺乳动物，以及 30% 以上的高等植物，中国 87 个濒危陆生哺乳动物中，这里就有 36 个。据统计，白水河自然保护区内分布有高等植物 2000 余种，野生动物 331 种，其中，国家一级保护动植物有大熊猫、川金丝猴、羚牛、珙桐、银杏等 13 种。这里还是中国文化多样性最为丰富的

地区之一，全国 55 个少数民族中，有 17 个聚居在中国西南山地。复杂的自然环境，悠久的地质历史和古生物演化背景，使这里的动植物种类异常繁多，区系成分极其复杂。据初步统计，全区有维管束植物 164 科 695 属 1770 种，其中蕨类植物 25 科 57 属 151 种；种子植物 139 科 638 属 1619 种。保护区内古老、特有的种数十分丰富，既有古老的蕨类植物和裸子植物，也有较原始的被子植物。保护区植物中有我国特有属 22 属，占全国特有属数的 11.22%，这些特有的属大多为单种属和少种属，如珙桐属、连香树属、水青树属、香果树属、串果藤属和大血藤属等。在保护区的 58 种濒危动物中有兽类 25 种，占四川濒危兽类总数的 43.9%，其中金丝猴、金猫、云豹、水獭、大熊猫等为濒危物种。保护区内已知的

四川珍稀和特有脊椎动物有 100 多种，约占全省特有种类的 36%，既有横断山地区和青藏高原的特有物种，又有亚热带地区的稀有动物，还有古北界的特有种类。兽类有纹背鼩鼱、蹼麝鼩、马麝、高山姬鼠，也有藏酋猴、毛冠鹿、岩羊和松田鼠等；鸟类有绿尾虹雉、藏马鸡、橙翅噪鹛；两栖爬行类有大鲵、玉锦蛇、紫灰锦蛇、洪佛树蛙等；鱼类有成都鱲、彭县似鳕、齐口裂腹鱼、青石爬鳅和壮体鳅等，其中成都鱲和彭县似鳕只分布在彭州的湔江，为彭州的特有种，目前数量甚少，为濒危物种。

白水河自然保护区还担负着"生态廊道"的纽带作用。保护区地处龙门山脉的中间地带，在与九顶山、千佛山、龙溪虹口等形成的由西南向东北延伸、面积达 1500km² 的天然生态廊道区中，白水河自然保护区具有不可替代的纽

带作用，对龙门山脉生物多样性保护和大熊猫保护起着重要的作用。由于保护区地处长江重要支流沱江上游，故该区是成都平原及下游地区重要的水源地，对成都市及其下游地区水源涵养、水土保持、气候调节起着极大的保障作用。

白水河自然保护区内不仅汇集了多种珍稀特有动植物，丰富的生物多样性也造就了丰富生动的生态旅游资源，突兀而起的险峻高山、飞流直下的雄壮瀑布、绚丽壮观的云海、绚丽的日出、神异的彩虹，给人类奉献了一个集山景、水景、气景、文景于一体的生态旅游胜地。在301.5km²的保护区范围内，海拔高度从1380m骤然上升到了4814m。深山峡谷是区内最有特色的自然景观，几乎所有河流，无论是干流还是支流，都属于山高、谷窄、

坡陡的幽深峡谷，其中，银厂沟是一条闻名中外的大峡谷，长达3000m的峡谷栈道，依山而建，临水而立，徒步其中，宛如穿越时光隧道，一切都是那么原始古朴浑然天成。丰富的植物和植被孕育了丰富的地下水，高山积雪也为保护区提供了大量的水资源，大龙潭瀑布、小龙潭瀑布、百丈瀑布、珍珠帘瀑布、老鹰岩瀑布、落虹瀑布等，真是飞流直下三千尺，疑是银河落九天，嘈嘈切切错杂弹，大珠小珠落玉盘。高山湖泊也是保护区的一大景观，它是第四纪冰川作用所形成的古冰斗湖，其中干龙池位于太子城海拔4340m处，面积约40000m²，水深8～10m，岸边羊背石群，俨似龟下龙池；红龙池位于光光山支脉，湖面海拔3900m，面积近1hm²，湖周的杜鹃灌丛密密麻麻，花开时节，把湖面映得通红，所以又

叫红龙池，景致十分迷人。

◎ 功能区划

白水河自然保护区按功能区划分为：核心区、缓冲区、实验区。核心区位于保护区北部，面积为17170hm²，占保护区总面积的56.95%，主要包括保护区内的银厂沟、回龙沟上部、大坪上部等地。缓冲区位于核心区的外围，面积5065hm²，占保护区总面积的16.8%，主要含马鬃岭—九峰山—牛圈沟—梅子岭一带，核心区和实验区之间的带状区域。实验区位于保护区的南面，面积为7915hm²，占保护区总面积的26.25%。范围包括：保护区与社区及银厂沟风景区相接的区域，包括燕子岩、经堂坪、银厂沟与社区交界的约1500m的范围；保护区内九峰山、南天门、轿子山沿山脊以南的范围；

白水河景观之三

白水河景观之四

小熊猫

大熊猫

牛圈沟至三岔河沿沟两岸约1500m范围；大坪至干沟、后坝沟、锅圈岩一带与社区接界的约1000m范围。

◎ 管理状况

白水河自然保护区在基础设施建设上严格按照总体规划的要求，科学合理地开展建设，避免重复及不实用的建设，为了发挥各项基本建设的作用，保护区根据实际情况，充分挖掘各设施多元化开发利用的潜力。2001年保护区建立了第一个保护站（中坝保护站）。2002年晋升为国家级自然保护区后，国家对保护区进行了基础设施建设投入，加快了保护区的建设步伐。到目前为止，保护区建成了管理局办公楼、大坪保护站、东林寺保护站、王家坪保护站及环境教育宣传中心和一个生态定位监测站。完善了管理局和各基层保护站的办公和野外巡护设备。在野外设施的建设上，完成了保护区界桩、界牌、巡护道路、防火瞭望塔、野外宣传牌的制作与设置。

白水河自然自然保护区主要实行野外就地保护，在保护区内采取以专职人员巡护管理为主的保护方式；在保护区周边社区建立共管区，实行保护区与社区共同管理、共同发展；保护策略上采取严格保护核心区，控制进入缓冲区，合理开发实验区，引导和发展共管区的策略，从而使保护区内及周边的野生动植物资源得到了有效地保护。

随着保护区周边旅游业的开发，游客人数猛增，周边社区的收入也逐年增加，但由于当地村民和游客环境保护意识不高，对自然生态环境造成了潜在的威胁。保护区建立后，一直致力于周边社区村民和游客的环境教育工作，引导社区旅游走向可持续发展。保护区经常深入周边社区学校，与教师和孩子们共同学习，让大家充分了解保护区的资源，以及资源与大家的生产、生活之间的密切关系，自觉提高保护意识，大大增强了师生环境保护的责任感、义务感。先后在周边学校开展"把透明还给天空，把绿色还给大地""为祖国环保事业献上一份爱心""手拉手，把绿色撒向祖国天地"等一系列主题教育活动。在保护区的带动下，保护区周边社区的龙门山镇中心学校自发成立了以"促进龙门山教育和谐发展；培养龙门山青少年与自然和谐，与他人和谐，与自我和谐；努力构建和谐教育，创建和谐家园，成就和谐人生"为宗旨的龙门山人文教育协会。

白水河自然保护区是四川省现有保护区中距离成都市最近的保护区，具有良好的社会、政治、经济、文化环境。进一步加强对白水河保护区的建设，不仅有利于促进保护区事业的健康发展，也将有利于在成都近郊建立一个"综合保护与发展"的示范、宣教、教学、科研基地，让更多的人认识、感受、体验并积极参与自然与环境保护，同时也有利于建立一个对外交流和展示成都市及四川省自然保护区事业发展成效与社会文明的窗口。

（白水河自然保护区供稿）

察青松多白唇鹿
国家级自然保护区

四川察青松多白唇鹿国家级自然保护区位于四川省甘孜藏族自治州白玉县境内，与巴塘县、理塘县在贡嘎雪山接壤，地理坐标为东经99°11′～99°42′，北纬30°33′～31°6′。保护区总面积143682hm²，管理范围包括白玉县麻绒乡、阿察乡、安孜乡和纳塔乡（部分），属野生动物类型自然保护区。主要保护对象白唇鹿是青藏高原特有种，国家一级保护野生动物。保护区筹划工作起始于20世纪70年代，在80～90年代进行了大量的调查工作，1987年组建了县级自然保护区，1995年晋升为州级自然保护区，1997年升级为省级自然保护区，2003年9月经国务院批准晋升为国家级自然保护区。

◎ 自然概况

察青松多自然保护区属于沙鲁里山脉东南延伸面，大地构造为康藏"歹"字形构造体系，冷迪—察青松多断裂，地层除缺失侏罗系、白垩系外，其余各系均有表现。主要以中酸性侵入岩为主，岩体有闪长岩、花岗岩、黑云母岩等，地质构造复杂，地形变化较大，切割剧烈。根据地势特征，自然保护区可分为两个区域，东北部和东南部地势相对平坦，为高原丘陵区，西北部和西南部地形起伏很大，坡陡谷深，为高山峡谷区。保护区成土母质主要以基岩碎屑风化而成，土壤发育较为缓慢，主要土壤类型有山地棕壤、山地暗棕壤和亚高山草甸土。在保护区内，受植被分布影响，海拔3200～4000m主要分布有山地棕壤、灰棕色土以及棕色森林土，海拔3900～4500m区域分布着高山草甸土和沼泽草甸土，4500m以上地段为高山寒漠土和流石滩地貌。察青松多自然保

白唇鹿

湿地景观之一

护区属于亚热带气候区，因处在青藏高原东部，加上高海拔及特殊的地形地貌特点，形成了独特的大陆型季风高原气候。干湿季分明，日温差大，干燥、寒冷、日照充足，气候立体特征明显，垂直差异大。从低到高可划分为3个垂直气候带：山地寒温带（3250～3750m）、高山亚寒带（3750～4300m）和高山寒带（4300m以上）。区内最热月为7月，月平均温度为15.8℃，极端最高温达39.4℃；最冷月为1月，月平均气温为-1.6℃，极端最低温为-19.2℃。年降水量500～700mm，集中于5月下旬至10月上旬。年蒸发量1863.9mm，平均相对湿度52%，年日照时数2133.6h，最大风速40m/s，主导风向为西北风。

湿地景观之二

在海拔 3500 ~ 4000m 区域，无霜期为 122 ~ 144 天，年降水量为 574.9 ~ 600.6mm。沙鲁里山系的石门柯亚山将察青松多自然保护区切分为东部高原丘陵区和西部高山峡谷区，使保护区的水系通过赠曲和欧曲流出。保护区内较大的河流有麻曲河、如当沟和昌曲河，发源于保护区内麻贡嘎雪山。主要溪沟 12 条，其中麻曲河 60km，常年流量 11m³/s，如当沟 75km，常年流量 8m³/s，年平均径流量 34963 万 m³；昌曲河 50km，常年流量 27.5m³，其中保护区流出量 12m³/s 左右，年径流量 19267 万 m³。在保护区东部，有 3 个较大的高原湖泊，分别是麦拉将错（水面面积 200hm²）、肯隆错（水

面面积 100hm²）、尖隆错（水面面积 120hm²），储水量达 7000 万 m³。

察青松多自然保护区处于人为活动稀少的"三角"地区，野生动物分布十分广泛，根据《四川察青松多白唇鹿国家级自然保护区科学考察报告》中统计，保护区共有脊椎动物近 200 种，昆虫 213 种，动物种类十分丰富。其中，兽类共有 7 目 18 科 42 种，国家一、二级保护兽类有 19 种，占保护区兽类的 40%。鸟类 133 种，分属 14 目 28 科，国家一、二级保护鸟类 16 种；鸟类中古北界种类 85 种，东洋界种类 39 种，广布种 9 种；繁殖鸟 124 种，非繁殖鸟 8 种。两栖类动物有 2 目 4 科 5 种。鱼类有 2 目 3 科 17 种。保护区内鉴定到

属种的 213 种昆虫，隶属于 12 目 72 科 166 属；半翅目、鞘翅目、膜翅目共有 53 科，占科总数的 72.6%；从种的数量上看，鳞翅目种类最多，有 53 种，占总种数的 24.9%，其次为鞘翅目，计 50 种，占总种数的 23.5%；蜉蝣目、襀翅目各仅有 1 种。

就动物地理分区而言，察青松多自然保护区靠近古北界与东洋界的分界线，动物区系属于古北界青藏区青海藏南亚区。动物地理群特征为南北物种交融，特有种丰富。

察青松多自然保护区有国家一级保护动物 8 种，国家二级保护动物 27 种，省重点保护动物 6 种，我国特产动物 20 种。国家一级保护野生动物中有兽

类2种，即白唇鹿和雪豹；国家一级保护鸟类6种：中华秋沙鸭、黑颈鹤、绿尾虹雉、雉鹑、斑尾榛鸡和胡兀鹫。17种国家二级保护动物中兽类代表种有藏酋猴、黑熊、马熊和各种猫科动物、偶蹄目动物；国家二级保护鸟类有鸢、雀鹰、大鵟、普通鵟、猎隼、高山兀鹫、血雉、藏马鸡、纵纹腹小鸮、雕鸮。我国特产种鸟类有中华秋沙鸭、黑颈鹤、斑尾榛鸡、雉鹑、藏马鸡、血雉、长嘴百灵、褐背拟地鸦、棕背黑头鸫、大噪鹛、橙翅噪鹛、高山雀鹛、白腰雪雀、棕颈雪雀、白眉山雀、绿背山雀、银脸长尾山雀、酒红朱雀、曙红朱雀、朱鹀。

◎ 保护价值

察青松多自然保护区的首要保护对象为白唇鹿。白唇鹿是青藏高原的特产动物，我国的特有种，由于其鹿茸、鹿鞭、胎盘等是名贵的中药材，保护区成立之前遭受乱捕滥猎，严重破坏了其种群结构，数量急剧减少。同时，白唇鹿属于古北界蒙新区寒漠动物群的典型代表，活动、迁徙规律性强，极具保护和科研价值。白唇鹿在本保护区种群分布最为集中，2005年调查发现，保护区内的白唇鹿数量已至600只以上，种群达8个以上，较1995年调查时的312只已

有了很大发展。

察青松多自然保护区也是全国第一个以保护白唇鹿为主，同时兼备高原湿地和森林生态系统保护功能的野生动物类型的自然保护区，保护区内的自然生态环境原始而神奇，保护区西部分布有众多的国家一、二级重点保护动物，也是白唇鹿的主要活动区；保护区东部的高原湿地还是青（海）云（南）候鸟迁徙线的中转站和临时栖息地，黑颈鹤、斑头雁、灰鹤等在区内也有分布，2006年还发现了省级重点保护动物凤头鸊鷉20多只。

湿地景观之三

察青松多自然保护区面积广袤，地广人稀，人为干扰较小，又没有污染源，动物观测和科研调查比较方便，周围群众生态保护意识较强，长年受藏传佛教信仰的影响，多数重点保护动物常与当地家养牛羊一起活动，彼此达到了和谐共处的地步。由于各种条件的限制，保护区开展的动物监测工作还不够深度，可能还存在未发现之物种，生物地理学研究还需要进一步深入。

◎ 功能区划

察青松多自然保护区按照相关的规划要求，划分了核心区、缓冲区和实验区。核心区位于保护区的中部和南部，面积为85121.1hm²，占保护区总面积的59.24%，主要包括麻曲河上游察青松多以上的各沟系，松梭沟的上部，若当沟距保护区界5km以上区域，起曲沟的全部，独龙沟的上部和喀曲河的达日柯段；缓冲区位于核心区的外围，为核心区和实验区之间的带状区域，面积28666.3hm²，占保护区总面积的19.95%；主要包括麻曲河的马门至察青松多两岸山体的中上部，麦拉姜错湖至路日坎多一带山体的上部；实验区位于保护区主要沟系的下部，面

高原草甸——仇剑

积为29895.2hm²，占保护区总面积的20.81%。范围主要是保护区与社区相接的区域，包括麻绒—马门—然本—察青松多一线河流两岸约2500m范围，若当沟进入保护区4km的两岸1500m范围，麦拉姜措湖泊及附近的沼泽、河流和草地。

◎ **管理状况**

为了发挥保护区物种保护、生态监测、科研考察和自然资源合理利用的效应，保护区管理局开展了大量的基础调研工作，首先是利用两个管理保护站的基层区位优势，对自然保护区开展定期巡查管护，防止野生动物资源和生态环境的破坏，打击偷猎盗猎活动，预防森林火灾，并结合天保工程实施，对麻曲河缓冲区植被进行了恢复治理。同时，组织业务人员并邀请专家对保护区重点保护对象进行了科学考察和研究，随时监测了解野生动物活动情况、分布数量和生活习性，评估保护区管理质量。

针对察青松多自然保护区自然资源的特点和优势，制定了保护区生态旅游开发和自然资源利用的原则和条例，加强了保护区社区共管建设。在保护区边缘有4个乡11个自然村15个居民点，人口近2000人，在夏季冬虫虫草采收季节，当地居民要上山挖冬虫虫草、采集药材和菌类，同时将牛羊放牧到保护区草地上，对保护区生态环境和动物活动有一定影响。为了减少对保护区生态环境的破坏，保护区与当地政府、村委会共同开展了保护区社区共建共管工作，结合当地村民的需求，制定了相应的管理制度和乡规民约，进行了有效的

自然保护区宣传和保护教育活动。

从2003年开始，管理局在白玉县林业局的大力支持下，开展了多次动物巡查监测活动，购置了计算机两台、摄像机两台以及其他相关设备，完成了GIS控制制图系统，初步掌握了保护区重点保护对象的活动范围和一些基本规律。

察青松多白唇鹿国家级自然保护区管理局（副处级）由白玉县人民政府主管，管理局下设4个科室和1个公安派出所。目前，已在麻绒、昌台建立了2个保护管理站，并开展了前期的设计和施工准备工作。

（察青松多白唇鹿自然保护区供稿）

四川 米仓山 国家级自然保护区

四川米仓山国家级自然保护区位于四川盆地北部广元市旺苍县境内，地理坐标为东经106°24′~106°39′，北纬32°29′~32°41′，总面积23400hm²，是以水青冈属植物为主要保护对象的森林生态系统类型自然保护区。保护区始建于1997年，1999年晋升为省级自然保护区，2006年经国务院批准晋升为国家级自然保护区。

◎ 自然概况

米仓山自然保护区在大地构造上地处扬子地台与秦岭地槽两大地质构造体系的过渡地带，在地质历史演变过程中经历了燕山运动和喜马拉雅山运动等造山运动，发生了强烈的褶皱和断裂，形成了北西高，东南低的特点。最高峰城墙岩2281m，最低处宽滩河洞子沟口海拔760m，相对高差1521m。保护区水系为嘉陵江水系，区内主要河流有宽滩河、干河、岳溪河。3条河发源地及流经保护区所在的区域，因有大面积的森林，一年四季，清流淙淙，与东河西源汇合后年平均流量19.37m²/s，河流落差较大，有一定水电开发潜力。保护区属亚热带湿润季风气候区，四季分明，气候垂直分异明显，年均气温16.2℃，年均日照1352.52h，年均降雨量1142mm，年均无霜期266天。保护区内出露地层主要是震旦系、寒武系、志留系地层等，岩层主要有白云岩、砂页岩、白云质灰岩、板岩、花岗岩以及浅海相砂页岩夹生物碎屑灰岩等。保护区内海拔1500m以下为山地黄壤，是保护区的地带性土壤；海拔1500m以上为山地黄棕壤。

米仓山景观——琅琅石

米仓山自然保护区地理位置特殊，既是南北气候带的分界岭，又是东西植物区系的交汇处，生物多样性十分丰富。区内分布有维管束植物195科949属2597种，其中蕨类植物32科75属213种；裸子植物8科21属43种；被子植物155科853属2341种。保护区中国家一级保护野生植物有红豆杉、南方红豆杉、银杏、独叶草4种，国家二级保护的野生植物有台湾水青冈、香果树、巴山榧等10种。栖息有脊椎动物34目147科329属462种，其中鱼类6目13科51属70种；两栖类2目9科18属32种；爬行类2目8科20属31种；鸟类17目93科173属241种；哺乳类

端公潭瀑布

台湾水青冈

7目24科67属88种。列为国家一级保护的野生动物有豹、云豹、林麝、羚牛、金雕5种，国家二级保护野生动物有大鲵、红腹角雉、黑熊、藏酋猴等39种。

米仓山自然保护区内自然景观资源丰富多彩，主要有地景、河景、瀑景、生景、气景等。位于区内东北部的东鼓城山、西鼓城山，海拔分别为2073m和2041m，顶部平缓，四周悬崖绝壁，呈圆柱状，犹如两个巨鼓矗立于群山之上，形态逼真，成为米仓山自然保护区的象征和标志性景观。保护区沟谷纵横，岩溶地貌十分发育。区内共有大小溶洞群十多个，个个规模宏大，钙华景观千姿百态，景观集中，各具特色，景观价值高。保护区森林繁茂，气候宜人，空气清新，以亚热带常绿阔叶林、常绿落叶阔叶混

交林、针阔叶混交林组成的亚热带与温带过渡地带的森林生态群落更是魅力无穷。从汉代以来，米仓山一带曾出现过无数反对封建压迫的农民起义领袖和英雄，到20世纪30年代初又是中国工农红军川陕革命根据地的一部分，遗留下极有价值的历史文化遗迹，仅保护区范围内就有堪称中华民族艺苑奇葩的铁佛寺、名震川陕的"红灯教"活动遗址、风格独特的川北居民建筑物以及久传不衰的鼓城山传说等等，为开展生态旅游提供了丰富的文化内涵。

◎ **保护价值**

米仓山自然保护区主要保护对象分为3个方面。

（1）保护我国南北自然分界线秦

岭—大巴山地区的山地自然生态系统。米仓山自然保护区所处的地理位置，属于我国南北自然分界线秦岭—大巴山地的一部分。本区在地质历史演变过程中经历了多次造山运动和漫长的夷平、侵蚀、切割等外营力的作用，陡岩、峡谷和溶洞地貌十分发育，尤其是在保护区的东北面，由于岩性的差异，形成了以东、西鼓城山为代表的巨大石灰岩峰丛，呈柱状屹立于群山之上，形似巨鼓，在国内外岩溶地貌中十分罕见，对研究秦巴山地地质历史演变具有重要的意义。

（2）保护我国自然过渡地带的生物多样性。米仓山自然保护区位于我国东西、南北生物区系的交汇地带，在我国陆地类生物多样性保护的关键区域中，正处于横断山北段和秦岭山地的交汇

剑峰

处，生物多样性十分丰富。在保护区的动植物种类中，汇聚了华北、华中和横断山脉等多种区系成分，其中有珍稀濒危植物120种；中国特有植物53种；珍稀和特有动物80余种；我国和长江

上游特有的鱼类就有13种。这些珍稀濒危和特有种类，在研究生物区系演化上具有极高的科学价值。

（3）保护温带地区和亚热带山地具有重要经济和科研价值的水青冈属植物。水青冈属植物是北半球温带地区和亚热带山地重要的造林树种，其木材纹理细致优美，经济价值极高。水青冈属起源古老，还具有重要的科研价值。该属植物全世界约10种，亚洲有7种，中国产5种，米仓山自然保护区内有米心水青冈、水青冈、亮叶水青冈和台湾水青冈4种，是目前中国和世界上水青冈属植物原始林保存面积最大，种类分布最集中的地区。台湾水青冈系国家二级保护植物，模式标本采自台北，过去曾广泛分布于浙江、湖北等省，由于长期砍伐，这些省现存原始林已不多见，而米仓山自然保护区内尚保存有几千公

顷的原始林。科研调查表明，本区是水青冈的种质资源基因库，巴山水青冈的世界分布中心。

米仓山自然保护区属于我国南北自然分界线秦巴山地的一部分，对研究我国南北过渡地带地质历史和气候的演变具有重要的科学价值；保护区所在地是国家重点保护植物台湾水青冈以及水青冈、亮叶水青冈和米心水青冈的起源中心和现代分布中心，对研究水青冈属植物的起源以及研究我国大陆与台湾植物区系的演化关系具有重要的科学研究价值。同时，保护区位于我国东西、南北生物区系的交汇地带，国家级自然保护区的建立，使大巴山、神农架、岷山、横断山以及秦岭山地有机的连成一片，形成一道天然的生物走廊带，有利于我国东西和南北过渡地带生物多样性的保护；保护区地处长江重要支流嘉陵江上

七里峡秋韵

七里峡

东西鼓城山

亮叶水青冈

米心水青冈纯林

游，对改善嘉陵江流域生态环境，维护三峡库区和长江中下游地区生态安全具有重要意义。

◎ 功能区划

米仓山自然保护区总面积23400hm²，分为核心区、缓冲区和实验区3个部分。核心区面积9203.1hm²，占保护区总面积的39.33%；缓冲区面积4057.84hm²，占保护区总面积的17.34%；实验区面积10139.1hm²，占保护区总面积的43.33%。

◎ 管理状况

米仓山自然保护区建立以来，受到各级人民政府、林业部门、科技界和国际组织的高度重视。作为项目示范自然保护区，参加了"中德合作四川省自然保护区自然资源保护项目"，与中国科学院成都生物研究所、中国科学院山地研究所、四川省自然资源研究所、四川省林业勘测设计院等单位合作开展了保护区本底调查、总体规划和生态旅游规划编制工作。完善了保护区基础设施，

加强了保护管理人员专业素质教育，配备了保护、调查、生态监测、科研、公共教育和办公设备，全面开展了保护管理工作。在加强自然保护区自身建设的同时，还积极在周边社区实施了天然林保护、退耕还林、新村建设等工程，开展了小额信贷、参与式土地利用规划、提供技术支持和培训等措施，不断促进自然保护和社区经济和谐发展。

（米仓山自然保护区供稿）

四川 雪宝顶 国家级自然保护区

四川雪宝顶国家级自然保护区（原四川泗耳自然保护区）位于绵阳市平武县境内，地理坐标为东经103°50′~104°18′，北纬32°14′~32°28′。保护区行政区划跨泗耳、虎牙两个藏族乡，土城乡和大桥镇也有少部分地域在保护区内。保护区总面积63615hm²。按我国对保护区类型的划分标准，四川雪宝顶国家级自然保护区为野生生物类型、野生动物类型自然保护区，兼有自然生态系统类型、森林生态系统类型自然保护区的特征。本保护区是四川省人民政府办公厅批准建立的大熊猫自然保护区；2002年四川省环境保护局同意将四川泗耳自然保护区更名为四川雪宝顶自然保护区；2006年经国务院批准晋升为国家级自然保护区。

◎ 自然概况

雪宝顶自然保护区地质构造属昆仑秦岭区马尔康分区金川小区。区内出露地层主要由元古界的变质火山岩，火山碎屑，上古生界石炭系的浅海相变质碳酸岩，中生界三叠系的结晶灰岩组成。地质构造上主要以摩天岭东西向的一系列褶皱带、虎牙关大断层带和杨柳坝旋扭褶带为主。地层断裂破碎，历史上多次发生强震，属"松雅地震带"。境内山高谷深，河流强烈下切，大部分为岷山山脉东坡的高原型山地。北部山岭海拔多在4000m以上，地势向东南倾斜，到泗耳乡境内降至2500~3500m，形成巨大的以极高山、高山、

连香树

中山为主的地貌形态。极高山山顶上冰川地貌发育，部分山峰终年积雪，山峰融冻物理风化作用十分强烈，多为角峰、刃脊等。高山地带河谷深切，高差一般在1000~1500m之间，平均坡度在50°~60°，河谷横剖面多为V型峡谷；中山区以山坡陡、沟谷深、常崩塌、多悬崖为地貌特征。境内最高处海拔5458m，为岷山山脉主峰雪宝顶（海拔5588m）的组成部分；最低处为泗耳乡境内的梯子岩与保护区交界处，海拔1470m，相对高差近4000m。保护区河流均属涪江水系，为涪江水系的源头地区。主要河流是虎牙河、土城河、泗耳沟。其中，虎牙河、土城河是涪江干流水系的主要支流，泗耳沟属涪江支流潲江水系。它们均是常年性自然河流，与

高山海子

生境

众多支沟一起呈扇状排列。区内河流以降水补给为主，降水主要集中于夏、秋二季，故年径流量分布不均，春季以高山融雪作补给，3月份水位就开始上升。因保护区内植被覆盖率高，涵养能力强，加上河床比降大，故河水四季畅流，无结冰封冻现象，河水常年清澈，含沙量较小。保护区属于中国东部北亚热带山地湿润季风气候区的西部边缘区，即四川省西北盆周山地区域。由于山地气候垂直变化大，气温、降水受地形的影响很明显，气温变化的规律性强。适当结合区内海拔高度，可将保护区划分为3个气候区：①低中山暖温带气候区：主要包括保护区海拔2500m以下地区；②中山温带气候区：包括大桥镇、土城乡和泗耳乡，海拔2500～4000m之间

的区域；③中、高山亚寒带气候区：主要在虎牙乡境内海拔2500～5000m地带。从土壤区划来分，保护区土壤属于低中山黄棕壤土区和亚高山暗棕壤草甸土区。在低中山黄棕壤土区中，土壤颗粒粗，含碎石较多，有机质含量在2%以上，养分积累多，但土壤冷湿，养分释放缓慢。在亚高山暗棕壤草甸土区中，土壤风化程度低，土壤冷湿。保护区内土壤在母质、气候、植被等因素的综合影响下，呈现出明显的垂直分布带谱，由低到高垂直分布着：黄棕壤、棕壤、暗棕壤、亚高山草甸土、高山草甸土、高山寒漠土。

雪宝顶自然保护区为典型的生物多样性富集区，区内有大型真菌393种，分属于真菌门的13目39科106属；有

地衣植物16种；苔藓植物63种；有维管束植物162科698属2645种，其中蕨类植物25科60属193种，裸子植物7科18属38种，被子植物130科620属2414种。保护区内鱼类有7种，分属于2目3科7属；有两栖爬行动物7科12属16种；确知鸟类有13目211种；确认的兽类共计90种，分属7目28科。保护区动物区系中属于我国特产或主要分布在我国的兽类有30种，其中食虫目动物7种，灵长目2种，食肉目2种，偶蹄目7种，啮齿目11种，兔形目1种。哺乳动物特有种数量占四川省有分布的我国特有哺乳动物（55种）的54.5%。鸟类特有种有24种。

雪宝顶景观之一

独蒜兰

绿花杓兰

雪宝顶珙桐

大叶火烧兰

◎ 保护价值

雪宝顶自然保护区主要保护对象：国家一级保护野生动物大熊猫、金丝猴、羚牛、豹、云豹、林麝、马麝，国家二级保护动物藏酋猴、小熊猫、黑熊、斑羚和岩羊等；珙桐、红豆杉、南方红豆杉、独叶草、麦吊云杉、四川红杉、巴山榧、水青树、红椿、连香树等国家一、二级保护植物和大片的原始森林；以中山湿润性常绿阔叶林和亚高山温性、寒温性针叶林，高山灌丛，高山草甸，流石滩植被组成的各种植被类型以及森林、草甸、裸岩、河谷溪流、高山湖泊等组成的各种生态系统，发挥涪江源头水源涵养地的作用。

雪宝顶自然保护区在我国动物地理区划上属东洋界西南区，动植物的区系成分复杂、物种的南北交汇明显，是多种物种的演化中心。区内以中山湿润性常绿阔叶林和亚高山温性、寒温性针叶林，高山灌丛，高山草甸，流石滩植被组成的各种植被类型以及森林、草甸、裸岩、河谷溪流、高山湖泊等组成的各种生态系统，对于发挥涪江源头水源涵养地的作用十分重要。保护区的区位也非常特殊，处于四川黄龙自然保护区—四川白羊自然保护区—四川片口自然保护区—四川小河沟自然保护区链的中心，是岷山山系大熊猫保护区间的关键连接带。在大熊猫种群保护上有着极其重要的地位，区内其他物种资源也十分丰富，生态环境优越，具有极高的保护、科研和生态旅游价值。

雪宝顶自然保护区山地景观：紧靠岷山最高峰5588m的雪宝顶，区内还有5000m以上的一系列山峰，著名的有雪宝顶、小雪宝顶、三牙羌、红岩等，这些山峰终年积雪，云雾缭绕，直冲云霄，是藏族人民心中的神山。境内最低峡谷海拔只有1600m，高差近4000m，加上位于"松平地震带"，历史上多次发生强震，造成山地破碎，悬崖峭壁和奇峰怪石随处可见，有名的壮观峡谷有梯子岩、黄祠堂沟、拉拉沟等，这些峡谷非常狭窄幽深，绝壁高约500m，宽30～100m，壁如斧削，瀑布叠连，乱石穿空，怪树倒悬，非常具有开发价值。

雪宝顶自然保护区水域景观：区内水资源丰富，是涪江的发源地之一，溪水或清澈见底，温顺缠绵，或飞流直下，桀骜不驯。沿虎牙河和泗耳沟上行，两旁峭壁上随处可见飞瀑直下，或大或小，或高或低，河谷内跌瀑比比皆是，在潲潲水沟有著名的"潲潲水大瀑布"，沟水沿暗河在一岩隙中涌出，形成宽80m，高近50m的瀑布群，气势磅礴，震撼人心。远古时期形成的冰渍湖"花

舌唇兰

虾脊兰

雪宝顶景观之二

川金丝猴

标 志

海子""绿海子",分布于雪宝顶、三牙羌的现代冰川以及分布于海子山顶的高山湖泊等,都是独具情趣的水景。

雪宝顶自然保护区森林及草甸景观:区内分布有大片原始森林,高山有针叶林,中、低山分布有大片落叶和常绿阔叶林,加上各种灌木林及草地,组成一幅完整的森林植被图。春来百花盛开,成片的高山杜鹃竞相争艳;秋来层林尽染,红叶遍地;冬来银装素裹,洁白无瑕。保护区内分布有很多高山草甸,主要集中在平坝以北,泗耳以北及散垭,最具开发价值的是绿碧草地和泗耳草地,草甸平坦、辽阔无边,夏季百花盛开时是草地最美的景观。

◎ **功能区划**

根据区域划分原则,结合雪宝顶自然保护区生态环境条件、植被类型组合和地域分异等特点,将保护区划分为3个功能区,即核心区、缓冲区和实验区。核心区面积39432hm²,占保护区总面积的61.99%;缓冲区面积9799hm²,占保护区总面积15.40%;实验区面积14384hm²,占保护区总面

积的22.61%。

◎ **科研协作**

在四川省林业厅和世界自然基金会(WWF)的支持下,保护区于2000年开始了区内的资源监测工作,重点针对大熊猫及其栖息地进行监测,采用GIS、GPS等先进方法和工具,在收集了大量野外数据、资料的基础上建立了保护区生态监测数据库。

在对外合作交流方面,从1999年开始,WWF与保护区合作开展了部分资源的调查和社区项目的建设;2002年全球环境基金(GEF)在保护区的项目启动,资助了保护区的建设和管理工作。

(雪宝顶自然保护区供稿)

四川 海子山
国家级自然保护区

四川海子山国家级自然保护区地处四川西部，位于四川省甘孜藏族自治州理塘县和稻城县境内，地理坐标为东经99°33′00″～100°31′48″，北纬29°06′36″～30°06′00″。保护区总面积459161hm²，其中理塘县部分为334608hm²，占总面积的72.87%，稻城县部分为124553hm²，占总面积的27.13%，属湿地生态系统类型自然保护区。2008年经国务院批准晋升为国家级自然保护区。主要保护对象为高寒湿地生态系统和林麝、马麝等珍稀动物及其栖息地。

格聂神山

湿地

◎ 自然概况

地质地貌："海子山"是本区地质地貌的典型地段和代表，它地处横断山中部的甘孜—理塘断裂带中。地质构造特征为：地表出露有四条规模较大的纵向断裂和两条横向断裂，称其为毛垭坝—德巫断裂带。自东而西是毛垭区—德巫断裂、帽盒山—伊津断裂、雄坝盆地西侧断裂和藏坝—德巫西侧断裂；横向断裂为曲登乡断裂和康呷断裂。它们纵横交错，构成本区基本的构造格架。地形起伏较大，地貌类型复杂：主要受南北向构造的控制，境内主要山脉和水系均呈南北走向，东西排列，山川相间。随地貌外营力作用不断加强，区域内部的地貌类型日趋复杂化，山地形成明显的垂直分带，由低到高依次出现中山、高山、极高山等类型，在山地的窄谷、宽谷和高山顶夷平面又出现台地、高平坝、高山原等类型。

气候：保护区日照充足，热量贫乏，降水较少：区内日照多，辐射强，年均日照数为2637.7h，年太阳辐射量为159.4kcal/cm²，是全省、也是全国日照最多、光能最充足的地区之一。境内平均海拔约为4200m，具有温度年较差小而日较差大的高原气候特色，绝大部分地区年均气温为3℃，11月至翌年3月平均气温在0℃以下；稳定通过0℃的年积温为1655℃，稳定通过5℃的年积温为1359℃，稳定通过10℃的年积温为329.6℃。年均大风日数为24.3天，主要集中在1～4月和12月。

气候的垂直变化显著：保护区地域辽阔，地形地貌的垂直分异规律明显，表现在光、热、水等气候因素在垂直方向上发生了明显差异，从谷底到山顶，

高山湖泊

自然景观

依次为山地寒温带、山地亚寒带、高山寒带、极高山寒漠永冻带4个垂直气候带。

水文：保护区内水系属金沙江水系和雅砻江水系。金沙江水系主要河流有拉波河、希曲河、稻城河、纳霍曲河等，雅砻江水系主要河流有曲布沟、青元库、牙着库等。这些河曲均呈扇形分布，河曲的源头部分有大量的高山湖泊分布。

土壤：海子山自然保护区的土壤，大体上可以划分为两大系统，即大陆性荒漠土—草原土、草甸土系统，包括海子山高原面上各种草被下发育的高寒土类；海洋性森林土系统，包括沙鲁里山东坡的各类森林及高山灌丛植被下发育

的土壤。土壤以自然土壤为主，成土母岩主要为花岗岩、灰岩、砂页岩、板岩、石灰岩等，土壤粗骨性强、多石砾、碎屑，土层浅薄，质地含砂带壤，粒状结构，保肥保水力差。土壤含有机质从河谷到草甸逐渐增多，较为丰富，潜在养分高，但活力差，一般缺磷、多钾、少氮，养分不全面。

野生生物资源：保护区内已知有脊椎动物296种，其中鱼纲2目3科6属9种，两栖纲2目4科6属8种，爬行纲1目4科6属6种，鸟纲14目42科210种，哺乳纲6目21科63种，保护区内已知种子植物有101科456属1418种，其中裸子植物3科8属28种，被子植物98科448属1390种。据调查

和考证，在保护区内分布有341种大型真菌，分属2个亚门4个纲13目34个科118属，具有较丰富的种类多样性；其中，松茸、獐子菌是当地著名的土产，已经被当地居民大量利用，成为居民的重要经济来源。

自然景观资源：海子山自然保护区实验区及其周边地区拥有极其丰富的旅游资源，自然景观多样，人文景观独特。其优势包括独特的古地中海海底奇观，碧波荡漾的高寒湖泊生态系统，各种类型的天然温泉，千姿百态的天象奇观，巍峨神圣的圣山，姹紫嫣红的高寒草甸，内涵丰富的藏文化以及各种野生动物景观。海子山、格聂等地均分布有大量的第四纪末次

冰川活动遗迹，海子山古冰帽遗迹在国际国内地学界和冰川学界均有很高的知名度；格聂群峰及周围还发育有现代山岳冰川，是研究青藏高原东南缘冰川演化的最佳区域之一，各种冰川现象齐全，保存完整，是第四纪冰川的天然博物馆。

雪雉

红嘴山鸦

白马鸡

黑颈鹤

水鹿

林麝

成群的岩羊

野猪

白化的旱獭

湍蛙

西藏蟾蜍

温泉蛇

软刺裸裂尻鱼

橙盖鹅膏

星叶草

棕背杜鹃

虫草

黄花杓兰

◎ 保护价值

海子山自然保护区的主要保护对象是高寒湿地生态系统和林麝、马麝等珍稀动物及其栖息地。保护区内地质、地理、物种、资源、文化都具有极大的科学研究价值。地质地理方面，海子山拥有世界最大的第四纪末次冰川遗迹，对研究横断山系的起源、抬升和第四纪末次冰川活动状况具有重要意义。物种方面，海子山自然保护区低纬度、高海拔，有很多稀有的物种，如温泉蛇、小长尾鼩、狭颅鼠兔，又有很多新起源、适应高寒生境的物种，如各种齿蟾类动物；还有很多在低海拔、温暖生境条件下栖息的动物，如社鼠、白腹鼠等；还有各

种海棠属植物在保护区分布，麻黄类植物也出现在该区，星叶草成片分布，这些植物都有极高的科学研究价值。文化方面，藏传佛教中著名的神山——格聂神山、著名寺院——冷谷寺保存了很多藏传佛教中的珍品，有很多历史悠久的传说和神话，对当地居民生活习俗有深刻影响，有一定的研究价值。从资源开发和可持续利用来看，保护区是各种资源汇集的宝库，对研究未来如何有效地利用和可持续的开发也具有重要价值。海子山自然保护区丰富多样的生境类型、分异明显的垂直带谱孕育了丰富的物种多样性，是物种基因的宝库。保护区的动植物既有起源古老的成分，又有适应高原特殊生境的特化种群，对这些

物种和生态系统的保护不但在物种多样性、遗传多样性及生态系统多样性保护方面有重大意义，而且对当地经济的持续发展和资源的可持续利用都具有重要意义。

海子山自然保护区内数量极大的林麝、马麝和白唇鹿均是我国的特有种，主要分布在世界屋脊——青藏高原，是我国的一级保护动物，也是世界瞩目的珍稀濒危物种，是全世界的宝贵自然遗产，对它们的保护将对世界珍稀物种的保护作出巨大贡献。

（海子山自然保护区供稿）

四川 长沙贡玛 国家级自然保护区

四川长沙贡玛国家级自然保护区位于四川甘孜藏族自治州石渠县北部，青藏高原东南缘，地理坐标为东经97°22′12″～98°39′36″，北纬33°18′00″～34°12′36″，属于湿地生态系统类型保护区。总面积669800hm²。始建于1997年，2009年经国务院批准晋升为国家级自然保护区。

◎自然概况

长沙贡玛自然保护区地处青藏高原东南缘，其东、北、西三面均与青海省接壤，且西、北面接壤区域分别为青海三江源国家级自然保护区通天河保护分区、扎陵湖—鄂陵湖保护分区。保护区总面积669800hm²，南北长100.63km，东西宽119.67km。海拔范围3840～5249m。区内具有明显的季风气候特点，降水量随着季节变化突出，形成冬干夏雨，干冷季分明。年均总降水量390～770mm。常年日照时数2410～2530h，年均气温–7.0～2.0℃。区内河流水系呈树枝或羽状分布，除北部的查曲河流域属黄河水系外，其余均属长江水系。保护区为青藏高原的丘状高原地区，无森林植被分布，整个保护区主要以高寒草甸植被、湿地沼泽植被及高山灌丛植被型为主要特征植被。

藏野驴

◎保护对象

长沙贡玛自然保护区以高寒湿地生态系统，藏野驴、野牦牛、黑颈鹤、玉带海雕等珍稀野生动物为主要保护对象，区内湿地生态系统完整，珍稀野生动物种类丰富。共有藏野驴、黑颈鹤等国家一级保护动物16种，马熊、大天鹅等国家二级保护动物32种。保护区地处被誉为"东亚水塔"的青藏高原，与青海三江源国家级自然保护区的腹心地带相连，是雅砻江和黄河的重要源头之一。区内高原湖泊数量众多，在保护区全境共有高山湖泊471个，其中1hm²以上的湖泊有240个，10hm²以上的有4个，除星罗棋布的湖泊群外，坡度小于30°的高寒草甸和高山灌丛近2/3都是湿地生态系统，湿地总面积275972.0hm²，占保护区

野牦牛头骨

瞭望

总面积的 41.20%。因此，长沙贡玛自然保护区在保护高寒湿地生态系统和珍稀野生动物，确保江河源头地的水安全等方面具有很高的价值。

（长沙贡玛自然保护区供稿）

鸳鸯

四川 老君山 国家级自然保护区

四川老君山国家级自然保护区，位于四川盆地南缘宜宾市屏山县境中部至西北部，东邻锦屏镇，西邻太平乡，与四川省屏山县国有林场、屏山县国营龙洞坪茶场接壤，南接新安镇，北与龙华镇、龙溪乡接壤。保护区地理坐标为东经 103°57′36″～104°04′12″，北纬 28°39′36″～28°43′38″之间。老君山自然保护区是以保护四川山鹧鸪、白腹锦鸡、白鹇和红腹角雉等雉科鸟类，以及与其伴生的珍稀野生动植物和亚热带阔叶林生态系统为主要保护对象的森林和野生动物类型自然保护区。

◎自然概况

老君山国家级自然保护区东西长约 11.6km，南北宽约 7.4km，总面积 3500hm²，分为核心区、缓冲区、实验区三个功能区。核心区主要包括老君山、段家山、郑家山、七星包等地的国有林地，面积 2092.87hm²，占保护区总面积的 59.8%，为四川山鹧鸪的主要栖息地；缓冲区位于核心区外围，面积 442.79hm²，占保护区总面积的 12.65%；实验区为核心区和缓冲区外围区域，面积 964.34hm²，占保护区总面积的 27.55%。主要包括二埝坪、蚂蝗岗、何家坪、花椒坪、太和顶等保护区与社区接壤的区域。

老君山自然保护区东北临川南丘陵，西北接川南山地，南接滇东高原。在金沙江、岷江支流的冲蚀下，形成山岭纵横、河谷交错、地形破碎的地貌。

保护区秋色（陈本平摄）

保护区地形以山地和丘陵为主，谷坡呈不对称"V"形窄谷。保护区在地质构造上属宜宾观音镇—乐山马边县向斜构造地带，为喜马拉雅造山运动地质影响下地面抬升的产物，大部分海拔在 1100～2000m。地质构成体系主要由五指山背斜及其与冒水北斜间的中都向斜组成。

老君山自然保护区气候属亚热带湿润季风气候区。四季分明，雨量充沛、光热充足，年平均气温 12～14.7℃，年平均变幅小。最热月为 7 月，平均温度为 24.0～27.4℃，极端高温 38.0℃。最冷月为 1 月，为 4.9～8.4℃，极端低温 −10℃。无霜期 280～290 天之间。保护区内土壤主要为山地黄壤和黄棕壤两种森林土壤。土壤发育完善，深厚肥沃，质地松软，透水性好。以老君山—五指山为分水岭，保护区南部为

山间小溪（冯盛林摄）

二境坪远眺（戴 波摄）

金沙江水系，北部为岷江水系。区内无大型河流，小溪沟密布，成典型的树枝状分布。

老君山自然保护区有哺乳动物 7 目 22 科 51 种，其中：国家重点保护兽类有林麝（国家一级保护动物）、弥猴、黑熊、斑林狸、青鼬、斑羚（国家二级保护动物）6 种；四川省重点保护兽类有香鼬、豹猫、赤狐、毛冠鹿、大鼺鼠 5 种；我国特有兽类有长尾鼹、长吻鼹、川西长尾鼩鼱、纹背鼩鼱、林麝、小鹿、岩松鼠、复齿鼯鼠、高山姬鼠、安氏白腹鼠、川西白腹鼠、中华绒鼠 12 种。

老君山自然保护区鸟类资源十分丰富，已知有鸟类 13 个目 44 科 260 种。其中：非雀型目鸟类 65 种，占 25%；雀型目鸟类 195 种，占 75%；保护区内共有国家一级保护动物四川山鹧鸪 1 种；有国家二级保护动物白鹇、红腹角雉、白腹锦鸡、黑冠鹃隼、黑鸢、苍鹰等 23 种；有四川省省级保护鸟类 8 种；有我国特产鸟四川山鹧鸪、灰胸竹鸡、棕噪鹛、橙翅噪鹛、灰胸薮鹛、金额雀鹛、暗色鸦雀、黄腹山雀和蓝鹇 9 种，占我国特产鸟类的 14.7%。

老君山自然保护区有爬行动物 29 种，隶属于 1 目 2 亚目 7 科 22 属。包括四川省重点保护动物尖吻蝮，中国特有种纹尾斜鳞蛇、中国钝头蛇、瓦屋山腹链蛇、锈链腹链蛇、美姑脊蛇、大渡石龙子、北草蜥、丽纹攀蜥、蹼趾壁虎等 9 种。

老君山自然保护区有两栖动物 20 种，隶属于 1 目 6 科 9 属。包括四川省重点保护动物仙姑弹琴蛙，中国特有种包括大齿蟾、峨眉角蟾、华南湍蛙、仙姑弹琴蛙、无指盘臭蛙、沼蛙、绿臭蛙、峨眉林蛙、滇蛙、峨眉泛树蛙等 10 种。

老君山自然保护区内已知维管植物共计 153 科 588 属 1410 种，其中蕨类植物 32 科 60 属 143 种；裸子植物 4 科 6 属 9 种；被子植物 117 科 522 属 1258 种。保护区内共有珍稀濒危保护植物 15 种，其中国家一级保护植物有珙桐、光叶珙桐、红豆杉、南方红豆杉 4 种，国家二级保护植物有连香树、水青树、油樟、润楠、楠木、厚朴、西康玉兰、峨眉含笑、喜树、金毛狗、桫椤等 11 种。

老君山自然保护区内共有大型真菌约 6 目 17 科 33 属 58 种，包括伞菌目、非褶菌目、木耳目、盘菌目、花耳目和银耳目，伞菌目种类占绝大多数，其中几个重要的科是：红菇科 8 种，以红菇、乳菇等为主；牛肝菌科 5 个种，主要包括牛肝菌属和疣柄乳牛肝菌属等大型真

965

菌；口蘑科 8 种，主要包括口蘑属、鸡枞菌属等种类；鹅膏科 6 种，主要包括鹅膏属的种类。

◎保护价值

老君山自然保护区的主要保护对象是四川山鹧鸪等雉科鸟类。四川山鹧鸪是我国特产鸟类，国家一级保护野生动物，仅分布在四川中部的沐川、马边、峨边、金口河、屏山、甘洛、雷波和云南东北角几个县区境内。由于分布区域狭窄，数量稀少，其濒危程度已引起国内外广泛关注。世界自然保护联盟 (IUCN) 在其编制的《世界鹑类现状调查与保护行动计划》中将其列为濒危等级。在国际鸟类联合会 (Bird Life International) 出版的濒危物种红皮书 (Bird to Watch 2) 中四川山鹧鸪被列入极危等级。IUCN 物种生存委员会、国际鸟类联合会和世界雉类协会共同的决策团体"鹑类专家组"把四川山鹧鸪及其栖息地保护管理作为最优先的领域纳入鹑类保护行动计划中，我国野生动植物保护和自然保护区建设工程也将四川山鹧鸪等野生雉类的保护管理作为重要内容。

四川山鹧鸪为典型的中低山林栖鸟类，终生不离开树林，栖息在海拔

1100 ～ 2350m 的常绿阔叶林和常绿与落叶阔叶混交林带，局部区域可上达针阔叶混交林下缘。其主要分布海拔在 1200 ～ 1900m 之间。据 20 世纪 90 年代中后期的调查指出，四川山鹧鸪的种群数量不足 2000 只，栖息地面积约 1793km^2，其稀有程度可见一斑。调查表明，老君山自然保护区内四川山鹧鸪估计数量约为 290 只，老君山自然保护区面积仅占其整个栖息地面积的 2%，但数量却占所有种群数量的 20% 左右，可见保护区是四川山鹧鸪这一珍稀物种最集中的分布区。

老君山自然保护区的建立除主要保护了以四川山鹧鸪为代表的雉类及其栖息地外，还有许多潜在的保护价值，特别是在长江上游的水土保持和生态屏障建设上，具有极其重要的意义，该区森林植被繁茂，群落结构复杂，保护区的建立建设、森林资源和生态系统的有效保护管理将实实在在地发挥出水源涵养等生态屏障功能，对周边和下游地区防洪防旱、水土保持、气候调节等有着极大的保障作用。

老君山自然保护区是全国，甚至是全世界第一个以保护四川山鹧鸪及其栖息地为主要目的的保护区，通过保护区的建设管理，使四川山鹧鸪等珍

老君山奇观（付义强摄）

保护区雪景（陈本平摄）

稀物种得到严格的保护，将造成良好的国际、国内影响，保护区也将成为国内外濒危物种保护关注的焦点之一，保护区将成为当地对外交流的一面窗口。同时保护区的建设、发展和资金的引进，对于增强地方经济的可持续发展将起到积极促进作用。保护区良好的自然环境、丰富的动植物资源是科学研究、教学实习的优良素材和天然本底，通过项目建设，使保护区成为人们亲近自然、了解自然，体验人

保护区生境 I（陈本平摄）

保护区生境 II（陈本平摄）

四川山鹧鸪（保护区提供）

黑 熊（保护区提供）

五指山（保护区提供）

红腹角雉（保护区提供）

棕噪鹛（保护区提供）

灰胸竹鸡（保护区提供）

与自然和谐共存协调关系的科普场所，进而激发公众的环境保护意识。

◎科研协作

四川山鹧鸪是我国特有种，国家一级保护动物，全球性濒危物种。这个物种本身具有极高的国内和国际知名度。世界自然保护联盟（IUCN）物种生存委员会、鸟类生命国际（Bird Life International）和世界雉类协会（WPA）鹑类专家组制定的《世界鹑类保护行动计划》已将四川山鹧鸪的保护列为最优先领域。老君山自然保护区建立以来已有世界雉类协会（WPA）、保护国际（CI）、北英格兰动物学会、德国动物物种与种群保护学会等国际组织的专家多次到保护区考察，并为该物种的保护提供了援助。

自1998年以来，世界雉类协会（WPA）专家多次到这一区域对四川山鹧鸪及其栖息地状况进行调查研究。2001年德国动物物种与种群保护学会专家考察了本区。2002年北英格兰动物学会和WPA专家到自然保护区对四川山鹧鸪及其他珍稀濒危和特产鸟类做了调查和研究后，对自然保护区得天独厚的自然条件和取得的保护管理成效给予了充分的肯定。2003年起，WPA从英国切斯特动物园等处募集资金，为保护区基本建设和人员培训提供捐助。2005～2007年，在关键生态合作基金（CEPF）的资助下，由世界雉类协会（WPA）和四川大学生命科学学院联合在保护区内开展了以四川山鹧鸪为主的雉类监测研究。此外，先后还有北京师范大学、西华师范大学和中科院动物所的专家在保护区做过鸟类研究工作，先后在《动物学杂志》《动物学研究》《四川动物》等学术期刊上发表论文多篇。

（徐 杰供稿）

四川格西沟国家级自然保护区位于四川省甘孜藏族自治州东南部雅江县河口镇境内，其北部与雅江县呷拉乡相邻，西北与理塘县呷洼乡接壤，西南与雅江县西俄洛乡毗连，南部与雅江县麻郎错乡接壤。南北最长距离为23.56km，东西最宽距离为15.29km，总面积22896.8hm²。保护区地处雅砻江中游、青藏高原东南部横断山脉地带，地理坐标为东经100°51′15″～101°00′13″，北纬29°52′30″～30°05′30″之间，是以四川雉鹑和绿尾虹雉等高山雉类以及大紫胸鹦鹉等珍稀野生鸟类为主要保护对象的野生动物兼具森林生态系统类型的自然保护区，2012年晋升为国家级自然保护区。

国家一级保护动物四川雉鹑（黄玉泉供图）

◎自然概况

格西沟自然保护区地处松潘—甘孜皱褶系巴颜喀拉印支地槽皱褶带雅江腹向斜带核心部位，发育着一系列次级皱褶断裂。地质基础为陆相沉积，地层单一，仅出露中生代三叠系和新生代第四系地层，三叠系地层广布，第四系地层零星分布。保护区北部和南部高峻，东部和西部相对较低，海拔介于2800～4702m之间，垂直高差接近2000m。区内山体高大、地势险峻、河流深切，谷岭高低悬殊，地貌类型以中山和高山为主，古夷平面发育，冰川作用明显，冰斗、角峰、刃脊、冰蚀湖等地貌较多。区内自然分异明显，植被、气候和土壤呈明显的垂直变化，滑坡、泥石流等自然灾害频繁。保护区内的最高峰位于西北部的剪子湾山，海拔4702m；保护区最低海拔约2800m，位于距离雅江烈士墓约1.8km的格西沟沟谷。

格西沟自然保护区气候属于北亚热带气候，由于受青藏高原巨大山体的影响，保护区气候表现出大陆性季风高原型气候特征。区内的气候类型繁多，垂直分异明显。从最低海拔到最高海拔的气象带谱可分为：山地温带（海拔2800～3000m）—山地寒温带（海拔3000～3500m）—高山亚寒带（海拔3500～4200m）—高山寒带（海拔4200m以上）。据雅江县多年气象数据，区内年平均气温为2～10℃，最低气温−6.5℃，最高气温14.8℃，0℃以上年积温为3989℃，10℃以上年积温3098℃；区内年平均降水量约705mm，比省内盆地区少400mm左右；年平均湿度为53%；年降雨主要集中在5～10月（其中6～9月为最多），这6个月内的降雨量占全年降雨量的94%，冬半年（11月至翌年4月）降雨量不到全年降雨量的6%，形成明显的干湿季节；区内日照多、辐射强、空气透明度好、干燥少云，具有高光能特性，平均日照时数为2319h，占全年日照时数的52%，比省内盆地地区约高1倍；区内年太阳辐射量为14644kcal/cm²，属太

保护区景观特色（黄玉泉摄）

968

五小叶槭（黄玉泉摄）

松茸（黄玉泉摄）

保护区景观特色（黄玉泉摄）

阳能丰富区；区内无霜期短，仅188天。

格西沟自然保护区水系属雅砻江水系，较大的支流有3条，包括格西沟、麻格宗沟和下渡沟，为雅砻江中游右岸的小支流，其支流呈羽状分布于全区呈典型的山区河流特征，特点是流程短、落差大、流量小，全年有明显分别，易发生山洪和泥石流。

格西沟自然保护区土壤从低海拔到高海拔呈现明显的垂直规律变化，主要包括6个土类，12个亚土类。

高原潮土：分布在海拔3000m以上，格西沟两岸的河漫滩冲积台地和洪积扇上有分布。成土母质为河流上游多种岩石分化后的冲积物，土壤层次明显，表层沙质，心土层偏黏，底层含砾石，pH值偏碱性，自然肥力较高。

山地褐土：呈带状分布于海拔3000m以下的山坡上，由灰色碳酸质岩、灰岩、石灰性黄土母质发育而来。土壤发育层次明显，轻壤、轻黏质地，保水保肥性能好，有机质含量较高。pH值中性至微碱性。分碳酸盐褐土和淋溶褐土2个亚类。

山地棕壤：呈带状分布于海拔3000～3500m之间。成土母质为花岗岩、砂页岩、灰岩等岩石的坡积物。土壤层次发育明显，腐殖层较厚，有机质含量高，结构好，土体疏松，重壤、轻黏质地，表层微碱性，自然肥力高。分山地棕壤和草地棕壤2个亚类。

山地暗棕壤：呈带状分布于海拔3500～4200m之间。成土母质为砂页岩、花岗岩等岩石的坡积物。层次明显，表层腐殖质含量高，呈黑色，心土层棕色至暗棕色，底土层为黄棕色，呈微酸性反应，质地偏重，是肥力较高的森林土壤。分山地暗棕壤、草地暗棕壤和灰化暗棕壤3个亚类。

亚高山草甸土：呈带状分布于海拔3500～4200m之间。成土母质为板岩、砂页岩的残坡积物和黄土状物质。土层为草根盘结层，交织成毡状，致密而富有弹性，其下为腐殖质土，黑色，团粒状结构，有机质含量高，再下为心土层，质地较黏，呈棕色，底土层砾石含量高，分亚高山草甸土和亚高山灌丛草甸土2个亚类。

高山草甸土：分布于海拔4200m以上。由变质砂页岩坡残积物发育而来，剖面特点类似亚高山草甸土，但生物活动弱于亚高山草甸土，有机质含量，土壤肥力也较亚高山草甸土低。分高山草甸土和高山灌丛草甸土2个亚类。

格西沟自然保护区地处理塘—稻城高原面向甘孜西南高山深谷的过渡地带，海拔2800～4702m，区内山高林深，以原始针叶林为主，植被类型复杂多样，给野生动物栖息繁衍创造了良好条件。保护区内已知有：有脊椎动物236种，其中兽类60种，鸟类163种，两栖类5种，爬行类3种，鱼类5种；无脊椎动物195种，其中昆虫无脊椎动物179种，非昆虫无脊椎动物16种。保护区内已知有国家重点保护野生动物38种，其中属国家一级保护野生动物有豹、雪豹、林麝、马麝、白唇鹿、四川雉鹑、斑尾榛鸡、绿尾虹雉、金雕、胡兀鹫等10种；国家二级保护动物有藏酋猴、猕猴、豺、黑熊、马熊、斑羚、黄喉貂、水獭、金猫、荒漠猫、猞狸、兔狲、水鹿、白臀鹿、鬣羚、岩羊、灰鹤、血雉、藏雪鸡、白马鸡、勺鸡、黑鸢、雀鹰、普通鵟、红隼、高山兀鹫、大紫胸鹦鹉、四川林鸮等28种。尤其是在保护区本地资源调查中发现的黑线乌梢蛇实体为甘孜藏族自治州的新记录，其发现对研究青藏高原隆起对物种起源和分化的影响具有重要意义。保护区动物多样性的特点是：种类不是很多，但珍稀性非常突出。如兽类中，除啮齿目、

红花绿绒蒿（格西沟自然保护区供图）

兔形目的种类及其他少数几个种外，绝大多数（70%）是国家重点保护和珍稀濒危动物，并且数量较大。因此，格西沟自然保护区的动物多样性有巨大的保护价值。

格西沟自然保护区海拔高差悬殊，垂直高差接近2000m。随着海拔升高，水热条件等也随之发生改变，植被类型也呈现出较为明显的变化，并呈现有规律的垂直变化，主要表现如下：

海拔3000m以下：植被类型以针叶林、落叶阔叶林及其混交林等植被类型为主，包括以高山松为主的寒温性针叶林，以沙棘为主的胡颓子林和以糙皮桦为主的桦林等森林群落。由于处于亚高山针叶林的下缘，海拔高度相对较低，植被类型多样，物种丰富，同时也兼具亚高山针叶林的特征。

海拔3000～3800m：主要分布有以川西云杉、鳞皮冷杉、岷江冷杉为主的云杉冷杉林，以黄背栎、长穗高山栎为主的高山栎林，以白桦、细穗高山桦为主的桦林，以青杨为主的杨林及松栎针阔叶混交林等森林群落。同时寒温性松林的上缘、落叶阔叶灌丛的下缘在该区域均有分布，整体表现为亚高山针叶林植被类型特征。

海拔3800～4500m：植被类型以高山灌丛和高山草甸为主，包括常绿针叶灌丛，常绿革叶灌丛，硬叶常绿灌丛和高山草甸灌草丛等，均属于高山植被类型。同时还分布有以红杉为主的落叶松林，以红鳞皮冷杉、长穗高山栎为主的冷杉针阔叶混交林等森林群落，其中落叶松林、针阔叶混交林等森林群落的上缘处于该海拔范围内。此外，云杉冷杉林、桦林、松栎针阔叶混交林、高山栎林以及落叶阔叶灌丛部分分布于该海拔范围内。

海拔4500m以上：以高山流石滩植被为主，海拔高程相对最高。同时，常绿针叶灌丛、常绿革叶灌丛、落叶阔叶灌丛和草甸等植被类型部分分布于该海拔范围的下缘。

垂直分布范围较宽的植被类型主要有寒温性松林、桦林、高山栎林、硬叶常绿灌丛、落叶阔叶灌丛及草甸等，分布海拔范围均超过900m，其中以寒温性松林、高山栎林及草甸的分布面积最广；其次是云杉、冷杉林、冷杉针阔叶混交林、常绿针叶灌丛和常绿阔叶灌丛等类型，海拔落差均在500m以上，其中以云杉、冷杉林、常绿阔叶灌丛分布面积最大；落叶松林、杨林、胡颓子林、松栎针阔叶混交林及高山流石滩植被的垂直分布带较窄，均低于400m，在保护区内分布较为分散，从最低到最高海拔均有各类型的分布，其分布面积也相对较小，不是保护区内的优势植被类型。

据调查鉴定和资料查阅，保护区内共有维管植物100科357属1311种，其中蕨类植物17科28属60种，裸子植物3科6属19种，被子植物80科323属1232种。其中有国家二级保护植物1种，即罂粟科的红花绿绒蒿。

格西沟自然保护区有大型真菌196种，隶属2亚门5纲11目34科81属，196种。其中食用菌126种，药用菌48种，含抗癌成分的菌类84种，毒菌34种，木腐菌60种，菌根菌70种。保护区已知有分布的196种大型真菌总种数占中国最新记录的1701种大型真菌总种数的7.41%；占四川大型真菌总种数的67.35%。其中松茸和虫草均属国家二级保护菌类。

黑胸歌鸲（姚勇供图）

血短雉（黄玉泉摄）

猕猴

狼（格西沟自然保护区供图）

麝（姚勇供图）

岩羊（李八斤供图）

羚牛（李八斤供图）

水鹿（黄玉泉摄）

格西沟自然保护区内典型的暗针叶林植被和高山栎植被保存完好，低海拔的针阔混交林虽然曾被采伐过但已大部分恢复。保护区受人为干扰小，大部分区域处于原始状态，保持了很好的自然性。保护区中部有国道318线从中穿越，从雅江县城海拔2800m处进入保护区，到剪子湾山4702m垭口出保护区，短短几十里路海拔上升了近2000m，植被类型从针阔混交林、云杉冷杉林、高山栎林、高山灌丛、高山草甸到高山流石滩植被，类型齐全，大多处于原始状态，被中国《国家地理》杂志评为千里川藏线上最美的森林景观区之一。良好的自然生态环境，优美的原始森林、高山草甸自然景观，丰富的动植物资源，加上交通的便捷性，使保护区成为川藏线上最具吸引力的科考之地。其地位和作用在川藏线其他地区具有不可替代性。在保护区下渡社区外围麻朗措乡，中国科学院成都生物所的植物专家在调查时发现了大面积的"世界最美的枫树"——五小叶槭，这种槭树是美国博物学家洛克于20世纪30年代首先在四川木里发现的，但像雅江这样成片分布的在中国还是首次发现，被中科院的植物学家誉为"世界最美枫树的故乡"具有极高的科研价值和经济价值。这些都使保护区具有无可比拟的感染力。

◎保护价值

格西沟自然保护区的主要保护对象是四川雉鹑、绿尾虹雉等高山雉类以及大紫胸鹦鹉等珍稀鸟类。

四川雉鹑：属鸡形目，雉科中型鸟类。中国特产鸟，国家一级保护鸟类，IUCN列为易危（VU）种类。体重1000g左右，繁殖期4～7月，营巢于地面岩石下，或小灌木树上。其地理分布范围较狭窄，主要分布于四川省甘孜藏族自治州的康定、雅江、巴塘、白玉、理塘，青海省玉树以南，云南省西北部

国家一级保护动物胡兀鹫（黄玉泉摄）

的碧江、中甸、纳西，西藏的林芝、米林、朗县、察隅、类乌齐、江达、芒康等地区，四川甘孜藏族自治州为该种的分布中心。该种在格西沟自然保护区主要栖息于海拔3000～4200m之间的栎类（灌丛）林、杜鹃（灌丛）林、次生针阔叶混交林中。原始针叶林中亦有分布，但数量稀少，栎类林中种群数量最大，常在林间空地中集群活动。

绿尾虹雉：又名贝母鸡、鹰鸡、火炭鸡，属鸡形目雉科大型鸟类。国家一级保护鸟类，IUCN（2003）列为易危（VU）种类。成鸟体重692～1400g，4～5月繁殖，营巢于大树下和灌丛中。其分布范围较狭窄，主要分布于四川西部（包括岷山、邛崃山、相岭、大雪山和沙鲁里山等山系）海拔3000～4900m的山区，并边缘性地见于中国云南西北部、西藏东部、青海东南部及甘肃南部。栖息于林线以上海拔3000～5000m的高山草甸、灌丛和裸岩地带，尤其喜欢多陡崖和岩石的高山灌丛和灌丛草甸，冬季常下到3000m左右的林缘灌丛地带活动。绿尾虹雉是典型的植食性鸟类，以植物的果实、种子和浆果等为食。

大紫胸鹦鹉：为鹦型目鹦鹉科中型鸟类，是中国产最大的鹦鹉。国家二级保护鸟类。成体体重约300g，繁殖期5～6月，孵化期25～28天。以种子、水果、浆果、树叶和植物嫩芽为食，偶尔也会前往果园或是农耕区觅食谷类作物和水果等。白天除取食外，栖息于成熟针叶林中，晚上在树洞中过夜，冬季在树洞中冬眠。据考证，我国历史上鹦

大紫胸鹦鹉（何志勇摄）

鹉的种类及其分布的变迁是十分巨大的，就分布的纬度来说，已经从北纬39°南移到北纬31°。格西沟保护区是大紫胸鹦鹉分布的最北沿之一，主要分布于区内的原始针叶林中。目前仅栖息在我国广西、四川、西藏东部和云南等地区，分布的范围也比从前大大地缩小，数量更是十分稀少。大紫胸鹦鹉在国外也仅见于印度北部。

◎科研协作

格西沟自然保护区分为核心区、缓冲区、实验区。核心区面积为11208hm²，占保护区总面积的48.95%；缓冲区面积为2607.9hm²，占保护区总面积的11.39%；实验区面积9080.9hm²，占保护区总面积的39.66%。

格西沟自然保护区分别与保护国际山水保护中心、北京大学、四川省林业科学研究院等单位开展了大紫胸鹦鹉种群数量监测、神山圣湖调查、黑熊种群调查、雉鹑种群调查、五小叶槭分布／数量调查、保护区和社区参与式调查、生物多样性快速评估、黑熊调查和协议保护等工作。但因经费、设备等方面的原因，还没有开展保护区自身的监测工作，自身的科研能力还有待建设，还须引进和培养科研监测方面的人才，进而寻求与科研单位、国际组织合作的机会，以便开展保护区的科研工作，提高保护区科学管理的能力。

（格西沟自然保护区李八斤供稿）

四川 黑竹沟 国家级自然保护区

四川黑竹沟国家级自然保护区位于四川省乐山市峨边彝族自治县境内，地理坐标为东经102°54′29″～103°4′7″，北纬28°39′54″～29°8′54″。西与甘洛马鞍山自然保护区相连，东南与美姑县大风顶国家级自然保护区毗邻，东与马边大风顶国家级自然保护区交界，北与金口河八月林自然保护区相接，是凉山山系大熊猫种群分布的核心地带，也是大熊猫凉山种群遗传物质交流的种源，同时黑竹沟自然保护区将凉山山系大熊猫种群栖息地连成一片，完善了大熊猫保护体系，促进了大熊猫凉山种群的健康发展。属森林生态类型自然保护区，面积29643hm²，其中：核心区16745.9hm²，缓冲区3336.7hm²，实验区9560.4hm²。主要保护对象大熊猫。

◎自然概况

黑竹沟自然保护区地势起伏大，坡度陡，相对高差达3234m，35°～55°的陡坡占总面积的53%左右。黑竹沟气象要素随高度变化，形成鲜明的立体气候特点。河谷区域（1000～1500m）的气候具有亚热带气候特点，温暖湿润，四季分明，雨量极为丰沛，与盆地区域气候无明显差异。黑竹沟区域立体气候是在亚热带基本带之上形成的，有从山地亚热带到山地暖温带、山地中温带、山地寒温带到山地亚寒带的众多气候带谱，年平均气温从16℃至−4℃的巨大差异，这在我国东部亚热带区较为少见。

黑竹沟自然保护区水系源于大渡河支流官料河上游的那哈依莫主流，为母举沟的同级沟谷。黑竹沟发源于马鞍山主峰附近的狐狸山北侧，其干流全长20km。黑竹沟径流丰富，沟口处年平

大熊猫（陈雪峰摄）

均流量4.4m³/s左右，黑竹沟河水水质良好，为重碳酸盐型，适于饮用。

黑竹沟自然保护区有哺乳动物77种，分属8目27科。国家一级保护兽类有大熊猫、豹、林麝、牛羚4种；国家二级保护兽类有16种。主要分布于我国的兽类有9种，属于我国特有种的有16种，两者共计25种，占有分布兽类的32.47%。保护区范围内有大熊猫33只，紧靠保护区的外围地带还有大熊猫15只，因此黑竹沟保护区保护了约48只大熊猫及其栖息地。

黑竹沟自然保护区内有鸟类15目49科137属268种。其中，留鸟139种，占总数的51.87%；夏候鸟101种，占总数的37.69%；冬候鸟17种，旅鸟11种。保护区有国家一级保护鸟类四川山鹧鸪1种；国家二级保护鸟类20种，有17种列入濒危动植物种国际贸易公约附录二（2004年），18种列入国际鸟

黑竹沟—冬—生境（周龙摄）

黑竹沟—秋—生境（戴波摄）

类保护联合会出版的世界受威胁鸟类名录，有 7 种列入中国濒危动物红皮书。

黑竹沟自然保护区有两栖动物 17 种，隶属于 2 目 7 科 9 属；爬行动物 15 种，隶属于 1 目 2 亚目 4 科 10 属。爬行类中中国特有种占 40%。中国特有爬行动物 6 种，特有两栖动物 11 种。两栖爬行类中有国家二级保护种类大凉疣螈，四川省保护动物横斑锦蛇。极危种横斑锦蛇、白头蝰，濒危种为大凉疣螈，易危种类有玉斑锦蛇、紫灰锦蛇指名亚种、黑眉锦蛇和棘腹蛙。

黑竹沟自然保护区内共有鱼类 14 种，分别属于 3 目 4 科 12 属，其中，虎嘉鱼为国家二级野生保护动物；鲈鲤、异鳔鳅鮀、大渡白甲鱼、重口裂腹鱼为四川省级重点保护野生动物；齐口裂腹鱼为保护区内主要的经济鱼类。

黑竹沟自然保护区内维管植物共计 156 科 645 属 1684 种，其中蕨类植物 31 科 59 属 134 种；裸子植物 7 科 15 属 39 种；被子植物 118 科 585 属 1511 种。中国特有分布种共 456 种，占总种数的 30.42%。保护区共有珍稀濒危植物 22 种，其中国家一级保护植物有银杏、红豆杉、南方红豆杉、水杉、珙桐 5 种；国家二级保护植物有金毛狗脊、油麦吊云杉、连香树、香樟、油樟、楠木、川黄檗、黄檗 8 种；省级保护植物有麦吊云杉、丽江铁杉、长柄水青冈、亮叶水青冈、领春木、凹叶木兰、银叶桂、天全钓樟、灰叶稠李、金钱槭、天师栗、大王杜鹃、七叶一枝花、狭叶重楼、长药隔重楼、四叶重楼、粘山药、黄山药 18 种。

黑竹沟自然保护区植被分为四个垂直带谱，分别为针叶林、阔叶林、灌丛及灌草丛和草甸。其中，针叶林带包括寒温性针叶林、温性针叶林、温性针阔叶混交林和暖性针叶林植被型，阔叶林带包括落叶阔叶林、常绿—落叶阔叶混交林、常绿阔叶林、硬叶常绿阔叶林和竹林植被型，灌丛及灌草丛带包括常绿针叶灌丛、常绿革叶灌丛、落叶阔叶灌丛、常绿阔叶灌丛和灌草丛植被型。四个植被带内共有 51 个群系。保护区植被垂直分布的特点明显，海拔 2000m 以下主要为常绿阔叶林；海拔 2000～2400m 主要为常绿、落叶阔叶混交林；海拔 2400～2800m 主要为落叶阔叶林或针阔混交林；海拔 2800～3500m 主要为亚高山针叶林；3500m 以上主要为亚高山灌丛或亚高山草甸。

黑竹沟自然保护区的可利用资源主要包括植物资源、大型真菌资源、矿产及水利资源等。植物资源中，木材类植物 247 种，占总种数的 14.6%；纤维类植物约 123 种，占总种数的 7.3%；油脂及芳香油类植物共 109 种，占总种数的 6.4%；主要牧草及饲料类植物共 220 种，

珙桐（张铭摄）

杜鹃（戴波摄）

天南星（李斌摄）

莲香树（武刚摄）

占总种数的13%；野生水果、干果及蔬菜类植物共65种，占总种数的3.8%；野生园林花卉植物共212种，占总种数的12.5%；土农药类植物约36种，占总种数的2.1%；中药材植物共996种，占总种数的59.1%。大型真菌资源中，食用菌有104种，占总种数的65.8%；药用菌约66种，占总种数的41.8%；菌根菌达54种，占总菌数的34.2%；毒菌约29种，占总种数的18.3%。

黑竹沟自然保护区的景观资源丰富。①原始森林景观：黑竹沟地区森林覆盖率80%以上，由于地势高差悬殊，气候复杂多样，区内植被垂直分布带谱明显。②珙桐林与杜鹃花海景观：珙桐属国家一级保护植物，其分布面积之广，数量之大实为罕见，区内海拔3600～4000m的马鞍山东坡，万亩杜鹃花树聚成一片花海，俨然一个真正的杜鹃王国。③高山景观：保护区内海拔4000m以上高峰有6座之多，云海、佛光、日出日落等奇异景象均能见到。④喀斯特地貌景观：区域南部的涡罗挖

曲（彝语"白岩"）由巨厚的中三叠统白云岩与白云质灰岩组成夹薄层石膏，在长期的溶蚀、侵蚀、崩塌作用下形成十分壮观的峰丛、陡壁、堡寨、蘑菇石等景观。⑤高山瀑布和森林雪景：从黑竹沟沟口向上至海拔2700m，就见到关门石瀑布，又名川字形瀑布，水势汹涌，呈川字形奔流而下，十分壮观；在杜鹃含玉南东一侧，海拔3600～3700m的莽莽原始森林中，一股溪水奔涌而出，在古冰斗边沿的冰坎上跌宕下落，形成千姿百态、高达百米的瀑布地段；牛批依洛瀑布高达数百米，为少有的高落差瀑布。区内海拔2200～3700m范围内冬季积雪1～2m，并有千姿百态的冰挂，乃景区一绝。

◎保护价值

黑竹沟自然保护区的主要保护对象是大熊猫凉山种群等珍稀濒危野生动植物及森林生态系统。

（1）大熊猫：国家一级保护动物。黑竹沟自然保护区的大熊猫种群属大熊

猫凉山种群。保护区是大熊猫凉山种群的集中分布区和中心分布区，是大熊猫凉山种群基因交流的种源，是维系凉山山系大熊猫繁衍和发展的关键。据全国第三次大熊猫调查数据：黑竹沟保护区范围内有大熊猫33只，紧靠保护区的外围地带还有大熊猫15只，因此黑竹沟保护区保护了约48只大熊猫及其栖息地（"二调"峨边有大熊猫27只，"三调"峨边有大熊猫56只，占凉山山系大熊猫总数115只的49%，增长幅度为107%，是凉山山系熊猫数量唯一有增加的县）。主要分布在川南616、615、612、611、614林场。涉及勒乌、哈曲、黑竹沟、觉莫四个彝族乡镇。凉山山系大熊猫取食竹主要有短锥玉山竹，占35.46%；熊竹，占10.97%；石棉玉山竹，占9.95%；大叶筇竹，占7.40%；斑壳玉山竹，占7.4%；冷箭竹7.14%、白背玉山竹6.63%、马边玉山竹4.85%、大风顶玉山竹4.85%、筇竹3.57%以及三月竹、八月竹、丰实箭竹；大熊猫栖息地的主要干扰活动有历史采伐、放牧、公路、耕作和采药，分别占调查样点的56.9%、24.9%、19.5%、7.7%和7.7%，以历史的采伐最为严重。

（2）四川山鹧鸪：国家一级保护动物。属鸟纲鸡形目雉科。在世界上仅分布于中国四川南部（甘洛、屏山、峨边、马边、攀枝花市等地）海拔

四川山鹧鸪（周龙摄）

1000～2200m处的低山亚热带阔叶林中，亦见于云南东北部。属于全球性极危物种。根据川大和省野保处专家调查，保护区觉莫片区和616、615林场区域分布有四川山鹧鸪0.5～0.7只／km²。

（3）珙桐：国家一级保护植物。中国特有第三纪孑遗种。著名古老活化石植物。研究古植物区系有科学价值，也为著名观赏树。生长在海拔1800～2200m的山地林中，多生于空气阴湿处，喜中性或微酸性腐殖质深厚的土壤，在干燥多风、日光直射之处生长不良，不耐瘠薄，不耐干旱。幼苗生长缓慢，喜阴湿，成年树趋于喜光。珙桐枝叶繁茂，叶大如桑，花形似鸽子展翅。白色的大苞片似鸽子的翅膀，暗红色的头状花序如鸽子的头部，绿黄色的柱头像鸽子的嘴喙，当花盛时，似满树白鸽展翅欲飞。保护区的616、612林场附近（海拔1760m）和觉莫乡至二河口电站途中（海拔1800～2100m）分布较多。

（4）森林生态系统：保护区的生态系统主要有森林生态系统、亚高山草甸—灌丛生态系统和湿地生态系统。

植被垂直分布带谱明显，从低谷至高山依次分布有常绿阔叶林，常绿阔叶与落叶阔叶混交林，亚高山针阔混交林，亚高山常绿针叶林，高山杜鹃、箭竹灌丛及高山草甸。常绿阔叶林分布于海拔1800 m以下，组成此带的树种通常以樟科为主，壳斗科次之以及其他一些热带、亚热带科属的种类；常绿阔叶与落叶阔叶混交林带分布于海拔1800～2200m；亚高山针阔混交林带分布于海拔2200～2700m；亚高山常绿针叶林分布于海拔2700～3700m；高山杜鹃、箭竹灌丛及高山草甸分布于海拔3800～4288m。

◎科研协作

（1）2006年至今，与英国切斯特动物园合作开展四川山鹧鸪样线监测和巡护工作，正在进行分析研究。

（2）2007～2008年，与中科院合作，采用DNA生物分子技术对黑竹沟大熊猫进行了分析统计工作，并在英国杂志上发表了一篇论文。

（3）2008年至今，与WWF合作，在省厅野保处的指导下，开展大熊猫样线监测工作。

（4）2009年，在WWF、省厅野保处支持下，开展荞麦叶大百合种植试验，现已取得成功，考虑进行推广。

（5）2009年，与四川农业大学合作，开展珍稀两栖爬行类动物——大凉疣螈的生境监测和调查。

（6）2010年至今，在WWF支持下开展红外相机监测项目。

（7）2011年4月至今，在WWF支持下，与四川大学、四川农业大学合作开展集体林大熊猫栖息地管理策略研究。

（8）2011年7月至今，在WWF支持下，与四川农业大学合作开展PWS（水资源有偿使用服务）项目。

（9）2012年3月至今，配合四川省大熊猫调查队对黑竹沟自然保护区大熊猫分布情况进行第四次调查。

（10）2013年4月至今，与北京大学、美国华盛顿动物园合作开展椅子丫口大熊猫走廊带红外监测。

（11）2013年5月至今，与CI合作在保护区勒乌社区开展农村无动力污水处理工程。

（周　龙供稿）

红腹角雉（黑竹沟管理局红外）

褐头雀鹛（巫嘉伟摄）

橙胸姬鹟（李　斌摄）

小熊猫（黑竹沟管理局红外）

血雉（陈雪峰摄）

白腹锦鸡（张　铭摄）

小寨子沟
国家级自然保护区

四川小寨子沟国家级自然保护区成立于1979年，2013年晋升为国家级自然保护区位于四川省绵阳市北川羌族自治县西北部，地理坐标为东经103°45′~104°05′，北纬31°50′~32°10′之间，总面积44384.7hm²，以大熊猫、川金丝猴、光叶珙桐等珍稀野生动植物及其栖息地为主要保护对象，属野生动物类型自然保护区。区内最高海拔为西部与茂县交接处的插旗山，海拔4769m，最低海拔为花桥村，海拔1160m。保护区北与松潘白羊保护区交界，南连茂县宝顶沟保护区，东靠北川片口保护区，与平武雪宝顶保护区、安县千佛山保护区、绵竹九顶山保护区相望，是岷山山系大熊猫保护区网络的核心组成部分，在大熊猫保护事业中占据重要地位。

大熊猫（张 涛摄）

◎自然概况

小寨子沟保护区属巴颜喀喇秦岭区马尔康分区金川小区，地层发育较全，厚度大，化石稀少，具地槽型沉积建造特征。岩层有志留系、泥盆系、石炭系、二叠系及三叠系等地层。其地质构造属松潘—甘孜地槽褶皱系巴颜喀喇冒地槽

亚热带落叶阔叶林（张 涛摄）

亚热带山地常绿落叶阔叶混交林（张 涛摄）

褶带东缘的茂汶—丹巴地背斜（即后龙门山褶皱带），其主要由寒武系至三叠系地槽海相变质，以碳酸盐为主的构造，并在强力挤压下呈完全塑性变形，构成一系列紧密线状同斜倒转褶皱和断裂构造。保护区位于横断山脉东沿的岷山山系，处于四川盆地向青藏高原过渡的高山深谷地带。地势由西北向东南倾斜，以高、中山为主山地切割剧烈，山高坡陡。境内大部分为海拔2500~4000m的中山和海拔4000m以上的高山。

小寨子沟保护区属北亚热带湿润季风气候类型。保护区内年平均气温7.2~11.2℃，≥10℃积温达4500℃，最高气温22℃左右，最低气温－15℃，霜期从10月到翌年4月。区内年平均日照时间为1111.5h，日照率25%左右，7月日照时间最长，1月日照时间最短。区内太阳辐射值年平均83.3kcal/cm²，最高的8月10.7kcal/cm²，最低月为4kcal/cm²，高低相差2.68倍。

小寨子沟保护区内降水量在月、季上分布极不均匀，夏季常形成大量降雨，且多为暴雨。年平均降水量800mm。降水量与气温变化大体同步，形成冬干、春旱、夏洪、秋涝的气候规律。7~9月降水量大，蒸发量小，为湿季；其余各月蒸发量大于降水量，为干季。

小寨子沟保护区内土壤属于中南部中低山、中山粗骨性黄壤、黄棕壤土区的片沙黄泥土、山地黄棕壤亚区，西北部中、高山黄棕壤、暗棕壤土区及西部边缘亚高山、高山草甸土区。土壤成土母质以变质千枚岩为主，土壤类型随海拔变化，形成垂直地带性分布。自下而上为黄壤—山地黄棕壤—棕壤—暗棕壤—亚高山草甸土—高山草甸土—高山寒漠土。黄壤分布于海拔1100~1500m以粗骨性黄壤为主的河谷地带；山地黄棕壤分布于海拔1450/1500~2100/2300m林地；棕壤和暗棕壤分布于海拔2200/2300~3000/3200m的林地；亚高山草甸土分布于海拔3100/3200~3700/3800m的高山灌丛、亚高山草甸区；高山草甸土分布于海拔3700/3800~4000m的高山草甸区；高山寒漠土则分布于海拔4000m以上，如插旗山及和尚头等地。

（张 涛摄）

小寨子沟保护区内属长江水系，为通口河一级支流，涪江二级支流，嘉陵江三级支流，区内河流为青片河。青片河有两处主要源头，上午河（西源）源于青片乡插旗山，沿途有凌冰沟、瓦西沟、小寨子沟等10余条溪流汇入；正河（北源）发源于青片乡老满山，沿途有小弯沟、板棚子沟等溪流汇入。水位落差约800m，沿途河谷幽深、河床狭窄、水流湍急，两河交汇处多年平均流量14.1m³/s，枯水期3.5m³/s，洪峰最高期可达90m³/s以上。

小寨子沟保护区有脊椎动物5纲27目96科266属465种，其中有鱼类2目3科6种，两栖类2目6科23种，爬行类1目6科19种，鸟类16目56科306种，兽类7目27科111种，占四川省脊椎物种总数的35.02%。

在动物地理区划上保护区属东洋界西南区，处于东洋界华中区向古北界青藏区的过渡区域，动物分布类型多样，南北物种混杂明显，是画眉类、雉类、齿蟾类、食虫类、姬鼠类等动物物种的演化和起源中心。物种组成表现出明显的过渡性。保护区古北界物种共有160种，占总数的34.86%；东洋界物种有260种，占总数的56.64%；还有部分是广泛分布于古北及东洋两界的广布型种类。

保护区内国家重点保护野生动物种类丰富，达64种。国家一级保护动物有14种，其中鸟类7种，兽类7种，占全省一级保护动物的54%。国家二级保护动物有50种，其中鸟类33种，兽

类17种，占全省二级保护动物的50%。在兽类中，有国家重点保护野生动物24种，占保护区兽类种类的21.62%，其中国家一级保护兽类有大熊猫、川金丝猴、扭角羚、豹、云豹、林麝、马麝7种，占全省国家一级保护兽类的63%；二级保护兽类有豺、小熊猫、大灵猫等17种，占全省国家二级保护兽类的63%。在鸟类中，有国家重点保护鸟类40种，占分布鸟类的13.07%，其中国家一级保护鸟类有7种，分别是：金雕、玉带海雕、白尾海雕、胡兀鹫、斑尾榛鸡、雉鹑和绿尾虹雉，占全省国家一级保护鸟类的53.80%；国家二级保护鸟类有33种，如鸳鸯、黑鸢、苍鹰、血雉等，占全省国家二级保护鸟类的42.3%。属于国家保护有益的或有重要经济、科学研究价值的陆生野生动物以及四川省保护的野生动物分别为246和14种，分别占全省同类的40.50%和22%。此外，保护区内属我国特有的种类也非常多，陆栖脊椎动物中就有78种，占全省中国特有种的35.29%；属于喜马拉雅—横断山脉的特有种有95种，占保护区有分布动物的20.70%。

小寨子沟保护区内已鉴定到种的昆虫有247种，隶属于17目84科。鞘翅目科数最多，占科总数的21.43%。其次为鳞翅目，占科总数20.24%。区系组成以东洋界物种为主，兼有少量古北界物种。另外，由于保护区强烈的地形高差，昆虫的垂直分布也极为明显。

小寨子沟保护区的植物物种丰富，已知有高等植物212科771属1858种，

其中苔藓植物47科92属153种；蕨类植物28科58属147种；裸子植物7科14属26种；被子植物130科607属1532种。大型真菌类有39科77属124种。其中属国家一级保护野生植物有光叶珙桐和红豆杉2种；国家二级保护植物有四川红杉、油麦吊云杉、巴山粗榧、西康玉兰等9种。

小寨子沟保护区植被地理属亚热带常绿阔叶林区、四川东部盆地及川西南山地常绿阔叶林地带、盆边西部中山植被地区、龙门山植被小区。植物区系以温带成分为主，热带成分也较丰富。

小寨子沟保护区的自然植被共划分为5个植被型组，即阔叶林、针叶林、灌丛、草甸、高山稀疏植被；10个植被型，即亚热带山地常绿落叶阔叶混交林、亚热带落叶阔叶林、中山亚高山竹林、亚热带针叶落叶阔叶混交林、亚热带常绿针叶林、亚高山灌丛、高山灌丛、亚高山草甸、高山草甸、高山流石滩植被；16个群系组；22个群系。

◎保护价值

小寨子沟自然保护区境内独特的气候资源，造就了奇异的自然景观，并滋育了丰富多彩的生物类群，在地质考察、生物资源、气象研究、教学实习等方面具有很高的价值。

小寨子沟保护区被《中国生物多样性保护综述》列为A级优先保护区，被美国自然保护协会（TNC）确定为全球25个生物多样性热点地区之一。

（1）典型性。保护区以保护大熊

猕猴（张 涛摄）

猫等珍稀野生动物及其自然生态环境为主，是一个具有代表性的生物群落类型。保护区所处地理位置极为重要，是岷山大熊猫A种群的重要分布地带，对于区域种群交流、栖息地联通具有重要价值，是种群过渡地带的典型代表。同时保护区地处全球生物多样性核心地区之一的喜马拉雅横断山区，多种生物种类在其间嵌套分布，共同维护了较高的生物多样性和稳定的生态系统，保护区作为全球同纬度生态系统保存较为完整的地区之一，从生物多样性保护和生态系统维护角度而言，在全球范围内都具有突出的代表性和典型性。

（2）珍稀性。保护区内珍稀濒危物种种类丰富、数量众多。大熊猫、川金丝猴、扭角羚、光叶珙桐、虫草等极为珍稀物种的自然分布更凸显了保护区的重要价值。以大熊猫为例，保护区现有大熊猫栖息地面积40445 hm²，占岷山山系的4.21%，大熊猫58只，占岷山山系的8.19%。加上保护区位于岷山大熊猫A、B种群的主要过渡地带，无论是区系位置、栖息地数量还是种群规模对我国大熊猫资源保护都具有重要的贡献价值。保护区有国际贸易公约（CITES）附录动物29种，其中属于附录I的有大熊猫、川金丝猴等14种，附录II的有猕猴、扭角羚等15种。保护区有国际保护联盟（IUCN）动物27种，其中属于濒危的有4种，易危12种，低危8种，稀有3种。

保护区有国家一级保护野生植物2种，二级保护野生植物9种；国家一级保护动物14种，二级保护动物50种；国家保护有益的或有重要经济、科研价值的陆生野生动物246种。这些物种与其他生物及其生境形成复杂的生物群落、生态系统，缔造了多种高质量的小生境环境，多种珍稀物种的集中分布、良好更新体现了保护区在有效保护区域生物多样性、促进区域生态系统正向演替方面的价值。保护区物种的稀有性还表现在分布其中的许多物种是残遗和分布区极狭窄的物种，另外，保护区的特有种也相当丰富。此外，保护区内较为完好的保存了大面积的天然林，尤其是曼青冈、巴东栎、野核桃、领春木、大叶杨、华西枫杨、多毛椴、红桦、铁杉、云杉、冷杉等为建群种的群落，具有极高的保护价值。

（3）多样性。保护区的森林覆盖率达78.9%，植被垂直地带性分布明显，包括5个植被型组，10个植被型，16个群系组，22个群系。全区植物区系、地理成分、植物生活型谱复杂，植被类型复杂多样，较为完整地覆盖了区域内所有植被类型，植被分布具有多样性、完整性和系统性特点。加上保护区内复杂多样的地形条件、水系的纵横切割、土壤水热因子的不均等分布等共同组合

出保护区复杂多样的生境类型。多样的生境类型为保护区内动植物分布创造了良好的外部环境，区内物种种类丰富，计有大型真菌39科77属124种、苔藓植物47科92属153种、蕨类植物28科58属147种、裸子植物7科14属26种、被子植物130科607属1532种、脊椎动物5纲27目96科465种。

（4）脆弱性。保护区生态系统保存比较完整，保护区的天然林属于地带性顶极植被，这种系统较为成熟，具有较强的抗逆性，但受地质条件影响，在岩石构造、成土母质、地质灾害发生几率方面存在的潜在威胁较大，一旦遭到严重破坏，恢复难度很大。森林生态系统较为脆弱。

（5）自然性。保护区天然林在四川省占有重要的地位。区内拥有典型、多样、珍稀、原生的森林生态系统，是一个具有重要意义的生态单元。保护区内天然林面积22641.2 hm²，蓄积2009730.0 m³，分别占保护区林分面积和蓄积的90.59%和93.55%。因此保护区内珍稀野生动植物及其栖息地质量水平较高，处于较为原始的状态。

（6）学术价值。保护区地处四川盆地向青藏高原过渡的高山峡谷地带，

铜蜒蜥（张 涛摄）

四川湍蛙（张 涛摄）

菜花原矛头蝮（张 涛摄）

是我国中部区域一个大尺度的复合型过渡地带，各自然要素也都处于交汇区，这不仅体现在地质地貌、土壤和气候上；植被也处于东部常绿阔叶林和西部硬叶常绿阔叶林的结合部，区系上属横断山脉植被区系向华中植物区系的过渡区；动物地理区系上属西南区西部山地亚区，向青藏区、华中区的过渡区间。

（7）潜在保护价值。2008年汶川地震，使保护区内山体受到一定程度的影响，部分山体出现裂缝和滑坡，地表植被被掩埋，造成局部区域泥石流和滑坡等地质灾害高发。在此背景下实现保护区内植被覆盖、森林生态系统恢复是抵御因灾导致的水土流失环境的最为可行和合理的治理途径，对于缓解地质条件不稳定带来的负面影响具有非常突出的贡献，保护区及其周边社区的植被恢复对于区域生态安全具有极高的潜在保护价值。

（8）经济和社会价值。保护区是长江上游一级支流涪江的发源地之一。保护区的有力保护对于促进少数民族地区经济的可持续发展和资源的可持续利用有重要意义，特别是对于"5.12"极重灾区的北川县来说，保护区建设和管理是生态立县的一个重要举措，是提升北川生态建设水平的必要途径。

◎功能区划

小寨子沟自然保护区划分为核心区、缓冲区和实验区。

核心区由两部分组成，总面积29764.38hm²，占保护区总面积的67.06%。北边部分的西部以保护区与茂县、松潘县的县界（山脊）为界，北部以保护区与松潘县的县界（山脊）为界，途经牛奔水、正河沟口、板棚子沟、筛子背、烂金龙至杨家梁，由杨家梁向西南经小寨子沟、磨子沟、瓦西沟、石板桥沟等沟的上部，大火地，山王庙，凌冰沟、两叉河、麻冰沟的上部至小草

塘，再向北沿等高线至扁担垭。南边部分的南部由插旗山沿保护区与茂县县界（山脊）为界，北部由插旗山海拔4568m处向东途经洪路沟、上里里沟、中里里沟、下里里沟、铧头嘴沟、正沟、洪崩溜、明水沟、千杉梁子、大金沟、小金沟至保护区、茂县、北川县白什乡的交接处。

缓冲区面积4882.32hm²，占保护区总面积的11.00%。指核心区东、北部边界与核心区边界以下200～300m海拔所围区域，四至界限由北向南，由东向西包括大药厂、滴水岩、两叉河沟口、水井棚子、磨坊坪、药棚子所围范围。

实验区面积9738.00hm²，占保护区总面积的21.94%。指缓冲区边界与周边社区集体林边界（由北向南分别有小寨子沟下部、照壁山、石龙、谢家湾沟、关棚子、碧溪沟、深垭口、七星沟、杨玉和山、许家山）所围区域。

◎科研协作

2001年，西华师范大学对小寨子沟保护区进行了全面的科学考察工作，收集了完整的样本材料，2002年出版了《四川小寨子沟自然保护区综合科学考察报告》。国家林业局调查规划设计院分别在2003年、2011年完成了《四川小寨子沟自然保护区总体规划（2004～2013年）》和《四川小寨子沟自然保护区总体规划（2011～2020年）》。此外，保护区与四川大学、西华师范大学、绵阳师范学院、四川省林业科学研究院、中国科学院、世界自然基金会（WWF）、雪宝顶、白羊、片口保护区等多个单位合作，开展了两栖爬行动物监测、气象站监测、大熊猫等珍稀动植物研究、生态本底图制作等工作。累计出版专著1本，发表论文10余篇。

2003～2010年（因"5.12"地震严重影响迫使项目延期），保护区参与

珙桐（张 涛摄）

杜鹃花（张 涛摄）

实施全球环境基金会（GEF）"林业持续发展项目"。保护区围绕"参与式自然保护区规划管理""以社区为基础的自然保护""培训和能力建设""项目管理与监测评估"四个方面开展项目工作，累计完成39个项目活动。"5.12"地震致使保护区内大熊猫等珍稀野生动植物栖息地破坏较为严重，区域生态状况相对恶化。保护区及时启动灾后大熊猫等保护及栖息地恢复重建项目试验研究工作，以全面恢复保护区灾后受损的生态系统，修复大熊猫栖息地环境。试验研究主要包括本底调查、标本采集制作展示、保护区科普读物宣传画册等、大熊猫栖息地恢复途径与模式研究及效益评价、大熊猫主食竹恢复技术研究、示范基地建设、技术骨干和管理人员培训等几个方面。

保护区还制定了《四川小寨子沟自然保护区巡护监测工作制度及实施细则》，建立了日常巡护和专项监测相结合的巡护体系，设置了38条固定巡护样线，实行点、线、面结合，全方位、突重点的巡护策略。

（小寨子沟自然保护区供稿）

四川 栗子坪 国家级自然保护区

四川栗子坪国家级自然保护区位于四川盆地西南缘的小相岭山系，大渡河中上游，贡嘎山东南面石棉县境内，地理坐标为东经102°10.55′～102°29.12′，北纬28°51.03′～29°08.70′；南北长23km，东西宽17.8km，总面积47940.0hm²。保护区建立于2001年，是以大熊猫、红豆杉等珍稀野生动、植物及其栖息环境以及保存完好的山地森林生态系统为主要保护对象的野生动物类型自然保护区。建立时为市级保护区。2003年升为省级保护区，2013年经国务院批准晋升为国家级自然保护区。

红豆杉

◎ 自然概况

栗子坪保护区地处川南山地向川西高原过渡的高山峡谷地带，地质地貌、土壤、气候等自然要素均处于过渡区。区内地貌以中高山为主，兼有部分低山和河谷阶地。整个地势由西南向东北倾斜，地形切割破碎，起伏跌宕，垂直高差大。区内最高海拔4551m（密密滴滴），

最低海拔1330m（大洪沟板栗树沟心），最大相对高差达3221m，平均相对高差大于2000m。该区峰顶林立，峰谷幽深，具贡嘎山南缘冰蚀山地小区、大洪山冰蚀山地小区的典型地貌特征。

区内地形复杂，气候立体特征明显，森林植被垂直带谱保存完整，生物资源十分丰富。保护区内有种子植物134科715属2030种，其中国家重点保护植

物11种，其中国家一级保护植物2种，国家二级保护植物9种。栗子坪保护区是小相岭地区现今保存较为完整的一块亚热带森林生态系统，境内生态系统和植被群落结构复杂，植被的自然性和典型性极高，垂直分布明显。共有5个植被型组、9个植被型、15个群系组、19个群系。具有典型亚热带特点的植被均得到较好的保存，是小相岭山系最重要的物种资源库。

栗子坪保护区生态系统典型、植被完整、多样性高、珍稀物种及群落丰富，具有重要的生态保护和科学研究价值。保护区内共有脊椎动物5纲27目92科206属308种。其中，鱼纲2目4科9属11种；两栖纲2目8科10属13种；爬行纲1目6科16属22种；鸟纲15目47科111属186种；哺乳纲7目27科60属76种。保护区内分布有国家一级保护动物9种、国家二级保护动物28种。

◎ 保护价值

小相岭大熊猫种群及其栖息环境是该保护区最重要的保护对象，也是保护

核心区 |

林间杜鹃花

区的核心价值所在。整个保护区是小相岭山系大熊猫孤立小种群的核心分布区和关键栖息地，也是小相岭大熊猫种群遗传基因交流的关键走廊地带和重要集中分布区，是保障四川冶勒自然保护区等区域大熊猫种群相互交流的关键地带，对小相岭大熊猫保护和生存延续，防止种群衰退和灭绝，促进大熊猫种群资源发展方面具有举足轻重的作用。

栗子坪保护区的存在，对促进小相岭几个保护区大熊猫基因交流，保护大熊猫的基因多样性，扩大大熊猫种群，促进区内大熊猫种群数量的稳定等方面具有极其重要的意义。

据调查，保护区的大熊猫栖息地占整个保护区的80.4%，占小相岭山系大熊猫栖息地总面积的38%左右。目前保护区内有大熊猫15只，占整个小相岭大熊猫种群数量近50%。

包括保护区在内的整个小相岭山系大熊猫种群都属于孤立小种群，存在着遗传多样性低，缺乏基因交流，栖息地破碎化严重等严重问题，如果不加强保护，栗子坪保护区、以至于整个小相岭山系的大熊猫种群都存在逐渐灭绝的风险，具有十分重要的保护意义和不可替代的保护价值。

◎ **功能区划**

（1）核心区：将保护区内被保护对象具备典型代表性并保存完好的自然生态系统和珍稀濒危动植物集中分布地划为核心区。核心区是保护区内自然生态系统保存最完整，主要保护对象及其原生地、栖息地、繁殖地集中分布的区域。在核心区内应保证生态系统内各种生物物种的生长和繁衍，其面积应达到地域内珍稀濒危物种、大型保护动物的长期生存和发展所需的最适当空间，使保护区构成一个有效的保护单元，使其具有典型性和广泛的代表性。

核心区的范围主要包括紫马河到伊牛沟、楠桠河、大沙沟、孟获城、阿鲁伦底河、麻麻地、公益海、大洪山、竹马河中上部到县界，面积24474.0hm²，占51.05%。

保护区的核心区由东部、中部和西部3个部分组成，其中，东部核心区的东南面以具有良好阻隔效应的自然山脊（海拔3800～4320m）与甘洛县、越西县和冕宁县交界；中部核心区与东部核心区以国道108线分割成两块，该区域是大熊猫小相岭A/B种群走廊带恢复的关键区域；西部核心区与中部核心区以石棉县栗子坪乡至冕宁县冶勒乡的公路分隔，与四川冶勒自然保护区相连。由于该部分与冶勒保护区的核心区接壤，为了提升该区域的保护等级，加强保护力度，促进大熊猫小相岭A/B种

珙 桐

林间杜鹃

核心区Ⅱ

鸳鸯

小熊猫

赤狐

豹猫

群间的交流，特规划让这一部分的核心区外露。且该部区域的南部和北部均为海拔 4300～4800m 以上的陡峭山脊，具有良好的自然隔绝条件，符合《自然保护区总体规划技术规程》中"允许核心区外露"的条件。

该范围内是保护区内保存最完好的生态系统，是大熊猫、牛羚等珍稀濒危动植物的集中分布地，生物资源十分丰富。区内分布的国家级保护植物有红豆杉、水青树、连香树、厚朴、西康玉兰、红花绿绒蒿和香果树等，国家保护动物有大熊猫、云豹、牛羚、豹、云豹、小熊猫、金猫、猕猴、岩羊、林麝、斑羚、鬣羚、金雕、斑尾榛鸡、雉鹑、绿尾虹雉、高山兀鹫、黑鸢、苍鹰、红腹角雉、血雉、红腹锦鸡、白马鸡等。

核心区是保护区的主体，属于严格保护区域。核心区内禁止除科学观测以外的一切人为活动，外界人士如因科学研究必须进入该区域时，应按《中华人民共和国自然保护区条例》的有关规定，事先向保护区管理局提交申请和活动计划，经保护区行政主管部门批准后方可进入。

在区内开展的科学观测以观察为主，不得采样或采集标本，为保持自然状态还应限制其中科学考察活动的频率和规模，尽量保持原生生态系统不受人为活动的干扰，在自然状态下进行更新和繁衍，保持其生物多样性，实现保护区的可持续发展。

（2）缓冲区：缓冲区是在核心区与实验区之间区划出的带状或块状区域，用于避免保护区的核心区天然性受到外界的干扰和破坏，为绝对保护物种提供后备性、补充性和替代性的栖居地，同时也是野生动物的良好栖息地和核心区内各种野生珍稀物种的延伸生存环境。

保护区的缓冲区位于大洪山、公益海、麻麻地、孟获城、紫马坪到伊牛沟等中部地带，介于核心区和实验区之间，面积 5049.0hm²，占总面积 10.53%。该区分布有红豆杉、圆叶玉兰等珍稀濒危野生植物，同时也是大熊猫、牛羚、豹、小熊猫等珍稀濒危兽类以及斑尾榛鸡、雉鹑、绿尾虹雉、黑鸢、苍鹰、红腹角雉、血雉等珍稀濒危鸟类的活动场所。

在该区域内，各种野生动植物同样受到严格保护。在有关主管单位的批准下，区内允许从事一些有组织的科学考察、监测和实验工作，是保护区开展针对自然生态系统的科学研究、定位观测等的主要区域，禁止任何单位和个人进入该区域从事各种开发活动。

（3）实验区：实验区是连接保护区核心区或者缓冲区与自然保护区外界的区域，在最大程度上起到缓解自然保护区外界施加给核心区的压力，同时实验区也是保护区内人为活动较为频繁的区域。

结合保护区资源分布情况和社区居民分布情况，保护区内直接面对社区，人为活动较为频繁的区域划为实验区。主要是公益海、麻麻地、大洪山保护站到沟口—姚河坝、鸡窝山、孟获城下部、紫马坪到伊牛沟下部，地域条件较好的地段，面积18417.0hm²，占总面积的38.42%。

实验区处于缓冲区的外围，是保护区与周边社区联系的纽带，分布有红豆杉、水青树、连香树等珍稀濒危野生植物，偶有大熊猫的活动痕迹。牛羚、豹、小熊猫等兽类以及雉鹑、绿尾虹雉、黑鸢、红腹角雉、血雉等鸟类也有分布。

实验区的划分，有利于在保护的前提下，充分利用保护区内丰富的自然资源开展生态旅游、教学实习、野生动植物繁育等一系列活动，为实现保护区的可持续发展留下空间。

实验区内可以进行一定规模的幼林抚育、次生林改造、林副产品利用、荒山荒地造林等活动，也可将保护区的研究成果在一般地段进行生产性推广。

保护区内适宜利用的资源主要是生态旅游资源，在坚持保护第一的前提下，

适当的开发利用以上资源，可为保护区提供资金保障以及提高当地社区居民的实际收入方面带来益处，使保护区走出目前资金短缺、无法引进人才、无力开展社区共建共管的困境。

◎ 科研协作

栗子坪保护区所在的小相岭山系共有大熊猫32只（全国大熊猫第三次调查），为种群数量最小的大熊猫种群，灭绝风险较大。为了增强小相岭大熊猫小种群的生存能力，改善其遗传多样性，保护区于2009年易地放归了大熊猫"泸欣"。目前"泸欣"作为首只异山系放归的救护野生大熊猫已经在栗子坪保护区麻麻地区域稳定存活下来并成功产下一仔。2011～2014年，保护区先后放归人工繁育野化大熊猫3只。在放归大熊猫的监测工作中，保护区工作人员主动学习监测技术，总结监测经验与问题，并汇编为《放归大熊猫监测技术研究与应用》一书。

（栗子坪自然保护区供稿）

2009年4月"泸欣"放归仪式现场，"泸欣"从容地走在为它修建的竹桥上

2011年5月对"泸欣"进行回捕，这是红外相机拍摄的回捕"泸欣"过程

2012年10月11日"淘淘"放归

监测队员首次在野外拍摄到的活体野生大熊猫

红外线照相机在野外拍摄到的活体野生大熊猫

2013年10月14日"淘淘"回捕后体检

2013年11月6日"张想"放归现场

巡护道路途中

天 麻（李贫摄）

千佛山
国家级自然保护区

四川千佛山国家级自然保护区位于四川省绵阳市安县的茶坪乡、高川乡和北川羌族自治县的墩上乡，地理坐标为东经104°06′～104°18′，北纬31°37′～31°48′。区内最高点位于安县与绵竹县交界的大光包，海拔3047.3m，最低点位于高川乡黄洞子沟，海拔1280m。保护区总面积11083hm²，其中安县9363hm²，占84.5%，北川县1720hm²，占15.5%。功能区划为核心区、缓冲区、实验区。核心区面积54.5hm²，占保护区面积的49.2%，缓冲区21.2hm²，占保护区面积的19.04%，实验区35.2hm²，占保护区面积的31.76%。属野生动植物保护类型的保护区，主要保护对象是大熊猫、金丝猴、珙桐、红豆杉等，2014年12月经国务院批准晋升为国家级自然保护区。

◎ 自然环境

（1）地质地貌：保护区内地貌复杂，地形为中、低山地貌，山峦层层，山峰林立，沟谷纵横，坡陡谷深，上缓下陡，坡度一般为25°～55°，最大坡度可达70°以上。山间河谷平地少，相对高差较大，山脊海拔一般在1000～2500m之间，保护区内最高海拔3047m，位于保护区西南安县与绵竹交界的大光包，最低海拔1280m，相对高差近1800m。

（2）气候：属于亚热带湿润季风气候类型，其特点是冬长夏短、温凉阴湿、雨量充沛、四季分明。保护区的年均气温11.5℃，≥0℃以上年积温4500℃，最高气温29℃，最低气温-5.5℃；年日照1050h，年降水量1500mm左右，多年平均总辐射量为340kJ/cm²，月平均总辐射最大值出现在8月；月平均蒸发量以5～8月最大，每月可达150mm以上，多年平均1216.7mm，占多年平均地面产水量的37.4%，多年平均相对湿度为70%～80%之间，全年无霜期220天左右。

（3）水文：属涪江水系。涪江是嘉陵江的一级支流，长江的二级支流，流域宽广。其发源于四川省松潘县与九寨沟县之间的岷山主峰雪宝顶，南流经四川省平武县、江油市、绵阳市、三台县、射洪县、遂宁市和重庆市潼南县等区域，在重庆市合川市汇入嘉陵江。全长700km，流域面积3.64万km²，多年平均径流量572m³/s。保护区各条河流的径流季节变化具有明显的夏洪、秋汛特点。4～6月水量开始增长，5月开始进入汛期，7、8月达到高峰，10月水位开始下降，汛期随之结束。12

日 落（李贫摄）

保护区风景（蒋忠军摄）

月至翌年 3 月为枯水期。

（4）土壤：区内从低海拔到高海拔分布有黄壤、黄棕壤、山地棕壤、山地暗棕壤等类型。其垂直海拔分布一般是海拔 1600m 以下为山地黄壤，海拔 1600～2300m 为山地腐殖质黄壤，海拔 2300～2850m 为山地棕壤，海拔 2600～3100m 为山地暗棕壤。

（5）野生植物资源：有高等植物 209 科 777 属 1789 种（亚种、变种）；其中苔藓植物 41 科 76 属 101 种；蕨类植物 20 科 32 属 81 种；种子植物 148 科 669 属 1607 种，其中裸子植物 7 科 15 属 33 种，被子植物 141 科 654 属 1574 种。

保护区内有国家重点保护植物 15 科 19 属 23 种，国家一级保护野生植物有 5 种，即：红豆杉、南方红豆杉、珙桐、光叶珙桐、独叶草。国家二级保护野生植物 10 种，即：油麦吊云杉、连香树、鹅掌楸、水青树、四川红杉、巴山榧树、梓叶槭、红椿、圆叶玉兰、红花绿绒蒿。

大型菌类种类分属 2 个亚门 5 纲 31 科 134 种。国家二级保护大型真菌 1 种为冬虫夏草。

植被类型多样，可划分为 4 个植被型组（阔叶林、针叶林、灌丛及灌草丛、草甸），12 个植被型，12 个植被亚型，12 个群系组，37 个群系类型。常绿阔叶林主要分布于海拔 1600m 以下，常绿、落叶阔叶混交林出现于 1600～2200m 之间，针阔混交林分布于海拔 2200～2500m 范围，针叶林主要分布于海拔 2500～3000m，在 2800m 以上分布着高山灌丛和草甸植被。

（6）野生动物资源：保护区内有脊椎动物 5 纲 29 目 87 科 312 种，其中，哺乳纲 7 目 27 科 80 种，鸟纲 16 目 45 科 182 种，爬行纲 2 目 7 科 29 种，两栖纲 2 目 5 科 15 种，硬骨鱼纲 2 目 3 科 6 种。昆虫纲鳞翅目蝶类物种 10 科 281 种。

保护区内有国家重点保护野生动物 46 种，分属于哺乳纲和鸟纲。哺乳纲有国家重点保护动物 19 种，占保护区兽类的 23.75%，其中国家一级保护兽类 6 种，国家二级保护兽类 13 种。鸟纲有国家重点保护动物 27 种，占保护区鸟类种类数量的 14.84%，其中国家一级保护鸟类 4 种，国家二级保护鸟类 23 种。国家一级保护野生动物 10 种，分别为大熊猫、金丝猴、牛羚、马麝、林麝、豹、金雕、雉鹑、绿尾虹雉和斑尾榛鸡。国家二级保护野生动物 36 种，如藏酋猴、猕猴、豺、小熊猫、黑熊、红腹锦鸡、四川林鸮等。上游特有鱼类 2 种，为青石爬鳅和黄石爬鳅。

杜 鹃（蒋忠军摄）

（7）景观资源：保护区内自然景观奇俊，无论从山景、水景、森林、还是云海、日出等景观都有自己的特色。区内有海子、瀑布、绝壁峭崖、珙桐林、万亩杜鹃林和万亩箭竹林。千佛山山体高大多姿，群山绵延、峰峦重叠，奇峰突兀，峰回路转，有神秘、幽深之美。登上山顶观日出、云海、佛光顿生旷远之美。杜鹃花开时，单株有三四种颜色，花期长，品种齐，为全国罕见。海拔 2500～3000m 区域，万亩箭竹林蔚为壮观。

◎ 保护价值

千佛山自然保护区的主要对象和丰富的生物多样性决定了有很高的保护价值，主要体现在以下几个方面：

（1）生物多样性丰富、濒危物种多。主要保护对象为大熊猫、金丝猴等珍稀物种及其栖息地。保护区大熊猫属岷山 B 种群，是岷山 B 种群分布的最东北端和重要分布区，也是岷山 A、B 种群的关键连接区域。依据全国第四次大熊猫调查时的统计，保护区大熊猫数量有 12 只，分布在高川乡的大马槽、流马槽和三尖山下；其中北川部分 3 只，分布在墩上乡从望乡台至千佛山一线。

金丝猴在保护区内分布广，流动性大。据实地调查，保护区金丝猴分布的海拔范围大致在 1600～3000m，主要分布在安县茶坪乡的花红树沟（也常到北川区域活动）、响水沟和高川乡的流马槽、转金楼等地，保护区金丝猴数量有 300 多只。

（2）保护对象具有鲜明的代表性。保护区是以保护大熊猫、金丝猴等珍稀野生动物为主的自然保护区。这两个物种都是全世界瞩目的珍稀濒危动物，是世界野生动物保护上的旗舰物种，在物种保护上具有世界性的代表意义。

大熊猫：是我国特有的珍稀濒危物种，国家一级保护野生动物，我国"国宝"，世界野生动物保护的旗舰物种，被列入中国红色名录濒危物种，CITES 附录 I，IUCN 濒危物种，在我国生物

金丝猴（红外线相机摄）

多样性保护和生态文明建设上具有不可替代的作用。保护区内的大熊猫种群属岷山大熊猫 B 种群。保护区是岷山大熊猫 B 种群的重要栖息地，也是岷山 B 种群大熊猫种群可能的扩展区，同时也是岷山 A、B 种群的关键连接区域，在大熊猫小种群保护上具有重要的地位和作用。

金丝猴：为我国特有种，国家一级保护野生动物，被列入中国红色名录易危物种，CITES 附录 I，IUCN 易危物种。由于其色彩靓丽，非常漂亮，常被誉为中国的"第二国宝"。保护区的金丝猴分布范围广，种群数量大，估计有 300 多只。

（3）生境类型多样，保护价值高。保护区有森林、灌丛、湿地等多种生态系统类型。植被类型多样，可分为 4 个植被型组，12 个植被型，12 个植被亚型，12 个群系组，37 个群系类型。

千佛山自然保护区是中国陆地优先保护生态系统的 18 个优先重点保护区域之一，归属于横断山北段—岷山地区；是环保部（环发 [2010]106 号）"中国生物多样性保护战略与行动计

黑 熊（李贫摄）

藏酋猴（李贫摄）

划（2011～2030年）"中划定的32个内陆陆地及水域生物多样性保护优先区域，属于西南高山峡谷区，岷山—横断山北段生物多样性保护优先区域；也处在全球生物多样性25个热点地区之一的中国西南山地地区和世界自然基金会（WWF）划分的全球200个重要生态区之一的岷山山系。因此，该保护区的生境在我国及全球范围内都有重要的保护价值。

（4）生境自然性高，人类干扰少。保护区内没有社区居民居住，没有大型工程和营运公路，也没有开展旅游活动。区内除低海拔区域有少量人工植被外，其余全部为天然植被。保护区自1993年成立后，整个保护区的植被基本上未受到人类破坏，保护区内还保存有部分未受采伐的原始植被。即使遭受砍伐的森林植被，由于保护区的水热条件好，植被的自然恢复也很好。在2008年，保护区内的部分植被受到了汶川大地震的损毁，但经过这几年的自然恢复，地震滑坡体上基本上现都有植被覆盖。

（5）区位位置重要。保护区地处我国和全球生物多样性十分丰富的岷山

日出（李贫摄）

山系，所处的地理位置特别重要。该保护区是岷山B种群分布的最东北端，是岷山山系保护区网络的重要组成部分，同时是岷山山系大熊猫及其他动物重要的基因交流通道。如果该保护区不能有效的实施保护，大熊猫岷山A、B种群的栖息地就很难得到连接，大熊猫岷山B种群也会失去进一步扩展的空间，会危及大熊猫B种群的生存，因为对于小种群而言，每一个个体的存在价值都较巨大。

（6）科学研究价值高。千佛山自然保护区的动植物资源丰富，物种的珍稀特有程度高，生境保存自然，部分珍稀特有物种的种群数量大，同时也是大熊猫等珍稀大型动物的关键连接区域，使保护区成为开展大熊猫、金丝猴等珍稀野生动植物的生物生态学研究，物种

起源与扩散研究，植被的演化发展研究等科学研究的理想基地。保护区保存的自然生境，大量的古老、孑遗物种，为研究我国动植物物种的起源、进化，群落结构，以及生态服务功能途径提供了场所和机会。同时保护区是大熊猫岷山A、B种群的关键连接区域和岷山B种群大熊猫分布的边缘区域和潜在扩展区域，在大熊猫等珍稀物种的种群及群落保护研究上也具有极其明显的优势。

◎ 科研协作

千佛山自然保护区先后与北京大学、四川大学、绵阳师范学院、四川省林科院、四川省林勘院、世界自然基金会、保护国际、山水自然中心、大自然基金会等合作开展科学研究项目。主要完成的项目有：开展了二、三、四次大熊猫资源调查。"5.12"地震灾后调查与评估，从1999年开始生态监测包括红外线相机监测，两次千佛山自然保护区科学考察，运用GIS系统制作完成保护区生态本地图，保护区周边集体林可持续发展研究，大熊猫栖息地恢复，保护区及周边两栖爬行和蝴蝶研究等。

（千佛山自然保护区颜永碧提供）

保护区风景（蒋忠军摄）

雪景（蒋忠军摄）

（蒋忠军摄）

梵净山 国家级自然保护区

贵州

贵州

州

黔金丝猴的唯一栖息地——贵州梵净山国家级自然保护区位于贵州省东北部的江口、松桃、印江3县交界处，东邻江口县快场村，南抵江口县高峰村，西至印江县豆臭林村，北至印江县芙蓉村；地理坐标为东经108°45′55″～108°48′30″，北纬27°49′50″～28°1′30″，总面积41900hm²；属保护森林生态系统类型的自然保护区；主要保护对象为亚热带森林生态系统及黔金丝猴、珙桐等珍稀动植物。梵净山国家级自然保护区建于1978年，1986年经国务院批准晋升为国家级自然保护区，并于同年被接纳为联合国教科文组织"人与生物圈"成员。

◎ 自然概况

梵净山是武陵山脉的主峰，其山脉走向多呈北东—南西向，地形地貌特点为：主峰凤凰山（2570.5m）、金顶（2493.4m）主体是高中山峡谷地形，以此为中心由高而低，四周逐次散布中山、低中山，直抵四境低山、丘陵区各种地貌类型，呈三级梯降，显现出三级剥蚀面。而西北坡高峻陡险，东南坡岭峦起伏缓慢，切割较深。全区相对高差达2000m，沟谷切深一般500～700m，最深达1000m，由于地层产状陡立或倒转，山坡坡度一般多在30°～35°，峡谷坡度达40°～45°，悬崖峭壁，比比皆是。保护区属于东亚季风气候区，具有明显的中亚热带季风山地湿润气候的特征，夏季受东南海洋季风影响十分显著，冬季受寒潮影响一般较小。其年平均气温介于5～17℃之间，相差达12℃之多，年平均降水量为1100～2600mm，是贵州省降水量最多的地区，也是全国多雨区之一，年降水日数介于160～200天之间，相对湿度年平均超过80%，气候类型繁多，有明显的垂直气候带谱。梵净山是乌江与沅江水系的分水岭，由于山高谷深，冲沟密布，故而排流条件良好，地表河流发育，又因该山穹窿上升，故水系呈典型的放射状，向四周分流：东有黑湾河、马槽河；北有淘金河、金厂河；西有肖家河、牛尾河；南有凯土河、盘溪河等。它是贵州铜仁地区重要的水源涵养地，相当于一个天

国家一级保护植物——梵净山冷杉

黑湾河

红云金顶

然大水库，每年为锦江、印江、松江提供 1 亿 m³ 以上的水量。梵净山既为当地提供大量的工、农业生产生活用水，又保护下游免受洪灾威胁，对铜仁地区的工农业生产起着重要的作用。随着海拔高度的变化，生物气候条件发生垂直分异，形成了明显的土壤垂直带谱：海拔 500（600）m 以下为山地黄红壤，有机质含量 5% 左右；500（600）～ 1400（1500）m 为山地黄壤，腐殖质层为 10 ～ 20cm，有机质含量达 10%；1400（1500）～ 2000m 为山地黄棕壤，腐殖质可达 30cm，有机质含量高达 30% ～ 40%；2000 ～ 2200（2300）m 为山地暗色矮林土，腐殖质 10 ～ 40cm，有机质含量 20% 左右；2200（2300）m 以上为山地灌丛草甸土，其腐殖层 30cm 左右，有机质含量

30%。

梵净山森林植物区系种类组成丰富，有种子植物 138 科 441 属 933 种；森林植物区系起源古老，有单型科 9 个，有中国特有属 18 个，梵净山特有种 20 个。梵净山森林植物从科的分布类型分析，以亚热带占优势，而属的地理分布

是亚热带性质的。梵净山保护区动物地理区划处于东洋界华中区西部山地亚区，其茂密的森林，多种多样的植物、花卉、果实等动物食物资源，优良的水文、生态环境，为野生动物提供了优越的栖息、活动、觅食、繁衍场所，分布有大量的动物种类，形成了复杂多样的

杜鹃矮林

阔叶混交林

征：海拔1300m以下为常绿阔叶林带；1300～2200m为常绿落叶阔叶混交林带；2200m以上为亚高山针阔混交林和灌丛草甸带。由于地形复杂、生态环境多样，造成梵净山保护区森林类型多样、植物种类丰富、古老孑遗的珍稀植物繁多的森林特征。据调查，保护区内有长苞铁杉林、水青冈林、黄杨林、珙桐林等44个不同的森林类型。珙桐除大量零星分布外，还有13个分布成片的珙桐林，总面积超过80hm²，是当今世界上最集中的野生珙桐分布区。另外，梵净山冷杉残遗群落，是梵净山的特有树种。目前已知，梵净山保护区共有植物1730种，其中木本植物138科441属933种；蕨类37科83属180种；苔藓类58科118属245种；真菌45科123属372种。列入国家重点保护的植物有31种，其中国家一级保护植物有梵净山冷杉、伯乐树、光叶珙桐、珙桐、红豆杉、南方红豆杉、姜状三七7种，国家二级保护植物有

食物链。目前已知，兽类69种，鸟类191种及4亚种，两栖爬行类75种，鱼类48种。昆虫类2400多种，陆栖寡毛类21种。

梵净山的自然风景绚丽多姿，其山体庞大、古朴雄浑。层峦叠嶂，幽潭飞瀑，森林莽莽。红云金顶、太子石、金刀峡、天仙桥、万卷书、蘑菇石、定心水、一天门、佛光、云海等一览无余。民族风情也别具特色：土家族、侗族村寨多依山傍水，传统节日活动丰富多彩，对歌、盘歌、礼俗歌旋律感人。金顶古庙、摩崖、禁砍山林碑、护国寺、坝梅寺、天庆寺等名胜古迹数不胜数。

◎ 保护价值

梵净山自然保护区代表了中国陆地中亚热带典型的森林生态系统类型，是地球同纬度带保存最为完好的原始森林生态系统，并保存有黔金丝猴和珙桐等珍稀野生动植物遗传基因，被列为具有全球意义的A级保护区。

保护区相对高差2000m以上，而水平距离仅约20km，在这么短的水平距离内，基本上浓缩了中亚热带的生物景象。植被具有较明显垂直带谱特

秋染槭树

云漫牛尾河

蘑菇石

冬季的水青冈

连香树、水青树等23种。

梵净山自然保护区内有动物2500余种，其中昆虫类2400余种；鱼类7科35属48种；两栖爬行类17科35属75种；鸟类39科191种；兽类23科53属69种。列为国家一级保护的有黔金丝猴、云豹、白颈长尾雉、华南虎、林麝、豹6种，国家二级保护的有大鲵、黑熊、藏酋猴等29种。梵净山保护区地处东洋界与古北界的过渡带，动物区系组成复杂，该区的鱼类主要由东亚类群和南亚类群构成，起源于南亚和东南亚的类群居优势地位；41种爬行动物中36种为东洋界成分，广泛分布于古北界及东洋界的有5种；34种两栖动物中30种为东洋界成分，古北界及东洋界广布种有大鲵等4种；鸟类中繁殖鸟类146种，东洋界鸟类88种，广布种27种，古北界种31种；兽类均属东洋界成分，6个分布型，其中东南亚热带—亚热带型37种，旧大陆热带—亚热带型6种，横断山脉—喜马拉雅型4

种，南中国型11种，北方型8种，季风型2种。梵净山保护区是全球唯一的中国特产的国家一级保护动物黔金丝猴的栖息地。黔金丝猴是我国特产的3种金丝猴中数量最少、分布区最狭窄、濒危度最高的一种，现存数量仅750只左右，分布面积约41900hm²，而其经常栖息的区域仅26000hm²。

梵净山铁杉

◎ 功能区划

梵净山自然保护区的总面积为41900hm²，其中实验区14500hm²，占全区总面积的34.6%；缓冲区为2800hm²，占全区总面积的6.7%；核心区24600 hm²，占全区总面积的58.7%。集体林区面积11247.7hm²，占总面积的26.8%。

梵净山自然保护区管理局通过与国内有关单位合作调查，先后出版了《梵净山科学考察集》《梵净山研究》《黔金丝猴的野外生态》《梵净山景观资源昆虫》等专著。而对重要保护对象黔金

黔金丝猴

梵净山山门

丝猴的长期研究和监测尚未开展，如黔金丝猴的种群生态、种群动态变化、栖息地环境监测、"溢出"保护区活动群的监测等，对保护区开展生物多样性的保护存在一定的限制，有待加强。

（雷孝平供稿；陈东升摄影）

小黑湾瀑布

茂兰
国家级自然保护区

贵州茂兰国家级自然保护区是喀斯特地区的一颗绿色明珠，其喀斯特原始森林面积是世界同类面积中最大的，被载入世界吉尼斯纪录，被联合国教科文组织纳入国际生物圈保护网络，是世界保留地之一。保护区位于贵州省黔南布依族苗族自治州荔波县东南部，南与广西壮族自治区接壤，毗邻广西木伦国家自然保护区，地理坐标为东经107°52′10″～108°45′40″，北纬25°09′20″～25°20′50″，东西宽22.8km，南北长21.8km，总面积21285hm²；是以保护喀斯特森林生态系统及其珍稀濒危野生动植物为主的森林生态系统类型保护区。保护区始建于1986年，1988年5月经国务院批准晋升为国家级自然保护区，以保护完整的综合自然生态系统为目的，兼有保护珍稀孑遗动植物资源的森林生态系统类型自然保护区。

三岔河瀑布

◎ 自然概况

茂兰自然保护区位于云贵高原向广西丘陵盆地过渡的斜坡地带。在大地构造上隶属于江南台隆西南部的三都—荔波古陷褶断束，处在轴缘凹陷地带。

喀斯特洼地

区内地质构造以褶皱为主，断层次之。由石炭、二叠系碳酸盐岩组成的茂兰向斜，控制着这里的地层、岩石的分布及产状，现今保存原生性较强的喀斯特森林便主要分布于此向斜南段之石炭系碳酸盐岩上。区内分布地层从老到新有：

石炭系下统大塘组、摆佐组，中统黄龙群，上统马平群及二叠系下统栖霞组、茅口组，其中摆佐组为本区分布最广、其上喀斯特森林保存最好的地层。区内分布主要为石灰岩和白云岩，为纯质碳酸盐岩类，仅个别地点为石英砂岩及夹于其中的少量页岩。以白云岩出露面积最大，为喀斯特森林的主要着生基岩，基岩裸露率在70%～80%之间。喀斯特形态多种多样，锥峰尖削而密集，洼地深邃而陡峭，锥峰洼地层层叠叠，呈现出峰峦叠嶂的喀斯特峰丛景观。地貌类型以峰丛漏斗和峰丛洼地为主，仅东部有小面积的峰林盆地分布，地貌形态主要有落水洞、漏斗、洼地、槽谷、盲谷等。区内地势西北高，东南低，最高海拔1078.6m，最低海拔430m，平均海拔880m以上。茂兰保护区处于中亚热带季风湿润气候区，具有春秋温暖、冬无严寒、夏无酷暑、雨量充沛的中亚热带山地湿润气候特点。年平均气温为18.3℃，1月平均气温为5.2℃，7

月平均气温为 23.5℃，≥10℃年积温 4598.6℃，植物生长期 237 天。全年降水量 1752.5mm。茂兰保护区成土母岩为碳酸盐岩，故其风化发育形成的土壤均为石灰土。其中以初期石灰土占绝对优势。该种石灰土，是石灰岩风化残留物形成的少数细土与植物残落物和根系交织在一起腐解后形成的棕黑色土层，其下即为成土母岩。由于成土母岩是纯度较高的白云岩和石灰岩，能形成土粒的重要成分 SiO_2、SiO_3 和 Fe_2O_3 含量极低，而含量最高的 Ca、Mg 和碳酸盐类在溶蚀过程中随水流失。因此形成的土壤层，仅有 20～40cm，且土层不连片，多存在于岩石缝隙中。茂兰保护区石灰土的基本特点是：土壤容量因素很差，具体表现为土层薄，土层不连续。但土壤质量很好，表现为有机质和氮、磷、钾养分丰富。保护区内地下水赋存的二元结构是喀斯特森林水文的独特现象，即枯枝落叶垫积层充填的上层喀斯特裂隙水和下层喀斯特水并存，上层水流量小且动态稳定，下层水流量大，动态变化也相对较大。根据地层岩石的含水性质及含水的丰富程度，区内可分为碳酸盐强含水岩组和碎屑岩、泥灰岩弱含水岩组。喀斯特上层裂隙水，又称森林滞留水，是森林植被在喀斯特作用影响下的具体表现形式，主要是由喀斯特森林的持水作用形成的。森林滞留水按其滞留的地形部位分为森林滞留泉和森林滞留沼泽湿地两大类型，前者遍及全区，

金狮洞

漏斗森林景观

凡喀斯特森林茂密的山麓坡下、漏斗洼地中、山鞍坳口上均有分布，致使区内到处是清泉淙淙、流水潺潺；后者则普遍见于地势平缓或低洼的密林之中，或积水成塘，或形成连片沼泽湿地。这种独特的水文结构，不仅使地下水的补给、径流及排泄条件明显改善，而且还使大气降水、地表水和地下水的互相转化产生良性循环，从而一反喀斯特地区干旱与洪涝交加的灾害常态，为森林生长和人类生存、生活和生产创造了良好环境。

茂兰自然保护区在我国植被分区上处于亚热带常绿阔叶林区、东部（湿润）常绿阔叶林亚区、中亚热带常绿阔叶林带。其自然植被除少数地段为藤刺灌丛和灌草丛外，均为发育在喀斯特地貌上的原生性常绿落叶阔叶混交林，是一种非地带性的植被。保护区地处中亚热带南部，植物资源十分丰富，现统计有维管束植物 154 科 514 属 1203 种，其中蕨类植物 11 科 20 属 31 种，种子植物 143 科 494 属 1172 种（包括裸子植物 6 科 12 属 17 种，被子植物 137 科 482 属 1155 种）。森林植被建群种多为耐旱喜钙的圆果化香、青冈栎、樟叶槭、黄梨木、云贵鹅耳枥、齿叶黄皮、掌叶木、圆叶乌桕、朴树、菱叶海桐、香叶树等。主要森林群落有青冈栎—化香林、黄皮林、栲—杜英林、黄杉—黔竹林等。因地形相对高差不大，植被无明显的垂直带谱。保护区现有国家一级保护植物 4 种：异形玉叶金花、红豆杉、南方红豆杉、单性木兰；国家二级保护植物 200 余种，如华南五针松、翠柏、短叶黄杉、香果树、香木莲、榉树、硬叶兜兰、小叶兜兰、白花兜兰所有兰科植物种类。因喀斯特

地貌的特殊性和小生境的多样性，在茂兰形成了许多特有种，目前已发现26个植物特有种，如荔波大节竹、荔波鹅耳枥、荔波球兰、短叶穗花杉等。

茂兰自然保护区水文地质条件特殊，气候温暖湿润，森林保存较好，为野生动物提供了良好的生存和栖息环境。现统计有脊椎动物近400种，其中鸟类16目47科205种，兽类8目24科61种，爬行类3目10科47种，两栖类2目8科34种，鱼类5目10科39种。另有昆虫1300余种。主要动物种类有猕猴、黑熊、穿山甲、白鹇、蛇雕、蟒等，以猕猴和白鹇为优势种群。茂兰保护区现有国家一级保护动物4种：豹、林麝、蟒、白颈长尾雉；国家二级保护动物32种：猕猴、穿山甲、小灵猫、蓝翅八色鸫、细痣疣螈等。茂兰现已发现如荔波壁虎等多种动物新种。

◎ 保护价值

茂兰喀斯特森林区的自然景观可分为地貌景观和水文景观两大类。喀斯特森林地貌景观，根据喀斯特地貌形态与森林的组合可将喀斯特森林地貌景观进一步分为漏斗森林、洼地森林、谷地森林（盆地森林）和槽谷森林四大类。

漏斗森林：为森林密集覆盖的喀斯特峰丛漏斗，四周群山封闭，底部分布有漏斗式的落水洞，状若深邃的绿色窝穴，漏斗底部至峰顶一般高差在150～300m，各种各样的树木根系穿窜于岩

石缝隙之中，奇形怪状的藤蔓攀附于喀斯特峭壁之上，枝叶繁茂，浓荫蔽日，形成阴森神秘而恬静的漏斗森林景色。漏斗森林遍布全区，尤以南部最为典型。

洼地森林：为森林广泛覆盖的喀斯特锥峰洼地，常有农田房舍分布其间，喀斯特大泉及地下河自地边缓缓流出，清流透明，构成洼地森林景观。洼地森林主要集中分布在保护区中部和南部。

谷地（盆地）森林：为森林覆盖较高的喀斯特峰林盆地（谷地），青峰俊秀挺拔，盆地开阔平坦，地下河时出时没，喀斯特潭、喀斯特泉频繁露头，绿水流于青峰下，青峰倒映于绿水中，山水交融，景色绚丽，形成了蔚然壮观的盆地森林景观。谷地森林主要集中分布

于保护区的中部和西部。

槽谷森林：为森林浓密覆盖的喀斯特槽谷，谷中浓荫蔽日。居高而望，状如绿色长蛇在大地上蜿蜒弯曲。两岸绿色喀斯特峰丛高耸，构成幽然静谧的槽谷森林。槽谷森林全区均有分布。

喀斯特水文景观：喀斯特水文景观主要是由地下河出入口及暗河、明流、瀑布、喀斯特潭、地下河天窗、喀斯特上升泉、下降泉、多潮泉和喀斯特森林滞留泉组合而成。这些水文地质现象与一般喀斯特区并无本质差别，但因其出露及径流之处大多为森林及树丛掩盖，致使密林之中清流若隐若现，为喀斯特山增添了新的色彩，构成了颇为迷人的喀斯特森林水文景观。

小七孔

卷瓣兰

喀斯特森林鸟瞰

◎ 功能区划

茂兰保护区功能区的划分是自然保护区资源和管理的基础。为因地制宜建立有效的保护秩序，根据保护区的自然资源的丰富程度和保护的目的、特点，将保护区划分为核心区、缓冲区和实验区。核心区位于保护区南部与广西木伦国家级自然保护区交界。核心区面积 8305hm²，占保护区总面积的 39.0%。缓冲区位于核心区外围，总面积 8130hm²，占保护区总面积的 38.2%。其主要特征是自然森林生态系统较完整，生物多样性丰富，但分布有部分灌木林、藤刺灌丛、灌草丛等不同演替阶段的次生生态系统。实验区分为永康的尧古、尧兰，翁昂的巴弓、莫干、洞常，洞塘的板寨、计才、瑶所和塘边、洞马、蒙寨 4 块，是保护区内人口最密集、生产活动最频繁、森林资源破坏最严重的地区。实验区又划分为 3 个小区：①植被恢复建设小区。在实验区人为活动频繁，生态破坏严重的区域，以改善区内生态环境为原则，结合珠防工程和退耕还林（草）工程等建设项目，逐步改善生态环境，恢复自然生态系统的良

性循环。②生态农业示范小区。为了充分发挥保护区的生态示范功能，扶持社区经济发展，拟在实验区内选择合适地段建立生态农业示范小区，发展经济林、种植药材、野生经济动物养殖、蔬菜种植等；在保护区周边区域，引导群众科学合理地利用资源，实现社区共管。③生态旅游小区。茂兰保护区不仅有着丰富的野生动植物资源和丰富多彩的自然景观、人文景观，又具有独特的喀斯特地貌景观，生态旅游开发前景广阔。

◎ 科研协作

茂兰保护区是科研型保护区，其保护对象之一的喀斯特森林是地球上残存下来的一种特殊的森林生态系统，具有极其重要的科研价值。组织了有关单位和专家进行本底资源综合考察，详细得出 70 多个学科的考察资料，出版了《茂兰喀斯特森林科学考察集》《喀斯特森林生态研究》（一、二、三集）。

1993 年，国际地科联国际地质对比计划（ICCP）把茂兰列为国际地质对比考察点，有 14 个国家 50 余位专家现场考察，专家对茂兰国家级自然保护区给予了很高的评价。

通过多年的科学研究和监测，茂兰保护区在喀斯特治理方面发挥了巨大作用，已成为世界研究的热点。到目前为止，已有 20 多个国家和地区的专家学者近 500 人到茂兰进行研究。国家重点基础研究项目（973 项目）也把茂兰作为重要研究基地。

（冉景丞、魏鲁明供稿；陈东升摄影）

地下河出口

贵州 草海
国家级自然保护区

贵州草海国家级自然保护区，是世界十大最佳湖泊观鸟区之一，也是黑颈鹤自然种群最多的基地；位于云贵高原中部顶端的乌蒙山麓腹地，地处贵州省西北边缘威宁彝族回族苗族自治县县城西南隅，地理坐标为东经104° 10′ 16″～104° 20′ 40″，北纬26° 47′ 32″～26° 52′ 52″，总面积9600hm²；属湿地生态系统类型的自然保护区。草海自然保护区始建于1985年，1992年经国务院批准晋升为国家级自然保护区。

黑颈鹤一家

◎ 自然概况

草海自然保护区在地质构造上位于黔西"山"字形西翼反射弧、威宁—水城大背斜向北弯曲的顶端部位，是威宁地区的"屋脊"。地势自盆地中心向北逐渐降低，为草海湖盆的泄水方向，湖盆地势平坦开阔，坡度1%～3%，湖盆周围为高原缓丘（溶丘）地貌。保护区属于亚热带高原季风气候区，具有日照丰富、冬暖夏凉、冬干夏湿等特征。年平均气温10.5℃；年均降水量950.9mm；年均相对湿度80%；光能资源优越，多年平均日照时数1805.4h，是贵州日照最充足的地方。保护区土壤大部分为黄棕壤，pH值为5.0～6.0，肥力中等。在湖盆边缘经常潮湿或间歇性水淹地带，则发育成泥炭化沼泽土，

荇菜

国家一级保护动物——黑颈鹤

996

是草海湿地生态系统的重要组成部分，为多种候鸟活动、觅食的重要生境。草海属长江水系，是金沙江支流横江上洛泽河的上游湖泊，水源补给主要来自大气降水，其次是地下水补给。草海湖集雨面积96km²，是贵州高原上最大的天然淡水湖泊。草海湖正常蓄水面积为19.8km²，正常水位2171.7m，最大水深5m。丰水期水位可达2172m，相应水域面积26.05km²；枯水期水位降至2171.2m，相应水域面积15.0km²。

草海自然保护区浮游植物较丰富，共计8门91属。水生高等植物种类繁多，计有20科26属46种。丰富的水生植物及其较高的生物量为鱼类提供了丰富

人与鸟和谐相处

黑颈鹤

的饵料，是越冬鸟类的天然食料。陆生高等植物在草海集水区也较丰富，且发育形成的植被类型多样。初步查明保护区有种子植物（含栽培种）673种，隶属125科373属。草海浮游动物计有7纲22目79属155种，丰富的浮游动物是鱼类的重要饵料，对保护草海候鸟具有重要意义。草海底栖动物共25科45属52种。草海现有鱼类种类较为简单，仅有3目4科8属9种。草海保护区两栖动物有2目7科12属14种，爬行动物有3目6科14属19种，种类较为丰富。鸟类是草海极为重要的一类动物资源，全区共计184种，分属16目41科。列为国家一级保护的有黑颈鹤、白肩雕、白尾海雕3种；国家二级保护鸟类有灰鹤、白琵鹭、黑脸琵鹭、雀鹰、松

雀鹰、草原雕、白尾鹞、游隼、灰背隼、红隼、雕鸮等18种。此外还有凤头鸊鷉等50余种为《中华人民共和国政府和日本国政府保护候鸟及其栖息环境协定》中规定的保护鸟类。黑颈鹤是我国的珍稀濒危动物，一年中繁殖期生活在青藏高原，在云贵高原越冬，近年到草海越冬的多达1000只。在草海越冬的黑颈鹤、灰鹤、斑头雁、赤麻鸭、赤颈鸭、白骨顶鸡、红头潜鸭等构成了草海候鸟的优势种群，每年到草海越冬的水禽达75000余只。

草海地处低纬度、高海拔地区。天水相连、山水相依、海湾岬角相间，风景秀丽，被誉为贵州西部的高原"明珠"。草海气候以光照充足、干湿分明为特征。夏季凉爽，是避暑胜地。冬季鸟类云集，尤其是黑颈鹤数量多、密度大、形态优美、鸣声高亢、人鸟和谐，生态旅游条件优越，是理想的观鸟区之一。草海宽阔的水面风光、以黑颈鹤为代表的珍禽、冬暖夏凉的高原气候、高原农耕景观等组合成草海独特的旅游资源。

◎ **保护价值**

草海自然保护区的保护价值主要体现在以下方面：

（1）湿地生态系统的典型性、完整性。草海是贵州最大的天然高原淡水湖泊，其湿地生态系统由草海深水域、浅水沼泽和莎草湿地、草甸，以及丰富的水生动植物种类和较高生产力的水生生物群落组成，系统结构和功能完整，为我国亚热带高原湿地生态系统的典型代表，成为中国西南地区迁徙水禽的重要越冬地和停歇地。每年在草海停歇及越冬的候鸟多达10万余只。每年在草海越冬水禽的种类和数量标志着保护区湿地生态系统的状况，是整个草海湿地生态系统的生物指示剂。由于草海湿地生态系统的完整性和典型性及物种多样性，"中国生物多样性保护行动计划"将其列为一级保护湿地。

（2）生态系统的脆弱性。草海是坐落于喀斯特发育地区的一个高原湖泊，历史上多次经历了生成、消亡、复苏的变化，以及人类可随意改变其生态结构的事实，说明了草海的生态系统不稳定，

生态环境十分脆弱。由于多方面原因，威宁县城污水及草海周边居民生活垃圾的无序排放，以及草海湖周围农地化肥和农药使用的日趋增加，对草海水质、水体造成严重污染，部分水体富营养化日趋严重，正威胁着草海湿地生态系统的自然性和稳定性。草海受到的污染问题如果不及时加以治理，它将危及草海的优势水生植物群落，致使沉水植物群落崩溃，使以鱼类及水生植物为食的鸟类发生食物短缺，直接威胁着草海湿地生态系的稳定。

（3）生物多样性丰富。由于草海盆地具有其特殊的地理位置和自然条件，其多样的地貌、优越的气候、丰富的水量、肥沃的土壤，形成了多种类型的植被。在草海周围集水区域内形成云南松林、华山松林、杉木林、刺柏林、鹅耳枥＋化香林、滇杨林，金花小檗＋小叶平枝栒子灌丛、西南栒子＋火棘＋毛叶蔷薇灌丛、滇榛灌丛、白桦灌丛、杜鹃花灌丛、中华柳灌丛等以及经济林等多种森林植被；草海湖区形成以挺水植物群落、浮叶植物群落和沉水植物群落组成的多种类型的水生植物群落，以及草海周围的旱地农田植被，构

成了草海湿地生态系统、森林生态系统、农田生态系统。

（4）草海自然保护区保护对象包括高原湿地生态系统及各种珍稀鸟类。具体为：草海湿地生态系统。包括草海水域、浅水沼泽和莎草湿地、草甸等湿地生境，多种水生动、植物群落，鸟类栖息地、繁殖区，候鸟的夜宿地、主要觅食地；以黑颈鹤为代表的多种珍稀濒危水禽。

（5）由于草海湖盆开阔、湖水浅、当地日照时数高，光能资源丰富，水中的浮游动植物、水生高等植物种类多，生物产量高，为草海保护区的鱼类、鸟类提供了丰富的食物，形成极为丰富的生物多样性，是我国重要的生物多样性保护区域之一，是实施生物多样性保护行动计划的重要区域。

（6）草海是一个曾受到人为严重破坏而消失，又经人为努力而恢复的典型环境，是研究人类活动对自然环境影响的借鉴。历经沧桑的草海储存着高原湿地生态系统自然演化和人为活动的大量信息，对于研究现在和将来的发展，对于保护和改善人类生存环境具有重要意义。草海丰富的生物资源和特殊的自

荇菜和水葱

草海优势浅水植物——水蓼

金雕

然环境，使其成为科学研究的重要基地。草海是黑颈鹤的主要越冬地之一，由于到草海越冬的候鸟数量多、种群密度大，而且又是候鸟南北迁飞的重要停歇、觅食地，因此，是国际国内所公认并被誉为"黑颈鹤自然种群密度最高的重要越冬地"，是鸟类学研究的重要基地。

草海湿地生态系统是一个历史悠久的自然生态系统，是一个自然历史的综合体，是维持和调节当地和周边区域生态环境的重要因子之一，在当地的自然和社会环境中，具有举足轻重的作用。草海湿地生态系统物种的特殊性，早已受到国际社会关注，国际鹤类基金会、

灰鹤

黑颈鹤与威宁县城

国际爱护动物基金会、世界自然基金会、福特基金会都曾在此进行过一系列的研究、考察。因此，草海湿地生态系统的有效保护和管理，不仅对保护生物多样性有着极其重要的意义，而且对维护我国国际形象、促进地方经济、实现区域社会经济可持续发展都将起到重要作用。

◎ 功能区划

草海自然保护区划分为3个功能区，即核心区、缓冲区、实验区。主要包括簸箕湾、胡叶林、朱家湾、西海、吴家岩头和阳关山等地集中分布有浅水沼泽、莎草湿地、草甸、草地等珍稀濒危水禽栖息地、觅食区。历史已经证明，

草海水位的状况决定着草海水文和湿地面积，在影响草海黑颈鹤等越冬种群数量上起着十分重要的作用。为全面、有效保护草海湿地生态系统和珍稀濒危水禽，核心区范围以草海一年中最高水位2172.0m时形成的浅水沼泽、莎草湿地、草甸、草地等珍稀濒危水禽栖息地、觅食区和水生生物群落集中分布区及部分水域来界定，面积共2162.05hm²，占保护区总面积的22.52%。缓冲区以草海自然保护区缓冲区范围以核心区外围100～500m的陆地和水域来界定，面积为539.51hm²，占保护区面积的5.62%。实验区面积为6898.44hm²，占保护区面积的71.86%。（刘　文供稿）

贵州 雷公山 国家级自然保护区

贵州雷公山国家级自然保护区位于贵州省黔东南中部，地跨雷山、台江、剑河、榕江4县，是长江水系与珠江水系的分水岭。地理坐标为东经108°5′～108°24′，北纬26°15′～26°32′。保护区北起台江县的南刀寨，南至雷山县的开屯、高岳山，西抵雷山乌尧、乌东、猫鼻岭一线，东达台江县乌迷寨、剑河县大坪山、榕江县小丹江一线，南北长约30km，东西宽约15km，形状不规则，总面积47300hm²，其中雷山县占总面积的75%，台江、剑河和榕江分别占8.9%、8.5%和7.6%。雷公山是以保护台湾杉（秃杉）等珍稀生物为主的自然资源为目的，具有综合经营效益的亚热带山地森林生态系统类型的自然保护区。保护区于1982年建立，2001年6月经国务院批准晋升为国家级自然保护区。

雷公山春色（单洪根摄）

冬景（杨登贵摄）

◎ 自然概况

雷公山自然保护区在大地构造上属扬子准地台东部江南台隆主体部分的雪峰迭台拱，地层由下江群浅变质的海相碎屑岩组成。岩性主要为灰色板岩、粉砂质板岩、夹变余砂岩和变余凝灰岩；下部有千枚状钙质板岩和团块状大理岩；中上部有大量发育良好的凝灰岩。这类岩石的塑性极强，抗压强度及弹性模数较小，易于风化，难以产生裂隙，在地貌上形成缓坡、丘陵。在水理性质上，不仅是良好的隔水层，且其靠近地表的分化裂隙带十分浅薄，易于封闭，富水性极弱。然而经过区域变质作用之后，风化裂隙带发育良好，浅层地下水极为丰富，利于绿色植物生长发育。雷公山复式背斜组成区域构造的主体，轴向呈北北东向，由若干次级背斜及向斜组成，自东向西有迪气背斜、雷公坪向斜及新寨背斜等。雷公山地形高耸，山势脉络清晰，地势西北高、东南低，主山脊自东北向西南呈"S"形状延伸，主峰海拔2178.8m，主脊带山峰一般大于1800m，两侧山岭海拔一般小于1500m。位于雷公山东侧的小丹江谷地海拔650m，是本区最低的地带。该区河流强烈切割，地形高差一般大于1000m。雷公山区水文地质结构独特，水文地质条件复杂，水资源的贮存富集条件特殊，大气降水、地表水及地下水循环交替环境比较和谐。雷公山变质岩区域岩石表层构造风化裂隙含水均匀而丰富，地下水埋藏浅，径流排泄缓

湖光山色（王子明摄）

雷公山风光（袁继熙摄）

雷公坪秋色（王子明摄）

慢，下部不透水带阻水作用强烈，且造成地下水排泄基准面高，水资源丰富。雷公山地区属中亚热带季风山地湿润气候区。具有冬无严寒、夏无酷暑、雨量充沛的气候特点。最冷月1月平均温度山顶 -0.8℃，山麓 4～6℃，最热月7月山顶 17.6℃，山麓 23～25.5℃，年平均温度山顶 9.2℃，山麓 14.7～16.3℃。日均温≥10℃的持续日数，山麓为 200～239 天，山顶仅为 158 天；≥10℃年积温，山麓 4200～5000℃，山顶仅为 2443℃。雷公山地区气候的垂直差异明显和坡向差异显著。年平均气温直减率为 0.46℃/100m。冬季，东、北坡气温较西、南坡低；夏季，西、北坡气温较东、南坡高。雨量较大，年降水量 1300～1600mm。并以春、夏季降水较多，而秋、冬季降水较少。夏半

年（4～8月）各月降水量均在 150mm以上，其中，降水量集中的 5～7月，各月降水量均在 200mm 以上。由于雷公山光、热、水资源丰富，气候类型多样，为多种多样的生物物种生长发育提供了良好的环境。雷公山山地土壤垂直带明显，自山麓至山顶分布有山地黄壤、山地黄棕壤和山地灌丛草甸土。土层深厚、土质疏松、质地良好，土体湿润，土壤有机质含量在 5% 以上，土壤肥力水平高，适宜于各种林木的生长。雷公山地带性植被，属我国中亚热带东部偏湿性常绿阔叶林，主要组成树种是以栲属、木莲属、木荷属为主。随着地势升高，气候、土壤、植被发生了变化，形成植被的垂直分布。海拔 1350m 以下是常绿阔叶林，以栲、石栎、木莲、木荷为优势；1350～2100m 是山地常绿、

落叶阔叶混交林，主要种类有水青冈、亮叶水青冈、多脉青冈；2100m 以上是高山灌丛，杜鹃花属和箭竹占优势。

雷公山自然保护区内自然环境完好，自然景观壮丽，气候凉爽湿润，风景秀丽。既有高山峡谷、瀑布飞泉、云海日出、鸟语花香、参天秃杉、原始森林等丰富多彩的自然景观，又有苗族的民俗风情和古战场遗迹等人文景观。山上植被垂直多变，响水岩山地水库以及雷公山顶的瞭望台和高耸入云的微波差转铁塔等更是壮观。是人们返璞归真、融入自然的好去处。此外，这里还有全国最大的千家苗寨——西江，是苗族风俗、文化的集中地。与贵州中西部喀斯特风光形成鲜明对照，极具生态旅游开发潜力。

雷公山自然保护区地史上未受到第四纪冰川侵袭，成为许多古老孑遗生物的避难所，蕴藏着丰富的生物资源，据记录，现有各类生物近 5058 种，是贵州省植被保存较好的地区之一，也是我国中亚热带森林植物资源比较丰富、珍稀动植物资源保存较多的一个重要地区。森林覆盖率 88.76%。划分植被类型 20 多个，主要森林群落类型 11 个。其中，主要保护的类型有秃杉林，各类常绿阔叶林，中山常绿、落叶阔叶混交林，水青冈林，山顶苔藓矮林，山顶杜鹃、箭竹灌丛，山顶盆地苔藓沼泽。在

高山矮林（王志成摄）

雷公山秃杉林（袁继熙摄）

生态、遗传、经济方面具有极高的研究价值。区内已经鉴定的植物共有2582种，分属278科954属。其中，种子植物1962种，蕨类267种，苔藓353种，真菌203种。保护区共有国家一级保护植物3种：红豆杉、南方红豆杉、伯乐树；国家二级保护植物有金佛山兰、秃杉、翠柏、福建柏、柔毛油杉、篦子三尖杉、黄杉、中华猕猴桃、十齿花、杜仲、半枫荷闽楠、鹅掌楸、厚朴、凹叶厚朴、峨眉含笑、长穗桑、花榈木、八角莲、黄连、马尾树、香果树、黄檗、水青树、榉树等23种。区内已经鉴定的野生动物共有2239种，分属53目280科。其中鸟类有154种，兽类67种，两栖类36种，爬行类60种，鱼类35种，昆虫类1861种。区内爬行动物占贵州爬行动物总种数的52.8%，比贵州的梵净山、福建的武夷山及广西的瑶山还多。保护区内有豹、白颈长尾雉、大鲵、鸳鸯、猕猴、穿山甲、黑熊等31种国家一、二级保护动物。另外，这里还是尾斑瘰螈、棘指角蟾和雷山髭蟾3个两栖类新种和贵州小头蛇1个爬行类新种的模式产地。尾斑瘰螈为贵州特有种，仅雷公

山和梵净山有分布，雷山髭蟾为雷公山特有种，仅发现于雷公山。

◎ 保护价值

雷公山自然保护区是我国中亚热带森林植被资源比较丰富的重要地区之一。这些森林有些虽然受到一些人为的干扰和破坏，但它的群落种类组成、数量特征、空间结构、群落动态以及它与环境的相互关系，在物质循环、能量流动中的功能等方面基本处于自然状态，为人们提供了一个中亚热带森林生态系统的原始面貌，是个难得的科研教学基地。特别是重点保护对象——秃杉，起源古老，是第三纪古热带植物区系孑遗种，为世界上稀有的珍贵树种。我国仅在云南的怒江、澜沧江流域，湖北的利川和雷公山自然保护区有自然分布。这3个秃杉分布区域，因其地理位置和气候特征不同，秃杉林的组成结构、分布规律、演替动态及其整个生态系统相互关系都是不同的。况且，雷公山的秃杉林群落面积较大，保存较完整，原生性较强，现尚保存完好的秃杉天然林有41片，面积约77.7hm²，最大一片面

积约10hm²，是中亚热带唯一的天然秃杉林的研究基地。

保护区地处长江水系和珠江水系分水岭地带，是清水江和都柳江主要支流的发源地。由于该区自然地理条件复杂、地貌及地质构造条件特殊，特别是由于森林植被的大面积覆盖，不但对黔东南地区的水源涵养、水土保持、环境改善

林中之王——秃杉（王志成摄）

茂盛森林（王子明摄）

高山杜鹃矮林（王志成摄）

及生态平衡的维持起着支柱的作用，而且是清水江、都柳江两江流域水量的补充和调节的源泉，也是长江水系和珠江水系水资源的重要维持者。

保护区内可以合理利用的自然资源，尤为突出的还有水和水资源，水质优良，无污染，水力资源丰富。气候的垂直分异，可用来配置各类经济植物的

古树冬装（杨登贵摄）

雷公山远眺（王子明摄）

种植。此外，本区有中草药 625 种，有些可以扩大栽培。加之山势雄伟、瀑布多级、山花遍野、森林苍翠，苗族风情浓郁和存在历史遗迹，具有旅游价值。

◎ 功能区划

雷公山自然保护区按其功能区划为 3 个分区。核心区：在地域上连片、无人为干扰，原生状态保存完好；面积 17334.0hm²，占保护区总面积的 36.6%。缓冲区：主要保护对象分布较多，自然生态系统较完整，以原生生态系统为主，也有少量次生生态系统存在；面积 9504.7hm²，占保护区总面积的 20.1%。实验区：面积 20461.3hm²，占保护区总面积的 43.3%。

结合保护区的实情，在全面管护的基础上，管理局突出加强对水源涵养林区、核心区和列入国家保护的珍稀濒危动植物的保护与管理，有效地促进了资源的保护和珍稀物种的发展。

（王子明、谢镇国供稿）

金叶台湾杉

飞仙石

贵州 习水
国家级自然保护区

贵州习水国家级自然保护区位于贵州省北隅，地处习水县西北部，北与重庆江津市、四川省合江县交界，西与贵州省赤水市、四川省古蔺县接壤，东南与习水县农业耕作区相连。行政区划属于贵州省遵义市。地理坐标为东经105°50′~106°29′，北纬28°07′~28°34′，总面积48666hm²。是以中亚热带常绿阔叶林为主要保护对象的森林生态系统类型自然保护区，也是目前贵州省面积最大的国家级自然保护。习水保护区成立于1992年3月，1994年8月晋升为省级自然保护区，1997年经国务院批准晋升为国家级自然保护区。

◎ 自然概况

习水自然保护区地处川黔南北构造带与北东向构造带交接的复合部位，属大娄山北坡与四川盆地南缘的过渡地带。区内出露岩层主要为红砂岩，以超深切割的嶂谷及剧烈的崩塌地貌形态为主要特征，崩塌岩块遍及山麓斜坡，围椅形悬谷、红岩柱、崩塌林等特殊的地貌极为醒目，它们与常绿阔叶林构成了绿树红岩、峡谷林深的独特的红层地貌森林景观。区内最高海拔1756m（习水县程寨乡红岩），最低海拔420m（习

转 塘（常绿阔叶林）

1004

习水自然保护区远眺

水县土城镇壅溪沟）。区内水系属长江水系，其主要河流有赤水河及习水河。赤水河是长江的一级支流，也是保护区所在地习水县最大的过境河流，流经本县西南的回龙、隆兴、同民、土城等乡镇，于小坝居士岩进入赤水市。在县境内长45.6km，流域面积1717.1km²。干流落差57m，平均比降13%，多年平均流量224m³/s。习水河是赤水河的一级支流，发源于习水县东北的寨坝镇九龙村高家坡南麓，河源海拔1270m，干流流经习水县寨坝、大坡、三岔河、程寨等乡镇，在程寨乡大白塘蜂子岩进入赤水市境内，于四川省合江县城关镇的李子林汇入赤水河，河口海拔210m。河源至河口干流全长156km，落差1059.7m，平均比降68%，多年平均流量31.3m³/s。习水保护区属亚热带湿润季风性气候。冬无严寒，夏无酷暑，无霜期长，降水充沛，云、雾、雨日多。云量多（多年平均云量8.2），阴雨天多（阴天日数占年总日数的76%～89%），到达地面的年均太阳辐射总量实际上仅3438～3784MJ/m²，相当于太阳辐射总量的28.8%～32.3%，是贵州乃至全国太阳辐射最低值区之一。区内年平均气温14.7℃，1月平均气温4.3℃，7月平均气温24.9℃。≥10℃的年积温3462.9～5888.3℃。河谷地

区≥10℃年积温近6000℃，而海拔较高的林区≥10℃的年积温为3400℃。较高的有效积温为林木生长提供了良好的热量条件。习水保护区年降水量900～1300mm。雨量分布呈自西北部向东南部减少。无霜期240～250天，年均相对湿度82%～91%。习水保护区的土壤系白垩、侏罗系的紫红、砖红色砂页岩发育形成的紫色土最多，黄壤其次，黄棕壤最少，紫色土中以酸性紫色土最多，中性紫色土次之，而钙质紫色土分布很少。酸性紫色土pH值4.1～4.7，有机质、全量氮、磷、钾及碱解氮、速效磷、有效钾的变化范围大；中性紫色土为壤质黏土，土层薄，pH值6.4，全钾含量高，而速效氮、磷、钾、腐殖质等均属中下水平；钙质紫色土亦为壤质黏土，pH值7.4～7.7，全钾含量颇高；而速效氮、磷、钾、全量磷、腐殖质等均偏低；黄壤多分布在平缓地带，因而土层中厚，pH值4.1～4.8，碱解氮和全氮含量较高，全磷、速效磷少，全钾、有效钾中等，有机质含量0.92%～12.32%；黄棕壤分布地势高（海拔1400m以上），土壤风化弱，pH值3.9～4.6，腐殖质含量较高，全氮、碱解氮较高，而全磷、速效磷少，全钾、有效钾居中偏少。

习水自然保护区的地带植被为中亚热带常绿阔叶林，以壳斗科、樟

科、山茶科树种占优势。局部地段分布有面积较少的针阔混交林。大面积的原生性常绿阔叶林，以高大挺拔的树木和浓郁茂密的林冠组成的森林景观，给人留下非常深刻的印象。区内有林地面积35094hm²，灌木林地面积8510.7hm²，疏林地面积216.5hm²，森林覆盖率89.6%。主要森林类型有银木荷林、青冈栎林、大头茶林、福建柏林、丝栗栲林、贵州山柳林、红翅槭林等。此外，在沟谷地带常见国家二级保护植物——桫椤。区内植物资源十分丰富，通过多年野外考察资料汇总，现已查明区内各类植物有266科765属1674种。其中珍稀植物68种，国家级重点保护植物20种。大型真菌种类有38科85属192种。其中具有食用价值的有银耳、毛木耳、木耳、小鸡油菌、金针菇、红汁乳菇等60种；药用价值有灵芝、树舌灵芝、香菇、假芝等46种，木腐菌63种，毒菌18种。保护区苔藓植物49科119属279种。其中平珠藓属平珠藓、云南青毛藓、小叶鞭苔等31种为贵州新记录。蕨类植物共30科70属129种。习水保护区有种子植物149科491属1074种，其中壳斗科、樟科、山茶科、木兰科、竹亚科等植物种类组成森林生态的主体，构建了区内森林景观格局，为丰富生物多样性提供

一柱撑天

了基础条件。保护区内还分布有众多的药用植物、观赏植物、野生蔬菜等经济植物种类。保护区植物区系成分复杂、多样。这里处于东亚植物区系的中国—日本森林植物亚区华中植物省的西缘，既有丰富的华中成分和华南、华东成分，也有云南、东喜马拉雅成分。根据保护区种子植物属的分析，世界分布34属、热带分布235属、温带分布222属，除世界分布属外，习水植物区系的热带成分占51.42%，温带成分占48.58%；热带地理成分略占优势。在1074种种子植物地理分布中，世界分布23种、热带分布245种，占区内总种数的23.31%；温带分布806种，占区内总种数的76.69%。中国特有种588种，占区内总种数的54.74%；其中贵州特有种10种。习水保护区自然分布的保护植物27种，即国家一级保护树种南方红豆杉、伯乐树2种；国家二级保护植物杪椤、福建柏、闽楠、楠木、红豆树、鹅掌楸、花榈木、香果树等17种；省级保护树种有三尖杉、川桂、檫木等8种．还有《濒危动植物种贸易公约》附录Ⅱ中的31种。其中杪椤、福建柏形成单优群落，具有

较大的研究价值。

习水保护区动物资源相当丰富，经重点考察，已查明区内有动物49目252科1435种，其中国家一级保护动物有4种，占全省同类保护物种（14种）的28.6%；国家二级保护动物有28种，占全省同类保护物种（65种）的43%。兽类有74种，分属8目25科，占贵州省兽类总数的54%，其中有国家一级保护的3种：华南虎、豹、云豹；国家二级保护的有猕猴、藏酋猴、穿山甲等15种，占贵州省现有20种国家重点保护兽类的75%；另有小麂、赤麂、毛冠鹿等3种为贵州省重点保护种类；还有许多经济价值较高的兽类如豹

小桥圆峒

猫、黄鼬、竹鼠等。习水保护区是猕猴和藏酋猴分布比较集中的区域，它们主要在植被繁茂的山间群集活动。据调查，猕猴20～40只一群，计有500多只；藏酋猴15～20只一群，计有260多只。习水林区曾是华南虎的栖息地，到20世纪50年代仍有华南虎出没伤人。近年来林区群众又发现有华南虎活动踪迹。现已查清的鸟类计144种，隶属16目36科，占全省鸟类种总数的35%。其中国家一级保护的有白冠长尾雉1种；国家二级保护的有（黑）鸢、普通鵟、白尾鹞、红隼、红腹角雉、白鹇、红腹锦鸡、领角鸮、斑头鸺鹠、灰林鸮

10种；省重点保护鸟类有蚁䴕、斑姬啄木鸟、黑枕绿啄木鸟等11种。爬行类动物已查清的有34种，隶属3目10科，占贵州省爬行动物总数的33%；其中24种属省级保护动物，从区系成分看，有14种属华中华南地区种，占41.18%，可见这里是以华中华南区种类占优势。保护区内现已查清的两栖类动物有31种，隶属2目9科，占贵州省两栖动物总数的49%。贵州分布的10个科中的两栖动物有9个科在区内都有分布，其中大鲵、虎纹蛙、细痣疣螈3种属国家二级保护动物。鱼类资源在习水保护区不仅种类丰富，而且数量也多。据考察查明的鱼类有57种，分

锅圈岩叠瀑

属5目11科，其种数占贵州省鱼类种数（202种）的28.22%。其中鲤科鱼类达34种，占区内57种的59.66%。在57种鱼类中，除泥鳅、草鱼、鲫鱼等鱼类在长江水系和珠江水系有广泛分布外，还有不少长江水系的特有种，如蒙古红鲌、翘嘴红鲌、高体近红鲌、吻鲌等，充分说明了习水的鱼类完全具备长江水系的特点。区内昆虫资源十分丰富，据贵州大学昆虫研究所于2000年5月、9月组织多单位对习水保护区昆虫资源进行考察，经整理鉴定有15目161科693属1095种，其中有新属4个新种71种，中国新记录14种。

习水自然保护区风景资源独特雄厚，尤其是发育在白垩纪紫红色泥岩上的中山峡谷地貌与茂密的亚热带原生常绿阔叶林交织而成的习水红层森林地貌景观，是远古绿色世界劫后余生留下的难得的一份宝贵自然遗产，具有潜在的旅游开发价值。

◎ 保护价值

习水保护区的主要保护对象为中亚热带常绿阔叶林，是一种以中亚热带地带性植被常绿阔叶林为主要生活

型的森林生态系统。由于优越的水热条件，它具有比较复杂的种类组成、层次和层片结构；物种多样，食物网络复杂，具有自行调节、自行更新、自行培肥的能量流动与物质循环的规律，从而形成独特的地带性顶级群落；它在调节气候、涵养水源、保持水土、维护生态环境、净化空气、生产木材和林副产品以及提供各生物类群的食物来源和栖息繁育场所，特别是在保护生物多样性方面，有着巨大作用。习水保护区保存了原生性较强的常绿阔叶林，且分布集中成片面积达40000hm²，这是国内任一林区、地区都不能比的，实属罕见，是我国乃至全世界研究亚热带常绿阔叶林生态系统最重要的、最有代表性的典型实验研究基地。

锅圈岩小瀑

◎ 功能区划

根据保护区资源空间分布格局，习水保护区划分为3个功能区：磨槽滩、雷坡溪、盘龙顶、犁鸳沟、阳大老岭5片为核心区，总面积17436hm²，占保护区总面积的35.8%。本区人烟稀少，野生动植物资源十分丰富，森林植被原生性强，生态系统稳定，实行绝对保护。分别在各核心片区的外围划出500～1000m的范围作为缓冲区，总面积4866hm²，占保护区总面积的10%。实验区（含旅游小区）总面积26364hm²，占保护区总面积的54.2%。

（孔红供稿；李俊摄影）

双老石

水漫丹霞

贵州 麻阳河
国家级自然保护区

贵州麻阳河国家级自然保护区位于黔东北沿河土家族自治县及务川仡佬族苗族自治县接壤处，地理位置为东经108°3′53″～108°19′45″，北纬28°37′30″～28°54′20″，总面积31113hm²；主要保护对象是国家一级保护野生动物黑叶猴及其栖息地，属野生动物类型的自然保护区。经考察证实，保护区内分布有黑叶猴76群730只左右。保护区始建于1987年，1994年经贵州省人民政府批准晋升为省级自然保护区。为了保障黑叶猴种群繁衍及其栖息地的完整性，2002年经贵州省人民政府批准，遵义市务川仡佬族苗族自治县锯齿山黑叶猴自然保护区归并麻阳河省级自然保护区，并于2003年经国务院批准晋升为国家级自然保护区。2004年加入中国人与生物圈保护区网络。

国家一级保护野生动物——黑叶猴（徐建明摄）

◎ 自然概况

麻阳河保护区位于大娄山脉北东，主要分布于乌江的两条支流，麻阳河和洪渡河的深切割沿岸地带。麻阳河、洪渡河地区的大地构造位置属扬子地块边缘，出露地层为寒武纪和奥陶纪。区内海拔800～1000m以上地段地势开阔，800m以下则多为峡谷，向下侵蚀作用强烈。在标高1000m、800m及500～600m处，尚有带状分布的山峰或侵蚀台阶，溶蚀盆地，尘洼地及平底溪谷等常出现在上述不同的分层高度，构成了颇具特色的层状山岳地貌景观。除切割很深的谷底溪流不断，地下水丰富外，大多数区域地表径流稀少，峰丛、洼地、漏斗、溶洞、陡崖、石峰等溶蚀地貌及崩塌地貌发育强烈，景观奇特壮美。保护区的主要河流为乌江一级支流麻阳河与洪渡河。麻阳河发源于德江县彦坪黄根坝，西起锯齿山（海拔1158m），横贯保护区至思渠镇暗溪口（海拔290m）汇入乌江，相对高差878m，全长26.5km，流域面积3183hm²。洪渡河从务川境内自西南向东北流经保护区内12.75km，于洪渡镇（海拔264m）汇入乌江，在保护区流域面积1225hm²。保护区属中亚热带温暖湿润季风气候类型。热量丰富，雨量充沛，湿度适中，冬凉，夏热，四季分明，有霜期短，生长季节长。保护区年平均降水量1158.7mm，年平均蒸发量735.6mm，年平均气温16.7℃，最热7月平均气温27.2℃，极端最高气

苔藓生境（陈东升摄）

龙青潭瀑布（陈东升摄）

麻阳河景观（陈东升摄）

温41.0℃，最冷1月平均气温5.6℃，极端最低温-6.0℃。保护区的峡谷地带，由于箱状峡谷深切，谷底至山岭海拔相差大，在夏季，山岭烈日高照，气温达40℃，谷底由于阳光无法照射或很少照射，气温随着海拔下降而降，平均每下降100m气温下降2～3℃，使谷底的气温在25℃左右，凉爽宜人，这是保护区峡谷独特的逆温气候特征。保护区的成土母岩主要为白云岩，其次为石灰岩，另有少量砂页岩分布。保护区海拔在300～1400m之间，由于森林土壤的形成受母岩、海拔、气候等因素的影响，除黄土到新景、月亮坝至中坝1000m以上古老夷平面有部分黄壤分布外，保护区内大部分土壤为石灰土。石灰土又分为黄色石灰土及淋溶性黄色石灰土两个亚类。黄色石灰土主要分布于较高的山峰坡面，侵蚀台阶，溶蚀盆地，洼地，土壤呈中性至微酸性。淋溶性黄色石灰土则主要分布在峡谷两岸峭壁，陡峻的山峰中下部，以及石灰岩形成的峰丛等地段，由于淋溶性强，土壤

呈弱酸性。

麻阳河保护区森林覆盖率63.74%。由于自然条件优越，加之天然林保护工程、封山育林工程、退耕还林工程、森林防火工程等的有效实施，保护区的植被恢复好。栓皮栎、木荷、青冈栎等已形成大面积的中幼龄林，马尾松、柏木、响叶杨等也大量出现，区内生态与环境逐步向良性转化，黑叶猴栖息环境得到有效改善。经科学考察，保护区内分布维管束植物120科293属800余种。列为国家一级保护的野生植物有红豆杉、南方红豆杉、银杏3种；列为国家二级保护的野生植物有苏铁蕨、黄杉、三尖杉、穗花杉、香果树、楠木、香樟、伞花木、榉木、润楠、十齿花等12种；还有春兰、寒兰、白芨、虾脊兰、石斛、天麻、独蒜等珍稀兰科植物20余种。保护区以保护国家一级保护野生动物黑叶猴及其栖息地为主，经考察，保护区内共分布各类珍贵野生动物300余种，其中兽类37种，鸟类149种，两栖爬行类32种，鱼类48种。有国家一级保

护野生动物黑叶猴、豹、林麝3种；国家二级保护野生动物有黑熊、大灵猫、猕猴、斑羚、穿山甲、白冠长尾雉、红腹锦鸡等27种。

麻阳河保护区以奇特、险峻、幽奥的喀斯特地貌景观为主体，以峡谷溪流为灵魂，其间峰峦岩石千姿百态，溪流涌泉，溶洞变化多端。峡谷两侧峭壁对峙，沿岸洞穴幽深，怪石嶙峋，以原始的常绿阔叶林为陪衬，绿树成荫，盘根错节，黑叶猴群攀跃嬉戏于其间，更显麻阳河保护区优美多样的自然景观，是人类回归大自然，进行森林旅游的绝好

麻阳河汇入乌江（陈东升摄）

黑叶猴（徐建明摄）

黑叶猴（徐建明摄）

黑叶猴（徐建明摄）

真菌（陈正仁摄）

去处。保护区内溶洞有朱家洞、游龙洞、浑洞、干洞、姐妹洞、龙清塘洞等，神秘不可测。地下溶洞群中，随处可见的石芽、石笋、钟乳石，千姿百态。有的溶洞洞中有洞，纵横交错，上下重叠，错综复杂，神秘幽深。在锯齿山、红丝河、大土一带的山脊部，分布着四季常绿的马尾松，马尾松枝叶繁茂，树干通直，冠形挺拔，苍劲有力；保护区内的贵阳坝、岩头关等地分布着枫香、响叶杨、化香等混交林，季节变化丰富多彩，春季的嫩绿，夏季的墨绿，秋季的红艳，形成强烈的色彩对比；在麻阳河、洪渡河两岸，随处可见鹅耳枥、润楠、槭树、乌冈栎、青冈栎、栓皮栎、化香、木荷等常绿树种，随着季节的变化有一定的色调变化。落叶树季节变化也很丰富，春季葱绿与秋季的金黄，各有特色。林中乔灌木层次明显，特别是灌木层山花烂漫，野果遍布，藤蔓缠绕，鸟鸣啾啾，群猴跳跃嬉闹，置身其中，如在仙境中漫游。

◎ 保护价值

黑叶猴属世界濒危物种，主要分布于越南和中国的贵州、广西、重庆等地，

万丈绝壁（陈东升摄）　　麻阳河天生桥（陈东升摄）　　麻阳河U型峡谷（陈东升摄）　　峡谷（陈东升摄）

据统计，现全球野生黑叶猴总数约2000只，贵州省约有1200只。根据2004年国内外专家对麻阳河保护区内的黑叶猴种群量调查结果显示，麻阳河自然保护区是目前我国黑叶猴分布最密集、数量最多的地区，亦是全球最大的黑叶猴种群分布地。

麻阳河自然保护区地处中亚热带，乌江中游的陡峭碳酸岩山地，属典型的喀斯特地貌，生态环境脆弱，具破坏易、恢复难的特点。乌江是长江三峡库区心腹地带，长江南岸上的最大支流，在乌江流域生态环境总体恶化的今天，乌江的一级干流——麻阳河、洪渡河河谷两岸陡岩峭壁及狭带状台阶上仍保存了较好的原生植被，若不及时保护，有可能毁于一旦。因此，它具有十分重要的生态保护价值和河流治理价值。

◎ 科研协作

麻阳河自然保护区从1987年建立至1991年完成了本底资源调查，1996年至1997年协同贵州省林业厅保护处完成了黑叶猴生态习性监测研究，黑叶猴资源现状调查，黑叶猴食物林的规划设计和实施等研究课题。1997年始，保护区管理局在省林业厅的指导下，开展了黑叶猴野外人工投食驯化工作，已取得了成效。2003年保护区管理局在中国科学院昆明动物研究所的资助下完

成了黑叶猴种群数量调查，2004年在国际野生动植物保护协会FFI项目的资助下，国内外专家及贵州省内保护区科研人员参加完成了黑叶猴保护现状调查项目。

综上所述，麻阳河自然保护区是集珍稀濒危动植物保护、物种多样性基因库保护、自然景观保护、生态环境保护、科学研究、宣传教育和开发森林生态旅游为一体的具有重要保护价值的自然保护区。

（吴安康供稿）

清泉石上流（陈东升摄）

贵州宽阔水国家级自然保护区位于贵州省遵义市绥阳县境内，地理坐标为东经107°02′23″～107°14′09″；北纬28°06′25″～28°19′25″。保护区是一个森林及野生动物类型的自然保护区，总面积26231hm²，森林覆盖率达80%，涉及绥阳县的宽阔、黄杨、旺草、茅垭、青杠塘、枧坝6个镇的12个行政村。2007年晋升为国家级保护区。主要保护以原生性亮叶水青冈为主体的典型中亚热带常绿落叶阔叶林、国家重点保护动物黑叶猴、红腹锦鸡种群及其自然生境。

◎ 自然概况

地质：宽阔水保护区在大地构造上属扬子准地台的凤冈北北东向构造变形区西部，新华夏系影响强烈。出露有早古生界寒武系、奥陶系、志留系，晚古生界二叠系，以及新生代第四系地层。以寒武系和奥陶系浅海相碳酸岩广泛发育并缺少泥盆系、石灰系，致使二叠系地层超覆于下古生界地层之上为其主要沉积特征，第四系零星分布。

地貌：宽阔水保护区位于黔北山地大娄山脉东部斜坡地带，地势中部高，四周低，海拔高度在650～1762m之间。地形切割强烈，相对高差大。地貌除中南部干河沟两侧碎屑岩区以中低山谷地为主的侵蚀地貌外，多为喀斯特地貌，广泛布于保护区东部、西部及北部，主要组合形态有峰丛峡谷、峰丛槽谷、峰丛洼地。

气候：保护区处于中亚热带湿润季风气候区。因处于四周较低，中间相

森林远景

对隆起的高地上，常年气温较低，云雾多，日照少，降雨充沛，具有低纬度山地季风湿润气候特点。年太阳总辐射值仅3349～3767J/m²，比同纬度其他地区少，处于全国最低值区内。年均气温11.7～15.2℃，年均降水量1300～1350mm，年均相对湿度超过82%。

水文：宽阔水保护区为乌江一级支流芙蓉江的主要发源地，地形切割强烈，地表水文密度大，主要支流有7条以及众多的次一级支流。区内干流长度达21.8km，为羽状水系。各支流最后汇入芙蓉江，芙蓉江干流长136km，落差363.4m。多年水资源量达12.75亿m³/年。

土壤：保护区土壤可划分为铁铝土、淋溶土、初育土3个大土纲，湿

高原湖泊

山水云海

暖铁铝土、湿暖淋溶土、土质初育土、石质初育土4个亚纲，黄壤、黄棕壤、石灰土、新积土、石质土、粗骨土、紫色土7个土类。保护区成土特点：一是具有较丰富的腐殖积累；二是石灰土具有碳酸钙美的淋湿作用过程；三是具富铝化成土过程。

野生生物资源：保护区动物资源丰富，拥有脊椎动物87科314种。其中鱼类4目8科19属35种；两栖类2目9科17属27种；爬行类3目8科19属31种；鸟类16目42科171种；哺乳类7目20科40属50种。蜘蛛17科44属66种。洞穴动物23科23属23种。昆虫8目63科333种。国家一级保护野生动物有黑叶猴、豹、云豹、林麝4种，国家二级保护动物有猕猴、红腹锦

鸡等23种。宽阔水保护区最具特色的动物是鸟类，鸟类种类和种群数量大，遇见率高，被国际鸟盟列为重点鸟区(重点鸟区编号：CN281)。

保护区特殊的地形地貌为植物生长提供了较好的条件，已查明保护区有高等植物251科774属1604种（亚种、变种、变形）其中种子植物165科566属1100种；蕨类植物27科65属178种（6变种、1变形）；苔藓植物59科143属319种（亚种、变种）；大型真菌有41科87属201种。全区有国家重点保护植物珙桐、红豆杉等9种，省级重点保护植物11种，还有21种兰科植物被列入《濒危野生动植物种国际贸易公约》附录Ⅱ。

自然景观资源：宽阔水保护区景观资源丰富，"洞、林、山、水"是保护区景观资源的高度概括。"洞"有极具观赏性的让水溶洞群、天星桥和具有深厚历史积淀的蛮王洞；"林"有古朴、深邃的原始森林，也有丰富多彩的植物景观；"山"有峰群、峡谷、槽谷、绝壁等多种组合形态，堪称奇峰异石；"水"既有淙淙溪流、甘甜山泉，也有气势恢宏的瀑布和碧波荡漾的高原湖泊。

◎ 保护价值

宽阔水自然保护区以原生性亮叶水青冈为主体的典型中亚热带常绿落叶阔叶林、国家重点保护动物黑叶猴、红腹锦鸡种群及其自然生境为主要保护对象，具有重要保护价值。

（1）区内大面积的原生性亮叶水

无线遥测红腹锦鸡

标水岩瀑布（张东山摄）

真菌专家实地采样

采集蜘蛛标本

森林巡护

原始森林秋色浓（罗 麟摄）

青冈林在全国具有典型性、代表性和完整性，是中国最具代表性的林分，同时又有许多特殊的个性，对其实施保护，将为中国和世界自然保护事业作出更大的贡献。

（2）生物多样性丰富，珍稀动植物种类多，是一个重要的生物基因库和生物进化研究基地。

（3）鸟类种类繁多，构成极富特色，被列为重点鸟区，是一个鸟类生态学研究极为理想的基地和开展观鸟活动的良好场所。

（4）黑叶猴种群数量大，达200多只，是极重要的黑叶猴分布区。

（5）保护区喀斯特地貌与常态侵蚀地貌并存，顶级生态系统和演替生态系统并存，是喀斯特非地带性森林生态系统和地带性森林生态系统对比研究的重要基地。

（6）保护区地处乌江一级之流芙蓉江的发源地，良好的植被和生态是长江上游和三峡库区的生态屏障，加强对该区的保护，对整个长江流域的生态安全都具有十分重要的意义。

（7）保护区山清水秀、景观资源丰富，空气清新，气候宜人，是进行生态文明教育和人类回归自然的良好场所。

（宽阔水自然保护区供稿）

队伍建设

云南 西双版纳 国家级自然保护区

云南西双版纳国家级自然保护区位于云南省西双版纳傣族自治州境内，地跨景洪市、勐海县、勐腊县。由地域上相近而又不相连的勐养、曼稿、勐仑、勐腊、尚勇5个子保护区组成。地理坐标为东经100°16′～101°50′，北纬21°10′～22°24′，总面积为242510hm²，占全州总面积的12.68%。其中勐养子保护区99840hm²，勐仑子保护区10933hm²，勐腊子保护区92683hm²，尚勇子保护区31184hm²，曼稿子保护区7870hm²。是以保护中国热带森林生态系统、热带生物多样性为主，特别是保护具有东南亚北缘特色的热带雨林、季雨林和珍稀动物种群为目的森林生态系统类型的国家级自然保护区。保护区始建于1958年，是我国建立最早的自然保护区之一；1986年7月经国务院批准为国家级自然保护区，1988年成立西双版纳国家级自然保护区管理局；1993年被联合国教科文组织接纳为"人与生物圈保护区网络"的成员。2000年分别被中国科学技术协会和云南省人民政府批准列为全国科普教育基地和云南省科学普及教育基地。

短刺栲、华南石栎林

苏铁蕨

独木成林

◎ 自然概况

西双版纳自然保护区境内地貌类型多样，有低山、中山、丘陵、河谷和盆地等类型。勐养子保护区大部分山丘海拔为1100～1300m。西部濒临澜沧江干流和一级支流沿岸附近为深切、陡峻的山地。勐仑子保护区半数以上地区为海拔1000m以下的低山岩溶地貌，东部因地下水的溶蚀和侵蚀作用，形成石骨林立，山环水绕，洞穴处处，其上森林茂密完整，形成"上有森林，下有石林"的奇观，勐腊子保护区的雷公岩海拔2007m，是保护区最高点；海拔最低点在东部的边缘地带的罗梭江边，海拔约600m；尚勇子保护区为切割较深的中山峡谷型地貌区，境内高于1000m的山地占总数的3/4，较低的河谷及低山

1016

浅丘只占1/4，地势南部及西南部高，东部与北部较低，最高点是1691.6高地，最低点在南腊河边610m；曼稿子保护区最高海拔1771m，最低海拔1073m，属中山丘陵地貌。保护区地处热带北缘，常年无冬。境内各地气温随海拔高度而异，大体上800m以下为北热带气候，800～1500m为亚热带南部性质的气候，1500～2000m为亚热带北部性质的气候，海拔每增高100m，气温平均递减0.51℃。保护区年降水量丰富，干湿季分明。6～10月为雨季，约占年降水量的82%，11月至翌年5月为旱季，只占年降水量15%～18%，因此河流的水量比较丰富，很少有枯水现象。而较多泉水的出露，对河流起着有效的补给作用。冬春多雾，年雾日为115～145天，弥补了旱季水分的不足。年平均相对湿度达78%～88%，平均82%以上。平均风速0.5～1.3m/s。静风率为55%～72%，是中国著名的静风区。受生物气候条件的深刻影响，保护区的土壤发育母岩主要是砂岩、页岩、泥岩、石英岩和石英粗面岩。在高温、潮湿、多雨的气候和生态环境条件的共同作用下，发

刺栲、印度栲林

育着多种多样的土壤类型，成土过程为强烈的脱硅富铝化过程和枯枝残落物的大量累积和快速分解。随着海拔的升高，依次出现砖红壤、赤红壤、山地红壤、紫色土和石灰土5个土类。

◎ 保护价值

优越的自然条件使保护区具有多种多样的植物种类，维管束植物达212科

见血封喉

神似

1003属2772种。其中蕨类植物有40科90属262种；裸子植物6科6属14种；被子植物有166科907属2496种。由于保护区独特的地理位置、地貌形态及优越的气候条件，形成的植被类型复杂多样，垂直分布明显。海拔800m以下为热带季节性雨林。海拔500～1000m为热带季雨林。海拔1000～1800m为季风常绿阔叶林。海拔1800m以上为苔藓常绿阔叶林。根据植物种类组成特征，生态外貌和结构特征，生态地理特征和动态特征，将自然植被划分为8个植被类型，12个植被亚型和40个群系。其主要植被类型为热带雨林、热带季雨林、亚热带常绿阔叶林、落叶阔叶林、暖性针叶林、竹林。勐仑子保护区的石灰山季雨林中有一株四数木，树高逾40m，有大小不等的板根9片，最长的一片延展14.4m，板翼最高的这8.5m，板根占地面积约400m²，是目前发现的最大板根。在罗梭江及其支流沿岸，有较完整的以四数木为标志的原始石灰山季雨林，板根比比皆是，主林层望天树高达60m，树干笔直挺拔，竟高出二林层约20m，构成林上林的景观。千果榄仁、绒毛番龙眼林，集中分布在勐

望天树

养、勐仑、勐腊和尚勇片的沟谷地带，面积 11220hm²。其中一株千果榄仁树高 52m，板根高 9m，板翼宽 2.5m，直立如屏。榕树常有许多支柱根，有的多达二三十根，构成"独木成林"。热带雨林内藤本植物、附生植物和超级大果茎生花植物很多，藤本植物在林层之间来回穿梭，高可过 30m。林中很多附生的花卉植物，天然组合成"空中花园"。此外，还有很多的珍稀濒危保护植物，如：望天树、桫椤；药用植物如：

砂仁、龙血树、萝芙木、美登木，以及可供观赏的许多野生花卉如：热带兰、刺芙蓉、大叶牡丹、七叶一枝花和多种山牵牛等。一些古老的热带植物经历了千万年的沧桑巨变，在这里得到了保存、繁衍，共同组成了保护区独特奇异的植物群落，镶嵌交错，异彩纷呈。

茂密的原始森林，多种多样的植物，为各种野生动物提供了安全、舒适的栖息繁衍环境，以及丰富的食物来源。按中国动物地理区划，这里属于东洋界、中印亚界、华南区、滇南山地亚区。已记载的脊椎动物 727 种，约占全国脊椎动物种数（3317 种）的 1/5，占云南省种数（1836 种）的 1/3。哺乳动物 102 种，占全国哺乳动物的 19.8%；鸟类 427 种，占全国鸟类的 36%；两栖动物 38 种，爬行动物 60 种，占云南省爬行动物的 43%；保护区已知的昆虫有 1437 种，其中 17 种是中国特有种和珍稀种。被列入《国家重点保护野生动物名录》的有 109 种。保护区也是中国蛇类分布中心和我国亚洲象种群数量最多的地区，据最近调查资料，亚洲象种群数量约为 200 头。进入丛林之中，能感受到花丛中彩蝶舞姿的飘逸，林间鸟语的真情，猿猴飞跃于林中的欢乐，野象

群信步蕉林的幻影。密林中随时都能看到这些森林中的"居民"和谐地生活在这块过去和现在尚属于它们自己的乐土上。这里是国家一级保护野生动物黑冠长臂猿、野牛、亚洲象、印支虎、白颊长臂猿、熊狸、鼷鹿、孔雀雉、绿孔雀；国家二级保护动物棕颈犀鸟、白喉犀鸟、冠斑犀鸟、双角犀鸟等多种珍稀动物的主要栖息地。而亚洲象、绿孔雀、白颊长臂猿、鼷鹿、印支虎等是云南独有的动物，极为珍稀名贵。

茂密的热带森林闻名遐迩。石灰山季雨林的石上森林，林下石林的"绿石林"景观奇异秀美，以及众多的奇花异卉和珍稀动植物，构成了保护区丰富的景观资源。加上保护区及周边居住着傣、汉、哈尼、布朗、基诺、拉祜、瑶、佤、回、苗、壮、景颇等 13 个少数民族，古老而神秘的民族传统节日、绚丽多彩

老茎结果

板根

绒毛番龙眼、千果榄仁林

的民族舞蹈、风格独特的民族服饰、技艺精湛的民族民间手工艺品等，更增加了西双版纳的神秘色彩。

◎ 功能区划

为有效地保护我国大陆现存的最大热带森林生态系统、珍稀濒危野生动植物物种和典型的热带生物地理景观，充分发挥保护区各功能区的优势和作用，根据保护区建设的有关规定，结合保护区建设状况和功能区划原则，总体上将保护区划分为绝对保护区域和保护经营区域两个部分。绝对保护区域包括核心区和缓冲区，经营区域范围严格控制在实验区内。功能区划为：核心区面积为 107424hm^2，占保护区总面积的 44.30%；缓冲区面积为 72602hm^2，占保护区总面积的 29.94%；实验区面积为 62484hm^2，占保护区总面积的 25.76%。

◎ 科研协作

西双版纳自然保护区在科研方面自主开展了大量的工作。自然保护区管理局先后建立保护区生物多样性监测体系，初步确定了有关监测的内容及监测方法，设计 10 条固定动植物监测样线和 13 块固定监测样地并完成了有关监测内容的相关调查工作；开展植物组织培养工作，为了充分利用保护区内丰富的野生珍稀植物资源，保护区管理局建立了植物细胞组织培养试验室，经过科研人员不断的科研试验，目前已经掌握了较为完善的组织培养技术，并逐步向保护区内的村寨提供他们乐于种植的经济苗木和药材种源；实施亚洲象监测项目；积极开展小型科研课题研究，在 GEF 项目的资助下开展了"西双版纳自然保护区自然资源利用的民族传统和管理导向"和"西双版纳自然保护区望天树群落生态现状及生物学特性调查"等两项小型科研课题，并通过了专家鉴定；同时，保护区管理局不断加大科研对环境和资源保护监测力度，先后投资完成了蝴蝶园、兰花园、植物细胞组培室、昆虫馆、动植物标本展览厅和环教中心等科研室和科普宣传场馆的基础设施建设，以及亚洲象监测项目和大象繁育基地的建设等。还先后开展了与世界自然基金会（WWF）、全球环境基金（GEF）、中德技术合作云南省热带雨林保护与恢复项目（GTZ）、中老跨边界联合保护项目、国际爱护动物基金会（IFAW）等国际合作项目。项

褐鱼鸮

原鸡

金猫　　　　　　印支虎

目的成功实施，为保护区的建设提供了先进的经验、技术和资金，取得了良好的效果，为云南生物多样性与自然保护的对外合作赢得了声誉，为中国自然保护区的国际合作树立了典范。从 1996 年以来，保护区管理局先后有 19 项科研成果通过西双版纳州级和云南省级鉴定，其中有 15 项科研成果分别获得了西双版纳科技进步一、二、三等奖和云南省林业厅科技兴林奖，使西双版纳国家级自然保护区管理局的科研工作走在了全州林业系统的前列。

（王钰供稿；云南省林业厅保护办提供照片）

亚洲象

云南 南滚河
国家级自然保护区

云南南滚河国家级自然保护区位于云南西南部的临沧市，地跨沧源佤族自治县和耿马傣族佤族自治县，地理坐标为东经98°57′～99°26′，北纬23°09′～23°40′，东西宽50km，南北长62km，总面积50887hm²，其中沧源县境内面积为27649.5hm²，占总面积的54.3%；耿马县境内面积为23237.5hm²，占45.7%。属野生动物类型的自然保护区。1980年3月16日，国务院以"国发[1980]67号"文批准建立南滚河自然保护区，1995年林业部以"林函护字[1995]25号"文确认南滚河自然保护区为国家级自然保护区，2003年8月26日国务院办公厅以"国办函[2003]58号"文批准保护区扩大范围。

◎ 自然概况

南滚河自然保护区所处的地质构造体系，由于不同的构造学派认识不一，名称也各异。槽台学说认为，保护区为古滇西地槽中三江皱褶的一部分。板块学说认为，保护区处在古滇泰马微板块的北延部分，在印度板块与欧亚板块镶嵌交接带附近。地质力学认为，保护区属青藏、滇缅、中印半岛巨型"歹"字构造体系中部强烈挤压较紧部分。保护区地处横断山脉向缅甸掸邦山地过渡地带。山体为横断山脉余脉、怒山山脉南延部分，属滇纵谷区，由于喜马拉雅山及其后的新构造运动，形成区域的深切中山山原地貌，山脉走向为东北—西南

原始热带雨林（宋劲忻摄）

走向，地形北高南低，最高海拔位于耿马县境内的回汗山（2977.9m），最低海拔位于沧源县境内南滚河帕浪桥附近（520m）。相对高差2457.9m。呈现北高南低，沟谷纵横、层峦叠嶂、地势险峻的地貌特征。保护区河流纵横，水资源丰富，跨澜沧江和怒江两大水系，属怒江水系的一级支流为南滚河和南汀河。南滚河发源于保护区，上游的芒库河和新芽河在保护区边缘的红卫桥汇合，主河长48km，流出国境后在缅甸境内汇入萨尔温江；小黑河发源于窝坎大山，全长100km，为南汀河的最长的支流，枯老河、南望河、南低河、南瓦河等支流发源于耿马大青山、福荣山麓，最长流程24km。属澜沧江水系的河流有勐董河、南碧河。勐董河发源沧源窝坎大山和芒告大山，主干河长46km，自南至北汇入澜沧江主要支流

国家二级保护植物——董棕（宋劲忻摄）

大浪坝中山湿性常绿阔叶林（保护区管理局提供）

小黑江；南碧河发源耿马大青山，全长103km，向东汇入小黑江。由于山地的特点，从低到高不同海拔高度跨越从北热带、南亚热带、中亚热带、北亚热带、南温带、中温带的6个气候带。本区有着低纬度气候、季风气候和山原气候的特点。低纬气候表现为四季温差不大，季风气候表现为干湿季分明，山原气候表现为垂直气温变异显著。本区热量丰富、日照充足、湿度适宜，对野生动植物的生长和繁衍极为有力。保护区的土壤具有明显的垂直地带性分布规律，地带性土壤主要有砖红壤、赤红壤、红壤、黄壤、黄棕壤。海拔520～800m为砖红壤带，主要分布在河谷，植被为沟谷雨林或季雨林；海拔800～1300m为赤红壤带，分布在低热河谷盆地，植被为季风常绿阔叶林；海拔1300～2200m为红壤带，可分为红壤和黄红

壤两个亚类，此区气候温和，雨量充沛，植被为季风常绿阔叶林或中山湿性常绿阔叶林；海拔2200～2500m为黄壤带，分布在山地中上部，此区海拔高，雨量多，云雾大，湿度大，植被以中山湿性常绿阔叶林为优势；海拔2500～2977.9m为黄棕壤带，分布在凉湿山区，阴雨多，湿度大，植被为山顶苔藓矮林。石灰土、紫色土为非地带性土壤。

南滚河自然保护区植物区系属亚热带植物区、马来西亚森林植物亚区、滇缅泰地区、滇南滇西南小区。区内植物种类丰富，有维管束植物232科1040属2241种，其中蕨类植物44科97属156种，种子植物188科943属2085种。列入国务院1999年8月4日批准的《国家重点保护野生植物名录（第一批）》的有26种，其中国家一级保护植物有4种，即：云南红豆杉、长蕊木兰、云

南苏铁、藤枣；国家二级保护植物有翠柏、秃杉、大叶木兰、大果木莲等22种。列入1984年国家环保委员会颁布的《中国珍稀濒危保护植物名录》有17种，其中一级保护3种，二级保护6种，三级保护8种。保护区共有热带雨林、季雨林、常绿阔叶林、落叶阔叶林、暖性针叶林、竹林、灌丛、草丛8个植被类型、13个植被亚型、40个群系。保护区野生动物区系属东洋界华南区滇南山地亚区，现有哺乳动物10目31科123种；鸟类18目153科293种；两栖动物3目7科33种；爬行动物2目13科51种；鱼类5目9科36种；昆虫10目63科270种。完好的森林生态系统、充足的食源，为野生动物提供了理想的栖息繁衍场所，使保护区成为一座"天然动物园"，我国珍稀野生动物的汇集之地。区内分布国家保护动物有76种，其中

一级保护动物有印支虎、亚洲象、豚鹿、白掌长臂猿、黑冠长臂猿、灰叶猴、豹、熊猴、云豹、熊狸、豚尾猴、蜂猴、绿孔雀、马来熊、黑颈长尾雉、拟兀鹫、巨蜥、蟒 18 种；国家二级保护动物有黑熊、小熊猫、斑灵猫、金猫、猕猴、短尾猴、豺、鬣羚、穿山甲、凹甲陆龟、山瑞鳖、虎纹蛙、红瘰疣螈等 58 种。

◎ 保护价值

南滚河自然保护区是以保护印支虎、亚洲象、豚鹿、白掌长臂猿、黑冠长臂猿、灰叶猴、豹、熊猴等多种珍稀濒危野生动物及其栖息地的野生生物类别、野生动物类型的自然保护区，是我国热带野生动物相对集中、生物多样性十分丰富，拥有世界意义的自然保护区之一；是中国自然保护区兽类分布最集中、珍稀保护种类比例最大的保护区之一；生物多样性在我国和云南省具有重要地位，被誉为"小而全"的生物基因库，最突出的是印支虎、亚洲象及白掌长臂猿，我国仅在西双版纳自然保护区和南滚河自然保护区两处有分布。

南滚河自然保护区保存着世界性濒危物种、国家一级保护野生动物——印支虎。我国幅员广阔，曾经是多种老虎的分布地，但至今都已经濒临灭绝。据调查，保护区内尚保存有印支虎 5 ～ 7 只，足迹遍布保护区各处。受人为干扰严重，难以保证印支虎正常生存繁衍，如不采取强有力的保护措施，将可能导致印支虎在保护区内绝迹，因此其保护价值极高，是保护区最重要的保护对象。

保护区现保存有近 20 头亚洲象。由于人类生产活动的增加，亚洲象在我国的栖息地迅速缩小，至今，在我国仅西双版纳自然保护区和南滚河自然保护区有亚洲象分布，而且总数已不足 250 头，因此，南滚河保护区在我国亚洲象保护中起着重要的作用。

保护区分布的国家一级保护动物豚鹿，数量非常稀少，总量不及 30 只。由于本保护区的豚鹿已是豚鹿分布的极边缘地带，种群数量又极少，极易在这一地区灭绝，南滚河保护区承担着为我国最后保存豚鹿物种并恢复种群的重要任务，具有极高的科研意义。

国家二级保护植物——董棕林

南滚河保护区是我国白掌长臂猿的唯一分布地。白掌长臂猿全年栖息于热带雨林中，数量十分稀少，约有 2 ～ 3 群，总数量不过 10 余只，每群由一对成年个体携带 2 ～ 3 只幼体组成，占据着一定的区域，但数量已经岌岌可危。保护区的白掌长臂猿已处于极危状态，若保护不好而灭绝，一方面意味着白掌长臂猿在我国消失，另一方面也意味着白掌长臂猿云南亚种的灭绝。白掌长臂猿除列为国家一级保护野生动物，CITES 也列为附录一物种。保护好保护区内的白掌长臂猿意义重大。

保护区分布有蜂猴、猕猴、豚尾猴、灰叶猴、熊猴、白掌长臂猿、黑冠长臂猿，成为灵长类动物的荟萃之地。一个保护区拥有众多种类的灵长类动物，在我国是十分罕见的，具有极大的科学价值。

南滚河自然保护区位于耿马、沧源县境内，处于生物地理单元的典型地段，特殊的地理位置、多样的气候类型和高大的山体，使其成为云南省生物多样性最为富集的地区之一，其单位面积物种丰富度高，是动植物南北过渡、东西交

国家一级保护动物——亚洲象（保护区管理局提供）

国家一级保护动物——巨蜥（宋劲忻提供）

国家一级保护动物——蜂猴（保护区管理局提供）

国家一级保护动物——亚洲象

国家一级保护动物——蟒（保护区管理局提供）

国家一级保护动物——云豹（保护区管理局提供）

国家一级保护动物——虎（云南省野生动植物保护管理办公室提供）

汇的荟萃地，数百条支流和小溪汇入澜沧江和怒江的重要地区，保护区对有效保护物种资源、保护国际河流生态和保护沿岸生物多样性具有非常重要的意义和极高的科学研究价值。

南滚河自然保护区在地域上与缅甸的掸邦山地相连，一些重要的动植物种类为我国云南与缅甸、泰国共有，在我国仅出现在滇南山地，或保护区仅有。按国家级关键栖息地标准来衡量，南滚河自然保护区无疑是国家级关键栖息地，具有显著保存生物多样性的宝库性质。

保护区周边和下游缅甸的天然植被遭受破坏，只有保护区范围受到较好的保护，区内植被良好，保存着完整的热带雨林、季雨林、季风常绿阔叶林、半湿性常绿阔叶林、中山湿性常绿阔叶林，为众多野生动物提供良好了"避难所"。

区内丰富的物种中，有许多栽培植物和家畜的野生类型亲缘种或近缘种，如野生稻、古茶、野油茶、野菠萝蜜、红原鸡、中华蜜蜂等，为遗传多样性的保护和新品种的培育上提供了良好的资源空间。

保护区森林覆盖率达83%，包含了所涉及两县保存较好的天然阔叶林，这些天然林具有很强的水源涵养和水土保持作用，是一座"绿色水库"，养育着保护区周边的9个乡（镇）的数十万群众，具有极高的生态价值。

◎ **功能区划**

保护区实行核心区、缓冲区和实验区3级区划。核心区面积22296.6hm²，占保护区总面积的43.8%；核心区外围缓冲区面积17977hm²，占保护区总面积的35.3%；在缓冲区周围划出的实验区面积10613.4hm²，占保护区总面积的20.9%。

◎ **科研协作**

1995年，由云南省林业厅、临沧地区林业局委托西南林学院主持完成了保护区20余个专题的综合科学考察和基础研究工作，为保护区建设管理和政府决策提供了可靠的本底资料。2000年，由临沧市林业局牵头，进行了保护

国家二级保护动物——穿山甲（宋劲忻提供）

区扩建部分10余个专题的综合科学考察。此外，保护区进行了野生古茶树专项调查、保护区亚洲象研究、中国亚洲象种群数量和栖息地监测等项目，开展标本采集和制作工作，参与了CITES非法猎杀亚洲象监测项目及IFAW利用红外相机对虎、豹等猫科动物调查项目，北京师范大学用保护遗传学方法对保护区亚洲象研究社群的结构。通过20余年的努力，南滚河自然保护区具备了一定的科研监测能力，对主要保护对象实施了有效的研究及监测。

（宋劲忻供稿）

云南 高黎贡山 国家级自然保护区

　　云南高黎贡山国家级自然保护区位于云南省西部，高黎贡山主脉中南段的中上部，地处怒江傈僳族自治州的泸水县、福贡县、贡山县和保山市的隆阳区、腾冲县境内。地理坐标为东经98°08′～98°50′，北纬24°56′～28°22′，总面积405549hm²，其中怒江傈僳族自治州境内324106hm²，保山市境内81443hm²。保护区由北、中、南互不相连的3片组成。北片北与西藏察隅县接壤，东起怒江峡谷，西以担当力卡山山脊与缅甸相接，面积243242hm²；中片西至高黎贡山山脊与缅甸相接，东以海拔2500m以上无人居住处为界，南至泸水县古登乡，北至福贡县的架科底乡，面积37848hm²；南片东以高黎贡山东坡海拔1090m一线的山腰为界，西以高黎贡山西坡海拔1900m一线的山腰为界，面积124459hm²。高黎贡山自然保护区于1983年经云南省人民政府批准建立为省级自然保护区，1986年经国务院批准晋升为国家级自然保护区。保护区主要保护对象是高黎贡山完整的森林生态系统和森林垂直带谱景观，以及珍稀野生动植物。属自然生态系统类别的森林生态系统类型的自然保护区。高黎贡山国家级自然保护区是云南省面积最大的自然保护区，2000年经联合国教科文组织批准列为"生物圈保护区（MAB）"。

神秘的原始森林

片马铁杉外景

◎ 自然概况

　　高黎贡山自然保护区的地质构造比较复杂，以板块碰撞挤压而成的板块缝合带伴生的褶皱带、大断裂带为主。保护区山体的岩石主要有片麻岩、片岩、千枚岩等变质岩系组成，同时分布有印支与燕山祈祷喜马拉雅早期的酸性斑岩、花岗岩，以及部分地区的石灰岩、白云质灰岩和紫色页岩等。区内所出露的地层以元古生界的变质岩和中生代以后侵入和喷出的岩浆岩为主体，并伴有少量上古生代的沉积地层和时代较新的第四纪沉积物。由于近期地壳大幅度上升，河流强烈下切，保护区内形成中山山地、高山、极高山为主的地形地貌，山顶上冰川地貌发育，还残存有现代冰川，河流深切的河谷多为V型峡谷，以怒江峡谷最有名，境内最高峰嘎瓦嘎普峰海拔5128m，最低海拔800m（怒江），相对高差4328m。

　　高黎贡山自然保护区具有我国西部典型季风气候特征，气候要素垂直变化十分明显，从河谷到山顶依次出现亚热带、暖温带、温带、寒温带、寒带性质

保护区内的高山湿地

保护区森林景观

的 4 个垂直气候带。高黎贡山山体的西坡为迎风坡，年降水量达 3600mm 以上，与印度东北部、东喜马拉雅并列，形成 3 个多雨中心，东坡相对湿度较低。降水量年进程呈双峰值，有春、夏两汛期。年降水量 1667.6 ～ 3672mm，独龙江最高年降水量可达 4875mm，为全省 4 个多雨中心之一；北片、中片日照时数少，为全省的寡照区，太阳总辐射量为全省低值区，气温偏低，热量强度不足，南片太阳总辐射量为全省中等水平，年降水量为 1204 ～ 1977mm，斋公房最高年份可达 3904mm，泸水部分还有双雨季现象。保护区内河流有近百条，大部分属怒江水系。怒江是干流，流经保护区的东侧约 300km。另有高黎贡山西侧的独龙江（流经保护区西侧91.7km）、龙江（流经保护区西侧100km）和脑昌卡河等，均属伊洛瓦底江水系。分布在保护区的河流都是干流长、落差大；支流则短小，一般长约20km。在保护区内有很多小型冰蚀湖泊，如嘎瓦嘎普峰北侧的初干初湖，面积为 0.6 km²。听命山和吴中山之间的听命湖，海拔 3485m，面积为 0.02km²，湖泊附近常发生降雨和降雪而具神秘色彩。保护区的地下水资源极为丰富，泉水的出露点很多，最高处可达分水岭附近，最低处达大江边。此外，保护区南片出现的温泉数量也较多，区内温泉一般为 40 ～ 50℃的中温温泉，也有不少为 80℃以上的高温温泉。保护区的土壤在气候、成土母质、地形、地势及生物因子的影响下，呈现有规律的变化。

从山麓到山顶，随着海拔高度的升高，温度逐渐降低，水分增加，生物气候产生十分明显的垂直分异，各种土壤类型有规律地排列形成森林土壤垂直带谱。从低海拔到高海拔全区有红壤、黄壤、黄棕壤、棕壤、暗棕壤、棕色暗针叶林土、亚高山草甸土、高山荒漠土，局部地区有非地带性土壤燥红土、紫色土和石灰土。由于东坡和西坡气候上的差异，红壤系列的褐红壤只分布在东坡，黄壤只出现于雨量丰沛的西坡，保护区南片的石灰岩和紫色土也仅零星分布在东坡。

高黎贡山自然保护区由于其特殊地理位置和自然环境，孕育着极为丰富的野生动植物资源。据调查，保护区有 10 个植被型，16 个植被亚型，68 个群系；保护区有蕨类植物 437 种（变种），有

天女花

国家二级保护植物——十齿花

国家二级保护植物——水青树

被子植物 3446 种。列为国家一级保护野生植物名录的有秃杉、桫椤、云南红豆杉、长蕊木兰 4 种，国家二级保护植物有贡山三尖杉、水青树、贡山厚朴、云南黄连、姜状三七、桃儿七等 21 种。高黎贡山是云南山茶、杜鹃、兰花、报春、百合、龙胆、绿绒蒿等八大名花的原产地之一，一年四季花香不断，是野生植物种质基因宝库。保护区已知有脊椎动物 699 种，其中兽类 154 种，鸟类 419 种，两栖类 21 种，爬行类 56 种，鱼类 49 种。昆虫约有 1690 种。其中列为国家重点保护的野生动物有 67 种，如白眉长臂猿、羚牛、熊猴、戴帽叶猴、豹、小熊猫、白尾梢虹雉等，是天然的动物园。

高黎贡山自然保护区及周边地区自然景观多样，人文景观独特。其优势在于莽莽原始森林，集"雄""险""奇""秀"为一体的地质地貌奇观，以及雄伟壮观的怒江大峡谷、未被污染的环境、独特而神秘的民族文化等。怒江大峡谷被称为神秘的东方大峡谷，是仅次于美国科罗拉多大峡谷的世界第二大峡谷。这里断裂纵深，落差大，高低悬殊达 4328m，江两岸悬崖峭壁、奇峰怪石随处可见。主要有嘎瓦嘎普峰、南魔王丫口、风雪丫口、百花岭丝绸古道、斋公房等山地景观。雄险奇秀的群山孕育了奔腾怒吼的怒江、独龙江、龙江，还有众多的溪流瀑布和高山湖泊。怒江桀骜不驯、独龙江清澈见底、龙江温顺缠绵。在森林里随处可啜饮涓涓溪水，不经意

处会看见飞流直下的瀑布，据说在听命湖连大声说话也会引来山雨或冰雪。保护区内还有哈傍瀑布、其期瀑布、泉华滴水岩瀑布等水域景观。高黎贡山从河谷到山顶跨越亚热带、暖温带、温带、寒温带、寒带 5 个不同性质的山地气候，人们可以在一天领略四季风光，从炎炎夏日进入白雪皑皑的隆冬，从茂密的亚热带常绿阔叶林、暖性针叶林到温性、寒温性针叶林再到高山杜鹃灌丛林、高山草甸等山地植被垂直带自然景观。保护区鸟类也相当丰富，被誉为"雉鹃类乐园"，每年吸引来众多世界各地的观鸟爱好者。保护区物种丰富，环境幽静，是难得的生态旅游和科研考察、探险的好地方。悠久的历史，独特的地域造就了独特的民族文化，各民族在长期的生产生活中创造了具有自己民族特色的婚嫁文化、祭祀文化、节日文化和丰富多彩的生产工具和乐器。历史主要人文景观有古丝绸之路、斋公房、天台山、溜索飞渡等。

◎ 保护价值

高黎贡山自然保护区是国家级森林生态系统和野生动物类型自然保护区，以保护生物垂直带谱自然景观，保护多种植被类型和多种珍稀濒危动植物种类为目的。保护区被中国科学院生物多样性委员会确认为"具有国际意义的陆地生物多样性关键地区"。1992 年被世界野生动物基金会（WWF）列为 A 级自然保护区，1997 年，被人与生物圈

委员会接纳为"人与生物圈保护网络"成员，1999 年被确定为云南省科学普及教育基地，2000 年被联合国教科文组织列为"生物圈保护区（MAB）"。高黎贡山以其独特的生态环境，丰富的生物多样性资源，奇特壮丽而完整的植被垂直景观闻名遐迩，为世人所瞩目，并为中外学者所向往。

保护区的主要保护对象为：①特有的森林类型：秃杉林、大树杜鹃林、贡山棕榈林、小果垂枝柏林、怒江红杉林、怒江冷杉林、曼青冈林、云南榧树林、贡山木莲林等；②中山湿性常绿阔叶林和亚高山温性、寒温性针叶林垂直带自然景观及其完整的森林生态系统；③国家一、二级保护野生植物，主要有云南红豆杉、长蕊木兰、光叶珙桐、桫椤、秃杉、澜沧黄杉、贡山三尖杉、水青树、扇蕨、金铁锁、胡黄连、董棕、红椿等 24 种；④国家一、二级保护野生动物，主要有羚牛、熊猴、戴帽叶猴、豹、云豹、赤斑羚、白眉长臂猿、蜂猴、猕猴、穿山甲、短尾猴、小熊猫、金雕、血雉、红腹角雉、绿孔雀、雀鹰等 67 种；⑤云南省省级重点保护植物，主要有冲天子、乔松、云南枫杨、独龙木姜子、常春木、滇西紫树、钟花假百合等 30 种；⑥云南省省级重点保护野生动物，主要有狼、云猫、毛冠鹿、眼镜王蛇、眼镜蛇等 5 种；⑦保护区特有物种：特有植物 424 种，特有动物 12 种。

高黎贡山自然保护区动植物种类众多，南北混杂，东西过渡。是青藏高原

和印支半岛的南北生物走廊，是亚热带、温带、寒温带野生动植物种质基因库，著名的种子植物模式标本产地。是我国常绿阔叶林保存最完整、最原始的地区之一，同时还保存有典型的温性、寒温性针叶林森林生态系统。

◎ 功能区划

为实施自然保护区内的分类管理，将保护区划分为核心区、缓冲区和实验区。把保存完好的天然状态的森林生态系统以及珍稀、濒危动植物集中分布的地区划为核心区，面积共有 183789.5hm²，占保护区总面积的

白眉长臂猿

羚牛

45.3%；为确保核心区的生态安全，核心区外围已划定面积共有 142611.5hm² 的缓冲区，占保护区总面积的 35.2%；在核心区和缓冲区之外，划出面积 79148hm² 的实验区，可以有条件从事科学实验、参观考察、教学实习、驯化繁殖珍稀野生动植物、森态旅游以及开展多种经营活动，占保护区总面积的 19.5%。

◎ 科研协作

在科研方面，保护区先后联合一些科研院所，开展了综合科学考察，如"麦克阿瑟山地生物多样性保护"一、二期项目，联合国环境规划署组织的"人口、土地、环境"项目、山葵引种试验、鬣羚生境偏好调查。协助科研院所完成了小熊猫监测、鸟兽类资源调查、独龙江越冬植物调查、英国爱丁堡皇家植物园对高黎贡山西坡动植物资源调查等等。同时，已完成对保护区物种群落、分布、数量、土地利用现状、旅游、社会经济等资源的调查。

蜂猴

小熊猫

保护区加强与国际间的合作与交流，目前正在实施的国际合作项目有：全球环境基金"林业持续发展－保护地区管理"项目（GEF），中荷合作"云南省森林保护与社区发展"项目（简称 FCCDP），美国大自然保护协会主持的"滇西北保护与发展行动计划"（TNC），中德合作的"怒江傈僳族自治州北部生物多样性保护"项目（GTZ）。

高山瀑布小景

◎ 管理状况

生态旅游是当今的朝阳产业、绿色产业，是实现森林环境资源可持续利用的最好形式。近年来，先后有 20 多个国家和地区的多批团队，到高黎贡山进行观鸟、科考、探险等生态旅游活动，国内游客也纷至沓来。因而，高黎贡山自然保护区生态旅游有着非常好的发展前景，客源丰富，潜力很大，有望建成世界级的生态旅游胜地。保护区还可通过进行实验、人工栽培名贵药材、竹材和观赏植物等多种经营利用，在增加保护区的收入、提升保护区的自养能力的同时，指导帮助社区群众走上脱贫致富之路。

（云南省林业调查规划院自然保护区研究检测中心供稿；郑波、杨国伟及云南省林业厅保护办提供照片）

云南 白马雪山 国家级自然保护区

云南白马雪山国家级自然保护区位于云南省西北部迪庆藏族自治州的崇山峻岭之中。在行政地域上，地跨迪庆藏族自治州德钦县和维西傈僳族自治县的部分地域。地理坐标为东经98°57′～99°25′，北纬27°24′～28°36′。1983年经云南省人民政府批准建立省级自然保护区，1988年经国务院批准晋升为国家级自然保护区。主要保护对象是国家一级保护野生动物滇金丝猴及其生存栖息的多种冷杉林环境。属野生生物类别的野生动物类型的自然保护区。保护区总面积281640hm²，其中德钦县境内216606hm²，维西县境内65034hm²。

◎ 自然概况

白马雪山自然保护区处在云南西北部横断山区云岭山脉的主山脊部位和金沙江大断裂以西，是一片地质构造复杂、近代新构造运动十分活跃的地带。在元古代与古生代的漫长地质年代中，属古地中海的组成部分，均为海水淹没。在印度板块与欧亚板块相互运动与碰撞的影响下，地壳有过升降、断裂和岩浆活动。中生代早期，海水从东向西逐渐退缩，该地区变为浅海后成为陆地，沉积了由砂岩、页岩、石灰岩等组成的沉积岩。由于受板块不断碰撞影响，金沙江与澜沧江深大断裂强烈活动伴随印支期与燕山期岩浆活动，褶皱断裂的挤压和岩浆侵入的烘烤使得各类沉积岩地层产生变质，形成区内片岩、千枚岩等变质岩。在漫长的地质历史演化过程中，受多次构造变动的影响，保护区内形成了雄伟陡峭的高山和极高山、峡谷幽深切割剧烈、山顶冰川和冻土地貌发育、全区缺少盆地或河谷平原的地貌特征。保护区属高原（寒温带）山地季风气候，主要受西南季风的控制，北部山地受青藏高原气团的影响，有以下特点：季风气候突出，干湿季分明，常冬无夏，春秋短暂；气温年较差小，日差较大；立体气候明显，东西坡差异明显。保护区年平均最高气温10.7℃，最低气温1.1℃，极端最高气温24.5℃，极端最低气温−13.1℃，年平均气温4.7℃，日最低气温＜0℃的日数170天；平均无霜期132天，有霜期极端最长307天，降雪历年平均58.3天，积雪日数历年平均多达55.5天。以德钦县城为界，以北一带属西藏高原气候类型，年均降

冷杉林

滇金丝猴

白马雪山

水量约 600mm；以南一带较温湿年均降水量 850mm；维西塔城一带较湿润年均降水量 1200～1500mm；金沙江河谷的奔子栏、申达又属干旱河谷气候型，年降水量只有 400mm 左右。保护区内，白马雪山山脊以西的河流属澜沧江水系，以东的河流属金沙江水系，除金沙江和澜沧江干流外，有一、二级支流 50 余条。较大的一级支流为东坡的珠巴龙河，流域面积 1627km²，其他河流汇水面积均在 300km² 以下。保护区降水量虽低，但由于蒸发量小，水量仍较大，使得河流的水量丰沛，水力资源蕴藏量大。因受冰川的影响而形成的小型高山冰蚀湖有 30 余处，这些湖泊面积虽小，但长年冰雪融水汇入，均保持一定水位。另外，在保护区植被较好的山地上、箐沟内，常有大型泉水露出，石灰岩出露的地带，在近河谷地带也常

有地下河出露，在断裂带经过的地带，也有地下热水出现。保护区内土壤类型复杂多样。其成土母质有砂页岩、砂板岩、花岗岩、砾岩、片岩、千枚岩等。土壤类型呈明显的垂直分布特征，从低海拔到高海拔有河漫滩冲积土、燥红土、褐色土、棕壤、暗棕壤、棕色针叶林土、高山草甸土、高山荒漠土，局部地区有非地带性土壤紫色土和石灰土。

由于特殊的地理位置和自然环境，白马雪山自然保护区内孕育着极为丰富的动植物资源。据调查，保护区已知有天然分布的种子植物 167 科 627 属 1835 种，菌类植物 7 科 8 属 9 种，地衣类植物 2 科 2 属 2 种，苔藓类植物 10 科 12 属 12 种，其中属国家一级保护的珍稀濒危野生植物有秃杉、光叶珙桐、云南红豆杉、玉龙蕨、独叶草 5 种。区内蕴藏有 6 种冷杉属植物，3 种云杉

属植物，使这里成了我国西南地区高山寒温性树种的荟萃之地。以长苞冷杉为主的森林，为滇金丝猴的生存与繁衍提供了良好的环境。另外，区内有菊科植物 153 种、杜鹃花科植物 92 种、毛茛科植物 103 种、兰科植物 56 种，每到春末夏初，高山融雪后，群芳荟萃，山花烂漫，被誉为"五花草甸""七彩草甸"。国家一级保护野生动物 15 种：滇金丝猴、雪豹、豹、云豹、熊猴、林麝、高山麝、金雕、黑鹳、胡兀鹫、斑尾榛鸡、四川雉鹑、黑颈长尾雉、绿孔雀、黑颈鹤。

◎ 保护价值

白马雪山自然保护区具有较高的保护价值，主要体现在以下 3 个方面：①保护区物种的珍稀性，突出表现在滇金丝猴种群多。保护区主要保护对象是滇

滇金丝猴一家

红腹角雉

金丝猴种群,为国家一级保护野生动物。因其分布区狭窄(仅限于金沙江与澜沧江之间的云岭中段),种群数量少(据了解,全国已知有约18个自然种群,而保护区内就有7~8群约1000只),栖居海拔最高,又是金丝猴属的动物中最特化的一个种,也是亚洲疣猴亚科中最特化的一个种,因此,保护和研究滇金丝猴,是保护区的首要任务。对于了解亚洲灵长类(特别是疣猴类)的分化和进化具有重要的意义和极高的学术价值。②保护区动植物中特有种多,是保护区生物多样性的特色。在生物多样性中,滇西北横断山区特有种多是一个非常显著的特点,特别是一些高山亚高山植物区系中更富有特有种。保护区内植物仅横断山区特有种就达425种,占保护区内种子植物总种数的23.2%;保护区内哺乳动物仅横断山型和青藏高原型的特有种即达43种之多,占保护区内哺乳动物总数的43.0%;在鸟类中,保护区内有横断山区特有种63种,占保护区内留鸟、繁殖鸟种类总数的28.8%。这些在其他地区实属罕见,形成了保护区生物多样性的一大特色。③保护区具有典型的亚高山寒温性针叶林,是滇金丝

猴最佳生境。云南白马雪山国家级自然保护区的植被类型多样,从高山到河谷有着7个植被型,11个植被亚型,37个群系。总体上说属于亚高山寒温性森林生态系统类型。大面积的长苞冷杉林为主的多种冷杉属森林,是中国低纬度高海拔地区保存着的比较完整而原始的高山针叶林区,在我国西南横断山地植被中具有一定的代表性,在全球生物地理区域中也具有典型性。保护区主要保护对象滇金丝猴终年生活在冰川雪线附近海拔3200~4200m的冷杉林中,以松萝、地衣、苔藓及云冷杉鲜枝嫩叶为食,终年在树上游嬉、觅食、休息、交配,是典型的树栖动物。大面积的原始冷杉林等亚高山寒温性针叶林,给滇金丝猴提供了优良的生存环境。因此,保

护好滇金丝猴生存栖息的冷杉林环境,维护滇金丝猴的生存与繁衍,对保护和研究滇金丝猴具有重要的意义和极高的学术价值。

◎ 功能区划

为实施自然保护区内的分类管理,依据《中华人民共和国自然保护区条例》的规定,白马雪山国家级自然保护区把

光叶珙桐

大果落叶松

杜鹃花海

流石滩与高原牧场

梅里雪山主峰卡瓦格博

滇金丝猴等珍稀动植物相对集中分布和云杉、冷杉等原始森林保存较完整的白马雪山山体两侧的地区划为核心区，面积 113115 hm²，占保护区总面积的 40.2%；为确保核心区的生态安全，核心区外围已划定面积 80618hm² 的缓冲区，占保护区总面积的 28.6%；在核心区和缓冲区外，划出面积 87907hm² 的实验区，占保护区总面积的 31.2%，可以进入从事科学试验、参观考察、教学实习、驯化繁殖珍稀野生动植物、旅游以及开展多种经营活动。

◎ 科研协作

在科研监测方面，保护区联合一些科研院所，先后开展了综合科学考察、世界自然基金会（WWF）资助的保护区"综合保护与发展项目"（ICDP）及对部分社区进行的参与性农村评估、全球环境基金（GEF）资助的"保护区管理计划的编制"项目、"四位一体"（养猪、沼气池、厕所、蔬菜大棚）科学试验项目以及与中国科学院昆明动物研究所、美国加州大学等单位合作有关滇金丝猴考察研究项目等。同时，已完成对保护区物种群落、分布、数量、土地利用现状、旅游、社会经济等资源本底调查，并建立了野生动物、病虫害、物候等观测站。

2001 年，在全球环境基金（GEF）的资助下，在世界自然基金会（WWF）的协助下，设计开展了"综合保护与发展项目"（ICDP）活动，对保护区的集体林进行了资源利用状况调查，并编制了《管理计划》。"川滇藏中国香格里拉风景旅游区"的开发热潮和"三江并流世界自然遗产"的申请成功为白马雪山自然保护区开发生态旅游，提供了极好的机遇。

（云南省林业调查规划院自然保护区研究监测中心杨国伟供稿；赵卫东、杨国伟、高嘉云、白马雪山保护区管理局摄影及提供照片）

绿绒蒿

秃杉

云南 哀牢山
国家级自然保护区

云南哀牢山国家级自然保护区位于云南省中部哀牢山脉中北段上部，地处云贵高原、横断山和青藏高原南缘三大地理区域的结合部，涉及云南省 3 州（市）6 县（市），包括楚雄彝族自治州的楚雄市、双柏县、南华县；普洱市的景东彝族自治县、镇沅彝族哈尼族拉祜族自治县；玉溪市的新平彝族自治县。地理坐标为东经 100°44′～101°30′，北纬 23°36′～24°56′。保护区南北长约 130km，南部东西宽 4～9km，北部南华片东西宽则达 20km。总面积 67700hm²。是以保护我国亚热带地区中山湿性常绿阔叶林和黑长臂猿等珍稀野生动植物为主的森林生态系统类型自然保护区。1986 年 3 月正式建立省级自然保护区，1988 年 5 月经国务院批准晋升为国家级自然保护区。

◎ 自然概况

哀牢山自然保护区属云岭山脉向南分支的余脉，宛若一道屏障纵贯云南中部，处在云南东西两大地貌类型——云贵高原和横断山脉的结合部，成为自然地理的分界地区。哀牢山是一座经长期构造变化，并沿着断裂带抬升而成的山体。从地史上看，远在太古时期，它是一个西北－东南向的沉陷带，后来褶皱隆起成陆，经过反复升降，至三叠纪时又经印支燕山运动再次褶皱断裂，几经海陆变迁，至上新世末更新世初，其与古云南夷平石一并隆起成高原，同时定型成现代的山原型山脉。总的地形地貌特点是：山体东坡相对高差大，坡度较

保护区内高大的乔木树种之——云南木荷

陡，有断裂块山地之特点；山体西坡则坡度较缓，山体顶部残余且较宽的高原面，分布着浅丘、浅盆地和宽谷地。山体由古老的变质岩组成，顶部及东坡为正变质岩分布区，西部则为副变质岩分布区，海拔较高，山体高大，主要山峰在 2500m 以上。自然保护区位于哀牢山脉的中北段上部，是哀牢山的主峰地段，保护区最高海拔 3165.9m，最低海拔 1700m，相对高差达 1400 多 m。保护区内的河流属元江（红河）水系。东侧为元江上游干流礼社江（分段又称嘎洒江、石羊江）。西侧为阿墨江的上源者干河和把边江的干流川河，也是李仙江两大支流。礼社江、者干河、川河在保护区内的大小支流约 50 条，与干流多呈高角度相交，组成羽状或格状水系。哀牢山既是云南东西两大类的地貌分界线，同时在气候上又是亚热带南部和亚热带

常绿阔叶苔藓矮林

哀牢日出

北部的过渡区。山体的东西坡分别受来自孟加拉湾西南季风和来自北部湾东南季风的影响，高大的山体不仅有明显的垂直气候分异，且东西两侧各异。冬季，东坡受北方冷空气影响，温度较西坡低。根据徐家坝1991～1995年气象观测资料记载年平均气温为11.3℃，绝对最高气温23.5℃（1994年），绝对最低气温−6.3℃（1993年）；≥10℃的年积温3420℃左右，年平均降水量1931.1mm，85%以上的降水集中在雨季。按地温来划分属亚热带气候，按气积温区划，属暖温带气候，是中山湿性常绿阔叶林生长发育的理想场所。哀牢山自然保护区由于受气候、地质、生物等多种因素长期作用影响，形成多种土壤类型，垂直分布呈明显的带谱。从高海拔到低海拔，依次为：3000m以上的亚高山草甸土，2500（2700）～3000m

的棕壤、2200～2700m的黄棕壤、1700～2200（2400）m的红壤及局部低洼地段分布的小面积沼泽土。其中黄棕壤分布最广，土壤淋溶作用较强，养分除全氮偏低外，速效磷、钾含量较高。土层深厚，潮湿、结构疏松，肥力较高。主要植被为中山湿性常绿阔叶林。哀牢山由于所处的地理位置特殊，地貌类型复杂，加之气候、土壤等条件优越，形成了独特的自然生态系统，为丰富的动植物种类提供了良好的生存繁衍场所。

哀牢山自然保护区内分布有种子植物161科626属1447种。其中裸子植物7科12属17种；被子植物154科614属1430种。另有蕨类植物31科48属95种。区内分布有国家一级保护植物云南红豆杉及国家二级保护植物水青树、野茶树、野银杏、千果榄仁、任木等13种。经济植物种类亦十分丰富，

共有115科272属500余种。如香叶树、云南樟、地檀香、滇白珠等工业用油脂或芳香油原料植物；黄草乌、南五味子、五月瓜藤、十大功劳等药用或医药工业原料植物；红花木莲、多花含笑、马缨花、红苞树萝卜、虎头兰等花卉观赏植物。已记载的脊椎动物有435种，约占全国总数的1/8，占云南全省总数的1/5。兽类有8目27科63属86种，区系以东洋界为主，占总数的77.92%；属古北界成分占8.13%；广布古北东洋界者为13.95%。鸟类有19目51科83属323种。两栖动物有2目9科27属39种。爬行动物有2目9科27属29种。已记录的昆虫类有14目98科7421种。列为国家一级保护的动物有黑长臂猿、绿孔雀、灰叶猴、云豹、黑颈长尾雉5种；国家二级保护动物有短尾猴、穿山甲、黑熊、斑羚、红腹角雉、白腹锦鸡、黑

兀鹫等 43 种；两栖动物中，景东齿蟾、哀牢蟾蜍、哀牢髭蟾等为哀牢山特有种；经济动物有野猪、赤鹿等；画眉类有 55 种，占全国画眉种类的 42%，是名副其实的"画眉之乡"。同时，哀牢山还是候鸟迁徙的重要通道。保护区内分布有大面积的野茶树群落。据云南农业大学、中国农业科学研究院等 10 位专家考证，在镇沅片的千家寨发现的 1 株野茶树高 25.6m，树干胸围 2.82m，树幅达 22m×20m，树龄为 2700 年。2001 年，此树被上海"大世界基尼斯"认证为"世界上最大的古茶树"。

哀牢山不但植物种类繁多，而且植物地理区系成分复杂。保护区在植物区系的划分上，正处在泛北极植物区和古热带植物区南北交错的过渡地区。除了亚热带山地常见的壳斗科、山茶科、樟科、木兰科、冬青科、杜鹃花科的植物外，河谷地区生长有诸如海桑科、橄榄科、使君子科、茜草科、桃金娘科、木棉科、胡椒科、夹竹桃科、野牡丹科等常见于热带分布的植物，山体上部还有一定数量的蔷薇科、榆科、桦木科等温带分布的树种。对采集的 622 个属植物进行

植物地理区系分析，属于热带成分的有 366 个属，占分析属总数的 58.8%，其中以泛热带成分占主要地位；温带成分的有 143 个属，占分析属总数的 23%。由此可见，本区的植物群落种类组成以热带地理区系成分为主。

哀牢山自然保护区植被类型复杂多样，共有 8 个植被型，22 个植物群系，36 个植物群落。具有种类丰富、区系复杂、类型多样、过渡性特征明显等特色，并具有以地方特有种为主的森林类型，主要植被类型如下：

2200 ～ 2400m 以下，西坡为半湿润常绿阔叶林、云南松林带，东坡为季风常绿阔叶林、思茅松林带，这一带人为经济活动频繁，原生植被破坏严重，多为次生针叶林。主要树种为云南松、思茅松、元江栲、大叶石栎、红木荷等。

2200 ～ 2800m 之间为中山湿性常绿阔叶林带，是本区主要的植被类型，人为破坏较小，为大面积的原始林，主要树种有疏齿栲、银木荷、截果石栎、木果石栎、倒卵叶石栎、长尾青冈、润楠等。

2800 ～ 3100m 之间为常绿阔叶苔

藓矮林带，主要树种有倒卵叶石栎、杜鹃，多丛生，干弯曲，湿度极大，附生植物布满枝干。3000m 以上为亚高山灌丛带，主要树种有桤木、杜鹃、箭竹等。

在 2600 ～ 3000m 之间有云南铁杉针阔叶混交林镶嵌分布，是中国分布最南端的云南铁杉林。

高大的西藏红豆杉

◎ **保护价值**

哀牢山自然保护区内常绿阔叶林有 40000 hm² 以上，是我国亚热带地区集中连片保存面积最大的山地常绿阔叶林，其中以疏齿栲、倒卵叶石栎、景东石栎、木果石栎等众多的云南特有树种占优势的中山湿性常绿阔叶林是哀牢山自然保护区的主体，是保护区的重点保护对象。值得注意的是，在哀牢山西坡可以寻觅到云南亚热带北部标志性植被云南松林与云南亚热带南部标志性植被思茅松林的天然过渡分界线。茂密的森林，是野生动物和微生物良好的生存、栖居、繁衍场所。

哀牢山茂密的中山湿性常绿阔叶林有"温带雨林"之称，集森林动植物为一体，是一个和谐的自然生态系统，进入其中，不仅可享受"森林浴"，也可在温凉气候的森林环境中，领略类似热

中山常绿阔叶林景观之一

中山常绿阔叶林景观之二

保护区是重要的水源地

哈尼梯田

哀牢山黑长臂猿栖息生境——处在保护区核心区的秋家坝水库，植被为常绿阔叶林

带雨林的风光。登上山顶，是亚高山草甸，四时野花怒放，别有一番情趣。鸟瞰起伏的林海，令人心旷神怡。哀牢山

周边村社

麓为云南省重要的经济作物产区之一，汉、彝、哈尼、傣、基诺等民族世代居住，形成了独具特色的民族文化，在风俗、服饰、饮食、娱乐等方面都有独特的文化传统和习俗，民族气息浓郁。

◎ 科研协作

哀牢山是一座巨大的绿色水库和物种基因库，是当地社会、经济发展的生态屏障和生物资源开发的种质资源库，又为地理学、地质学、气象学、森林学、植物学、生态学、土壤学、动物学、昆虫学等多学科研究提供了广阔的天地。中国科学院昆明动物研究所、中国科学院昆明植物研究所、云南大学、西南林学院等国内外高等院校众多专家、学者多次到该保护区进行考察或作为教学基地。中国科学院西双版纳热带植物园早在1981年就在哀牢山徐家坝地区设立了生态观测站，建站20多年来，做了大量科研工作，取得了丰硕的成果。

◎ 功能区划

保护区总面积 67700hm²，其中南华片 17340hm²、楚雄片 4518hm²、双柏片 10509hm²、景东片 11667hm²、镇沅片 9006hm²、新平片 14660hm²。核心区面积 28366hm²，占 41.9%；缓冲区面积 17128hm²，占 25.3%；实验区面积 22206hm²，占 32.8%。

（华朝朗供稿；哀牢山自然保护区提供照片）

云南 文山 国家级自然保护区

云南文山国家级自然保护区位于滇东南文山壮族苗族自治州的文山县和西畴县境内，地处北回归线南缘，是我国西南边陲东南部、中越边境中段、东南亚热带北缘、中山山地的典型地段，素有"北回归线绿洲"之称。保护区包括文山县老君山片和西畴县小桥沟片。其中：老君山片位于文山县西部，地理坐标为东经103°53′～104°10′，北纬23°16′～23°25′，面积22960.4hm²，占保护区总面积的85.46%。小桥沟片位于西畴县境内，地理坐标为东经104°41′～104°52′，北纬23°21′～23°24′，面积3906.6hm²，占保护区总面积的14.54%。保护区总面积26867.0hm²，属森林生态系统类型的自然保护区。文山自然保护区始建于1980年，2003年经国务院批准晋升为国家级自然保护区。

◎ 自然概况

文山自然保护区内山地处于滇东南喀斯特高原向滇西横断山系纵谷区过渡的边缘地带，又是两种不同性质的构造体系的接触地带，同时也是滇东南的六诏山向滇南哀牢山的过渡转换地区。不论岩石、地层、地质构造，或是地貌形态，均有逐渐过渡的特色。保护区内岩石种类以沉积岩和岩浆岩为主，地层以古生界的地层为主。保护区地貌形态各异，类型复杂，深切割的峡谷地貌

多毛坡垒

比重大。地貌类型主要有中山山地、溶蚀丘陵地貌、断陷溶蚀盆地、喀斯特各类微地貌侵蚀和溶蚀河谷。保护区最高峰薄竹山，海拔2991.2m；最低点上董定，海拔1200m，相对高差1791.2m。保护区大部分地区为中山山地，溶蚀丘陵分布在保护区的东、南部及小桥沟等地；峡谷地貌主要分布在薄竹山花岗岩山体的四周，溶蚀宽谷主要分布在东部一带，小桥沟附近也有分布。其中老君山片区在六诏山西南面，属中山山原地貌，呈现山体大，地势高，切割深，从西北向东南倾斜的特征。小桥沟片区地势沿山脊起伏变化不大，从西部的小桥沟经法斗，到东部的南昌，以山脊线为界，北面为岩溶地貌，溶洞、漏斗、石芽、岩峰随处可见；南面则属山原地貌，大小山脊线明显。受北部湾和孟加拉湾暖湿气流的影响，本区属亚

小桥沟

热带季风气候区，低纬海洋气候明显。表现出冬无严寒，夏热潮湿，雨热同步的特点。同时，受地理位置、地形、海拔等影响，引起区内水热状况的再分布，山下、山上气候差异大，垂直气候带特征明显，山下年降水量1000～1400mm，年无霜期319天，山上部湿度及降水量明显增加。山上部雨水较多，雾重，湿度大。区内分布的土壤可划分为暗棕壤、棕壤、黄棕壤、红壤、黄壤和石灰土6个土类，暗棕壤、棕壤、黄棕壤、红壤、黄红壤、黄壤、红色石灰土和黑色石灰土8个亚类。保护区的土壤随海拔带分布不同而有不同类型：海拔1200～1800m分布有红壤、黄壤、红色石灰土和黑色石灰土，海拔1700～2400m为黄棕壤，海拔2400～2600m为棕壤，海拔2600～2991m为暗棕壤。发育在砂岩、砂页岩上的黄壤，林地落叶堆积较厚，达20～30cm，腐殖质含量高，自然肥力较好。区内河流较多，且多为短小的山间溪流，分别注入盘龙河和那么果河，均属红河水系。老君山片区是文山县最大河流——盘龙

老君山

河的发源地。其支流源于保护区的有德厚河、马过河、顺甸河、狭马石河。保护区小桥沟片是畴阳河、八布河的源头。受降水影响，保护区地下水量较丰富，小型泉点和温泉又多。保护区内共有温泉6处。泉水除供附近村寨饮用外，还灌溉着近500hm²农田。保护区内大小

20多条溪流均保持较好的水流量，蕴藏了丰富的水资源，对野生动物尤其是两栖爬行动物在本保护区内的持续生存具有十分重要的意义，更是下游各县群众的生产生活用水来源。

文山自然保护区重点保护以丰富的木兰科树种为标志的滇东南岩溶中山南亚热带季风常绿阔叶林原始类型，以华盖木为代表的多种木兰科植物及伯乐树、毛枝五针松等珍稀濒危和特有植物类群，以及亚热带山地苔藓常绿阔叶林原始自然景观及珍稀动植物种类。

文山自然保护区所在的滇东南地区生物地理区系古老而复杂，由于处于南北、东西相交错的地理位置，加上石灰岩山地特有化的发展，植物种类特别丰富，特有属、种较多。保护区生物多样性极其丰富。分布有7个植被型，9个植被亚型，其中半湿润常绿阔叶林、季风常绿阔叶林、中山湿性常绿阔叶林、苔藓常绿阔叶林和山顶苔藓矮林保护存完好。据统计，保护区分布有维管束植物228科1046属3347种，其中蕨类植物41科100属

大叶木兰

馨香木兰

长蕊木兰

云南拟单性木兰

国家一级保护动物——蜂猴

国家一级保护动物——蟒

黑眉锦蛇

262 种，种子植物 187 科 946 属 3085 种，分布密度达每平方千米有 12.5 种维管束植物；其中有国家一级保护植物 6 种：云南穗花杉、南方红豆杉、钟萼木、长蕊木兰、单性木兰、华盖木；国家二级保护植物 32 种。保护区多样化的生境条件、植被类型和丰富的植物资源为各类动物生存繁育提供了良好的栖息环境和充足的食源，保育了丰富的野生动物资源，成为我国南方不可多得的一个动物物种基因库。分布有兽类 9 目 29 科 60 属 86 种，鸟类 13 目 37 科 221 种，两栖爬行类 5 目 22 科 56 属 92 种，鱼类 4 目 15 科 44 属 60 种（亚种），昆虫 11 目 75 科 222 种。其中国家一级保护动物 8 种：熊猴、云豹、倭蜂猴、蜂猴、豹、印支虎、灰叶猴、蟒；国家二级保护动物 20 种。

◎ 保护价值

文山自然保护区所在生物地理单元处于不同生物地理单元的衔接过渡部位，古老的起源在几次地质事件中均未受到大的冲击，石灰岩基质的特化发展，构成保护区所在生物地理亚单元，滇东南小区是北部湾、滇黔桂生物地理区生物资源、特有属丰富度最高的区域。保护区的老君山、小桥沟是最具有该生物地理单元特征的代表性地域和特有类群的典型分布地段。保护区属云贵高原梯面的过渡区，是我国西南山地向华南的过渡地区，因此，生物地理位置非常特殊，动植物

区系也表现出明显的过渡性。

地理位置的特殊性以及复杂而稳定的地史条件，使该地区成为许多生物的避难所或保存地，是中国滇、黔、桂古特有植物分布中心最为重要的一部分。保护区所在区域未经第四纪冰川侵袭，因此，残存的第三纪古老植物甚多，尤以木兰科植物最为丰富。在众多残存的第三纪古老植物中，以木兰科植物最为丰富，其中有国家一级保护野生植物华盖木。不仅如此，世界仅有的 3 个单种属华盖木属、观光木属、长蕊木兰属在保护区内皆有分布。保护区小桥沟片堪称我国古老植物的故乡。受到国际特别关注的木兰科植物的分布中心，其典型地段就是云南文山国家级自然保护区，全球木兰科植物仅 15 属 246 种，我国有 11 属 99 种，而该保护区就有 8 属 40 种，其属种数之丰富是世界上任何一个与之面积相当的地区无法比拟的。国家一级保护野生植物华盖木是木兰科中的稀有树种，目前全球仅在文山自然保护区小桥沟林区存在 5 株，树高约40m，胸径 0.8～1m，为木兰科单属

南方红豆杉

鹅掌楸

香木莲

喙核桃

姜状三七

大果木莲

华盖木

单种植物，又是木兰科顶生花，木兰族中的原始类群。在研究木兰科植物分类系统、古植物区系方面很有价值。同样古老的鹅掌楸属仅有2个种，即鹅掌楸和北美鹅掌楸，在此也有分布。保护区老君山片又为许多起于古老的喀斯特植物提供了演化的新生境，该地区也同时伴随了新类群和新特有类群产生，形成了植物从古老到进化或特化演变的一个梯度，是我国自然遗产中极其珍贵的财富。因此，该区也是华夏植物区系的核心部分，是种子植物演化中心，古老和新生类类群在此地同时发展，而形成一个植物演化的历史博物馆，可看到许多种子植物清晰的演化史。保护好这个植物生存的大环境及其丰富的植物物种，对研究植物进化及种子植物起源有着重要意义。此外，在文山自然保护区内分布的3085种野生植物中，有163种（隶属62科112属）植物的模式标本采于本保护区。可见，本保护区还是一个模式产地种类极为集中的地区，对植物研究具有极其重要的学术价值。

◎ **功能区划**

文山自然保护区核心区总面积为10304.62hm^2，占保护区总面积的38.4%。其中：老君山片核心区即薄竹山中、上部季风常绿阔叶林、中山湿性常绿阔叶林以及山顶苔藓矮林和动物比较集中区域；小桥沟片核心区是珍稀植物和动物主要分布和活动区（小桥沟片核心区地域上由3块组成，西片：面积496.1hm^2；中片面积621.95hm^2；东片面积93.7hm^2）。保护区缓冲区占保护区总面积的29.0%，其中老君山片缓冲区7052.44hm^2；小桥沟片缓冲区面积741.04hm^2。保护区缓冲区内共有人口434户1783人，当地政府已陆续开始实施搬迁计划，将其迁出保护区外。保护区实验区总面积面积共8768.9hm^2，占保护区总面积的32.6%。

（胡箭供稿；文山自然保护区提供照片）

云南 黄连山 国家级自然保护区

云南黄连山国家级自然保护区位于云南省红河州哈尼族彝族自治州绿春县中南部，地理坐标为东经 102°05′~102°25′，北纬 22°33′~22°59′，总面积 65058hm²，是以保护南亚热带湿性季风常绿阔叶林为主的森林生态系统类型的自然保护区。保护区于 1983 年经云南省人民政府批准成立，2003 年经国务院批准晋升为国家级自然保护区。

◎ 自然概况

黄连山为哀牢山南段 3 个分支中的中支，西北—东南走向，是下古生界的碎屑岩组成的断块山，山体呈梁状，夹在茶卡河与渣吗河之间，地势北高南低。保护区最高海拔 2637m，最低海拔 320m，相对高差 2317m，为构造侵蚀中山、高中山和深切峡谷相间的地貌形态，缺少盆地与宽谷平原。保护区内的河流属于元江（红河）水系的黑水河支系，主要河流有勐漫河、渣吗河和小黑江等。

黄连山水资源主要来自大气降水，区内年均降水量高达 3307m，大面积的原始常绿阔叶林具有强大的蓄水功能，涵养极为丰富的水源，宛如一座巨大的绿色水库，使众多河流水源充沛，清澈洁净，水质优良。本区气候具有四季不明显、干湿季分明、气候垂直变化显著等特点。根据区内水分和热量条件，可划分为 4 个气候类型，即低热河谷湿润型、暖性河谷湿润型、暖性中山湿润型、温凉性高山湿润型。保护区土壤类型从低海拔的山麓到高海拔的山巅分布依次为：砖红

国家一级保护植物——长蕊木兰（花）

壤、砖红壤性红壤、红壤、山地黄壤、黄棕壤。土壤水平分布为东南、西南部为砖红壤、砖红壤性红壤、红壤、黄壤，而北部则为黄棕壤，其中以黄棕壤分布面积最大，约占土壤面积的 34%。

黄连山地质古老、地貌复杂、气候多样，在特殊自然条件下形成并演化的生态环境，孕育了黄连山的植被格局。从低海拔至高海拔的分布为热带季节雨林、湿润季风常绿阔叶林和山地苔藓常绿阔叶林。据初步统计，保护区有维管束植物 2802 种，隶属 239 科 1099 属，其中蕨类植物 41 科 109 属 269 种，裸子植物 8 科 11 属 13 种，被子植物 190 科 979 属 2520 种。保护区已知脊椎动物 451 种。其中哺乳类 1 目 7 科 27 属 100 种；鸟类 13 目 36 科 199 种 2 亚种；爬行类 1 目 7 科 27 属 36 种；两栖类 2 目 7 科 13 属 38 种；鱼类 5 目 17 科 57 属 76 种和亚种。保护区共有国家或省级重点保护植物 152 种，其中国家一级保护植物 4 种，国家二级保护植物 124 种；云南省省级保护植物 24 种。有国家保护野生动物 74 种，其中国家一级

季风常绿阔叶林

中国、越南、老挝三国交汇之"绿色大三角"

保护动物有黑长臂猿、白颊长臂猿、马来熊、灰叶猴、蜂猴、倭蜂猴等12种；国家二级保护动物59种。

◎ 保护价值

保护区内以热带和南亚热带常绿阔叶林为主的植被类型，保持着完整的原始景观，植物种类繁多、动物资源丰富，是研究森林演替、生态平衡、改造自然、利用自然的理想基地。由于黄连山保护区处于中国、越南、老

国家一级保护动物——马来熊

挝3国交汇之地，也是开展跨国间生物多样性联合保护的理想场所，本区保护对象及价值如下：

（1）保护热带季节性雨林、山地雨林、季风常绿阔叶林、山地苔藓常绿阔叶林为主的原始森林生态系统。热带季节雨林分布于保护区东南坡海拔800m以下的沟谷，面积很小。由于此区域受人为影响严重，次生树种很多。本地特有的珍稀植物谭清苏铁（又称绿春苏铁）就生长于该地次生林下。这一植被类型中，重点保护植物有东京龙脑香、毛叶坡垒、全果木、绒毛番龙眼、勐仑翅子树等。其中国家一级保护植物有谭清苏铁、东京龙脑香、毛叶坡垒、长蕊木兰共4种。山地雨林仅分布于保护区东南的玛玉，海拔800～1500m范围，占保护区总面积的23.3%。该植被类型中主要的重点保护野生植物有滇南风吹楠、紫荆木、红椿、金毛狗、合果木、千果榄仁等。季风常绿阔叶林是云南亚热带南部地带性植被，也是保护区内主要的植物类型，主要分布在保护区海拔1500～2000m地带，分布区域

国家一级保护动物——白颊长臂猿

面积占保护区总面积的40%。重点保护野生植物有云南拟单性木兰、木瓜红、水青树等。季风常绿阔叶林生境优越，树种组成复杂，其中热带成分较多。以壳斗科树种占优势，其次为樟科、木兰科、山茶科等。林内林木生长良好，林分郁闭度大。山地苔藓常绿阔叶林是热带山地垂直带上特殊的植被类型，主要分布于保护区海拔2000m以上的山顶

气势磅礴的黄连山瀑布

部，占保护区总面积 30%。重点保护野生植物有长蕊木兰、绿春桫椤等。

（2）黄连山自然保护区由于处在古热带植物区系和东亚植物区系的交汇地带，从地质年带的第三纪以来，没有受到第四纪冰川的直接侵袭，这里保存着第三纪遗留下来的古第三纪植被类型，成为古老植物的自然"避难所"。例如中生代曾在地球上广泛分布的绿春桫椤、距今 2 亿年前的古老残遗植物谭清苏铁、发生于新生代的孑遗植物水青树与鹅掌楸随处可见。

（3）黄连山自然保护区内有国家一级保护野生动物 12 种：蜂猴、倭蜂猴、灰叶猴、黑长臂猿、白颊长臂猿、马来熊、云豹、豹、印支虎、绿孔雀、鼋、巨蜥。

在一个保护区内同时有 8 种灵长类动物的分布，在中国已知的自然保护区中是绝无仅有的，在国外也是罕见的。无论蜂猴、猕猴或长臂猿都有多个亲缘关系比较近的物种在面积不太大的生境中栖息，特别是在同一保护区内有亲缘关系最近而最原始的两种长臂猿（黑长臂猿和白颊长臂猿），这种亲缘关系接近、习性相似而有同域分布的现象，在中国自然保护区中也是独一无二的。在国外只有与本保护区相连的越南孟艺国家级自然保护区才有这一现象。对在同一地区对多种亲缘种同域分布现象的保护和研究，不仅对物种的分类和分化有重要意义，而且对物种的保护价值也很重要。

黄连山自然保护区是国内目前唯一采到马来熊活体标本，并掌握其确切分布的保护区。马来熊系濒危物种，据调查，在本保护区内估计有百余只，是中国马来熊分布最多的区域。

保护区拥有稀有活化石——谭清苏铁，是 1995 年发现的苏铁属植物新种，仅分布于中国云南省南部的绿春县小黑江流域及越南的黑水河流域。黄连山保护区是国内唯一分布区。集中分布面积达 4838hm²，种群数量约 82 万株，是目前国内数量最大的苏铁群落，呈斑块状分布，结构保存完整，年龄结构基本呈金字塔形，是一个稳定的植物群落，对苏铁属植物进行多方面研究有着重要的科研价值。

黄连山自然保护区共有 2 个中国特有种子植物科，11 个中国特有种子植物属，51 种、5 变种本地特有种子植物。黄连山及其附近地区曾是云南省滇南地区著名的生物研究基地，据统计，保护区共分布有植物模式标本 59 种，隶属于 27 科 42 属。

黄连山自然保护区与越南的孟艺国家级自然保护区土地相连，并通过越南孟艺自然保护区与老挝丰沙里国家级自然保护区相邻。这一区域是开展黑长臂猿、白颊长臂猿、亚洲象、大麂和箭角牛等重要物种跨国保护的重要生物圈。世界自然保护联盟（IUCN）1999 年 12 月在老挝巴色（Pakes）召开的"保护地区世界委员会第二届东南亚地区性论坛"会议上，提出了在中国、越南、老挝三国边境交界地区建立"绿色大三角洲计划"的建议。即包括黄连山自然保护区在内的中国、越南、老挝三国交界地区的广大热带山地森林地带，总面积 20000hm²。众多国际组织对这一地区极其丰富的生物多样性特别关注，都认为绿色"大

国家二级保护动物——灰头鹦鹉

国家二级保护动物——绯胸鹦鹉

短嘴山椒鸟

白冠噪鹛

三角"地区的森林代表着东南亚地区遗留下来的最后一大块未受到破坏的热带雨林，具有极高的保护价值。

◎ **功能区划**

核心区是保护区最重要的区域，实施严格的保护措施，是自然生态系统保存最完整和动植物集中的典型地域，同时也是人为干扰最少的区域。本区核心区划分有两片，面积 26744hm²，占保护区总面积的 41.11%。北部核心区以保护季风常绿阔叶林和山地苔藓常绿阔叶林的自然性为主；南部小黑江流域核心区以保护热带季节雨林生态系统和保护谭清苏铁、东京龙脑香、毛叶坡垒及印支虎、白颊长臂猿等珍稀濒危物种为主。缓冲区在核心区外围，主要是防止对核心区的影响和破坏，起缓冲作用，面积 21444hm²，占保护区总面积的 32.96%。实验区主要分布在次生生态系统和居民点比较临近的地域，面积 16870hm²，占保护区总面积的 25.93%。

◎ **科研协作**

黄连山吸引着许多专家学者前来考察，开展了一系列的科学活动：1969～1971年，中国科学院昆明动物研究所王应祥等首次对黄连山原始林区进行灵猫科及部分大中型哺乳类动物的资源调查；1972年，昆明动物研究所对黄连山进行鸟类、兽类考察；1981年，云南省森林资源勘察四大队开展了黄连山自然保护区综合调查和规划工作，此次调查成为建立自然保护区开展的前期工作；1984～1985年，昆明动物研究所与云南省红河州林业局共同组织对本地区及其邻近地区进行了一次大规模的生物资源调查；20世纪80年代，昆明动物研究所对黄连山自然保护区的灵长类分布与生态进行过专题调查；1995～1996年，中国科学院昆明植物研究所等单位联合对黄连山自然保护区进行了综合科学考察和总体规划；2000年，IUCN苏铁专家组成员、中国苏铁协会理事长陈家瑞等到小黑江谭清苏铁分布区进行考察；2000年，

昆明植物研究所对小黑江苏铁分布进行了综合考察；2001年，昆明动物研究所开展了保护区灵长类专项调查；2004年，FFI中国项目办公室在保护区开展了滇东南长臂猿保护现状调研和评估等。

（胡箭供稿；黄连山自然保护区提供照片）

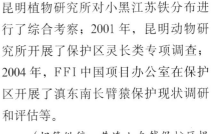
国家二级保护植物——假含笑（花序）

白唇竹叶青

彩臂金龟

绿春苏铁（雄花）

绿春苏铁（雌花）

东京龙脑香（花）

云南药山国家级自然保护区位于云南省昭通市巧家县境内北部，因药山而得名。保护区由互不相连的药山和杨家湾南北两片组成，总面积20141hm²。其中：药山片是保护区的主体部分，面积19055hm²，地理坐标为东经102°57′～103°10′，北纬27°08′～27°25′；杨家湾片地处药山片以南，直线距离约30km，面积1086hm²，地理坐标为东经102°59′～103°01′，北纬26°50′～26°53′。属森林生态系统类型自然保护区。1984年云南省人民政府批准建立省级自然保护区，2005年经国务院审定晋升为国家级自然保护区。

◎ 自然概况

在云南地貌区划上，药山自然保护区属"滇东北中山山原亚区"，其西、北、东三面为深切的金沙江及其支流牛栏江峡谷所环绕，中部是高大山体——药山。地势中间高周边低，主峰轿顶山海拔4041.5m，最低点在金沙江与牛栏江交汇处，海拔517m，高差达3524.5m。区域地貌系深切割的高、中山及峡谷类型。山体破碎，地势陡峻，陡坡石崖众多。但山顶部因受第四纪冰川活动而形成的古夷平面保存较好，起伏和缓，为冰蚀地貌，角峰、刃脊、羊背石、漂砾、槽、洼地常见。保护区湖泊主要是药山顶部的冰蚀湖，大小湖泊总数100多个，规模差异大，直径在几十米到800m不等，深度1～10m，但只有约10个规模较大的湖泊常年不干，小湖泊在旱季干枯见底，出现冻土遗迹。保护区降水

巧家五针松

较丰富，全年降水量随着海拔增加而降水量增加，在550～1500mm之间，药山顶部与金沙江河谷的全年降水量差异可达3倍左右。降水的季节性很强，雨季是5～10月，其水量占全年89%以上，旱季是11月至翌年的4月，水量仅占全年11%，雨季汛期径流量占全年75%，旱季因降雨少河水径流由地下水补给。地下水主要形式有孔隙水、裂隙水和岩溶水3种。其中风化玄武岩裂隙水是保护区主要的地下水类型，富水性中等，有大量的泉水涌出。保护区从总的来说是属于我国西部型的低纬山原季风气候，有着四季温差小，日温差大，干湿季分明等特点。在气温上，一年中四季不分明，海拔在1200m以下的河谷地区是长夏无冬，年平均气温在21℃左右；海拔在1200～2500m之

冰蚀湖

牛栏江与金沙江汇合处

间，年平均气温在 12 ～ 18℃之间；海拔在 2500m 以上山顶则是长冬无夏，年平均气温 9℃以下。从全区气温上看，从金沙江河谷到药山山顶，分布有南亚热带、中北亚热带、暖温带、温带和寒温带等六种性质的气候类型。日照时数总的变化趋势是随海拔高度的升高而升高，出现春大于秋，冬大于夏的日照特点。保护区的土壤因山体高度、水热条件和植被分布的变化，使土壤类型形成的性状特征不同，保护区内的自然土壤包括 6 个土纲，9 个亚纲，9 个土类，11 个亚类。其垂直分布情况是：海拔 1200m 以下的河谷地带，为干热稀树灌丛下的燥红土带，亚类为褐红土。海拔 1200 ～ 2000m 山地分布为红壤带，包括有山原红土、黄红壤和山地红壤 3 个亚类。海拔 2200 ～ 2800m 山地分布

为黄棕壤带的黄棕壤亚类，是保护区内面积最广的土类，也是保护区生物种类较多的地带。海拔 2800 ～ 3200m 为棕壤带的草甸暗棕壤亚类，3200 ～ 3600m 为暗棕壤的草甸暗棕壤，是保护区生物多样性特别是药用植物最丰富的地带，也是水源涵养的主要区域。海拔 3600 ～ 4000m 为亚高山灌丛草甸土，海拔 4000 ～ 4040m 为高山寒漠土，海拔 3600 ～ 3950m 草甸沼泽土，处于药山山体顶部，土壤半年冻结。

在保护区内分布的维管束植物有 191 科 680 属 1406 种。其中蕨类植物 31 科 66 属 172 种 4 变种；裸子植物 7 科 14 属 17 种；被子植物 153 科 600 属 1217 种。新分布 7 种，新记录 4 种。保护区拥有攀枝花苏铁、急尖长苞冷杉、领春木、水青树、连香树、黄花草乌、

乌蒙绿绒蒿等 13 种中国特有植物，约有 10 种滇东北特有种。国家一级保护

攀枝花苏铁

1045

亚高山草甸

川西栎和大王杜鹃

植物有15种：巧家五针松、攀枝花苏铁、南方红豆杉、珙桐、银杏等；国家二级保护植物主要有：领春木、西康玉兰、篦子三尖杉、水青树、连香树、喜树、红椿、香果树、乌蒙绿绒蒿、黄花草乌、松茸等。保护区因盛产中药材而闻名，野生药用植物资源十分丰富，现有186科597属856种。其中菌物11科17属23种；地衣4科5属7种；苔藓8科10属10种；蕨类25科39属56种；裸子植物7科12属15种；被子植物131科514属745种。主要有天麻、杜仲、虫草、贝母、大草乌、虫楼、红景天、灵芝、雪上一枝蒿等。保护区内分布有8个植被亚类型、32个群系。主要有：半湿润常绿阔叶林亚型中的青冈林、润楠林；硬叶常绿阔叶林亚型中的黄背栎林、巴东栎林；暖温性落叶阔叶林亚型中的领春木林、连香树林、栓皮栎槲栎林、枫杨林；珙桐野八角林、云南鹅耳枥林、大花野茉莉林；温性落叶阔叶林亚型中的桦木林；暖温性针叶林亚型中的云南松林、华山松林、巧家五针松林；寒温性针叶林亚型中的急尖长苞冷杉林；以及干热稀树灌草丛、寒温性灌丛、暖温性灌丛及亚草甸、沼泽化草甸等。在保护区内，野生陆生脊椎动物有261种，隶属4纲31目79科。其中两栖类动物2目7科13种；爬行动物3目7科20种；鸟类隶属17目43科164种；兽类9目22科64种。其中国家一级保护动物6种：黑颈鹤、黑鹳、豹、金雕、白肩雕、林麝；国家二级保护动物24种：主要有红瘰疣螈、水獭、穿山甲、金猫、大灵猫、斑羚等。

◎ 保护价值

药山在植物地理区划上是东西汇合的典型地带，具有在中国东部类型的华南山地植被与中国西部类型的西南山地植被的过渡特征。在动物方面，脊椎动物具有明显的古北界—东洋界动物区系特征。自然地理的生态过渡性形成了药山丰富的物种多样性、复杂的区系组成

香果树

滇北乌头

重楼

翠雀

葡萄枸子

宝兴淫羊藿

滇杨

矮黄栌

扁刺蔷薇

西山柳

四喜牡丹　　　鸦跖花　　　红素馨　　　滇丹参　　　打破碗花花

天女花　　　粗糙红景天　　　雪山大戟　　　粉红溲疏　　　峨眉小檗

狭叶重楼　　　西康蔷薇　　　兰花韭　　　长鞭红景天　　　珙桐花

和各种各样的植被类型，是研究物种适应与进化和生物地理区系起源的重要区域。巧家五针松目前全球仅在本保护区内残存 34 株。

药山蕴藏着丰富的水资源，在山顶部地势平坦地区分布近 100 个大小不等的冰蚀湖，水草茂盛，水量丰富，是当地重要的水源涵养区，为周边 10 多个乡（镇）20 多万人的生活和灌溉

苍鹭

赤狐

灰林鸮

提供了丰富的水源，保护药山生态环境对泥石流的控制和周边人民的生存发展具有重要的安全保障作用；在保护区内还有亚高山草甸湿地，是我国一级保护动物黑颈鹤及其他候鸟迁徙途中理想的栖息地。

由于特殊的地理条件，造就了药山重峦叠嶂，复水纵横，多姿多彩的地形地貌，给人们勾绘出一个集山、水、林、崖、溶洞、雄、险、奇、秀等为一体的自然景观。药山自然保护区在地学上景观丰富多彩：山顶部为古夷平面，有古冰川、古冰渍遗迹；地貌类型有构造侵蚀地貌、侵蚀溶蚀地貌、火山岩地貌、流水地貌、岩溶地貌，具有极高的观赏价值。保护区处在多种植物区系的纵横过渡地带，生物多样性丰富，垂直分布

明显，森林景观优美。药山山顶有近 1000hm² 的草甸，有各种杜鹃、报春花、龙胆、马先蒿、蒲公英、鸢尾等，每年端午节前后开出五颜六色的花朵，也就是人们常说的五花草甸，徜徉其中，使人心旷神怡。

◎ 功能区划

药山自然保护区核心区面积为 8033hm²，占保护区总面积的 40%。在核心区的外围，对核心区起到缓冲作用的地段划为缓冲区，缓冲区的面积 7211hm²，占保护区总面积的 36%。在缓冲区的外围，把可以从事实验、参观考察、旅游及引种栽培、驯化、繁育的地段划为实验区。实验区面积为 4897hm²，占保护区总面积的 24%。

（晁增华供稿；云南省林业厅野生动植物保护管理办公室提供照片）

云南 大围山 国家级自然保护区

云南大围山国家级自然保护区位于云南省东南部，地跨红河哈尼族彝族自治州屏边、河口、蒙自、个旧4县（市）。北回归线以南，属热带北缘，地理坐标为东经103°20′～104°03′，北纬22°35′～23°07′，形状呈狭长形。总面积45703hm²，其中，屏边县14496hm²，河口县29228hm²，个旧市1485hm²，蒙自县494hm²，属自然生态系统类别森林生态系统类型的保护区。1986年3月，由云南省人民政府批准建立大围山省级自然保护区，2001年6月经国务院批准晋升为国家级自然保护区。

◎ 自然概况

大围山自然保护区所在地为前寒武系的古越北地块，由厚约2000m的震旦系绿色片岩及千枚岩堆积形成，也有寒武系、泥盆系的石灰岩形成的一些小断层和峭壁。保护区内地层复杂，元古界、古生界、中生界、新生界地层均有分布。保护区母质主要为泥质岩类残积

如坡积母质，这是以板岩，千枚岩为主的岩石经风化后残留原处或经动力作用而搬运至山麓堆积形成的。喜马拉雅造山运动时，形成大围山的大地垒，整个地形可分为西南和东北两大坡面。内部地形分割破碎，起伏较大，山脊明显，河谷深幽，坡度大多在30°以上，属中切割中山地貌，而山体两侧有起伏蜿蜒的丘陵地貌。保护区内最高峰为大围

蝙蝠洞外景

罕见的桫椤王

山，海拔2365m，次高峰为大尖山，海拔2354m。最低处在南溪河畔，海拔100m。保护区属滇南的热带山地，其气候为我国热带气候北界。保护区所在的河口县境内长夏无冬，最冷月（1月）平均气温15.2℃，最热月（7月）平均气温27.7℃，气温年较差12.5℃，相对湿度88%，年降水量达1777.7mm，年蒸发量达1260.2 mm；屏边县最冷月（1月）平均气温9.2℃，最热月（7月）平均气温21.6℃，气温年较差12.4℃，相对湿度86%，年降水量达1621.4mm，年蒸发量达1063.4mm。而蒙自县处在大围山大背风坡，相对湿度只有72%。保护区日照属全省低值区，屏边县全年日照1569.4h，≥10℃年积温5139.4℃；河口县全年日照1716.9h，≥10℃积温8246.2℃。保护区土壤的垂直分布规律相当明显，

空中走廊

由于区内垂直高差达 2265m，故土壤分布规律从低至高依次为：砖红壤（海拔 600m 以下）、赤红壤（海拔 600 ~ 1100m）、黄壤（海拔 1100 ~ 2150m）、黄棕壤（海拔 2150 ~ 2365m）。保护区的西南坡为红河及新现河水系，东北坡为南溪河水系。新现河在西南坡新街附近注入红河，南溪河在大围山脉末端与红河汇合，故整个大围山自然保护区的溪河均属红河水系。

大围山自然保护区内植被类型有热带雨林、常绿阔叶林、竹林、灌丛 4 个植被型；在湿润雨林、季节雨林、山地雨林、季风常绿阔叶林、苔藓常绿阔叶林、山顶苔藓矮林、热性竹林、暖性竹林、温性竹林、暖热性次生灌丛 10 个植被亚型中有 25 个群系，41 个群落。保护区内分布的植物物种十分丰富，就目前而言，已知有种子植物 188 科 1055 属

3619 种，蕨类植物 50 科 127 属 272 种，苔藓植物 47 科 114 属 217 种，微真菌 331 种，大型担子菌 57 种。在国务院 1999 年批准的"国家重点保护野生植物名录（第一批）"中，大围山自然保护区分布有国家重点保护植物 35 种。其中，国家一级保护植物有多歧苏铁、叉叶苏铁、滇南苏铁、宽叶苏铁、红河苏铁、望天树、长蕊木兰、伯乐树、多毛叶坡垒、龙脑香、水松、云南穗花杉共 12 种；国家二级保护植物有桫椤（7 个种）、蚬木、篦子三尖杉、滇桐、马尾树、水青树、云南拟单性木兰、任木、原始莲座蕨等 23 种。在保护区分布的野生动物中，有兽类 9 目 25 科 55 属 82 种，鸟类 16 目 46 科 155 属 285 种和亚种，两栖类 53 种，爬行类 60 种，鱼类 14 科 50 属 70 种，昆虫 9 目 57 科 135 属 169 种。列为国家保护的野生兽

类有 25 种，其中，国家一级保护动物 8 种，二级保护动物 17 种。国家重点

湿性常绿阔叶林外貌

季风常绿阔叶林

木荷嫩叶

丰富的附生

树 瘤

万瀑流泉

保护鸟类有 28 种，其中，一级保护的有孔雀雉和绿孔雀 2 种，二级保护的有白鹇、白腹锦鸡、楔尾绿鸠、腓胸鹦鹉、蓝枕八色鸫等 26 种。两栖爬行动物中，国家重点保护的有 5 种，其中国家一级保护的有巨蜥、蟒 2 种，二级保护的有红瘰疣螈、虎纹蛙、大壁虎 3 种。

大围山自然保护区内有着十分丰富的景观资源。首先是森林景观资源，大围山巨大的山体高差形成了明显的垂直生物气候带和多样化的生物种类，这里发育了我国大陆湿热性最强的热带湿润雨林景观。保护区还是一座天然花园，极具观赏价值的野生花卉多达 100 多种。保护区同时又是天然动

物园，优越的自然环境成为珍稀野生动物的栖息繁衍之地。

◎ 保护价值

大围山国家级自然保护区有着极高的保护价值。大围山是东南亚热带北缘的中山山地，在海拔相对高差 2000m 的范围内，从热带湿润雨林—季节雨林—山地雨林—季风常绿阔叶林—苔藓常绿阔叶林—山顶苔藓矮林，有着完整的热带山地森林生态系统。大围山保护区是我国唯一分布有以云南龙脑香为标志的热带湿润雨林，垂直带上的季风常绿阔叶林和山地苔藓常绿阔叶林，都是特殊的森林植被类型，保护价值尤为重要。

保护区南临越南，是南溪河和红河的分水岭，东北有文山老君山（海拔 2997m），西南有金平的五台山（海拔 3000m），南面有越南的黄连山（海拔 3300m），而北面则与云南高原连接，仅东南面沿红河有一狭窄出口，这种特殊的槽式地形，极易接纳高温多湿的东南季风，从而使该地区雨量极为丰富，气候温暖，为动、植物生长发育提供了良好的环境。此外，该地区在地质史上，受第四纪冰川恶劣气候变迁影响较小，从而为许多古老的植物提供了良好的生存空间。

大围山自然保护区蕴藏着丰富的生物多样性。分布有苏铁、桫椤、伯乐树、

红花鼠皮树（蒋宏摄）

木莲

望天树、龙脑香、毛叶坡垒等为代表的国家保护野生植物和以蜂猴、云豹、黑长臂猿等为代表的国家一级保护野生动物。此外，保护区内还分布有很高科研价值的古老植物种类，如多种苏铁和兰科等植物。活化石苏铁植物，是现存地球上最古老的种子植物，也是国家一级重点保护植物。在季节雨林中，有光叶大蒜树、刺桑、多歧苏铁群落；在山地雨林中分布有董棕、茶条木、多歧苏铁天然群落。这些生物种类都对研究种子植物的起源及演化与动物的协同进化、古地理气候的变化，现代种子植物区系分类等具有重要意义。

◎ 功能区划

根据保护区的保护对象和保护价值，将凡具有典型的代表性并保存完好的自然生态系统和国家保护野生动植物分布集中地，以及主要保护对象适宜的生长、栖息环境条件，在单位面积上的群体（或种群）有适宜的可容

量、人为活动极少的地方均划为核心区。同时考虑外围有较好的缓冲条件，有明晰的自然地形为界。区划结果，核心区面积 17923hm^2，占保护区总面积的 39.2%。由于该保护区呈狭长形，主要保护对象分布较散，使核心区不能连成一片。即使如此，有的主要森林类型，如个别残留的热带湿润雨林，因地处保护区边缘，未能全部划入核心区。保护区的缓冲区是使核心区的主要保护对象具有较好的生长、栖息环境，具有缓冲生物流动，控制人为活动的作用，是对核心区起缓冲保护作用的区域，面积 14700hm^2，占保护区总面积的 32.2%。保护区的实验区是为了有效的发挥保护区的功能，开展多种科学实验、教学实习，参观考察、驯养繁殖等多种经营、科普旅游等活动，对保护对象的保护、管理和物种资源恢复发展起到积极促进作用，促进保护区的自身经济活力，提高周边社区共管及保护意识，带动周边群众脱贫致富。面积 13080hm^2，占保护区总面积的 28.6%。

◎ 科研协作

大围山自然保护区的两个管理分局先后与科研单位，大专院校联合开展对大围山自然保护区进行综合科学考察。屏边管理分局与西南林学院合作实施了全球环境基金（GEF）资助的《社区发展与参与保护区管理实例研究》项目，与云南农业大学共同完成"大围山真菌调查"，与云南省林业科学院合作开展了"滇石梓"造林试验。管理分局的科研人员已将保护区的一些珍稀物种进行着引种、栽培试验。河口管理分局与中国科学院昆明植物研究所合作开展了GEF资助的《周边退化热带雨林重建和可持续利用》项目，进行优质速生丰产海南藤实验种植，2003 年建成了珍稀树种和花卉育苗基地 0.67hm^2，成功培育了望天树、大叶木兰、香木莲、金花茶、福建柏等国家一级保护植物 10 余种。云南大学、西南林学院在保护区都建有教学实验基地，每年都有学生来参观实习。　（余昌元供稿并提供照片）

林内结构

云南 分水岭 国家级自然保护区

云南分水岭国家级自然保护区位于云南省东南部金平苗族瑶族傣族自治县境地理坐标为东经102°31′～103°31′，北纬22°26′～22°57′，总面积42026hm²，属自然生态系统类别，森林生态系统类型的保护区。分水岭国家级自然保护区成立于2001年6月。

◎ 自然概况

分水岭自然保护区地处哀牢山南端余脉，为典型中山山地地貌。西隆山是金平县最高峰，海拔为3074.3m，也是滇南第一峰；最低海拔点为990m，相对高差2084.3m。分水岭—五台山片区山势呈西北向东南走向，地势西北高、东南低，河头大山山脊将保护区分为东北红河流域和西南藤条江流域两个坡面，地质构造复杂。

元古界变质岩群是片区主要地质岩群，集中于中北部和西部，岩石有片麻岩、花岗岩等。奥陶系、泥盆系（中统）的岩群主要分布在片区周围，西部边缘有所出露，岩石有砂岩、石英砂岩、变质石英砂岩、石灰岩等。三叠系地质岩群在保护区边缘有少量分布，岩石以砂岩、页岩、砾岩为主。西隆山片区的西隆山亦为哀牢山脉的支系。区内由于受中生代以来强烈的地壳运动影响，河流切割深邃，地形比较复杂，

保护区特有植物——横脉荚蒾

为中山深切割地貌。地质岩群以燕山期结晶岩类为主，其次还有下志留纪的板岩、砂岩、灰岩、上三叠纪的板岩、细砂岩、夹多层的流纹岩、中侏罗纪的砂岩、砾岩、页岩（夹石膏）等。保护区地处滇南低纬度高原地区，由于受暖湿季风影响，冬季多云雾，夏季多雨，年日照总时数仅为1580h左右，为云南省少日照地区之一。保护区低海拔地区属南亚热带气候类型。县城所在地金河镇，海拔1200～1300m，年平均气温17.8℃，最热月（7月）平均气温21.4℃，最冷月（1月）平均气温11.9℃，极端最高气温33.1℃，极端最低气温-0.9℃。由于全县各乡（镇）海拔高差悬殊，地形复杂，从而形成了"十里不同天"的立体气候。保护区雨量充沛，年平均降水量2330mm，11月至翌年4月，降水量422mm，占全年降水量的18.1%；5～10月为雨季，降水量达1908mm，占全年降水量的81.9%。全县土壤有8个土类，11个

保护区主要植被——苔藓常绿阔叶林

远眺分水岭

亚类，37个土属，53个土种。保护区土壤类型分布状况为：分水岭—五台山片区有森林土壤5个类型，即砖红壤性红壤（海拔1200m以下）、山地红壤（海拔1200～1500m）、山地黄壤（海拔1500～1800m）、山地黄棕壤（海拔1800～2500m）、棕壤（海拔2500m以上）。西隆山片区土壤的垂直变化随海拔自低至高依次为赤红壤（海拔1100m以下）、红壤（海拔1100～1500m）山地黄壤（海拔1500～1800m）、黄棕壤（海拔1800～2400m）和棕壤（2400m以上）。全县常年流淌河溪虽有100多条，但流量最大的河流仅数红河和藤条江。

分水岭自然保护区复杂的地形和气候，孕育了种类繁多的植物资源。保护区植被类型主要有山地雨林、季风常绿阔叶林、山地苔藓常绿阔叶林、山顶苔藓矮林和次生植被5个类型。区内植物种类有223科913个属2567种，占云南植物种类40%以上。国家重点保护

野生植物有37科72属105种，其中国家一级保护植物12种：云南苏铁、篦齿苏铁、叉叶苏铁、多歧苏铁、伯乐树（钟萼木）、东京龙脑香、毛叶坡垒、水松、藤枣、南方红豆杉、云南穗花杉、长蕊木兰；国家一级保护动物有14种：白颊长臂猿、黑冠长臂猿、熊猴、蜂猴、间蜂猴、豹、云豹、印支虎、灰叶猴、巨蜥、蟒、绿孔雀、黑颈长尾雉、孔雀雉。国家二级保护植物92种，如木瓜红、鹅掌楸等。还分布有云南省重点保护植物38种，如栓叶猕猴桃、马槟榔等。另外，在云南省75个速生珍贵树种中，保护区内便有50个种，如热带季节性雨林的代表种东京龙脑香、团花、毛叶坡垒、千果榄仁、绒毛番龙眼等。竹子有100多个种，从河谷到高山均有分布。名贵的木本、草本药材种类也十分丰富。保护区丰富的珍稀野生动物资源中，有野生兽类9目29科124种。

分水岭国家级自然保护区及周边地区景观资源丰富而集中，地貌景观、

生物景观和人文景观均有较高的生态旅游价值。保护区内的西隆山主峰，高达3074.3m，雄浑壮观、秀丽险峻；有哈尼族开垦的千顷梯田，层层叠叠、宛若天梯；此外，还有著名的石灰岩溶洞——金龙洞。保护区保存有我国仅有的典型山地苔藓常绿阔叶林。林内植物种类繁多，乔木、藤本植物、附生植物、森林花卉等十分浩繁茂盛，千峰叠翠，万壑流泉，百花争艳，鸟语莺啼，是人们回归自然，探寻大自然奥秘理想之地。

◎ **保护价值**

分水岭级自然保护区是我国热带中山山地苔藓常绿阔叶林森林生态系统的典型代表，是湿润热带中山山地的特有植被，在植物区系上为古热带植物区系中的滇、缅、泰地区，在中国植被区划上属热带雨林、季雨林区。由于该区未受到第四纪冰川的直接侵袭，而成为古老热带树种的避难所。又在漫长的

清泉石上流

紫竹

珍稀植被——桫椤群落

国家二级保护植物——木瓜红

地质和历史时期，不断繁衍和发展，保存着较完整的热带中山山地特殊的常绿阔叶林类型。并且尚有第三纪植物的残遗种和特有种存在。如原始莲座蕨、桫椤、马尾树、鹅掌楸、鸡毛松、木莲、陆均松、粗毛柏那参、大果五加等。保护区内有热带中山山地苔藓常绿阔叶林29418hm²，占保护区面积的70%以上。保护区内山高林密，核心区部分被当地群众奉为"神山"，人迹罕至，所以林区生态系统保存完好，具有很高的科考、研究价值。

分水岭自然保护区在国际上同样具有重要地位。它南部与越南莱州的勐艺国家级自然保护区相连，西部隔绿春黄莲山与老挝的丰沙里国家级自然保护区相望。这一区域有望连成大片原始林区，

成为东南亚生物多样性最丰富的区域。整个保护区处在中国喜马拉雅－日本两个地理成分分异的边缘地带；南北处于东亚植物区系和泛热带植物区系的交汇地带上，是研究古热带植物区和东亚植物区的一个关键地区，无论是科学地位或国际地位都十分重要。

分水岭自然保护区是不同植物区系成分的重要交汇地区，其区系特点首先是区系成分复杂多样，包含了较

多的古老残余及系统上较为重要的成分；其次是具有印度支那生物区系的代表种。

保护区还是金平县最重要的森林生态系统，涵养水源的价值极高。金平县无大型水库，绝大部分农田的灌溉、发电都靠发源于保护区的河流。因此，分水岭自然保护区涵养的水源是金平县农业的命脉，森林—水，是30多万人生命的源泉。

珍稀植被——苏铁群落

孤岛状的常绿阔叶林

地质地貌

云 海

◎ 功能区划

保护区同时具有可满足生物多样性和森林生态系统保护的适宜规模要求。总面积为 42026.6hm²，其中，分水岭—五台山片区为 24197hm²，西隆山片区为 17829.6hm²，是滇东南面积最大的自然保护区之一。保护区边界距居民点较远，且周边还有大量国有林地，未划入保护区。根据金平县人民政府远景规

划，保护区的范围还要进一步扩大，作为一个国家级自然保护区，其规模完全能够满足动物活动和生物多样性保护的要求。

分水岭自然保护区在功能区区划方面，重点突出保护区的保护对象和保护价值。将山地苔藓常绿阔叶林集中区域，珍稀动物懒猴、熊猴等集中区域，适宜保护对象生长、栖息的场所，具有典型代表性并保存完整的森林生态系

傲立风雪

统的区域划为核心区。为了使划定的核心区得到绝对保护，在核心区的外围区划一定的区域作为缓冲区，起到对核心区起缓冲保护作用。而实验区又是在缓冲区的外围，可以进入从事试验、教学实习、参观考察、旅游以及驯化、繁殖野生动物等活动。就保护区功能区现状而言，其核心区的面积为 21014hm²，占保护区总面积的 50%；缓冲区面积为 16698hm²，占总面积的 39.7%；实验区面积 4315hm²，占总面积的 10.3%。目前，保护区已形成功能区齐备、布局合理、保护重点突出的分区管理体系。

（余昌元供稿；毛龙华、余昌元提供照片）

树瘤残存的雨林

永德大雪山
国家级自然保护区
云南

云南永德大雪山国家级自然保护区位于云南省西南部的临沧市永德县东部，地理坐标为东经99°32′~99°43′，北纬24°00′~24°12′，东西宽18.9km，南北长24.5km，总面积17541hm²，占全县国土面积的5.74%，是以保护亚热带中山湿性常绿阔叶林生态系统和野生珍稀动植物为主的森林生态系统类型的自然保护区。1986年3月经云南省人民政府批准建立省级自然保护区，1991年成立保护区管理局，2006年2月经国务院批准晋升为国家级自然保护区。

国家一级保护植物——云南红豆杉

◎ 自然概况

永德大雪山是我国大陆北纬24°以南的最高峰，为横断山系怒山山脉南延的余脉。海拔3000m以上的山峰有16座，主峰仙宿平掌的海拔为3504m，最低处位于南景河与保护区交界处，海拔960m，相对高差2544m。地史上为古地中海的部分，地层主要以古生界地层为主，中生界次之，新生界地层较少。地质沉降带构造明显，纵向贯穿整个保护区，在侵蚀、剥蚀作用下，形成深切挺拔的高中山山地。保护区岩石以沉积岩为主，岩浆岩、变质岩有少量分布。保护区地处中国西部季风型气候区，地带性气候为南亚热带气候，水平基带（1400m以下）年均温17~24℃，降水量1000~1300mm。由于地形复杂，高差悬殊，气候垂直变化十分明显，从水平基带南亚热带向上依次出现山地中亚热带、暖温带、温带、寒温带等垂直气候带，主峰年平均气温6℃，降水量2126.8mm。是我国大陆北纬24℃以南山地生态系统最为完整和典型的地区，为同纬度南亚热带地区少见，也是形成保护区土壤类型众多、植物种类丰富、植被垂直带谱较完整的气候基础。保护区分布的土壤类型多样，垂直分布明显，地带性土壤为赤红壤，从河谷至山顶依次分布着赤红壤、黄红壤、红壤、黄壤、黄棕壤、棕壤和亚高山灌丛草甸土，是同纬度地区土壤垂直分布序列最完整和最有代表性的山地。

永德大雪山自然保护区共有维管束植物195科1639种，其中，蕨类18科33属50种；裸子植物6科11属16种；被子植物171科707属1573种；合计有种子植物177科718属1589种。保护区已发现的国家重点保护野生植物6种，其中，国家一级保护植物1种，即云南红豆杉；国家二级保护植物5种，即金毛狗、桫椤、水青树、千果榄仁及异颖草。保护区是云南省南亚热带中山湿性常绿阔叶林的典型分布地，并有独特的地区特点，保护区内的苍山冷杉林已是该类型天然分布的最南限，在研究区域植被和区系的形成以及自然历史演变等方面有重要意义。

暖热性季风常绿阔叶林

海拔 3362m 的小雪山主峰

保护区现保存完好的天然植被型有 7 个，即：常绿阔叶林、落叶阔叶林、暖性针叶林、温性针叶林、竹林、灌丛、草甸，植被亚型 12 个，群系 14 个，群落 16 个。保护区分布有野生哺乳类动物 9 目 28 科 83 属 117 种；鸟类 15 目 41 科 4 亚科 201 种；两栖类 2 目 8 科 21 属 42 种；爬行类 2 目 10 科 36 属 49 种；鱼类 14 科 43 属 57 种；昆虫类 4 目 44 科 276 种。其中列为国家一级保护的哺乳类 10 种：蜂猴、豚尾猴、熊猴、灰叶猴、黑冠长臂猿、马来熊、云豹、豹、虎、豚鹿；国家二级保护动物有猕猴、短尾猴、中国穿山甲、豺、黑熊、青鼬、水獭、小爪水獭、大灵猫、小灵猫、斑灵狸、丛林猫、金猫、林麝、水鹿、鬣羚、斑羚和巨松鼠等 18 种。国家一级保护的鸟类 2 种：黑颈长尾雉、绿孔雀；国家二级保护的鸟类有 24 种：雀鹰、乌雕、林雕、红隼、红腹角雉、原鸡、白鹇、白腹锦鸡、楔尾绿鸠、针尾绿鸠、灰头鹦鹉、绯胸鹦鹉、大紫胸鹦鹉、褐翅鸦鹃、小鸦鹃、草鸮、雕鸮、红角鸮、领角鸮、领鸺鹠、斑头鸺鹠、鹰鸮、长尾阔嘴鸟、蓝枕八色鸫。国家一级保护的两栖爬行类 2 种：

蟒、巨蜥；国家二级保护的两栖爬行类有 3 种：红瘰疣螈、眼镜蛇、眼镜王蛇。

◎ 保护价值

永德大雪山自然保护区分布有我国大陆和欧亚大陆上纬度最南的冷杉属（苍山冷杉）和铁杉属（云南铁杉）森林，它能帮助人们了解古地理变迁，在研究区域植被和区系的形成以及自然历史演变等方面有重要意义。刺柏林绝大多数分布在温凉性气候带中，在保护区却分布在海拔 3200m 左右的寒温带气候带中，是已知刺柏林在云南省内分布的最高限。保护区独特的刺柏林很大程度上提升了保护区生物多样性地位，以及在植物地理和裸子植物分布研究上的特殊价值。

保护区分布着从低海拔到高海拔完整而典型的植被类型，包含了从暖热性到寒温性多种气候带的代表植被，在海拔 1000m 以下的河谷地段残存有千果榄仁、八宝树、千张纸等多种热带季雨林树种及群落残存片断；海拔 1000 ～ 1600（1900）m 为云南高原亚热带南部的地带性植被季风常绿阔叶林；海拔

1600 ～ 2000m 为云南松林和以高山栲、光叶石栎为优势或标志的半湿润常绿阔叶林；海拔 2000 ～ 2500（2600）m 山

刺柏林

苍山冷杉林

高山栲林

中山湿性常绿阔叶林

地湿润线以上，分布着中山湿性常绿阔叶林；海拔2600～2800（3000）m为云南铁杉林和多变石栎为标志的真阔混交林；海拔3000m以上为苍山冷杉、苔藓矮林和亚高山草甸等。这种典型而完整的植被分布垂直带，在北回归线一带是少见的。

永德大雪山自然保护区复杂的自然条件不仅成为各种珍稀濒危动植物的避难所，同时也是特有成分汇集的区域。保护区植物中有6个中国特有属，23种保护区特有种；动物组成更反映了这种特有性，哺乳动物中的中国特有种达23种，占保护区哺乳动物种数的19.6%；两栖爬行动物中云南特有种类有红瘰疣螈、云南华游蛇等29种，占保护区两栖爬行动物种数的32%；鱼类中有9种怒澜亚区的特有种类，占保护区鱼类种数的15.8%；昆虫中有24种为云南特有种类，占保护区昆虫总数的8.7%。丰富的特有种类反映了保护区地质历史和生物地理区系上的古老性和特殊性，充分说明了永德大雪山自然保护区的区系地位和保护的重要性。

永德大雪山自然保护区是珍稀濒危哺乳动物分布最多的保护区之一。豚鹿小种群是保护区重要的保护动物，它是继南滚河国家级自然保护区发现豚鹿后的又一重要分布；保护区中分布的黑冠长臂猿是我国发现的最大（滇西亚种）种群（约20群）；保护区中的豚尾猴是唯一能在野外较容易见到其集体活动并有一定数量（250只左右）的保护动物。

国家一级保护动物——绿孔雀

国家一级保护动物——蟒 蛇（宋劲忻提供）

国家一级保护动物——豚尾猴

国家一级保护动物——黑冠长臂猿

国家一级保护动物——巨 蜥

露珠杜鹃

虎头兰

红花木莲

蔓龙胆

永德大雪山自然保护区复杂多样的自然环境，孕育了丰富的景观资源。一望无际的原始森林，郁郁葱葱，菁深林密，神秘莫测；林内古木参天，物种丰富，极具观赏性的野生种类达百种以上，幽香的兰花、名贵的茶花、娇艳的杜鹃，仿佛使人置身于"天然花园"，珍奇的花朵，漫山遍野，姹紫嫣红，五彩缤纷，令人心旷神怡，流连忘返；优越的自然环境成为珍稀野生动物的栖息繁衍之所，漫步林间，聆听清脆的鸟啼，猕猴、鬣羚、赤鹿、绿孔雀等珍禽异兽嬉戏于溪边，甚是悠闲，好一幅令人陶醉的人与自然和谐相处的自然美景。

◎ 功能区划

保护区按功能区划为核心区、缓冲区和实验区三级区。核心区面积9276hm²，占保护区总面积的52.88%；缓冲区面积3291hm²，占保护区总面积的18.76%；实验区面积4974hm²，占保护区总面积的28.36%。

◎ 科研协作

保护区成立之前，这里已为科研部门所瞩目。1964年，中国科学院动物研究所和中国科学院昆明动物研究所等在大雪山开展了横断山脉动物区系考察；1964年，昆明农林学院等对大雪山植物区系进行了考察；1969年，中国科学院昆明动物研究所等开展了大雪山大灵猫分布及开发利用研究；1983年，云南省林勘五大队等开展了保护区综合考察及规划设计；1983年，云南大学生态学植物学研究所等进行了蕨类植物调查；1984年，云南省林业厅等开展了灵长类和大中型兽类资源调查；1987年，中国科学院昆明动物研究所在此进行了黑冠长臂猿研究；1991年，云南师范大学地理系开展了多学科综合考察；1992年，中国科学院昆明动物研究所开展了哺乳动物及黑冠长臂猿调查；1997年，临沧地区自然保护区管理处进行了野生动物造成损失规律研究及社区共管研究；1998年，云南省流行病防治研究所开展了小型兽类及蚤类动物调查；1999年，中国科学院昆明植物研究所进行了秋海棠属植物、蕨类植物资源调查；2002年，云南省林业调查规划院牵头联合有关科研院所对保护区开展了大规模、多学科的综合科学考察。

（宋劲忻供稿；照片除署名外均由云南省林业厅野生动植物保护管理办公室提供）

云南 无量山 国家级自然保护区

云南无量山国家级自然保护区位于普洱市景东彝族自治县和大理白族自治州南涧彝族自治县的结合部，因地处无量山山脉而得名。地理坐标为东经100°19′~100°45′，北纬24°17′~24°55′，南北长约83km，东西宽5~7km，总面积31313hm²，其中南涧县境内面积7583hm²，占总面积的24.2%；景东县境内面积23730hm²，占75.8%。是主要保护黑长臂猿及其栖息环境的野生动物类型自然保护区。1986年3月，云南省人民政府批准成立景东无量山省级自然保护区，1995年，云南省人民政府批准南涧无量山列为省级自然保护区。2000年4月，国务院批准合并后的景东无量山省级自然保护区和南涧无量山省级自然保护区晋升为国家级自然保护区，并定名为云南无量山国家级自然保护区。

◎ **自然概况**

无量山北起巍山、南涧两县，向南与东南经景东、镇沅、景谷、普洱、思茅、景洪、江城、勐腊等县进入中印半岛。山体呈西北—东南走向，山脉南伸至景东的黄草岭一带后，峰峦突起，形成数座3000m以上的山峰，地势陡峭、悬岩峭壁耸立，气势十分雄伟壮观。地势总的为北高南低，中间高两头低。主峰猫头山，海拔3306m，与澜沧江

中山湿性常绿阔叶林

云南铁杉木

中山湿性常绿阔叶林

伯乐树种子

马缨花（红）

河谷相对高差达 2300m，是云南中南部最高的山地。自然保护区位于无量山北部山体的上部和顶部，是整个无量山较狭窄、较高大的一段，也是生态环境较复杂的一段。无量山处于中、北亚热带型气候的过渡带，受地势高低、地貌形态及山体走向、山峰高度影响，总的气候特点是类型复杂，垂直变化显著；日照充足，热量丰富；干湿季分明，降水集中于雨季；年温差小，日温差大。保护区所在的顶部，则包括有北亚热带至温带等型的气候。区内降水量较丰富，年平均降水量超过 1000mm，但降水的地区分布极不均衡。谷地、背风坡较少，西坡多于东坡。约 87% 以上的降水量集中于 5～10 月的雨季；11 月至翌年 4 月的干季降水总量则不足 13%。干季虽然少雨，但多雾，尤其是冬季雾日多。在保护区

内的山顶部，云雾更多，冬季偶尔也有降雪天气。无量山北段所出露的岩层以变质岩与碎屑岩为主。土壤的母质多以变质岩、红色或紫色的砂、页、泥岩等形成的母质为主。母岩的性质对该地区红壤系列的土类、淋溶土纲及初育土纲中的部分土类有直接的作用。本区的地带土壤包括赤红壤、红壤、黄棕壤、棕壤、亚高山草甸土五类土类。非地带性土壤有紫色土、石灰岩土、冲积土。

无量山自然保护区既是东亚植物区和古热带植物区的交错地段，又是处于东亚植物区的中国—日本植物亚区和中国—喜马拉雅植物亚区相互交错过度的地带，有着十分丰富的物种多样性。据调查统计，无量山地区共有种子植物 209 科 1039 属 2574 种（亚种、变种），其中裸子植物 6 科 12 属 21 种，占全国裸子植物总科数的 60%，总属数的 38.7%，总种数的 23.4%；被子植物 203 科 1027 属 2553 种，占全国被子植物总科数的 62.1%，总属数的 32.5%，总种数的 10.5%，占云南总科

数的 88.3%，总属数的 52.6%，总种数的 19.7%。自然保护区内分布有种子植物 201 科 731 属 1680 种。另外，还有种类和数量皆为丰富的蕨类植物计 37 科 130 种。有国家一级保护植物云南红豆杉、南方红豆杉、伯乐树、长蕊木兰 4 种；国家二级保护植物有中华桫椤、苏铁蕨、水青树、云南樟树等 7 种；有云南省级保护植物鸡血藤、冬樱花、滇西紫树等 19 种。植物的特化现象非常突出，有 13 个中国特有属和 51 种无量山特有植物分布于此。

无量山自然保护区还是东亚特有科的汇集地，在我国有分布的东南亚特有科共计 16 个（不含中国特有单型科），保护区内分布有三尖杉科、领春木科、水青树科、猕猴桃科、旌节花科、青荚叶科、桃叶珊瑚科 7 个科，占总科数的 43.8%。这些科的同时出现，说明无量山自然保护区种子植物区系中的特有现象十分丰富，这对研究该地的植被和植物区系有着重要的意义。另外，保护区内分布有中国 3 个特有单型科之一伯乐树科，它代表中国植物区系的特色。

瀑 布

高大挺拔的翅子树，其叶、花、树皮具有药用价值

千金钱菌

金黄鸡棕

保护区植物区系的替代现象较为显著，一方面植被类型在此出现水平和垂直替代；另一方面，一些近缘种在这较为有限的地理单元里表现出垂直替代关系。

无量山自然保护区处在亚热带常绿阔叶林区域、西部（半湿润）常绿阔叶林亚区域，但以安定－温普为界，南、北段分属于不同植被地带的林区。南段属于高原亚热带南部季风常绿阔叶林地带，北段属于高原亚热带北部常绿阔叶林地带。保护区植被在水平地带上具有交错过渡特征，垂直带谱明显，类型多样。植被划分为 8 个植被型，15 个植被亚型，17 个群系，25 个群落。其原生植被的垂直带谱，自山脚至山顶依次为：季风常绿阔叶林、湿润常绿阔叶林、中山湿性常绿阔叶林、山顶苔藓矮林、山顶杜鹃灌丛。由于人为或自然力（雷击、火灾、风倒、地貌的重大变化等）的作用，引发了原生植被的演替变化，以致在季风常绿阔叶林的带谱内形成了思茅松群系，由于无量山东坡背风向阳、温暖湿润、主峰屏障等诸多生态因子的组合，促使沿云岭南下的云南铁杉在与原生植被中的种间竞争中展现出了更大的优势，从而逐渐繁衍扩大，最终在最适生的局部地段形成了云南铁杉林。思茅松林、云南松林、云南铁杉林、旱冬瓜林与原生的垂直地带性植被共同构成了无量山的现状植被。保护区内的植被以常绿阔叶林为主，占总面积的 54.8%，其特点是以壳斗科为优势种，其中主要的木果石栎、壶斗石栎、元江栲等都是云南省特有树种。中山湿性常绿阔叶林是保护区面积最大的植被类型，是保护区自然生态系统的主体，生物多样性丰富，更是保护区主要保护对象——黑长臂猿的重要栖息地。

无量山在动物地理区划上属东洋界西南区的西南山地亚区。复杂的气候和森林类型为鸟兽的气息和繁衍提供了良好场所。动物区系成分以东洋界成分为主，南、北成分混杂现象明显，种类非常丰富。据最近考察，区内有陆生脊椎动物 30 目 96 科 575 种，其中兽类 9 目 30 科 78 属 123 种，列为国家一级保护的有黑长臂猿、蜂猴、熊猴、灰叶猴、金钱豹、豚尾猴、云豹等 8 种，国家二级保护的有猕猴、大灵猫、小灵猫、中国穿山甲、黑熊等 15 种；鸟类 17 目 49 科 373 种，列为国家一级保护的有黑鹳、黑颈长尾雉、绿孔雀等 3 种，国家二级保护的有凤头蜂鹰、雀鹰、凤头鹰、大鵟、棕翅鵟鹰、林雕等 36 种；无量山北段的凤凰山自古以来就是鸟类

中华桫椤

黑长臂猿

迁徙的重要通道。每年秋冬之际，当候鸟夜间集群飞越凤凰山时，由于浓雾和风向的原因而降低飞行高度，遇到灯光或火光时鸟类会循光而至，形成了凤凰山"百鸟朝凤"的奇观。区内有两栖类2目8科20属43种，爬行类2目9科41属60种，两栖爬行类中，有国家一级保护的蟒，国家二级保护的红瘰疣螈。另外，无量山采集和鉴定的昆虫标本达4000余件，共有9目107科644种。

◎ 保护价值

根据当前资料，无量山是我国黑长臂猿种群分布最多、最集中的地区，可以说是黑长臂猿的王国。已知区内

有黑长臂猿98群，400～500只。黑长臂猿为中国特有种，是现有长臂猿中最为原始的一个种，头顶上有一撮直耸的黑冠毛，又名黑冠长臂猿。体型矮小、轻捷，高70～80cm，体重6～7kg，两臂平伸可达1.5m。以野果、嫩枝芽、鸟卵、小鸟及昆虫为食。以小群4～5只"家庭"式群居，由1只成年雄性和1～2只成年雌性及其后代组成，有50～100hm²的家域。黑长臂猿喉部有喉囊，当它"喊嗓子"时发出嘹亮的啼声，喉囊可以胀得很大。无量山黑长臂猿在纬度上虽然不是分布最北的长臂猿，但在海拔分布上却是所有长臂猿中分布最高的。在此分布的98群中，有94群分布在海拔2000m以上，只有4群分布在1800～2000m之间。无量山的黑长臂猿因体型较大，雌性体毛亮金黄褐色，头顶黑色冠较小，动物学家马世来和王应祥将其描记为黑长臂猿的新亚种——景东亚种。到目前为止，所有资料表明无量山是这一亚种的唯一分布地。

无量山的森林和土壤对降水滞留能

力极强，形成的潺潺溪水，清流不断，起着绿色水库的作用，滋润着山脚下的良田沃野，也是澜沧江上漫湾等大型电站的重要水源，具有重要的生态作用和经济价值。神奇独秀的无量山，终年古木擎天，林涛阵阵，溪流潺潺，鸟语花香，常绿阔叶林内林壑连岗，苍翠葱郁，遮天蔽日，云雾茫茫。

◎ 功能区划

无量山自然保护区内国有山林面积26548hm²，占保护区总面积84.8%，集体山林面积4765hm²，占15.2%。保护区核心区面积17644hm²，占保护区总面积56.3%；缓冲区10804hm²，占34.5%；实验区2865hm²，占9.2%。

（华朝朗供稿；无量山自然保护区提供照片）

仰天长啸

云南大山包黑颈鹤国家级自然保护区位于云南省东北部，昭通市昭阳区西部的大山包乡。东与鲁甸县新街乡、龙树乡毗邻，南与鲁甸县水磨乡、梭山乡接壤，西靠昭通市昭阳区田坝乡、炎山乡相接，北与昭通市大寨乡相邻。地理坐标为东经103°14′～103°23′，北纬27°18′～27°29′，总面积19200hm²，属自然生态系统类别，高原湿地生态系统类型自然保护区，是中国特有高原鹤类、国家一级保护野生动物——黑颈鹤的越冬栖息地。1990年昭通市人民政府批准建立大山包黑颈鹤自然保护区，1994年经云南省人民政府批准升为省级自然保护区，2003年经国务院办公厅批准晋升为国家级自然保护区。

◎ 自然概况

大山包黑颈鹤自然保护区地处乌蒙山系的五莲峰主峰地段的高原面上，区内最高点为西部边缘的课车梁子，海拔3364m；最低点在东南半坡村坡脚与鲁甸县交界的箐沟交叉处，海拔2210m。一般海拔在3100m左右，相对高差1154m。整个山体由上古生界二叠系灰岩、玄武岩和中生界砂岩组成。在地质构造上第三纪初为准平原的一部分，后地壳抬升，金沙江及支流牛栏江强烈切割形成高中山地貌，但山顶部分保存较平缓的残余高原面，如黑颈鹤集中越冬栖息的大海子、跳墩河等地，则是开阔的高原地形，山头浑圆，湿地低凹，尤其大海子湿地呈低凹的锅底形，相对高差50～100m。大山包气候冬寒夏凉，气温低，雪量大，冷冻持续时间长，冬季逆温现象明显。四季不分明，但干雨季明显。雨热同季，雨量充沛，冰雹次数多，暴雨较多，气候湿润。日照长，霜期长，雾凇、雨凇多，冬季风大，蒸发量大。据近30年的气象资料，年平均气温为6.2℃。最冷月为1月份，月平均气温−1℃；最热月为7月份，月平均气温12.7℃，≥10℃积温841.1℃，极端最低气温−16.8℃；年降水量1165mm，降水集中，5～10月降水量占全年降水量的88%，年蒸发量1851.0mm；年积雪日34.6天；无霜期123天，有霜日60.6天。保护区主要河流羊窝河自南向北穿境流入金沙江，属金沙江水系。境内的河流中，跳墩河向西流入牛栏江，大海子河北流为大关河上游源，经大岩河汇入横江上游的龙树大河。境内高原面上发育的沼泽与泉水，成为跳墩河、大海子等水库的重要水源地。湿地面积1187.8hm²，水域面积278.8hm²，亚高山沼泽化草甸459.0hm²。跳墩河水库1989年

黑颈鹤

大山包云海

竣工，集水面积 17.7hm²，蓄水面积 3.375hm²，库容量 1236 万 m³，水库边缘浅水区面积较大，水深约 6.5m，周围有较大沼泽地，是大山包自然保护区黑颈鹤主要越冬栖息地之一。大海子水库 1967 年建成蓄水，集水面积约 3.5hm²，平均水深约 2.5m，蓄水面积 0.8hm²。由于水库水位低，水库浅水区和周围湿地面积大，是大山包自然保护区目前黑颈鹤越冬栖息最集中的地区。勒力寨、燕麦地水库面积和蓄水面积均不大，但水库周围草甸也是黑颈鹤觅食地之一。保护区的土壤呈现垂直分布，海拔在 2200～2800m 为黄棕壤，在保护区范围内是一种过渡性土壤，土壤较深厚肥沃，是保护区内的主要森林分布区和农业耕作区；海拔在 2800～3000m 为棕壤，常见于保护区的高山栎、杜鹃灌丛和草坡下，小气候较寒冷、湿润，淋溶作用强力，土层厚度不一，一般为中层，有一定自然肥力，草本植物以牛毛毡为主；海拔在 3000m 以上为亚高山草甸土（局部沼泽土），亚高山草甸土土层薄，石砾含量高，肥力低，B 层发育不全，一般由 A 层直接过渡

到 C、D 层，地上植被通常为灌丛草甸，小气候寒冷，基本已无森林分布，在草甸子下部和水库周围有部分沼泽土，是古湖沼泥炭物发育而成，表层腐殖化，以下各层泥炭化或潜育化，形成黑色泥炭层或灰色潜育土，土壤有机质含量很高，是黑颈鹤主要栖息地。

大山包黑颈鹤自然保护区植物区系属泛北极的植物区，中国—喜马拉雅植物亚区，云南高原地区，滇中高原亚地区。保护区内有维管束植物 56 科 131 属 181 种。其中蕨类植物 9 科 10 属 11 种，种子植物 47 科 121 属 170 种。保护区内主要植被类型依照《云南植被》分类系统，共有 4 个植被类型，即暖性针叶林、温性针叶林、灌丛、草甸；4 个植物亚型，即暖温性针叶林、温凉性针叶林、寒温性灌丛、亚高山草甸；6 个群系，即华山松林、高山松林、冷箭竹灌丛、矮高山栎灌丛、亚高山莎草沼泽草甸、亚高山杂类草沼泽草甸。保护区内的华山松和高山松皆为人工林，长势良好。林下灌木稀少，主要有矮高山栎、腋花杜鹃、金花小檗等。草本植物以禾本科草类为主，和火绒草、翻白叶、密穗马

先蒿等。在保护区内的寒温性灌丛类型中，矮高山栎灌丛零星分布于森林草甸之间，冷箭竹灌丛多分布在鸡公山一带的牛栏江河谷的悬崖及大山包乡与燕山乡、大寨乡接壤的悬崖上，是多石贫瘠土壤上的原生植被。亚高山沼泽草甸是黑颈鹤主要的栖息夜宿地域。大山包保护区高原面上的沼泽草甸是带有一定原

觅食的黑颈鹤

1065

起飞之前

生型的自然植被，也是保护区内面积比较大的一种原生植物类型。亚高山莎草沼泽草甸群系中，有针蔺、小婆婆纳为优势种与牛毛毡为优势种的沼泽草甸群丛，在大海子或跳墩河水库的湖边湿地上交错分布。亚高山杂类草甸沼泽草甸群系中，有早熟禾、多花地杨梅群丛、水辣蓼群丛和燕子花、针蔺群丛，皆分布在水地的浅水区域，往往沿溪流两边和水库周围呈带状间隔分布。其中早熟禾群丛相对面积较多，是保护区内湿性植物群落类型的代表。

大山包黑颈鹤自然保护区在动物地理区划上属东洋界西南山地亚区。由于地处高寒山区，动物的种类和数量均较少，根据科考调查统计，保护区内有动物21目30科68种。其中鱼类2目3科5种（其中4种为引入养殖种），两栖类1目3科3种，爬行类1目2科3种，鸟类14目18科47种，哺乳类3目4科10种。在大山包越冬的黑颈鹤属国家一级保护野生动物，已由1990年初建保护区时记录的300只增加到了2005年记录的1131只；新纪录到国家一级保护动物白尾海雕1只。此外还有国家二级保护动物灰鹤、苍鹰、鸢、雀鹰、普通鵟、白尾鹞、斑头鸺鹠7种。云南省保护动物有：豹猫、斑头雁、小鸊鷉、凤头鸊鷉、赤麻鸭、翘鼻麻鸭、绿翅鸭、鹊鸭、针尾鸭、绿头鸭、斑嘴鸭、赤颈鸭、琵嘴鸭、凤头潜鸭、普通秋沙鸭、环颈雉、红嘴鸥等17种。

◎ 保护价值

保护区海拔3000～3300m的亚高山沼泽化草甸及水域环境，是黑颈鹤的越冬栖息地。黑颈鹤是中国特有的鹤类，也是世界15种鹤类中唯一在青藏高原上繁殖，在云贵高原越冬的珍稀濒危鹤类。全球亟须挽救的濒临灭绝的物种之一。本区主要保护黑颈鹤越冬栖息地亚高山沼泽化高原草甸湿性生态系统。保护区是黑颈鹤东线迁徙种群最为集中的越冬地。按《中国濒危动物红皮书》的资料，中国黑颈鹤种群数量为4000余只。根据昭通行署林业局1998年调查结果，在昭通市五莲峰地区越冬的黑颈鹤种群数量约1300余只，占全国黑颈鹤种群数量的1/3，其中在大山包黑颈鹤分布尤为集中，达700余只。2003～2005年，云南省林业厅、国际鹤类基金会和贵州省环境保护局组织了云贵高原连续3年的45个定点同步调查，调查结果表明：保护区越冬的黑颈鹤数量2003年为1051只，到2005年记录数为1131只。为我国黑颈鹤越冬分布最多的保护区。大山包黑颈鹤的保护和研究，对探讨

大山包风光

跳墩河景观

高山草甸风光

高山草甸风光

集群的黑颈鹤

飞舞的黑颈鹤

黑颈鹤越冬地种群数量、结构、动态等生态学问题，以及观察和研究黑颈鹤的迁徙、越冬栖息等，都具有极高的科学价值。在保护黑颈鹤的同时，其他野生鸟类如灰鹤、苍鹰等也得到了有效保护，使越冬水禽增加到了24种，大山包将逐渐成为鸟类越冬栖息的乐园。

大山包黑颈鹤自然保护区在水源涵养方面发挥了积极作用，以较大的跳墩河水库为例，库容量1236万 m³，每年为周边社区提供大量洁净、无污染的生活、生产用水，还灌溉了本地和相邻的鲁甸县的大面积农田。保护区紧靠金沙江和重要支流牛栏江，搞好保护区湿地生态建设对长江流域生态安全也有积极作用。

◎ **功能区划**

为实施有效保护，根据有关自然保护区的功能区划原则和黑颈鹤活动规律把黑颈鹤越冬时，经常集中活动、觅食

刚出雏的黑颈鹤

和夜宿的跳墩河、大海子、勒力寨等湿地或退耕地，以及其周围维护其栖息环境的森林、草坡等山地区划为核心区，其面积为8686hm²，占保护区总面积的45.24%；在核心区的外围，为减轻核心区的外来压力和干扰的区域而区划为缓冲区，其面积为4890hm²，占保护区总面积的25.47%；在缓冲区外的

育仔的黑颈鹤

具有保护经营性质的区域区划为实验区，面积5624hm²，占保护区总面积的29.29%。

◎ **管理状况**

保护区管理部门一直重视宣传教育工作。并采用口头、报纸、杂志、电台、电视等形式长期宣传保护区黑颈鹤及其

栖息环境的重要性和保护价值，提高了人们的自然保护意识。并先后通过中央电视台、中央人民广播电台、云南电视台、新华社等新闻媒体制作黑颈鹤保护专题，进行广泛的宣传报道，使大山包黑颈鹤的各项保护措施深入人心。

◎ **科研协作**

由于保护区对黑颈鹤及其生存环境有效的保护和黑颈鹤数量的增加，吸引了美国、加拿大、日本、新加坡、马来西亚等国家及国内众多科研单位、大专院校的专家学者来此考察、观鹤，使大山包黑颈鹤自然保护区在国际上享有一定的知名度。2004年，云南师范大学开展了大山包湿地社区环境教育及生物多样性保护研究；目前，由国际鹤类基金会、全国鸟类环志中心、云南省林业厅、中国科学院昆明动物研究所、云南师范大学联合组织在大山包开展"卫星跟踪在中国云南越冬的黑颈鹤合作项目"，是国内首次开展利用卫星跟踪技术进行黑颈鹤的迁徙监测，为研究黑颈鹤的迁徙路线、停歇地点以及停歇周期提供科学依据。

（晁增华供稿；云南林业厅保护办提供照片）

云南 会泽黑颈鹤 国家级自然保护区

云南会泽黑颈鹤国家级自然保护区位于滇东北乌蒙山区中部，曲靖市会泽县，距县城54km，地理坐标为东经103°15′～22′，北纬26°38′～45′之间，总面积12910.64hm²。被《中国湿地保护行动计划》列入《中国重要湿地名录》。最主要的保护对象是黑颈鹤，此外还有国家一类保护动物黑鹳、中华秋沙鸭及其他鸟类102种。2006年2月26日经国务院批准建立的国家级自然保护区。

保护区最主要的保护对象——黑颈鹤，是当今世界上15种鹤中唯一的高原鹤，也是全球急需挽救的珍稀濒危物种和国家一级重点保护动物。

配对翔

◎自然概况

会泽黑颈鹤保护区地势南高北低，呈阶梯状下降，境内最高海拔4017.3m，年平均气温12.6℃，极端最高气温31.4℃（1958年6月1日），极端最低气温−17℃（1999年1月9日）。年平均降水量817.7mm。年均无霜期210天。年平均日照数2109.8h，年总辐射133.4kcal/cm²。高海拔地区年平均气温4.6℃，年降水量约1500mm；低海拔地区年平均气温20.8℃，年降水约500mm。

景观资源：会泽之名，源于境内金沙江、牛栏江、小江、以礼河等数水汇合而得名。开发历史悠久，人文景观丰富，县城内有101座各类寺庙会馆，反映了会泽文化的开放性、多元性、包容性、交融性、丰富性。有水城汉代古墓群，大海草山，3万亩连片野杜鹃花，以礼河畔等风景区。大桥、长海子省级黑颈鹤自然保护区，每年有近千只国家一级保护动物黑颈鹤栖息越冬，构筑了人鹤和睦的美好家园，是云南特有的旅游资源。蒋家沟泥石流被称为"世界地质灾害博物馆"，是进行地质研究的重要标本，每年有20多个国家和地区的科技人员到现场考察。

◎保护价值

会泽黑颈鹤保护区是全球性珍稀鹤类——黑颈鹤的重要越冬地。黑颈鹤与国宝大熊猫、金丝猴齐名，是人类发现最晚，也是世界上唯一在高原地带生活的珍稀鹤禽。据国际鸟类专家提供的资料，目前世界上仅有黑颈鹤4000多只，而到会泽大桥、长海子水库越冬的就达2000余只，成为世界上最大的黑颈鹤种群栖息地。

黑颈鹤，属鹤形目、鹤科，体长一般在1.2m以上，体重5kg左右。因通体较白，头、枕和整个颈部均为黑色，

翔之惬意

飞舞的黑颈鹤

仅眼下有一小块白斑，故名"黑颈鹤"。在滇东北地区，人们习惯称其为"雁鹅"或"高脚雁鹅"，是唯一在中国青藏高原繁殖的鹤类，被列为国家一级重点野生保护动物，并列入《濒危野生动植物种国际贸易公约》，成为全球性急需拯救的鸟类。

在迄今发现的世界15种鹤类中，黑颈鹤是唯一高原鹤，由于它的生存基质主要依赖于湿地环境，是湿地生物链中不可缺少的重要环节，故而对人类在生物进化、仿生学、遗传学、生态学等科学研究及认识和改造湿地环境方面具有重要意义。新中国成立初期，黑颈鹤在附近的坝子随处可见。随着人口的增加，人与鹤之间出现"耕地和栖息地""粮食和食物"的紧张竞争，使鹤的生存空间发生很大变迁，加之人类的偷猎，鹤开始由2000m左右的坝子迁移到2000～3000m的山区躲藏起来。这也是滇东北地区直到20世纪80年代才发现越冬黑颈鹤的主要原因。

滇东北地区的自然条件十分有利

翔之动感

于黑颈鹤越冬生存，不但气候适宜，食物丰富，而且中小型水库及海子（沼泽草甸）星罗棋布，并且大多数地区交通不便，人烟稀少，工农业不发达，很少使用化肥，环境无污染。加上当地群众视黑颈鹤为吉祥鸟，有传统的保护习惯。这些，是构成黑颈鹤越冬良好栖息地的必要条件。因此，会泽

黑颈鹤保护区具有十分重要的保护价值。

（会泽黑颈鹤自然保护区供稿）

轿子山松树（董 荣摄）

云南 轿子山 国家级自然保护区

云南轿子山国家级自然保护区位于昆明市北部禄劝彝族苗族自治县与东川区交界处，保护区范围包括轿子山片和普渡河片，总面积16456.0hm²。其中：轿子山片为1994年云南省人民政府批准建立的省级自然保护区，位于云南省昆明市禄劝彝族自治县的雪山、乌蒙、转龙三乡（镇）与东川区的舍块乡、红土地镇交界处，地理坐标位于东经102°48′21″～102°58′43″，北纬26°00′25″～26°11′53″之间，保护区面积16193.0hm²；普渡河片为1984年云南省人民政府批准建立的普渡河省级自然保护区，位于禄劝县中屏乡和乌蒙乡交界处，地理坐标位于东经102°42′43″～102°44′10″，北纬25°56′30″～25°57′59″之间，距轿子山片区直线距离12km，保护区面积263.0hm²。2011年4月经国务院批准两片区合并，晋升为国家级自然保护区。轿子山自然保护区以保护攀枝花苏铁、须弥红豆杉、林麝为代表的珍稀濒危野生动植物资源及其栖息环境，属于自然生态系统类森林生态系统类型的自然保护区。

◎自然概况

轿子山自然保护区位于大凉山南延支脉拱王山的中上部，在云南地貌区划中位于"滇东盆地山原区"中"滇中湖盆喀斯特高原亚区"的北部，为普渡河与小江流域的分水岭，是由砂岩、石灰岩和玄武岩等构成的地垒式断块

急尖长苞冷杉原始森林(保护区管理局摄)

隆升侵蚀高山，是云贵高原上最高的高山，是我国青藏高原以东地区海拔最高的山地，也是北半球该纬度带上最高的山地之一。轿子山地势中部高，向东西两侧呈阶梯状下降，河谷深切，地表破碎，构造地貌发育，地貌组合格局多样；第四纪冰川遗迹典型，现代冻土地貌发育；喀斯特地貌类型多，玄武岩台地分布范围广。

轿子山系高山峡谷地区，山高谷深，岭谷高差一般为3000～3200m，水分和热量条件垂直分异显著。以北亚热带为水平基带，向上依次发育有暖温带、中温带、寒温带，向下依次发育有中亚热带、南亚热带，构成一个典型完整的山地垂直气候带系列。轿子山自然保护区位于北亚热带半湿润区，即1600～2000m为其气候基带，低纬高原季风气候显著。保护区基带年平均气温13.4～15.6℃，年降水量800～1100mm。保护区东坡、东北坡，从小江河谷到最高峰雪岭，年降水量由700mm左右增加到1500mm左右。普

轿子山之伟（熊泽辉摄）

渡河片霜期短，不足50天，霜日小于10d。轿子山片，霜期约100～350d，霜日约55～120d。

保护区土壤垂直分异显著，这是拱王山山地气候和生物条件垂直变化显著的必然结果。从普渡河河谷到主峰雪岭，依次分布有燥红土带、红壤带、黄棕壤带、棕壤带、暗棕壤带、棕色针叶林土带和亚高山草甸土带，红壤带属于轿子山地区的土壤水平带（基带）。保护区内部由于所处地貌部位、水热条件不同，带谱中各土壤带的交错分布和过渡现象明显。

保护区保存了滇中高原最为完整的植被和生境的垂直带谱和最丰富的植被类型，是滇中高原植被的典型缩影，包括7个植被型、11个植被亚型、17个群系组和28个群系。轿子山自然保护区分布海拔范围最宽的是温性针叶林（包括温凉性针叶林和寒温性针叶林），分布海拔范围2700～3900m，海拔跨度达1200m，而且分布面积较大。这是轿子山自然保护区山地垂直

带上最主要的植被类型。其他还分布着：干热河谷硬叶常绿栎林；半湿润常绿阔叶林；中山湿性常绿阔叶林；山顶苔藓矮林；温凉性针叶林；寒温性针叶林；寒温灌丛；暖温性竹林；寒温草甸；流石滩灌丛。

轿子山是滇中第一高峰，相对高差达3000m以上，形成寒、温、热立体气候，呈"一山分四季，四季景迥异"的奇异景观。轿子山上，奇峰峭壁险峻雄伟，瀑布星罗棋布，原始森林茫茫如海，湖泊明净神秘，奇花异木争相辉映，珍禽异兽不时可见，是一块未经雕琢、寻奇探险的旅游胜地，是离昆明最近的雪山。春夏时节，漫山遍野的红、白、黄杜鹃花汇成花海，高山草甸色彩缤纷。山谷中生长着云南八大名花之一的绿绒蒿，以及雪上一枝蒿、雪茶、贝母、紫菀、草乌等名贵药材；原始森林和灌木丛中栖息和奔跑着林麝、野猪、毛冠鹿、赤鹿等野生动物，一派野趣天成。雨季，河水在幽暗的山林中形成无数层层叠叠的瀑布群。冬季，冰湖、雪野、雪峰、

冰瀑布和雾凇树挂，壮丽中透着秀美，具有"北国风光"的独特韵味。

◎**保护价值**

云南轿子山自然保护区位于禄劝县东北部和东川区西南部，其所在山体属于大凉山南延支脉拱王山的中上部，处于中国－喜马拉雅植物区系与中国－日本植物区系分界的关键区域，在种子植物区系上具有明显的过渡性质。

轿子山自然保护区植物种类较为丰富，共记载野生维管植物154科507属1611种（含种下等级）。其中蕨类植物15科31属94种；裸子植物7科11属20种；被子植物132科465属1497种；合计有种子植物139科476属1517种。经过数次野外调查采集和大量的标本及文献查阅，目前发现局限于轿子山地区分布的狭域特有种子植物有乌蒙小檗、齿瓣蝇子草、禄劝景天、毛脉杜鹃、革叶龙胆、东川箭竹、伞把竹、乌蒙杓兰、乌蒙绿绒蒿、膝瓣乌头、东川虎耳草、东川当归12种。另有文献记载模式标

巍巍轿子山（王美全摄）

本采自东川或禄劝，不少种类根据采集者当年的调查路线推测应该就是采自轿子山地区，种类多达35种。可见由于轿子山所处的自然地理位置及区内复杂多样的气候、生境条件及其较大的高差，其特有种较为丰富。迄今为止，轿子山自然保护区共发现国家级珍稀濒危保护植物攀枝花苏铁、须弥红豆杉、金铁锁、西康玉兰、异颖草、金荞麦、丁茜、平当树、松茸9种，隶属9科9属。其中，国家一级保护植物2种，即攀枝花苏铁和须弥红豆杉，国家二级保护植物7种。

轿子山采集并记录到哺乳动物79种，隶属于8目25科59属，占云南哺乳动物11目44科306种的72.73%、56.82%和25.82%。在轿子山自然保护区79种哺乳动物中，列入国家重点保护动物名录及CITES附录一级和二级的珍稀濒危哺乳动物有13种，占轿子山哺乳动物物种数的16.45%。其中国家一级保护动物仅有林麝1种，国家二级保护动物有中国穿山甲、豺、黄喉貂、水獭、大灵猫、小灵猫、斑灵狸、中华鬣羚、川西斑羚等10种；为CITES附

录Ⅰ收录的有水獭、斑灵狸、中华鬣羚、川西斑羚等4种，CITES附录Ⅱ收录的有北树鼩、中国穿山甲、豺、豹猫、林麝等5种。哺乳类有横断山区特有7种，云、贵、川特有2种，云贵高原特有1种。

保护区内共记录鸟类167种（另7亚种），隶属32科（另4亚科），9目，占云南省所录鸟类种数848种的19.69%。其中国家二级保护物种15种。星鸦、黑冠山雀和橙斑翅柳莺为保护区内较有优势的种类。保护区内记录的鸟类有留鸟126种和亚种，占所录鸟类的72.41%。区系成分以东洋界物种为主，有100种，占繁殖鸟类总种数的71.43%。鸟类除15种国家重点保护物种外，还有被列入《濒危野生动植物国际贸易公约》（CITES）附录Ⅱ（2000）的种类有12种，《中国濒危动物红皮书-鸟类》（1998）的有5种；列为稀有种的有雕鸮1种，列入《国家保护的有益的或者有重要经济、科学研究价值的陆生野生动物名录》90种。

保护区内有两栖爬行动物47种，

其中，两栖类有22种，隶属于2目8科14属；爬行类25种，隶属于2目（亚目）8科18属。保护区有两种国家二级爬行动物，即红瘰疣螈和云南闭壳龟。两栖类有保护区特有种1种，爬行类有云南特有种1种。可见保护区内珍稀、濒危和特有物种丰富，且物种的濒危程度极高。

保护区多样、完整和保存完好的植被系统，是我国重要的植被资源，是研究滇中地区植被形成、演变和联系规律的重要地区，保护区内分布着多种罕见而又特殊的植被类型。从植物区系地理及植物种类特点来看，轿子山作为一个自然、完整、特殊的植物区系地理单元，其区系成分丰富，来源复杂，特有性和过渡性显著，是不少属种的分布南界或北界，因而是一个重要的区系结，在云南乃至中国植物区系区划研究中具有重要意义。

◎功能区划

轿子山自然保护区功能区划，按照有利于保护对象的生存及自然环境的保

攀枝花苏铁

乳黄杜鹃（保护区管理局提供）

持，功能区划采用三区划分，即核心区、缓冲区和实验区。核心区面积维持最大的生物多样性特征，保护好原始天然林和珍稀濒危动植物种类，保证自然生态系统内各种生物物种的正常生长与繁衍；缓冲区和实验区的区划有利于核心区的绝对保护，既使保护对象不易受干扰，又有利于保护对象的保护管理、科学研究、物种资源的保存，同时还要有利于发挥各自功能；而实验区的划分应在围绕该区保护主体的前提下，留出实验实习和多种经营用地。

轿子山自然保护区总面积16456.0hm²，核心区面积6587.1hm²，占保护区总面积40.03%；缓冲区面积4114.5hm²，占保护区总面积25.00%；实验区面积5754.4hm²，占保护区总面积34.97%。其中，轿子山片总面积16193.0hm²，功能区划采用三区划分，即核心区、缓冲区和实验区。核心区面积6512.1hm²，占轿子山片总面积40.22%；缓冲区面积4114.5hm²，占轿子山片总面积25.41%；实验区面积5566.4hm²，占轿子山片总面积

林麝

红瘰疣螈

高山流水（核心区）（陈显福摄）

34.38%；普渡河片以普渡河为界分为两个小片区，面积263.0hm²，功能区划采用二区划分，即核心区和实验区。河东部分面积75.0hm²，分布的保护对象攀枝花苏铁密度较高，原生状态保存完好，而且该部分地形陡峭，又有普渡河为天然屏障，人为干扰活动难于涉及，因此将其划为核心区。河西部分面积188.0hm²，分布着国家一级保护植物攀枝花苏铁和两种国家二级保护植物，由于之前未划为保护区，部分区域植被次生性质明显，该片区划为实验区，保护规划项目拟在该片区开展攀枝花苏铁的繁育、栽培等科学试验。核心区面积75.0hm²，占普渡河片总面积28.52%；实验区面积188.0hm²，占普渡河片总面积71.48%。

◎科研协作

轿子山自然保护区管理局于2013年5月17日刚挂牌成立，各项工作正在进一步理顺中，保护区管理机构正积极配合省内外大专院校、科研单位开展科研活动。如：轿子山高山药材研究、

高山花卉考察研究、东川市拱王山冰川遗迹考察研究、红豆杉扦插、云南省重要针叶林种实害虫研究、轿子山综合科学考察等。2011年5月底，国家林业局自然保护区及野生动植物西南监测中心科研监测基地在轿子山自然保护区管理局挂牌成立，与国家林业局昆明勘察设计院建立合作共建关系；6月中旬，协助云南省林业厅野生动植物保护与自然保护区管理处、中国科学院昆明植物研究所、中国西南野生生物物种资源库成功举办了"云南自然保护区野生植物种质资源采集技术培训班"。可以肯定，轿子山自然保护区今后的科研协作将会更加丰富。

（轿子山自然保护区供稿）

云南 元江

国家级自然保护区

云南元江国家级自然保护区位于云南省中南部玉溪市的元江县境内，地理坐标为东经 101° 21′ 24″ ～ 102° 21′ 12″，北纬 23° 19′ 12″ ～ 23° 46′ 12″。元江自然保护区由元江东岸片区（以下简称江东片区）和章巴望乡台片区（以下简称章巴片区）两个片区组成，是我国第一个干热河谷自然保护区。保护区总面积 22378.9hm²，是以保护元江干热河谷分布的我国特有的河谷型热带稀树灌木草丛植被生态景观、南亚热带中山湿性常绿阔叶林森林生态系统和以灰叶猴、蜂猴、猕猴、绿孔雀、白鹇、原鸡和桫椤、云南苏铁、元江苏铁、水青树、十齿花、榉树、野生稻、野茶树（普洱茶）、白菊木、旱地油杉、红花木莲等为代表的国家重点保护的珍稀濒危或特有动植物物种资源及其栖息地为目标的森林生态系统类型的自然保护区。始建于 1989 年，2002 年 5 月经云南省人民政府批准晋升为省级自然保护区，2012 年 1 月经国务院批准晋升为国家级自然保护区。

◎自然概况

元江自然保护区属于深切割中山地貌类型，境内山脉基本呈东南走向，被元江分为东北、西南两支。县城居于中央，四周丘陵、群山呈放射状排列，形成东北、西南高，中间断陷的特殊地形。本区属元江—红河水系，较大的河流有

霸王鞭（李振学提供）

西拉河、南溪河和清水河等。这些河流大多发源于本保护区内，由东北或西南流入元江。主要分布于元江西南部的哀牢山东坡，主要的地貌有河谷与山地两种类型。区内海拔 327 ～ 2580m，相对高差达 2253m。保护区位于北回归线附近，两侧山地相对高差在 1500m 左右，处于东南暖湿气流与西南暖湿气流的背风雨影区，气候越过山脊后下沉产生焚风效应，形成元江的气候特殊性。气温：长夏无冬。年平均气温 23.7℃，最冷月平均气温 16.7℃，极端最高气温为 42.3℃。湿度：干湿季分明。保护区所在地是云南省的少雨地区之一，年降水量 800mm 左右，而年蒸发量竟达 2750mm，年平均相对湿度 68%。从季节性的雨量变化上看，元江气象站记录多年平均值是雨季（5 ～ 10 月）降水量为 649.0mm，占全年降水量的 81%；

常绿阔叶林灌丛景观（杜凡提供）

1074

半湿润常绿阔叶林核心区（杜凡提供）

干季（11月至翌年4月）降水量为152.2mm，占全年降水量的19%。日照：最大值出现在春季。保护区所在地的年日照时数在2200～2400h，每年平均数为2261.7h。日照时数的一年中月变化情况是1～5月份均超过200h，6～12月份均低于200h，平均最大值出现在3月份达大250h，最小值在6月份，为162.4h。与日照情况相一致，太阳总辐射量最大值也出现在春季，约占全年总辐射量5000～5500MJ/m²的30%以上。　本区由于受地形、气候、海拔、坡向等影响，土壤分布类型多样。海拔＞400～1000m的为燥红土和石灰土；海拔＞1000～1400m的为赤红壤；海拔＞1400～2000m的为红壤；海拔＞2000～2500m的为黄棕壤。元江，源于大理巍山县境内，元江县以上分段称礼庄江、石羊江、夏洒江、漠沙江，元

江段以下称红河，南流在河口县出境入越南，于海防汇入北部湾。元江在县境内流程79.52km，流域面积2299km²，洪水期流量4300m³/s，枯水期4.1m³/s，平均流量177m³/s，洪枯变化极大。元江在保护区及附近的一级支流有清水河（源于县内的章巴老林一带，年平均流量7m³/s，洪水期流量可达390m²/s），南溪河（源于县内的老溪老林一带），以及发源于峨山县的小河底河（上游称清香河、化念河，经元江称小河底河，在元江、石屏、红河三县交界处汇入元江，是在元江三个支流较大的一支洪水期流量可达1400m³/s）。

元江自然保护区植被可划分为8个植被型、10个植被亚型、33个群系和42个群丛。一是雨林植被型，有山地雨林1个亚型，含粗穗石栎林、千果榄仁林2个群系，2个群丛。海拔高

度为1600～1700m。二是季雨林植被型，有半常绿季雨林1个亚型、4个群系、7个群丛，分布在曼旦、西拉河等600～1000m的范围。三是常绿阔叶林植被型，有3个植被亚型、14个群系、16个群丛。海拔1000m以上，气候逐渐湿润，由于热量丰富，形成了多种常绿阔叶林。季风常绿阔叶林主要分布在章巴望乡台片，海拔约2000m。四是硬叶常绿阔叶林植被型中，有干热河谷硬叶常绿栎林1个植被亚型，两个群系。主要分布在西拉河、普漂片区、曼旦片区等河谷及其支流上方，海拔范围为700～1000m。五是落叶阔叶林植被型中有2个植被群系分别为栓皮栎林和水青树林。栓皮栎群落主要分布于清水河，海拔1200m左右。水青树分布较少，主要分布在元江望乡台片区及章巴片区。一般不形成大片群

蜂 猴（孙国政提供）

大壁虎（孙国政提供）

红瘰疣螈（孙国政提供）

红瘰疣螈（王恒颜提供）

白 鹇（王恒颜提供）

落，而是成点状零散分布，并且只出现在海拔2100m以上的区域。六是暖性针叶林植被型中有暖热性针叶林、暖温性针叶林2个植被亚型，3个群系。分布在海拔1300～1400m的局部区域。七是稀树灌木草丛植被型中有1个植被亚型，即干热性稀树灌木草丛，4个植被群系。分布于自然保护区海拔450～890m。干季群落呈现一片枯黄景色，雨季前后又重新返青而茵绿。八是灌丛植被型中有干热河谷灌丛1个植被亚型、霸王鞭和黄花稔2个群系。主要是在海拔800m以下地区，沿河谷两岸多岩石裸露的陡坡及沿干沟镶入，成间断的带状分布，或沿两岸缓坡成小块片状分布。由于地域、气候的特殊性，形成了物种的多样性。据调查，区内有维管束植物206科931属2303种。其中蕨类植物40科96属223种；裸子植物3科4属8种；被子植物163科831属2072种。

◎保护价值

元江自然保护区是我国第一个干热河谷自然保护区，其主要保护对象为干热河谷型稀树灌木草丛植被、桫椤、元江苏铁、元江风车子等狭域特有及保护物种。

区内的国家重点保护动物：兽类有国家一级保护动物灰叶猴、蜂猴、金钱豹等8种；国家二级保护动物猕猴、黑熊、金猫等16种。鸟类16目45科258种：有国家一级保护动物绿孔雀、国家二级保护动物白鹇、原鸡等24种。两栖类2目8科23属53种，爬行类3目14科49属71种，有国家一级保护动物巨蜥、蟒蛇和鼋等3种，国家二级保护动物虎纹蛙、红瘰疣螈、山瑞鳖、大壁虎等4种。鱼类4目9科13亚科28属34种，暗色唇鱼被《中国濒危动物红皮书》列为稀有种类和云南省级保护动物。

区内有国家重点保护植物等11种，其中，属于河谷型的保护植物包括元江苏铁、云南苏铁、千果榄仁、野生稻等。而元江苏铁是当地的特有物种。有云南省级重点保护植物大花万代兰、元江风车子等7种。有保护区狭域特有植物24种，如旱地油杉、狭叶柏那参、元江风车子、元江山柑、云南芙蓉、黄花槐、元江素馨、云南火焰兰、梅蓝等。有10种云南新分布种，如光叶蔷薇、白背蒲儿根、簇叶新木姜子、茶色卫矛、倒卵叶红淡比等。另外，元江自然保护区分布有不少农作物和经济植物的野生型或近缘种，如普通野生稻、疣粒野生稻、中华猕猴桃、红茎猕猴桃、野甘草、姜状三七、屏边黄芩、瑞丽黄芩、红豆蔻、茶梨、昆明山海棠、滇重楼、水茄、野漆、芦荟、金荞麦、油茶、普洱茶、云南山楂、橄榄、香叶树、南五味子、元江花椒、南酸枣、栎叶枇杷、云南苏铁、元江苏铁、野龙竹等；兽类中的蜂猴、倭蜂猴、熊猴、猕猴、云南兔、扫尾豪猪；鸟类中的原鸡、白腹锦鸡、绿孔雀；两栖爬行类的鼋、红瘰疣螈、虎纹蛙、山瑞鳖、大壁虎；鱼类中的红河纹胸、个旧盲条鳅、裸腹盲鲃等。

元江自然保护区处于位于红河中游的元江干热河谷最典型的流域范围，下游进入越南，属于著名的国际河流。红河的主要支流清水河、南溪河、小河底河等均流经保护区或其边缘。保护区的森林植被和生态系统的结构的完整性，生态服务功能对红河中下游的水文气象和生态安全发挥着重要的生态屏障功能和作用，哀牢山所处的地理位置，在全省生态功能区划分时将哀牢山—元江列为红河流域重要的生态屏障区，而能够发挥主要生态服务功能的生态系统主要分布在保护区内，保护区的建设管理是构建红河流

霸王鞭（李振学提供）

凤凰花（王建福提供）

域生态屏障的重要组成部分。因此，元江保护区不仅对保护我国典型的热带稀树灌木草丛和典型的亚热带湿性常绿阔叶林生态系统及其珍稀濒危特有物种有着重要意义，同时在维护红河流域的生态安全和促进区域经济社会可持续发展中也同样具有不可替代的功能和地位，特别是在对下游跨境生态安全有着重要的战略意义。

◎功能区划

元江自然保护区划为核心区、缓冲区、实验区三个功能区。核心区面积为9988.2hm²，占保护区总面积的44.6%，缓冲区面积为4609.1hm²，占保护区总面积的20.6%，实验区面积为7781.6hm²，占保护区总面积的34.8%。

◎科研协作

保护区建立以来，多次与省内外科研院所合作，开展了生态本底考察和科研活动。

1996年云南省林业调查规划院大理分院进行元江县森林资源二类调查，初步查清了保护区的森林资源。

中国科学院西双版纳热带植物园在20世纪的60～80年代对元江干热河谷进行过多次考察。

2000年10月，云南省林业调查规划设计院大理分院进行了元江自然保护

区综合考察，编写了《云南元江自然保护区综合考察报告》。

2003年12月，编写了《云南元江自然保护区总体规划（2004～2010年）》。

2006年，为申报国家级自然保护区，元江县人民政府委托西南林学院进行保护区综合科学考察和总体规划。

2007年建立中国林科院昆明资源昆虫研究所元江分站，占地面积10亩，养殖蝴蝶以供用于科学研究和养殖技术推广，年养殖规模达到100万只，为当地居民提供了一定的经济收入和就业岗位。

2007年与中国科学院西双版纳热带植物园合作，在保护区的试验区建立元江干热河谷生态观测站，并于2011年2月17日建成验收。元江生态站的建成为我国干热河谷型萨王纳植被生态系统长期定位监测、研究、示范和合作交流的基地。同时，对推进元江当地经济社会发展、科普教育、物种保存、科学研究都将发挥积极的作用，对保存干热河谷特有物种资源、促进我县旅游产业发展、提升知名度也有重要意义。

（元江自然保护区李永昌供稿）

常绿阔叶林灌丛景观（杜凡提供）

云南

云龙天池
国家级自然保护区

　云南云龙天池国家级自然保护区位于云南省西北部大理白族自治州云龙县境内，地理坐标为东经99°11′36″~99°20′34″，北纬25°49′48″~26°14′16″。保护区总面积14475hm²，南北长约45km，东西宽约14km，由天池和龙马山2个片组成。其中，天池片面积6630hm²，龙马山片区面积7845hm²。保护区于1983年经云南省人民政府批准建立，是云南省建立较早的省级自然保护区，2012年1月经国务院批准晋升为国家级自然保护区。保护区以滇金丝猴为主的国家重点保护珍稀濒危野生动物资源及其栖息环境、重要饮用水源地和越冬候鸟栖息地、天池高原湖泊湿地以及云南松种质资源为主要保护对象。

滇金丝猴（徐会明提供）

◎自然概况

　保护区在大地构造上系"唐古拉—昌都—兰坪—思茅褶皱系"内"兰坪—思茅褶皱带"北部的"中排褶皱束"的组成部分，西部是中国著名的澜沧江大断裂，东部是北莽山大断裂。主要地质构造有断裂和褶皱。重要的断裂有北莽山大断裂、天池断裂、老仁场断裂等。褶皱主要有天子山背斜、龙飞场背斜等。

　保护区位于云岭山脉向南延伸至云龙县境内的雪盘山中上部，地势起伏大，山高谷深，地表崎岖。最低点海拔2100.0m，最高点3638.9m，相对高差1538.9m。地貌类型主要有构造侵蚀高山、中山、古夷平面、剥蚀面、盆地、峡谷、冲—洪积扇、单面山、断层崖等。区域地貌系深切割的构造侵蚀高山、高中山峡谷，蕴含有独特的地质、地貌景观，例如断陷湖泊、峡谷、地质剖面、断层崖、瀑布等。在云南地貌区划中位于滇西"云岭高山山原亚区"西南部，是三江并流世界自然遗产地内高山地貌及其演化的典型地区之一。

　保护区内的大小河流都属于澜沧江水系，都发源于雪盘山山脊附近，呈东西向注入澜沧江及其一级支流沘江。其中，向西直接汇入澜沧江的有大工厂河、老末河、三棵石河、李子树河等，向东汇入沘江的有检槽河、老仁场箐河（或石登河）、天池河等，受地势和构造的引导和控制，大多发育为树枝状水系。天池系横断山区典型断陷湖泊，湖水经天池河注入沘江，是县城所在地——诺邓镇的集中饮用水源地。保护区河流都发源于雪盘山山脊附近，都属于澜沧江水系。长度大于10.0km的河流有8条。山区性河道特征和季性河流的水文特征十分显著。保护区地下水有碎屑岩类构造裂隙水和松散岩类孔隙水2种基本类

松萝缠绕的云南铁杉林（徐会明提供）

天池风景（陈凤涓提供）

型，主要接受大气降雨的下渗补给，水化学类型大多属重碳酸盐水，多以接触泉水的形式沿砂、泥岩界面出露，泉眼较多，主要分布于断裂带附近和裂隙发育处，但流量较小，季节变化较大。

保护区位于北亚热带季风气候区域，低纬高原季风气候和山地立体气候十分显著。夏秋季节主要受西南暖湿气流控制，降水丰富，气温高，雨热同期；冬春季节主要受西风南支急流，其次是沿横断山脉峡谷南侵的冷锋天气系统的控制，天气晴朗，日照充足，气温较高，降水稀少，风速大，湿度小，偶见雨雪、霜冻和低温天气。山体较大的海拔高度和相对高差致使保护区及附近地区气候垂直分异显著，从澜沧江河谷到龙马山山顶，依次出现南亚热带（海拔 1400m 以下）、中亚热带（海拔 1400～1700m）、北亚热带（海拔 1700～2000m）、暖温带（海拔 2000～2400m）、中温带（海拔 2400～3000m）、寒温带（海拔 3000～3638.9m）6 个垂直气候带。同一气候带内，阴坡与阳坡、山脊、山顶与河谷、箐沟，小气候存在显著差异。多样的气候环境为保护区生物多样性的繁育提供了十分有利的条件。

保护区所在地年日照时数 1835.0h 左右，日照百分率为 41.0%，太阳总辐射量为 5014.2MJ/m²，在云南省内居中等水平。

保护区年平均气温介于 4.9～17.7℃之间，随海拔高度增加，气温逐渐降低。保护区气温年变化与云南省内大部分地区相似，最热月出现在 7 月或 6 月，最冷月出现在 1 月，春温高于秋温，气温年较差略偏大。区内的天池气象站 ≥10℃ 的日数为 170.0 天，积温为 2505.5℃，对植被的生长较为有利。

保护区年降水量 750～1400mm。每年 11 月至翌年 5 月为干季，降水量仅占全年降水量的 15%，6～10 月为雨季，降水量约占全年的 85%。降水量随海拔升高而逐渐增加，通常迎风坡明显多于背风坡。

天池位于五宝山东部山麓，距县城 22km，是县城所在地——诺邓镇最主要的饮用水源地。天池昔称高海子、暑场湖，成因类型为断陷湖泊，湖水的补给以地表水为主，次为地下水。汇入的溪流主要有 9 条，天池流域面积 6.25km²。湖水经天池河注入沘江，属澜沧江水系。天池近似椭圆形，经多次扩建，目前总库容为 1081.2 万 m³，正常蓄水位为 2560.1m，天池湖口海拔 2551.0m，湖面南北宽 1000.0m，东西长 1500.0m，近似椭圆形，水位 2552.0m 时，面积 1.1km²，平均水深 8.4m，最深 16.8m（吴光范等，1997）。

保护区内的云南铁杉林、苍山冷杉林和丽江云杉林均保持较完整的原始状态。群落组成物种较为丰富，为滇金丝

白鹇（马晓峰摄）

红豆杉（徐会明提供）

映山红（徐会明提供）

云南松纯林（徐会明提供）

猴提供了富足的食源，是保护区主要保护对象滇金丝猴的重要栖息地。保护区保存有大面积连片的云南松原始天然林，保存了云南松优良的种质资源，是云南省最大的云南松天然基因库。

◎保护价值

天池自然保护区位于三江并流自然遗产地的东南部，为横断山纵向岭谷区域，动植物物种南、北成分的混杂现象明显，生物区系上具有明显的由滇中高原向青藏高原的过渡性质，与复杂多样的生境类型及其组合相对应，保护区的植被分布也呈现出明显的垂直带谱，并孕育了丰富的珍稀濒危动植物物种。保护区记载有维管植物168科477属1118种，其中，国家一级保护野生植物有红豆杉、南方红豆杉、云南红豆杉、云南榧树4种，国家二级保护野生植物有松茸、油麦吊云杉、贡山三尖杉、长喙厚朴、西康玉兰、莛花、异颖草7种；云南省重点保护野生植物有新樟、长梗润楠和云南枫杨3种以及局限于本区分布的狭域特有种云龙箭竹、云龙报春2种。保护区内记录到的脊椎动物共有275种，其中，兽类9目22个科47属60种，鸟类16目39科156种，两栖类2目8科13属15种，爬行类2目4科14属18种，鱼类4目6科9亚科19属26种。区内分布的珍稀濒危保护动物有49种，国家一级保护动物有滇金丝猴、虎、金钱豹、云豹、林麝、金雕6种，国家二级保护野生动物有短尾猴、猕猴、穿山甲、豺、棕熊、黑熊、

小熊猫、水獭、大灵猫、小灵猫、金猫、水鹿、鬣羚、斑羚、普通鵟、蛇雕、红腹角雉、白鹇等34种。

滇金丝猴是我国特有的灵长类动物，属于国家一级保护珍稀濒危动物，被世界自然保护联盟列为高度濒危物种之一，仅分布于云南西北部的德钦、维西、玉龙、兰坪和云龙等县以及西藏芒康县境内。据初步调查，该物种现有13个种群，约2000只。其中，天池保护区分布有1个种群，约150只。据滇金丝猴调查监测结果表明：龙马山是滇金丝猴目前在天池保护区的分布点。2004年保护区管理局曾对其中的76只进行了性别统计，结果为雄猴13只，雌猴35只，青少年猴20只，幼猴8只，雌雄比例为2.7∶1，与其他地方的滇金丝猴猴性比相近，属正常的性别结构。滇金丝猴普遍是由多个单雄群构成的一个大群，而每一个单雄群中，一般只有一个成年雄性，2～5个成年雌性以及依附于它们的未成年个体（包括青少年猴和婴猴）所构成。根据这一观点，保护区内的滇金丝猴具有合理的种群结构，能保证物种的正常繁衍；2004年滇金丝猴种群数量为85只，2006年滇金丝猴种群数量为96只，2011年滇金丝猴种群数量已达到130只。

天池是保护区内的唯一湖泊，水域面积1.25km²，平均水深8.4m，最深16.8m，最低运行水位为2558.0m。天池高原湖泊湿地是重要饮用水源地和越冬候鸟栖息地。湿地生物多样性监测，加强湿地生物多样性监测，保护区共记

录到鸟类156种，分属16目39科。其中属国家一级保护的有金雕1种；属国家二级保护的有普通鵟、蛇雕、红腹角雉、白鹇等9种。两栖爬行动物有33种。两栖动物15种，隶属于2目8科13属；鱼类共有26种，分别隶属于4目6科9亚科19属。目前，澜沧江特有种有奇额墨头鱼、张氏间吸鳅、长臂刀鲇、细尾鲱和穗缘异齿鳅等11种。

滇金丝猴因1999年昆明世界园艺博览会吉祥物"灵灵"而深入人心，受到全世界人民的喜爱；保护区同时具有森林、湿地、草甸生态系统，景观资源独特而多样。因而在科普、宣教、生态旅游、促进地方特色产业发展等方面极具潜力和价值，合理应用将推动云龙县社会经济的快速发展。

保护区森林植被对涵养水源、减缓地表径流、防止水土流失、维护国土生态安全具有重大意义。对维护澜沧江这条国际河流域的生物多样性和下游地区的生态安全有着举足轻重的作用。

天池是云龙县城及周边地区最主要的饮用水源地，与当地群众生活关系密切，意义重大。保护区是周边约6000hm²耕地的主要水源，对区域内农业生产、粮食安全也起着重要的保障作用。

云龙天池是我国唯一将云南松作为主要保护对象的自然保护区，是云南松最重要的种质资源库之一。区内云南松保存完整，处于原始状态，优良性状显著。多年来，通过建立种子园采集优良种籽，为全省人工造林，恢复植被做出

刷把菌(李施文提供)　　松茸(李施文提供)　　鸡枞(李施文摄)　　老人头菌(李施文提供)　　牛肝菌(李施文提供)

了重大贡献，今后还将继续为云南省生态和经济建设发挥重要作用。

◎功能区划

保护区按核心区、缓冲区、实验区进行三级区划。核心区面积为5315.7hm²，占保护区总面积的36.72%，缓冲区面积为5349.5hm²，占保护区总面积的36.96%，实验区面积为3809.8hm²，占保护区总面积的26.32%。

◎科研协作

保护区自成立以来，多次与中国科学院昆明动物研究所、中国科学院昆明植物研究所、广州大学、英国皇家植物园邱园等科研机构、科研院校合作开展科研项目合作，进行了哺乳动物考察、鸟类考察、忍冬科植物考察、毛茛科植物考察、大型真菌考察和植物综合考察。通过考察，为保护区生物多样性提供了具体数据资料支持，并引导保护区未来的监测、保护方向。

(1)1987年4月，由云南省自然科学基金会出资，云南师范大学的杨士剑教授，在保护区开展了滇金丝猴考察。

(2)1988年2月，由云南省自然科学基金会出资，中国科学院动物研究所的龙勇诚专家，在保护区开展了"滇金丝猴跟踪监测与调查"。

(3)2003年和2004年保护区管理局两次联合云南师范大学的杨士剑教授，开展龙马山滇金丝猴调查，对滇金丝猴的种群数量、分布、食性、生境、威胁

状况等作了详细考察。

(4)2003～2005年，中国科学院昆明动物研究所霍晟开展了"滇金丝猴生境利用和食性的研究"。

(5)2005年至今，保护区管理局技术人员定期对滇金丝猴及其栖息地进行监测，并聘请了3个当地农民，经专家培训后长期对滇金丝猴进行跟踪监测，记录其活动、繁衍、习性等，收集到了大量的一手资料。

(6)2006年7月，由TNC出资，美国大自然保护协会的专家，在保护区开展了滇金丝猴监测项目。

(7)2007年年初，由云南省林业调查规划院牵头组织完成了保护区综合科学考察，基本摸清了保护区的生态本底状况。

(8)2007年12月，云南大理学院东喜马拉雅资源与环境研究所黄志旁，在保护区开展了"龙马山滇金丝猴生境调查"。

(9)2010年，中国科学院南京地理研究所羊向东进行了科研考察，中国科学院地质与地球物理研究所姜文英开展了湖泊环境调查，中国科学院昆明植物所杨立新开展了"非粮油科植物种子及标本的采集"。

(10) 2011年，中国科学院昆明动物研究所辉洪、贺鹏，在保护区分别开展了生物多样性、龙马山鸟类调查。

(11) 2011年12月，由中国西南野生生物种质资源库、中国科学院昆明植物研究所出资，郭永杰研究员在保护区开展了种质资源调查。

(12) 2011年，重庆师范大学陈斌在保护区开展了昆虫调查。

(13)2012年1月，由云南省绿色环境发展基金会出资，相关研究人员在保护区开展了天池保护区社区巡护调查。

(云龙天池自然保护区供稿)

云南 乌蒙山 国家级自然保护区

云南乌蒙山国家级自然保护区位于云南省昭通市彝良县、永善县、大关县、盐津县境内，地理坐标为东经104° 01′ 19″～104° 51′ 47″，北纬27° 47′ 35″～28° 17′ 42″之间。保护区总面积26186.65hm²，保护区由3块独立的分区组成，分别为：朝天马片区、三江口片区和海子坪片区。保护区是以保护长江上游地区最典型的原生中山湿性常绿阔叶林生态系统、天然毛竹林、水竹林、罗汉竹林、小熊猫等野生动植物以及特殊的地貌景观、天麻原生地为主要保护对象。始建于1984年，2013年12月25日经国务院批准晋升为国家级自然保护。

朝天马片区景观Ⅱ

◎自然概况

乌蒙山自然保护区处于中国自然地理区域上的一个重要结合部位，东部连接着贵州岩溶山原，北面与四川盆地相望，南边向滇中高原过渡，西处横断山脉的边缘。由于地处四个自然区域特色截然不同的结合过渡地带，组成了特殊的生物地理区系，在生物地理区域上是一个十分独特的地区。

保护区所处地势高耸，区内有高大山脉分布，河流水系发达切割颇深，地貌类型复杂多样，是著名云贵高原的典型区域。在保护区南面属于四处盆地的边缘山地，整个地势由西南向东北面的金沙江河谷倾斜，并向四川盆地过渡，而与云南全省北高南低的大地势相反，以致对植被和物种的分布产生了显著的影响，如一些云南南部的偏热性的物种能够出现在本区的北部。

保护区地处云南最东北角，气候类型表现为既有本地带的基本特征，又有由云南高原向长江流域过渡的明显特点，在不大的区域范围内即表现出较大的植被和农业资源上的差异。大气候主要受东亚季风控制，但最主要的影响是源于"昆明准静止锋"活动与多山而复杂的地貌类型相结合，造成锋面两侧的天气差异和锋面逆温现象等，表现为在不同海拔高度和不同地貌部位，气温和天气差异显著，导致区内植被垂直系列发达，河谷内有干热河谷稀树灌草丛等，山体中部主要为亚热带湿性常绿阔叶林和暖温性针叶林；在3000m以上的山上部出现了寒温性针叶林；山顶部则分布了一定面积的寒温性灌丛和草甸。

由于本区冬季源于"昆明准静止锋"的进退活动较频繁，天气多变，常多阴冷天气；夏秋北来的冷空气活动也较频繁，气候温凉多雨，少有炎热天气，造

朝天马片区景观Ⅰ（孙茂盛摄）

乌蒙山保护区景观

成本区既同于典型的长江流域气候特征，也与云南其他大部地区干湿季分明的普遍规律截然不同，而表现出乌蒙山自身独特的气候与植被区。

保护区内最高海拔2450m，最低海拔905m，相对高差在1500m以上。由于海拔高差明显，形成了丰富的植被类型——可以划分为4个植被型、5个植被亚型、19个群系和44个群丛。表现出生境类型多样化和物种组成与结构的丰富性，同时在保护区植被类型中分布了的珙桐林、水青树林、水青冈林、十齿花林等十分珍稀的保护树种群落，保护树种分布如此集中并形成一定规模的单优群落，在我国保护区中也是十分罕见的。

◎ 保护价值

乌蒙山自然保护区是以保护乌蒙山区目前保存面积较大而完整，类型结构典型，并具有云贵高原代表性的亚热带山地湿性常绿阔叶林森林生态系统和珍稀濒危特有动植物物种及其栖息地，同时以维护乌蒙山区与金沙江—长江流域生态安全为主要保护管理目标，其主要保护对象为：

（1）三江口和朝天马片区具有典型区域代表性的亚热带中山湿性常绿阔叶林森林生态系统和罕见的由珍稀孑遗树种为优势组成的珙桐林、水青树林、十齿花林、扇叶槭林等珍贵的森林群落。

（2）朝天马和三江口片区以藏酋

珙桐（孙茂盛摄）

红豆杉

天麻

木瓜红（张松明摄）

水青树（张松明摄）

海子坪片区景观

乌蒙山保护区景观（孙茂盛摄）

朝天马片区——砂岩峰林（杨科摄）

珙 桐（张松明摄）

猴、小熊猫、四川山鹧鸪、红腹锦鸡、大鲵、红瘰疣螈、天麻、珙桐、水青树、南方红豆杉、福建柏、连香树、筇竹和桫椤等为代表的国家重点保护的珍稀濒危动植物物种资源及其栖息地。

猕 猴

白腹锦鸡

菜花烙铁头

（3）海子坪片区是我国唯一天然分布毛竹林群落及野生毛竹遗传种质资源；朝天马片区是我国天麻原生地。

（4）朝天马片区是保护云贵高原湿地的代表类型——高山沼泽化草甸湿地生态系统等乌蒙山地区独特的植被群落类型和生物地理景观。

考察结果表明，保护区共有207科751属2094种植物，表现了丰富的植物物种多样性。其中野生种子植物1864种，隶属于159科640属；蕨类植物有48科111属230种，是中国蕨类植物区系的重要组成部分。

乌蒙山保护区的云南新分布植物种类非常丰富，共有74种，隶属于32科，58属。这些新分布种一半以上是草本类型，这与它们的散布能力及适应能力较强密切相关。这些种类中有61种是中国特有种，5种北温带分布，4种东亚分布及3种热带亚洲分布。证明了该区的温带起源和东亚植物区系特征，他们在保护区的新发现证明了保护区在我国东亚生物地理区中具有特别重要的意义。

乌蒙山自然保护区的珍稀濒危保护植物种类极具特色，有国家重点保护野生植物如珙桐、南方红豆杉、福建柏、连香树、香果树、十齿花、水青树等13种，隶属10科11属。其中属于国家一级保护的2种，属于国家二级保护

的11种。

乌蒙山自然保护区分布有中国特有种共1063种，是保护区区系的主要组成部分，他们占去保护区总种数的57.03%，如此多的特有成分，显示出了保护区的重要性。

乌蒙山自然保护区特有现象明显，有威信小檗、龙溪紫堇、大叶梅花草等达28种之多，占整个中国特有成分的2.63%，是云南省特有中最多的自然保护区之一，显示出本区域的独特性。

在保护区的海子坪片区，保存的约200hm²毛竹原始林，是目前国内保护最好、最古老的原始毛竹林，是我国毛竹分布区的西部边缘地带，对研究毛竹的发生发展及分布规律有重要价值。

乌蒙山保护区野生动物种类也十分丰富，乌蒙山保护区的动物区系是以南中国种为基础，以中国西南横断山区—喜马拉雅哺乳动物为特色的哺乳动物区系。在中国动物地理区划中隶属于东洋界的西南区；保护区有南中国特有种10种，横断山区—喜马拉雅特有种22种。特有种占全区总种数的34.41%，特有种多成为保护区的一大特色。保护区内分布有国家重点保护和CITES附录Ⅰ、附录Ⅱ保护的哺乳类23种，其中，国家一级保护动物有3种，国家二级保护动物16种，云南省二级保护动物1种。CITES附录－Ⅰ物种除以上3种国家

竹荪　　　　　　　　保护区巡山小路　　　　　　　朝天马片区景观　　　　朝天马片区景观（张晓燕提供）

一级保护动物物种外，国家二级保护动物中的黑熊、林麝、穿山甲、水獭、金猫、鬣羚和斑羚等 7 种也被列为附录－Ⅰ物种，另有中国未列入国家重点保护野生动物名单的豹猫和北树鼩也被列为附录－Ⅱ物种。重点保护哺乳动物较多是保护区的另一大特色。

乌蒙山自然保护区及其邻近地区共记录鸟类 356 种，隶属于 18 目 66 科。其中有国家一级重点保护鸟类黑鹳、四川山鹧鸪等 4 种，有属国家二级保护的白琵鹭、凤头蜂鹰等 30 种。

◎功能区划

乌蒙山自然保护区总面积 28625.1 hm²，其中核心区 11144.2hm²，占总面积的 38.93%；缓冲区 6792.5hm²，占 23.73%；实验区 10688.4hm²，占 37.34%。核心区面积尽可能维持最大的生物多样性，保护好原始天然林和珍稀濒危动植物种，保证自然生态系统内各种生物物种的正常生长与繁衍。缓冲区和实验区的区划有利于核心区的绝对保护，而且实验区的划分是围

绕保护主题的前提下，留出教学实习和多种经营用地。

（云南乌蒙山自然保护区供稿）

朝天马片区景观（聂昌云摄）

乌蒙山自然保护区景观（孙茂盛摄）

三江口片区景观（张松明摄）

三江口片区景观——山地常绿阔叶林（赵峰摄）

朝天马片区景观——砂岩峰林（孙茂盛摄）

朝天马片区景观——砂岩峰林（孙茂盛摄）

海子坪片区景观——暖性竹林（杨科摄）

西藏 珠穆朗玛峰 国家级自然保护区

西藏珠穆朗玛峰国家级自然保护区位于我国西藏自治区与尼泊尔王国交界处。其南起国界线，北至雅鲁藏布江（吉隆县境内）和藏南分水岭（定南县境内），东以拿当曲与哈曲分水岭、朋曲支流——叶茹藏布与吉布弄藏布分水岭以及彭作浦曲与拉冬扎乌河分水岭为界，西抵阿母嘎曲与桑卓曲分水岭；地理坐标为东经84°27′~88°，北纬27°48′~29°19′，行政隶属西藏自治区日喀则地区定日、吉隆、聂拉木、定结4县，为世界上海拔最高的自然保护区。总面积为3381900hm²；属森林生态系统类型自然保护区。珠穆朗玛峰保护区成立于1988年，1994年经国务院批准晋升为国家级自然保护区，2004年被列入世界生物圈保护区网络。

红豆杉（多吉次仁摄）

◎ 自然概况

喜马拉雅地层、地质构造区南起喜马拉雅南麓的恒河平原，北至雅鲁藏布江谷地，是青藏高原地质形成最新的地区，珠穆朗玛峰自然保护区即全部处在该地区之中。除了分布于喜马拉雅主脊线以南的低喜马拉雅地台型沉积带和亚喜马拉雅西瓦里克第三系沉积带外，保护区自南至北依序分布着该区的另外3个沉积地质构造带，即高喜马拉雅结晶岩带、特提斯喜马拉雅南部沉积构造带和特提斯喜马拉雅北部沉积构造带。

强大的喜马拉雅构造运动的结果，构建了珠峰地区大尺度地貌类型配置格局。而在内营力引起的高原降升过程中，随着地势差异的加大，以流水侵蚀为主的外营力对地表形态的作用也同步得到了加强，并成为控制本区中、小尺度地貌形态的主导因素。保护区就是这样在内、外营力长期综合作用下，形成了以高喜马拉雅山脉和藏南分水岭为骨架，以高原湖盆、宽谷为基底，并含有河流、湖泊、冰川、冰缘、风沙等多种地貌类型的极其复杂的现代地表形态。

珠穆朗玛峰自然保护区最具特色的地貌类型是世界上最高大，最年轻的山脉——喜马拉雅山脉自西向东横贯其南缘，并且是喜马拉雅山脉最高部分。该山脉11座8000m以上的高峰中就有5座分布于本区，如举世闻名的世界第一峰——珠穆朗玛峰（8844.43m）、第四高峰——洛子峰（8516m）、第五高峰——马卡鲁峰（8201m）、第六高峰——卓奥友峰（8201m）和第十四高峰——希夏邦马峰（8012m）。

根据西藏自治区水文区划，珠穆朗玛峰自然保护区隶属藏中南水文区中喜马拉雅山北坡地带的内流、外流地区。本地带正处在喜马拉雅山雨影地区，降水量少蒸发强度大，因而比较干燥。在降水中，固态降水所占比例较高。河流分属印度洋和藏南内流两大水系。属于印度洋水系的主要河流有朋曲及其支流热曲、洛洛曲、叶茹藏布、扎嘎曲等。

高寒湿地（多吉次仁摄）

珠穆朗玛峰顶峰

除朋曲外，本区经恒河注入印度的河流还有绒辖河、波曲、吉隆藏布和斗嘎尔河等。上述河流除朋曲等大河为常年性河流外，其他河流冬季封冻或断流。

在喜马拉雅北坡高原宽谷湖盆区西部发育着本区最大的内陆湖泊——佩枯错，面积约300km²，湖面海拔4590m，属藏南内流水系的湖泊。受东西和南北向两组构造的控制，为典型的构造湖。注入湖泊的河流主要有源于湖东大石山的八日雄曲和湖西南佩枯康日的达曲等，它们形成以佩枯错为中心的内流水系。

珠穆朗玛峰自然保护区地处青藏高原南缘，高原独特的大气环流形势，珠穆朗玛峰地区特殊的地理位置及地势结构特点，是控制珠穆朗玛峰保护区气候差异的主导因素。横贯于保护区南部高喜马拉雅山脉对印度洋暖湿气流的阻挡作用，使保护区气候在水平方向产生明显的区域分异。山脉南翼受到印度洋暖湿气流的强烈影响，降水充沛，具有海洋性季风气候特征。山脉北翼由于高喜马拉雅山脉的屏障作用极其显著，印度洋暖湿气流不仅受到重重阻挡，翻山后耗尽大量水分的气流下沉绝热增温产生的焚风效应，更加剧了北翼气候的旱化，使这里呈现出大陆性高原气候特点。

在喜马拉雅山脉南翼及山脉下切的河谷谷地，如朋曲、绒辖、波曲、吉隆和斗嘎尔河下游各地区平均海拔2400m，其气候温凉、湿润或半湿润，年平均气温7～10℃，无霜期150～250天，日均温>5℃持续期间积温2100～3400℃。年降水东西有较大差异，在东部的朋曲下游谷地，绒辖谷地和波曲谷地，因印度洋暖湿气流影响较强烈，该生态系统正处在山地最大降水带之海拔位置，年降水量在2000～2500mm之间。西部的吉隆藏布和斗嘎尔河谷地，随着印度洋暖湿气流由东向西减弱，年降水量降至1000～1500mm，成为半湿润地区。因气候变凉，冬季11月至翌年3月有降雪，积雪深达50～150cm。

在喜马拉雅山北翼的高原面内（即保护区的大部分地区），平均海拔4000m以上。以定日县协嘎尔为例，该区年平均气温2.1℃，无霜期100～120天，日均温≥0℃持续期间积温1000～1500℃。极端最低气温-24.8℃，极端最高气温46.4℃，无霜期100～120天；年日照时数3323h，日照百分率达75.3%；年平均降水量270.5mm，年平均蒸发2749.5mm，蒸发量远远高于降水量，且多集中在7～9月。

保护区内土壤受气候、地质、地貌、水文的等诸多因素的影响，与整个青藏高原相比，土壤主要呈现发育比较原始的特征，土壤成土过程主要表现为以草原土壤为主的成土过程，森林土壤形成过程只分布在保护区南部的喜马拉雅山脉南坡及山脉下切河谷谷地。

喜马拉雅山脉南坡气候高温多雨，土壤是砖红壤、黄壤和棕壤土壤带，土壤垂直带谱分布明显。在海拔900～2600m范围内，海拔高度较低，气候温暖湿润，植被主要为山地亚热带常绿、半常绿阔叶林、常绿针叶林。在这种温暖湿润的气候条件下，植被分布区内土壤生物风化和物质淋溶淀积作用较强烈，发育着山地黄棕壤；在海拔 2400～3300m 之间，气候温凉，湿润或半湿润，植被为山地暖温带常绿针叶林、硬叶常绿阔叶林，发育着山地酸性棕壤；在海拔 3100～3900m 之间，气候凉爽湿润，植被为亚高寒温带常绿针叶林、落叶阔叶林。由于分布区流水侵蚀作用强烈以及季节性冻层的影响，区内主要发育着亚高山漂灰土。在吉隆藏布谷地以西，气候较干燥，漂灰作用大为减弱，漂灰层已不十分明显，具有一些山地棕壤的特点；在海拔 3700～4700m 之间的高山地带，气候寒冷、湿润，植被为高山亚寒带灌丛、草甸发育着亚高山灌丛草甸土和高山草甸土；在海拔 4700～5900m 的雪线之间，气候极端恶劣。由于海拔高，气候寒冷，寒冻风化作用强烈，土壤发育原始，土质粗疏，多石砾、黏粒含量甚微。根据其成土过程，依然是在湿润环境下和以中生草甸植物为主的生物环境，发育的土壤为原始高山草甸土；在 5500～8848m 之间的极高山地带，主要以冰雪覆盖，局部地段有裸岩，基本以岩石风化为主，土壤发育原始，基本为高山寒漠土。

喜马拉雅山脉北翼大部分地区在海拔在 4000m 以上。由于喜马拉雅山脉

的雨影作用，这里降水少，气候寒冷干旱，具有典型的大陆性高原气候特征。在海拔 3700～4200m 之间，即珠穆朗玛峰自然保护区大部分地区，主要发育着高寒草原土。土壤有机物残体和腐殖质聚积不如高山草甸土，土层较薄，全剖面仅有 40～50cm，层次分化不明显，有硅酸钙的淋溶淀积现象。土体全剖面呈碱性反应（pH 值 7.7～8.5）；在海拔 5000～5700m 之间，主要为喜马拉雅北翼山地和藏南分水岭一带，发育着高山草甸土；海拔 5700m 以上，土壤发育基本与喜马拉雅山南坡相同。

在物种多样性方面，据调查，珠穆朗玛峰自然保护区共有高等植物 2348 种，其中被子植物 2106 种、裸子植物 20 种、蕨类植物 222 种、苔藓植物 472 种；地衣植物 172 种；真菌 136 种。区内有哺乳动物 53 种、鸟类 206 种、两栖动物 8 种、爬行动物 6 种、鱼类 5 种。其中国家级保护植物 12 种，国家级保护动物 35 种，其中国家一级保护动物 11 种。在西藏，本保护区的生物多样性仅次于雅鲁藏布大峡谷自然保护区。

◎ 保护价值

珠穆朗玛峰自然保护区以世界第一高峰——珠穆朗玛峰、世界第四高

冰塔林（嘎玛摄）

凤 蝶

黑颈鹤

峰——洛子峰、世界第六高峰——卓奥友峰等世界上最壮观的极高山景观和喜马拉雅山脉南翼湿润山地森林生态系统及喜马拉雅山脉北翼半干旱高原灌丛、草原生态系统为主要保护对象。

由于本区地处古北极生物地理区的南部，位于该地理区最为特殊的地理省——西藏自治区和喜马拉雅高地的交界处，在保护区的范围内就存在着世界上两个极特殊生物地理省的典型代表地段，这在世界自然保护区中实属罕见，更令人感兴趣的是珠穆朗玛峰自然保护区还是几个重要自然地理区域的交错地带（即古北极和印度—马来两大生物地理区域，西藏和喜马拉雅高地两个省级生物地理区域以及东喜马拉雅和西喜马拉雅两个三级生物地理区域），这对于

繁衍生息（定结县提供）

吉隆沟内原始森林

喜马拉雅山脉（多吉次仁摄）

增强保护区生物物种的多样性有重要意义。保护区内兼有多个自然地理区域的珍稀濒危生物，使之所含珍稀、濒危生物物种种类十分丰富。保护区属东洋界的国家一级保护动物有长尾叶猴、熊猴、喜马拉雅塔尔羊、豹、雪豹、西藏野驴、黑颈鹤、红胸角雉、棕尾虹雉等，其中如长尾叶猴、熊猴、喜马拉雅塔尔羊、雪豹均为喜马拉雅特有种。

保护区由喜马拉雅山脉南翼半湿润山地森林生态系统和喜马拉雅山脉北翼高原半干旱灌丛、草原生态系统两大系统组成，两者都属于异常脆弱的生态系统，生活在该系统中的众多生物物种（包括许多珍稀濒危物种在内）与周围环境正处在一种脆弱的平衡状态之中，就此而论，保护区的保护价值显而易见。保护区是世界上海拔最高的自然保护区，以保护世界上独一无二的极高山生态系

统，原始的山地森林、灌丛和草原以及生存在其中异常丰富的高原山地生物多样性、丰富多彩的当地藏族历史文化遗产和高原自然景观以及具有重大科学研究价值的自然遗迹为主。举世无双的珠穆朗玛峰以它独特的自然景观、丰富的生态类型和深藏的科学奥秘，吸引着众多的中外科学工作者和国内外的游客，具有极大的保护、研究和开发价值。

◎ 管理状况

珠穆朗玛峰自然保护区根据自然保护区生态系统的区域分异特点，重点保护对象（珍稀濒危物种，自然历史遗迹，人类历史文化遗址等）的分布状况以及人类生产活动对环境的影响程度，划分为核心区、缓冲区、实验区3类不同的区域，实施不同的管理办法对自然保护区进行科学管理。其中核心区面积

1032480hm^2，缓冲区面积625490hm^2，实验区面积1656130 hm^2。

珠穆朗玛峰自然保护区历来重视社区工作，通过广泛的宣传，使区内广大群众认识到保护区管理的好坏直接涉及区内每一位群众的切身利益，逐步使区内群众的保护意识从被动变为主动。

近年来，珠穆朗玛峰自然保护区加快了旅游业的发展，特别是到珠峰大本营参观的游客增速较快，给定日县带来较好的经济效益。随着保护区旅游业的发展，其他3县旅游业也得到发展和促进。同时，通过引导和带动当地居民参与旅游服务业，改变当地的产业结构，提高当地居民的生活水平，带动其他产业的发展。由于保护区居民经济的发展，对自然资源的依赖性减小，使保护区内的生物资源得到保护，生态系统保持平衡，从而为实现该区社会和经济的可持续发展奠定了良好的基础。利用现有资源，因地制宜地开展多种经营，主要为当地传统的手工制品的加工和改进。产品主要有木制品、羊毛制品、牦牛毛制品、银器手工制品等。这些产品结实耐用，外观古朴自然，深受藏族群众喜爱，市场潜力很大。通过对现有的手工艺品的加工改造，制作成游客喜好的旅游产品，也可大幅度增加当地群众经济收入。

（珠穆朗玛峰自然保护区供稿）

珠穆朗玛峰景观

西藏 羌塘
国家级自然保护区

西藏羌塘国家级自然保护区位于西藏北部，昆仑山、可可西里山以南，冈底斯山、念青唐古拉山脉以北，行政上隶属那曲地区的尼玛、安多、双湖等3县以及阿里地区的改则、日土、革吉、噶尔等4县所辖。地理坐标为东经79°42′～92°59′，北纬31°44′～36°32′，总面积2980万 hm²，属荒漠生态系统类型自然保护区，主要保护高原荒漠生态系统及藏羚羊、藏野驴等珍稀动物。保护区成立于1993年，2000年晋升为国家级自然保护区。保护区业务上受西藏国家级自然保护区管理委员会指导。那曲、阿里两地区设置保护区管理局，保护区所属7县各设置1个管理分局，管理局下共设置6个管理站。

◎ 自然概况

羌塘自然保护区地处于青藏高原主体部分的一个低山、丘陵与湖盆相间的波状高原面上。其形成历史最早可追溯到公元3世纪末昆仑山脉的隆起，从那时起羌塘地区才逐步脱离特提斯海，直至晚白垩纪全部形成陆地。现代的羌塘高原在北、西、南3面分别为昆仑山脉、喀喇昆仑山脉和冈底斯—念青唐古拉山脉所环绕，是一个半封闭高原。四周山脊的海拔高度在5500～7000m之间，

北部与新疆交界的木孜塔格峰海拔高度为7723m，山峰附近广泛发育现代大陆性冰川。区内大部分地域海拔在5000m左右，山体连续分布，相对高差一般在200～500m之间，地势波状起伏，山势低矮浑圆，具有开阔坦荡，起伏平缓，湖泊棋布的高原湖盆地貌。羌塘地区原本就是指藏北内流水系的地域，本区的水系以内流水系为主。在羌塘这个巨大的封闭区域内，高原面保护得比较完整，但低山、丘陵仍然纵横交错，形成了数以千计以湖为中心的独立向心水系。该水系补给方式为融水补给，由于远离海洋，加上高山阻隔，是西藏降水量最小的地区，且太阳辐射强烈，多大风，蒸

羌塘景观之一

羌塘景观之二

发旺盛，因而造成地表径流贫乏，河流一般短小，东南部河流密度稍大，多为常年性河流，西部、北部多为间歇性河流，河流均以内陆湖为归宿，还有不少小河是自流自灭。区内总的气候特点是寒冷、干燥。由于地处亚热带的纬度和青藏高原腹地，空气稀薄、干燥少尘，云量稀少，日照百分率＞65%，日照时数达 2850 ~ 3200h，太阳辐射强烈。因地势高耸，四周为自由大气所包围，在冷平流影响下，大量热量以对流的形式逸散，因而地表大气所获得的能量有 150 ~ 200 mm，其中87%以上集中在 6 ~ 9 月份，多为降雪，少暴雨。年平均气温在 −4 ~ −1℃。最暖月平均气温 5 ~ 12℃，最冷月平均气温 −12 ~ −10℃，无霜期很短，一般仅有几十天。植物生长期均少于 100 天。保护区内的土壤类型有高山草原土、高山荒漠草原土及高山荒漠土。分布最广的土类是高山草原土，主要分布在北纬35°以南的地区，发育于 5200m 以下的排水良好的低山、丘陵、宽谷和湖成平原上，土层一般在 40cm 左右。土壤表层常具粒状团块状结构，亚表层多呈块状结构，含石砾较多，高达 30% 以上；表层石砾含量在 1% ~ 2% 之间，个别达 3%；碳氮化接近 10，pH 值 8.0 ~ 9.0。随着纬度增加，土质更粗、更干，生物作用渐趋削弱。北纬35°以北是高山荒漠草原土，由于气候更加寒冷和干旱，生物作用显著削弱，表层有机质含量仅 0.5% 左右，碳氮化只有 6，pH 值 9 左右；表层有脆薄易碎的疏松结皮，并且有冻融作用形成的鳞状颗粒，土层一般厚约 30cm，下部为永冻层，石砾含量可达 20% ~ 30%。在保护区内的山地垂直带上还发育有一些高山草甸土和寒冻土，湖滨分布有盐土。

羌塘国家级自然保护区在高原高寒草原生态系统中是珍稀濒危物种最多的地区，有哺乳动物 38 种，鸟类 70 余种，并有鱼类、爬行类和昆虫等种类。其中：国家一级保护野生动物有雪豹、西藏野驴、野牦牛、藏羚羊、北山羊、白尾海雕、玉带海雕、黑颈鹤等；国家二级保护动物有棕熊、荒漠猫、猞猁、藏原羚、盘羊和多种鹰类。保护区内还生长着许多珍稀、濒危植物，如西藏沙棘、掌叶大黄、马尿泡、合头菊等。

◎ **保护价值**

保护区最主要的保护对象是野生动物及其栖息地。对野生动物及其栖息地的保护，同时也保护了生活于该生态系统的许多水禽，特别是与之生活习性相似的候鸟，如斑头雁、赤麻鸭等。还保护了其他珍稀物种，其中我国特有的和受威胁的生物物种主要有藏羚羊、西藏野驴、藏原羚、盘羊、棕熊等及马尿泡、

藏羚羊穿越冰封的湖泊

合头菊、西藏沙棘、掌叶大黄等。

羌塘国家级自然保护区位于古北界青藏高原的主体部分，几乎包括了"世界屋脊"大部分腹心地带，自然环境自成系统，同时与新疆、青海等省（自治区）的相邻地区构成了世界上别无仅有的亚洲中腹高地奇观。

羌塘自然保护区总体上由东部草原区和西部干旱荒漠区组成，实际上包括了跨越北纬 33°～36°之间从高寒草甸向高寒荒漠的所有生态序列，仅就植被类型而言，即有数十个之多，几乎包含了所有同类草原全部植被类型。据统计，羌塘自然保护区内已发现种子植物 470 余种，分属于 40 科 147 属。另外，由于山地高度不同和不同面积、水质的湖泊存在，也形成了多种局部的小气候和多样的湿地生态系统。鉴于羌塘国家级自然保护区重要的生态地位，加强对该保护区的管理，积极开展科学研究，具有极为重要的意义。

本保护区是世界上黑颈鹤最主要的繁殖地。除了黑颈鹤以外，在羌塘国家级自然保护区范围内，还生存着大量的棕头鸥、斑头雁、赤麻鸭等珍稀水禽。根据已有资料和 2000 年 7 月的考察结果，保护区鸟类达 100 余种，可见，羌塘国家级自然保护区作为珍稀水禽的栖息和繁殖地，保护价值是非常大的。

羌塘国家级自然保护区是西藏自治区湿地分布最为集中的区域，根据《全国湿地资源调查与监测技术规程》中对于湿地的分类，在保护区范围内几乎包

野牦牛

西藏野驴

括了除11种近海及海岸湿地的大多数种类。如此完整的湿地生态系统，在全世界也是不多见的，具有极为重要的保护价值。同时，对于保护区及周边地区气候的调节和影响，也是湿地生态系统重要的价值所在。

◎ 功能区划

保护区核心区面积8934700h m²、缓冲区面积14315300h m²、实验区面积6550000h m²。根据功能区区划的原则和依据，羌塘国家级自然保护区划

羌塘随处可见的西藏野驴

分出3个核心区、3个缓冲区、3个实验区。

◎ 管理状况

为促进当地经济发展和改变群众的经济结构，保护区管理局利用保护区的资源优势，通过开展生态旅游、林下资源的开发和利用，开展野生动物的驯养繁殖和野生植物的综合加工等项目，增加了当地的经济收入，缓解了保护与经济发展的矛盾。

（羌塘自然保护区供稿）

藏原羚

西藏 察隅慈巴沟
国家级自然保护区

西藏察隅慈巴沟国家级自然保护区位于西藏自治区林芝地区东南面的察隅县中部，地理坐标为东经96°52′～97°10′，北纬28°34′～29°07′。保护区总面积为101400hm²，属森林生态系统类型自然保护区。保护区建立于1985年，2002年经国务院批准晋升为国家级自然保护区。

◎ 自然概况

察隅慈巴沟自然保护区位于青藏高原的东南角，喜马拉雅山与横断山呈"T"形的交汇处。整个地形地势是北高南低，近似"簸箕"形，迎向印度洋。保护区内的察隅河是雅鲁藏布江下游布拉马普特拉河的一大支流。保护区内最低处仅1500m，而两侧山脉主脊线大多在5000m左右，其间还有6000m以上的山峰，山地地貌垂直分异明显。

山麓谷地为流水作用带，其中谷地呈险岸陡立的峡谷景观。沟谷口常见有洪积扇和泥石流堆积扇。在森林线到谷坡之间的中山地带，多生长有茂密的森林。该带为流水与重力作用带，流水形成的冲沟、切沟、泥石流与跌水随处可见，因重力作用形成的石流、倒石堆、崩谷、滑坡也比比皆是。由于该区年降水颇丰，高山多发育有发达的海洋性冰川。山脊部位由冰川侵蚀形成的角峰、刀脊、冰斗等冰蚀地

不同地段的树木类型

貌十分发育，山脊两侧坡面布满众多的雪崩滑槽，山麓多雪崩堆。复杂多样的地形地貌，为多种森林生态系统的发育创造了必要的条件，也给众多野生动植物的繁衍生息提供了足够的空间，是山地生物多样性集中分布的典型区域，具有很大的科研及保护价值，也是保护区建立的目的所在。

保护区内的察隅河是雅鲁藏布江下游布拉马普特拉河的一大支流，大体呈北向南。察隅河上游有东西支流，分别源自两个山脉。西支为贡日嘎布曲，发源于贡日嘎布拉山附近；东支为桑曲，源自于舒拉岭。保护区位于察隅河东西两个支流之间，桑曲北岸，桑曲的支流娄巴曲从北至南贯穿整个保护区。沟口海拔1500m左右，山谷狭窄，谷底宽

羚牛等野生动物栖息的原始森林

慈巴沟

不超过100m，两面山势陡峻，谷底水流湍急。进沟20km到海拔2800m之后，沟谷豁然开阔，宽约3～5km。娄巴曲上游为"古冰川""U"形谷地，河谷宽窄相间。

察隅慈巴沟自然保护区位于东喜马拉雅、念青唐古拉和伯舒拉岭形成的向南开口的马蹄形山环的内侧，属喜马拉雅山与横断山脉过渡的高山峡谷地带。东面是南北走向的横断山脉，层层山岳阻挡了东来的太平洋季风，北面是东西走向的念青唐古拉阻挡了南下的干冷气流。由于来自印度洋的高温高湿气流无法逾越本区东部和北部的高山只能在本地回旋，因此，气候温暖多雨。该气候区年降水量达1000mm以上，1000～2000m海拔地

区年平均气温10～20℃，年平均湿度为60%～70%，无霜期200天以上。

保护区内的土壤主要由山地黄壤、山地黄棕壤、山地棕壤、山地暗棕壤等7个土类组成。保护区内的土壤种类全，是研究森林土壤的绝佳场所。

保护区内有森林面积55365hm²，森林覆盖率54.6%，全部为原始森林，成、过熟林比重大，森林植被类型多样，分布有常绿阔叶林、针叶阔叶混交林、暗针叶林，包括从亚热带至寒温带出现的各种森林类型。森林垂直性分异明显。保护区有维管束植物147科549属1392种，含蕨类植物34科66属143种；裸子植物4科11属24种、被子植物109科472属1225种，野生食用菌238种。其中国家一级保护植物有长蕊木兰、

喜马拉雅红豆杉。保护区内有国家一级保护野生动物15种：熊猴、云豹、豹、雪豹、虎、羚牛、赤斑羚、金雕、玉带海雕、雉鹑、灰腹角雉、绿尾梢虹雉、白尾梢虹雉、黑颈鹤、蟒；国家二级保护动物36种，其中两栖类1目3科5种、爬行类1目4科12种、鸟类10目27科100种、哺乳类8目8科57种。

◎ 保护价值

察隅慈巴沟自然保护区是以保护山地亚热带原始常绿阔叶林与针叶林、云南松林等生态系统和生物多样性以及分布其间的国家重点保护野生动植物资源为目的的森林生态系统与野生动物类型自然保护区。

保护区所在的察隅县是僜人的主要

桦木林

热带森林植被

人行道上的警示

兰科植物

分布区，僜人有自己的语言，但没有文字，多使用结绳或刻木记事的方法。另外还有藏珞巴族、门巴族、纳西族、怒族、独龙族等少数民族，这些民族文化因为地理闭塞，较少受到外部现代化的干扰。保护区及其周边保存有丰富的历史文化遗迹。

保护区特殊森林植被类型如黄果冷杉、云南黄果冷杉林、亚高山冷杉林都生长在恶劣环境条件下，在西藏分布范围小，演替和更新难。

察隅慈巴沟自然保护区的建立，使丰富的山地生态系统、生物物种以及其所含众多的遗传基因得以保存与发展，为当地经济可持续发展保存了无比珍贵的生物资源。察隅慈巴沟自然保护区对察隅整体生态环境实施的有效保护，将稳定地维持印度洋暖湿气流对高原输送线的"畅通无阻"，使整个高原东南部与高原内陆的生态环境免受人类活动的影响，保证整个高原东南部森林生态系统的稳定，并为当地社会经济的持续发展创造良好稳定的外部环境。察隅慈巴沟自然保护区在生物、地质、冰川、气候、水利等众多科研领域中占有的特殊

地位，使保护区建立后成为重要的科研基地，可为人类进一步深入认识自然规律做出重大贡献。

◎ 功能区划

根据保护价值及实际管理需要，以保持生态系统的完整性、整体性和适宜性为原则，结合自然保护区的地理特点及物种分布状况，从便于保护的角度出发，察隅慈巴沟自然保护区划为核心区、缓冲区、实验区3个部分，核心区面积为53200hm²，范围从格泥山顶—都拉山口—沿沟谷小道至甲瓦弄巴口—沿山脊至甲瓦弄巴东山顶—甲米拉—贡麻山顶—牧苦弄巴北山顶—察东4961山顶—金东拉卡—本格拉—格泥山顶，另外，核心区还包括矢朱村、拉木弄巴两个保护点；缓冲面积为23150hm²，位于核心区和实验区之间。实验区面积为25050hm²，位于保护区外围，范围是慈巴沟桥—二十二道班—山脊—莫拉弄巴东北山顶—东沿山脊至慈巴沟—山脊至4781山顶—卡米日—沿山脊至错铁好梁子—慈巴沟桥，甲瓦弄巴两边谷坡及次走弄巴南面谷坡。

◎ 管理状况

保护区管理局根据国家、自治区关于自然保护区管理的法律、法规、条例，制定了适合本地区对该保护区管理的具体的地方法规，并公布实行；划界标桩，将保护区的面积和界线落实到实地，用耐用的材料打桩钉牌，以示区别；实行分区管理，核心区禁止人为活动，包括生产、旅游等均不应在核心区内进行，保护区管理人员因工作需要进入核心区时，必须严格要求自己，妥善处理垃圾，保护好环境。缓冲区内，可保留一些传统的旅游路线，开展生态旅游。实验区除了科学合理利用当地资源优势，建立高效的产业结构，促进当地生产的发展，提高当地居民的生活水平外，还通过开

西藏江南察隅之县城

展各项工作，促进保护区内文教、卫生和其他社会主义事业的全面进步；提高区内居民的科学文化素质，实现保护区的社会经济的可持续发展；加强对生态环境和物种的保护，包括严格保护原始的亚热带常绿阔叶林、亚高山常绿暗针叶林，云南松林，以及本区特有的原始云南黄果冷杉、澜沧黄杉群落；加强对羚牛等国家重点保护动物及其生存环境的保护，以防逃失或进入保护区外；对保护区的珍稀树种、大树、古树、观赏价值高的树种加强保护，有条件的地方进行挂牌宣传保护；加强保护区科研工作和对保护区人员的培训，将科研成果用到保护管理工作中；设立保护站、保护点、检查站；建立完善奖惩制度，同时还建立巡逻和护林防火制度、建档制度、宣传教育制度、病虫害防治、社区共管等制度。

（察隅慈巴沟自然保护区供稿）

西藏 雅鲁藏布大峡谷 国家级自然保护区

◎ 自然概况

西藏雅鲁藏布大峡谷国家级自然保护区地处西藏东南部，地理坐标为东经94°39′~96°6′，北纬29°05′~30°20′，行政上属林芝地区的墨脱、米林、林芝、波密4县所辖。保护区总面积916800hm²，属森林生态系统类型保护区。雅鲁藏布大峡谷自然保护区（原墨脱国家级自然保护区）成立于1985年，1986年经国务院批准为雅鲁藏布大峡谷国家级自然保护区，2000年扩建更名为西藏雅鲁藏布大峡谷国家级自然保护区。

雅鲁藏布大峡谷地区正处在印度板块向欧亚板块俯冲碰撞的东北角部位。

现代地理形态是第四纪以来，在以强烈抬升为主体的内营力作用下，东喜马拉雅山脉尤其是其主峰南迦巴瓦峰以及北侧的加拉白垒峰和嘎日嘎布山脉的急剧隆升和以强烈河流侵蚀为主体的外营力作用下，雅鲁藏布江与迫龙藏布等支流追踪构造，急剧下切而形成的以岭谷高差悬殊的高山峡谷地貌为特色。南迦巴瓦峰海拔7787m，是大峡谷地区也是东喜马拉雅山脉最高峰。其对面矗立着加拉白垒峰，海拔7257m，两山形成大峡谷地区最壮丽的雪岭、冰峰景观。年平均流量16290m³/s，居世界第7位，与最大洪水流量76600m³/s、居世界第4位的世界最著名的高地大河——雅鲁

大峡谷景观

南迦巴瓦峰

藏布自西向东流至两峰之前，在两座高峰之间劈开一条通道，然后环南迦巴瓦峰作奇特的马蹄状回转，再折向西南，沿东喜马拉雅东南斜面奔腾而下，注入印度阿萨姆平原。在此，雅鲁藏布江形成了长 564.6km，极值深度 6009m，单侧最深值 7057m，核心地段平均深 273m，最窄江面 35m 的世界最雄奇壮观的第一大峡谷。

雅鲁藏布大峡谷地区位于东喜马拉雅、念青唐古拉和伯舒拉岭形成的向南开口的马蹄形山环的内侧。以横亘于大峡谷地区中北部的东喜马拉雅和嘎日嘎布山脉为界，气候却产生了明显的分异。南部为湿润的热带、亚热带山地气候，北部则为半湿润的亚热带、温带山地气候。而在山地坡面上则形成了我国最完整的山地垂直气候带谱，主要由以下 5 个垂直气候带组成。在海拔 1100m 地

段，属低山热带北缘湿润气候，年平均气温 16.5 ~ 20℃，冬季气温可达 10 ~ 12℃，年平均降水量 2500 ~ 3000mm；在海拔 1100 ~ 2400m 段，属山地亚热带气候，年平均气温 11 ~ 16.5℃，最冷月气温 4℃，冬季有霜冻但不严重。年降水量 2000 ~ 2500mm，冬季有降雪；在海拔 2400 ~ 4000m 地段，属亚高山温带湿润气候，年平均气温 2 ~ 11℃，年平均降水量 3000 ~ 3200mm，冬季降雪；在海拔 4000 ~ 4800m 地段，属高山亚寒带湿润气候，年平均气温 −5 ~ 2℃，年平均降水量 2000 ~ 3000mm，冬季积雪时间长达 6 ~ 8 个月；在海拔 4800 ~ 5000m 的雪线上，属高山寒带冰雪气候，本气候极端寒冷，年平均气温 − 5℃以下，年降水量 2000 ~ 3000mm，除山坡极陡处和多风处，大部分地区终年为冰雪覆盖。

雅鲁藏布大峡谷地区形成土壤的生物气候条件复杂，其土壤类型多样，土壤资源丰富，在地理分布上土壤的水平与垂直分异明显。主要包括砖红壤性黄壤、山地黄壤、山地黄棕壤、山地棕壤、山地灰化土、亚高山灌丛草甸土、高山草甸土、高山漠土共 8 种土壤类型组成。砖红壤性黄壤主要分布于大峡谷南部地区 1100m 以下的谷坡与阶地；山地黄壤主要分布于海拔 1100 ~ 1900m 的山地。在缓坡、阶地处土壤发育良好，发生层次也较为明显，土壤颜色以黄色为主；山地黄棕壤主要分布于海拔 1900 ~ 2300m 之间，土壤发育程度较好，层次较明显，枯枝落叶层可达 5cm；山地棕壤主要分布于海拔 2300 ~ 2800m 的山地。表层枯枝落叶层很浅，腐殖质层 10 ~ 20cm，下面有棕色淀积层；山地灰化土分布于

云杉林

易工—排龙藏布汇流处

岗森林

叶猴、赤斑羚、虎、金钱豹、羚牛、马来熊、棕尾虹雉 7 种。动物资源有哺乳类 63 种，鸟类 232 种，爬行动物 25 种，两栖动物 19 种，昆虫 2000 余种。

◎ 保护价值

雅鲁藏布大峡谷自然保护区最主要的保护对象是以山地森林生态系统与生存于该区的珍稀濒危物种。据调查统计，本区维管束植物集中了西藏维管束植物种类的 63%，有国家保护野生植物 20 余种。在野生动物方面，野生动物种类集中了西藏种类的 60% 以上的物种，其中国家保护野生动物 40 余种，哺乳类占西藏种数的一半以上。因此，加强对生境和物种的保护具有十分重要的意义。

雅鲁藏布大峡谷自然保护区的建立，使丰富的山地生态系统、生物物种以及其所含众多的遗传基因得以保存与发展，不仅为当地经济可持续发展保存了无比珍贵的生物资源，也为 21 世纪我国乃至世界实现社会经济的

海拔 2800～3600m 和 3200～4100m（北部）的山地。土壤表层凋落物质厚 3～10cm，腐殖质层 5～10cm，多为黑棕色壤土；亚高山灌丛草甸土主要分布于海拔 3600～3900m 处。一般发育有灌木与草本植物根系形成的紧实草皮层，厚达 3～10cm；高山草甸土广泛分布于 3800～4400m 和 4200～4600m（北部地区）的山顶和山坡；高山漠土主要

分布于海拔 4800mm 以上的雪线上部地区。

大峡谷地区生物多样性丰富，根据对雅鲁藏布大峡谷保护区进行的实地调查，其中国家一级保护植物有西藏红豆杉、小果紫薇、黑节草等 5 种。该地区植物资源有维管束植物 3768 种，苔藓植物 512 种，大型真菌 686 种，锈菌 209 种；国家一级保护野生动物有长尾

保护区景观

可持续发展提供极其重要的山地生物多样性资源；雅鲁藏布大峡谷自然保护区对该区域整体生态环境实施的有效保护，将稳定地维持印度洋暖湿气流对高原汽输送线的畅通无阻，进而使整个高原东南部与高原内陆的生态环境免受人类活动所造成的恶性干扰，保证整个高原东南部森林生态系统的稳定，并为当地社会经济的持续发展创造良好稳定的外部环境；雅鲁藏布大峡谷自然保护区在生物、地质、冰川、气候、水利等众多科研领域中占有的特殊地位，保护区成为举世闻名的科研基地，并为人类进一步深入认识自然规律作出了重大贡献。

◎ **功能区划**

雅鲁藏布大峡谷自然保护区遵照不同的功能区进行区划，总面积916800hm²。其中核心区面积320000hm²，缓冲区面积37000hm²，实验区面积559800hm²。

◎ **管理状况**

雅鲁藏布大峡谷自然保护区管理局业务上受西藏国家级自然保护区管理委员会指导。林芝地区设置保护区管理局，保护区所属4县各设置1个管理分局，管理局下共设置11个管理站。

（雅鲁藏布大峡谷自然保护区供稿）

岗乡原始森林

西藏 芒康滇金丝猴
国家级自然保护区

　　西藏芒康滇金丝猴国家级自然保护区位于西藏自治区芒康县境内，成立于1993年，地理坐标为东经98°20′～98°59′，北纬28°48′～29°40′，总面积为185300hm²，属野生动物类型自然保护区，主要保护我国特有珍稀物种、国家一级保护野生动物滇金丝猴。保护区建立于1993年，2003年经国务院批准晋升为国家级自然保护区。

◎ 自然概况

　　芒康滇保护区地质历史相当年轻，成陆时期大约在中侏罗纪或晚侏罗纪时期，属奥陶、志留纪地层，以砂岩、板岩、碳酸盐岩为主。由于印度板块俯冲于欧亚板块之下，在东西向挤压应力作用而形成南北走向山系——横断山系（芒康山脉）。它们是念青唐古拉山系折向东南的延续和分支。保护区地貌的形成，受地质构造、新构造运动和外应力影响。在中生代侏罗纪以前，属于古地槽印支褶皱系，是构造上的活动区，当时是汪洋一片，为古地中海深海区。印支—燕山运动期间，古特提斯海上升成陆。新生代早第三世纪末期以前，这里大致为起伏不大的准平原。到第三纪上新世开始了喜马拉雅造山运动，新构造运动异常活跃，使很多断裂线复活，古夷平面地貌解体。在自西向东的剧烈挤压以及引力释放、地幔岩浆上托作用下，产生了南北向的穹隆抬升为主，并夹带着断裂沉降运动，保护区范围在新构造运动中所产生的总升起最大达4000m。这就是保护区高山深谷的现代地貌格局的地质背景。保护区西有澜沧江，东有金沙江的支流呷托河，两水系夹持保护区，澜沧江和呷托河有很多分支细

流深入保护区内，主要支流有曲海、下勒、哈同龙等。澜沧江多年平均径流量580亿m³，平均流量18647m³/s，枯水期为15046 m³/s。河道宽10～30m，比降大，流水湍急。该区受西南季风的影响，冬季西风南支流给本区带来温暖和干燥的天气，遇到西伯利亚较强大的寒流侵袭时会有小部分冷气流波及此地。夏季，来自印度洋孟加拉湾的西南季风暖湿气流和来自太平洋的东南季风暖湿气流复合影响，形成了温暖、湿润的气候。南北走向的山谷，便于冷暖空气的交换，降水量较多。而峡谷底部地区受局部地形的影响及焚风效应，则相对比较干旱。高山深谷内，自生环流和焚风作用使气候垂直变化明显。降水在垂直方向上的差异可以从河谷两侧坡地上不同植被类型随海拔高度的分布反映出来。本地区最大降水在海拔3600～4000m，是森林植被在东西坡面分布的主要地带；河谷低地受焚风的影响，降水较少，温度高。蒸发量大，气候燥热，具温暖半干旱的气候。本区年平均温度8～12℃，≥10℃天数为150～180天，最暖月平均温度10～18℃，年极端最低气温－23℃。干燥度为1.01～1.5。保护区土壤的成土母质主要是较古老岩层在第四纪时期内的风化产物以及它们

经搬运而再次沉积的地表物质。高原温带半湿润季风气候和旱生落叶阔叶灌丛带、亚高山针叶林、高山栎矮林带及高山灌丛草甸带植被是土壤物质交换和能量转化的基本条件，制约着地质淋溶过程和生物积累过程，从而导致保护区山地土壤的形成发育也有垂直分异的特点。由于形成土壤的生物气候条件复杂，其土壤类型多样，主要有褐土、灰褐土、山地棕壤、暗棕壤、亚高山草甸土、高山寒漠土。

　　芒康保护区内有脊椎动物19目39科158种，占全自治区陆生脊椎动物697种的22.7%，其中：两栖爬行类2目4科6种、鸟类11目21科95种、哺乳类6目14科57种。区内已发现国家重点保护动物60种，占全自治区国家重点保护动物的49.2%，其中：属国家一级保护动物12种，占全自治区国家一级保护动物的30%；国家二级保护动物48种，占全自治区国家二级保护动物的58.5%。区内有药用动物36种，有珍贵毛皮动物49种，此外还有许多观赏鸟类。区内森林覆盖率为47.9%，全部为原始森林，成、过熟林比重大，森林植被类型多样，主要以松科、壳斗科等植物为建群种的亚高山暗针叶林、硬叶常绿栎林、落叶阔叶林、灌木草丛等4个植被类型12个群系。区内有维管束植物79科235属447种，其中蕨类植物4科4属4种；还有种子植物231属，其中裸子植物4科7属14种，被子植物71科224属429种。按资源用途分有经济植物69科130属157种，其中药用植

52科107属132种。区内还有国家一级保护植物云南红豆杉和国家二级保护植物油麦吊云杉2种。

◎ 保护价值

芒康保护区的主要保护对象为国家一级保护野生动物滇金丝猴、马来熊、云豹、雪豹、豹、白唇鹿、斑尾榛鸡、雉鹑、黑鹳、绿尾虹雉、金雕、玉带海雕及其生态系统。调查表明，滇金丝猴仅分布于金沙江和澜沧江之间狭长的云岭山脉主峰两侧的高山深谷地带中（东经98°37′～99°41′，南北界限分别是北纬26°14′和29°20′），包括西藏的芒康，云南的德钦、维西、丽江、剑川、兰坪、云龙等县，而适宜其生存的生境面积仅约2000km²。滇金丝猴不仅分布范围狭窄，而且数量极其有限。根据报道和调查结果看，全国滇金丝猴分为13群，群体大小在50～200只，总数量在1000～1500只。而在芒康保护区分布有650～750只，占滇金丝猴总数的一半以上。在《中国生物多样性保护行动计划》中，滇金丝猴被列入优先保护物种名录，受威胁程度和生物多样性意义分别被定为一级，重要性分级被列为国际保护性重要物种。《中华人民共和国野生动物保护法》将其列为国家一级保护野生动物，《中国濒危野生动物红皮书》将其列为濒危（E）等级。同时列为国家和西藏自治区分别编制的《野生动植物保护和自然保护区建设工程总体规划》中的重点保护物种。由于滇金丝猴的野外数量十分稀少，且在世界的分布十分狭窄，对其生物学、生态学、遗传学等方面的研究较少，已引起了国际社会自然保护学者和野生动物保护机构的广泛关注和重视。1994年IUCN出版的红皮书将其列入濒危（EN）等级，1995年被列入国际濒危物种贸易公约（CITES）附录Ⅰ。

芒康保护区位于横断山脉中部。特殊的地理位置和地形地貌，使保护区拥有我国山地生态系统较完整的垂直组合系列，包括亚高山温带常绿针叶林、高山亚寒带灌丛及高山亚寒带草甸和高山冰缘3个垂直生态系统类型。南北走向的山脉，为野生动物扩展提供了通道，使保护区内孕育了众多的野生动、植物资源。芒康保护区是我国山地生物物种多样性较丰富并具有典型代表性的地区之一。由于受印度板块与欧亚板块冲撞的东西向挤压应力作用，形成南北走向的横断山脉。横断山脉使该区无论从地质、土壤、气候、生物等众多学科领域都具有突出的特点和重要的研究价值。

◎ 功能区划

芒康保护区根据自然地理的区域分异特点以及主要保护对象的地理分布状况，采取自然区划为主的区划法，将保护区划为核心区、缓冲区、实验区。核心区面积87090hm²，占整个保护区总面积的47.0%，且又划分为两部分，即朋波拉核心区（面积50740hm²）和美德核心区（面积36350hm²）。缓冲区面积45770hm²，占保护区总面积的24.7%，共分为日根缓冲区（面积18690hm²）、麻吉缓冲区（面积6460hm²）、门巴缓冲区（面积8220hm²）和小昌都—亚缓冲区（面积12400hm²）。实验区面积52440hm²，占保护区总面积的28.3%，实验区分为盐井实验区（面积9620hm²）和徐中—普拉实验区（面积42820hm²）。

◎ 管理状况

芒康保护区以保护珍稀濒危物种滇金丝猴及其所属的生态系统为主要目的。目前保护区内滇金丝猴的数量约650～750只，且呈岛屿化分布。而保护区及其周边社区的经济、社会发展滞后，生产方式粗放，社会生产对环境特别是滇金丝猴的生境影响较明显，加之人口自然增长率的因素，尽管此前已经采取了部分保护管理措施，但滇金丝猴及其栖息地仍面临着被破坏的压力。为了实施严格的保护管理，恢复滇金丝猴种群数量及其栖息环境，急需加强保护区各项设施建设。

保护区管理局严格贯彻执行国家和地方的有关法律、法规，建立完善奖惩制度，对违反管理制度的行为，按国家环境保护法、森林法、自然保护区管理办法、野生动植物保护法等，严格追究责任，予以处罚；对保护区实行分区管理：核心区供观测、研究，实行绝对保护，同时对缓冲区的生态环境和野生动植物资源加以严格保护，并在保护区管理机构审批的情况下适当开展生态旅游；实验区可根据自然资源条件，科学合理利用当地资源优势，建立高效的产业结构，促进当地生产的发展，提高当地居民的生活水平外，还通过开展各项工作，促进保护区内文教、卫生和其他事业的全面进步，提高区内居民的科学文化素质，实现保护区的社会经济可持续发展；加强对物种和生境的保护，加强对滇金丝猴、绿尾虹雉等国家重点保护动物的宣传，严禁捕猎，增设防护设备，严格保护原始的亚高山暗针叶林群落，保护好滇金丝猴的栖息环境；对保护区内的珍稀树种、古树、观赏价值高的树种进行挂牌宣传，加强保护，在保护区主要交通要道设立保护站、检查站，禁止非工作人员入内；加强保护区科研工作和对保护区人员的培训，将科研成果用到保护管理工作中；建立巡逻和护林防火制度、建档制度、宣传教育制度、病虫害防治等制度；加强与本区南缘相接的云南白马雪山国家级自然保护区的合作与交流，以利于滇金丝猴的保护，在保护管理上，加强联合保护、巡逻，共同打击偷猎活动；加强社区共管，保护区的规划、建设和管理时，尽量考虑对周边社区的影响，争取周边社区的支持使之加入到保护区的保护、管理工作中来。

（芒康滇金丝猴自然保护区提供）

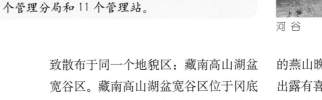

雅鲁藏布江中游河谷黑颈鹤
西藏
国家级自然保护区

西藏雅鲁藏布江中游河谷黑颈鹤国家级自然保护区包括3大块,分布于西藏"一江两河"地区,包括了黑颈鹤主要的越冬夜宿地和觅食地;地理坐标为东经87°34′~91°54′,北纬28°40′~30°17′;行政上隶属于山南、日喀则、拉萨等3个地(市)的6个县;总面积为614305hm²,属野生动物类型自然保护区。保护区成立于1993年,2003年经国务院批准晋升为国家级自然保护区。保护区管理机构是雅鲁藏布江中游河谷黑颈鹤国家级自然保护区拉萨管理局、日喀则管理局、山南管理局,管理局内设资源保护科、森林公安派出所、计划财务科、行政科等科室,下设6个管理分局和11个管理站。

河谷

◎ 自然概况

雅鲁藏布江中游河谷黑颈鹤自然保护区包括3大块,分布于西藏"一江两河"地区,包括了黑颈鹤、赤麻鸭、斑头雁等水禽的主要越冬地,同时也将羊卓雍湖等湖泊、沼泽湿地包括在内。尽管其所在地域地质地貌迥异,但大致散布于同一个地貌区:藏南高山湖盆宽谷区。藏南高山湖盆宽谷区位于冈底斯山—念青唐古拉山与喜马拉雅山脉之间。主要由侏罗系、三叠系的海相地层组成,岩性以石岩、大理岩、砂岩、石英砂岩、板岩、页岩为主;沿雅鲁藏布江谷地分布有一定面积的第四系和第三系古湖相沉积。在冈底斯山则见有较多的燕山晚期花岗石,雅鲁藏布江两岸还出露有喜马拉雅期超基性岩体。

本区在冈底斯山—念青唐古拉山南麓,沿山前的深大断裂,发育着西藏第一大河——雅鲁藏布江。其中游谷地,宽窄相间,河道平缓,坡降约1/1000。宽谷地段,河滩发育,并出现有大量风沙堆积。沿岸山地海拔约5000m,河谷的平均海拔约3700m,最底海拔3500m。雅鲁藏布江中游段有两条重要支流一年楚河与拉萨河汇入,雅鲁藏布江中游河谷与上述两支流谷地地势平坦、水源丰富、气候温和,是西藏农业最发达的地区。除雅鲁藏布江谷地外,在本区喜马拉雅山脉北麓至雅鲁藏布江南岸山地间还出现有一系列断陷盘地互相连接形成的一个狭长的内流湖盆区。其中一些湖泊已为河流向源侵蚀切穿疏干而成为盆地。这些内流湖泊也是本区重要的湖泊湿地保护区域,每年有大量候鸟在此越冬。保护区所在的雅鲁藏布江湿地主要分布于拉孜至大竹卡间的雅鲁藏布江中游河谷地段,该段河谷属宽谷,

越冬觅食的黑颈鹤

1104

羊卓雍湖

河流大致沿北纬29°20′的纬度线由西向东流。谷底宽度一般都大于1km，尤其是在拉孜县曲下到多雄藏布汇入口之间，荣曲汇入口到南木林县的土布加之间的干流河谷特别开阔，谷底宽度一般在3km左右，最宽可达6～7km，河流多岔流，呈网状、辫状。河床中多沙洲和浅滩，水面很宽，河谷的左右岸岔流相距均2km，最多可到4km，水流平缓。据日喀则奴各沙水文站观测，该河段多年平均流量394m³/s，多年平均径流深102mm。冬季枯水期历年最小流量107m³/s，历年最大流量197m³/s，多年平均值为137m³/s。多年平均含沙量0.737kg/m³，年平均水温8.5℃，最低水温0℃。初冰时间一般在11月中旬，终冰时间多为3月中旬，冰期多年平均为122天。河水矿化度181.8mg/L。作为雅鲁藏布江重要的支流年楚河位于该江的南岸，全长217km，总落差1322m，平均坡降6.1‰，于日喀则附近汇入雅鲁藏布江，河口处海拔3828m，其自支流冲巴涌曲汇入口至河口为下游段，该段为黑颈鹤的主要越冬栖息地之一。年楚河平均流量21.6m³/s，枯水期最小流量1.40m³/s，平均泥沙含量1.25kg/m³，年平均水温为4.4℃，最低值0℃，出现岸冰时间11月中旬至翌年4月上旬。拉萨河多年平均流量为310m³/s，最低流量为20m³/s，年平均含沙量0.098kg/m³，年平均水温7.7℃，最低0℃，出现岸冰时间12月上旬至翌年2月上旬，河水矿化度120.1mg/L。

雅鲁藏布江中游河谷黑颈鹤自然保护区主要分布于高原温带季风半湿润气候地区。区内年平均气温0～8℃，最暖月平均气温≥15℃。年平均降水量在300～500mm之间，东高西低，降水集中分布于夏季。光能充足，夜雨率高，雨热同季，年温差小而日温差大，利于生物量积累，但降水稀少集中，蒸发量大，干季长。保护区热量较内地暖温带的北京、西安和太原等地偏低。年均温6～9℃（拉萨7.5℃；日喀则6.3℃）。最冷月均温−1.0～4.0℃（拉萨−2.2℃；日喀则−3.8℃）；最热月均温14～17℃（拉萨15.5℃；日喀则14.6℃）。

本保护区的土壤是在高原迅速隆升过程中形成的，所以其最为突出的特征是土壤形成的年轻性。由于冈底斯与念青唐古拉山体抬升迅速且剧烈，地表风化物迁移和堆积活跃，山体剥蚀明显，湖盆及山麓以及河流堆积作用旺盛，以

拉萨周围的越冬黑颈鹤

至大量风化物质侵入土体,使土体粗骨性增强,土壤发育具有原始性,土壤发生层浅,除沼泽草甸之外,一般仅有10～15cm。此外迅速抬升的环境,使本区在不长时间内上升至4000m以上的高度,在这一期间又频遭第四纪冰期寒冷气候的侵袭,整个土壤发育时期热量明显不足,在这种情况下,区内土体微生物活力大大降低,因而有机残体分解速度缓慢,腐殖化作用相对较弱,积累作用大于分解作用,所以土壤中氮、磷、钾的含量虽然高,但能为植物利用的养分却很低,土壤比较贫瘠。本区半干旱、半湿润的气候,使区内土壤淋溶作用较弱,pH值大多在5.9～8.0之间,土体碳酸盐含量增加。

本区植被区系属藏南河流亚高山灌丛草原区,代表性植被为草原和灌丛。在植被的种类、组成中,禾本科的三刺草、狼尾草、固沙草、针茅等属,菊科的蒿属,豆科的槐、棘豆、锦鸡儿等属,蔷薇科的蔷薇、委陵菜、绣线菊等属,莎草科的蒿草和薹草属,报春花科的点地梅属,玄参科的马先蒿属作用较大,形成了本保护区不同植被类型的建群种、优势种和常见种。保护区内有脊椎动物181种,其中鱼类19种,两栖类1种,爬行类3种,哺乳类41种。保护区内有国家一级保护动物雪豹、盘羊、白唇鹿、黑颈鹤、胡兀鹫、玉带海雕、金雕、白尾海雕、白肩雕和二级保护动物棕熊、猞猁、藏原羚、岩羊等。

◎ 保护价值

雅鲁藏布江中游河谷黑颈鹤国家级自然保护区的主要保护对象是黑颈鹤及其越冬栖息地。黑颈鹤是世界上现存15种鹤类中最为珍惜的种类,全世界仅存10000只左右,被列为我国一级重点保护动物,同时还被列为《濒危野生动植物种国际贸易公约》(CITES)附录一中。黑颈鹤也是所有鹤类中唯一以高原为主要栖息地的种类。据西藏自治区林业局2000年的调查表明,世界上80%的黑颈鹤(约8000只)生活在这一区域,除了黑颈鹤之外,还生存着大量的棕头鸥、斑头雁、赤麻鸭等珍稀水鸟,根据有关资料显示,有可识别的水鸟种类近60余种,可见,雅鲁藏布江中游河谷黑颈鹤国家级自然保护区作为珍稀水禽重要的栖息地、越冬地,保护价值非常大。

本区有着较为完整的湿地生态系统,是黑颈鹤越冬的必要条件,因而具有极为重要的保护价值,同时,对于保护区区域内农耕等生存系统的调节和影响,也是湿地生态系统重要的价值所在。根据雅鲁藏布江中游河谷黑颈鹤国家级自然保护区已有的研究资料和考察结果,按照国家及有关行业部门的相关技术规程,并参考国内外较通行的评价标准,从典型性、多样性、稀有性、脆弱性、面积大小、感染力、自然性和科研潜力等方面都说明了本保护区具有重要的保护价值。

◎ 功能区划

根据保护区的自然地理特点,将雅鲁藏布江中游河谷黑颈鹤国家级自然保护区划分为3大保护点,即拉孜县保护点(包括拉孜县至南木林县的保护区范围,面积260032hm²);浪卡子县保护点(包括羊卓雍错段,面积198056hm²);拉萨河流域保护点(包括林周至达孜段,面积156257hm²)。保护区核心区、缓冲区、实验区各区域的面积、范围是:核心区面积为134875hm²,包括拉孜县保护点的拉孜核心区、扎西岗核心区、塔玛核心区、大竹卡核心区;浪卡子县保护点的羊卓雍错核心区;拉萨河流域保护点的林周澎波核心区和达孜核心区。缓冲区面积为207225hm²,包括拉孜县保护点的拉孜缓冲、扎西岗缓冲区、塔玛缓冲区、大竹卡缓冲区;浪卡子县保护点的羊卓雍错缓冲区;拉萨河流域保护点的林周澎波缓冲区和达孜缓冲区。实验区面积为272205hm²,包括位于拉孜至大竹卡的雅鲁藏布江河谷以南,包围在拉孜县保护点缓冲区外围的面积和浪卡子县保护点羊卓雍错缓冲区外围面积以及拉萨河流域保护点的林周澎波和达孜缓冲区的外围面积。

根据雅鲁藏布江中游河谷黑颈鹤国家级自然保护区涵括许多黑颈鹤栖息地

河谷

区域为一体的特殊性质，同时依据保护区所在区域自然地理区域分异的特点，重点保护对象黑颈鹤的生态习性与地理分布特征，并结合当地自然资源的分布特点与群众生产生活活动情况，依据其区内各功能的特性，依照不同的法规与方法分区进行管理，对于不同的功能区制定不同的管理法规和采取不同的管理方法，并划定功能区边界，设置指示标识，严格保护区的管理。

根据黑颈鹤具有迁徙性的生态习性，保护区主要实施湿地栖息地长期严格保护，其他区域季节性保护的方法，科学划定季节性保护区各功能区界限并设置标识；同时做好当地群众的宣传工作，使他们科学合理的安排生产生活活动时间，避免在黑颈鹤越冬期间进行影响其觅食、栖息的生产及其他活动。

（雅鲁藏布江中游河谷黑颈鹤自然保护区供稿）

人鹤和谐相处

色林错黑颈鹤
国家级自然保护区

西藏色林错黑颈鹤国家级自然保护区位于西藏自治区西北部的藏北高原，其基本范围南自东冈底斯山脉主脊线；北抵黑阿公路南侧色林错汇水区北缘；西起孜桂错与其西部昂孜错水系的分水岭；东达错那湖东湖岸线（北）和那曲与母各曲（南）。地理坐标为东经87°46′~91°48′，北纬30°10′~32°10′，行政上属那曲地区的申扎、尼玛、班戈、安多、那曲等5县所辖。保护区总面积1893630hm²，属野生动物类型自然保护区。保护区成立于1993年，2003年经国务院批准晋升为国家级自然保护区。保护区管理局业务上受西藏国家级自然保护区管理委员会指导。那曲地区设置保护区管理局、保护区所属5县各设置1个管理分局，管理局下共设置18个管理站及18个保护点。

黑颈鹤

◎ **自然概况**

色林错黑颈鹤自然保护区位于冈底斯山脉主脊线之北，除了南缘少部属冈底斯山脉外，大部地区处在位于其北部的南羌塘高原湖盆区的范畴。保护区的宏观地貌格局是以位于其南缘的冈底斯山脉为其骨架，山脉北部的断陷湖盆与低山丘陵组成的波状起伏的南羌塘高原面为其主体，同时还包括了藏北其他地区的大小湖泊或沼泽湿地。

鸟岛景观之一

鸟岛景观之二

色林错黑颈鹤自然保护区西区属藏西北水文区的南羌塘地带，该地带年降水量 300 ~ 400mm，年径流深 100 ~ 130mm，由于地势高亢，气候寒冷，大部分河流与湖泊一年有 3 ~ 5 个月处在冰冻状态。其水系均为内流水系，发源于周边山地的河流，呈向心状汇入盆地中心的湖泊，其最大的湖泊为色林错，该湖泊属西藏第二大湖泊。其流域面积达 45.530km²，是西藏最大的内陆湖水系。保护区西区位于西藏高原亚高寒带季风半干旱气候地区内。该地区气候寒冷，年平均气温在 0℃ 以下，一年中只有 5 ~ 6 个月气温高于 0℃，最热月气温 9℃ 左右。西区所在地申扎县年平均气温 −0.3℃，最热月平均气温 7.2℃，最冷月平均气温 −10.6℃，无霜期天数 92 天，年降水量 290.9mm，年平均相

对湿度 40%，年日照时数 2897.4h，日照百分率 65%。年平均气温 0 ~ 3℃，最热月气温 8 ~ 10℃，最冷月均温低达 −16 ~ −10℃，极端最低温为 −43 ~ −31℃，无霜期天数 50 天以下，年降水量 350 ~ 420mm，年平均相对湿度 45% 以上，年日照时数 2600h 以上，日照百分率 58%。

保护区内土壤是在高原迅速隆升过程中形成的，其突出特征是土壤发育程度相对年轻。保护区西区土壤主要由高山草原土、高山草甸土、高山寒冻土和高山沼泽草甸土 4 种类型土壤组成；保护区东区土壤以高山草甸土为主，广泛发育在平缓的山地、山麓、山阶地等显域地境，成为最有代表意义的土壤。

色林错黑颈鹤国家级自然保护区

在高原高寒草原生态系统中是珍稀濒危生物物种最多的地区，包括国家一级保护动物雪豹、藏羚羊、盘羊、西藏野驴、黑颈鹤、藏雪鸡、玉带海雕、白尾海雕和国家二级保护动物棕熊、猞猁、兔狲、藏原羚、猎隼、秃鹫、红隼等。色林错黑颈鹤国家级自然保护区内还生长着许多珍稀、濒危植物物种，如西藏沙棘、掌叶大黄、马尿泡、合头菊等。

色林错黑颈鹤国家级自然保护区景观资源可以分为 4 种类型。

（1）地文景观：雪山，保护内分布着达尔国雪山、申扎杰岗山、波岗日；洞穴，玉本溶洞、达则错溶洞、色林错溶洞。

（2）水域景观：湖泊有色林错、当热雍错；温泉有蛙嘴温泉。

鸟岛景观之三

高原湖泊

沼泽湿地

色林错

（3）生物景观：野生动物有黑颈鹤、藏原羚、藏野驴等；野生植物有沼泽草甸植被、高寒草甸、草原植被。

（4）天文景观：色林错黑颈鹤国家级自然保护区从面积上看大部分处于藏北高原地区。这里地势开阔，视野宽广，空气透明度高，是夜晚观赏星空极佳的场所。

◎ 保护价值

色林错黑颈鹤国家级自然保护区最主要的保护对象黑颈鹤是国家一级保护动物被列入《濒危野生动植物种国际贸易公约》（CITES）附录一。保护黑颈鹤及其繁殖栖息地，同时也保护了生活于该生态系统的许多水禽，特别是与之生活习性相似的候鸟如斑头雁、棕头鸥、赤麻鸭等。该地域还保护了其他珍稀生物物种，其中我国特有的和受威胁的生物物种主要有藏羚羊、西藏野驴、藏原羚、盘羊、棕熊等，维管束植物如马尿泡、合头菊、西藏沙棘、掌叶大黄等都可以得到有效保护。

黑颈鹤是世界上现存15种鹤类中最为珍稀的种类，全世界仅存不到10000只，也是所有鹤类中唯一以高原为主要栖息地的种类。色林错黑颈鹤国家级自然保护区是世界上黑颈鹤最主要的繁殖地。除了黑颈鹤以外，根据已有资料和2000年7月的考察结果，保护区鸟类即达100余种，可见，色林错黑颈鹤国家级自然保护区作为珍稀水禽的栖息地、繁殖地，保护价值是非常大的。

色林错黑颈鹤国家级自然保护区是西藏自治区湿地分布最为集中的区域，根据《全国湿地资源调查与监测技术规程》中对于湿地的分类，在保护区范围内几乎包括了除11种近海及

错那湖

斑头雁

海岸湿地的大多数种类。如此完整的湿地生态系统，在全世界也是不多见的，具有极为重要的保护价值。同时，对于保护区及周边地区气候的调节和影响，也是湿地生态系统重要的价值所在。

◎ **功能区划**

根据功能区区划的原则和依据，色林错黑颈鹤国家级自然保护区划分出 8 个核心区、4 个缓冲区、3 个实验区。其中核心区面积 713920hm²，缓冲区面积 829160hm²，实验区面积 350550hm²。

◎ **管理状况**

保护区建立了科学的管理机制，对色林错黑颈鹤国家级自然保护区的管理工作具有重要意义。色林错黑颈鹤国家级自然保护区跨越五县，地广人稀，社会经济发展水平低，保护管理范围广，实行五级保护管理体系，适应了保护区管理的要求，有利的保护管理工作的顺利开展。此外，各管理站季节性的雇佣临时工，适应了保护区管理工作季节性强的特点，避免了机构和人员的浪费。建立健全各项规章制度。建立了一套行之有效的人才培训措施及岗位激励制。

（色林错黑颈鹤自然保护区供稿）

西藏

类乌齐马鹿
国家级自然保护区

西藏类乌齐马鹿国家级自然保护区位于西藏自治区东北部，昌都地区北部，类乌齐县西部，东连类乌齐县类乌齐镇，西靠丁青县，南邻类乌齐县卡玛多、桑多两乡镇，地理位置为东经95°48′～96°30′、北纬31°13′～31°31′，总面积120614.6hm²，属野生动物类型自然保护区，主要保护国家一级保护野生动物马鹿。保护区成立于1993年，2005年经国务院批准晋升为国家级自然保护区。保护区管理机构是西藏类乌齐马鹿国家级自然保护区管理局。

马鹿

◎ **自然概况**

类乌齐马鹿自然保护区地处横断山脉北部，属青藏高原东部山原峡谷区，西北部山势开阔平缓，山体较为完整，呈浑圆状，坡度一般在20°～25°。东南部山体切割严重，岩石褶皱强烈，岩层破碎，峰峦巍峨，悬岩峭壁，谷深狭窄，坡度一般在35°～50°。保护区内地势西北高，东南低，最高海拔5225m，最低海拔3900m，相对高差1325m。按照国家统一地形划分标准，保护区为高山及极高山地貌，其中高山（海拔3500～5000m）占90%左右，极高山（5000m以上）占10%上下。保护区内主要河流为格曲河。格曲河属澜沧江的二级支流，发源于保护区西北部，从西北向东南贯穿保护区腹心地带，于北同流出保护区，至类乌齐县城附近汇入澜沧江一级支流紫曲河，境内流程72km，河宽30～60m，水

川西云杉林（成熟林）

1112

地形

深 1m 左右，平均比降 0.97%，年径流量 2.99 亿 m³。格曲河在保护区内还有 20 余条支流。这些支流流程一般不超过 15km，沟宽大小不一，水深因时而异，比降一般较大。保护区属高原寒温带气候类型。该地区气候以寒冷为其基本特点，无霜期短，年温差小，日温差大，日照充足，太阳辐射强烈；降水量较少，季节分布不均；干旱明显，风大雪多，霜冻、冰雹等灾害性天气频繁。该地区平均气温 2.4℃，1 月份平均气温 -8.4℃，7 月份平均气温 11.8℃，极端最低气温 -28.6℃，极端最高气温 27.5℃，大于等于 0℃积温 1696℃，小于等于 10℃积温 593℃，无霜期 51 天，年均降水量 566.4mm，蒸发量 1327.4mm，相对湿度 59%，干燥度 1.13，日照时数 2183.7h，年均太阳总辐射量为 580.1kJ/cm²。保护区的土壤主要有灰褐土、暗棕壤、草甸土、亚高山草甸土、高山草甸土、高山寒漠土等。

据初步统计，保护区内共有高等植物 73 科 231 属 652 种。有脊椎动物 180 种，分属于 4 纲 13 目 47 科，其中鱼类 1 目 2 科 3 种，种数占总种数的 1.7%；两栖类 1 目 3 科 4 种，占 2.2%；哺乳类 5 目 13 科 39 种，占 21.7%；鸟类 6 目 29 科 134 种，占 74.4%。保护区内有国家一级保护野生动物 15 种：熊猴、云豹、豹、雪豹、白唇鹿、普氏角羚、金雕、胡兀鹫、白尾海雕、白肩雕、斑尾榛鸡、雉鹑、绿尾虹雉、白尾虹雉、黑颈鹤；国家二级保护野生动物 43 种。

◎ 保护价值

马鹿是仅次于驼鹿的大型鹿类，因为体形似骏马而得名。生活于高山森林或草原地区，喜欢群居。夏季多在夜间和清晨活动，冬季多在白天活动。善于奔跑和游泳。以各种草、树叶、嫩枝、树皮和果实等为食，喜欢舔食盐碱。9～10 月份发情交配，孕期 8 个多月，每胎 1 仔。鹿茸产量很高，是名贵中药材，鹿胎、鹿鞭、鹿尾和鹿筋也是名贵的滋补品。马鹿在我国广为养殖。

马鹿曾经在我国西北和西南地区广泛分布，后来由于乱捕滥猎等人为原因数量逐渐减少，但在类乌齐保护区还有较多分布。

类乌齐马鹿自然保护区具有极强的典型性、自然性、感染力和科研潜力，分布着多种珍稀濒危物种，面积大小

旱獭

适宜且处在生态脆弱的青藏高原亚高山森林与高山草甸过渡地带，无论从保护生态环境，还是从保护生物多样性方面都具有极高的保护价值。

◎ 功能区划

根据不同的作用及管理办法，按照保持完整性、整体性和适宜性原则，结合自然保护区的地理特点及物种分布状况，从便于保护的角度出发，将该保护区划分为核心区、缓冲区、实验区3个部分。核心区面积为49320.0hm²，范围包括南北两片。南部片：东以坎下坡—岗公卡—摘布日吉—卡土雄—鸡龙仁托玛一线为界；南以尼切弄沟口—果恩弄—嘎若米拉哈—鸡龙仁托玛一线为界；西以阿它玛—沙拉赛—尼切弄沟口一线为界；北以格曲河北岸为界。北部片：东以将雄—拉玛龙卡—节坡一线大小山脊、山包为界；南以北同至长毛岭公路北侧悬岩边缘为界；西以直东玛—龙大—曼叫玛—扎拉龙—下干浦—夏亚玛—卓欠玛—琼郭坡一线为界；北以直东玛—着洼拉宰—让关弄—荣日邓卡—

弄久玛—节坡一线山脊山包为界。

缓冲区面积为25441.7hm²，位于核心区的外围，范围包括南北两片构成。南部片：南部片东、南、西三面内部边界与核心区交界，北部内部界以格曲河北岸为界，外部边界东以郡君坡沟—鸡龙拉哈—卡土拉哈为界；南以保护区南界为界，西以长毛岭乡驻地东面—巴无

给—拉龙根—希里弄沟为界。北部片：北部片东、西、北三面内部边界与核心区交界，南面内部界以北同至长毛岭公路北侧悬岩边界为界，外部边界东以将达卡—将军山—郡君坡沟为界；西以岗达—山再—去拉—去弄—隆给玛—比头弄—达穷弄—达增—只带卡—我俄玛—长毛岭乡驻地东面为界；北以岗达—查

候—日阿血—玛日阿弄第一岔沟—将达卡一线为界。

实验区面积为45852.9hm²，位于缓冲区的外围，其外界与保护区界相同，其内部界线与缓冲区外部界一致。

（类乌齐马鹿自然保护区供稿）

大果圆柏林

沙棘林

沙 棘

● 陕西省

陕西太白山国家级自然保护区
陕西佛坪国家级自然保护区
陕西周至国家级自然保护区
陕西牛背梁国家级自然保护区
陕西长青国家级自然保护区
陕西汉中朱鹮国家级自然保护区
陕西子午岭国家级自然保护区

陕西化龙山国家级自然保护区
陕西天华山国家级自然保护区
陕西青木川国家级自然保护区
陕西桑园国家级自然保护区
陕西延安黄龙山褐马鸡国家级自然保护区
陕西米仓山国家级自然保护区
陕西韩城黄龙山褐马鸡国家级自然保护区
陕西紫柏山国家级自然保护区
陕西黄柏塬国家级自然保护区
陕西平河梁国家级自然保护区
陕西老县城国家级自然保护区
陕西观音山国家级自然保护区

● 甘肃省

甘肃白水江国家级自然保护区
甘肃祁连山国家级自然保护区
甘肃兴隆山国家级自然保护区
甘肃尕海--则岔国家级自然保护区
甘肃连古城国家级自然保护区
甘肃莲花山国家级自然保护区
甘肃盐池湾国家级自然保护区
甘肃安南坝国家级自然保护区
甘肃敦煌西湖国家级自然保护区
甘肃小陇山国家级自然保护区
甘肃连城国家级自然保护区
甘肃太统--崆峒山国家级自然保护区
甘肃洮河国家级自然保护区
甘肃太子山国家级自然保护区
甘肃张掖黑河湿地国家级自然保护区
甘肃黄河首曲国家级自然保护区

西北篇

● 宁夏回族自治区

宁夏贺兰山国家级自然保护区
宁夏灵武白芨滩国家级自然保护区
宁夏盐池哈巴湖国家级自然保护区
宁夏罗山国家级自然保护区
宁夏六盘山国家级自然保护区
宁夏南华山国家级自然保护区

● 新疆维吾尔自治区

新疆喀纳斯国家级自然保护区
新疆巴音布鲁克天鹅湖国家级自然保护区
新疆托木尔峰国家级自然保护区
新疆西天山国家级自然保护区
新疆甘家湖梭梭林国家级自然保护区
新疆塔里木胡杨国家级自然保护区
新疆艾比湖国家级自然保护区
新疆布尔根河狸国家级自然保护区
新疆巴尔鲁克山国家级自然保护区

● 青海省

青海玉树隆宝国家级自然保护区
青海青海湖国家级自然保护区
青海可可西里国家级自然保护区
青海孟达国家级自然保护区
青海三江源国家级自然保护区
青海柴达木梭梭林国家级自然保护区
青海大通北川河源区国家级自然保护区

陕西 太白山 国家级自然保护区

陕西太白山国家级自然保护区地处我国南北气候分界线——秦岭山脉中段，地跨陕西省太白、眉县、周至3县。地理坐标为东经107°22′25″～107°51′30″，北纬33°49′30″～34°05′35″，总面积56325hm²。太白山主峰拔仙台海拔3767.2m，是我国大陆东经105°以东地区的最高名山。1965年9月建立的森林和野生动物类型自然保护区，1986年7月经国务院批准晋升为国家级自然保护区，属森林生态系统类型自然保护区。1995年加入了世界人与生物圈"中国生物圈保护区网络"，是以保护暖温带山地森林生态系统、大熊猫和自然历史遗迹为主要保护对象的综合性保护区。

◎ 自然概况

太白山在大地构造上属前震旦纪褶皱带，主要由燕山期花岗岩侵入体构成，地质构造简单，地貌类型多样。中山区为花岗片麻岩峰岭地貌发育，高山区保留着第四纪冰川活动的遗迹。区内河流属长江和黄河两大水系，河流纵横，溪流遍地，高山古冰川湖泊是附近黑河、石头河等河流的源头。秦岭主梁从保护区通过，区内形成明显的南北坡，北坡极为陡峭，多深切峡谷或嶂谷，南坡较缓，河谷较开阔。最高海拔3767.2m，最低海拔780m，相对高差2087.2m。土壤类型丰富，呈现明显的垂直带谱，从山麓到山顶依次为山地沼泽土、山地褐土壤、山地棕壤、山地暗棕壤、亚高山草甸森林土和高山草甸土。

受海拔、气候、土壤等诸多因素综合影响，区内植被类型多样，区系复杂。森林植被垂直带谱明晰，自山麓到山顶依次为落叶阔叶林带、针阔混交林带、针叶林带、高山灌丛带和高山草甸带。各林带内随海拔、气候的差异，生物种群有着明显的变化。区内有种子植物1899种，苔藓植物253种，蕨类植物120种，其中太白山特有种子植物40余种，国家一级保护植物有独叶草、红豆杉2种。区内较为重要的资源植物可分为纤维植物、糖类和淀粉植物、油脂和芳香植物、鞣料植物、药用植物和观赏植物等6大类。

独特的地理位置、复杂多样的生态环境和丰富的森林资源，为野生动物栖息繁衍提供了良好的活动场所和丰富的食物来源。区内有兽类64种，鸟类192种，两栖类9种，爬行类14种，鱼类6种，昆虫1435种。其中国家一级保护动物

斗母奇峰

高山草甸

大爷海

有大熊猫、川金丝猴、羚牛、豹、林麝5种，国家二级保护动物29种。

太白山以其高、寒、险、奇、雄、古、富饶而为世人所称颂，"太白积雪六月天"为陕西关中八景之一。著名的自然景观有：传说中姜子牙封神的拔仙台、红河丹崖、古枫幽境、直插云天的斗母奇峰、坦荡无垠的平安云海、碧波荡漾的太白明珠——大爷海等景区景点，还有那似银河倒挂的三河宫瀑布，水声轰鸣、红雨纷飞、蔚为壮观，神奇莫测的天象景观，寒凉暖热一日可见，诡谲壮观的绝顶天象，一路奇观的云海宝光，恍奇秘幻的斗母宫落日，真是让人眼花缭乱，美不胜收。主要的人文景观有：独具风格的道佛两教活动融于一山的古庙宇建筑、送经台、刘秀点兵场、四十里跑马梁、古栈道等40余处，都是游人必到之处。从古到今，历代许多文人墨客纷至沓来，唐代诗人李白、杜甫等都留下了不少脍炙人口、优美动人的诗文歌赋。唐太宗李世民、女皇武则天、玄宗李隆基携贵妃杨玉环都曾来太白山沐浴游览，在今汤峪建有行宫，现城墙遗址尚存，称为"唐子城遗址"。

◎ 保护价值

太白山自然保护区主要保护对象是生物多样性、自然景观、第四纪冰川遗迹、古文化遗产和重要的水源涵养地。典型的暖温带山地森林生态系统、自然历史遗迹、旅游景观资源和以宗教为特色的古文化遗产，有着重要的国际意义。

太白山随地势的升高，水热条件呈规律性的变化，植被景观呈明显的垂直分布规律。这种明晰的森林植被垂直变化，构成了典型的暖温带山地植被垂直景观，是中国东部地区少有的自然历史本底。

太白山自然保护区植物区系起源古老，地理成分复杂，具有明显的过渡性和独特性，构成了十分丰富的物种多样性、生态系统多样性和遗传多样性，是世界著名的生物多样性天然基因库。连香树、水青树等树种由于第四纪冰川对地面植物的袭击，变为地下化石，它们在太白山的存在，成为研究植物发展进化的活化石。在海拔2900m的杜鹃林下，只有一片叶子的小草——独叶草，是仅产于我国的稀世之宝，驰名中外，在植物分类和植物系统演化上有着重要的研究价值。列入《中国优先保护物种名录》的太白红杉，在太白山自然保护区分布达5376hm²，在国内外是绝无仅

锦绣太白

太白仙境

有的。在林中或林缘生长着极具观赏价值的有虾脊兰、独花兰、凤兰、惠兰等兰科植物以及太白杜鹃。在这众多兰花植物中，还蕴藏着许多珍品名种和独特遗传基因。太白山还是中国四大药山之一。这里既有太白贝母、大黄、猪苓等珍贵中药材，也有桃儿七、手参、太白米等治疗各种顽固病症的草药材，还有寄生枯枝朽木上的猴头、灵芝等以及附生石头上的石耳、石霜等菌类植物都是治病的良药。

太白山自然保护区地处世界动物地理古北区与东洋区的交汇和过渡地带，具有古北界和东洋界动物的特点。动物区系复杂，种类繁多，珍稀濒危物种丰富，堪称"天然动物园"，一般分布在海拔1200～3300m之间落叶阔叶林带、针阔混交林带和针叶林带中，绝大部分都有垂直迁徙的习性。被世界誉为"活化石"的大熊猫在这里有11只。2001年全国第三次大熊猫普查结果表明，该区是我国大熊猫天然分布的最北界，这在研究大熊猫的地理分布和拯救保护好这一濒危物种，有着极其重要的科研价值和深远意义。

太白山有着高耸云天、横空出世的

雄伟气势。在海拔3000m以上的高山区，保存着较完整的第四纪冰川遗迹。在古冰川冰蚀作用下，形成以拔仙台为中心的冰川槽谷。槽谷之间为冰川掘蚀形成的冰斗湖或冰蚀洼地。在冰缘气候的作用下，又形成石河、石流、石海、石冰川等。这些引人注目的第四纪古冰川遗迹是研究秦岭山地第四纪古冰川、古土壤、古生物、古气候、古地理以及我国冰期和间冰期划分问题的天然地质博物馆，是连接我国西部地区现代冰川和东

部地区古冰川的纽带，有着不可替代的科学价值。

太白山自然保护区复杂的生境条件，完整的山地森林生态系统，色调明晰的垂直景观带谱，丰富的动植物资源以及第四纪冰川遗迹地貌，是进行地质地貌、土壤、气象、生物、考古等多学科科研和教学实习的一块难得的基地，也是普及自然科学知识、进行环境保护意识教育的大课堂，被誉为"活的教科书"。

太白红杉

太白红叶

太白山峭拔入云的拔仙台、古老奇特的冰川地貌、完整明晰的森林垂直景观带、珍贵稀有的野生动物、奇异多变的气象景观、多姿多彩的水体景观、独具风格的宗教活动、古老传奇的人文景观和神秘的民间传说等诸多景观交相辉映，构成了太白山丰富多样的自然景观资源。登顶观览，白云缭绕，飘忽脚下，就像进入神仙境地；远望山下，群山绵延，渭河似带，八百里秦川美丽如画；夜望古城西安、宝鸡，灯光像闪闪的星星，依稀可辨；黎明观日出，在地平线先出现鱼肚白，接着旭日冉冉升起，像一轮火球滚入天际，放出金色光芒。这些美丽迷人的自然景观吸引着国内外众多的游客。是旅游探险的园地，具有很大的生态旅游潜力和重要的宗教价值。

太白山自然保护区森林面积达45725hm^2，森林覆盖率为81.2%，森林总蓄积量705万 m^3，是天然的水资源库。发源于太白山的滑水河、黑河、石头河、霸王河等都是汉中及关中地区主要农业灌溉水源及城市用水的补给水源。每年可为周围地区提供2亿～3亿 m^{3}优质水，从而保证了关中西部和汉江盆地工农业生产和生活用水，尤其为古城西安用水提供了重要的源泉。

秀林峻岭

◎ 管理状况

太白山自然保护区自建立以来，始终坚持"严格保护，科学管理，积极发展，合理利用"的工作方针。以资源保护为中心，积极探索和实践文化与自然保护相结合、旅游与自然保护相结合、社区经济发展与自然保护相结合，深入研究自然保护与经济发展的有机联系和因果关系，提出了"在保护的基础上发展，以发展促进太白山的保护"的全新工作思路，遵循世界生物圈保护区的理念，切实加强自然资源保护管理工作，逐渐形成了集资源保护、科研监测、社区发展、生态旅游和国际合作等为一体的综合管理体系，有效地对保护区内动植物资源进行保护，深入细致地开展科学研究，积极稳妥地帮助社区发展经济，合理开发旅游资源，扎实认真地实施国际合作项目，取得了显著的成绩。

（代拴发供稿；孙瑞谦摄影）

拔仙绝顶

陕西 佛坪 国家级自然保护区

陕西佛坪国家级自然保护区位于秦岭中段南坡佛坪县岳坝乡境内，地理坐标为东经 107°41′～107°55′、北纬 33°33′～33°46′，总面积 29240hm²，森林覆盖率达 97.5%。是以保护"国宝"大熊猫及其栖息地为主的野生动物类型的保护区。佛坪自然保护区 1978 年经国务院批准建立，1992 年林业部将包括佛坪国家级自然保护区在内的秦岭保护区群确定为具有全球保护重要意义的 A 级保护区，《中国生物多样性保护行动计划》也将佛坪国家级自然保护区在内的秦岭保护区群确定为最优先的生物多样性保护地区之一。2004 年 10 月被联合国教科文组织接纳为世界人与生物圈保护区。

连香树 （马亦生摄）

◎ 自然概况

佛坪自然保护区内地势呈"M"形，西北高，东南低，最高点光头山鲁班寨海拔 2904m，最低点大古坪泡桐沟海拔 980m，相对高差 1924m。地质构造属于秦岭褶皱系南秦岭印支冒地槽褶皱带，印支期花岗岩广泛出露，古生界偶有露出。在海拔 2700m 以上有第四纪冰缘地貌遗迹分布。地貌类型属侵蚀剥蚀中山地貌，地表起伏大，多悬崖沟谷，坡度多在 30°左右。

保护区气候属于亚热带北缘山地暖温带气候，有显著的山地森林小气候特征。气候温和，夏无酷暑，冬无严寒。年均温 11.5℃，1 月平均气温 0.3℃，7 月平均气温 21.9℃；年均降水量 924mm，4～10 月份为多雨季节，11 月至翌年 3 月为枯水季节；年均日照 1726.5h，年均蒸发量 1086.3mm；年均风速 2.2 m/s；无霜期 220 天。

保护区内的土壤以黄棕壤、棕壤和暗棕壤 3 种类型为主。黄棕壤分布在海拔 1500m 以下的中低山区，棕壤分布在海拔 1500～2300m 的中山地带，暗棕壤分布在海拔 2300m 以上至秦岭梁脊一带。

佛坪自然保护区地处中国华北、华中、西南等典型的植物区系的接壤地带，是中国南北植物交汇的场所，植物区系具有南北过渡，四方杂居，起源古老，新老兼备的特点。

从低海拔到高海拔依次划分为落叶阔叶林带、针阔叶混交林带、针叶林带、高山灌丛草甸带 4 个植被垂直带。植被分为 2 个植被型组，7 个植被型、16 个群系组、20 个群系、26 个群丛组。区内有高等植物 191 科 678 属 1657 种，

高山植被 （马亦生摄）

保护区远眺（马亦生摄）

其中种子植物有132科560属1271种。保护区内还分布有世界性单种属29个，中国特有种24种，东亚特有种83种，秦岭特有种95种。其中，国家一级保护植物有独叶草和红豆杉2种，国家二级保护植物有太白红杉、秦岭冷杉、水青树、连香树、香果树、厚朴、野大豆、水曲柳、芍药属所有种、兰科植物共53种，列入陕西省地方保护的植物有18种。

◎ 保护价值

佛坪自然保护区类以保护大熊猫为主，竹林是大熊猫的主要食物资源，是大熊猫分布的决定因素，区内分布有巴山木竹、秦岭箭竹、龙头竹等3种可供大熊猫食用的野生竹子，竹林分布总面积达13080hm²。

保护区的动物区系处于东洋界与古北界的过渡地区，动物地理分布明显地反映出南北交汇和过渡的区系特征，并具有组成复杂、起源古老及孑遗性和多态性的特征。区内共有脊椎动物30目83科229属339种，其中兽类7目26科55属68种、鸟类15目39科131属217种、爬行类3目7科21属26种、两栖类2目6科6属12种、鱼类2目4科15种。昆虫24目165科1354种。列入国家一级保护的动物有大熊猫、川金丝猴、羚牛、朱鹮、金雕、林麝、豹7种，国家二级保护动物有赤腹鹰、雀鹰、松雀鹰等39种。

佛坪自然保护区自然景观集高、寒、奇、险、秀于一身，崇山峻岭与飞瀑流泉交错分布，奇花异草与珍禽异兽相互叠印，憨态可掬的大熊猫穿行竹海，尊贵优雅的川金丝猴群居密林，威武雄壮的羚牛成群结队。深山密林中，历代寺庙、栈道、断桥、街道、作坊等历史遗迹尚存，构成了人与自然的美好画卷。

著名的傥骆古道从保护区穿越而过，至今在保护区黄桶梁一带的古道路基、桥涵尚存，当年以驿站为商业中心的黄桶梁街道，仍保留着石板铺成的街面。成为独具特色的人文历史景观。

佛坪自然保护区不仅拥有典型完整和高度自然的北亚热带与暖温带交汇的山地森林生态系统及其自然原始本底，而且具有丰富的生物多样性，是以大熊猫为主的自然遗产以及重要的水源涵养地。

保护区具有丰富的生态系统和景观多样性。保护区内植被分布主要受海拔高度和地形的影响，植被垂直分布多样性比水平分布多样性显著。北亚热带常绿阔叶林带、暖温带落叶阔叶林带、中山针阔混交林带和亚高山针叶林带由低向高形成完整的垂直带谱，构成秦岭南坡具有典型代表性的自然景观。完整的森林生态系统，不仅有利于保持大熊猫种群数量的稳定和发展，同时也对长江流域金水河的水源涵养、水土保持、气候改良，保障下游的农牧业生产和人民生活，以及长期持续地为人类提供生态效益、社会效益、经济效益都有重要意义。

保护区地处秦岭野生大熊猫分布区的中心地区，占秦岭大熊猫总分布区面积的 1/5。本区大熊猫种群数量一直稳定在 90～100 只之间，约占秦岭大熊猫种群数量的 40% 以上。核心区内大熊猫分布密度达到 0.7 只／km²，居全国之首。在佛坪保护区海拔 1900m 以上的中高山地区，人烟罕至，交通不便，保持了较为原始的自然环境，生长着茂密的竹林，不仅为大熊猫的生存和繁衍提供了充足的食物和良好的栖息场所，而且为整个秦岭地区乃至全国大熊猫的保护管理和科学研究提供了天然场所和样本。佛坪国家级自然保护区大熊猫常见的体色为黑白色，偶见有棕白色和纯白色。1985 年 3 月 26 日，在区内大古坪发现一只棕白色雌性大熊猫，曾经轰动国际学术界。又数次在野外直观到了棕白色大熊猫和白色大熊猫。目前，中国科学院在这里建立了全国第一个大熊猫野外研究基地。

保护区内还有川金丝猴和羚牛秦岭亚种两种中国特有动物。羚牛秦岭亚种是秦岭山地体型最大的兽类，其

血雉 （马亦生摄）

毛色为白色、金黄色、黑色、灰色和黑白相间的杂色；川金丝猴和林麝、小鹿均见有白色个体，这些珍贵动物的异常体色被科学家称为"二型性"；原来生活在广西、广东和云南的红翅绿鸠在本区分布并形成独立亚种佛坪绿鸠。近年来的 5～9 月份，在保护区南部的大古坪、龙潭子保护站，常可见到游荡而来的珍禽朱鹮。

保护区内分布有世界性单种属植物 52 个，东亚特有属 83 个，中国特有属 24 个，秦岭特有种植物 85 种。区内分布的大型真菌有 21 种 1 变种为首次在陕西省发现；地衣植物有 11 科 11 属 21 种为秦岭地区首次报道；苔藓类植物有 6 属 12 种及蕨类植物有 1 属 3 种为秦岭地区的新记录。

保护区内分布的野生药用植物约有 711 种。著名的有手儿参、太白米、猪苓、贝母、大黄、桃儿七、枇杷芋、天麻、党参等。佛坪县被列为国家重点药材生产基地，特别是中药材山茱萸，是当地乡土树种，它的果皮"山萸肉"是名贵中药材，具有滋阴补肾、壮阳强身、延年益寿之独特功能。

由于保护区保持着原始的森林生态

黑龙潭瀑布（马亦生摄）

秦岭羚牛（马亦生摄）

云海 （马亦生摄）

秦岭大熊猫（贺明瑞摄）

系统，风景秀丽，又是全世界大熊猫分布密度最大的地区，也是野外遇见率最高的地区，是开展以观赏大熊猫和其他野生动物为主要内容的特色生态旅游的理想场所。从 20 世纪 90 年代以来先后有美国、英国、澳大利亚、奥地利、日本、比利时等数十个国家的生态旅游者、科学工作者和新闻单位、观鸟团等前来本区，他们大多在本区见到了野生的大熊猫、羚牛、川金丝猴、红腹锦鸡等。

佛坪自然保护区地处汉江一级支流金水河的上游，对金水河的水源涵养、水土保持以及周围气候的调节、周边社区工农业生产的稳定发展，对我国南水北调中线工程的水源保护都具有极其重要的意义。

保护区复杂的环境条件，完整的森林生态系统，丰富的生物多样性资源，是进行生物、生态、地理、地质地貌、水文、气候、土壤、环境等学科研究和教学实习的理想基地，也是普及自然科学知识、进行环境教育、生态文化创作的课堂和天然实验室。

◎ 功能区划

佛坪自然保护区将辖区划分为核心区、缓冲区和实验区 3 个功能区，其中核心区面积 10326hm^2，占保护区总面积的 35.31%；缓冲区面积为 5141hm^2，占总面积的 17.59%；实验区面积为 13773hm^2，占总面积的 47.10%。在实验区下又区划了旅游小区，面积为 1360hm^2，占总面积的 4.65%。

保护区自建立以来与国内外 20 余所大专院校、研究机构合作开展了研究工作，很好地发挥了科研基地的作用。保护区先后开展了多次大熊猫等野生动植物资源专题调查，开展了"野生动物监测标准化方法的研究""森林和野生动物类型保护区基层保护站定量化考核办法的研究""社区经济可持续发展的研究"进行了综合考察和定期监测活动。1994 年以来先后同美国多家动物园进行科学研究合作。并作为全球环境基金（GEF）项目中国生物多样性保护示范保护区，实施了 GEF 项目。还与世界自然基金会（WWF）等诸多的国际组织和专家开展了长期的合作。

佛坪自然保护区 1993 年作为首批网络成员加入了中国人与生物圈保护区网络，2004 年被联合国教科文组织接纳为世界人与生物圈保护区，2000 年 10 月获得了 21 世纪生态旅游绿色认证，国家科学技术协会和陕西省政府及汉中市政府都将这里列为"全国科普教育基地"和"青少年爱国主义教育基地"。

（马亦生供稿）

陕西 周至
国家级自然保护区

陕西周至国家级自然保护区地处周至县境内的秦岭主梁北坡，东部与小王涧林场相接，南与佛坪、宁陕两县相连，西与老县城大熊猫保护区毗邻，北与厚畛子林场连畔；地理坐标为东经107°39′～108°19′，北纬33°41′～33°57′；总面积56393hm²，是以保护川金丝猴为主的野生动物类型自然保护区。保护区于1980年经陕西省人民政府批准建立，1988年经国务院批准晋升为国家级自然保护区。

◎ 自然概况

周至自然保护区大地构造属于秦岭褶皱系，地层属礼县－柞水分区，泥盆系是保护区出露地层的主体，占面积的2/3左右，其次是石炭系及中生界地属。北部是石英岩片岩，南部主要是浅变质性粉沙岩。土壤复杂多样，有4个土类、7个亚类、11个土属，具有垂直分布特点。

保护区内水资源丰富，区内大小河流15条，汇集于黑河。保护区属暖温带大陆性季风气候，气候湿润，年平均气温6.4～8.4℃，年均降水量600～1100mm，四季中夏短而热，冬长而寒冷，秋低温多雨，小气候变化剧烈。由于区内森林茂密，植被良好，气候湿润，低温多雨，土质肥沃，水资源丰富，植被呈明显垂直分布，因此，孕育了丰富多样的动植物资源。

冬雪中的川金丝猴家族

区内山势陡峭，峰岭连绵；森林茂密，植被良好，生态系统完整，森林覆盖率高达90.5%，气候湿润，易蒸云生雨，截降水涵蓄，是西安黑河引水工程的主要水源涵养地。

周至自然保护区内植物种类繁多。目前已鉴定的种子植物有121科508属1069种（其中木本464种、草本605种）。区内资源植物也很丰富，有果树类90余种，药用植物170余种，芳香油植物12种；观赏植物130余种。19种国家级珍稀植物中有国家一级保护植物红豆杉、独叶草2种和兰科等珍稀植物在区内分布广泛。

保护区内动物资源丰富。有脊椎动物267种，其中兽类74种，鸟类160种，鱼类5种，两栖类8种，爬行类

光头山太白红杉林

光头山冷杉林

20种。29种国家重点保护动物中，国家一级保护动物5种：大熊猫、川金丝猴、羚牛、云豹、黑鹳，国家二级保护动物24种。川金丝猴在这里分布有11群1200多只；大熊猫有21只，分布面积约10367hm²；羚牛有500多头。

周至自然保护区景观资源丰富，独具特色。保护区处于秦岭腹地，山体高大，沟谷纵横，气势雄伟，森林茂密，呈现出很多美丽而独特的自然景观。保护区内的玉皇庙地区，已成功招引了一群川金丝猴，成为国内外首家成功招引野外川金丝猴的国家级自然保护区。在这里，川金丝猴和人建立了和谐关系。

高山烂泥湖，位于保护区东南角，与宁陕县交界，面积约15hm²，海拔

2300m，因地势开阔，四周高而中间低、形成沼泽烂泥而得名，羚牛、黑熊等兽类经常活动于此。

长坪河植被景观：从厚畛子保护站沿花耳坪河南行经白羊滩、二岭子，直达秦岭主脊，直线距离12km。沿途地形复杂，悬崖、陡壁、滩地、水潭相间其中。高大的乔木直指云端，低矮的藤灌缠树附崖，郁郁葱葱，青峦叠嶂；秋季满山红叶，点点簇簇，奇珍野果比比皆是。

七里一线天：从保护区北部的东河入口，沿沟向东南而上，路经七里峡口，峭峰直插云天，最狭处仅有5m，冷风飕飕，难见天日；冬季百仞冰柱悬于九天，历经数月不化；人行步道沿河蜿蜒缠绕15次之多，称之为"十五道脚不干"，

大熊猫

银兰

太平风光

独叶草

毛杓兰

柴松林相（张冠林摄）

直通秦岭梁脊。

秦岭冷杉林：位于保护区东南部，是秦岭特有树种，树形挺拔秀丽，山体岩石雄奇。

光头山草甸：位于保护区西南边缘，与佛坪保护区交界，海拔2904m，遍生0.5m多高的杂草，形成一片草甸，远看好像什么也没有长，故名"光头山"，近看却是一片花草织成的地毯。清晨，雾霭缭绕，云腾雾涌，及至日出，云海瞬息而变，气象万千。羚牛经常活动于此，很少有林木遮掩，是观察野生动物的好地方。

保护区内不但区内景观秀美壮丽，而且周边地区的玉皇庙、大蟒河、殷家坪、大树沟、陕西黑河国家森林公园等都是有名的自然景观。

◎ 保护价值

周至自然保护区是以保护以川金丝猴、大熊猫为主的野生动物及其栖息环境，保护生物多样性和森林生态系统的完整性，保护自然景观价值和黑河水资源涵养地的森林和野生动物类型的自然保护区。

保护区具有丰富的珍稀动植物资

秦岭初秋

七里一线天

大熊猫

川金丝猴一家子

川金丝猴幼子

源，为人们探究生态系统奥秘提供了良好的科学研究基础，为人们休闲度假、生态旅游提供了理想场所。

◎ 功能区划

周至自然保护区将区内划分为核心区和实验区两个功能区，其中核心区面积27970hm²，占总面积的49.6%；实验区面积28423hm²，占总面积51.4%。

（周至自然保护区供稿；周凌洁提供照片）

川金丝猴父与子

雄性川金丝猴

陕西 牛背梁 国家级自然保护区

陕西牛背梁国家级自然保护区位于秦岭山脉东段，横跨秦岭主脊南北坡，地处陕西省柞水、宁陕、长安3县（区）交界处，沿秦岭主脊呈东西狭长分布，东部及南部与柞水县接壤，西部与陕西省宁东林业局沙沟林场、长安区沣峪林场和宁陕县广货街镇连接，北部与长安区南五台林场、沣峪林场、五台镇和溁镇相邻。东西长28km，南北宽15km；地理坐标为东经108°45′～109°03′，北纬33°47′～33°55′，总面积16418hm²，是以保护羚牛及其栖息地为主的森林和野生动物类型保护区。保护区建于1980年，1988年经国务院批准晋升为国家级自然保护区。

◎ 自然概况

牛背梁自然保护区属秦岭中山或亚高山山地，主要是秦岭山地地貌，保护区位于秦岭南北两坡中上部，海拔1100～2802m，垂直高差1700m，主峰牛背梁是秦岭东段最高峰，海拔2802m。保护区南坡为深谷峭壁，山势陡险；北坡上部多呈平台阶地及缓坡，为秦岭褶皱断裂带。这种"北缓南陡"的小地形与秦岭的"北陡南缓"形成鲜明的对照，是牛背梁自然保护区的特殊地貌类型。

保护区境内主要有4种土壤类型，垂直分布规律比较明显。褐土仅分布于秦岭北坡海拔1500m以下地段，有机质

牛背梁上挺拔的华山松（葛 炜摄）

含量为2%～5%；棕壤主要分布在秦岭南坡海拔1500～2300m地域，腐殖质厚度15～30cm，含量2%～9%，最高可达13%；暗棕壤主要分布在2300～2780m之间，腐殖质厚度为15～40cm，含量为6%～15%，最高可达20%；亚高山草甸土主要分布在海拔2780m以上，土层一般为20～50cm，砾石含量在10%以上，分布面积很小。

保护区属暖温带半湿润气候区。南坡由于受到东南潮湿气团的影响，在同海拔中，比北坡气温高3～5℃，年降水量比北坡多100～200mm。由于牛背梁兀立于群山之上，相对高差1700m，因而出现了差异明显的垂直山地气候特征。区内气候是夏季温凉湿润，冬季寒冷干燥。年均气温8～10℃，极端最高气温31.1℃，极端最低气温−21.6℃，年降水量850～950mm，无霜期130天左右。

牛背梁保护区内河流较多，水源丰

美丽的牛背梁草甸（方舟旺摄）

黄花岭群峰（赵文超摄）

富,主要有石砭峪河、沣峪河、旬河和乾佑河4大水系,长流不断。以秦岭主脊为分水岭,岭南的旬河、乾佑河属长江水系,岭北的石砭峪、沣峪河为黄河水系。

牛背梁自然保护区独特的地理位置和优越的自然环境,造就了丰富的生物多样性,已知区内有种子植物105科433属950种,占秦岭地区种子植物总数的30.4%。其中有珍稀濒危保护植物15种（第一批）,列为国家一级保护植物有红豆杉,国家二级保护植物有太白红杉、连香树、水曲柳、大叶榉4种。保护植物在保护区内呈零散分布,其中太白红杉、星叶草和羽叶丁香为陕西省在牛背梁自然保护区的新发现。

保护区内分布有脊椎动物218种,其中兽类60种,鸟类124种,两栖爬行类27种,鱼类7种。国家重点保护动物46种,其中一级保护动物有羚牛、豹、林麝、黑鹳4种,二级保护动物有黑熊、斑羚等24种。

区内景观资源丰富。有神奇多彩的原始森林、随处可见的珍禽异兽、舒爽宜人的气候环境、雄浑秀丽的高山奇峰、幽曲深邃的长沟峡谷、千姿百态的奇崖怪石、清澈跌宕的溪水流泉、美妙多姿的高山云雾等自然景观,还有遗迹犹存的秦楚古道、气势恢宏的隧道天桥、淳朴独特的民俗风情、奇异有趣的历史传说等人文景观。

◎ **保护价值**

牛背梁保护区是秦岭东部地区保存相对完整的天然林区,是唯一以保护羚牛及其生态系统为主要对象的国家级自然保护区。区内森林植被属暖温带针阔叶混交林型的山地森林系统,多为次生植被,以温带植物成分为主,呈现出明显的垂直结构特征,自下而上分别有落叶阔叶林和松栎针阔混交林带、松、桦针阔叶混交林带和亚高山针叶林带。自

海拔1800m以上出现华桔竹林,海拔2000m以上呈块状及散生的冷杉林。适宜的地形、充足的食物和水源条件为羚牛秦岭亚种的生存繁衍提供了良好的

光头山冬季景色（强晓鸣摄）

牛背梁风光（方舟旺摄）

终南群峰（方舟旺摄）

栖息场所。羚牛秦岭亚种是我国特产的珍贵大型偶蹄类动物，国际自然及自然保护联盟所公布的红皮书中将其列入珍贵稀有级，国际上称为"令人羡慕的目标"，在中国也列为国家一级保护动物。牛背梁是羚牛秦岭亚种集中分布区的东部边缘地带，以牛背梁为中心，西沟峡脑、北沟和光头山转角楼一带是羚牛分布较为集中的栖息地，主要活动范围在海拔1900～2700m的针阔混交林和针叶林中，并有季节性的迁徙活动。

保护区历来是羚牛秦岭亚种的适宜栖息地。20世纪50年代，保护区原生森林生态系统保存完整，仅西沟峡区域，就分布着100余只的羚牛种群3个大群。但随着经济社会的持续发展，人为活动的不断干扰，致使羚牛栖息地受到严重破坏，极大威胁着羚牛的生息繁衍，秦岭东部地区羚牛的集中分布区仅见于牛背梁一带。保护区建立后付诸积极的保护措施，以牛背梁为中心的较大范围内羚牛栖息地质量逐渐恢复，使急剧下降的羚牛种群数量趋于稳定，羚牛栖息活动范围逐年扩大，并呈现出稳步增长的良好趋势。

秦岭地区的羚牛因其身披浅黄色白色长毛，闪闪发光，头顶上生有一对多次翻转而又弯曲的粗角，故又称为"金

毛扭角羚"。主要生活在海拔2000m以上的高山地带，根据季节变化垂直迁移活动，选择最富于营养、最适合口味的食物，这也是羚牛最主要的生存对策。每年冬春两季下降到山的中部地带，夏季又逐渐升迁至高山地带。羚牛采食多在凌晨和傍晚，食物种类丰富，以阔叶树叶、嫩枝、树皮和草类为食。中午和夜间多进入林荫或较高空地栖息。羚牛是一个组织严密的群居大家族，喜集群生活，群体大小不一，最少的只有2～

3头，多的可达百头左右。根据季节不同，羚牛集群可以分为家族群、社群和聚集群3种形式。家族群是羚牛的基本单位，一般在10头左右，由成年雌性、年轻的雄性、未成年和当年出生的小牛组成。成年的雌性羚牛是家族群里的头牛，当群体迁移时，它总是走在群体的最前面；群体采食时，负责警戒，一旦发现异常便发出"桝桝桝"的声音，带领群体转移。社群由3～5个家族群组成，在移动和休息时都在一起，但各个

梯子沟飞龙瀑布（郭明勃摄）

碧潭（强晓鸣摄）

逶迤群山（方舟旺摄）

泾渭分明的分水岭（方舟旺摄）

家族则相对集中。每年的 6 ～ 7 月是羚牛的繁殖季节，几个社群聚集在同一片山坡，短时间汇合，最集中的时间不超过半个月，食物的丰富度和繁殖行为是决定羚牛集群时间和规模的主要因素。大规模的集群增加了更多选择最佳配偶的机会，由此也增加了基因交流的机遇，以减少近亲繁殖，保持种群兴旺。雄性羚牛为了获得交配的权力都要经过一场殊死搏斗，只有胜者才能获得爱情，打败的雄性一旦在本群中失去优势地位，

便独自游荡，这些孤独的雄牛穿行于各个群体之间，以寻找机会再去参加新的爱情竞争，保证了遗传基因多样性的传播。

羚牛四肢粗壮似牛，吻鼻部高而弯起似羊，不仅是我国珍贵的观赏动物，同时它那独特的生物学特征，引起了科学家的浓厚兴趣，为研究动物的发展进化提供了依据。

除羚牛外，保护区也是林麝、豹等国家一级保护动物和斑羚、锦鸡等国家二

级保护动物的天然庇护所。牛背梁自然保护区良好的森林环境成为林麝的最后栖息地，通过近几年持续性的监测，保护区频频发现林麝活动的足迹和身影，野生林麝种群出现了恢复增长的良好趋势。

牛背梁自然保护区不仅是野生动物活动的天然乐园，其保存相对完整的森林生态系统也充分发挥出涵养水源的功能作用。牛背梁自然保护区距离西安市40km，发源于保护区北坡的石砭峪河和发源于南坡的乾佑河，因其水量充沛，水质优良，无污染，西安市政府投资上亿元实施"引乾济石"工程，通过秦岭隧道将乾佑河的水源引入石砭峪河，汇入下游石砭峪水库，用于缓解西安市区用水的匮乏，牛背梁自然保护区已成为西安市居民饮用水的重要水源地之一。

◎ **功能区划**

牛背梁自然保护区划分了核心区、缓冲区、实验区 3 个功能区。核心区面积 5725hm^2，占保护区总面积的 34.9%；缓冲区面积 4119hm^2，占保护区总面积的 25.1%；实验区面积 6574 hm^2，占保护区总面积的 40.0%。

（强晓鸣供稿）

羚牛群 I

红豆杉（李 中摄）

羚牛群 II

高山杜鹃（强晓鸣摄）

陕西 长青 国家级自然保护区

陕西长青国家级自然保护区 1995 年经国务院批准建立，是以保护大熊猫及其栖息地为主的森林和野生动物类型自然保护区，位于秦岭中段南坡的洋县境内，北与陕西省太白林业局为界，东与佛坪国家级自然保护区接壤，南界和西界分别与洋县华阳、茅坪镇 11 个行政村的集体林相邻；地理坐标为东经 107° 17′ ～ 107° 55′，北纬 33° 19′ ～ 33° 44′，海拔在 800 ～ 3071m 之间，总面积 29906hm²。

朱鹮（贺明瑞摄）

◎ 自然概况

长青自然保护区大地构造上属秦岭褶皱系南秦岭印支冒地槽褶皱带，地质构造格局多呈一些残缺不全、规模不等的褶皱、断裂构造。主要岩石有花岗岩、花岗片麻岩等多种，是地质上称为"华阳岩基"的主体部分。保护区北高南低，呈斜面山岳地况。地质复杂，地形多变，岭梁纵横，

山高谷深，区内最高海拔兴隆岭梁（活人坪）3071m，最低茅坪保护站 800m，相对高差达 2271m。保护区地处长江流域，水系呈树枝状分布，属汉江一级支流酉水河、湑水河的上源支流。酉水河发源于保护区北界兴隆岭混人坪南坡酉水谷，由北向南汇入汉江，年平均径流量 4.31 亿 m³。区内水资源总量为 14.64 亿 m³。

长青自然保护区处于北亚热带与

暖温带的交错过渡地区。保护区的北边有秦岭主峰太白山天然屏障，有效地阻挡了北方寒流的入侵；南边暖湿气流沿汉江河谷直达中高山地带，形成大陆性季风气候，季节性变化明显，全年具有雨热同季、温暖湿润、雨量充沛，区内气候及植被的垂直地带性明显等特点。气候随海拔升高而呈垂直变化，海拔 900m 以下为亚热带气候；900 ～ 1400m 为暖温带气候；1400 ～ 2300m 为温带气候；2300m 以上为寒温带气候。区内地形复杂，小气候差异较为明显。年平均气温在 13.8 ～ 15.1℃之间，年平均降水量在 813.9 ～ 1044mm 之间变化。区内土壤类型以山地黄棕壤、山地棕壤、山地暗棕壤和山地草甸土等为主。土壤湿润、有机质含量高。

◎ 保护价值

长青自然保护区有野生种子植物 135 科 601 属 1556 种，列入《中国濒危保护植物》红皮书的有 31 种；脊椎动物有 29 目 78 科 213 属 311 种，其

原始冷杉林（时 鉴摄）

1134

亚高山草甸（贺明瑞摄）

中兽类7目24科51属63种，鸟类13目36科123属202种，两栖动物2目5科5属8种，爬行类动物2目6科17属20种；鱼类5目7科17属18种。国家一级保护动物有大熊猫、川金丝猴、羚牛、朱鹮、金雕、林麝、豹等7种，国家二级保护动物有黑熊、毛冠鹿、大鲵、血雉、红腹角雉等33种。特别是大熊猫、羚牛、川金丝猴、朱鹮等国宝级珍稀野生动物均有分布。尤其被世界生物学界誉为"活化石"的大熊猫在本区广泛分布，其面积约占秦岭大熊猫栖息地的15%，而大熊猫数量有100余只，约占秦岭大熊猫总数的1/3，是大熊猫秦岭亚种的分布核心和密集分布区，具有特别的保护价值。

长青自然保护区的森林和野生动植物资源具有重要的保护价值，属国家重点保护物种及秦岭珍稀物种集中分布区，具有重要的生态、科研及经济和社会意义。保护区在世界植物地理上处在泛北极植物区、中国—日本森林植物亚区和中国—喜马拉雅森林植物区系的交汇地带，也是我国华北、华中、西南等

典型植物区系的交汇地带。长青保护区植物种类丰富，起源古老，地理成分复杂，珍稀濒危保护植物多，是南北植物交汇的场所和多种植物区系的汇集区。区内野生种子植物占秦岭种子植物总科数的88.2%，总属数的61.3%，总种数的60.0%。区内集中分布了大量的温带属和众多的古老子遗植物。植物以温带成分为主，具有全国种子植物属的分布类型15个。其中包括世界广布成分63属、温带属446属、热带属206属，古地中海成分16属。有诸如侧柏属、领春木属、连香树属、水青树属、白辛树属等东亚特有和中国特有113属，其中如香果树属、山白树属、翼朴属、马蹄

香属、独叶草属、串果藤属等中国特有成分31属，所占比例高达27.4%。区内有珍稀濒危保护植物31种，分别占我国和陕西省珍稀濒危保护植物的8%和68%。保护区竹林分布面积占总面积的71.4%，主要为巴山木竹和紫耳箭竹，为大熊猫的生存提供了主要的食物来源。

川金丝猴（克里斯丁摄）

大熊猫（贺明瑞摄）

羚牛（贺明瑞摄）

飞　瀑（时　鉴摄）

大熊猫（冯　烽摄）

母子大熊猫

红腹锦鸡（奚志农摄）

血　雉（奚志农摄）

保护区仅野生维管植物就有 153 科 636 属 1611 种，据不完全统计，可作为资源利用的植物有 716 种。其中药用植物 426 种，观赏类植物 312 种，油脂和芳香油类植物 187 种，糖和淀粉类植物 100 种，纤维类植物 72 种；保护区还生长着对生态平衡和能量循环具有重要作用的大型真菌 192 种，其中食用菌 104 种。这些资源具有极大的经济及商品价值，已经或者正在成为秦岭经济发展的重要原料。

在世界动物地理区划中，长青保护区属于东洋界和古北界的过渡地带。由于地处秦岭中段南坡，地理位置和地形特点的影响显著，区内野生动物种群数量较多，野生动物中仅野生脊椎动物（不含鱼类）就占陕西省脊椎动物总种数的 42.08%。动物组成丰富，地理成分复杂多样，具有明显的古老性和残遗性。来自华北、蒙古、青藏高原、中国南方以及其他动物区系成分相互渗透，是多种动物区系成分的汇集地，具有显著的过渡特征。动物中有东洋界种 133 种、古北界种 112 种、广布种 48 种。国家重点保护野生动物有 40 种，是秦岭地区

保护动物较为集中的地域之一。特别是秦岭大熊猫被科学界定为秦岭亚种更具有特别的保护价值。

长青自然保护区是秦岭地区森林生态系统保持比较完好的地区，以温带和亚热带次生森林为主体的生物有机体与环境之间保持着相对平衡，成为大熊猫等珍稀野生动物赖以生存的基本条件，是我国开展研究恢复生态学、保护物种对环境适应性、综合利用生物资源的理想场所，也是珍稀物种遗传多样性保育的基因库。保护区地处汉江支流西水河上游，其流域内有 6 个乡（镇）30 个行政村，群众生产和人畜饮水依靠该水系供给。保护区森林茂密、雨量充沛，其涵养水源、调节气候、净化水质和空气、控制水土流失、保持生态平衡和保护自然环境，以及解决群众生产生活用水方面的意义更不可低估。

◎ 管理状况

长青自然保护区始终坚持把资源保护作为全局中心工作来抓，实行保护、公安一体化稽查巡护机制，严厉打击乱砍滥伐、乱捕滥猎等违法犯罪活动做好

森林防火和安全生产工作确保野生动植物资源安全。野外巡护中全面推行 GPS 等先进手段和技术，保护管理工作逐步走上科学化规范化轨道，野外巡护数据收集工作多次受到林业主管部门和中外专家的好评，并予以推广。保护区以科研单位和大专院校为依托，积极加强科研合作。先后与中科院动物所、北京大

扶持等非资源消耗性项目，帮助社区调整产业结构，减少了对森林资源的依赖和利用。在权属不变的前提下，将周边社区集体林10200hm²按保护区模式进行野外巡护，组建了社区反盗猎体系，使偷猎、盗伐等案件大大减少，对保护区实施有效保护和社区可持续发展产生了积极作用。

积极开展对外交流与国际合作，促进了大熊猫保护事业的发展。保护区先后加入了"绿色环球21"（Green Globe 21）以及中国人与生物圈保护区网络，与意大利玛尼拉国家公园建立友好关系。近年来先后与全球环境基金（GEF）、世界自然基金会（WWF）、美国孟菲斯动物园及圣地亚哥动物园等国际组织（单位）建立了交流与合作关系。2003年与澳大利亚合作开发的以观赏大熊猫为主的生态旅游项目获国家林业局和陕西省计划委员会批准，与澳大利亚可持续旅游合作研究中心（CRC）合作进行生态旅游开发研究，把生态旅游开发推向了新的阶段。

（王建新、董树文撰稿）

秋 景（时 鉴摄）

大花杓兰 （杨 平摄）

观 鸟（时 鉴摄）

学、北京林业大学、西北大学、西北植物研究所等院校、科研单位合作开展了"秦岭大熊猫生境适应性选择研究""秦岭大熊猫主食竹种类研究""大熊猫栖息地生境恢复研究""红腹锦鸡生态学研究"等科研课题，出版了《长青自然保护区综合科学考察报告》等学术专著。

加强社区共管工作，提高公众保护意识，扶持社区可持续发展，是自然保护区一项十分重要的工作。保护区结合社区经济发展，在大力开展公众宣传教育活动的基础上，积极引进WWF秦岭保护与发展共进项目，并先后实施了基于保护的社区发展项目和联合参与式保护项目，涉及细鳞鲑养殖、改建节柴灶、资建社区卫生所、粮食加工厂和种养业

陕西 汉中朱鹮 国家级自然保护区

陕西汉中朱鹮国家级自然保护区是以保护朱鹮及其栖息地为主的湿地类型自然保护区。地处汉水之滨的汉中地区，跨越洋县和城固2县，其主体在洋县境内，地理坐标为东经107°17′～107°44′、北纬33°08′～33°35′，总面积37549hm²。自1981年5月在洋县的姚家沟和金家河重新发现朱鹮野生种群后，洋县林业局抽调4名职工组成保护小组，在姚家沟和金家河开始了初期监护。2001年陕西省人民政府批准建立陕西朱鹮自然保护区，面积37549hm²，并将"陕西朱鹮保护观察站"更名为"陕西朱鹮自然保护区管理局"。2002年保护区面积增至33715hm²。2005年7月23日，经国务院批准晋升为陕西汉中朱鹮国家级自然保护区，属野生动物类型自然保护区。

朱鹮（路宝忠摄）

◎ 自然概况

汉中朱鹮自然保护区地处暖温带到北亚热带的过渡地带，属大陆性季风气候，得天独厚的优越气候条件为朱鹮提供了天然乐园。保护区北有秦岭屏障，寒潮不易侵入，故冬无严寒；南有巴山阻隔，夏季暴雨相对较少，雨热同期，干冷同季，雨量充沛，四季分明。年平均气温14.5℃，7月最热，平均气温25.9℃，1月最冷，平均气温2.2℃；年均降水量839.7mm，平均无霜期239天；年平均降雪8天，最多19天，最大积雪深度10cm。全年多为东风，受地形影响顺河风特别明显，年平均风速1.2m/s，偶有大风天气出现在夏季，最大风速达18m/s。

保护区主要灾害气候有洪涝、低温、干旱、风、雹、霜等，这些自然界中的恶劣气候对朱鹮的年周活动会造成一定影响。保护区内河流众多，水库池塘星罗棋布，水系属长江流域汉江水系，汉江是过境的最大河流。大量的河流、水库及水塘给朱鹮提供了良好的栖息条件。朱鹮栖息地的土壤大体分为水稻土、黄棕壤、棕壤、淤土、潮土5个类型，其中水稻土占栖息地总面积的7.8%，是农耕地的主要土壤之一，也是朱鹮的重要觅食地。

汉中朱鹮自然保护区内植被以暖温带落叶阔叶林、北亚热带常绿阔叶林和落叶阔叶混交林为主。森林覆盖率在60%以上。动植物种类繁多，有动物534种，分属29目96科，其中国家一级保护动物7种：朱鹮、黑鹳、白鹳、金雕、羚牛、大熊猫、川金丝猴；国家二级保护动物62种。有321种树木，隶属72科152属，是一个天然的动植物基因库。

保护区周边区域涉及19个乡（镇）108个行政村，居民77612人。区内基本没有工业，属于以种植业为主的农业经济。

朱鹮主要活动于海拔450～1200m

1984年发现的三岔河朱鹮巢区（翟天庆摄）

江汉湿地朱鹮飞翔（张跃明摄）

之间的平坝区、丘陵区和低山区，活动地点随季节而变化。常栖息于水田、沼泽、山谷溪流附近的高大乔木上，在水田、沼泽地觅食。根据其年周期活动规律和栖息地特点，可把朱鹮栖息地分为繁殖区、游荡区和越冬区。

繁殖区是朱鹮年周期活动中繁衍后代相对集中的区域。主要范围在海拔700～1100m的秦岭南坡的低山区。区内山峰的相对高度大多在300m左右，坡度多在30°以上，沟谷深切。森林植被主要为天然次生林，优势树种为栎类、松类，森林覆盖率在60%以上。气候温暖湿润，交通闭塞，人口密度较小，环境幽静。沟内河边有一定面积的冬水田，为朱鹮繁殖期提供了不可多得的优良觅食场所。冬水田农作物一年一熟，主要种类有水稻、小麦、油菜、玉米等，环境基本未受污染。

游荡区是朱鹮繁殖期结束以后的主要活动地区，位于汉江及其支流两岸的丘陵平坝区，海拔450～640m。丘陵区有呈块状分布的次生林、河流、水库密布，有大面积的水田、旱地和草坡，

是朱鹮游荡期主要的觅食区和夜宿地。平坝地区为农业区，有大片的水田，水库、池塘、沟渠和众多的溪流。越冬区靠近繁殖区，分布大体上与繁殖区一致，是朱鹮从游荡活动区进入繁殖区的过渡地带。

朱鹮活动区自然景观资源得天独厚，人文景观颇为丰富。包含保护区主体区域的洋县，北靠秦岭，南依巴山，汉江由西向东横贯而过，越境流长87km，其态势三面环山，一面迎川，错综复杂的地形地貌构成了引人入胜的山水风光，其中的黄金峡自小峡口入峡，历经24险滩，出峡于渭门，全长45km。该峡山水风光独特，唐代大诗人杜甫、白居易、岑参，明代诗人王任钧均到过此地，留下了许多不朽之作。朱鹮的野生栖息地具有独特性和排它性，加上大熊猫、川金丝猴、羚牛等"秦洋四宝"的衬托，更有旅游吸引力。

洋县历史悠久，自西晋设兴道县、黄金县到明代设洋县沿用至今已有1700年之久。在漫长的历史长河中，曾有许多名人雅士涉足此地辗转流连，

留下了大量珍贵的墨迹、遗物。智果寺藏经楼、蔡伦墓、开明寺塔、良马寺觉皇殿被定为省级重点文物保护单位，有较高的科学艺术价值和旅游价值。智果寺藏经楼所藏明代御赐佛经3000余卷是研究我国佛教文化乃至欧洲佛教起源的重要史料。其经卷纸质和图案各异的彩色织锦缂丝封面，堪称稀世之宝。革命老区华阳镇的红25军司令部遗址至今保存完好。是不可多得的旅游胜地。

◎ **保护价值**

朱鹮是我国特有种，具有国际意义。目前，分布于以陕西洋县为主要栖息地的野外朱鹮种群是全球唯一的野生朱鹮种群，不仅拥有极其重要的科学研究价值，而且在国内外具有典型意义和重大国际影响。

朱鹮又名朱鹭，俗称红鹤，当今世界最濒危的鸟类之一，被世界自然保护联盟（IUCN）列入极濒危物种名录，我国列为国家一级保护动物。隶属于鹳形目鹮科鹮亚科。历史上朱鹮曾广泛分布于东亚地区，20世纪中叶以来，由于

育仔（张有平摄）

人类社会生产活动对环境的影响，使得朱鹮对变化了的环境难以适应，其数量急剧减少。20 世纪 80 年代人们认为日本的朱鹮已不存在，但后来又发现少量残存于佐渡和能登半岛的个体。1952 年日本将朱鹮定为"特别天然纪念物"，1960 年在东京召开的第十二次国际鸟类保护会议上被定为"国际保护鸟"；1968 年韩国政府也将朱鹮定为"198 号天然纪念物"。20 世纪 60 年代末苏联境内朱鹮绝迹，70 ~ 80 年代在朝鲜半岛消失。这一时期日本政府为拯救濒危的朱鹮做了大量工作，但未能取得预期效果，遂于 1981 年初将野外残存的 5 只全部捕获进行人工饲养，最后 1 只也于 2003 年 10 月死亡。因此朱鹮已成为中国特有物种。

在我国，朱鹮曾经分布于黑龙江、吉林、辽宁、河北、北京、山西、陕西、甘肃、内蒙古、河南、山东、安徽、江苏、江西、上海、浙江、福建和台湾等地。20 世纪初期，我国朱鹮的数量也开始急剧下降。最后一个标本是 1964 年在甘肃康县采到的。此后很长一段时间没有朱鹮分布的报道，认为朱鹮已经在我国野外绝灭。

1978 年开始，中国科学院动物研究所组织考察队，在全国范围内对朱鹮及其可能存在的地区开展专项调查。在随后的 3 年多时间里，考察队行程达 50000km，踏遍了黑龙江、陕西、甘肃等 16 个省份的 260 多个朱鹮历史分布点，于 1981 年 5 月，在陕西省洋县发现 7 只野生朱鹮（刘荫增，1981），从而宣告在中国重新发现朱鹮野生种群，这也是目前世界上仅存的一个朱鹮野生种群。

1600 ~ 1700 年间，世界上大约每 10 年灭绝一种鸟类和哺乳动物，而 1850 ~ 1950 年期间，灭绝速率上升到每 2 年灭绝一种鸟类和哺乳动物。朱鹮的保护，就是要通过科学研究，了解其生活习性、生存危机和对环境的需求，然后采取有效的保护措施，减少致危因素及其造成的危害，延缓（或避免）该物种的灭绝。

朱鹮是一种稀有的美丽鸟类，具有非常高的保护价值和观赏利用价值，而且综合了经济价值、观赏娱乐价值、生态生物学价值、科学教育价值、美学价值、社会价值等多个方面。在历史的长河中，鹮科鸟类是古老的鸟仙。从油页岩中发现的鹮类化石表明，鹮科鸟类生活在距今 6000 万年前的始新世，现存的仅有大约 16 属 26 种。

朱鹮是一个具有极高生态价值的动物物种，对于自然生态平衡有着十分重要的作用。在食物链中朱鹮处于顶级位置，以小鱼、泥鳅、小虾、青蛙、蟋蟀、蝗虫、田螺等为主要食物，在控制猎物种群中起到重要作用。由于朱鹮易受自然条件和人为因素的影响，朱鹮的自然生产力较低，而物种稀有程度明显增高。目前，世界上仅有陕西洋县及其周边地区分布着近 400 只野生朱鹮，其他所有的人工种群都来自原来重新发现的 7 只个体的后代。

围绕朱鹮的科学研究自 19 世纪就开始了，只不过到 20 世纪 80 年代才红火于日本和中国。通过对其生态分布、生理解剖、繁殖、历史变迁等项目的研究，科学家们发现了许多不为人知的东西。从朱鹮的濒危因素着手，逐步深入掌握了朱鹮的拯救措施，为其他濒危物

贵如宝石的朱鹮卵（翟天庆摄）

人工哺育朱鹮

种的保护提供了成功的范例。朱鹮的美学价值自古以来就成为文学、诗歌和自由想象中不可缺少的一部分，是用金钱无法衡量的美。

◎ 功能区划

保护区根据朱鹮活动的自然地理特征、资源状况、分布及栖息地状况和土地使用状况划分为核心区、缓冲区和实验区 3 部分。

朱鹮繁殖区域是朱鹮保护区的核心区。核心区沿保护区北部海拔 800 ～ 1300m 的范围划分为东西两部分，面积 11390hm^2，占保护区总面积的 30.3%。核心区内主要为朱鹮营巢的森林、水稻田湿地等，是朱鹮繁殖期的主要栖息地。

缓冲区是朱鹮由游荡觅食区向繁殖区季节性迁移的过渡地带，同时也是越冬区和繁殖区相互交错的区域。缓冲区面积 9930hm^2，占保护区总面

展翅飞翔（张跃明摄）

朱鹮在汉江游荡集群（路宝忠摄）

积的 26.5%。

实验区是朱鹮夏、秋季游荡觅食和夜宿的主要区域，也是保护区在自然保护优先前提下，进行合理经营利用的区域。实验区面积 16229hm^2，占保护区总面积的 43.2%。

◎ 管理状况

从 1981 年至今，朱鹮保护工作已历时 30 多年。朱鹮保护区以有效保护野生种群及其栖息地环境为基础，以加快朱鹮数量增长、提高种群质量、迅速摆脱濒危局面为目标，开展保护、科研、社区宣传与共管、人工饲养繁殖、国际交流合作等方面的工作，目前，朱鹮数量已由 1981 年发现时的 7 只发展到

1000 余只，其中野生种群存活 500 只左右，人工种群已增加到 573 只。从近年来朱鹮种群的发展趋势看，在没有大的自然灾害和重大疫情影响的情况下，朱鹮种群会继续稳步增长。

在科研方面，保护区积极与国内外科研院所合作，通过环志标识、无线电遥测、GIS 地理信息系统以及分子生物学技术组织开展了朱鹮资源调查、生态生物学、种群结构和种群动态、人工繁育及疾病救治技术、遗传学分析等方面的研究。

近年来，国际社会对朱鹮保护极为关注，日本、韩国、美国、德国等 10 多个国家的专家学者纷纷到朱鹮保护区考察，进行各方面的交流与合作。1998 年和 2000 年，国家领导人江泽民、朱镕基共向日本赠送了 3 只朱鹮，并在我站饲养技术人员的指导下，实现了朱鹮异地成功繁殖和保护，再次赢得了日本等国际组织的赞誉。

（张跃明供稿）

朱鹮保护区花园保护站（张跃明摄）

陕西 子午岭
国家级自然保护区

陕西子午岭国家级自然保护区位于陕甘两省交界的子午岭山脉陕西境内富县西南，西以子午岭为界与甘肃省合水县、宁县毗邻，南依蚰蜒岭与延安市桥山林业局上畛子和大岔林场接壤，北以月亮山为界与延安市桥北林业局张家湾林场相邻，东以蒿巴寺梁为界与延安市属桥北林业局药埠头林场相连；地理坐标为东经108°30′~108°41′，北纬35°45′~36°01′，南北长27km，东西宽24km；总面积40621hm²，属森林生态系统类型自然保护区。2001年建立的陕西子午岭省级自然保护区，2006年2月经由国务院批准晋升为国家级自然保护区。

白桦林相

◎ 自然概况

子午岭自然保护区地形地貌属陕北黄土高原丘陵沟壑区。海拔在1100~1687m之间，地势西高东低，西陡东缓，岭谷交织，山峦起伏，森林茂密。黄土梁峁的地貌主要由基岩山岭与山间岔地及沟谷组成，与东西两侧的洛川塬和西峰塬的黄土台塬地貌形成了明显的差异。古剥蚀作用造成的主体缺乏连续黄土覆盖，部分基岩裸露坡面，或因风蚀舒展圆润，或因水蚀层理明显，色彩斑斓，凸凹自然，富含韵律。

保护区水系属渭河水系，有发源于保护区的清水河和榆林水库。区内以陈家河、老虎沟为中心构成放射状水系，汇集于清水河。保护区内由于受大面积森林植被的保护，极少水土流失现象。黑鹳、大天鹅、白鹭、鸳鸯等数十种水禽在湿地、水库和河边生息，为这里增光添彩，使人难以相信这里是黄土高原。

子午岭自然保护区属大陆性暖温带季风气候及中纬度半干旱气候，年平均气温7.4~9.3℃，年日照时数2159.4h。年降水量500~600mm，无霜期124~140天。该区气候属暖温带半湿润气候类型，但由于受地形、森林植被的影响，气温较低，温差较大，冬冷夏凉，温凉湿润的气候特点。

保护区土壤属灰褐土地带，是灰褐土地域分布的南缘，由于自然地貌、植被、气候及人为活动等因素的影响，土壤有机质的积累比较丰富，土壤钙化、黏化不甚明显，适宜林木生长。保护区可分为4个土壤类型：分布在阴坡、半阴坡的天然林与人工林林下的石灰性灰褐土；分布在阳坡、半阳坡中下部的黄绵土；分布在阳坡、半阳坡的中上部及岩石出露的梁、峁的灰褐性土；分布在植被稀少、坡度较陡、

天然次生林景观

子午岭林海

水土流失较严重的阳坡、半阳坡及沟坡、岩石裸露、滑塌处的红黏土、紫色土类；分布在沟谷川台地及河道的川台黄绵土。

子午岭自然保护区植被属我国暖温带落叶阔叶林北部落叶阔叶林地带的西段。森林植被均为天然次生林，主要由落叶阔叶林、针叶林和灌丛群落组成，成为黄土高原上植物种类独特、多样、丰富的天然绿色"基因库"。保护区内种子植物有93科323属596种。

保护区动物区系属古北界，主要为华北区及蒙新区的习见种。区内有脊椎动物27目59科188种，其中两栖动物1目2科4种，爬行动物3目5科10种，鸟类动物17目36科131种，哺乳动物6目19科43种，其中国家一级保护野生动物有豹、黑鹳和金雕等3种；国家二级保护野生动物有豺、水獭、鸳鸯、灰鹤、大天鹅、红脚隼、燕隼、红隼、长耳鸮、纵纹腹小鸮、毛脚鱼鸮等16种。此外还有省级等重点保护野生动物73种。保护区共有鱼类17种，分别隶属2目3科；其中鳅科6种，鲤科10种，鲇科1种。有森林昆虫534种。有大型真菌22科60余种。

子午岭自然保护区山清水秀，风光旖旎，其特殊的地理条件构成了独具特色的自然风光。是黄土高原一处旅游胜地。

保护区所处的大环境是人类活动较早的地区，留下了丰富的文化遗产，著名的有古代"高速公路"之称的秦直道遗迹，建于唐代的柏山寺宝塔、石弘寺石窟等。

子午岭保护区的保护对象是：黄土高原稀有的天然次生林生态系统及野生动植物资源。子午岭国家级自然保护区是我国暖温带落叶阔叶林分布最为完好的区域之一。该保护区北接陕北中部森林草原区，向南延伸到黄土高原南部，阻止了西北季风的南侵和风沙的南移，像一颗绿色明珠镶嵌在黄土高原上，形成了关中平原的天然屏障。在千沟万壑、水土流失十分严重的陕北黄土高原，这片天然次生林，林相整齐，林分结构合理，对陕北地区的生态安全、植被恢复、水土保持、水源涵养、气候调节和生物多样化

柴松林相

墨绿欲滴（张冠林摄）

云山雾海（张冠林摄）

等都起着巨大的作用，对周围地区的社会经济发展有着难以估量的积极意义。

子午岭自然保护区所在的陕北黄土高原地区是陕西省的重点林区之一，也是陕西林业区划中的桥山水源涵养林区的一部分，是黄土高原现有保存最好的森林植物群落，被称为黄土高原的绿色明珠和生物基因库。本区还是我国暖温

金雕

黑鹳（张冠林摄）

带落叶阔叶林带同纬度的西缘，植被成分以华北植物区系成分为主，同时分布有华中植物区系成分和蒙新植物区系成分。特殊的地理位置使其成为多种植物的分布界限（如：是麻栎、槲栎等树种的分布南限，是扁桃木、直立铁线莲等的分布北限），其地理位置极其独特。

子午岭保护区是陕西在黄土高原地区最早规划建立的保护区，它的建设对黄土高原地区植物的保护和利用研究及环境保护和建设起到积极的示范作用。

子午岭山脉为陕西和甘肃两省的分界线，山脉整体为南北走向，是渭河两条最大支流泾河与洛河的分水岭，以子午岭为中心成放射状形成泾河和洛河多条支流的发源地。尽快建设好子午岭国家级自然保护区，使其发挥更大的生态效益是十分必要的。

子午岭自然保护区是黄土高原第一个国家级自然保护区，处于黄土高原腹地水土流失最严重的地区，独特的区位使该区具有重要的调节气候、涵养水源、保持水土的特殊生态功能。保护区向北森林逐步减少，再向北则为毛乌素沙漠，无森林存在，它已成为陕北地区生态安

小叶杨母树

全的"桥头堡"，区位优势独特；该区西靠子午岭主脊，南北为次一级的山梁环绕，形成起伏不大的低山丘陵，上有风成黄土覆盖，境内岭谷交织，森林茂密，波状起伏，形成一条天然屏障，可以阻挡西北季风及其挟带的沙尘入侵，可以阻挡草原化、沙漠化的南移，可以涵养水源及防止水土流失。子午岭国家级保护区的建立对探讨黄土高原适生树种及水源涵养、水土保持等生态效益的相互作用是十分必要的，对保障黄河和黄土高原的生态安全具有十分重要的示范意义。

子午岭保护区作为科研基地，具有强大的科研潜力。首先，在自然科学方面，这里是研究黄土高原植被生态系统结构、功能和演化规律的基地，可以探

兴隆岭风光（郑松峰摄）

冬 景（张冠林摄）

秋 景

清水河（张冠林摄）

林间瀑布（张冠林摄）

石塔河叠翠瀑（贺明锐摄）

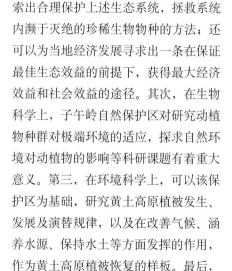

沟谷湿地（张冠林摄）

湿地景观

索出合理保护上述生态系统，拯救系统内濒于灭绝的珍稀生物物种的方法；还可以为当地经济发展寻求出一条在保证最佳生态效益的前提下，获得最大经济效益和社会效益的途径。其次，在生物科学上，子午岭自然保护区对研究动植物种群对极端环境的适应，探求自然环境对动植物的影响等科研课题有着重大意义。第三，在环境科学上，可以该保护区为基础，研究黄土高原植被发生、发展及演替规律，以及在改善气候、涵养水源、保持水土等方面发挥的作用，作为黄土高原植被恢复的样板。最后，在社会科学上，保护区内有丰富的文化遗产，将会成为研究历史、文化和宗教的重要基地。

◎ 功能区划

保护区区划为核心区、缓冲区和实验区 3 个功能区。核心区面积 13814hm²，占保护区总面积的 34.0%；缓冲区面积 8479hm²，占保护区总面积的 20.9%；实验区面积 18328hm²，占总面积的 45.1%。

◎ 管理状况

保护区自建立以来，在基础设施和组织机构建设、管理体系的形成、社区发展及资源保护等方面做了大量的工作，为实现保护区建设规范化、现代化、法制化和多功能化奠定了良好的基础。

（马保有供稿）

陕西 化龙山 国家级自然保护区

陕西化龙山国家级自然保护区地处陕西省最南部，地理坐标为东经109°16′41″～109°30′29″，北纬31°54′39″～32°08′13″。横跨平利和镇坪两县，区内最高峰化龙山海拔2917m，是大巴山的第二主峰。整个保护区位于大巴山弧形构造带内，南接重庆，东邻湖北，总面积28103hm²，其中核心区面积11923hm²，缓冲区面积3914hm²，实验区面积12266hm²。为森林生态系统类型自然保护区，主要保护典型的、完整的北亚热带生态系统，是我国巴山北部地区重要的野生动植物种质资源库。2007年经国务院批准建立国家级自然保护区。

◎ 自然概况

地质地貌：化龙山属于石灰岩山地，相对高差达2154m，大部海拔600～2000m，属低山—中山区。在湿润多雨的环境中，因受强烈的流水侵蚀，寒冻风化和岩溶作用，形成尖峭险峻的山岭，狭窄深邃的山谷和岩溶地貌，地面坡度多在35°～50°以上，多悬崖陡壁。山峰多由泥板岩组成，多呈金字塔形，山岭狭窄，只在溶蚀洼地、岩溶丘陵成片分布的山顶部或在亚高山古冰川形成的谷盆，才局部呈现出比较平缓的外貌。

气候：化龙山自然保护区地处亚热带暖温过湿山地气候区，但随垂直差异

红星村古杉（施金铎摄）

从低到高，具有山地暖温带和中温带过渡性气候的地带特征。据镇坪气象站多年观测资料：化龙山年均温12.1℃，年降水量1015mm，无霜期为210～290天，夏季短暂。

水文：保护区横跨汉水流域南江河水系（堵河上游）和岚河水系。发源于保护区3级以上河流12条，其中比较大的河流有竹溪河、浪河、红水河、岚河等。

土壤：化龙山自然保护区内分布的主要土壤类型有黄棕壤、棕壤、灰化土和草甸土等，其中黄棕壤分布面积最大。

野生生物资源：化龙山自然保护区植物资源丰富，有种子植物154科751属1732种；蕨类植物26科46属114种；大型真菌45科101属169种。国家重

保护区地貌（施金铎摄）

化龙山主峰（施金铎摄）

珙桐开花（施金铎摄）

点保护野生植物 22 种。其中：一级保护有银杏、红豆杉、珙桐、光叶珙桐、水杉 5 种；二级保护有秦岭冷杉、连香树、喜树等 17 种。陕西省重点保护野生植物 22 种。此外，保护区内有中国植物红皮书中的渐危种、稀有种 8 种，有兰科植物 35 种。

化龙山自然保护区共发现野生陆栖脊椎动物 251 种（不含鱼类），初步鉴定昆虫 608 种。区内重点保护野生动物有 56 种。其中，国家一级保护动物有 5 种，为豹、云豹、林麝、金雕等；二级保护动物有 27 种；陕西省重点保护动物 24 种。

自然景观资源：保护区内有主要景观 18 处，主要是浪河风光、化龙飞瀑、化龙云海、莽莽林海、天然龙洞等，是一处供人们参观、游览的绝妙胜地。

◎ 保护价值

1. 主要保护对象

（1）具有典型性和完整性的北亚热带山地自然生态系统及其自然"本底"。

（2）我国特产和国际特有的生物种群及古老孑遗物种。

（3）多样性的天然生物基因库。

（4）代表北亚热带及其向亚热带过渡的常绿、落叶阔叶混交林与常绿阔叶林。

（5）珍稀濒危生物类群和天然动植物种质资源。

2. 保护价值

（1）典型的、完整的北亚热带生态系统，是我国巴山北部地区重要的野

化龙山高山草甸（施金铎摄）

巴山冷杉原始森林（王卫东摄）

暗针叶林带（王卫东摄）

小檗开花（王卫东摄）

保护区内大片珙桐林远景（施金铎摄）

巴山冷杉球果（王卫东摄）

保护区景观（施金铎摄）

保护区风光（施金铎摄）

浪河风光（施金铎摄）

峡谷激流（施金铎摄）

浪河春水（施金铎摄）

生动植物种质资源库。

（2）相当丰富和古老的温带、亚热带植物区系成分。

（3）东洋界种类居优势的动物区系成分。

（4）珍稀濒危生物的著名避难所，也是兰科植物荟萃之地。

（5）中国南水北调中线工程水源地，对南水北调中线工程提供充足、优质水源，意义重大。

保护区周边交通便利，仅有岚镇公路穿越实验区，周边居住人口比较少，人为活动影响不大。保护区与千家坪国家级森林公园相邻，地处西安——三峡旅游线的中心点，距西安不足300km，但尚未开展生态旅游。

（化龙山自然保护区供稿）

1149

陕西 天华山
国家级自然保护区

陕西天华山国家级自然保护区位于秦岭中段南坡陕西省宁陕县境内，地理坐标为东经108°02′～108°14′、北纬33°30′～33°44′、海拔730～2705m。东、南与陕西省宁西林业局接壤，西邻佛坪县，北与周至国家级自然保护区以秦岭主脊为界。保护区东西宽约17.3km，南北长约24.5km，总面积25485hm²，其中核心区面积9680hm²，缓冲区面积4317hm²，实验区面积11488hm²。保护区属野生动物类型，主要保护对象为秦岭大熊猫、川金丝猴、羚牛、豹、林麝、金雕等珍稀濒危野生动物及其栖息地。

◎ 自然概况

地质地貌：该区在陕西省地貌区划中，属于秦岭山地区、秦岭南坡中山亚区。区内地貌类型比较复杂，中、小型地貌甚为发育。地势东北高而西南低，海拔730～2705m，地表起伏大。区内较大河流的流向多近南北向，它们是秦岭南坡的顺成河与先成河。就该区地貌类型系统而论，可分为山岭系统和沟谷系统。而随着海拔高度的增加，各地段地貌类型组合又各具特色：海拔1500m以下，以峡谷峰岭地貌为主；海拔1500～2000m之间，以宽谷深切河床及浑圆状山头与缓梁地貌为主；海拔2000m以上，以宽谷

天华山黑龙潭大瀑布

峰岭地貌为主。

气候：区内气候呈现出温度较低，冬暖夏凉，温暖湿润的特点（平均气温为11.5℃，≥10℃的活动积温3374.0℃。年降水量922.8mm，主要集中于每年的7～9月。年无霜期约为218天）。属北亚热带湿润气候类型。

土壤：土壤种类主要有山地黄棕壤、山地棕壤、山地暗棕壤、山地草甸土等4个土类，9个亚类。其中山地棕壤为主要土壤类型，占保护区面积的60%以上。

野生生物资源：天华山自然保护区独特的地理位置和优越的气候条件为野生动植物的生息繁衍提供了良好的栖息环境。保护区森林生态系统结构复杂，生物群落典型，森林覆盖率达92%。区内有野生脊椎动物227种，占陕西省脊椎动物总数的30.72%。其中，鱼

保护区自然景观

高山草甸——兰花湖（宋志刚摄）

类 1 目 2 科 6 属 6 种，两栖类 2 目 5 科 6 属 8 种，爬行类 2 目 6 科 17 属 21 种，鸟类 11 目 32 科 83 属 138 种，哺乳类 7 目 24 科 45 属 54 种。在这些脊椎动物中，有国家重点保护动物 28 种，其中，国家一级保护物种 6 种，主要有大熊猫、川金丝猴、羚牛、豹、林麝、金雕；国家二级保护物种 22 种，主要有金猫、大灵猫、鬣羚、斑羚、黑熊等。保护区内有野生种子植物 137 科 618 属 1528 种。其中裸子植物 5 科 12 属 17 种。被子植物 132 科 606 属 1511 种。列为国家重点保护的野生植物有 9 种，其中包括一级保护植物红豆杉，二级保护植物 8 种，主要有水青树、大果青杆、连香树、香果树、水曲柳、太白红杉等。

自然景观资源：保护区山高水秀，自然景观与人文景观相互映衬，形成了高品位的旅游资源。主要特色体现在水体景观多样、峡谷深切、山势巍峨、森林植被覆盖度高。主要景点不仅包括以兰科植物竞相开放的兰花湖、天然瀑布比比皆是的十里河瀑布群、分布着亚热带及温带广泛植物、特有植物，同时还分布着我国植物新种——单叶大血藤的珍稀植物园，还有红七十四师当年住过的房屋、古时为人们通行而沿岩壁架设的栈道遗迹。

这里峰峦叠嶂，山奇石怪，林海茫茫，云雾缭绕，不仅有挺拔险峻的山峰、状如石海的冰碛、神秘绝妙的溶洞、飞泻千仞晶莹清澈的飞瀑，纵横交错的溪流，以及清纯透明的潭水和高山平湖，还有景色壮丽气势恢宏的原始森林和次生林，历史悠久的人文景观。因此，被游人誉为"陕西的九寨沟"，是人们探索自然，了解自然，返璞归

真的极好去处，丰富的森林旅游资源使保护区极具生态旅游开发价值。

◎ **保护价值**

天华山国家级自然保护区是以保护秦岭大熊猫、川金丝猴、羚牛、豹、林麝、金雕等珍稀濒危野生动物及其栖息地为主要保护对象的综合性自然保护区。是秦岭森林生态系统的重要组成部分，秦岭的大熊猫、川金丝猴、羚牛等珍稀野生动物的重要分布区，在秦岭自然保护区群中具有承东启西、连接南北的作用。天华山国家级自然保护区同时也是一个多功能自然保护区，在保护生物多样性和森林生态系统的完整性，保护自然景观价值和汉江水资源涵养地等方面具有重要作用。该区域是秦岭 6 个大熊猫种群中天华山种群的核心分布区，处于我国大熊

普通鵟（宋志刚摄）

黑冠山雀

冠鱼狗

大熊猫（关 克摄）

川金丝猴

羚牛群

第四纪冰川遗迹

飞涓瀑布（宋志刚摄）

大花毛杓兰

秦岭红芍药

国家二级保护植物——巴山冷杉

紫斑牡丹

猫分布的最东边沿，也是秦岭大熊猫东西部种群连接和基因交流的重要廊道。是具有全球重要保护意义的秦岭自然保护区群的重要成员，同时也是生物多样性保护最优先行动地区，在大熊猫及其栖息地保护中具有极其重要的地位。保护区地处汉江主要支流子午河的源头，是我国天然林保护工程的重要水源涵养地，同时也是我国南水北调工程的主要水源区。这里不仅是秦岭珍稀野生动植物资源的天然基因库，而且是秦岭大熊猫的理想乐园；不仅是科研、教学的良好基地，还是人们探奇、旅游观光的极好去处。

保护区周边交通便利，西邻原108国道，东、南与京昆高速公路相接，北与户菜公路相连。距西安140km，距汉中100km。保护区内部有一条新小公路从保护区实验区南北纵穿，为职工生活及野外巡护监测提供保障。

（天华山自然保护区供稿）

1153

陕西 青木川
国家级自然保护区

陕西青木川国家级自然保护区地处四川、陕西、甘肃三省交界处的秦岭与岷山的交汇地带，位于陕西西南边陲、嘉陵江上游的宁强县青木川镇境内，地理坐标为东经105°28′~105°40′，北纬32°50′~32°56′，海拔520~2054m。2009年经国务院批准建立国家级自然保护区，总面积10200hm²，是以保护大熊猫、金丝猴、羚牛等珍稀野生动物及其栖息环境为主的野生动物类型自然保护区。

特殊的地理位置决定了青木川与众不同的气候类型。这里冬无严寒，夏无酷暑，温暖湿润，四季分明，年平均气温13℃，最高气温35.8℃，最低气温-9.8℃，年降水量1214mm，属典型的凉亚热带山地气候。丰实的水热条件和独特的地理位置，形成了壮观的凉亚热带森林景观和复杂多样的植被类型。在动物地理区划中，处于古北界和东洋界的分界线上，具有东洋界种类和古北界种类相互渗透、秦岭种群与岷山种群相互过渡的特征。多种生物区系在青木川自然保护区交汇重叠，它既是我国东西、南北生物分区的交汇地区，又是我国陆地生物多样性保护的两大关键区域——横断山脉、秦岭山脉与岷山山地的交汇地区和植物区系地理成分多样性是汇集

清 泉

山 涧

远 景

青木川保护区景观 I

地，成为我国四川、陕西、甘肃三省交界区域中一处重要的生态敏感区和珍贵的自然历史"本底"。

（青木川自然保护区供稿）

青木川保护区景观 II

陕西 桑园 国家级自然保护区

陕西桑园国家级自然保护区位于秦岭中段南坡，陕西省汉中市留坝县境内，地理坐标为东经106°38′5″~107°18′14″，北纬33°17′42″~33°53′29″之间，属野生动物类型自然保护区。总面积13806hm²，始建于2002年，2009年经国务院批准晋升为国家级自然保护区。

◎自然概况

桑园自然保护区所在的留坝县在大地构造位置上，地处秦岭初皱系。留坝县境内群峰环绕，沟壑纵横。由于秦岭山地抬升的主轴偏北分布，故整个地势北高南低。保护区位于留坝县东北部，按照以上地貌分区，属于中部中山区，山峦重叠，岭谷交错，河谷切割较浅，谷地较宽。保护区东北部、东部、东南部有乌木梁、团包梁、五木梁、摩天岭等主要山峰连贯形成三面环状的岭脊，因此保护区整个地势呈外高内低的"新月"形。山体中上部的地形比较平缓，下部较为陡峭，部分地段为岩崖，沟地比较平缓，形成串珠状的小坪、川坝。区内最高峰为摩天岭，海拔2603m，最低点为砖头坝，海拔约1140m。

保护区地处北亚热带山地暖温带湿润季风气候区，气候特点是：冬长夏短，春秋近半，降温快于升温，冬冷夏凉，日照时间短，气候温凉湿润，垂直差异明显。

保护区的水系主要属褒河上游太白河的上源河段及支流，流域面积约12289hm²，水系分布呈树枝形。

◎保护价值

桑园自然保护区北与陕西省的黄柏塬自然保护区相邻，东与牛尾河自然保护区相接，南与摩天岭自然保护区和板桥自然保护区相连，西与紫柏山自然保护区和青木川自然保护区相望，成为秦岭西部大熊猫分布区的中心枢纽地带，发挥着秦岭西部大熊猫种群扩散基地和促进大熊猫栖息地连通的纽带作用。桑园自然保护区及周边地区全为天然林保护工程区，整个区域保持着良好的自然状态。境内自然环境原始、独特，物种

保护区景观

1156

远 景

杜鹃

古老珍稀，生物多样性典型、丰富。保护区处于中国—喜马拉雅、中国—日本植物亚区的交汇地带和我国暖温带落叶阔叶林区域与亚热带常绿阔叶林区域的分界线上以及秦岭—动物区系东洋界与古北界的分界线上，这使保护区在动植物区系、地理、演化等方面具有极高的科研及学术价值。据考察，保护区有高等维管束植物1099种，野生脊椎动物249种，大型真菌68种，昆虫1353种。其中国家一级保护植物1种，国家二级保护植物8种；国家一级保护野生动物6种，国家二级保护野生动物24种；被列入《濒危野生动植物种国际贸易公约》（CITES）附录I的物种有7种，附录II的物种有20种。同时，由于地处长江支流汉江的上游，保护区的建设对加强丹江口水库上游的水源涵养、支持"南水北调"工程、建设长江上游生态屏障具有长远意义。

（桑园自然保护区供稿）

林麝

陕西 延安黄龙山褐马鸡 国家级自然保护区

陕西延安黄龙山褐马鸡国家级自然保护区位于延安市黄龙、宜川两县交界的黄龙山林区，地理坐标为东经109°55′9″～110°19′32″，北纬35°31′53″～35°53′29″，南北长39.5km，东西宽36.6km，垂直分布范围在海拔845～1783m之间。保护区总面积81753.0hm²，是以保护我国特有的国家Ⅰ级保护动物褐马鸡及其栖息地和暖温带落叶阔叶林森林生态系统。始建于2001年8月，2011年4月经国务院批准晋升为国家级自然保护区。

◎自然概况

延安黄龙山褐马鸡自然保护区地质构造属鄂尔多斯台向斜的东南部分，横跨华北地台和青藏地块北缘祁连山褶皱带两大构造单元。地层平缓，构造相对简单，地层主要有远古界震旦系，古生界寒武系、奥陶系、石炭系以及中生界侏罗系和新生界第三系、第四系等。地貌类型属石质低山丘陵沟谷型，地貌类型的组合差异明显，大体可分为三大分区。海拔650～1200m，为侵蚀剥蚀的砾石中山下部陡坡宽谷区。海拔1200～1500m，为侵蚀剥蚀砂岩、页岩中山中部缓坡宽谷、平缓区。海拔1500m以上为侵蚀剥蚀中山上部宽谷峰岭区。以石质山地为主，海拔1400m以上的山梁几乎不见黄土，缓梁低丘显示出古老剥夷面的残迹。属季风型大陆性山地气候，四季明显，干湿分明，冬长夏短。冬季受蒙古冷高压和极地变性大陆气团影响，天气寒冷干燥，降水稀少；春季暖气团势力增强，气温回升较快，多大风出现，降水相对增多；夏季受蒙古气旋和太平洋副热带海洋气团影响，天气温暖多雨，降水集中，多阵雨性天气产生，降水量居全年之冠；秋季冷暖空气交替出现，秋初气温缓慢降低，多连阴雨天气，秋末气温下降迅速，降水减少。年平均气温为8.6℃，多年平均无霜期175天。年降水量602.7mm，夏季6～8月，降水324.3mm，占年降水量的53.8%；冬季降水量145mm，占年降水量的2.4%；秋季降水164.1mm，占年降水量的27.2%；春季降水99.4mm，占年降水量的16.5%。本区土壤包括褐土、黄土性土、黑垆土、淤土四个土类，其中垂直地带性土壤

白皮松

保护区景观

核心区景观 |

为褐土；区域性分布土壤为黑垆土、黄土性土和淤土。由于气候特点和森林植被的影响，褐土成为保护区内分布最广、面积最大的地带性土壤。

保护区地处黄龙山腹地，河流较多，流域面积较大。主要山脉大岭为最大分水岭，构成东注黄河、西注洛河两个区域性水系主要河流有：濮水河发源于塚子梁东麓，全长93.8km，境内流长25km，流域面积459km²；石堡河发源于塚子梁西麓，境内流长38km，流域面积455.3km²；柏峪川河发源于大岭东南麓，境内流长25.6km，流域面积91.73km²；猴儿川河发源于大岭北麓，位于大南川与漏水河系之间，境内流长20.3km，流域面积70.28km²。

保护区的植被分为3个植被型组、3个植被型、4个植被亚型、17个群系。保护区植被性质上属于温带落叶阔叶林地带性植被，是华北落叶阔叶林向西延伸的一部分，植被的岛屿化分布非常明显，主要有四大特点：①具有暖温带落叶阔叶林性质。在植被结构中，落叶阔叶林占主导地位，常形成类似的森林群落，甚至构成单优势种群落。主要的优势种和建群种为辽东栎、山杨、白桦和槲栎等阔叶树种。针叶树种以油松和侧柏是本区优势种，油松多与栎类构成松栎林。区内灌木林和草本层种类也极为丰富，灌木和草本是落叶阔叶林下或荒坡上的主要常见种类。②植被分布具有斑块性和不均匀性，生境岛屿化严重，形成各

种不同性质的斑块化植被。③人类的活动使植被类型更加复杂化。④受地貌形态影响（特别是海拔较低处），个别植物群落类型分布较少，如草甸等植被类型。黄龙山林区是陕西省五大林区之一，因其位于鄂尔多斯高原与八百里秦川接壤处的陕北黄土高原东南部，被称为"黄土高原上的一颗绿色明珠"。

保护区内森林茂密，植物资源丰富，据不完全统计，有种子植物97科409属767种，有担子菌种类共158种，涉及36个科，其中直接或间接食用的有70种，具有药用价值的有58种。国家重点野生保护动物19种，其中一级保护5种，二级保护14种。

油松

白果花楸

辽东栎

◎保护价值

延安黄龙山褐马鸡自然保护区作为陕西省面积较大的保护区，其主要保护对象是我国特有的国家一级保护动物褐马鸡及其栖息地和暖温带落叶阔叶林森林生态系统。

自然保护区植物成分以北温带成分为主，植物区系温带性质极其显著。据不完全统计，共有种子植物97科409属767种，科、属、种分别占陕西省种子植物总科数的56.7%、总属数的35.8%、总种数的17.6%，分别占黄土高原地区种子植物总科数的66.0%、总属数的47.4%、总种数的23.8%。种子植物主要的优势科有菊科、禾本科、胡颓子科、蔷薇科、豆科、毛茛科、百合科、唇形科等，且以草本植物为主。有担子菌种类共158种，涉及36个科，其中直接或间接食用的有70种，具有药用价值的有58种。有国家级珍稀濒危重点保护植物野大豆，还有陕西省重点保护植物杜松、陕西鹅耳枥、刺榆3种，隶属于3科3属，其中濒危的1种，稀有的2种，具有重要经济价值和科学研究价值的兰科植物8种。

保护区气候类型属暖温带半湿润季风气候，地貌以黄土梁塬沟壑区为主，植被为以辽东栎林、栓皮栎林、白桦林、山杨林、油松为主的落叶阔叶林植被。由于与黄土高原有相似的气候、地貌、土壤、动植物种类、森林群落类型和植被演化史，具有其他地区所不具备的生态系统和地质地貌特征，因此保护区的森林植被在黄土高原地区具有较强的典型性与代表性。

延安黄龙山褐马鸡自然保护区从中国动物地理区划上看，该区属于蒙新区黄土高原亚区，地处渭河谷地和黄土高原丘陵沟壑的交汇地带。缺乏地理屏障导致的系统的开放性使得本区动物组成中的高地类型（青藏高原成分）、中亚类型、西伯利亚类型和向南延伸的南方类型均在此交汇分布。植被、气候特征决定了本区的脊椎动物区系组成，动物的生态类型兼具森林、荒漠以及河流湿地之特征。综合科学考察结果表明，区内共有两栖爬行动物4目7科17种。其中两栖类仅5种，占我省两栖类种类总数（28种）的17.9%。区内所有两栖类物种均属于东北—华北型、华北型和季风型，

由于秦岭山脉的地理阻限作用，该区所有的两栖类种类都是以古北界为中心分布的。有野生脊椎动物5纲28目60科224种（亚种），其中，两栖爬行动物4目7科17种。其中两栖类仅5种，鸟类14目31科128种，其中国家一级保护鸟类有4种，包括褐马鸡、金雕、黑鹳和东方白鹳，国家二级保护鸟类10种，有鸳鸯和9种猛禽。哺乳动物6目17科58种。其中国家一级保护物种仅1种，国家二级保护物种4种。鱼类总计4目5科21种。

这里是陕北黄土高原地区森林生态系保存完好的地区之一，动植物资源丰富、地理位置独特、生态环境良好、暖温带森林生态系统完整而典型，被誉为黄土高原的"生态绿岛"、黄河中游的"生态绿洲"，保护物种稀有珍贵，保护价值极高。

◎功能区划

延安黄龙山褐马鸡自然保护区功能区划为核心区、缓冲区和实验区三个功能区：核心区的划分考虑生态系统的自然状态、褐马鸡及其他珍稀濒危物种分布集中程度、褐马鸡等其他珍稀濒

黑鹳

核心区景观 II

危物种的分布和季节性迁移活动范围、面积适宜性、人类活动干扰最少等因素。综合上述因素，保护区核心区分为南、北两片。该区域是保护区褐马鸡分布最为集中、生物种类最为丰富、植被类型最为多样的区域，代表着保护区最突出的自然生态特征，是保护区精华所在。核心区总面积25906hm²，占保护区总面积的31.7%。缓冲区分布在核心区与实验区之间。以山梁、沟系等自然界线划出，形成保护缓冲地带。该区包括一部分原生生态系统和演替过渡的次生生态系统。缓冲区总面积24825hm²，占保护区总面积的30.4%。实验区为处于保护区边界以内、缓冲区界线以外的区域。是对核心区起到更大的缓冲作用，并且起到加强自然保护区与周边社区联系的纽带作用。实验区面积31022hm²，占保护区总面积的37.9%。

褐马鸡

环颈雉

◎科研协作

保护区积极与李宏群博士合作对黄龙山褐马鸡进行了系统的研究；在《动物学杂志》《生态学杂志》《湖南农业大学学报》《西南大学学报》等杂志上分开发表。2013年开展了《基于"3S"技术的陕西黄龙山褐马鸡生境选择机制及其潜在生境评价》的实验研究。与中国林科院森林生态环境与保护研究所张于光博士合作对保护区植被进行了调查，并对土壤进行了测定。2011年7月由中国中央电视台科教节目制作中心与自然保护区共同完成了褐马鸡自然保护区的专题片《生境迷踪》的拍摄制作，在当年11月4日中央电视台《地理中国》节目中播出。全国以褐马鸡为主要保护对象的山西庞泉沟、山西芦芽山、山西五鹿山、山西黑茶山、陕西韩城、河北小五台山、北京百花山、陕西延安等8个自然保护区的主要负责人，在山西庞泉沟国家级自然保护区相聚，共同建立了中国褐马鸡姊妹保护区。中国褐马鸡姊妹保护区是在各成员单位自愿的基础上共同建立的内部自律性组织，旨在加强各成员单位之间的联系和交流，形成以褐马鸡为标志的共同体，争取国际、国内社团组织之间的合作，提高褐马鸡的保护地位和保护区的知名度，增强自身发展能力，提高管理质量和科研水平，推动自然保护区共同发展。

这些基础研究和协作为保护区资源的有效保护和恢复提供了科学可靠的理论依据。

（延安黄龙山褐马鸡自然保护区供稿）

陕西 米仓山
国家级自然保护区

陕西米仓山国家级自然保护区位于陕西省南部，巴山山脉西段，大巴山北坡，米仓山中段，地处汉中市西乡县大河镇和骆家坝乡境内。地理坐标为东经107°15′～107°33′，北纬32°33′～32°46′。保护区总面积34192hm²，是以北亚热带和暖温带过渡地带的山地森林生态系统和珍稀野生动植物为主要保护对象的森林生态系统类型保护区。保护区始建于2002年，于2011年4月经国务院批准晋升为国家级自然保护区。

◎自然环境

米仓山自然保护区境内以米仓山主脊形成地貌骨架，保护区横跨米仓山南北坡，总的地势为北高南低，西北高，东南低，四周山体高峻，中间沟谷深切。巴水河发源于保护区西北部，自北而南流出保护区，形成了明显的沟谷流水地貌。区内山势陡峭，谷岭相间，沟谷深切，断崖屡见，喀斯特岩溶地貌比较发育，充分反映了碳酸盐岩地区的地貌景观，海拔780～2534m，主体海拔在

1000m以上。保护区位于华南地台、四川地台向斜北部边缘，又处在华夏系秦岭纬向构造带和大巴山弧形旋扭构造带的复合部位，属大巴山褶皱带中段，该地区是元古代至中生代地台浅海沉积褶皱山地，地层从震旦系至侏罗系均有分布，岩石为碳酸盐岩和碎屑岩，岩性以各种灰岩为主，页岩、砂岩次之。

保护区处于北亚热带半湿润季风气候区，受山地海拔高度和复杂地形的影响，局地小气候比较明显，气温、日照、降水等都与县气象站的观测数据和

飚水洞（侯大富摄）

全县平均水平存在一定差异。总的气候特点是：夏无酷暑，冬季较长，湿润凉爽。年平均气温10.4℃，平均最高气温35.7℃，平均最低气温-14.3℃，≥10℃平均积温3297.3℃，为全县低温区，冬季明显偏长，比如海拔1600m的龙池地区，没有夏天，冬季长达200天，无霜期只有165天，年平均降水量1545mm，主要集中在夏秋季节。

区内的土壤类型主要是黄棕壤，黄棕壤是一种过渡性地带土壤类型，主要分布在海拔1000m以上的巴山山地，是在半湿润气候条件下形成的一种土壤类型，区内的黄棕壤分为3个亚类，从高海拔到低海拔依次分布着生草性黄棕壤、普通黄棕壤、粗骨性黄棕壤。

保护区地处米仓山水源涵养区，主要位于嘉陵江流域，集雨面积约占保护区总面积的79%。该地区的降水经黄连

湿地景观（蒙 悟摄）

保护区风光（蒙 悟摄）

河、峡口河等进入牧马河，之后汇入汉江。区内较大的河流只有巴水河，其他均为山间溪流或地下暗河，最后都主要汇入嘉陵江一级支流大通江的上游河段巴水河。

米仓山自然保护区地处北亚热带，地带性植被属于亚热带常绿阔叶林带的北亚热带落叶阔叶、常绿阔叶混交林亚带，植被在水平和垂直分布上均存在一定的差异。在水平分布上，根据主要植物群落类型及其组成成分上的差异，可将保护区大致划分为龙池区、南坪区、河西区和楼房坪区四个区域，每个区域都有各自的植物群落特点。在垂直分布上，可以大体划分为三个植被带，一是低山森林、灌丛与农垦带，分布于海拔1200m以下，为北亚热带常绿阔叶林被破坏后形成的植被景观，在沟谷等水热条件适宜的地段保留有常绿阔叶林和

暖性针叶林，台地与坡度较缓的山坡多被开垦为农田，一些陡峭的地段生长着落叶阔叶灌丛；二是山地针阔叶混交林带，分布于海拔1200～1500m，为马尾松、巴山松与栓皮栎、麻栎、锐齿栎等落叶阔叶树种组成的针阔叶混交林植被景观，在保护区边缘和公路沿线的台地与缓坡地上分布有小面积的农田，仅在一些峡谷可以看到红果黄肉楠、新木姜子属、樟属及虎皮楠属的常绿阔叶树种；三是山地落叶阔叶林带，分布于海拔1500～2534m，为以落叶阔叶林为主的植被景观，在海拔2400m以上的区域，分布有一定面积的寒温性针叶林，在海拔2100～2400m之间，连片分布有一定面积的红桦林。

区内自然条件较好，拥有丰富的动植物资源。调查显示区内已知的有种子植物133科553属1206种，蕨类植物

25科45属117种，脊椎动物已知有5纲26目72科157属230种，大型真菌35科68属108种。

◎保护价值

米仓山自然保护区主要保护对象包括北亚热带和暖温带过渡地带的山地森林生态系统、猕猴、黑熊、红豆杉等珍稀野生动植物及其多样的生存环境，巴水河和牧马河上游水源地和较为典型和脆弱的喀斯特地貌。

区内生长有多种珍稀濒危植物，其中国家一级保护植物有红豆杉和南方红豆杉，国家二级保护植物有巴山榧树、秦岭冷杉、金荞麦、水青树、连香树、野大豆、光叶黄皮树、水曲柳、马褂木、香果树等10种，省级重点保护植物有延龄草、青钱柳、大血藤等10种，分布有中国特有属和东亚特有属95个，

巴山冷杉林林相（李智军摄）

其中 19 个为中国特有的单行属或寡种属，说明保护区植物区系具有古老性与独特性。

米仓山自然保护区在中国动物地理区划中属于东洋界，中印亚界，华中区，西部山地高原亚区，秦岭—武当省，生态地理动物群类型属于亚热带落叶、常绿阔叶林动物群，野生动物资源比较丰富。调查显示，保护区脊椎动物已知有 5 纲 26 目 72 科 157 属 230 种（亚种），其中鱼类 1 目 2 科 7 属 8 种，两栖类 2 目 5 科 7 属 11 种，爬行类 3 目 5 科 15 属 19 种（亚种），鸟类 13 目 37 科 81 属 125 种（亚种），兽类 7 目 23 科 47 属 67 种（亚种），昆虫已知有 13 目 98 科 879 种。区系组成充分反映了北亚热带和暖温带、东洋界和古北界过渡区的特点。列入国家一级保护动物的有云豹、豹、林麝、羚牛、金雕等 5 种，国家二级保护动物有黑熊、鬣羚、斑羚、猕猴、红腹角雉、红腹锦鸡、大鲵等 24 种，省级重点保护动物有毛冠鹿、画眉等 21 种，国家保护的有益的或者有重要经济、科学研究价值的陆生野生动物名录的物种有 112 种，《濒危野生动植物种国际贸易公约》(CITES) 附录 I、II 的动物有

25 种，分布的我国特有种有 36 种，主要分布于我国的种类 23 种。保护区的猕猴共有 11 群 385～415 只，约占陕西省猕猴种群总量的一半左右，为陕西省猕猴分布最集中的地区。巴山高原鳅为该区科学考察中发现的我国鱼类新种。

区内野生食用菌种类较多，常见的有蘑菇、野蘑菇、田头菇、鸡油菌、美味牛肝菌、木耳、侧耳、小白菇、滑菇等。药用真菌资源也比较丰富，特别是有不少种类属于传统的中药或民间药物，如猪苓、紫芝、银耳、树舌灵芝等，还有相当一部分是目前筛选抗癌新药的对象，如木蹄层孔菌、鸡油菌等。

米仓山自然保护区是大巴山北坡、米仓山中段地区的典型代表，其森林生态系统比较典型、完整，生物多样性比较丰富，珍稀濒危物种较多，基因资源十分丰富，具有很高的保护及科学研究价值。

◎功能区划

保护区依据区内自然条件、资源特点、科学价值、结合地貌特征，将保护区划分为核心区、缓冲区、实验区三个功能区。

核心区包括保护区内无人居住的西北片、南片和东南片 3 片，分别称之为河西—南坪片、凤凰寨片、三郎扁片。河西—南坪片核心区的面积最大，有 13339hm²。森林茂密，自然性高，分布有连片的巴山松纯林，是保护区植被保存最好的区域。与之相毗邻的南郑县国有碑坝林场、城固县国有大盘林场都是天然林保护工程区，对核心区形成了很好的缓冲保护作用，同时县界区域险峻的地形形成了有效的自然屏障，对核心区的保护十分有利；凤凰寨片核心区面积约 580hm²。由于山势险峻，峰丛密布，交通不便，植被原生性很高，同时生态系统也十分脆弱。这里是国家二级保护动物猕猴的主要活动地，也是保护区常绿阔叶林、暖性针叶林的主要分布区域；三郎扁片核心区面积约

高海拔植被景观（李智军摄）

中海拔景观（侯大富摄）

低海拔河谷景观（李智军摄）

1906hm²，由于周围山势险要，断崖广布，这里分布有水青树、连香树、红腹角雉、勺鸡等珍稀动植物，喀斯特地貌比较典型。核心区总面积 15825hm²，占保护区总面积的 46.28%。

缓冲区围绕在上述 3 个核心区之外、起缓冲保护的作用，缓冲区的土地权属以国有林地为主，保护区对国有林部分持有林权证；集体林部分也没有群众居住。缓冲区总面积为 7196hm²，占保护区总面积的 21.05%。

实验区为核心区和缓冲区之外的保护区的其他部分，主要分布在峡（口镇）大（河镇）公路沿线和巴水河谷两岸，实验区的土地权属以集体林地占多数，有一定的农业生产活动。实验区总面积为 11171hm²，占保护区总面积的 32.67%。

塔子坪上部沟谷的铁杉针阔叶混交林（李智军摄）

干河沟的草地与灌丛（李智军摄）

白菖蒲沼泽（李俊峰摄）

斑头鸺鹠（巩会生摄）

白颈长尾雉（雍严格摄）

宝兴吊灯花（任 毅摄）

山白树（任 毅摄）

◎科研协作

据不完全统计，1990 年以来在保护区及其周边地区开展的调查研究工作主要有：① 1990 ～ 1991 年，西北濒危动物研究所和陕西省林业厅野生动植物保护站在该地区开展了猕猴资源调查。② 1997 ～ 1999 年，陕西省林业厅组织开展的陕西省陆生野生动物资源调查和重点保护野生植物资源调查都涉及保护区及其周边地区。③ 2003 ～ 2004 年，国家林业局西北调查规划设计院完成了西乡县森林资源规划设计调查和森林资源信息管理系统建立工作，保护区是该项目的重点工作区。④ 2004 年春，保护区对中华鼢鼠鼠害防治进行了专题研究试验。⑤ 2003 ～ 2005 年，保护区开展了山野菜、中药材栽培试验研究。⑥ 2004 ～ 2005 年，保护区对区内重点保护野生动植物资源进行了初步调查。⑦ 2006 年 7 月，在陕西省林业厅委托陕西师范大学生命科学学院进行的陕西省红豆杉资源调查研究项目中，米仓山保护区被作为西乡县的代表性地区，进行了调查。⑧ 2006 年 7 月，保护区委托陕西师范大学开展保护区综合科学考察，内容涉及自然环境、植被、野生动植物、旅游资源、社区经济等多个方面，委托国家林业局调查规划设计院编制保护区总体规划。这些工作为保护区今后的有效管理和可持续发展奠定了重要基础。⑨ 2008 年 9 月，保护区委托陕西动物研究所及佛坪国家级保护区等科研机构对保护区内羚牛的分布情况进行了调查。⑩ 2010 年 7 月开始，保护区又委托陕西师范大学生命科学院对佛头山、南坪、三岔河等重点区域的珍稀、特色野生植物种群及分布情况进行调查。⑪ 2013 年 5 月开始，保护区与西北濒危动物研究所及西北农林科技大学合作开展保护区本底资源补充调查。

（米仓山自然保护区供稿）

陕西 韩城黄龙山褐马鸡
国家级自然保护区

陕西韩城黄龙山褐马鸡国家级自然保护区位于陕西省东部，东临黄河，地处关中盆地的东北边缘和陕北黄土高原的南缘，是关中盆地与陕北黄土高原的自然分界线，地理位置独特而优越。地理坐标为东经110°07′～110°27′，北纬35°33′～35°45′之间，区域范围地跨陕西省韩城市的王峰镇、西庄镇和板桥镇，东西长约31.5km，南北宽约21.5km，总面积37756.0hm²，是以保护国家一级保护动物褐马鸡和暖温带森林植被为主的野生动物类型自然保护区。保护区区划为核心区、缓冲区和实验区三个功能区：核心区面积14081.6hm²（占总面积的37.30%），分布在人为活动较少的西部，是保护区的重点保护区域，生态系统保护较好，物种丰富生态类型相对集中；缓冲区13226.6hm²（占35.03%），分布在核心区和实验区之间，对核心区起缓冲和保护作用；实验区10447.8hm²（占27.67%），实验区分布在保护区东部人为活动较频繁的区域，是为各种实验活动提供的区域。始建于2001年，2012年1月经国务院批准晋升为国家级自然保护区。

翅果油树王（郭海斌摄）

◎自然环境

陕西韩城黄龙山褐马鸡自然保护区在地质构造上位于鄂尔多斯台向斜的东南部，地层古老，以沉积岩为主。由于受逆冲断层的影响，呈南仰北倾的单斜构造。

保护区所在区域属于剥蚀中山区地貌单元，为石质中山地貌类型，属黄土高原石质山地。保护区地形复杂，地貌景观多样，基本形态为山地，形态组合类型为黄土覆盖的土石中山，主体地貌属黄土残塬沟壑区。

保护区属中纬度暖温带大陆性季风气候区，气候温和，雨量充沛，四季分明，春冬干燥，夏季温热多雨，秋淋明显。全年平均气温11.8℃，最高月平均气温24℃，最低月平均气温−9℃。全年生理辐射量为60.6kcal/cm²，≥10℃辐射量为42.4kcal/cm²；≥10℃积温3901.6℃。全年无霜期190天左右。区内年平均降水量643.0mm，全年空气湿度60%以上，干燥度为1.2～1.3。

保护区水资源丰富，河流众多，主要河流有澽水河、盘河、凿开河、小米川、小长川等14条，均属黄河水系。流向一般为由西向东，为黄河一、二级支流。河流源头及上游河段森林植被较好，河水泥沙含量低，水流清澈，水质较好。保护区自产水资源总量46843.2万m³，年平均总径流量7609.1万m³，

混交林（郭建荣摄）

龙凤山秋韵（郭建荣摄）

平均径流深 101.8mm。地下水补给量 3043.6 万 m³，可开采量 141.4 万 m³。

保护区在全国土壤区划中属于褐色土地带，包括棕壤、褐土、黄土性土、紫色土 4 个土类，其中垂直地带性土壤为棕壤和褐土；区域性分布土壤紫色土和黄土性土。

陕西韩城黄龙山褐马鸡自然保护区植被属华北暖温带半湿润落叶阔叶林带的南缘，植物种类丰富。区内共有种子植物 97 科 408 属 762 种（变种、亚种和变型），自然植被可划分为 3 个植被型组，3 个植被型，4 个植被亚型，18 个群系。属华北植物区系，地理成分复杂，过渡性质明显。华北区系占主导地位，同时东北、欧洲西伯利亚、欧亚大陆、喜马拉雅、华南及日本等多种植物区系成分在此交汇、融合。

保护区内共有国家重点保护野生植物 4 种，分别为野大豆、紫斑牡丹、核桃楸和刺五加；陕西省重点保护植物 4

种，分别为杜松、陕西鹅耳枥、文冠果、刺榆。保护区重点保护植物 12 种以及具有重要的经济价值和科学价值的兰科植物 6 种。

保护区动物区系的地理成分复杂多样，而且具有显著的过渡特征。有野生脊椎动物 194 种，隶属于 27 目 61 科 137 属，占陕西省脊椎动物（739 种）的 26.25%。其中，鱼类 17 种，隶属于 4 目 5 科 15 属；两栖、爬行动物 16 种，隶属于 3 目 9 科 12 属；鸟类 120 种（亚种），隶属于 14 目 31 科 76 属；哺乳动物 41 种（亚种），隶属于 6 目 16 科 34 属。

保护区现有国家重点保护动物 19 种，最具代表性的物种为褐马鸡。其中，国家一级保护物种 4 种，国家二级保护物种 15 种；国家一级保护鸟类 3 种，国家二级保护鸟类 13 种；国家一级保护哺乳动物 1 种，国家二级保护哺乳动物 2 种。中国鸟类特有种 7 种，国家保

护的有益的或者有重要经济、科学研究价值的陆生野生鸟类 82 种、哺乳动物 15 种、两栖爬行动物 13 种。陕西省重点保护的陆生野生两栖爬行动物 1 种。中国特有物种 2 种。

保护区共有昆虫 13 目 102 科 344 属 432 种。其中以鳞翅目、鞘翅目、膜翅目和同翅目为主。鳞翅目昆虫种类最为丰富。

保护区共有各类森林面积 25538.9hm²，活立木总蓄积 182.0 万 m³，其中油松林面积 4193.4hm²，白皮松林的面积 3988.7hm²，侧柏林的面积 644.6hm²，辽东栎林面积 4863.7hm²，山杨林面积 1706.6hm²，桦木林面积 3976.0hm²，栓皮栎林面积 635.7hm²，槲栎林面积 552.6hm²，其他乔木林 4977.6hm²。

保护区地质构造复杂多样，形成了丰富多彩的景观资源，天然景观主要有神道岭、摩天岭、猴儿山、鸡虎斗、照

瀑 布（杨勇摄）

猴山风光（孙娟妮摄）

国宝——褐马鸡（杨勇摄）

宝台、一线天、牡丹山等二十余处，人文景观有千佛洞、猴山庙、东、西、南、北、中五座道教朝山菩萨庙等十余处，保护区还分布有解放战争期间孙石亦、吴沙浪等办公地点、白杨岭战役遗址等。

◎保护价值

（1）中国褐马鸡种群分布的最南界。

褐马鸡是国家一级重点保护物种，仅产于我国，被国际濒危物种红皮书列为濒危种。褐马鸡分布空间被严重分割和压缩，种群生存区域狭窄、数量稀少，加之种群对栖息地生境选择的苛刻，已经严重威胁到褐马鸡的生存和繁衍。韩城黄龙山褐马鸡自然保护区是中国褐马鸡天然分布区的最南端，作为中国褐马鸡种群分布的一个独立的局域种群，其保护价值非常重要。

（2）黄土高原的"生态绿岛"，黄河中游地区的"生态绿洲"。

保护区的暖温带落叶阔叶林森林植被是黄土高原地区保存较好的天然森林植被分布区，这里生物多样性资源丰富，动植物群落独特完好，生态系统完整而典型，是陕北黄土高原地区森林植被和自然生态系统保存最为完好的区域之一，被誉为黄土高原的"生态绿岛"，黄河中游地区的"生态绿洲"，具有极高的生态保护价值。

（3）独特显著的生态区位，关中平原的绿色生态屏障。

保护区位于关中盆地与陕北黄土高原的自然分界线，地理位置独特而优越。保护区对有效扩大当地森林的分布范围，阻挡草原化南侵，减轻北部风沙的侵袭和蔓延，保障陕北南部和关中平原的生态安全具有极其重要的战略意义。

（4）特殊而典型的保护对象。

保护区地处陕北、关中交接地带，是我国多个地理单元的交汇区域，植物区系组成复杂多样，是众多物种基因交流融合、种群扩散迁移的重要场所，因此，保护区的保护对象和生物多样性资源在黄土高原地区具有较强的特殊性。主要保护对象有辽东栎林、白皮松群落、栓皮栎林等。

（5）对陕西和全国自然保护区分布格局的重要意义。

保护区是中国褐马鸡种群一个全新的天然分布区，它的存在使褐马鸡的分布范围由原来的黄河以东扩展到了黄河以西地区，分布区面积扩大了数百平方公里，对于分布区域狭小的褐马鸡种群的保护意义十分重大。就整个黄土高原地区来讲，保护区完整而典型的暖温带森林生态系统及其植物群落结构，可作为陕北黄土高原地区植被恢复的最佳模式和示范样板，有着其他自然保护区所不能具有和无法替代的保护科研价值，也对当地植被的恢复与生态重建具有很强的指导意义和借鉴作用。

◎科研协作

保护区与西北大学、陕西省动物研究所、陕西省自然保护区和野生动物管

白皮松王（李愿会摄）

保护区核心区景观（董卫斌摄）

栓皮栎（孙娟妮摄）

理站、国家林业局西北林勘院等有关院所合作，对保护区的褐马鸡种群、自然资源、生物资源以及森林生态系统等进行了多次实地考察研究，取得了丰硕的成果，出版了《陕西褐马鸡研究》《陕西韩城黄龙山褐马鸡自然保护区综合科学考察与研究报告》两部专著，在《陕西林业科技》《西南林业调查》《杨凌职业技术学院学报》《西北大学学报》《中国园艺文摘》等杂志上公开发表十余篇，制作了大量动植物标本，完成了褐马鸡大棚环境条件下的义亲繁育及亲本繁育等课题，成功繁育褐马鸡40余只。西北大学、西北农林科技大学在保护区分别建立了教学实验基地，并完成了多项教学研究课题。

（范世强供稿）

针阔混交林（董卫斌摄）

陕西 **紫柏山**
国家级自然保护区

陕西紫柏山国家级自然保护区是经陕西省人民政府 2002 年 8 月 26 日第 16 次常务会议批准建立的以保护林麝及其栖息地为主要对象的省级自然保护区。2003 年 5 月 7 日陕西省环保局以陕环函（2003）114 号正式批建。2012 年 1 月晋升为国家及自然保护区。地处秦岭西段南坡的凤县境内，地理坐标为东经 106°28′～106°48′、北纬 33°41′～33°43′。北邻凤县留凤关镇，西与甘肃两当县广金乡、云坪乡交界，南与勉县相连，东与留坝县接壤，总面积 17472hm²。其中，核心区总面积 5278hm²，占保护区总面积的 30.2%；缓冲区面积 5186hm²，占保护区总面积的 29.7%；实验区面积 7008hm²，占保护区总面积的 40.1%。

冷杉

◎自然环境

地质、地形：紫柏山保护区属于秦岭山地地貌区中的南秦岭中山亚区。由北部的加里东褶皱带、南部的海西褶皱带及中部的印支褶皱带组成的褶皱断块山，主要岩性为古老的变质岩（如片麻岩、片岩、千枚岩、板岩及石英岩）和灰岩、白云岩。区内山体呈东西走向，海拔 1250～2538m。区内地貌受寒冻风化剥蚀和流水侵蚀比较严重，山脊峡长，峦峰累叠，巉岩峭壁，山坡陡峻，坡度多在 50°～70°之间；河谷多为峡谷、嶂谷，谷底宽一般在 20m 左右，河谷纵比降大，呈阶梯状，流水湍急且多瀑布。山地曾遭受强烈的寒冻风化或局部的喀斯特作用，山顶发育有古岩溶微地形，如溶蚀洼地、漏斗等。溶蚀洼地长轴一般为东西向，呈椭圆形长条状，大型洼地长度可达 200～400m，深 10～30m；洼地内常有互不相连的漏斗，直径 3～5m；洼地之间为起伏的丘包状地形；在河谷谷坡上发育有溶洞，但规模较小。

气候：紫柏山保护区属于暖温带半湿润山地气候，主要受大陆性季风气候影响。根据凤县气象站 1995～2005 年观测资料，其主要气候特点为：垂直气候差异大，局地小气候明显，干湿季分明，夏季不炎热，冬季不寒冷，气温日较差大，降水时空分布不均，4～10 月降水量占全年的 94%，光热资源不足。由于受地理位置、地形地貌、植被状况等因素的影响，区内一年四季的气候特点为夏雨、秋温、冬干、春旱。

紫柏飞瀑

紫柏山顶风光

主要气象灾害为干旱、短时暴雨、连阴雨、冰雹、霜冻。保护区年总日照时数为1599.8h，全年太阳总辐射量为 $44.8 \times 10^8 J/cm^2$，年平均气温12.1℃，年极端最低气温平均值11.6℃，年极端最高气温平均值36.5℃，≥10℃的活动积温3914.8℃，且随海拔的升高而降低。区域内近10年平均降水量为578.8mm，年内降水分配不均，夏秋季多雨，冬春季干旱，主要的灾害性天气有暴雨、旱、涝、低温冷害。

水文：保护区地处长江流域，区内紫柏山之南坡河流属汉江水系，北坡河流属嘉陵江水系，区内有瓦房坝河、长坪河、龙洞河、麻峪河等河流10余条。保护区内河水水质属碳酸盐类。据对下游河水检测，其离子总量130.24，pH值7.9～8.1，有害有毒物质均未超标，适宜生产生活使用，但含碘偏低。地下

水主要为层间水。由于径流和排泄条件较好，径流途径短，水循环交替作用积极，水循环的形成主要为溶滤作用。水质一般较好，无色、无味、无臭、矿化度低，一般在0.1～0.3g/L，属软水，呈中性或微酸性，适宜于工农业生产及生活用水。

土壤：根据保护区综合科学考察和1983年全省土壤普查结果，紫柏山国家级自然保护区内土壤以棕壤、暗棕壤和山地草甸土为主，具有明显的垂直分布规律，海拔1400m以下为棕壤；海拔1400～2300m之间为山地生草化

羚牛

林麝

大熊猫

山乡秋韵

棕色森林土和碳酸盐棕色森林土；海拔2300m以上为山地草甸土。土层薄厚不一，一般台地、阶地、坦地土层深厚，陡险坡面土层较薄。pH值6.5～8.8，呈中性至微碱性反应。土质松软，肥力较高。成土母质主要有残积母质、坡积母质，洪积母质、冲积母质四种。

野生动植物：紫柏山保护区列入国家重点保护的珍稀动植物较多。国家一二级保护植物有红豆杉、秦岭冷杉、连香树、野大豆、水青树、水曲柳等。陕西省重点保护植物庙台槭，在该区为模式产地，被誉为植物活化石，具有很高的保护、观赏和研究价值。境内国家一级保护野生动物有林麝、大熊猫、羚牛、豹、云豹、金雕、白肩雕和黑鹳等

8种；国家二级保护野生动物有金猫、黑熊、斑羚、红腹角雉、白冠长尾雉等31种。

紫柏山保护区拥有丰富的种子植物种类，计有种子植物123科545属1300种，其中变种135个，亚种7个，同时还包括了常见栽培的一些归化植物23种，分别占全国种子植物科、属、种总数的40.8%、18.2%、5.3%，占秦岭地区种子植物科、属、种总数的77.8%、61.1%、41.6%。其中裸子植物6科12属18种，占保护区种子植物总种数的1.4%；被子植物117科533属1282种。在被子植物中双子叶植物107科443属1104种，占保护区种子植物总种数的84.9%；单子叶植物10科90属178种，占保护区总种数的13.7%，其中国家珍稀濒危物种19种，国家重点保护植物7种。

◎保护价值

紫柏山保护区作为以林麝、大熊猫、羚牛等国家重点保护珍稀濒危动物及其栖息地，秦岭自然生态系统及生物多样

盆景树

高山杜鹃林

红豆杉

银杏树

水曲柳

天坑草甸

七叶树

千年银杏

秦岭冷杉

南蛇藤

性、典型地质地貌为重点保护对象的国家级自然保护区，其地理位置处在秦岭自然保护区群的最西端，南北气候过渡特征明显，生物多样性丰富，构成了秦岭自然保护区群的重要组成部分，对保护整个秦岭地区的生物多样性具有不可替代的作用。

◎科研协作

紫柏山保护区十分重视科研工作，自2002年5月开始建设以来，在"全面保护自然环境，积极开展科学研究，大力发展生物资源，为国家和人类造福"的方针指导下，坚持"优先保护、分类建设，突出重点、分类实施"的原则，在自然环境及自然资源保护、科学考察及研究、宣传教育、基础设施建设及管理机构建设等方面做出了卓有成效的工作，取得了丰硕的成果。2000年聘请华东师范大学开展"国家科学自然基金秦岭西麓林麝种群恢复的研究"项目，对保护区内林麝数量、分布、生长状况以及生境情况做了详细的考察，对林麝

的分泌物、排泄物进行了DNA鉴定分析；2004年11月，组织科技人员，对保护区及周边地区的红豆杉数量、分布范围及生长情况等进行了详细调查，查出保护区及周边分布有约3万余株红豆杉；2005年6月，在WWF的援助下，由陕西省动物研究所对保护区内大熊猫生境及分布做了调查，并形成《陕西省凤县屋梁山大熊猫调查报告》；2005年，在陕西省林业厅和陕西屋梁山自然保护区管理处的联合主持下，聘请陕西省林业勘察设计院、西北大学、西北农林科技大学、陕西省动物研究所、陕西师范大学等单位，对保护区进行了综合科学考察，出版了《陕西屋梁山自然保护区综合科学考察》。

保护区丰富的竹类资源也为大熊猫的活动提供了良好的栖息环境。2004年12月，在凤县已经消失近40年的国宝大熊猫也重显踪迹。2005年6月，陕西省动物研究所、陕西省林业设计院及省内大熊猫专家组成联合考察组，对凤县屋梁山地区大熊猫分布现状进行了

一次综合调查。结果显示，屋梁山一带分布大熊猫数量最少在3只，初步确定为大熊猫秦岭亚种。

（紫柏山自然保护区供稿）

红豆杉调查

围网工程

国家一级保护动物——大熊猫（赵静提供）

陕西 黄柏塬 国家级自然保护区

陕西黄柏塬国家级自然保护区地处秦岭中段南坡，位于陕西省太白县境内，地理坐标为东经107°31′～107°42′，北纬33°42′～330°54′，总面积21865hm²，其中：核心区面积7080hm²，缓冲区面积6550hm²，实验区面积8235hm²。保护区于2006年10月经陕西省人民政府批准成立，以大熊猫及其栖息地为主要保护对象的野生生物类型自然保护区，2013年6月晋升为国家级自然保护区。

◎自然环境

地质地形：黄柏塬保护区地处秦岭中段南坡，大地构造上属于秦岭褶皱系南秦岭印支冒地槽褶皱带，最高海拔为3120m，最低海拔为1280m，区内相对高差达1840m。南部为兴隆岭，北部紧靠秦岭主脊。地势南北高，中间低，地形呈"哑铃"状，湑水河南北穿过。

气候：黄柏塬保护区气候属北亚热带湿润季风气候，温度较低、温差较小、冬冷夏凉、温凉湿润的特点。区内年总日照时数1833.7h，年平均气温11.5℃，极端最高气温36.4℃，极端最低气温－14.3℃，气温年较差21.8℃，≥10℃的活动积温3374.0℃，无霜期约218d；年降水量922.8mm。

水文：黄柏塬保护区地处秦岭南坡长江流域，属汉江一级支流湑水河水系上游。湑水河在保护区内约10 km，属高山峡谷型河道，河流切割剧烈，支流多，河道宽40～50m，每年平均径流量10.99亿m³，河谷两侧植被保护好。其上游主要为大箭沟、红崖河、太白河、海塘河等河流，河道比降大。水质多为重碳盐类为主的软质水，为一类水质，pH值为6.83～6.90。

土壤：保护区土壤类型多样，海拔1300m以下为山地黄棕壤，有黄棕壤及黄棕壤性土两个亚类。海拔1300～2600m范围为山地棕壤，有普通棕壤、白浆化棕壤和棕壤性土3个亚类。海拔2200～2900m范围为山地暗棕壤，有普通暗棕壤、漂洗暗棕壤和暗棕壤性土3个亚类。海拔2900～3120m范围为亚高山草甸森林土。

动物资源：保护区内野生脊椎动物有346种，隶属23目72科224属，占陕西省脊椎动物总数的46.82%。在这些脊椎动物中，其中兽类81种，隶属于7目23科64属，国家一级保护动物有秦岭大熊猫、川金丝猴、林麝、豹和羚牛等6种；国家二级保护动物有狒、

七彩石（周荣军摄）

保护区全貌（赵静提供）

黑熊、青鼬、水獭、金猫、大灵猫、斑羚和鬣羚等 8 种。同时，本区有中国特有兽类 28 种；鱼类 10 种，隶属于 2 目 4 科 10 属，国家二级保护鱼类有贝氏哲罗鲑、细鳞鲑 2 种；爬行动物 25 种，隶属 2 目 8 科 19 属；有两栖动物 13 种，隶属 2 目 6 科 8 属，国家二级保护两栖动物有大鲵 1 种；陕西省重点保护两栖爬行类动物 5 种（两栖类 2 种，爬行类 3 种）；黄柏塬自然保护区内共有鸟类 217 种，隶属 10 目 31 科，有国家重点保护鸟类 26 种，国家一级保护鸟类有金雕 1 种；国家二级保护鸟类有松雀鹰、雀鹰、大𫛭、灰背隼、游隼、燕隼、红脚隼、红隼、血雉、红腹角雉、勺鸡、红腹锦鸡、红翅绿鸠、长耳鸮、领角鸮、鹰鸮、灰林鸮、纵纹腹小鸮、东方角鸮、雕鸮、红角鸮、斑头鸺鹠和领鸺鹠等 25 种。同时，本区有中国特有鸟类 26 种，隶属于 2 目 7 科；有国家重点保护昆虫有三尾褐凤蝶、中华虎凤蝶李、艳大步甲、箭环蝶和小箭环蝶等 12 种。

植物资源：保护区植被共有 4 个植被型组，9 个植被型，16 个植被亚型或群系组，50 个群系；陕西黄柏塬自然保护区共有野生种子植物 113 科 466 属 1109 种，本区种子植物科、属、种数量分别占中国种子植物总科数的 37.5%、总属数的 15.6%、总种数的 4.5%；保护区内分布有蕨类植物 84 种，隶属于 22 科 41 属，蕨类植物科、属、种分别占全国蕨类植物总科数的 34.9%、总属数的 18.0% 和总种数的 2.8%；保护区内分布有苔藓植物 48 科 88 属 157 种，其中苔类 19 科 21 属 37 种。本区有国家一级保护植物 2 种，国家二级保护植物 36 种。除此之外，保护区

国家一级保护动物——羚牛（赵静提供）

国家二级保护动物——红腹锦鸡（任军安提供）

国家二级保护动物——斑羚（周荣军提供）

国家二级保护动物——秦岭细鳞鲑（任军安提供）

高山草甸（周荣军摄）

国家二级保护植物——太白红杉（周荣军摄）

国家二级保护植物——秦岭冷杉（任军安提供）

有陕西省省级重点保护植物13种。

自然旅游资源：秦岭素以雄、奇、险、幽、俊而闻名于世，黄柏塬自然保护区紧邻秦岭主峰——太白山。地质构造古老，地貌景观奇特，山体气势磅礴，形态巍峨，重峦叠嶂，谷幽林密，泉瀑相间；植被垂直带谱明显，植被景观多样，生物资源丰富，动植物种类繁多，区系成分复杂；兼有别具一格的山村民居、淳朴独特的民俗风情和红色革命遗址，形成了别具特色的生态旅游区域。

◎保护价值

保护区以大熊猫及其栖息地为主要保护对象的野生生物类型自然保护区。

物种多样，珍稀濒危：陕西黄柏塬省级自然保护区地处秦岭中段南坡，境内群山环绕，沟壑纵横，良好的区位条件孕育了丰富的生物多样性。保护区处于我国暖温带落叶阔叶林区域和亚热带常绿阔叶林区域的分界线上，植物区系的交汇性或过渡性特征显著。陆生脊椎动物显示出东洋界区系成分占明显优势，是多种区系成分的汇集地。保护区内有极其珍稀的国家一级保护动物大熊猫、羚牛、川金丝猴、林麝等7种和国家二级保护动物黑熊、斑羚、鬣羚、红腹锦鸡、血雉、大鲵等36种。根据《全国第三次大熊猫调查报告》统计，太白县境内有大熊猫43只，幼体10只，保护区大熊猫种群密度21只/100km²，是全国大熊猫种群高密度区；保护区是秦岭林区生物多样性最为丰富、最为典型和最具代表性的区域。保护区内"国家一级保护植物、二级保护植物"有红豆杉、独叶草、秦岭冷杉、大果青杆、太白红杉（灵官台有太白红杉纯林150hm²）、连香树、水青树、水曲柳等38种。

位置重要，生境自然：黄柏塬自然保护区东与周至老县城省级自然保护区接壤，东南与佛坪国家级自然保护区接界，南与长青国家级自然保护区相接，西与牛尾河省级自然保护区毗邻，北与太白山国家级自然保护区相连，地处秦岭自然保护区群的核心位置，是秦岭大熊猫分布的高密度区；同时也是"兴隆岭区域种群"和"牛尾河区域种群"重要的连接地带，是两大种群进行遗传物质交流的重要廊道，极大加快了秦岭大熊猫野外种群的恢复和复壮；保护区内森林茂密，自然植被保护良好，水源涵养对汉江乃至整个长江流域生态安全将起到积极作用；黄柏塬自然保护区核心区、缓冲区无人员居住，其上游支流主要为太白河、大箭沟，水流湍急，河道比降大、海拔高，林木茂密、碧潭相间、人迹罕至。实验区居住人口少，对自然环境干扰弱，植被都保存着原生状态，生境的自然性高。保护区在秦岭生物多样性保护中具有特别突出和重要的地位。

◎科研协作

保护区与西北科技大学合作开展保护区本底调查，调查编写了《陕西黄柏塬自然保护区综合科学考察》，已出版发行；与陕西省林业设计院合作对保护区发展编写了《陕西黄柏塬自然保护区总体规划》；保护区职工在《北京林业》《北京农业》《陕西林业科技》《陕西林业》《城市建设理论》等刊物上发表关于保护区论文25篇，已出版发行。科学成果发表，对保护区科学化发展提供了理论支持。

保护区在世界自然基金会在资助下，实施了《黄柏塬保护区机械围栏拆除与栖息地恢复》《生态休闲游对核桃坪栖息地影响的调查》《黄柏塬保护区采伐道路现状、影响以及对策研究》《太白米生存现状调查》等8个项目。通过项目的实施，将进一步改善保护区内大熊猫栖息地的生态环境，加快改变社区利用森林资源的方式，减少保护与发展的矛盾。

保护区协作北京大学红外相机调查研究大熊猫走廊带课题组合作的监测项目；协作中国科学院动物研究所、中国环境科学院开展洋太公路对秦岭大熊猫及其栖息地影响的研究；协作中国科学院生态研究调研，撰写全国大熊猫保护

工程规划；协作西北农林科技大学调查岭大熊猫栖息地喜居群落结构特征研究与生境安全调控技术研究。通过协作，信息共享，弥补了大熊猫监测样线中的不足，其研究成果将有助于大熊猫种群壮大和提高对走廊带的保护和管理能力。

从2006年至2011年，保护区每年对保护区辖区及陕西省太白林业局五个场区域内大熊猫潜在栖息地68条大熊猫巡护监测样线进行定期监测，监测面积和样线数量为全省最多一个单位，2008年被评为"陕西秦岭大熊猫巡护监测工作先进集体"；2012年在陕西省第四次大熊猫调查工作中，保护区承担了太白县1280平方公里，共计523

条样线的调查任务，调查任务占全省的四分之一。调查共收集调查表格4434张，其中种群调查表2873张；拍摄照片1421张。测量大熊猫粪便咬节515份，提取大熊猫粪便DNA 89份，毛发2份。通过监测，对保护区科学化管理，提高保护成效提供了科学依据。

（黄柏塬自然保护区供稿）

学生在黄柏塬保护区实习（周荣军摄）

红外相机监测——黑熊（赵静提供）

国家一级保护动物大熊猫编织的彩门（任军安提供）

竹 林（任军安提供）

2008年1月10日抢救的国家一级保护动物大熊猫，在陕西省楼观台野生动物抢救中心进行救助（任军安提供）

保护区界桩（任军安提供）

抢救国家一级保护动物大熊猫（赵静提供）

竹子监测（周荣军提供）

陕西 平河梁
国家级自然保护区

陕西平河梁国家级自然保护区是以保护大熊猫等珍稀野生动物及其栖息地为主的自然保护区，总面积21152hm²，森林覆盖率95.3%。平河梁国家级自然保护区位于陕西省宁陕县境内，以秦岭南坡大支梁—平河梁为中心，地理坐标为东经108°24′00″～108°36′00″，北纬33°22′00″～33°34′00″，最高海拔2679m，最低1265m。保护区地处秦岭大熊猫分布的最东缘，是中国大熊猫最东端的保护区，亦是秦岭大熊猫平河梁区域种群的核心分布区。平河梁自然保护区始建于2006年，2013年6月经国务院批准晋升为国家级自然保护区。

◎自然环境

平河梁保护区属于秦岭褶皱系南秦岭印支冒地槽褶皱带，地层主体属巴颜喀拉—秦岭地层区南秦岭地层区；地貌类型属中起伏—大起伏中山地貌，多悬崖沟谷；保护区海拔在1260～2679m之间，山高坡陡。保护区属北亚热带湿润季风气候，四季分明，夏季炎热多雨，冬季干燥微寒，气候垂直分布明显；平均气温6.7℃，极端最高气温31.9℃，极端最低气温–25.7℃；月平均气温在10℃以上的月份是4～10月份，气温年较差20.3℃，无霜期约218天，年降水量944.5mm。保护区土壤受山地小气候及地形和地貌条件的影响，形成不同的土壤类型，并有规律地排列成垂直带谱；海拔1400m以下主要分布为山地黄棕壤；海拔1400～2300m主要分布为山地棕壤；海拔2300m以上主

瀑布（孟祥明摄）

要分布为山地暗棕壤；在棕壤和暗棕壤区域零星分布有山地草甸土。保护区境内沟壑交织，河流密布，水资源十分丰富，境内主要河流有月河、长安河、东峪河、池河，均属长江流域汉江水系。每年7～9月份，流量大；12月至翌年2月份，流量相对较小，部分支流有断流现象。

平河梁保护区植物垂直带谱明显，森林、山峰、岩崖、草甸、瀑布、溪涧、野生动植物景观独具特色，野趣浓郁，特别是西平沟梁顶冰川遗迹明显，山体庞大，气势雄伟，山峰造型丰富，形态逼真，谷岭交错，沟壑纵横，洋溢着原始的自然情调与生态风貌，给人以雄、奇、险、秀、幽、野等多种美感；最蔚为壮观者当数平河梁瀑布群，共有三潭三瀑，平河梁顶高山草甸、黑湾瀑布等

平河梁冬景（郭玉军摄）

保护区景观（孟祥明摄）

中华虎凤蝶（孟祥明摄）

也极具观赏价值；保护区所在地有修于西汉元始五年子午道遗址6处；保护区内许多自然景观都与优美的传说、奇妙的神话相伴相生，融为一体，相得益彰，如"营盘的传说""戏楼台的传说""金鐾河的传说"等富于想象，闪耀着智慧的光辉、神秘的色彩和浪漫主义情调。

◎保护价值

（1）地理位置极为重要，是中国大熊猫最东的分布区及种群交流扩散的桥梁和平台。保护区地处秦岭大熊猫栖息地的最东部，中国大熊猫分布的最东缘，也是秦岭大熊猫区域种群——平河梁区域种群的核心地带，根据《全国第三次大熊猫调查报告》统计，宁陕县境内分布有大熊猫17只，平河梁保护区是宁陕县大熊猫的核心分布区。平河梁保护区的建设与发展对保护与研究秦岭大熊猫栖息地向秦岭东部扩展趋势具有十分重要的意义。平河梁是大熊猫的历史分布区域，有较长期稳定的大熊猫种群，充分说明保护区的生境不仅具有稀有性，而且具有典型性、代表性和适应性。保护区东连镇安鹰嘴石潜在栖息地，西部与天华山种群相接，平河梁保护区的建设发展为大熊猫种群的交流与扩散建立了有效地桥梁和平台，将对大

熊猫种群及其栖息地的扩大和延伸发挥积极作用。另外，位于保护区边缘的宁陕县寨沟国家级朱鹮野化放飞基地的建立，自2007年开展朱鹮的野化放飞试验，截至2010年朱鹮已经成功自然筑巢育雏，标志着朱鹮在该地放飞取得成功。平河梁保护区已成为朱鹮的潜在栖息地。

（2）秦岭生物多样性最具代表的区域，生态系统完整，森林植被类型多样且典型，是珍稀保护动物最理想的栖息地。平河梁保护区处于世界地理区划中东洋界与古北界的交汇处和华北、华中、西南及青藏高原等多种植物区系成分交汇区，辖区地域辽阔，人烟稀少，森林茂密，良好的森林环境和气候条件为珍稀野生动植物提供了良好的栖息场所和食物基地，区内野生动植物资源丰

秦岭箭竹林（孟祥明摄）

富，种类繁多。据调查，分布有 168 科 728 属 1830 种，占陕西种子植物 1143 属、4377 种的 63.7%、41.8%。其中有国家重点保护植物 43 种，省级保护植物 9 种。珍稀树种有：红豆杉、秦岭冷杉、大果青杆、连香树、水青树、野大豆、水曲柳等。保护区有野生脊椎动物 289 种，占陕西省脊椎动物总数的 39.1%。其中有国家一级保护物种 6 种，国家二级保护物种 24 种，陕西省省级重点保护物种 20 种；我国特有种 63 种。其中最具代表性的有大熊猫、川金丝猴、羚牛、朱鹮，"秦岭四宝"。平河梁保护区地处亚热带的北缘地带，植物种类丰富繁多，植被类型十分多样，植被垂直分布明显。植被分为 4 个植被型组、8 个植被型、11 个植被亚型、52 个群系。海拔 2100m 以下为低中山典型落叶阔叶林带。林相整齐，植物种类繁多，结构相对较为复杂而稳定，外貌四季分明，是保护区内主要植被景观类型。林下生长和分布着大量的巴山木竹和箭竹，是大熊猫冬、春季节活动、觅食的主要栖息地。海拔 2100 ～ 2400m 范围内为中山落叶阔叶针叶林带。混生有丰富的华西箭竹、秦岭箭竹、箬竹等，不仅是大熊猫夏季活动、觅食的主要地带，而且

是川金丝猴、羚牛等珍稀野生动物的长期活动、觅食和繁衍的栖息地。海拔 2400m 以上为亚高山针叶林带。主要乔木以巴山冷杉为主，也有少量秦岭冷杉生长和分布。林下及林中空地秦岭箭竹、华桔竹生长茂密，因此也是大熊猫、羚牛等珍稀野生动物夏季活动的栖息和场所。

（3）生态环境基本保持着原有状态，稳定性和自然度较高。保护区位于秦岭腹地，全部为国有林，保护区内无

大熊猫

毛冠鹿

居民，人为干扰少。保护区建立以来，管理力度不断加强，区内人为活动逐渐较少，植被和野生动物得到了有效保护，尤其是核心区，保留有以巴山冷杉为主的原始森林和草甸灌丛群落，足可见森林演替踪迹和进程，反映出保护区生态环境的自然与原始。

（4）我国南水北调重要的水源涵养地。保护区属北亚热带湿润季风气候，四季分明，夏季凉爽多雨，冬季干燥微寒，气候垂直分布明显，年降水量 944.5mm。保护区河流主要有长安河、月河、冬浴河、池河、大南河等众多河流，是汉江水系和南水北调工程重要的水源地，保护区保留有茂密的天然次生林，自然植被保护良好，生态系统比较完整，区内森林茂密，对提高森林生态系统的功能有着重要的意义，对涵养水源，防止水土流失，维护整个秦岭的生态平衡及汉江流域生态安全具有重要作用。

（5）生境典型，是理想的教学研究实验基地。平河梁保护区森林生态系统类型丰富，土壤和植被的垂直分布明显，生物多样性丰富度较高，其原始性、稀有性、典型性和代表性突出显著，

川金丝猴

羚牛

红豆杉（孟祥明摄）

毛杓兰（魏朔南摄）

平河梁—览众山小（孟祥明摄）

加之秦岭山脉声誉驰名国内外，保护区不仅是多种生物学科和地理学科如生态学、植物学、土壤学、昆虫学、动物学和自然地理学等多种学科进行科学研究和开展教学实习的理想基地，而且是进行自然科学知识普及、自然资源与自然环境保护教育，提高人类自然与环保意识的最佳课堂和场所。

◎功能区划

平河梁保护区功能区划为核心区、缓冲区和实验区，总面积21152 hm²。核心区是保护区珍稀野生动物分布集中、生物种类丰富、植被类型多样的区域，代表着保护区最突出的自然生态特征；核心区远离居民点，人为干扰影响程度极轻，总面积6510 hm²，占总面积的30.8%；缓冲区位于核心区的外围，以山梁、沟系等自然界线区划，隔离核心区与实验区，以缓冲外来干扰对核心区的影响，形成保护野生动物的缓冲地带，其主要功能是起到对核心区完整性和安全性的保护作用，缓冲区的自然生态系统比较完整，包括一部分原生生态系统和演替过渡的次生生态系统，保护对象分布较多，无居民点，人为干扰影响程度轻；面积6200hm²，占保护区总面积的29.3%。实验区处于保护区边界以内、缓冲区界限以外的区域；主要功能是起到对核心区更大的缓冲作用，并且起到加强自然保护区与周边社区联系的纽带作用。实验区位于保护区南部，人为活动比较频繁，是一个多功能区域；实验区面积8442hm²，占保护区总面积的39.9%。

◎科研协作

目前，保护区已完成了《陕西平河梁自然保护区综合科学考察与生物多样性研究》，制定了保护区《管理计划》和《总体规划》；保护区高度重视国内、国际组织间的交流与合作，在陕西省林业厅、WWF的支持下，2006～2012年开展了"保护区野外巡护监测项目"，在保护区内及大熊猫栖息地设置了大熊猫监测固定样线37条，每年进行2次集中调查监测大熊猫种群、伴生动物、植物、干扰等；"中国—欧盟长江中上游生物多样性丰富区内传统药用植物的保护与可持续经营管理项目""促进保护区周边社区经济基于生态保护的可持续发展项目"等项目，不仅为摸清中草药本底资源奠定了基础，还为社区普及可持续发展理念开创了新局面；2012

朱鹮

红腹角雉（雄）

年开展了全国第四次大熊猫调查；2013年实施了"红外相机监测项目"；同时，与北京大学、陕西师范大学等大专院校开展了科研教学实习基地协作。科研项目的开展和协作教学实习基地的建立，不仅为保护管理提供了理论支持，还获得了实施国际项目的方法与经验，为更好地开展科学研究奠定了基础。

（平河梁自然保护区供稿）

陕西 老县城 国家级自然保护区

陕西老县城国家级自然保护区位于陕西秦岭太白山东南部，地处陕西省西安市周至县厚畛子镇。地理坐标为东经107°40′～107°49′，北纬33°43′～33°51′。保护区总面积12611hm²，是以保护大熊猫及其栖息地为主的森林和野生动物类型自然保护区。始建于1993年，2013年12月经国务院批准晋升为国家级自然保护区。

大熊猫（保护区提供）

大熊猫栖息地（保护区提供）

◎ 自然概况

由燕山运动形成的秦岭山体，在老县城段山势巍峨，沟深谷阔，除青龙寨外，绝少断岩，主要岩石有花岗岩、大理岩、石灰岩、石英岩等。河流受岩层和地质构造的控制，宽谷与峡谷交替出现，并间有山间断裂盆地。海拔1524～2904m，相对高差1380m。老县城自然保护区处于北亚热带与山地暖温带的分界线，气候属暖温带季风气候区，受山地小气候的影响，呈现出夏季短而凉爽，冬季长而寒冷，秋季低温多雨的气候特点。距保护区较近的厚畛子和双庙子气象站多年观测，年均气温6.4～8.4℃，极端最高气温29.7℃，极端最低气温–19.7℃；≥0℃活动积温2600～3300℃，≥10℃活动积温2468.4℃；年降雨量980mm，多集中在7～9月，约占全年降雨的68%；无霜期120天。老县城自然保护区地处秦岭中段南坡，属长江水系，保护区为汉江一级支流——湑水河源头，区内有正河、正南沟、塔尔河、大沟、杨家沟、阮全沟、吊沟、秦岭沟、干沟等九条沟系水流汇集于湑水河后流入汉江，湑水河流长167.5km，水资源丰富。保护区土壤有棕壤、山地石渣土和山地草甸土。棕壤分布在海拔1400～2904m的高中山区，是夏季温暖多雨、冬季寒冷干旱条件下形成的垂直地带性土壤，呈中性或微酸性（pH值6.4～6.8）反应。山地石渣土为母性土壤，主要分布在海拔2300～2904m的高山区，土层薄，侵蚀强烈，发育弱。山地草甸土土层厚0.3～0.6m，石头多，呈酸性反应，在低温潮湿的环境条件下，有机物质分解缓慢，积累多，腐殖质层较厚。植被属中国—日本森林植被植物区系的一部分，其中温带植物属居多，也有少量热带植物分布。区内植被呈垂直分布，中山森林植被优势植物以西南、华中及华北成分为主，有少量华西和秦岭

湑水河——横贯老县城保护区的主河流（保护区提供）

保护区核心区（保护区提供）

太白杜鹃（保护区提供）

黎 芦（李育鹏摄）

重 楼（保护区提供）

红豆杉（蔡 琼摄）

特有成分。亚高山灌丛和草甸主要由唐古特成分和中国—喜马拉雅成分构成。老县城自然保护区属暖温带落叶阔叶林带，气候温暖湿润，植物种类繁多，垂直分布变化规律比较明显，由海拔最低处1524m至海拔最高处2904m可以划分为三个植被带：①中山落叶阔叶带：分布在海拔1520～2000m之间，是植被类型最多；树种组成最复杂的地带，建群树种不明显。组成树种主要有青榨槭、马氏槭、枫杨、白蜡、鹅耳枥、四照花和漆树等；在林缘和沟边藤本植物较为丰富，主要有猕猴桃、清风藤、五倍子和鸡矢藤。常见灌木优势种主要有榛子、山楂、木姜子、荚蒾、五加、绣线菊等；草本植物主要以耐光喜湿种为主，常见种有大披针苔、升麻、天门冬、天南星和野棉花等。②中山落叶阔叶小叶林带（亦称桦木林带）：分布在海拔2000～2500m之间，主要是红桦和牛皮桦组成的纯林、混交林或与其他阔叶林组成的混交林；下层灌木有杜鹃属植物、小檗、华桔竹、忍冬、蔷薇及绣线菊等。③亚高山针叶林带：分布海拔2500m以上为亚高山针叶林带，主要树种为巴山冷杉和太白红杉，林下灌木有杜鹃、忍冬和高山绣线菊等；草本植物有苔鲜类、紫菀和蕨类等。在此高山针叶林带上部还有太白红杉（太白落叶松）分布。

老县城自然保护区生物资源丰富，据调查，有陆生脊椎动物25目75科289种，其中两栖动物2目5科8种、爬行动物1目5科14种、鸟类13目36科191种、哺乳类7目26科71种、鱼类2目3科5种。高等植物132科

金丝猴（保护区提供）

羚 牛（保护区提供）

斑 羚（保护区提供）

山溪鲵（保护区提供）

508 属 1238 种，其中蕨类计有 20 科 40 属 80 种（含种下类群）。种子植物 112 科 468 属 1158 种，其中野生种子植物 109 科 453 属 1131 种，占陕西种子植物总科数的 63.7%、总属数的 40.4%、总种数的 31.4%。

老县城地处秦岭太白山脚下，是古傥骆道上的一个重镇，自然景观和人文景观资源丰富，按照《太白山志》中的景观资源划分，老县城自然保护区有景点、景物 47 个，其中自然景点 23 个，人文景点 24 个，生态旅游资源十分丰富。

◎ 保护价值

老县城自然保护区是秦岭关键的大熊猫栖息地，据全国第三次大熊猫调查，区内野生成体大熊猫种群数量约为 28 只，分布密度为 0.22 只/km²，为全国野生大熊猫高密度分布区之一。在地理位置上，保护区位于秦岭大熊猫兴隆岭种群的中心地带，是秦岭自然保护区群的重要枢纽，将佛坪、周至、太白山、黄柏塬等几个自然保护区 "岛屿化" 的大熊猫栖息地连成一整片，有利于秦岭大熊猫种群交流和基因交换，对秦岭地区大熊猫种群复壮、缓解栖息地破碎化以及生物多样性保护发挥了重要作用。保护区位于我国南北气候的自然分界线，也是古北界、东洋界野生动物和华南、华中及西南高山植物区系的交汇、渗透区。物种多度、相对丰度和生境类型呈现出南北汇聚、四方杂居、起源古老的特点，具有重要的保护价值。如保护区有发生于古生代的石松属、木贼属、卷柏属和瓶尔小草属，发生于中生代问荆属。两栖动物以东洋界为主，占 62.5%，广布种占 37.5%；爬行动物以广布种为主，占 71.5%，东洋种仅占 28.5%；鸟类古北界稍占优势，占 45.3%，东洋种占 37.4%，广布种占 17.3%；哺乳类以东洋界占优，为 49.3%，古北种占 11.3%，广布种占

36.6%。保护区境内动植物资源丰富，除物种多样性丰富外，另一显著特征就是国家重点保护的野生动植物物种较多，中国特有种以及秦岭特有种也较多。其中国家一级保护动物有大熊猫、金丝猴、豹、羚牛、林麝、金雕等 6 种；二级保护动物有黑熊、斑羚、鬣羚、血雉、红腹锦鸡和红腹角雉等 19 种。国家重点保护植物数十种，其中有国家一级保护植物红豆杉、独叶草 2 种，国家二级保护植物大果青杆、太白红杉等 20 余种，陕西省地方重点保护植物 11 种。保护区蕴藏着丰富的资源植物种类，有药用植物 500 种，淀粉类植物 62 种，观赏类植物 295 种，纤维类植物 78 种，芳香类植物 79 种，油脂类植物 98 种，野果类植物 36 种，野菜类植物 38 种，有毒类植物 31 种，鞣料类植物 92 种，树脂、树胶和橡胶、硬橡胶植物 12 种。

老县城自然保护区是一个典型的人为活动消失后经过近百年自然恢复的大

白领凤鹛（保护区提供）　　斑头鸺鹠（保护区提供）　　戴 胜（李祥丰摄）　　红腹锦鸡（保护区提供）

熊猫栖息地，是大熊猫及其栖息地自然恢复的良好样本，对于探索大熊猫栖息地破碎化的恢复具有极高的研究价值。

保护区地处汉江一级支流——湑水河源头，良好的森林植被涵养了丰富的水源，湑水河水量充沛，水质良好，是西安市城市供水的重要水源，为数百万人口的西安市提供了优质水源和生态安全保障。对西安咸阳一体化和关中天水经济区的社会经济可持续发展发挥着重要的生态效益、经济效益和社会效益。

保护区内自然景观优美、社区古朴自然，特别是区内保存有一座完整的清代县城遗址，具有较高的考古价值和旅游价值，是开展生态旅游、科学研究、科普教育的基地。

◎ 功能区划

从切实有效保护管理主要保护对象及其栖息地的角度出发，考虑主要保护对象的地理分布特征和生境特征，基于 GIS 的保护区森林生态系统健康评价基础上，将自然环境保存好、代表性强、珍稀濒危物种多、濒危程度高、生物多样性丰富、生态系统健康水平高以及包含重要生境条件的区域划为核心区，自然性景观向人为影响下的自然景观过渡的区域划为缓冲区，与核心区差别较大的区域则作为实验区。老县城自然保护区面积为 12611hm^2，核心区面积 5578hm^2，占保护区面积 44.2%，缓冲区面积 3263hm^2，占保护区面积 25.9%，实验区面积 3770hm^2，占保护区面积 29.9%。核心区和缓冲区涵盖了保护区完整的自然森林生态系统，也是主要保护对象大熊猫及其多种珍稀濒危物种适宜的栖息地，区内的生物物种占保护区的 80% 以上。该区域是区内地形最复杂、生态系统和群落最多样、生物资源和珍稀濒危物种最集中的区域，具有典型性和代表性。保护区的居民全部在实验区内，社区的集体林地也全部划在

实验区，有利于保护区的日常管理。同时也为当地社区社会经济发展预留了空间，保护区的功能区划分相对科学合理。

◎ 科研协作

老县城自然保护区与美国哥伦布动物园、世界自然基金会、中科院动物所、清华大学、北京林业大学、西北农林科技大学、陕西师范大学、西北大学、陕西省动物研究所等科研院所开展科研合作。完成了老县城自然保护区综合科学考察，出版了《陕西老县城自然保护区的生物多样性》专著 1 部，在《陕西师范大学学报》《陕西林业》《大熊猫》《环境与科学》等刊物发表科研论文数十篇。保护区从 2002 年起设立 12 条固定监测样线，开展了大熊猫监测工作并一直延续至今，初步建立了老县城自然保护区 GIS 信息管理系统。

（老县城自然保护区供稿）

美丽的老县城自然保护区景观（保护区提供）

陕西 观音山
国家级自然保护区

陕西观音山国家级自然保护区位于秦岭腹地的陕西省佛坪县北部，地处汉中、西安、安康三市的佛坪、周至、宁陕三县毗邻地界。西连佛坪国家级自然保护区，北靠周至国家级自然保护区，东接天华山国家级自然保护区，南为佛坪县长角坝乡，地理坐标为东经107°51′～108°01′，北纬33°35′～33°45′。保护区总面积13534hm²，是以保护秦岭大熊猫及其栖息地为主的野生动物类型自然保护区。始建于2002年，2013年12月经国务院批准晋升为国家级自然保护区。

观音佛光（蔡 琼摄）

◎自然概况

观音山保护区地貌类型属侵蚀剥蚀中起伏—大起伏中山地貌，地表起伏大，多悬崖沟谷，地势呈"M"形，西北高而东南略低，最高点位于西侧的鳌山，海拔2574m，最低点位于龙草坪，海拔1150m。属北亚热带湿润季风气候，呈现出温度较低，温差较小，冬冷夏凉，温凉湿润的特点。年平均气温11.5℃，春温略高于秋温，无霜期约218天。年降水量922.9mm，主要集中于7～9月。冬季盛行偏北风和西南风。由于受地理位置和海拔高度变化影响，土壤地带性分布规律明显，海拔1500m以下为山地黄棕壤，植被为常绿落叶混交林。海拔1300～2200m范围为山地棕壤，是秦岭南坡山地土壤垂直带谱的重要建谱土壤之一，植被类型为落叶阔叶林，海拔2200～2700m为山地暗棕壤，植被类型为针阔混交林。观音山自然保护区属长江流域，是汉江二级支流——椒溪河与西沟河的汇流区，是椒溪河的发源地。椒溪河是保护区内最大的河流。区内较大的河流还有大东河、西沟河等。

观音山保护区植被类型繁多，垂直带谱明显。共有4个植被型组，10个植被型，15个植被亚型或群系组，52个群系。海拔2000m以下为低、中山落叶阔叶林带，是大熊猫冬、春季的主要活动栖息地。海拔2000～2500m范围内为中山落叶阔叶小叶林带，是大熊猫夏季活动的主要地带。海拔2500m以上为亚高山针叶林带，是大熊猫夏居地。

观音山保护区地处暖温带和北亚热带两个类型植物区系的接壤地带，是我国南北植物交汇的场所。区内共有野生种子植物130科563属1326种，分别占全国种子植物植物科、属、种的43.2%、18.9%、5.4%。有国家级重点保护植物10种，省级重点保护植物7种。现有野生脊椎动物25目73科171属250种，其中国家一级保护动物7种，

太白红杉（蔡 琼摄）

云 海（蔡 琼摄）

二级保护动物 24 种。是我国大熊猫、金丝猴、羚牛的重要分布区之一。

观音山保护区旅游资源丰富，除了有秦岭林区特有的舒爽宜人的气候环境，还有鳌山、天仙洞、青龙洞这样神奇多彩的高山奇峰和自然景观，别具一格的山村民居和淳朴独特的陕南民俗，更有白龙山、马家梁、干板坡、观音庙遗迹等众多奇异有趣的人文景观。保护区境内 108 国道穿过，北距西安180km，南下汉中 170km，交通便利，是人们回归自然、融入绿色、领略自然风情、开展科学研究、探索自然奥秘的绝佳去处。

◎保护价值

（1）观音山保护区地处三个国家级自然保护区中心，是具有国际意义的秦岭自然保护区群的重要成员，是秦岭大熊猫兴隆岭种群的重要栖息地，

也是秦岭两个不同大熊猫居群即兴隆岭居群和天华山居群的过渡地带，发挥着秦岭大熊猫栖息地承东起西的纽带作用，是大熊猫等珍稀野生动物数量扩大并完成交流的关键区域。特别是保护区加强 108 国道秦岭隧道段大熊猫栖息地的管理与恢复工作，明显改善了两个大熊猫群栖息地的破碎化、孤岛化状况，并为羚牛、金丝猴等其他珍稀野生动物种群间的交流，创造了良好条件。对促进形成秦岭生态保护网络体系，更好地保护秦岭的生物多样性，最大限度地恢复和扩大秦岭地区大熊猫、羚牛、金丝猴等珍稀物种数量及其栖息地具有重要意义。

（2）观音山保护区地处秦岭腹地，北界为秦岭主脊，是秦岭生物多样性最具代表性，物种资源最丰富的地区之一。珍稀濒危重点保护植物共有 19 种，其中有国家一级保护植物红豆杉，有二级

保护植物大果青杆、太白红杉、连香树、水青树、野大豆、水曲柳、香果树、杜仲、山白树等，有三级保护植物秦岭冷杉、华榛、青檀、领春木、金钱槭、庙台槭、白辛树、银鹊树、延龄草、天麻等。省级重点保护植物有 11 种，分别是陕西鹅耳枥、牛鼻栓、串果藤、延龄草、陕西紫荆、庙台槭、银鹊树、有齿鞘柄木、青皮木、大血藤、山白树等。经济植物有 1000 余种，其中药用植物 646 种，药用价值较高的主要有太白贝母、太白米、黄精、天麻、杜仲、乌头、党参、秦岭党参等；淀粉及糖类植物 127 种，开发利用价值较大的主要有毛蕨、芋、华榛、板栗、茅栗、栓皮栎、锐齿栎、小橡子树、槲树等；油脂植物 146 种，主要的油脂植物有五月瓜藤、山胡椒、三桠乌药、野桐、乌桕、省沽油、膀胱果、青榨槭、灯台树、毛梾、中华青荚叶、秦岭白蜡树等；芳香植物有 101 种，主

大熊猫（蔡 琼摄）

金丝猴（蔡 琼摄）

羚牛（蔡 琼摄）

豪猪（蔡 琼摄）

黄鼬（蔡 琼摄）

要有秦岭冷杉、巴山冷杉、华山松、油松、刺柏、化香树、三桠乌药、红茴香、香桂、花椒、乌药、薄荷、茵陈蒿、黄花蒿等；纤维植物有115种，主要有巴山木竹、青檀、野苎麻、葛藤、蝙蝠葛、黄荆、荆条等；鞣料植物有110种，主要有青榨槭、地锦槭、中国粗榧、马桑、湖北枫杨、栓皮栎、油桐等；树脂、树胶和橡胶、硬橡胶植物有19种，主要有枫香、香椿、野杏、山桃、猫儿屎、线苞八仙花、卫矛等。已知真菌共有183种，其中食用菌99种，如黑木耳、猴头菌、冬菇、田野蘑菇、蘑菇、香菇、肺形侧耳等；药用菌43种，如双孢蘑菇、黑木耳、焰耳、毛木耳等。

（3）森林植被的建群种多为北温带分布属，如栎属、桦属、杨属、鹅耳枥属、松属、冷杉属、云杉属等。属热带—亚热带分布类型的属也很常见，但多作为伴生植物，如黄檀属、卫矛属、柿属、朴属、泡花树属、山胡椒属等。灌丛植被的优势植物主要为温带成分，如太白杜鹃、细枝绣线菊、绿叶胡枝子等；草甸植被优势植物主要为中国—喜马拉雅成分如川康薹草以及北极高山成

分如球穗蓼等。

（4）动物地理区划东洋界与古北界的过渡地区，动物地理分布明显反映出南北交汇和过度的区系特征，动物区系组成特殊，拥有丰富的类群和众多的种类，原始性和残遗性突出。有兽类动物58种，鸟类153种（亚种），其中，国家一级保护动物有是大熊猫、金丝猴、豹、林麝、羚牛、金雕7种；国家二级保护兽类有豺、黑熊、青鼬、水獭、大灵猫、金猫、斑羚和鬣羚8种。国家二级保护鸟类16种，主要有鸢、赤腹鹰、雀鹰、松雀鹰、大鵟、普通鵟、燕隼、红隼、血雉、红腹角雉、勺鸡等；国家二级保护两栖类1种，即大鲵。

（5）观音山保护区系长江流域，属汉江二级支流——椒溪河的上游支流大东河、西沟河的汇流区。区内河流众多，水资源丰富。佛坪县北部最大的河流——椒溪河即发源于保护区北庙子，年均径流量2.66亿 m³，平均流量8.45m³/s，县城及沿河群众的生活及生产用水均由椒溪河提供，保护区也是我国南水北调中线工程重要的水源涵养地。

灰䴕鼠（蔡 琼摄）

中华大斑蛇（蔡 琼摄）

细鳞蛙（蔡 琼摄）

朱鹮（蔡 琼摄）

红腹锦鸡（蔡 琼摄）

◎功能区划

观音山保护区总面积 13534hm²，其中：核心区 4274hm²，由两大区域构成，主要包括破眼子沟、芯草坪沟、桦木桥沟、木耳沟、西沟等中上部范围。面积 4272hm²，占保护区面积的 31.6%。缓冲区 3793hm²，位于核心区外围，主要位于破眼子沟、芯草坪沟、木耳沟中下部，占保护区面积的 28%。实验区 5467hm²，位于保护区边界以内、缓冲区界限以外的区域，主要包括大东河、小东河以及寸沟两旁下坡区域，面积 5467hm²，占保护区面积的 40.4%。

◎科研协作

观音山保护区丰富的生物多样性资源和特殊的地理位置起到的重要作用，日益受到国内外专家学者的关注，保护区设定大熊猫栖息地固定监测样线 24 条，每年进行 2 次野外监测，春秋两季各进行 1 次，利用红外相机拍摄到大熊猫、金丝猴、羚牛、林麝、黑熊、血雉等野生动物照片 1000 余张，积累了大量大熊猫等珍稀野生动物活动野外数据。在省内外各类刊物上发表学术论文 20 余篇，完成了第四次大熊猫调查，出版了《陕西观音山自然保护区综合科学考察与生物多样性研究》一书。与清华大学、中国农业大学、北京林业大学、华东师范大学、西北农林科技大学、中国科学院、陕西省动物研究所等高等院校和科研单位进行科研合作，取得一定成果。世界自然基金会（WWF）、美国华盛顿动物园、香港海洋公园基金等国际组织也在保护区开展了多项合作。积极开展巡护监测，宣传教育，社区共管、大熊猫栖息地恢复、走廊带建设等多方面的工作，特别是在栖息地恢复及走廊带有效管理方面取得了一定的成效。美国、奥地利、荷兰、英国等国家的专家曾来观音山保护区考察，开展科学研究项目。

（朱云供稿）

国家一级保护植物——红豆杉（蔡 琼摄）

国家一级保护植物——独叶草（蔡 琼摄）

厚朴（蔡 琼摄）

星叶草（蔡 琼摄）

红腹角雉（蔡 琼摄）

秦岭血雉（蔡 琼摄）

真菌（包谷菌）（蔡 琼摄）

甘肃 白水江 国家级自然保护区

甘肃白水江国家级自然保护区位于甘肃省最南端，地理坐标为东经104°16′～105°25′，北纬32°16′～33°05′。保护区东南至西北分别与四川省青川、平武、九寨沟县相邻，北部至东北与甘肃武都、康县接壤，南部与四川唐家河国家级自然保护区连成一片，总面积223671hm²。保护区成立于1978年，是野生动物类型自然保护区。保护区主要保护大熊猫、珙桐等多种珍稀濒危野生动植物及其赖以生存的环境和生物多样性。

◎ 自然概况

白水江自然保护区属北亚热带向暖温带过渡气候区，气候垂直变化比较明显。由东南向西北，随着海拔的升高，依次从河谷亚热带湿润气候，经暖温带湿润气候过渡到温带半湿润和高寒湿润气候。年均日照时数1711h；年均气温14.8℃，7月平均温度24.6℃，1月平均温度3.7℃，极端最低温－7.4℃，极端最高温37.7℃；平均无霜期238天。

保护区山体的地层主要是元古界碧口群，其次为中泥盆系和石炭系，还有少量的石灰岩和岩浆岩。碧口群主要由巨厚的沉积碎屑岩组成，夹有细碧岩及细碧角斑岩等海底火山喷发岩。中泥盆系分布于保护区西部及西南部，是巨厚浅海相碎屑岩—泥质岩—碳酸盐岩沉积建造，由深灰色砂岩、粉砂岩、黑色砂泥质板岩、炭质板岩、碳酸盐岩等组成。

川金丝猴

石炭系仅分布于保护区西北部，主要为中厚层灰岩、中层致密灰岩，以及石英岩、石英粉砂岩、白云岩、泥灰岩等组成。

保护区地形复杂，沟谷纵横。侵蚀地貌、重力地貌和冻融地貌交互发育，岩石性质对地貌形成有显著影响，坡地和沟谷侵蚀强烈与现代河床突出的加积作用成为鲜明对照。保护区文县境内为岷山山系东南延伸的余脉，多呈东西走向。地势西北高，东南低，境内大部分海拔在1500～3100m之间，山间河谷深陷，纵谷与横谷的地貌特点差异很大，最高峰丹堡河的驼峰山，海拔4072m；最低处位于中庙罐子沟的白龙江河滩，海拔595m。

保护区地处嘉陵江流域的白龙江水系，流经保护区境内的白龙江支流有白水江、让水河、小团鱼河、碧峰沟、石龙

白水江小河流

白水江让水河风光

沟等。而以白水江支流岷堡沟、白马峪河、丹堡河流域占地最广。所有河流均属夏水类型。夏季径流占全年的37%～48%，春、秋两季分别占18%～22%和26%～32%，冬季仅占4%～13%。河川径流以雨水补给为主占60%～80%，地下水补给次之占20%～40%。

保护区内的土壤类型垂直分布明显：海拔1600m以下为山地黄棕壤、海拔1600～2400m为山地棕壤、海拔2400～2900m为山地暗棕壤、海拔2900～3100m为亚高山草甸土、海拔3100m以上为高山草甸土。

白水江自然保护区野生动植物资源极为丰富，已记述的物种有5130种，其中大型真菌294种，苔藓23种，蕨类植物185种，种子植物1810种，蜘蛛195种，昆虫2138种，鱼类68种，两栖类28种，爬行类37种，鸟类275种，兽类77种。珍稀濒危物种丰富，国家一级保护植物5种：珙桐、光叶珙桐、水杉、银杏、南方红豆杉。国家一级保护动物动物11种：大熊猫、川金丝猴、羚牛、云豹、林麝、豹、雉鹑、绿尾虹雉、金雕、玉带海雕、中华虎凤蝶；国家二级保护植物44种、动物41种；省级重点保护植物17种、动物7种。

大熊猫在保护区内5个保护站辖区均有分布，以让水河辖区密度最高，其次是白马河、丹堡河、刘家坪、碧口，数量100只左右，占全国的10%以上。近年来，随着天保工程、退耕还林工程等生态建设工程的实施，保护区的生态与环境不断改善，大熊猫栖息地有所扩大，大熊猫数量明显增加。

川金丝猴主要在丹堡河、让水河、小团鱼河流域分布，面积约807.82km²，约1000只。羚牛在全区广泛分布，分布面积为1415.68km²，数量约1200只。绿尾虹雉在海拔2800m以上区域有分布，约300只。文县疣螈分布于碧口的碧峰沟和李子坝，数量稀少，是甘肃唯一的分布地。细颚步行虫分布于丹堡河和白马河流域，数量极其罕见，已知全球仅分布于白水江保护区，全球现存标本5只，其中，台北自然博物馆2只，是镇馆之宝；白水江动植物博物馆现存2只；另外1只存于俄罗斯。珙桐主要分布于碧口和让水河流域海拔1800m以下的区域，呈片状或零星分布。

白水江自然保护区复杂的地质地貌、种类繁多的珍稀动植物秀美的自然景观、文化韵味深厚的历史遗迹以及多姿多彩的民俗风情，构成了丰富独特的景观资源。

主要景观资源有：碧峰沟、丹堡河上游峡谷；邱家坝森林风光；让水河两岸亚热带风光；植物垂直带景观；珍禽异兽和野生观赏植物等自然景观。白马藏族民俗风情；石鸡坝乡哈南寨坪上的新石器中期文化遗迹；阴平国和阴平古道遗迹；刘家坪让水河一带三国邓艾入川行军栈道刘家坪七信沟的岩石建筑寺院——清凉寺等人文景观。

◎ 保护价值

保护区处于北亚热带向暖温带的过渡地带，地理位置独特，野生动植物资源丰富；珍稀植物珙桐在保护区内分布较为广泛，有成片的纯林存在。相对完整的森林生态系统有利于大熊猫、珙桐等野生动植物种群数量的稳定和发展，又对保护区及其周边地区社会经济的持续健康发展发挥着重要作用，具有很高的保护价值，是西北地区生态系统最完整、生物多样性最丰富的地区，被誉为"岷山东端绿色宝库""物种基因库""陇原西双版纳"，在国内外有着重要的影响。

保护区具有多方面的保护价值：①地理位置独特，处在温带亚热带气候过渡区，横跨岷山和秦岭两大山系，地形复杂，沟谷纵横，相对高差悬殊，气候和植被垂直分布明显，是岷山至秦岭物种基因交流和过渡的重要通道。②植物种类丰富，植被类型多样。仅综考发现甘肃新记录38种、新种5种，在植物分类研究上具有重要地位。植被类型构成多样，有4个植被型组、10个植被型，有6个完整的垂直分布带，种子植物区系汇集了三大植物区系成分。③动物种类丰富，古老子遗物种多，是我国大熊猫的重要栖息地。是中国大熊猫分布区的北缘。④生态系统完整，生物多样性丰富，是科学研究和环境教育的基地。保护区复杂的生境条件，形成了完整的自然生态系统，在物种、遗传和生态系统等方面表现出显著的生物多样性特征。是进行生物资源、森林生态、地质、地貌、水文、气象、森林土壤等多学科研究的基地，也是普及自然科学知识，进行环境教育的基地和天然课堂。⑤水土保持和水源涵养作用明显，发挥着巨大的生态效益。保护区是白龙江流域中的白水江、让水河、小团鱼河等水系的发源地，其森林生态系统不仅有利于保持大熊猫等野生动植物种群数量的稳定和发展，也发挥着巨大的水源涵养作用和区域性气候调节、水土保持的作用。⑥社区人口多，是开展社区共管的理想场所。白水江是全国社区人口最多的自然保护区，传统的农业生产生活方式，需要消耗大量森林、野生动植物资源，因此给保护区的资源保护管理增加了难度。开展社区共管，合理利用森林资源，培植新的经济增长点，促进社区经济的可持续发展，缓解保护区资源压力，是保护区、地方政府和社区群众的共同责任和愿望，这就为研究和实施社区共管创造了有利条件。⑦世界生物圈保护区，具有全球重要保护意义。白水江保护区是世界面积最大的大熊猫保护区，在中国政府制定的《中国生物多样性保护行动计划》中列为优先重点保护的亚热带森林生态系统，在中国政府与世界自然基金会（WWF）1992年合作出版的《中国生物多样性保护综述》一书中被列为优先级别A级，被联合国教科文组织批准为世界人与生物圈保护区，并纳入国际生物圈保护区网络，是全球300多个网络成员之一。⑧民俗风情独特，历史文化底蕴深厚。在保护区白马河流域居住的白马藏族，据考证是氐人的后裔，仅生活在川甘交界的狭小区域，人口仅几千人，有独特的生活习惯、民族风俗、语言和信仰，特别是每年正月十五左右的池哥昼面具舞和奇异的服饰，已成为民俗研究机构和新闻媒体关注的热点，为研究该民族历史留下了宝贵的财富。⑨自然环境优美，旅游资源丰富。保护区拥有完整的森林景观和人文古迹，主要有红铜古洞、碧峰秀色、让水绝壁、

珙桐

红豆杉

白水江大熊猫栖息地

白马红海、摩天烟云、平台仙观、清凉古刹、岷堡文楼、阴平古道等。古老的传说和优美的自然环境相得益彰。邱家坝、大岭梁森林景观、白水江动植物博物馆是白水江丰富动植物资源的缩影。⑩森林覆被率高，林木蓄积量大。白水江自然保护区森林覆被率达82.7%，在全国自然保护区中达到较高水平。林木蓄积量1478万 m³，约占甘肃省天然林总蓄积量的1/10。丰富的竹类资源为大熊猫提供了充足的食源。

◎ 功能区划

白水江自然保护区划分为核心区、缓冲区和实验区，其中核心区面积97329hm²，缓冲区面积26032hm²，实验区面积100310hm²。

保护区在白马河上游大熊猫驯养繁殖中心所在地的邱家坝建成了生态旅游度假村，是避暑纳凉和开展科普教育的最佳场所，也是保护区合理利用资源、增资创收的初步尝试。

（白水江自然保护区供稿）

大熊猫

羚 牛

祁连山
国家级自然保护区

肃

甘肃祁连山国家级自然保护区地处青藏、蒙新、黄土三大高原交汇地带的祁连山北麓，地理坐标为东经97°5′～103°6′，北纬36°3′～39°6′，横跨武威、张掖、金昌3市，包括天祝、古浪、凉州、永昌、山丹、民乐、甘州、肃南8县（区），约占甘肃省总土地面积的6%。保护区总面积为2653023hm²，属森林生态系统类型的自然保护区。主要保护祁连山森林生态系统、草原生态系统、冰川雪山在内的水源地和湿地以及国家重点野生动植物资源。1988年经国务院批准建立甘肃祁连山国家级自然保护区，1992年被确定为具有国际意义的森林生态系统优先保护区，1995年被纳入"中国人与生物圈保护网络"。

◎ 自然概况

祁连山位于青藏高原的东北边缘，介于柴达木盆地与河西走廊凹陷之间。大地构造属北部祁连山加里东地槽，火成岩发育，属高山峡谷地貌，北坡属甘肃省管辖，南坡属青海省。按地形可分为东、中、西3段。民乐县扁都口以东属东段，海拔一般低于4000m；扁都口到北大河谷之间为中段，山势较东段

高，切割也比较剧烈，海拔在4000～4500m之间；北大河谷以西至当金山口为西段。中、西段为甘肃省主要冰川分布区，海拔4000m以上的地段终年积雪，发育着现代冰川。

保护区水系分内陆河水系和黄河水系两大部分。内陆河水系有石羊河、黑河、疏勒河；黄河水系有庄浪河、大通河。

现代冰川是高寒山区水资源存在的一种特殊形式。通常比作"高山固体水

青海云杉林

库"。祁连山区发育着现代冰川2859条，总面积1972.5km²，储水量811.2亿m³，分布于祁连山自然保护区境内的冰川2194条，面积1334km²，储水量达615亿m³。

祁连山地仅东部受西南季风尾闾的微弱影响，大部分区域以西风气流为主，属典型大陆性气候；东南部降水量多于西北部，年平均气温由东南向西北逐渐降低，日照时数从东南向西北逐渐增加，祁连山保护区年平均气温0.2～3.6℃，无霜期不足140天，年降水量200～500mm，年蒸发量1569～1788mm，年平均日照时数2600h左右，最大冻土深度120～250cm。

土壤类型：山体自下而上依次为：山地荒漠草原灰钙土、山地草原栗钙土、

林海中的河流

高山草甸

山地森林灰褐土、亚高山灌丛草甸土、高山草甸土和高山沼泽土、高山寒漠土、4700m以上为高山冰川和永久积雪。

保护区共有野生高等植物95科451属1311种，其中，苔藓植物3科6属6种，蕨类植物8科14属19种，野生种子植物84科431属1286种；保护区野生及人工栽培植物中，有乔木11科19属47种，灌木35科66属189种，草本75科378属1066种，藤本1科1属9种。

保护区生态地域复杂，植被类型多样，具有中纬度山地植被的特征。植物区系属青藏高原植物区，植物主要以阴生、湿生、寒生、寒旱生、中生、旱生植物为主。自东南向西北逐渐向荒漠植被过渡。随海拔高度不同植被表现出明显的垂直带谱：自上而下依次分布着高山垫状植被带、高山草甸植被带、高山灌丛草甸带、山地森林草原带、山地草原植被带、草原化荒漠带。

祁连山保护区分布有野生动物28目63科286种，其中，鱼纲1目2科4种，爬行纲2目3科5种，两栖纲1目2科2种，鸟纲17目39科206种，哺乳纲7目17科69种。保护区内高山裸岩动物群、森林灌丛动物群、草原动物群、荒漠动物群、农田动物群随着生物气候带的垂直分布，沿海拔梯度自上而下依次出现。另外还有少量的水域动物群。

保护区分布有昆虫16目172科1471种，其中，植食性昆虫12目125科1190种，捕食性昆虫10目40科219种，寄生性昆虫2目14科84种。昆虫区系以古北界为主，其次为古北界和东洋界2界共有成分，再次为古北界和新北界2界共有成分。

祁连山保护区旅游资源包括自然旅游资源和人文旅游资源2大类6个类型，景点遍布祁连山区。以生态旅游为主的森林公园有天祝三峡国家级森林公园、祁连冰沟河省级森林公园、山丹焉支山省级森林公园、肃南马蹄寺省级森林公园、民乐海潮坝省级森林公园，开发的旅游区有香灵寺旅游区、昌岭山旅游区、大野口旅游区、丹霞地貌旅游区和大草原旅游区、"七一"冰川旅游区等。

◎ 保护价值

主要保护祁连山森林生态系统、草原生态系统、冰川雪山在内的水源

森林资源

蓝马鸡

雪豹

地和湿地以及国家重点保护的野生动植物资源。

祁连山国家级自然保护区有林地面积为 166844.8hm²，灌木林面积 412548.1hm²。森林覆盖率 21.8%。

草原是祁连山区的主要植被类型之一，也是祁连山区面积最大的、连通性最好的景观基质，其他自然景观镶嵌分布其中，构成一个巨大的复合生态系统，祁连山区草原有温带草甸草原、温带典型草原、温带荒漠草原、高寒草原 4 类，主要分布在天祝藏族自治县、肃南裕固族自治县和山丹马场，草原面积 1221284hm²。目前，草场严重超载、退化，人工草场、人工改良草场面积小。

保护区内有水域面积 2936.2hm²，大多数为中小型水库、塘坝。天然湖泊较少，面积小。有大小河流 58 条。在河流沿河阶地、河漫滩及低洼地零星分布有小面积的沼泽，在林间空地、林带下缘、河谷地带、山间空地等分布有较多的典型草甸，在海拔 3000 ～ 4000m 之间，分布有面积广泛的高山灌丛草甸、

高寒草甸、高山沼泽和高山苔原等均为重要的湿地。

保护区复杂多样的生态系统孕育了丰富的生物多样性，是我国西北重要的种质资源库和物种基因库。保护区分布有国家一级保护动物金雕、白肩雕、玉带海雕、白尾海雕、胡兀鹫、斑尾榛鸡、雉鹑、遗鸥、雪豹、马麝、白唇鹿、普氏原羚、野牦牛、蒙古野驴 14 种，国家二级保护动物 39 种；甘肃省保护动物 6 种；国家二级保护植物 4 种；国家一级保护昆虫 2 种，二级保护昆虫 12 种。被列入《濒危野生动植物种国际贸易公约》的兰科植物有 12 属 16 种。

祁连山森林、草原地处高山冰川与河川径流之间，森林对涵养水源、调节河川径流有着重要的作用。祁连山林区主要森林青海云杉林储蓄总水量在 1.8 亿 m³，灌木林储蓄总水量达 3.6 亿 m³，祁连圆柏林蓄水量为 0.2 亿 m³，确为一座巨大的天然绿色水库。祁连山区草原蒸发量最大、森林植被次之、冰川最低。加上地形因素，有利的

小气候环境及"湿岛效应"，对维护祁连山水资源的安全具有一定的作用。

根据疏勒河无林流域与黑河、石羊河森林流域的径流含沙量比较，后者比前者每亿立方米径流中泥沙含量少 15.78 万 m³。祁连山水源林保持林地泥沙和肥力的流失的效能十分明显。青海云杉根系呈水平分布，为冠幅的 1.5 ～ 2.0 倍，根深达 85cm；圆柏和一些灌木的垂直根系达 5 ～ 10m，能将土壤、母质、基岩连成一体。能有效防止泥石流、滑坡等自然灾害的发生。

从生态学的角度看，没有祁连山"绿色水库"提供的水资源，就没有河西走

人工湿地——西大河水库

廊绿洲的稳定和发展，北部的沙漠治理也会落空。20世纪90年代以来，由于陆地气候趋向干旱化，降水量偏少，造成河流来水量减少，上中游过量用水，使下游断流，河西荒漠化危害加重。因此，保护祁连山森林植被，扩大森林覆盖率，提高水源涵养能力，为河西绿洲，北部沙漠治理提供充足的水源，是河西绿洲可持续发展的保证。

保护区内现代冰川

◎ 功能区划

祁连山自然保护区的核心区位于海拔2800m以上的中高山地带，是国家重点保护野生动植物的重要栖息地。共有8块核心区，总面积为802261.6hm²；缓冲区主要位于海拔2700～2800m中山地带；缓冲区面积为470625.2hm²；实验区主要位于海拔2000～2700m的中低山地带，面积1380136.2hm²。

◎ 管理状况

祁连山自然保护区坚持开展科学研究，科技成果显著。自保护区成立以来，同国内外大专院校及科研单位合作完成了部、省、地区级立项的课题44项。

祁连山自然保护区在保护好现有森林资源的基础上，大力开展生态建设，不断扩大森林面积，森林资源面积、蓄积稳步增长。完成封山育林1.467万hm²，累计造林近2800hm²，林分质量不断提高。

保护区旅游资源丰富，风景优美，旅游景点遍布祁连山山区，已开发的旅游景点有十多处。

（祁连山自然保护区供稿）

1197

东山牌坊（生态旅游景点）

甘肃 兴隆山 国家级自然保护区

甘肃兴隆山国家级自然保护区位于甘肃省兰州市东南的榆中县境内，地理坐标为东经 103° 50′ ~ 104° 10′，北纬 35° 38′ ~ 35° 58′，总面积 29583.6hm²。兴隆山保护区是 1988 年 5 月 9 日由国务院批准成立的国家级森林生态系统类型自然保护区，主要保护对象是原始云杉林、马麝及其生境。

◎ 自然概况

兴隆山自然保护区地质构造属秦祁地槽褶皱系间隆起带，地形呈北西—南东方向近于平行的马啣山和兴隆山两条狭长带组成，长 37km，宽 17km，之间是银山到新营的一条狭长谷地，把两山分隔成前后山两部分，后山马啣山，主峰最高海拔 3671.6m，前山兴隆山，风景秀丽，主峰最高海拔为 3153m。

四周为开阔的光秃山丘、农田和村庄，是一个典型的"森林岛"。

保护区内河流水系发育健全，水质良好。全区共有大小河流水溪 30 多条。其中常流河有兴隆峡等 11 条，分东西两处流向黄河。

保护区为大陆性温带半湿润性季风气候，温差变化大，极端最高温达 33.2℃，极端最低温 - 32.3℃，平均气温 4.1℃；雨热同季，降水适中，多集中在 7 ~ 9 月，年降水量 450mm；冬长夏短，冬达 7 个月，夏有 5 个月，无霜期 110 天。

区内土壤，由高山草甸土、亚山草甸土、灰褐土、栗钙土、新积土 5 个土类组成。高山草甸土分布在海拔 3500m 以上；亚高山草甸土分布在海拔 3000 ~ 3500m 的马啣山等地；灰褐土分布在海拔 2200 ~ 3000m，是保护区主要宜林土壤；栗钙土分布在海拔 2100m 以下，零星分布于农田交错带；新积土是近期流水冲积形成的土壤，仅见兴隆峡等地沟谷地。

保护区植物区系属泛北极植物区、中国—日本森林植物亚区、华北地区、黄土高原亚地区。分布着寒温性针叶林、落叶阔叶林、落叶阔叶灌丛、常绿阔叶灌丛、草甸及草原 6 大植被类型，种类丰富。高等植物有 120 科 452 属 1022 种。其中苔藓植物 23 科 32 属 49 种，蕨类植物 12 科 19 属 25 种（包括 2 个变种），种子植物 85 科 401 属 948 种（包括 11 个亚种、73 个变种和 9 个变型）。保护区内列为国家二级保

秋 景

保护区景观

护的植物有星叶草、桃儿七和膜荚黄芪3种；具有重要保护价值的国内特有种有大果圆柏、紫果云杉、巴山冷杉、油松和榆中贝母5种。另有大型真菌19科55属109种。

兴隆山保护区动物区系属古北界、东亚北亚界、黄土高原亚区。分布有脊椎动物5纲23目50科160种。其中鱼纲1目2科2种，两栖纲1目3科4种，爬行纲1目3科6种，鸟纲14目31科123种，哺乳纲6目11科25种。国家一级保护动物有马麝、金雕、玉带海雕、白尾海雕4种。国家二级保护动物有鸢、大鵟、普通鵟、草原雕、秃鹫、燕隼、红脚隼、雕鸮、纵纹腹小鸮、蓑羽鹤等12种，有省级保护动物6种，马麝是兴隆保护区主要保护对象。无脊椎

动物有蜘蛛目87种，隶属于14科2亚科44属；昆虫有1098种，隶属于16目155科720属，组成了华北、黄土高原昆虫区系中种类最多的保护区。

本区系黄土高原上孤岛状的石质山地，地势高耸，对植被的形成和植物的分布有着深刻影响，按垂直分布形成6大景观带：

草原带：分布于海拔1800～2000m地带的阳坡、半阳坡。主要由甘青针茅、长芒草、细裂叶莲蒿、大针茅组成的草原群落。

山地灌丛带：分布于海拔2000～2200m的阳坡、半阳坡。树种有沙棘、栒子、小檗、蔷薇等，组成次生落叶灌丛群落。

亚高山针叶林带：分布于海拔

2200～2900m。阴坡以寒温性针叶林树种为代表的青杆、云杉、冷杉为主；阳坡以落叶阔叶林树种为代表的山杨、白桦、辽东栎为主；林下灌木有小檗、沙棘、山楂、栒子、忍冬、花楸等；草本有赤勺、蕨类、淫羊霍等，是兴隆山的主要景观带。

亚高山矮林带：分布于海拔2900～3000m。处于森林上限，树种以糙皮桦为主，呈稀疏灌丛状。

高山灌丛带：分布于海拔3000～3500m。以杜鹃、高山柳、绣线菊为主，组成常绿革叶灌丛。

高山草甸带：分布于海拔3500m以上地带。主要由嵩草、凤毛菊、薹草、虎耳草、珠芽蓼等适应高山气候特征的植物组成。

◎ 保护价值

兴隆山自然保护区是在黄土高原中部干旱地区的石质山地森林生态系统，保存有干旱地区典型的森林生态系统，生物多样性高，是生物多样性的基因库，生存着多种珍稀濒危野生动植物，具有巨大而不可替代的保护价值。

在兴隆山林区的阴坡、半阴坡生长着原始云杉林，组成了兴隆山独具特色的青杆纯林，是保护区的建群种，挺拔秀丽，树高达 25m，胸径 25 ~ 40cm，年龄 200 ~ 400 年，单株材积最大的有 11m³，面积约 1000hm²，郁闭度达 0.8 以上，具有极大的保存和研究价值。

广泛分布于兴隆山保护区的国家一级保护动物马麝，有 2000 多头，密度和数量为全国之最。

还有驰名中外的兴隆山蕨菜、松花、蘑菇、野芹菜、木耳、野韭菜等 10 多种林产品，具有很大的开发利用价值。

兴隆山具有"陇右名山"之称，以它优美的风景和源远流长的道教文化，每年吸引了大批的游客到兴隆山旅游，现已累计接待国内外游客 350 万人次。

兴隆山保护区有林地面积 295.8km²，森林覆盖率 82.5%，完整的生态系统正多方面发挥着生态效益。涵养水源的作用十分显著，兴隆山林区共涵养水源为 866.6 万 m³，是一个中型水库，年总径流量是 5349 万 m³，供应着榆中县 40 多万人畜饮水和近万公顷良田的灌溉，是榆中人民的生命线。

兴隆山是甘肃省大专院校的主要教学实习基地和科研院所的科研基地。兴隆山保护区保存着大量的生物资源和丰富的人文景观，具有巨大的经济价值。

云杉

◎ **功能区划**

兴隆山保护区划分为核心区，面积 9670.7hm²；缓冲区，面积 6560.5hm²，实验区，面积 13352.4hm²。

◎ **管理状况**

保护区充分合理利用旅游资源，促进保护区更快发展。兴隆山自然风光秀美，人文景观荟萃，历来是道教圣地，也是甘肃省著名的风景旅游区，旅游资源十分丰富。现保存完好的庙宇和古建筑有 62 座。许多著名历史人物在兴隆山都留下了遗迹，1941 年大书法家于右任亲手书写"太白泉"碑铭，1943 年国画大师张大千在兴隆山临摹兴隆山主要风景图，蒋介石携夫人宋美龄曾来兴隆山，现建有蒋氏行宫。

新中国成立后，党和国家的主要领导人来兴隆山视察工作达 57 次之多，为兴隆山留下了一批极其珍贵的旅游资源和精神财富。

为了充分开发利用兴隆山得天独厚的旅游资源，从 1995 年开始，扩建兴龙山，新建栖云山、官滩沟、马啣山三个旅游小区和配套设施，从而使旅游接待能力显著提升，成为兰州市近郊休闲、避暑、旅游度假的首选地和被评为国家"AAAA 级"旅游景区。

（兴隆山自然保护区供稿）

圈养马麝

野生马麝

甘肃 尕海—则岔 国家级自然保护区

甘肃尕海—则岔国家级自然保护区在 1998 年 8 月 18 日经国务院批准建立，是由 1982 年建立的尕海候鸟自然保护区和 1992 年建立的则岔自然保护区合并而成的。保护区位于青藏高原东北边缘的甘肃省碌曲县境内，北邻为碌曲县玛艾镇和双岔乡，东与卓尼县接壤，东南与四川省若尔盖县相连，西南与甘肃省玛曲县毗邻，西接碌曲李恰如和青海省河南县。地理坐标为东经 102°5′～102°7′、北纬 33°8′～34°2′。保护区总面积为 247431hm²，森林覆盖率 13.99%，属湿地和森林生态系统类型自然保护区。

◎ 自然概况

尕海—则岔自然保护区管理局设 2 个保护站，尕海保护站以保护黑颈鹤、黑鹳、灰鹤、大天鹅等珍稀水禽及其栖息地——尕海湿地生态系统为主，面积 114462hm²，则岔保护站以保护紫果云杉原始森林，雉鹑、斑尾榛鸡、蓝马鸡等珍稀鸟类及林麝、马麝、鬣羚等高原有蹄类动物，石林景观森林生态系统为主，面积 132969hm²。

保护区地层构造属西秦岭古生代褶皱的一部分，东北部洮河为中生代三叠纪地层，岩石以灰绿色的砂岩和页岩为主。尕海高原以南为西秦岭南支——南秦岭加里东海西褶皱带，主要由浅变质或未变质的地层组成，在褶皱带主轴南北两例塌陷带沉积了中生代地层，主要岩石是千枚岩、板岩、页岩、灰岩、砾岩及侏罗纪岩层。在向斜构造谷地充填

西倾山红景天

了第三纪红层和第四纪黄土及近代松散的沉积物。

保护区地处青藏高原的东部边缘向陇南山地和黄土高原的过渡地带，总趋势是西高东低，大部分海拔在 3000～4000m，最低在北部洮河，海拔 2900m，境内有格尔琼山、西倾山、巴列卜恰拉山、豆格拉布则山、尕干恰拉山等。豆格拉布则山是洮河水系与白龙江水系的分水岭。山地的顶端多呈夷平状，各山之间多为开阔的草滩，如尕海滩、布俄藏滩、果芒滩、晒银滩等，都是良好的天然牧场。因地处高原的边缘，水流缓慢，侵蚀切割作用不强烈，山岭陡缓，河谷深宽，但相对高差较大。

尕海—则岔自然保护区水系属于黄河流域的洮河水系、黑河水系和长江流

则岔石林

高原明珠——尕海湖

域的白龙江水系。年均水资源总量达
36.39 亿 m^3，其中地表水年总径流量
34.11 亿 m^3，地下水年总径流量 2.28
亿 m^3。保护区水资源丰富，水质优良，
从而成为洮河主要的补给源区，是洮河
下游地区人民生产、生活和生态用水的
命脉之一，对陇中地区的引洮工程可持
续发挥效益也有一定的影响。

保护区属高原湿润气候，年平均气
温 2.3℃，无绝对无霜期。

保护区土壤有亚高山草甸土、灰褐
土、暗色草甸土、泥炭土和沼泽土 5 大类。

保护区有脊椎动物 5 纲 26 目 58 科
197 种。我国特有种类 40 种，占脊椎
动物种数的 20.3%。鱼类 9 种，两栖类
4 种，爬行类 1 种，鸟类 17 种，兽类 9
种。其中国家重点保护种类 38 种；国
家一级保护动物有林麝、雪豹、黑颈鹤（在

尕海湿地繁殖的黑颈鹤种群数量达 130
只）、胡兀鹫、斑尾榛鸡、黑鹳、金雕、白
尾海雕、雉鹑、马麝 10 种；国家二级保
护动物有灰鹤、大天鹅、鸢、苍鹰、雀鹰、
大鵟、草原雕、秃鹫、高山兀鹫、猎隼、红隼、
燕隼、蓝马鸡、藏雪鸡、雪鹑、血雉、雕鸮、
小鸮、灰林鸮、青鼬、石貂、水獭、猞猁、
兔狲、马鹿、岩羊、盘羊、鬣羚等 28 种。
列入《濒危野生动植物种国际贸易公
约》的种类 27 种，占保护区鸟、兽总数
的 14.8%。列入中日《保护候鸟及其栖
息环境协定》的鸟类 31 种。重要的经
济动物有黄河裸裂尻鱼、裸重唇鱼、蓝
马鸡、斑尾榛鸡、雉鸡、斑头雁、赤麻鸭、
高原山鹑、麝、狐、狼、岩羊、高原兔、
旱獭等。

保护区有昆虫 10 目 59 科 283 种。
其中捕食和寄生性天敌昆虫 6 目 18 科

56 种，这些昆虫在防止森林和草原虫
害发生中起着重要作用。具有观赏价值
的珍稀蝶类、蛾类 9 科 100 种，特别是
绢蝶、小红珠绢蝶、甘南红珠绢蝶、秦
岭红珠绢蝶、四川绢蝶、君主绢蝶、周
氏绢蝶等。绢蝶翅形浑圆，翅面常有黑
色、红色和蓝色斑点或斑纹，体态淡雅
华贵，耐寒性强，可分布到海拔 5000m
的雪线附近。

保护区内有高等植物 529 种。其中
有我国特有植物如岷江冷杉、云杉、青
海云杉、紫果云杉等。国家二级保护的
植物有桃儿七、冬虫夏草。药用植物
83 种，野果、野菜 13 种，牧草 106 种。

保护区内分布有石林奇景，面积
200 多 k㎡，系三叠纪石灰岩经流水沿
裂隙溶蚀而成的喀斯特地貌景观，以
"野、秀、奇、险"著称，是西北罕见

尕海湿地

的典型石林景观。景区山势陡峭，峰峦叠嶂，林木参天，流水潺潺、水流湍急、清澈可鉴。主要景点有"青天一线""灵猿望月""将军峰"等数百个。不少景点还流传着藏族英雄格萨尔王的神奇故事。此处蕴藏着丰富的民族历史遗产，是藏族人民灿烂文化的发源地之一，是唐蕃会盟之地，也是蒙元残部同明军会战的古战场之一。可以说自然景观和神话传说交相辉映。尕海天然草场是我国典型的高原天然草甸草原。尕海湿地，一望无际，苍苍茫茫，浩浩荡荡，像绿色的海洋，沼泽地里群蛙鼓噪；尕海湖中鱼儿弄影，鹤鹭共舞，雁鸭和鸣，天鹅欢唱。

距碌曲县城80km多处是甘肃、四川两省的交界，此地有一石洞，洞内有一酷似美女的岩石，藏语为"郎木"，郎木寺由此而名。郎木寺四山环抱，松柏相映，青山俊秀，林茂水碧，景色秀丽。郎木寺寺院是一座藏传佛教格鲁派著名寺院，依山傍水建成，层层叠叠，规模宏大，雕梁画栋，金碧辉煌。

藏族民居独树一帜，以郎木寺榻板房和篱笆屋最具特色。房屋依地势而建，高低错落有致。它古朴美观，极富地方民族特色，颇有观赏价值。藏民热情好客，淳朴豪放，生活习俗、节会活动丰富多彩。

◎ 保护价值

甘肃尕海—则岔国家级自然保护区有 40772hm² 林地、31551 hm² 湿地和 167378hm² 草地，具有强大的水源涵养效益，年涵养水源量可达 5.96 亿 m³，为同期降水量的 38%。

尕海是甘肃最大的高原淡水湖泊，其湿地具有很高的持水能力，能够削减洪峰和均化洪水过程，对调节小气候及其维护生态环境、保护草原草场具有不可低估的作用，有助于保持区域水平衡的稳定性。

保护区丰富的动植物资源，特别是尕海湿地丰富的野生动植物资源对研究高原生态系统的变迁和演替，保护野生

深厚的泥炭层

郭茂滩——天鹅湖

动植物种质的遗传多样性和栖息地，保护和拯救濒危物种，开展区系学、生态学研究具有独特的价值。

保护区内既有被誉为"地球之肾"的大片湿地资源，又有被誉"地球之肺"的大面积森林资源，还有曾经被誉为"亚洲第一草场"的草地资源；既有以黑颈鹤、黑鹳、大天鹅、雪豹、林麝为代表的珍稀野生动物资源，又有以紫果云杉等为代表的珍稀野生植物资源，是我国少见的集森林和野生动物型、高原湿地型、高原草甸型三重功能为一体的珍稀野生动植物及其生态环境自然保护区。特别是尕海湿地，是若尔盖湿地的重要组成部分，是我国特有的高原湿地类型的自然保护区，在保护生物多样性方面具有全球意义。

幼黑颈鹤

黑颈鹤

◎ 功能区划

保护区在功能区划上分为 3 个区，核心区 39095hm²、缓冲区 81157hm²、实验区 127179hm²。

（尕海—则岔自然保护区供稿）

斑头雁

甘肃 连古城
国家级自然保护区

甘肃连古城国家级自然保护区位于甘肃省民勤县境内的荒漠区域内，地理坐标为东经 103°02′～104°02′，北纬 38°05′～39°06′。南北长约 90km，东西宽 6.5～125km。保护区总面积 389882.5hm²，东北部被腾格里沙漠包围，西北部有巴丹吉林沙漠环绕，中部有由石羊河冲积而成的狭长、平坦的绿洲带。保护区原名"民勤县连古城沙生植物自然保护区"，1982 年经省人民政府批准建立省级自然保护区，为荒漠生态系统类型的自然保护区；2002 年 7 月 2 日，经国务院批准晋升为国家级自然保护区。

腾格里沙漠

◎ 自然概况

连古城自然保护区地质构造处于阿拉善板块与祁连加里东板块的缝合线地带，北侧俯冲阿拉善板块，东西向边缘断隆，南与武威、金昌、潮水民勤断裂，将民勤分为武威盆地和民勤—潮水盆地两个截然不同的地质单元。保护区一部分属于北祁连槽缘凹陷带内，称南盆地。大部分地域位于阿拉善台地东南缘，称北盆地。总趋势南高北低，四周隆起，中部平缓，呈阶梯状地堑结构。根据地貌成因，按其形态和地表组成物质，该区地貌分为 3 种类型，即山地地貌、平原地貌、沙漠地貌。保护区内除南部东沙漠原始荒漠区和红崖山自然保护区部分属武威盆地外，大部分属民勤盆地。西北隆起被沙漠和低山残丘环绕，中部低平与农田绿洲接壤，具有明显的盆地地貌特征。

全区土壤共有 4 个土类（即灰棕漠土、盐土、草甸土、风沙土）和 15 个亚类。由于史前属内陆盆地，大片面积属冲积、湖积平原，因此，大面积土壤层次混乱，沙土、漠土、草甸土交错分布，地块过度复杂。

连古城自然保护区内无地表水，区内唯一的地面水源——石羊河由于受上游灌区灌溉利用程度的限制，来水量变化不定，目前年来水量已不足 1 亿 m³。保护区的用水主要靠开采地下水，由于过量开采，现已出现地下水位持续下降和水质矿化度逐年升高的严重态势。

本区属温带大陆性极干旱气候区，具有明显的蒙新沙漠气候特征，风大沙多，干旱缺水，年均降水 110mm 左右，全年降水不均匀，变率大，多集中于夏末秋初的 7～9 月之间。而全年蒸发量则高达 2644mm，为降水量的 24 倍。年均气温 7.9℃，相对湿度 45%，年日照时数 2990h，为可日照时数的 68%，有

瑞安堡

棉刺

裸果木

金雕

红崖山水库

红砂群落

连城遗址

效积温（≥10℃）3255.8℃，年风沙日136天，8级以上大风27.8天，沙暴日数37.3天，无霜期165天，主要灾害性天气有低温、霜冻、干旱、大风、沙尘暴等。

保护区林业用地307900hm²；按地类分：荒漠面积84900hm²，盐碱滩34573.3hm²，裸地51646.7hm²，裸石砾地49000hm²，疏林地1053.3hm²，灌木林地162800hm²，草地5900hm²，植被覆盖率43.5%。

连古城自然保护区内植物区系为泛北极植物区域，亚洲荒漠植物区，亚洲中部荒漠植物亚区，主要植被是荒漠植被。荒漠植被是地球上旱生性最强的一组植物群落类型的总称，主要分布在干旱、极干旱气候区，具有明显的地域性特征，以矮化的木本和半木本或肉质泌盐植物为主。天然植被主要种类有白茨、红柳、绵刺、沙蒿、红砂、毛条、盐爪爪等，平均盖度15%～45%。草本植物分布较少，主要种类有芦苇、蒿类和骆驼蓬、沙蓬等，平均盖度5%～30%。人工植被以沙枣、梭梭、毛条、花棒、沙拐枣等为主。

◎ 保护价值

连古城自然保护区的主要保护对象为西北地区典型的荒漠生态系统。保护区现有天然林面积234104.6hm²，共有种子植物64科227属474种，分别占甘肃省种子植物总科数的33%、总属数的38%、总种数的11%。有国家重点保护植物13种，其中国家一级保护植物有裸果木、绵刺2种；国家二级保护植物有发菜、蒙古扁桃、沙冬青、肉苁蓉、草麻黄、斑子麻黄、沙拐枣、朝天委陵菜、甘草、沙芦草、短芒披碱草11种。保护区有陆生野生动物24目43科89种，占甘肃省国家重点保护野生动物种类总数的11.7%，其中国家一级保护野生动物有金雕1种；国家二级保护野生动物有鸢、苍鹰、雀鹰、白头鹞、游隼、灰背隼、纵纹腹小鸮、长耳鸮、短耳鸮、荒漠猫、鹅喉羚11种，在保护区内89种野生动物中，有46种属国家保护的有益的或者有重要经济、科学研究价值的动物，10种动物列为《濒危野生动植物种国际贸易公约》保护动物，26种鸟类列为《中日候鸟保护协定》规定

的保护物种，12种鸟类列为《中澳候鸟保护协定》规定的保护种类。

◎ 功能区划

保护区以民武公路为界，分西北半区和东南半区。西北半区：南至黑山头，东至农区边缘，北界至东湖镇往致村梭梭门子，西至红沙岗；东南半区：南至凉州区界，北至白土井盐池，西距民武公路1～3km不等。保护区划分为核心区、缓冲区、实验区3个功能区。其中核心区面积121058.5hm²，占保护区面积的31.05%；缓冲区面积151664.3hm²，占保护区面积的38.9%；实验区面积117159.7hm²，占保护区面积的30.05%。

（连古城自然保护区供稿）

苏武山

甘肃 莲花山 国家级自然保护区

甘肃莲花山国家级自然保护区位于甘肃南部，地处临夏、甘南、定西3地州的康乐、临潭、卓尼、渭源、临洮5县交界处，地理坐标为东经103°39′59″～103°50′26″，北纬34°54′17″～35°01′46″。保护区东至洮河，西临洮河林业局的冶力关林场，南靠洮河林业局的羊沙林场，北沿冶木河为界。保护区总面积11691hm²，为野生生物类的野生动物类型自然保护区。1983年，甘肃省人民政府批准成立了甘肃省莲花山自然保护区管理局；2003年6月，经国务院批准晋升为国家级自然保护区。

鬼鸮

◎ 自然概况

莲花山属陇南山地与陇西黄土高原的过渡带，主要地貌类型有构造侵蚀地貌和河谷阶地地貌。保护区主体由莲花山及山间谷地组成。大地构造属于祁连地槽褶皱系与秦岭地槽褶皱系之间，属秦岭山脉的西段，同时又处于西北黄土高原和青藏高原的交接地带。保护区整体呈东北部高、西北部低的地形，由于受流水的侵蚀切割，形成"U"、"V"型的高山深谷地貌。

本区地处洮河、冶木河汇流的三角地带，是黄河与长江两大水系的分水岭和一些支流的发源地。

保护区地处内陆中纬地带，寒冷、阴湿、四季不分明，降水东北多西南少，旱涝雹冻频繁，具有长冬无夏、春秋相连、冬长冬冷而不寒、春季回暖慢、秋季降温快、冬干秋湿的高原气候特色。

保护区内分布的土壤主要有亚高山草甸土、暗棕壤、黑土、栗钙土和红黏土等土壤类别及亚类。其垂直分布状况为：海拔3300～3500m为亚高山草甸土带；海拔2600～3300m为暗棕壤带；海拔2200～2600m为黑土带；海拔2000～2200m为栗钙土和红黏土带。保护区以暗棕壤为主，其次为黑土带，再次为亚高山草甸土带。

保护区植物区系属于泛北极植物

吴家庵

自然风光

区，中国一日本森林植物亚区，华北地区黄土高原亚地区。有种子植物745种，分属于90科346属，其中有药用植物73科201种，包括木本药用植物30科69种及草本药用植物43科132种。还有野生菌类4科7种。保护区的植被划分为4个植被型，6个群系组，27个群系。海拔2000m以下为河谷、草地、农作物带；海拔2000～2400m为中山落叶阔叶林带；海拔2400～2800m为中山针阔叶混交林带；海拔2800～3000m为中山针叶林带；海拔3300m以上为亚高山灌丛、草甸带。

莲花山自然保护区独特的生态环境为野生动物提供了良好的栖息场所，区内有野生动物764种，其中兽类45种，隶属于6目17科35属，占甘肃省兽类的25.3%；鸟类148种，隶属14目33科89属，占甘肃省鸟类的83.6%；两栖动物有4种，隶属于2目4科4属，爬行动物2种，隶属于1目2科2属，多为我国特产种；鱼类5种，隶属于1目2科，均为我国特有种。

保护区境内的莲花山是一座集人文景观、自然风光、民俗风情于一体的陇上旅游名山。莲花山古称"西崆峒"，早在明初就辟为佛、道教名山。在漫长的历史演变中，创造出了光辉灿烂的人文景观。既有佛教寺院，又有道教宫观，上至顶峰的玉皇阁，下至唐坊滩的大佛殿，依山起势，布局合理，飞檐斗拱，雕梁画栋，铁瓦盖顶，彩塑神佛，雄伟壮观，古朴典雅；还有近代名人留下的墨迹——石碑、九峡甸古栈道、八朗寺壁画等。莲花山群峰俊秀，犹如莲瓣，顶峰高耸，恰似莲蕊，整个山峦岚风笼罩，满目绿海，酷似一朵初绽的莲花盛开在绿波翠色之中。这里不仅有西部粗犷古朴的风格，雄浑博大的胸怀，也有江南杏花春雨的情愫，莺飞草长的倩姿。有"泰山之雄、华山之险、黄山之奇、庐山之美，青城之幽"的美誉。莲花山是洮岷"花儿"的故乡，每年农历六月初一至初六，这里有盛大的"花会"，来自周边市县的民族歌手云集此地，"花会"使莲花山变成歌的海洋。莲花山已成为众多的中外民间艺术家、学者宾客采风游览的胜地。

◎ 保护价值

保护区主要保护对象为：珍贵稀有动植物资源及其栖息地，特别是珍稀鸟类和豹等濒危动物及其栖息地；干旱地区森林生态系统及其生物多样性；

1209

蓝马鸡

血雉

斑尾榛鸡

以白桦、粗枝云杉、紫果云杉为主的水源涵养林；不同自然地带的典型自然景观。

莲花山自然保护区具有生物多样性保护价值。保护区生物资源丰富，组成成分和结构极为复杂，物种多样性程度和物种总数丰度高，国家一级保护植物有星叶草。其他珍稀植物有红花绿绒蒿、胡桃、垂枝云杉、野大豆、黄蓍、木姜子、桃儿七、紫斑牡丹等11种和兰科植物毛杓兰、紫点杓兰等15种。有各类动物764种，国家重点保护野生动物有39种，其中，国家一级保护野生动物有豹、马麝、林麝、雉鹑、金雕、斑尾榛鸡、胡兀鹫、白肩雕等10种；国家二级保护动物有鬣羚、岩羊、四川林鸮、血雉、蓝马鸡等29种。

保护区具有重要的科研价值。保护区在植被区划上处于暖温带落叶阔叶林区域、温带草原区域、青藏高原高寒植被区域3个植被区域的交汇处，具有典型北温带区系垂直地带性植被分布特征。随着海拔高度的变化，气候、土壤、生物、地形等变化悬殊，呈现出明显的山地垂直分布带谱。尤其是森林植被垂直带谱，包罗了从温带到寒温带的景色，是欧亚大陆从温带到寒温带主要植被类型的典型缩影，在生态学、遗传学、经济学、进化生物学、地质地理学、构造地理学等方面有极高研究价值，在全球同类自然保护区中具有典型性。从野生植物构成看，温带分布型植物在保护区中占绝对优势。莲花山地区的植物种类构成对其所处的植物区系具有很好的代表性，具有重要的科学研究价值。保护区丰富的生物资源成为青藏高原向黄土高原过渡地带的基因库，是我国生物多样性研究的重要基地，是大专院校开展教学、实习等活动的良好基地。

保护区具有十分重要的生态地位。保护区的森林是我国西部黄土高原向青藏高原过渡地带亚高山针叶林的重要组成部分，保存了黄土高原地区典型的森林生态系统，包含有多种珍稀、濒危野生动植物，是一块天然绿色宝库，其森林植被在调节气候、涵养水源、维持黄河中上游生态平衡，保障黄河中下游社会经济可持续发展，维护国家生态安全方面具有重要作用。保护区比较完整的森林生态系统，构成了陇西南的绿色岛屿，为西部干旱地区的野生动植物的生长提供了得天独厚的环境。该区域位于候鸟迁徙路线上，良好的生态环境为候鸟的迁徙提供了良好的休憩和捕食场所。洮河为黄河上游一级支流，多年平均径流量为49.2亿 m³，年输沙量2920 万 t。保护区是洮河的重要水源涵养区之一。区内地表水和地下水相当丰富，有大小河流30余条。保护区充沛优质的水资源，为黄河注入新的血液，对补充黄河水量、改善黄河水质、防止黄河断流等方面起着至关重要的作用。莲花山是我国西北干旱地区的著名山地之一，地跨西北黄土高原和青藏高原的交界地带，是一条重要的自然地理分界线；同时，它以迤逦高大的山体和绵延阴翳的森林，有效地阻挡了冬季冷空气的侵袭，

小叶朴

明显地减弱了山地水土流失，是洮河流域的天然生态屏障。保护区内高质量的森林生态系统，已成为当地社区居民的生命之源。

◎ 功能区划

保护区分为核心区、缓冲区和实验区 3 个功能区，其中核心区分为东部和西部两个核心区，面积 3506hm²，缓冲区面积 3312hm²，实验区面积 4873hm²。

（莲花山自然保护区供稿）

桃儿七

盐池湾
国家级自然保护区

甘肃盐池湾国家级自然保护区位于甘肃肃北蒙古族自治县东南部祁连山区，党河、疏勒河、榆林河的上游，地理坐标为东经95°21′~97°10′，北纬38°26′~39°52′，总面积136万hm²，属荒漠类型自然保护区。保护区位于祁连山西端与阿尔金山的结合部，地处青藏高原的北缘。由高山寒漠生态系统、高山草甸草原生态系统、温带－暖温带荒漠生态系统和湿地生态系统组成了其独特的生态系统。同时也是藏原羚、白唇鹿、野牦牛、马麝、藏野驴、雪豹分布的北部边缘，是黑颈鹤、藏雪鸡、西藏毛腿沙鸡等分布的东部边缘。保护区前身是甘肃省人民政府1982年批准建立的省级自然保护区，2006年2月11日经国务院批准晋升为国家级自然保护区。

黑颈鹤

◎ 自然概况

盐池湾自然保护区位于青藏高原北缘，地处祁连山西段高山地带，其构造系发育可追溯到加里东期或更早的震旦系，受加里东期海相两期运动的影响，以地槽沉降为主。自古生代以后，在燕山和喜马拉雅山两次大的造山运动作用下，地壳急剧上升而构造成祁连山褶皱带的地貌。具有山川重叠、峡谷并列、盆地相间的复杂地形。地势由东向西倾斜，山体呈西北东南走向，自北而南为疏勒南山—大雪山、野马南山、党河南山。山脊多在海拔4000m以上，相对高度差平均在800m左右，山势高耸挺拔，群峰竞立，最高海拔5483m，最低海拔2600m，较差2883m。

戈壁分布于保护区东北边界至石包镇的水峡口。长期的山洪冲积，在山前形成大面积的冲积扇，形成洪积倾斜戈壁平原，由深厚疏散的砾石夹土而成。坡度3%~6%。干旱少水，植被稀疏，主要是多年生的耐旱灌丛。

盐池湾自然保护区气候是昼夜温差大，降水少，风大，气候垂直变化明显。年平均气温－0.8℃，1月平均气温－14.4℃，7月平均气温11.7℃，无霜期62天，年均降水量202.5mm。

保护区境内的土壤共有8个土类，9个亚类。依照海拔高度可分为高山土壤、亚高山土壤和低山残丘戈壁土壤。以亚高山草原土为主体，约占保护区土类总面积的33.52%，其次是高山寒漠土，约占30.39%。

保护区景观

鸟 类

保护区南部位于党河南山、大雪山、疏勒南山的雪山冰川和高山峻岭地区，系疏勒河、党河、石油河、榆林河、野马河等河流和沟溪之源，地表水资源较为丰富。由于高山冰雪融水和大气降水的补给，地下水资源也较丰富。

保护区内分布着面积不等的草丛湿地和河流湿地，总面积达 3.4 万 hm²，由地表河水溢出的水和多处涌泉汇集而成。保护区地下水分布比较广泛，主要由高山冰雪融水和大气降水下渗补给，年总储量约 3.5482 亿 m³。保护区内南部山区地下水埋藏在 30 ~ 50m 之间，含水层厚度仅为 5 ~ 10m，水量小而不稳定。地下水补给量为 1.2165 亿 m³。

保护区是党河、疏勒河、榆林河、野马河的发源地，俗称"四河源头"。保护区功能齐全，涵盖了"四河"源头及其生态系统，物种丰富，保护对象众多。保护区有陆生野生动物 135 种，隶属于 22 目 48 科，占甘肃省陆生野生动

物种类总数的 17.2%，列入国家一、二级保护野生动物名录的有 35 种；列入《濒危野生动植物种国际贸易公约》的有 25 种；列入《中日两国候鸟保护协定》

雁 类

湿地鸟类

的鸟类有 22 种；列入国家保护的有益的或者有重要经济、科学研究价值的野生动物有 55 种，是我国野生动物的集中分布区之一。

天 鹅

岩羊

甘肃盐池湾国家级自然保护区共有野生高等植物41科150属271种，其中，苔藓植物6科7属8种，蕨类植物1科1属1种，裸子植物1科1属3种，被子植物33科141属259种。其中裸果木为国家一级保护植物。

盐池湾国家级自然保护区所处的地理位置和错综复杂的自然环境，孕育了与国内其他地区不同的生态系统，形成了的雪山、冰川、高山草甸、草原、湿地、戈壁相间的独特自然景观。

◎ 保护价值

甘肃盐池湾保护区位于祁连山西端与阿尔金山的结合部，地处青藏高原的北缘。由高山寒漠生态系统、高山草甸草原生态系统、温带—暖温带荒漠生态系统和湿地生态系统组成了其独特的生态系统。保护区有大量的野生动物种，其中国家一级保护动物有藏原羚、白唇鹿、野牦牛、马麝、藏野驴、雪豹、黑颈鹤。还有西藏雪鸡、西藏毛腿沙鸡等珍稀种。

保护区是一些边缘种群的分布区，边缘种群有更高的遗传多样性。保护区同时也是藏原羚、白唇鹿、野牦牛、马麝、藏野驴、雪豹分布的北部边缘，是黑颈鹤、藏雪鸡、西藏毛腿沙鸡等分布的东部边缘。

祁连山西部缺乏森林植被，河流的水源涵养、水土保持完全依赖草甸草原生态系统。保护区地处疏勒河、党河上游，所保护的近百万公顷的草甸草原在两河流域水源涵养、水土保持方面有着无可替代的作用。党河39.3%的径流量，疏勒河32.3%的径流量由冰川融水补给，保护冰川对维持两河径流量至关重要。

保护区内分布着丰富的古生物化石群，主要有：鱼儿红旱峡一带的志留纪晚期裸蕨植物化石；鱼儿红清河附近泥盆纪古生物化石；党河上游沙拉果勒及阿尔金山北麓塔崩布拉格的渐新世晚期化石动物群。这些古生物化石，不仅具有重要的科学研究价值，也具有特殊的旅游价值。

◎ 功能区划

盐池湾国家级自然保护区功能区划，划定为核心区、缓冲区和实验区。

核心区中高山草甸—草原发育良好，很少受到人类活动干扰，生态系统保持自然性，白唇鹿、雪豹、野牦牛、藏野驴、藏原羚、盘羊、岩羊等分布其中。最高海拔5483m，现代冰川广布，是疏勒河、党河重要的水源区；核心区面积42.16万hm²，占保护区总面积的31%；缓冲区面积28万hm²，占保护区总面积的20.6%；实验区总面积65.84万hm²，占保护区总面积的48.4%。

沼泽

湿 地　　　　　　　　　　　　　　　　　　　　盐池湾湿地

◎ 管理状况

为维护当地生态系统的稳定，保护野生动植物资源、"四河"水源地等重要保护对象及雪山、冰川等自然景观，促进生态系统良性循环和生态、社会、经济协调发展，保护区发扬团结协作精神，加强与科研院校的合作。对保护区自然地理、植物、植被、草场、昆虫、脊椎动物、湿地、文物古迹、自然景观、环境和社会经济状况进行实地综合考察和论证，完成了《甘肃盐池湾自然保护区科学考察报告》和《甘肃盐池湾自然保护区总体规划》。现正在加大管护力度，将保护区建得更好。

（盐池湾自然保护区供稿）

植 被

甘肃 安南坝
国家级自然保护区

　　甘肃安南坝国家级自然保护区位于阿尔金山北麓，阿克塞哈萨克族自治县境内，北接敦煌西湖国家级自然保护区，西邻新疆罗布泊国家级自然保护区，南靠青海省。地理坐标为东经92°20′～93°19′，北纬39°02′～39°47′，总面积为396000hm²。主要保护野骆驼等野生动物及其栖息环境，属野生动物类型的自然保护区。安南坝于1982年经甘肃省人民政府批准建立了省级自然保护区，2006年经国务院批准晋升为国家级自然保护区。

野生双峰驼

◎ 自然概况

　　安南坝自然保护区地处阿尔金山北坡，南高北低，南部阿尔金山平均海拔3100m以上，最高峰阿尔金山海拔5798m。长期山洪冲积，形成一条条顺阿尔金山而下的平行的沟，著名的有多坝沟、小多坝沟、安南坝沟。

　　本保护区地处暖温带干旱气候区，为典型的大陆性气候，冬季严

保护区地貌

野生骆驼群

寒，夏季酷热，秋季凉爽。年平均气温10.7℃，7月平均为25.0℃，1月为−7.8℃。气温日较差大，最高达29℃。日照时间长，年日照时数为3246.7h，日照率达73%。太阳总辐射全年为641.84kJ/cm²。降水少，年均降水量仅67.9～83.4mm。风沙大，年平均风速1.6～1.8m/s。最大风速17～24m/s。

保护区境内主要有6个土类，8个亚类。风沙土分布于保护区北部与敦煌交界的沙山沿线，构成土壤水平带谱，发育在山前倾斜平原下部。母质为洪积、冲积和风积物。灰棕漠土主要分布于保护区境内砾石戈壁滩上，从海拔3200～1700m均有分布。母质为洪积、冲积物。土壤常具不同程度盐化现象。亚高山草原土主要分布于海拔3200～4200m之间的高山地带，母质主要为洪积、坡积和残积物。土层为轻壤、砂壤或砂质地。高山寒漠土分布于海拔4200m以上的高寒地带，母质主要为坡积物和残积物。土壤表层有的为红泥胶覆盖，有的具明显盐渍化现象，有的具龟裂现象。高山草原土分布高度类似于高山寒漠土，但湿润条件较好，母质为冲积、坡积、洪积和残积物，土层较厚，质地轻。粗骨土处于成土初期，岩石碎片及砂砾较多，土壤成分较少。

在多坝沟农耕区还有部分由人类活动而产生的灌淤土，灌淤土是在洪积、冲积物的基础上，人类长期灌溉而成的一类土壤。

保护区水资源并不丰富，大的可形成地表径流的河沟有4条，均发源于阿尔金山以冰川和高山冬季积雪为补给来源的常年性河流，年总径流量925万m³。其中安南坝沟发源于阿尔金山，流经安南坝，出山口渗入砾石戈壁中，全长15km，流域面积316km²，瞬时流量为0.052m³/s，年径流量0.0347×10⁸m³。多坝沟瞬时流量0.0027m³/s，还有大冲霍尔沟和沙沟。

保护区内还有野马泉、斯木图、苦水井和苦水河坝等泉眼，均能形成地表径流，小红山内也有一些散布的泉，为野骆驼的生存提供了水源。

保护区南部阿尔金山一般山峰均在海拔4000～5000m，最高峰5798m，海拔4500m以上的山峰多冰川积雪，北坡雪线在海拔4400m，冬季冰川和积雪面积可达4000km²，成为保护区地表径流和地下水的主要补给源。保护区内地下水均为山区基岩裂隙水类型。在降水充沛，特别是终年积雪和现代冰川分布的地区，基岩裂隙水贮存更加丰富，多以泉水形式排泄。地下水年储量29.592万m³。

本区共有高等植物24科68属116

肉苁蓉

棕 熊

鹅喉羚

赤 狐

种（包括2个亚种和6个变种，不含栽培植物），其中裸子植物1科1属3种；被子植物23科67属113种（包括2个亚种和6个变种），占绝对优势。缺乏蕨类和苔藓植物。在保护区中有甘肃植物新记录3种。

安南坝自然保护区有陆生野生动物120种，隶属于17目41科（含爬行类1目3科7种，鸟类11目24科71种，哺乳类5目14科42种），其中国家一级保护野生动物7种：藏野驴、雪豹、野双峰驼、玉带海雕、胡兀鹫、白肩雕、

金雕；国家二级保护野生动物21种；列入国家保护有益的或者有重要经济、科学研究价值的野生动物43种。

保护区的陆生野生动物以鸟类占优势，占保护区陆生野生动物种类的59.2%；哺乳类次之，占35%；爬行类占5.8%。

阿尔金山北麓及库穆塔格沙漠南沿是中国野骆驼的主要栖息地之一。在安南坝自然保护区经常出没的野骆驼共有7群，近200峰，约占我国野骆驼数的1/3，阿尔金山北麓种群的1/2。

盘 羊

安南坝自然保护区内的哈萨克族是一个有着悠久文化历史的民族，其婚嫁丧祭、餐饮服饰等风俗民情都是极有价值的旅游资源。

冰川是当今很少受人类活动干扰的自然景观，自20世纪90年代以来最吸引游人的景观之一。有组织地开展冰川探险，以新奇刺激艰苦的登山活动，满足现代都市人喜欢猎奇的心理需求。保护区内可供游览的冰川为安南坝境内的阿尔金山。

戈壁是荒漠中的一道景观，平坦辽阔，砾石盖地，风塑奇石，形态百出；又可领略"大漠孤烟直，长河落日圆"的诗情画意。戈壁奇石观赏价值很高，充分展现了天工神造奇迹。在戈壁上组

织采集奇石游，是有益健身和愉悦心境
的旅游项目。

◎ 保护价值

保护区内的灌木荒漠、半灌木荒
漠、山地荒漠草原、山地草原和高寒
草原等植被和保护区内的泉、井、地
表径流和阿尔金山的冰川，为野骆驼
在保护区生存提供了基本条件。

经过近万年的分化，由于生活条件
的巨大差异，野骆驼已变为与家骆驼
不同的两个物种。科学考察和研究成

金 雕

长耳鸮

纵纹腹小鸮

波斑鸨

果证明：野骆驼是与家骆驼有实质性
差别的原生野生种，它们两者除在形
态上有较大差别外，习性上也有一定
差异，更重要的是它们的遗传基因已
大不相同，野骆驼比家骆驼多了个遗
传基因链，碱基歧异度为1.9%，因而，
野骆驼已独立于家双峰驼，是现今欧
亚大陆仅存的驼种野生种，成为地球
上的一个特殊物种。另外，由于生长
在中国戈壁荒漠中的野骆驼是目前地
球上唯一可以靠喝盐水生存的陆生动
物，通过对它们的研究，可以获得很
多对人类有价值的成果。因此，对它
们的保护显得尤为重要。

野生双峰驼为世界上最濒危的有蹄
类之一，IUCN列为濒危种，我国列为
一级重点保护动物，仅分布于我国新疆
塔克拉玛干克里亚河和塔里木河之间的
地带、罗布泊北部嘎顺戈壁、阿尔金山
北麓地区和内蒙古额济纳旗的西北角。

国外分布于蒙古国西南隅的大戈壁公
园，这里的野骆驼有时迁入我国新疆伊
吾、甘肃马鬃山北部中蒙边境地区。全
球种群数量730～880峰，国内420～
470峰，是比大熊猫数量还少的野生动
物。甘肃安南坝自然保护区保护着我国
野骆驼种群的1/3，安南坝是其主要栖
息地和繁殖地。

在我国境内，野生骆驼分布区隔离
为4片，种群斑块化，而且塔克拉玛
干种群、罗布泊种群和中蒙边界的种
群都是不足100只的小种群。4个局地
种群之间的个体交流已被隔断，种群
群间的基因流间断。这样一个濒危物
种的每一局地种群都应得到有效保护，
发展种群内遗传多样性，避免小种群
灭绝。

◎ 功能区划

保护区分为核心区、缓冲区和实
验区。核心区面积128500hm²，占保
护区总面积的32.4%。位于大红山以
西的安南坝滩、卡拉塔什塔格克孜勒
塔格一带，海拔1500～2500m，主要
植被是灌木荒漠和半灌木荒漠，生长
良好，是野骆驼的重要栖息地。浅山
间有几处泉水溢出；缓冲区位于核心
区的外围，面积120500hm²；实验区
主要用于监测野骆驼的季节性迁移及
数量变化，总面积147000hm²，占保
护区总面积的37.1%。

（安南坝自然保护区供稿）

敦煌西湖
国家级自然保护区

甘肃

　　甘肃敦煌西湖国家级自然保护区地处甘肃河西走廊最西端，位于敦煌城西120km，西接库姆塔格大沙漠，南与阿克赛哈萨克族自治县相邻，北与新疆维吾尔自治区接壤。地理坐标为东经92°45′～93°50′，北纬39°45′～40°36′。保护区总面积66万hm^2，约占敦煌市土地总面积的21.2%。属湿地生态系统类型自然保护区。

◎ 自然概况

　　敦煌西湖自然保护区内地势南高北低，源于保护区南面的阿尔金山多坝沟穿越红山，进入敦煌西湖国家级自然保护区后，对戈壁进行了冲刷和切割，形成了大小不等的沟系。保护区南部平均

海拔1500m左右，最高峰卡拉塔格山海拔2358.9m；湾腰墩海拔高度最低仅820m。保护区的南缘位于山前洪积扇，东北部是疏勒河故道谷地。境内戈壁面积很大。保护区的核心区和缓冲区属于敦煌盆地的一部分，是本地区海拔最低的地区，是疏勒河下游河谷平原、

汉长城

党河下游冲积扇三角洲及扇缘，呈指状垄岗、风成沙丘、草甸和沼泽。

　　敦煌绿洲及保护区内的生命主要靠雪山融水维持。南部西祁连山和东阿尔

雅丹地貌

后坑湿地

金山大量融雪水渗入地下，经过地下径流，在敦煌市低海拔的地区渗出，在山前盆地形成大面积的季节性沼泽型湿地。在湾腰墩、大马迷兔、小马迷兔、天桥墩、土豁落一带形成大小不等的沼泽，4～5月份水深约2m，而到了秋季水退只留下斑斑水洼。保护区的后坑子地区的永久性沼泽湿地的水源就来源于此。地下水资源比较丰富，泉眼星罗棋布，仅湾腰墩一带就有大小泉眼15处，四季不竭。地下径流提供的水源是敦煌西湖自然保护区湿地的主要水源。由于近年来上游建坝蓄水，风沙淤积等原因，河水基本断流，河道干涸。但在下游局部河段仍有地下水溢出。在玉门关至湾腰墩的河流古道上，形成河流草丛湿地和沼泽地。

敦煌西湖自然保护区地处暖温带干旱气候区，冬季严寒，夏季酷热，秋季凉爽。全年平均气温9.9℃，7月为26.7℃，1月为－10.4℃。气候日较差大，最高达29℃。日照时间长，全年日照时数为3246.7h，日照率达73%。太阳总辐射全年为641.84kJ／cm²。降水少，全年平均降水量39.9mm，干燥度大于

16，属于极干旱气候条件。风大沙多，全年平均风速2.2m／s。全年大风日约15天。

敦煌西湖自然保护区境内分布的土壤可分为：风沙土、棕漠土、草甸土、沼泽土、盐土5个土类。

敦煌是国家历史文化名城，著名的旅游胜地。敦煌西湖自然保护区地处疏勒河流域，早在新石器时代人类就沿疏勒河定居，历代留下了不少人文景观，如戈壁上的汉长城、古城堡、边塞烽燧等古遗址。同时，在保护区内拥有广阔的沼泽湿地和丰富、独特的动植物群落类型、珍贵稀有的动植物资源，湿地和荒漠镶嵌分布，形成了奇特的自然景观。在西北极端干旱条件下，在沙漠和戈壁的包围中，湿地自然景观具有无法评估的价值。保护区内独特的植被群落类型、沼泽湿地和雅丹地貌等自然景观以及外围玉门关、莫高窟等人文历史景观，共同组成了敦煌地区独特的景观类型。

◎ 保护价值

敦煌西湖自然保护区主要保护对象是典型的湿地生态系统、荒漠生态系统，

珍贵的野生动植物资源和独特的自然生态环境与旅游资源。

敦煌西湖湿地面积11.35万hm²，其中芦苇沼泽3.428万hm²，是我国西北地区面积较大的芦苇沼泽之一，是我国干旱荒漠区重要的水源涵养区和蓄水库。春夏时节，低洼地形成大面积的季节性积水。芦苇群系是面积最大、最典型的植被类型。在季节性积水的湖盆区，形成沼泽型芦苇群落，植株高达4m，盖度100%。在轻盐化草甸土上，形成大面积的芦苇盐化草甸群落，主要伴生种有盐穗木、罗布麻、胀果甘草、盐地凤毛菊，在湖盆外围的盐化草甸土上，分布着大面积的花花柴群系、胀果甘草群系，伴生植物主要有芦苇、罗布麻、骆驼刺。这些湿地与湿地植被不仅在蓄洪防旱、降解污染、调节区域气候、控制土壤侵蚀、防止土地沙化、阻隔库姆塔格沙漠东侵、维护生物多样性等方面有着其他系统不可替代的作用，而且为甘肃、新疆、青海3省份交界处的珍稀濒危野生动物提供了良好的生境。特别是罗布泊的干涸和周边生态环境的不断恶化，这里已成为野骆驼、鹅喉羚等野

国家一级保护野生动物——野骆驼

国家二级保护野生动物——鹅喉羚

生动物的避难所和救生圈，同时对维护敦煌绿洲的持久稳定、对保护世界文化遗产——莫高窟和改善敦煌及其周边区域生态环境等方面都具有极其重要的意义。

敦煌西湖自然保护区深居内陆，属典型的大陆性温带干旱气候，这种气候环境条件孕育了敦煌西湖国家级自然保护区典型的荒漠生态系统，在保护区内低洼处，分布有1万多公顷的胡杨疏林，生长良好，发育完善，形成荒漠地区所特有的自然景观。

胡杨与芦苇组成胡杨-芦苇群系，其灌木层主要有多枝柽柳、盐穗木；草本层以芦苇为主，还伴生骆驼刺、芨芨草、胀果甘草和罗布麻。在地下水位3m左右的砂质盐化草甸土上，分布着成片的柽柳群落，柽柳生长茂盛，树高达4m，主要伴生植物有芦苇、骆驼刺和胀果甘草等。

在保护区的沙漠与戈壁上，分布着多种荒漠植被类型。主要有白刺群系、泡泡刺群系、梭梭群系、膜果麻黄群系、裸果木群系等荒漠植被。在湖盆周边的

盐土上，分布着盐穗木群系和尖叶盐爪爪群系。这些旱生植被类型不仅是广袤的西部荒漠地区退化生态系统恢复的珍稀群落结构模型，而且孕育着严酷环境中保留下来的珍稀动植物基因资源，是我国珍稀的基因资源库。

敦煌西湖国家级自然保护区共有种子植物133种，其中裸子植物2种，被子植物131种，分属于27科83属，其中国家级保护植物5种，即裸果木、胡杨、梭梭、沙生柽柳、沙生芦苇，占植物总数3.8%。其他种类如罗布麻、

湿地芦苇

胀果甘草等具有较高的药用价值而受到保护；另外，保护区内还生长有盐穗木、花花柴、骆驼刺、柽柳等荒漠或盐生植物，这些都是珍贵的荒漠绿化树种和基因资源。

保护区内共有野生动物146种，其中鸟类91种，哺乳类38种，鱼类4种，两栖类2种，爬行类11种，属国家重点保护的野生动物37种，其中国家一级保护野生动物有白鹳、黑鹳、野骆驼、大鸨、小鸨5种；国家二级保护野生动物有白琵鹭、大天鹅、小天鹅、黑鸢、草原雕、鱼鹰（鹗）、雀鹰、秃鹫、灰背隼、猎隼、燕隼、红隼、游隼、灰鹤、蓑羽鹤、纵纹腹小鸮、短耳鸮、草原斑猫、猞猁、兔狲、藏原羚、鹅喉羚等32种。列入《濒危野生动植物种国际贸易公约》的有黑鹳、白琵鹭、黑鸢、草原雕、鱼鹰（鹗）、雀鹰、秃鹫、猎隼、燕隼、红隼、游隼、灰鹤、蓑羽鹤、纵纹腹小鸮、短耳鸮、猞猁、兔狲、狼等31种。列入《中华人民共和国政府和日本国政府保护候鸟及栖息环境协定》的有大白

苇荡与胡杨

罗布麻

鹭、黑鹳、白琵鹭、大天鹅、小天鹅、赤麻鸭、绿头鸭、针尾鸭、绿翅鸭、红头潜鸭、凤头潜鸭、灰背隼、灰鹤、红骨顶（黑水鸡）、普通秧鸡、凤头麦鸡、红脚鹬、矶鹬、黑翅长脚鹬、反嘴鹬、普通燕鸥、大杜鹃、短耳鸮、白腰雨燕、家燕、白鹡鸰、黄鹡鸰、黄头鹡鸰、田鹨、红尾伯劳、灰背鸫等31种。列入《中华人民共和国政府和澳大利亚政府保护候鸟及栖息环境的协定》的有大白鹭、金眶鸻、红脚鹬、矶鹬、普通燕鸥、白腰雨燕、家燕、灰鹡鸰、白鹡鸰、黄鹡鸰、黄头鹡鸰11种。

野骆驼（双峰驼）是本保护区重点保护对象。充足的湿地水源和良好的荒漠植被，为野骆驼和鹅喉羚等珍稀濒危哺乳类动物的生存和繁衍提供了保障。本保护区是我国野骆驼的集中分布区之一，最大种群数量是13峰，估计现存的野骆驼数量在40峰以上。

敦煌西湖自然保护区内拥有广阔的沼泽湿地和丰富、独特的群落类型、珍贵稀有的动植物资源，保护好该区的自然环境对保护生物资源、调节改善敦煌历史文化名城的气候条件、扩展旅游资源、扩大本区旅游的知名度等具有重要的意义。生机盎然的自然保护区，璀璨的莫高窟等历史文化遗迹，奇特的雅丹地质景观，将促进敦煌市旅游业的快速发展。

◎ 功能区划

甘肃敦煌西湖自然保护区划分为核心区、缓冲区、实验区三个功能区。核心区面积为19.8万hm^2，是保存完好的天然状态的湿地生态系统以及珍稀野生动植物的集中分布区，缓冲区面积为14.575万hm^2，实验区面积为31.625万hm^2。

（敦煌西湖自然保护区供稿）

甘肃 小陇山
国家级自然保护区

甘肃小陇山国家级自然保护区位于甘肃省东南部，秦岭山脉的西段，山体呈东西走向，在甘肃小陇山林业实验局所属严坪林场和云坪林场境内。东与陕西省凤县、勉县为界，南邻陕西省略阳县，西、北为嘉陵江，地理坐标为东经106°13′10″～106°33′06″，北纬33°35′12″～33°45′11″。保护区东西最长为31.5km，南北最宽为18.5km，总面积31938hm²。主要保护对象有：暖温带—亚热带过渡地区的森林生态系统；珍稀濒危物种；生物多样性；特殊的自然地理景观。属森林生态系统类型的自然保护区。1982年11月，经甘肃省人民政府批准建立头二三滩自然保护区；2006年2月经国务院批准晋升为国家级自然保护区，同时将头二三滩自然保护区更名为小陇山自然保护区。

百合

◎ 自然概况

小陇山自然保护区地质属秦岭地槽褶皱系印支地槽褶皱带，是整个秦岭山系中最晚发生褶皱形成山地的地区之一，属深切割地垒式中山地貌，海拔2000m以上的高峰有10余座，最高峰棺材顶海拔2531.3m，最低处嘉陵江河谷海拔约为700m，相对高差1500～1800m。山顶平缓，因溶蚀作用，

保护区的河流

保护区近景

出现大面积喀斯特漏斗"锅坑"或溶洞。在保护区核心地区头二三滩发育的大面积的喀斯特漏斗"锅坑"群是我国较为罕见的独特自然景观，同时其小环境内的植被分布还呈现倒置现象。保护区的羚牛以"锅坑"作为栖息地，与秦岭中东部的栖息地选择明显不同，同时该种群与周边地区的种群相对隔离，其生存机制非常特殊，有很高的保护和研究价值。

保护区内水系属长江上游嘉陵江支流，有东沟峡、瓦窑河、云坪河、陈家河向西和西北汇集流入嘉陵江。年径流总量8700万m^3，年平均流量51.68m^3/s。保护区地下水丰富，类型主要为碳酸盐岩溶水、碎屑岩裂隙水和河谷潜水，是长江上游重要的水源涵养林区。

保护区属暖温带—亚热带大陆性季风气候，四季分明，冬季寒冷干燥，夏季多雨，年均气温12℃左右，年均降雨量633mm，无霜期210～220天。

保护区土壤的垂直带谱明显，自上而下分布为亚高山草甸土、灰棕壤、棕壤、山地黄棕壤、黄褐土和褐土。

◎ **保护价值**

小陇山自然保护区处于我国暖温带落叶阔叶林区域和亚热带常绿阔叶林区域的分界线上，属于暖温带南部落叶栎林亚地带和亚热带常绿、落叶阔叶混交林地带的交汇带。区内地形陡峭，地势复杂，南有东沟峡、西北部有嘉陵江天堑使保护区形成了一个天然的闭合环境，大部分地区的山地基本为原始状态，完好地保留了原始的自然生态系统。暖温带、亚热带、温带等各种植被类型在此交叉分布，呈现出类型多样的特征和暖温带与亚热带过渡地区的特点。保护区植被垂直带谱明显，森林群落具有秦岭西段山地的典型特征，如低海拔以栓皮栎林和锐齿栎林分布为主，中海拔以辽东栎林、红桦林、白桦林、槭树林为主，高海拔以云冷杉林为主，都具有典型性和代表性。

保护区位于秦岭和大巴山的交汇地带，气候上兼具南北方的特点，是我国11个生物多样性重点地区之一，也是世界上所确定的植物物种丰富的地区，共有4个植被型组、11个植被型、16个植被亚型、28个群系，植被组成和植被类型都具有秦岭西段山地的典型特征。"锅坑"植被都呈原生状态，有原生性森林植被面积10827hm^2，占总面积的33.9%。不少古老物种如忍冬科、五加科、樟科、木兰科、胡桃科和冬青科等科属，以及水青树、领春木、鸡桑、串果藤、山白树、杜仲等孑遗植物，区内均有大量分布。保护区内有裸子植物6科12属18种、被子植物117科549属1240种、蕨类植物有15科29属56种。其中国家一级保护植物有红豆杉、银杏2种；国家二级保护植物有秦岭冷杉、大果青杆、巴山榧树、厚朴、水青树、油樟、水曲柳、野大豆、杜仲、山白树、星叶草、胡桃楸12种。

小陇山自然保护区位于我国动物区系东洋界和古北界的分界线上，为南北气候的分水岭，东洋界和古北界物种在此相互渗透分布，并以此为过渡带进行南北扩散，过渡性非常明显，对于研究、监测我国动物区系的变化具有重要的价值。脊椎动物有317种，昆虫1611种。脊椎动物中古北界有105种，占总数的33.1%，东洋界有113种，占总数的35.6%，两界同时分布有99

种，占总数的31.3%，包括鱼类3目5科15属17种、两栖类2目6科6属11种、爬行动物2目6科17属24种、鸟类16目39科199种、哺乳类动物7目20科66种，其中国家一级保护动物有羚牛、林麝、云豹、豹、金雕5种；国家二级保护动物有黑熊、豺、鬣羚、斑羚等28种。

兜 兰

动物的组成代表了我国区系分界线这一特殊区域的特点。由于南北迁徙和渗透阻隔较小，当环境发生大的变化时，该区域是动物避难的理想区域。因此分布有许多单种属的古老食虫类动物如纹背鼩鼱、短尾鼩鼱、小麝鼩等。

保护区内山峰陡峭，野生动植物资源和生态系统保存完整，未遭受过大的破坏，生态环境较为优越。但石灰岩岩溶地貌区域，土层较薄，且容易流失，一旦森林植被遭到破坏，很难得到恢复，

山溪鲵

下层为竹丛的阔叶混交林

森林景观之一

森林景观之二

因此，生态系统非常脆弱。

保护区良好的自然条件和复杂的中山地貌组合，缔造了西沟"三峡"、造矾沟和八里坡雄伟壮丽的险峰峡谷景观、独特的"锅坑"现象、娇柔妩媚的溪流景观、变幻莫测的气象景观和野趣横生的生物景观。山景、水景、气象景、生物景资源丰富，类型多样，风格各异；另外还有动人的民间传说和迷人的"棚民"风情，使游客流连忘返，是人们观光旅游、回归自然的理想去处。

保护区远景

◎ 功能区划

保护区总面积31938hm²，核心区面积1056hm²，占保护区总面积的32.11%，是保护区海拔最高地段，地貌和植被类型多样，植被覆盖率97%以上，生物多样性最为丰富。该区未进行经营、开采活动，保持了原始生态系统的基本面貌，无居民点，无人为干扰。缓冲区面积10158 hm²，占保护区总面积的31.81%，该区大部分地区为天然林，人为干扰少。实验区面积11524hm²，占保护区总面积的36.08%。

(小陇山自然保护区供稿)

甘肃 连城
国家级自然保护区

　　甘肃连城国家级自然保护区，地处黄河流域湟水之主要支流大通河中下游，属祁连山东南部冷龙岭余脉山地。位于兰州市西北部，是兰州市最大的国有天然林区。地理坐标为东经 102°26′～102°55′，北纬 36°33′～36°48′。东以永登县民乐乡普贯山为界，西南邻青海乐都县，西北与青海互助县北山林场为邻，东北与天祝藏族自治县古城林场相连。是以保护天然青杄林及其森林生态系统、天然祁连圆柏及其森林生态系统为主的自然保护区，属森林生态系统类型自然保护区，总面积 47930hm^2。2001 年建立省级自然保护区，2005 年 7 月经国务院批准晋升为国家级自然保护区。

原始林下的菌类

◎ 自然概况

　　连城自然保护区处于东部祁连山山地与黄土高原的过渡地带，属中等切割的中山地貌，海拔由东向西逐渐升高，最低海拔 1870m，最高海拔的张家俄博 3616m，相对高差 1746m。根据地形特征，保护区内分为 3 种地形：西部和

森林景观

保护区全景

北部石质山地、东部黄土丘陵地、大通河河谷地。

发源于疏勒南山的大通河纵贯连城保护区 35km，总水量 28.2 亿 m³，其中 26.95 亿 m³ 来源于祁连山冰川和融雪，占总水量的 95.57%，其余的水量来自本区山地汇集的降水和融雪。

保护区气候属祁连山山地—陇中北部温带半干旱区，这里气候特点为降雨少，变率大，光热适中。由于相对高差较大，气候的垂直地带性比较明显。年平均气温 7.4℃，≥ 0℃ 活动积温 3204.9℃，≥ 10℃ 活动积温 2637.2℃，年蒸发量 1542℃，年均降水量 419mm，主要集中于 6～9 月，占全年降水量的 60%；无霜期 125～135 天。

保护区土壤随地形、母质、水热条件、植物群落的不同呈水平地带性分布，阴坡、半阴坡，主要有灰褐土、山地淋溶土；阳坡、半阳坡，主要有山地栗钙土、淡栗钙土、山地草原土、山地草甸土、碳酸盐灰褐土。

保护区位于青藏高原与黄土高原、祁连山脉陇西沉降盆地之间最为明显的交接过渡地带，特殊的地理位置和地形地貌，为野生动植物提供了多样的生存空间。垂直依次分布有高山灌丛草甸带和山地森林草原带。草甸有珠芽蓼草甸、膨束薹草草甸、马莲草草甸和薹草草甸等植被类型。

连城素有"八宝川"之美称，有煤、铁、锰、铜、金、石英、芒硝、磷等多种矿产资源。特别是保护区境内优质石英石、石灰石贮量大，为连城川成为全省有名的冶金谷奠定了基础。

保护区腹地吐鲁沟蜿蜒 15km，气候温湿，千山叠翠，万木争荣，是一处毫无人工斧凿的自然风景区，有天窗眼、藏龙卧虎半月天、通天门、练功台、石壁泻珠等多处景点。素有"华山之险，九寨之奇，峨眉之秀，青城之幽"美誉。风景之雄、之险、之奇、之秀，在黄土高原实属少有，是开发生态旅游的理想场所，发展前景广阔。

◎ 保护价值

典型的森林生态系统。保护区自然环境独特，地质构造复杂，地貌类型多样，水资源丰富，保存有完好的天然森林生态系统和丰富的野生动物资源。保护区是祁连山东部青杆和祁连圆柏林分布的典型地带；也是我国西北干旱地区重要的森林分布区。保护区有云杉林 5563.7hm²，祁连圆柏林 631.1hm²，以青杆为主的针阔混交林 3575.0hm²，油松林 4819.7hm²。

物种多样性。保护区植被垂直分布明显，森林生态系统多种多样，森林植被包括 6 个植被型、17 个群系组、27 个群系。

区内植物种类极其丰富，有各类植物 109 科 444 属 1397 种。其中维管束植物就有 1371 种，占甘肃省森林维管

混交林

峡谷

束植物种数的 59.7%。乔木树种有青海云杉、青杆、油松、祁连圆柏、山杨、红桦、黑桦等。

保护区记录兽类 34 种，占甘肃省兽类的 19.2%；鸟类种类达 148 种，占甘肃省鸟类的 88.7%。

保护区内有国家重点保护的野生动物 32 种，其中列为国家一级保护动物的有 5 种：梅花鹿、斑尾榛鸡、金雕、黑鹳、马麝，占动物种数的 2.1%；列为国家二级保护动物的有蓝马鸡、马鹿、水獭、雪鸡、猞猁等 28 种。此外，保护区内有国家二级保护植物野大豆和山莨菪 2 种。

连城保护区森林生态系统具有较好的自然性，人为干扰和破坏程度较轻，经保护后完全可恢复到原有状态。青杆

保护区风光

和祁连圆柏基本未受人为干扰。

连城自然保护区属温带半干旱气候区，所形成的生物群落基本是以祁连圆柏、青杆、油松、红桦、山杨等为主组成的顶顶群落，由于气候的干燥和荒漠草原为主的基带特征，植被遭破坏后很难恢复。

连城自然保护区森林生态系统，对涵养水源、保持水土、调节气候，特别是阻止土地荒漠化、减轻沙尘危害，保障兰州地区工农业生产的可持续发展，都至关重要。同时还可以起到净化空气、减少污染的作用，极大的改善当地和周边的自然环境，是兰州地区重要的生态屏障。

连城自然保护区还是生态学、生物多样性、地质地理等学科研究的天然实验室，具有较高的科研价值，也为大专院校开展教学、科研、实习、探险等活动提供了良好的场所和基地。

保护区内空气清新、环境幽雅、风景如画，是度假观光、消夏避暑的最佳去处。当地水资源丰富，水质较好，多为碳酸型，当地人很少有消化系统疾病。可建成保健疗养场所。

◎ 功能区划

保护区总面积47930.0hm²，其中核心区面积14223.1hm²，占保护区总面积的29.67%；缓冲区13189.4hm²，占27.52%，实验区20517.5hm²，占42.81%足以有效维持生态系统的结构和功能。

（连城自然保护区供稿）

太统—崆峒山蒙桑

甘肃 太统—崆峒山
国家级自然保护区

甘肃太统—崆峒山国家级自然保护区位于陇东黄土高原西部，六盘山系东侧支脉，甘肃省平凉市崆峒区境内，距城区15km。地理坐标为东经106°26′11″～106°37′14″，北纬35°23′17″～35°38′46″，南北最长为17.1km，东西最宽为17.7km，保护区面积核定为16283hm²。其范围东起平泾公路甘沟大湾梁，西至泾源县界，南至大阴山，北至平泾公路。甘肃太统—崆峒山国家级自然保护区于2005年经国务院批准建立，属森林生态系统类型自然保护区，是我国黄土高原西部保存较为完整的典型的以温带半湿润区落叶阔叶林为主的山地森林生态系统，是黄土高原地区重要的水源涵养林区。

◎ 自然概况

太统—崆峒山自然保护区位于华北地台偏西部，贺兰—六盘山陆内造山带偏南段。为突起在黄土高原上的石质山区，以中山山地地貌为主，周边为黄土梁峁丘陵。

保护区水资源主要由地下水和地表水两部分构成。地下水主要有河流（沟谷）潜水、黄土层潜水、山区基岩潜水和层间承压水。保护区内地表水资源主要为地表径流，其中分布于全境的泾河水系是黄河的五大支流水系之一，发源于宁夏回族自治区泾源县内六盘山以东，横贯全区，流长75km，地表水年径流量为0.8亿～2.9亿m³。

保护区处于东亚季风区边缘，属于温带半湿润区。年均气温8.6℃，初霜期在每年10月初，终霜期为翌年4月底。保护区多年平均年降水量511.2mm。多集中于夏、秋季，年蒸发量为1430mm左右。年均日照时数2424.8h，日照率55%。

太统—崆峒山区土壤类型带有明显的山地特征。主要土类包括黑褐土、山地棕壤、灰褐土。其中，灰褐土分布最广。

保护区气候温和、雨量适中、植被发育良好、植物种类繁多，是动物良好的栖息地。区内有十分丰富的野生动植物资源，共有维管束植物103科377属750种，其中蕨类植物13科21属37种。种子植物中裸子植物4科8

太统—崆峒山丹霞地貌

太统—崆峒山地形

属12种，被子植物86种348属701种。植物资源中，属国家重点保护的植物4种：黄芪、野大豆、紫斑牡丹、胡桃楸；崆峒山特有植物5种：崆峒山槲蕨、崆峒山蒙桑、崆峒山沙参、轮叶绣球、短管丁香（变种）；古树名木620株。保护区内有陆生脊椎动物194种（两栖类6种，爬行类11种，鸟类133种，哺乳类44种），其中列为国家一级保护的动物4种：金雕、黑鹳、豹、林麝，列为国家二级保护的动物22种。还有资源昆虫599种，其中国家重点保护的1种——小红蛛绢蝶。

保护区及周边地区还有丰富的旅游资源、人文资源、自然遗迹和文化古迹资源，有被国家旅游总局评为ＡＡＡＡ级旅游胜地——崆峒山。崆峒山发掘出属新石器时期齐家文化、仰韶文化遗址。崆峒山作为道教名山，名扬天下，古建

筑遗迹众多，且保存完整。其悠久的历史，深厚的文化底蕴，儒道释共处一山的独特人文景观，极具保护价值。"九宫八台十二院"和"崆峒十二景"点缀其间，为道教名山增添了无穷的魅力。保护区内崆峒山及相邻的泾河峡谷、十万沟、大阴山及太统山等地地质遗迹资源十分丰富。主要为以崆峒山为代表的多级古夷平面、丹霞地貌、深谷峡道和奇山异峰，以及以太统山为代表，具挺拔、瑰丽、苍翠、清秀之特色的雄伟壮丽山势。

◎ 保护价值

太统—崆峒山自然保护区的主要保护对象有以温带落叶阔叶林为代表的山地森林生态系统、珍稀动植物资源及其栖息地、不同地带的典型自然景观和地质遗址和古文化遗迹（包括

古树名木）。

保护区具有典型的山地地貌，海拔在1200～2234m之间，加之适宜的气候条件，为各种野生动植物提供了多种生境，形成了生态系统的多样性和物种的多样性。这些动植物种类，相对于保护区所处的地理位置来说，是相当丰富的。保护区物种具有温带物种典型性。

由于保护区独特的地貌，气候、植被呈现由半湿润向半干旱过渡、森林草原向半干旱草原过渡的特征，使得动植物物种及区系具有很强的过渡性。从植物区系看，保护区植物区系位于中国—日本森林植物亚区的西北边缘，北与亚洲荒漠植物亚区接壤，西北和西南逐渐过渡到青藏植物亚区和中国—喜马拉雅植物亚区，形成保护区各种区系成分相互渗透的特点，因而植物

太统—崆峒山多级夷古平面

太统—崆峒山多级夷古平面

太统—崆峒山丹霞地貌

太统—崆峒山槲蕨

太统—崆峒山紫斑牡丹

区系有很大的过渡性。从动物区系看，保护区分布的动物与华北区、蒙新区的种类有亲缘关系的种类占有相当的比例，因而保护区动物区系也有很大的过渡性。

太统—崆峒山自然保护区是我国黄土高原西部保存较为完整的典型的以温带半湿润区落叶阔叶林为主的山地森林生态系统，是黄土高原地区重要的水源涵养林区。保护区地处黄河主要支流泾河的上游，在涵养水源、保持水土、调节气候及维持泾河中上游生态平衡，控制黄河水质和水患，保障中下游地区经济可持续发展方面起着重要作用，在提高陇东黄土高原水土治理效益方面有十分重要的地位。保护区周边地区植被较为稀疏，由于黄土广布，降水量虽少但集中，常形成暴雨山洪，水土流失较严重，河流输沙量较大。保护区的植被一旦破坏，很薄的表土将很快丧失殆尽，水土流失将加剧，野生动植物及其栖息地（生境）将被毁灭与丧失，植被极难恢复，生态环境也将急剧恶化。因此，对于

整个自然环境来说，森林生态系统是非常脆弱的。由于，保护区地理位置特殊、生物多样性丰富、物种起源古老、生态系统脆弱，所以保护价值巨大。

保护区位于泾河与渭河的中上游，是泾河与渭河的主要集水地之一，而泾河与渭河均为黄河流域五大水系之一。因而，搞好保护区建设，对泾河与渭河的水源保护具有重要的意义。

保护区处在贺兰山—六盘山与龙门山、横断山脉共同构成的我国著名的经向构造带上，是中国大陆东西部构造的重要分界线，是著名的地震带和现代地壳运动特别活跃的地区之一；同时，保护区完整地露出了震旦系、寒武系、奥陶系、二叠系、三叠系、白垩系、第三系、第四系等不同时代的系列地层地质，构造上有着丰富完整的地质史记录；在大台子及太统山等地寒武纪及奥陶纪地层中保存有丰富的古动物化石；加上保护区内丰富的野生动植物资源，使该保护区成为构造地质、古生物地史的科研、教学实习基地。

◎ 功能区划

太统—崆峒山自然保护区区划为核心区、缓冲区和实验区。核心区总面积 $6680.0 hm^2$，是保护区地貌和植被类型多样、生物多样性最为丰富的地段。缓冲区总面积 $4645.0 hm^2$，该区大部分地区为天然林，局部地区是单生次生林生态系统。实验区总面积 $4958.0 hm^2$，大部分为崆峒山风景区和部分黄土区，适宜旅游开发和社区生产生活等活动。

（太统—崆峒山自然保护区供稿）

甘肃 洮河

国家级自然保护区

甘肃洮河国家级自然保护区位于甘肃省南部，青藏高原向黄土高原的过渡带，地理坐标为东经 102°46′02″～103°51′25″，北纬 34°10′07″～35°09′25″，属森林生态系统类型自然保护区。保护区总面积 470017hm²，始建于 1982 年，2009 年经国务院批准晋升为国家级自然保护区。

◎自然概况

洮河自然保护区处于青藏高原和黄土高原过渡地带。境内海拔 1100～4900m，大部分地区在 3000m 以上。甘南分三个自然类型区，南部为岷迭山区，山大沟深，气候温和，是甘肃省重要林区之一；东部为丘陵山地，高寒阴湿，农林牧兼营；西北部为广阔的草甸草原，是全省主要牧区。

洮河自然保护区所处的甘南地处高原，常年气温较低，年平均气温只有 4℃。高原天气多变，经常风雨骤至，昼夜温差大，日照强烈。

洮河是黄河的一级支流，是甘肃省境内 5 大水系之一。洮河发源于甘肃、青海两省交界处的西倾山东麓，流经甘肃省的 11 个县（市），境内洮河年平均总径流量 44.02 亿 m³，注入黄河刘家峡水库。

◎保护价值

洮河自然保护区地处黄土高原、青藏高原和秦巴山地的交汇地带，复杂多样的自然环境孕育了丰富的生物资源，是我国西北地区生物多样性最富集的区域之一，也是西部天然生物物种的重要基因库。保护区植被包括 13 个植被型、23 个群系组、56 个群系和 98 个群丛。保护区内有高等植物 1302 种，其中种

四裂红景天

云杉球果

子植物 1244 种，蕨类植物 19 种，苔藓植物 39 种，大型真菌 248 种。其中国家级保护植物独叶草、紫斑牡丹等 31

仙山肌凸

九柱通天

种。该区有脊椎动物 275 种，其中国家
一级保护动物有林麝、梅花鹿、雪豹、豹、
云豹等 15 种，国家二级保护动物 45 种。

保护区地处洮河中上游，是黄河和
长江两大水系的分水岭，是黄河上游最
重要的水源涵养区之一，加强对该区的

森林生态系统保护对稳定黄河水量，维
系黄河中下游生态安全具有重要意义。

（洮河自然保护区供稿）

阿角之夏韵

甘肃 太子山
国家级自然保护区

甘肃太子山国家级自然保护区位于临夏回族自治州与甘南藏族自治州之间，东望甘肃莲花山国家级自然保护区，南与甘南藏族自治州临潭、夏河、合作、卓尼四县（市）毗邻，西连青海省循化县，北邻临夏（州）的康乐、和政、临夏三县。地理坐标为东经102°43′～103°42′，北纬35°02′～35°36′之间。全区呈狭长形，东西长约100km，南北宽约10km，总面积84700hm²。

1965年甘肃省委、省人委批准成立"临夏回族自治州太子山林业总场"，管辖原莲花山、药水、新营、习祁、紫沟5个经营林场。1991年临夏回族自治州政府发文更名为"临夏回族自治州太子山水源涵养林建设总场"，原下放到各县的4个国营林场收归总场统一管理，管辖面积与1983年相同。2001年甘肃省政府决定改称"甘肃省太子山自然保护区管理局"。所辖紫沟、东湾、药水、新营、习祁5个林场均改称为保护站。2005年甘肃省人民政府将太子山自然保护区批准确认为森林生态系统类型的省级自然保护区。2012年国务院批复甘肃省太子山自然保护区为国家级自然保护区。主要保护对象为青藏高原与黄土高原过渡地带森林生态系统及其生物多样性，珍贵稀有动植物资源及其栖息地，特别是林麝、豹和珍稀鸟类等濒危动物栖息地。属自然生态系统类别的大型森林生态系统类型的自然保护区。

保护区柳梅滩天保工程实施区

◎自然概况

太子山保护区在综合自然区划上属于甘南山地高原区，是青藏高原的东北边缘山地，北麓连接黄土高原，东部逐渐向陇南山地过渡。主体由太子山及山间谷地组成。大地构造位置上属于祁连地槽褶皱系与秦岭地槽褶皱系之间的秦祁中间隆起带之东南端，属秦岭山脉的西段，同时又处于西北黄土高原和青藏高原的交接地带。

太子山保护区地处温带，属大陆性季风气候，境内海拔高，地形复杂，气候变化大。受地形影响，气候水平和垂直变化显著，总的特点是寒冷阴湿多雨，四季不分明，无霜期短，热量不足，具有夏凉夏短，冬长冬冷，春季回暖慢，秋季降温快，冬干秋湿的特点。

保护区水资源充足，地表水和地下水相当丰富，大大小小的沟岔河滩均有泉水涌出，是良好的水源涵养基地。发源于太子山林区的大小河（溪）流近200条，汇集成洮河、大夏河的主要支流，以和政南阳山为分水岭，其中南阳山以东的杨家河、胭脂河（包括麻山沟河）、苏集河（包括八松河、鸣麓河、药水河）、大南岔河（包括小峡河、大峡河）、小南岔河、新营河、牙塘河流入洮河，南阳山以西的牛津河、槐树关河、多支坝河、老鸦关河（包括莫尼沟河）流入大夏河。从太子山发源的大小河流

保护区景观

不但是黄河两支重要支流——洮河、大夏河的主要水源补充支流，还灌溉着临夏回族自治州上百万亩的农田。从太子山林区埋设引出的26条人畜饮水管道，供给着临夏回族自治州各县市约130多万居民饮水，供水人口约占全州人口的70%，供水面积约占75%。

保护区内土壤母质类型主要有岩石化的残坡母质、黄土性残坡积、风积、冲洪积母质和甘肃红层风化形成的残坡积、冲洪积母质。在峰顶或平缓部位，风化物没有大的搬动或移位的是残积母质，经过移位、搬动的为坡积母质。保护区分布的土壤成土母质以残积和坡积母质为主，受海拔高度、气候条件和森林植被的影响，土壤垂直带谱明显，主要有高山寒漠土、高山草甸土、亚高山灌丛草甸土、山地棕壤土、黑土、红土、石质土。

保护区内共有脊椎动物25目59科208种，其中兽类6目18科60种。包括有国家一级保护野生动物2种：雪豹、林麝，国家二级保护野生动物9种：黄喉貂、石貂、猞猁、兔狲、豺、黑熊、马鹿、苏门羚、岩羊；鸟类14目33科130种，其中国家重点保护鸟类21种，包括国家一级保护鸟类5种：金雕、白肩雕、胡兀鹫、斑尾榛鸡、雉鹑，国家二级保护鸟类16种：黑鸢、苍鹰、雀鹰、褐耳鹰、凤头蜂鹰、秃鹫、高山兀鹫、猎隼、游隼、红隼、蓝马鸡、血雉、蓑羽鹤、四川林鸮、鬼鸮、雕鸮等25种。已查明的昆虫有13目131科507属682种，其中有益昆虫7目41科113属151种。682种昆虫中包括国家保护珍稀濒危昆虫1种，甘肃记录种30余种。保护区共有维管束植物95科358属838种33变种1亚种3变型，其中国家重点保护野生植物玉龙蕨、南方山荷叶、桃儿七、红花绿绒蒿、羽叶点地梅、紫斑牡丹、五福花、细穗玄参、星叶草、马尿泡等38种，甘肃省重点保护野生植物13种。有大型真菌61种。物种总数1789种，占甘肃省物种总数3560的50.25%。

保护区镶嵌于甘南藏族自治州和临夏回族自治州之间，是由太子山脉发源而来的山峰和沟谷组成的一条狭长形区域，绵延约100km，总面积127万亩。因处在青藏高原向黄土高原过渡地带，境内气候凉爽湿润，地形地貌奇特险要，植被类型复杂多样，包罗了草地、林海、高山草甸、雪山、山泉、飞瀑、溪流、水库等自然景观，有机排列组合在一起，由此形成了槐树关、关滩、大湾滩、铁沟、松鸣岩、药水峡、扎子河、后东湾、前东湾、二郎庙等10处风光各异的森林风景区，已成为人们追求生态旅游时尚，回归大自然、拥抱大自然的绝胜之地。

◎保护价值

太子山保护区是甘肃省中部干旱地区及黄河流域重要的天然林区，对维护项目区及周边地区的自然生态系统和推动当地经济社会可持续发展方面具有非常重要的作用，是项目区乃至周边地区的生态屏障。

太子山山地在植被区划、植物区系分区及农林牧业专业区划中具有独特的自然地理学意义，是植物区系分区和植被地理研究的关键地区之一。按中国植被区划，该区属于陇西黄土高原温带森林草原区域向青藏高原高寒植被区的过渡带，又是西秦岭和祁连山两大山系的交汇处，属于洮河中上游地区的植被小区，在中国植物区系分区系统中具有重要的划界意义。

独特的自然地理位置和生态环境背景孕育了丰富的动、植物物种多样性、地理成分组合及植物资源，受高寒湿润气候条件的影响，具有高山森林草原气候特征，形成森林草原的植被景观，植被垂直分布明显，并具有一定的区系独特性和地域过渡性特征。据统计，太子山维管束植物95科358属838种33变种1亚种3变型。其中蕨类植物11科19属35种；裸子植物3科8属18种；被子植物81科331属785种33变种1亚种3变型。本区维管束植物与全国维管束植物比较，太子山维管束植物占全国总科、属、种分别为27.2%、11.4%、3.2%，其中裸子植物占全国总科、属、种分别为30%、23.5%、9.3%，被子植物占全国总科数、属、种分别为27.8%、11.2%、3.2%。这表明太子山维管束植物种类十分丰富。

太子山林区为临夏回族自治州河流的主要发源地和过境河流的水分补给区。黄河上游的两条重要支流洮河和大夏河分别从东南部和西北部过境，过境水量年62亿 m^3。发源于本林区的大小河（溪）流有200多条，年自产水量7.18亿 m^3，多为刘家峡水库的重要补给水源。雨量丰富，年降水量660mm以上，其中位于太子山麓的临夏县铁寨乡测点年降雨量最高达1030.4mm，已达秦岭以南降水量。干燥度在0.7以下，水分收入大于支出。充沛的雨量和湿润的气候为森林植物生长提供了有利条件。

保护区保存完好的生物区系、独特的生态环境是国内外生物学家、生态学家关注的生物多样性关键区域，对于研究全球气候变化、生物多样性、生态系统的演变等具有重要意义。区内丰富的植物物种资源，成为研究森林生态系统的演替、古生物的进化、特有种的形成、孑遗植物适应机制的良好场所，为科学研究大量的经济植物的遗传基因提供了条件。同时，区内特色的生态系统也为研究岛屿生物地理学奠定了良好的基础，对公众了解自然、增强环保意识将发挥积极的作用。

山溪鲵（朱旭龙摄）

太子山巅蛞蝓（朱旭龙摄）

◎科研协作

保护区管理局设有专职科研机构，全局有林业专业技术人员24名，每年定期参加科研工作，近年来，先后有2个基层单位荣获"全国无检疫对象苗圃"和省林业厅"全国有害生物防治先进单位"。有4人5次荣获"全国绿化奖章""全国绿化先进工作者""中国林学会劲松奖"等国家级奖项。有2人2次荣获"首届甘肃省绿化奖章"等省级荣誉称号。有4人5次荣获省林业厅"林政资源管

药水峡荷亭

松鸣岩

珍珠梅

葡匐苟子

柳川鱼（常海忠摄）

理先进个人""全省有害生物防治工作先进个人"等荣誉称号。有 1 人 2 次在"甘肃线小卷蛾研究""太子山林区松线小卷蛾和云杉梢斑螟生活史及防治的研究"中均获甘肃省林业科技进步和全省青工第七届"五小"竞赛二等奖。这些科技成果的取得，是保护区坚持自立创新与科学跟进，全面推进与重点突破、科技支撑与工程建设相结合的科技发展战略在实际工作中的具体体现，对促进保护区发展速度全面提升起到了重要的作用。

近年来，保护区与科研院所和大专院校合作开展了以下科研调查工作：2005 年和临夏回族自治州森防站、甘肃农业大学林学院、甘肃省森防站协作完成《太子山次生林区昆虫—植物

扎子河

系统物种多样性及依存关系研究》，并获临夏回族自治州科技进步一等奖；2002 ～ 2006 年，与甘肃农业大学林学院在太子山进行太子山林区植物物种多样性调查取得了初步成果。

◎科研监测

保护区管理局根据科研项目内容，规划建设如下科研监测设施：①科研监测中心。规划科研监测中心建在保护区管理局，面积 500m²。包括电教室、实验室、科技档案与情报室、标本制作与存放室等，实验室分为化学分析室与精密仪器室等。本次规划为科研监测中心配备必要的仪器设备以及标本制作用的药物、资料与标本存放柜、实验工作台和办公用具等。②生态定位监测站点。规划在药水峡建立 1 处生态定位监测站，在紫沟、东湾、新营、松鸣岩、刁祁和关滩 6 个监测点，对保护区内的野生动植物种群数量变化与生态环境的各项生态因子进行监测，设置野生动植物监测线路、样方，建立野生动植物监测体系。同时配备必要的、便于携带的野外生态环境观测仪器设备。生态定位监

测站建筑面积 200m²，每个监测点建筑面积 100m²，合计建筑面积 800m²，包括办公、数据处理、仪器设备存放、住宿等用房。同时配备监测用的摄像机、望远镜、照相机、显微镜、测容器、捕虫网、毒瓶等仪器设备。③气象监测站。规划在药水峡新建 1 座气象监测站，配备气象观测仪器和专职观测人员，常年观测记载气象因子，分析气候与生物资源、人为活动之间的相互关系，为资源与环境的保护提供基础素材。建筑面积 200m²，配备百叶箱、干湿球温度表、气压表、风速仪、雨量计、望远镜等仪器设备。④水文监测站。规划在药水峡、牙塘新建 2 个水文监测站，观测通过对森林资源的保护与恢复后，这两个小流域的水文变化，为保护区动植物生存、研究水资源状况，以及制定长远的发展规划提供科学依据。每个水文监测站建筑面积 200m²，合计 400m²，站内配置水位计、流速仪、蒸发器、水温表、水色计等观测仪器。同时，对保护区内水质进行不定期的监测。

（太子山自然保护区马小军供稿）

甘肃 张掖黑河湿地
国家级自然保护区

甘肃张掖黑河湿地国家级自然保护区位于黑河中游，跨张掖市甘州、临泽、高台三县区 14 个乡镇，南依祁连山国家级自然保护区，北靠巴丹吉林沙漠，处于河西走廊的"蜂腰"地带，是我国西北地区自然保护区网络的重要节点；地理坐标为东经 99°19′21″～100°34′48″，北纬 38°57′54″～39°52′30″，总面积 41164.56hm²，其中核心区 13640.01hm²、缓冲区 12531.21hm²、实验区 14993.34hm²；属荒漠地区典型的内陆湿地和水域生态系统类型，具有很强的典型性、稀有性、濒危性和代表性，是集生态保护、科研监测、资源管理、生态旅游、宣传教育和生物多样性保护等功能于一体的自然生态类自然保护区。主要保护对象为：我国西北典型内陆河流湿地和水域生态系统及生物多样性；以黑鹳为代表的湿地珍禽及鸟类迁徙重要通道和栖息地；黑河中下游重要的水源涵养地和水生动植物生境；西北荒漠区的绿洲植被及典型的内陆河流自然景观。

夕阳（张永祥提供）

◎自然概况

始建于 1992 年，原名"高台县黑河流域自然保护区"，2004 年经甘肃省人民政府批准成立"甘肃高台黑河湿地省级自然保护区"，2011 年 4 月经国务院批准晋升为张掖黑河湿地国家级自然保护区。

张掖黑河湿地自然保护区地处青藏高原与蒙古高原过渡带、张掖盆地西北端，摆浪河冲积、洪积扇中下部与黑河冲积平原西北部，地形由东南向西北倾斜，总体地势南北高，中间低。保护区主体地貌为中部黑河河谷平原区，海拔 1200～1500m，由黑河两岸一、二级阶地和河漫滩组成，呈条带状，微向北倾，地面坡降 4‰～22‰。自南向北又可进一步分为砾石平原、细土平原、风积沙地和河谷平原等地貌单元；保护区北部边缘为合黎山区的倾斜戈壁平原，南部边缘为祁连山及分支榆木山中高山区，有大面积的戈壁区。

保护区地处欧亚大陆腹地，远离海洋，属典型温带大陆性干旱气候。夏季主要受东南太平洋暖湿气流影响，冬季在蒙古、西伯利亚气流控制之下，气候寒冷、干燥。光热资源丰富，年温差较大，年日照时数长达 3088.2h，年均温度 5～10℃，年平均日较差 14.0℃，极端最高气温 41.0℃，最低气温 -31.0℃；区内多年平均降水量由东南部的 200mm 向西北减少至 55mm，多年平均蒸发量由东南部的 1200mm 向西北增至 2200mm，年相对湿度 52%。保护区气候条件有利于植物进行光合作用，只要水分条件充分，发展农牧业生产具有得天独厚的条件，自古以来就是

群鸟（陈冈摄）

重要的灌溉农业区。

保护区内地表水径流主要为过境的黑河水，来源于南部祁连山区的降雨和冰雪融水，地表水资源量24.8亿 m³。一般来说，黑河水系具有春汛、夏洪、秋平、冬枯的特点。地表径流年际变化具有丰水年和枯水年连续较长的变化过程，大约10年一个变化周期。地下水主要由黑河、大磁窑河、梨园河、摆浪河、水关河、石灰关河、马营河等河川径流的渗漏与潜流的侧向补给，地下水总补给量18.5亿 m³，保护区黑河干流的流量为11.342亿 m³／年。

在自然成土因素与人为因素的长期综合作用下，保护区内土壤类型呈多样化。土壤分为8个土类、18个亚类、40个土属、75个土种。其中，地带性土壤类型为灰棕荒漠土与灰钙土，还包括灌耕土、潮土、草甸土、风沙土、盐土、沼泽土等非地带性土壤。土壤类型的不同决定了土地利用方式，土地开发利用又促进了土壤类型的发育和演变。

保护区内湖泊、沼泽、滩涂星罗棋布，有天然湿地和人工湿地2大类，河流湿地、湖泊湿地等4个类型，永久性河流、季节性河流等11个类别。这些湿地，发挥着涵养水源、调节气候、净化水质、防风固沙等多种生态功能，既是减轻沙尘暴危害、阻挡巴丹吉林沙漠南侵的天然屏障，也是流域人民繁衍生息和经济社会可持续发展的重要依托。

保护区多样化的湿地类型为多种生物的栖息生长提供了良好的生境，区内动植物资源丰富，生物多样性特征显著。据调查，区内有种子植物53科173属311种。其中，裸子植物1科1属3种；被子植物中，双子叶植物40科133属244种，单子叶植物12科39属64种。国家一级保护植物有裸果木和绵刺2种；国家二级保护植物有中麻黄、沙拐枣、斧翅沙芥、梭梭、华北驼绒藜、蒙古扁桃、黄芪、肉苁蓉等8种。分布于保护区的野生脊椎动物209种，其中哺乳类24种，鸟类155种，两栖爬行类11种，鱼类19种。在保护区各类别湿地中，栖息着《湿地公约》规定的水禽65种，占我国水禽种数的25.10%，占保护区鸟类种数的41.29%，其中繁殖种类41种。湿地鸟类群落中鸻形目、雁形目和鹳形目占明显优势，分别有21种、20种和8种。保护区已记录的昆虫892种，隶属于12目114科578属，其中甘肃省新纪录130种，珍稀昆虫11种。昆虫种类以鳞翅目（319种，占35.76%）和鞘翅目（217种，占24.33%）昆虫占优势，区系成分以中亚耐干旱种类为主。

保护区内珍稀候鸟、水禽种类和数量繁多，每年春秋两季，大批候鸟成群结队，携儿带女，历尽艰难险阻，不远万里，来到黑河湿地停歇。据调查，保护区列入国家重点保护野生动物名录的种类有28种（一级6种，二级22种）；其中国家一级保护的鸟类有黑鹳、金雕、玉带海雕、白尾海雕、大鸨、遗鸥；国家二级保护的鸟类有白琵鹭、大天鹅、小天鹅、鹗、鸢、苍鹰等22种。列入濒危野生动植物种国际贸易公约（CITES）附录的有25种，其中列入附录Ⅰ的2种：白尾海雕、遗鸥，列入附录Ⅱ的23种。此外，保护区还有甘肃省重点保护野生动物大白鹭、灰雁、斑头雁等7种；被列入中日保护候鸟及其栖息环境协定的鸟类有73种，中澳候鸟保护协定的鸟类23种，国家保护的"三有"野生脊椎动物126种，甘肃省保护的"三有"野生脊椎动物25种。保护区核心区天城湖、明塘湖、马尾湖、大湖湾等地经常出现五六万只各种鸟类欢聚一堂的壮观场面。黑鹳是区内的重要保护对象，集群数量在500只以上。每年4～11月份来保护区内栖息，在合黎山悬崖峭壁的崖缝或浅洞处筑巢产卵、孵化、育雏。因此，本区是黑鹳重要的繁殖区之一，也是其他鹳类、天鹅等水禽的重要越冬地，部分野鸭和雀形目鸟类的繁殖地和迁徙鸟类的重要驿站和中途食物补给地。

张掖黑河湿地自然保护区具有丰富的自然人文景观，为旅游业发展提供了有利条件。保护区南北依山，北瞰"河环玉带""屏画黎山"，美景奇观尽收眼底；南眺"祁连雪峰""榆木晴岚"，令人心旷神怡。"一城山光，半城塔影，连片苇溪，遍地古刹"。这水波潋滟的旖旎风光，曾是张掖黑河湿地生态的真实写照。黑河贯穿全境，冰雪融水纵横，地下径流充沛，水库鱼塘遍布，春天碧波荡漾，水鸟栖息；夏天绿苇茵茵，翠色浓郁；秋天荻花摇曳，鱼跃雁鸣，碧草连天，野花遍地，田畴如画，牛羊成群，赋予这片沃土不竭的生机与活力。

◎保护价值

保护区湿地资源丰富，类型多样，天然性良好，生长着大面积的盐生草甸、沼泽草甸、沼泽、荒漠草原等地带性植被，是西北地区为数不多的典型湿地生态系统。保护区生境类型多样，野生动植物资源非常丰富，尤其是珍稀候鸟、水禽种类和数量繁多，因此，保护区是干旱地区湿地形成、发育和演替，珍稀野生动植物种群生态学、群落生态学、湿地生态系统服务功能、稳定性及生态效益评价等研究的重要场所和天然实验室，具有非常重大的科研价值。保护区是开展环境保护宣传与科普教育实习的理想基地。对周边社区群众认识自然保护的重要性，提高公众的环境意识、生态意识，增进对湿地生态系统及珍稀濒危物种的保护意识，从而促进人与自然的和谐发展有着重要的推动作用。

◎科研协作

保护区是在西北干旱与半干旱荒漠区极其严酷自然条件下形成的生态绿洲，具有极强的典型性、稀有性、濒危性和代表性，生态特征实属罕见。她承载着内陆河流域悠久的历史和灿烂的丝路文明，是自然遗存的巨大宝藏，更是张掖绿洲经济社会可持续发展的承载区。冰川、湿地与沙漠、戈壁的博弈，成就了塞上江南、戈壁水乡的金张掖的独特魅力。历经数年的艰苦努力，已在保护区实验区张掖国家湿地公园建成一个集动植物保护、生态旅游、科研培训于一体的科普宣传教育基地。为了让更多的人参与到湿地保护中来，保护区多方筹资，先后兴建了城市湿地博物馆、飞禽保护区、游客接待中心、马文化产业园、观光航道及流泉养生馆，建造了观鸟塔、标本馆、垂钓池、孔雀园、跑马场、仙鹤园、休闲亭、曲廊、接待室、购物中心、餐厅等旅游景点及科普宣教、接待服务设施，配备具有本科以上学历的专职讲解员、导游员、接待员，编写了湿地生态保护科普宣讲材料。尤其是新建成的张掖城市湿地博物馆，集收藏、研究、展示、宣教、科普于一体，以"戈壁水乡、生态绿洲、古城文明"为主题，传承地域历史文化，展示湿地保护历程，彰显生态文明成果，描绘城市规划远景，是展现张掖湿地生态建设的窗口，也是对大众进

湖泊湿地（张永祥提供）

沼泽湿地（张永祥提供）

草甸湿地（张永祥提供）

芦苇湿地（张永祥提供）

灌丛湿地（张永祥提供）

行生态科普教育的基地。5000余平方米展厅，以"塞上江南、印象张掖""地貌大观、多彩张掖""丝路重镇、人文张掖""湿地之城、生态张掖""城市未来、大美张掖""湿地、生命的摇篮"为脉络，建成了六大展区及4D影院，布展采用了先进的声、光、电控制技术，并配套大量的标本、图片、文字资料印证，浓缩了张掖生态建设和城市发展的历程，凸显了黑河湿地国家级自然保护区的战略地位、地质地貌、自然资源、环境演变及生态保护成就，构成了室内与室外、实景与虚景、历史与现代相结合的湿地生态科普科研基地，为弘扬张掖的人文精神，提升张掖生态旅游品质，践行张掖生态发展战略提供了坚实的智力支撑。通过那一幕幕行为画面，一幅幅人与自然、

张掖国家湿地公园景观（张永祥提供）

湿地观光车（张永祥提供）

动物与环境和谐的美景，一件件栩栩如生的动植物标本及蔚为壮观的蓝天白云、绿林清水、鸟翔兽奔、花艳蝶舞、鸟语花香等独特的生态景观，每年吸引着50多万中外游客、青少年学生前来观光，在此陶冶情操，享受大自然的美丽。

几年来，保护区与科研单位协作开展科研课题5个，在国内外发表专业论文23篇，取得成果7项。保护区主持的"张掖市黑河流域湿地重点区保护与利用技术研究课题"的攻关，通过甘肃省科技厅组织的成果鉴定，其研究成果达到了同类研究的国内领先水平；邀请国内外有关专家学者主讲，

成功举办了"中国张掖黑河流域湿地保护与开发知识讲座""甘肃省湿地保护与可持续发展高级研修班"和"全国湿地生态保护高级研修班"，为张掖市的湿地保护与持续利用提供了理论技术支撑，张掖的湿地生态建设工作在全国有了一定的影响。利用"世界湿地日""爱鸟周"和"野生动物保护月"等时机，坚持开展"湿地宣传进校园、进社区、进乡村""走近张掖湿地"等主题活动。在人民日报、甘肃日报、甘肃电视台等新闻媒体播发张掖黑河湿地保护的新闻稿件，制作《保护湿地资源，建设生态张掖》《湿地之韵，金耀张掖》《走近张掖黑河湿地》等专题片；在"湿地中国""张掖湿地"等网站及时发布黑河湿地保护与建设的工作动态、新闻图片及湿地生态知识等内容。编辑出版了《印象张掖湿地》《图说张掖湿地》《感恩黑河——走近张掖黑河湿地》《金色张掖》等书籍，编辑刊印《湿地工作动态》。通过卓有成效的宣传教育工作，使我市公民的生态意识、生态道德、生态文化和生态法制理念不断提高，湿地保护和生态文明建设已成为市民的自觉行动。

◎管理状况

张掖黑河湿地国家级自然保护区管理局，直属于张掖市人民政府管理，下设高台、甘州、临泽三个副县级自然保护区管理局，其中高台保护局下设罗城、合黎、黑泉管护站，临泽保护局下设平川、鸭暖管护站，甘州保护局下设乌江、城郊管护站和湿地公园管理处，实行局、分局、管护站三级垂直管理，管理局内部机构设办公室、规划建设科、产业开发科、资源管理科、财务管理科、宣传教育科、湿地保护总站、湿地生态监测站和湿地公安派出所。

（张掖黑河湿地自然保护区供稿）

甘肃 黄河首曲 国家级自然保护区

甘肃黄河首曲国家级自然保护区位于甘南藏族自治州玛曲县境内，地理坐标为东经101°54′12″～102°28′45″，北纬33°20′01″～33°56′31″。以郎曲乔日干为中心，北面、东面和南面以黄河为界，西面以玛曲县西部的山脉为界，主要分布在尼玛、采日玛、齐哈玛、欧拉、阿万仓6乡和河典马场，总面积为203401hm²，海拔3300～4800m是以保护高原湿地生态系统为主的湿地类型自然保护区。始建于1995年，2013年经国务院批准晋升为国家级自然保护区。

湿地上的日出（班玛才让摄）

◎自然概况

黄河首曲自然保护区地层构造属于西秦岭古生代褶皱的一部分，出露地层以中生界和晚生界为主，主要是三叠系板岩、页岩、千枚岩及第四纪沉积物，成土母质主要有湖相沉积母质、冲积母质、洪积母质、坡积母质、残积母质。保护区地势西南高，东北低，为高原浅丘沼泽地貌。区内丘陵断续分布，丘顶浑圆，相对高度一般不超过100m，丘间开阔，地势平坦。丘间沟壑纵横、蜿蜒迂回，流水不畅，形成大面积的沼泽地和众多的牛轭湖。地面平坦低洼，加之沉积物质黏重，地表长期积水，泥炭沼泽因而发育，沼泽植被得以生长良好，因而沼泽地泥炭层堆积深厚。

保护区地处高寒阴湿区，属高原大陆性气候。一年中仅有冷暖季之别，而无明显的四季之分。冷季寒冷而漫长，

沼泽湿地（班玛才让摄）

暖季短暂，年温差较小，日温差悬殊，秋季降温快，春季升温慢，秋夏多雷雨冰雹。年均气温1.1℃，7月平均气温10.7℃，年极端最高气温23.6℃，年极端最低气温-29.6℃。全年没有绝对无霜期，多年平均无霜期只有19天，全年各月都有霜冻现象，土壤持续冻结天数190天，最大冻土层深度120cm。受西风环流影响和高原地形作用，雨量充沛，年均降雨量625.5mm，全年降水约150天。年蒸发量1353.4mm，且降水集中在7～9月，占全年降水量的50%以上。黄河首曲的气候灾害主要有低温连阴雪、雪暴、冰雹、大风和干旱等。

首曲湿地所在的玛曲县水资源十分丰富，境内河流属黄河水系。黄河自青海省久治县门堂乡进入玛曲境内

阿万仓贡赛尔喀木道湿地（班玛才让摄）

1246

灌丛湿地（班玛才让摄）

后，从南、东、北三面环绕玛曲县而过，在县境内流程约 433km，占甘肃境内黄河流程的 47.4%，流域面积达 1.01 万 km²。黄河流入玛曲时的流量为 38.91 亿 m³，流出玛曲时流量增加到 108.1 亿 m³，净增约 69.2 亿 m³，占黄河源区总径流量 184.13 亿 m³ 的 37.6%，其中玛曲县境内自产水量就多达 27 亿 m³。

首曲湿地植被有 2 个植被型组 3 个植被型 20 个群系，以禾草型湿地植被型和莎草型湿地植被型为主要植被类型，另外还有落叶灌丛湿地植被型和零星分布的杂类草湿地植被型，植被面积约 5 万 hm²。依赖其生存的湿地脊椎动物达 16 目 23 科 59 种，占甘肃湿地动物总数的 22%。湿地高等植物 366 种（包

括亚种和变种），隶属于 62 科 201 属。

◎**保护价值**

黄河首曲自然保护区是具有极高生态价值和社会效益的大型多功能高寒湿地，也是世界上保存最完整的自然湿地之一。

首先黄河首曲保护区位于号称"地球第三极"的世界第一屋脊——青藏高原的东缘，若尔盖高寒沼泽的核心地带，是世界上最大的一片高原泥炭沼泽地。它是第四纪喜马拉雅造山运动以来低位发育的草本沼泽，与我国东北地区和前苏联的沼泽发育过程有关显著差异。同时又处在中国生物多样性保护的关键地区之内，从动植物区系、分布以及生态系统的结构都具有代表性。因此在世界

范围内，黄河首曲湿地是极其重要的湿地，具有重要的生态区位价值。

其次由于其特殊的生态特性，在植物生长、促淤造陆等生态过程中积累了大量的无机碳和有机碳，湿地环境中，微生物活动弱，土壤吸收和释放二氧化碳十分缓慢，形成了富含有机质的湿地土壤和泥炭层，起到了很好的碳封存作用，减少了大气二氧化碳等温室气体浓度，降低了温室效应，调节了气候。

三是黄河首曲湿地是黄河上游重要的水源涵养区，首曲湿地因此被称为黄河的蓄水池和"高原水塔"，具有特殊的生态保护功能。不仅对本地区经济发展具有十分重要的作用，而且对促进黄河中下游地区经济可持续发展具有十分重要的作用。

飞翔的斑头雁（班玛才让摄）

红脚鹬（班玛才让摄）

成群的黑颈鹤（班玛才让摄）

棕头鸥（班玛才让摄）

黑颈鹤（班玛才让摄）

飞翔的黑颈鹤（班玛才让摄）

黑　鹳（班玛才让摄）

泥炭地恢复（班玛才让摄）

似鲶高原鳅（班玛才让摄）

鬣羚（班玛才让摄）

白唇鹿（班玛才让摄）

广袤无垠的玛曲大草原（班玛才让摄）

四是由于黄河首曲湿地拥有独特的高原湿地资源，促使其成为一个物种和遗传多样性较高的地区。保护区内为平坦状高原，气候寒冷湿润，泥炭沼泽得以广泛发育，沼泽植被发育良好，生境极其复杂，生态系统结构完整，生物多样性丰富，特有种较多，是我国生物多样性关键地区之一，也是世界高山带物种最丰富的地区之一。其中，被列入《世界自然保护联盟濒危物种红色名录》中濒危物种1种豺，易危物种玉带海雕、黑颈鹤。属近危的4种，分别是倭蛙、白眼潜鸭、秃鹫、香鼬。国家重点保护动物18种，其中国家一级保护动物6种，为鸟类。国家二级保护动物12种，包括鸟类8种，哺乳类4种。

◎功能区划

黄河首曲自然保护区功能区分核心区、缓冲区和实验区三个功能区，核心区位于采日玛、曼日玛以及河曲马场所辖的部分区域，这片区域是黑颈鹤、黑鹳等珍稀野生动物的主要栖息地、湿地资源最为丰富多样、泥炭资源未被扰动、畜牧业生产活动十分有限，同时与"黄河上游特有鱼类国家级水产种质资源保护区""甘肃玛曲青藏高原土著鱼类自然保护区"毗邻，划为保护区核心区十分适宜。核心区79004万hm²，占总面积的38.84%。缓冲区的划分是根据行政区界、地形地貌、人为干扰情况而定，目的是使得核心区不受外界干扰，处于保护之下。缓冲区的面积53063万hm²，占总面积的26.09%，实验区是依据保护区科学研究、宣传教育、资源合理利用等实际需要划定。实验区面积71334万hm²，占总面积的35.07%。

保护区尚没有开展过任何科研协作工作。（甘肃省林业厅 金秋艳供稿）

国外专家提取泥炭样本－恢复的（班玛才让摄）

国外专家测量泥炭厚度（班玛才让摄）

在核心区测定植物群落结构（班玛才让摄）

技术人员深入核心区调查（班玛才让摄）

青海 玉树隆宝
国家级自然保护区

青海玉树隆宝国家级自然保护区位于青海省玉树藏族自治州玉树县隆宝镇境内，地处青藏高原主体的中心位置，是长江源头一级支流解曲的发源地。地理坐标为东经96°24′~96°37′，北纬33°09′~33°17′。保护区所在地行政区划属于玉树藏族自治州玉树县隆宝镇，涉及措多、措美和措桑三个行政村，从玉树县政府所在地结古镇经玉治公路可直达保护区，距玉树县约60km。保护区总面积为1万hm²，属野生动物类型自然保护区，是以保护黑颈鹤、天鹅等水禽及草甸生态系统为主的综合性自然保护区。

◎ 自然概况

玉树隆宝自然保护区内地形平缓，山脉绵亘，形成5个相连的湖体，从保护区中心向周围延伸，依次为湖泊、沼泽、沼泽草甸、高寒地草甸、高寒山地草甸、裸岩，是我国地域海拔最高的黑颈鹤栖息繁衍地。保护区自建立以来，一直由玉树藏族自治州林业环保局代管，以林业环保局的一个科室来管理。

保护区位于青藏高原东部川西高山峡谷向高原主体过渡地段上的隆宝

滩盆地中部的薹草沼泽地，四周环山，呈"凹"字形，平均海拔在4300m以上。南面有仓宗查依山、亚琴亚琼等山，北有宁盖仁其崩巴、肖好拉加等山。其南面的仓宗查依山最高海拔为4760m，北面的宁盖仁其崩巴最高海拔5182m。隆宝湖在山间形成东西狭长的湖泊，有兴雅陇、斜雄陇、波玛拉涌、格岗陇、涅大果尚、帮琼陇等7条河流和6条季节性河流将水注入5个相连的小湖中，湖水晶莹剔透，四季不干。湖水周围是不规则的水坑和松软的草墩，草墩之间被水隔绝，水坑内水生生物丰富。湖底有很厚的淤泥层。从隆宝湖到周围山地，其生境依次为湖泊、沼泽、沼泽草甸、高寒平地草甸和高寒山地草甸及裸岩。

保护区属大陆性高寒气候，因海拔高，气候严寒，光能丰富，热量不足，水分充足，降水集中，冬季漫长而寒冷，夏季较短，四季不明显。全年日照2300h左右，年总辐射量平均为639.7kJ/cm²，年平均气温为2.9℃，年最高气温出现在7月，月平均气温为9.3℃，极端最高气温28.7℃；年最低气温在1月，月平均气温-7.8℃，极端最低气温-26.1℃。植物生长期短，无绝对无霜期。年降水量为487mm，年蒸发量为1110mm。

保护区土壤以高寒沼泽土、高寒草甸为主，土壤厚度30～60cm，土壤条件中等。

◎ 保护价值

隆宝湖是典型的高原湖泊。保护区内有众多的泉水喷涌而出，水量稳定，水质洁净。纵横迂回的溪流，星罗棋布的湖泊沼地把草滩切割成无数大小不等的小岛。区内有可供鹤类栖息繁殖的湿地约4500hm²。

现保护区内栖息的鸟类有12目20科30种，其中留鸟9种，夏候鸟17种，冬候鸟1种，旅鸟2种，居留型不清的1种。优势种主要有黑颈鹤、斑头雁、角百灵、长嘴百灵等，此外，数量较大的种类还有赤麻鸭、白眼潜鸭、普通秋沙鸭、绿头鸭、鹊鸭、红脚鹬、普通燕鸥、玉带海雕、秃鹫等。国家一级保护鸟类有黑颈鹤、黑鹳、胡秃鹫、白尾海雕、玉带海雕5种。国家二级保护鸟类有大天鹅、高山兀鹫、短耳鸮、纵纹腹小鸮、斑头雁、藏雪鸡、秃鹫、猎隼8种。大多数候鸟从3月底冰雪消融开始迁徙到保护区，9月底10月上旬湖面封冻时迁走，但也有部分鸟类在更晚一些时候才迁走。据1997年调查，保护区有兽类4目5科7种，即藏原羚、狼、藏狐、喜马拉雅旱獭、高原兔、高原鼠兔、长尾仓鼠。但有关资料报道，保护区及周边可能有雪豹、黄羊、黄鼬、香鼬、水獭等，雪豹为国家一级重点保护野生动物，藏原羚和黄羊为国家二级重点保护野生动物。保护区植被以高原薹草沼泽和沼泽草甸为主。包括冬虫夏草、藏嵩草、喜马拉雅嵩草、短嵩草、毛囊薹草、矮金莲花、长管马先蒿、水麦冬、长花野青茅、驴蹄草等植物，其中冬虫夏草为名贵中药。保护区内还有20余种昆虫，其中包括4种珍贵的高原蝶类。

此外，保护区还有丰富的鱼类资源。

近年来，江河源头生态与环境恶化，尤其是湿地的萎缩和水文功能的减弱，不仅影响了当地社会经济发展，而且危及到中下游地区的生态环境和经济的可持续发展。长江中下游的洪涝灾害、黄河的断流、连续的沙尘暴等都与江河源头的湿地生态与环境退化和功能减弱有着密切的关系。由于江河源头区的一些重要湿地对维护整个湿地生态环境，涵养和调节中下游水资源方面起着决定性的作用，因此，保护好作为长江源头一级支流解曲的发源地——隆宝湖这个重要湿地，为长江水域的生态与环境安全奠定了重要的基础。

玉树隆宝自然保护区是目前我国和全世界为数不多的黑颈鹤繁殖地的主要集中分布区之一。但这块土地上的黑颈鹤及其他珍稀鸟类也受到草场过牧、超载、栖息地恶化，冰川和湖泊萎缩等自然环境变化和偷猎行为的威胁，生存状况不容乐观。为此，要采取有效的保护措施，加强巡护管理和栖息地保护，为野生鸟类创建一个和谐、安宁的自然和社会环境。

◎ 功能区划

隆宝自然保护区1984年筹备，1986年经国务院批准成立后，根据《中华人民共和国自然保护区条例》和《自然保护区工程总体规划设计标准》，对隆宝湖保护区进行了功能区划。区划系统分为核心区、缓冲区和实验区3个功能区，其中核心区面积为7573hm²，占自然保护区总面积的75.73%；缓冲区总面积为1600hm²，占总面积的16%；实验区为827hm²，占总面积的8.27%。

◎ 管理状况

1992年保护区一期工程建设投资117.5万元，其中国家投资70万元，省计委地方统筹30万元，其余由财政解决，进行基础设施建设，具备了初步的管理条件。建设的工程内容主要有保护围栏3万m，业务用房878m²，围墙580m，还有道路、观测设备。但目前管理设施还不够完善，居住在保护区附近的牧民侵占保护区湿地放牧，在一定程度上影响到源区栖息鸟类的活动空间，污染保护区水源，使湿地面积逐年萎缩。

1985年，原青海省农林局组织有关科技人员对保护区进行了实地调查，编制了总体规划设计，1997年，青海省野生动植物和自然保护区管理局组织对其中的野生动物资源进行了调查，并整理总结出调查报告。但总体上，保护区的科研能力薄弱，科研水平亟待提高。

保护区的保护和管理工作涉及社会的各个方面，是一项综合复杂的系统工程。为最大限度地加强对保护区的保护和管理，使珍稀野生动物及湿地复合生态系统得到有效保护，防止湿地生态系统退化和土地荒漠化，维护高原湿地生态系统的和谐平衡，除了认真贯彻执行法律、法规及政策之外，还就其综合性和特殊性制定专门的保护管理措施，使保护区的工作有的放矢。

隆宝保护区有河流、湖泊、雪山、冰川等多种湿地类型，是我国珍稀濒危野生动物黑颈鹤的重要繁殖地，每年有150多只黑颈鹤在保护区内筑巢繁殖。保护区生态系统结构完整，功能健全，受人类干扰较小，野生动物资源丰富，

荒漠中的湿地

具有典型性和代表性。加强高原湿地生态系统、高寒草甸以及珍稀野生动物的保护，合理利用当地的资源优势，适当地开展生态旅游和多种经营活动，是促进保护区的自身发展的新思路。

（玉树隆宝自然保护区供稿）

鸟巢

斑头雁

青海青海湖国家级自然保护区位于青藏高原东北部，祁连山系南麓，地理坐标为东经99°36′～100°46′，北纬36°32′～37°25′。跨海南、海北两个藏族自然州的共和、刚察、海晏3县。其范围包括东自环青海湖东路，南自109国道、西自环湖西路、北自青藏铁路以内的整个青海湖水体、湖中岛屿及湖周沼泽滩涂湿地、草原，总面积为495200hm²，属湿地生态系统类型的自然保护区。保护区始建于1975年，1992年被列入《关于特别是作为水禽栖息地的国际重要湿地公约》（《湿地公约》）国际重要湿地名录。1997年12月经国务院批准，晋升为国家级自然保护区。

◎ 自然概况

青海湖处在高原山间盆地，南傍青海南山，东靠日月山，西临阿木尼尼库山，北依大通山，湖面海拔3193m。区内地貌类型复杂多样，周围地形西北高、东南低，周围地貌从高山到湖面分别是极高山、高山、山前冲积平原、湖积平原。湖体东西长104km，南北宽68km，水域面积483.3km²。湖的北部和东部是大面积的风沙堆积区，其中有沙地、流动沙丘、半固定沙丘和固定沙地；在湖边及低洼地带有沼泽地分布；在湖的西部和北部发育着河漫滩、三角洲及河流堆积阶地；湖岸周围分布有沙堤阶地。

青海湖周围有大小河流40余条，均属内陆封闭水系，青海湖的水资源主要来源于此，其中主要河流有7条，即布哈河、泉吉河、沙柳河、哈尔盖河、甘子河、倒淌河及黑马河，其流量约占入湖总径流量的95%。其中以布哈河最大，长约300km，是青海湖裸鲤（湟鱼）在夏初集中产卵繁殖的主要场所。全区流域年地表径流量为19.3亿m³，年总输沙量为48.8万t。尕日拉、泉湾、鸟岛附近有丰富的地下淡水资源，这与鸟类栖息繁衍有极大关系。青海湖最大水深约27m，平均水深19m，湖水呈微碱性，pH值9.23，相对密度1.0115，含盐量14.13g／L。由于湖水下降，湖面退缩，目前已分离出尕海、夏日脑、海晏湾、洱海4个子湖。

保护区地处我国东部季风区、西部干旱区和西南部高寒区的交汇地带，属高原半干旱高寒气候区，寒冷期长、温暖期短，没有明显的四季之分。但有其自身的湖泊效应，干旱、少雨、多风、太阳辐射强、蒸发量大、日温差大，是保护区总的气候特点。本区年均气温−0.7℃，最热的7月平均气温10.4～15.2℃，绝对最高气温为26℃；最冷的1月平均气温−14.4～−10.7℃，绝对最低气温−35.8℃。每年的12月至翌年3月湖面封冻，冰厚可达60cm。区内平均降水量在319～

青海湖

青海湖景观

395mm之间，个别年份达500mm以上，多集中在6～8月份；年均蒸发量约1300～2000mm，6～9月的蒸发量占全年蒸发量的60%。年日照时数为2430～3330h，年总辐射量高达607～720kJ/cm²。年均风速为3.7～4.4m/s，年均大风日数为47天。

青海湖自然保护区主要有草甸土、沼泽土、风沙土、盐土和栗钙土等土壤类型。草甸土属水成性的隐域性土壤，植被较好，主要生长怪柳、金露梅、沙棘、针茅等；沼泽土土层较厚，植被生长茂盛，多生长喜湿植物，嵩草、薹草、海韭菜、毛茛以及苔藓和地衣等生长良好；风沙土集中分布于湖东沙地和湖滨滩地，固定风沙土形成波状起伏，植被类型较多，主要有芨芨草、针茅、冰草、羊茅等；盐土（草甸盐土）呈块状或带状分布，植物生长稀疏，成片状分布，主要有早熟禾，其次为西伯利亚蓼及蓼科植物；栗钙土分布于布哈河中游的山前冲积阶地，湖滨平原以及丘陵地的前沿地带植被以丛生禾草为主，湖滨平原以芨芨草、针茅、细叶薹草、冰草、早熟禾、赖草为主。

保护区及周边地区野生动物资源丰富。据调查，共有鸟类189种、兽类41种、两栖爬行类5种、鱼类8种。其中国家一级保护野生动物8种：黑颈鹤、黑鹳、玉带海雕、金雕、白肩雕、胡兀鹫、普氏原羚、野牦牛，二级保护动物29种；列入《濒危野生动植物种国际贸易公约》的有38种；属于中日保护候鸟协定的有50种，中澳保护候鸟协定的有24种。在区内栖息的各种鸟类数量在30万只以上，其中以水禽为优势，如斑头雁、棕头鸥、鱼鸥、鸬鹚4种大型水鸟数量在6万只左右。每年冬季有1500只左右的大天鹅在尕日拉、泉湾等地下泉水旺盛的区域越冬。此外，该保护区还是候鸟南来北往的中继站，有近20种水鸟迁徙途经此地，数量达7万多只。保护区独特的地理环境，为水鸟提供了理想的栖息、繁殖场所。

保护区的动物区系组成以典型青藏高原野生动物成分为主体，区内的兽类动物以啮齿目、食肉目、偶蹄目种类居多。普氏原羚是湖滨沙化草地的代表种，是世界级濒危的野生动物物种之一，目前数量仅有300只，比大熊猫还稀少。

◎ **保护价值**

青海湖保护区由于地处中国三大自然环境区的交汇处，因而孕育了丰富多样的植物种类，已查明的种子植物共计445种，属于52科174属，表现为温性植被与高寒植被共存的分布格局。湖水中发育有藻类植物53种，包括硅藻22种，绿藻18种，蓝藻10种，裸藻、黄藻和甲藻各1种。

保护区广阔的湿地景观给各种湿地鸟类提供了良好的栖息、繁殖、越冬、迁徙条件。主要鸟类有斑头雁、棕头鸥、鱼鸥、鸬鹚、黑颈鹤、大天鹅等。

斑头雁是广泛分布于青藏高原的夏候鸟，青海湖湿地是其在青海境内主要的繁殖地。在青海湖主要分布于蛋岛、三块石及环湖沿岸的漫滩湿地和河流入湖口湿地，主要营巢地是蛋岛和三块石。据近年的直观统计和综合分析种群数量达9600只。

棕头鸥是青海湖鸟岛主要的景观鸟类之一，主要繁殖巢区是蛋岛，活动范围广布青海湖区。近几年在布哈河三角洲和湖北岸浅滩露出湖面的凸突沙地开

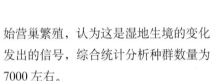

青海湖草塘

始营巢繁殖，认为这是湿地生境的变化发出的信号，综合统计分析种群数量为7000左右。

鱼鸥随着青海湖水位的下降和湖周环境变迁，繁殖巢地近几十年变化极大。1978年以前，主要分布在鸟岛，以后逐渐转移到鸬鹚岛西北角沙滩地带；1985年后又开始变迁。平均种群数量为19000只。

鸬鹚是青海湖四大夏候鸟之一，巢区分布集中在鸬鹚岛、海心山和三块石3个地带，其中三块石由于四周环水、离陆地较远，鸬鹚的营巢密度最高。据统计数量在16000只以上。

黑颈鹤是国家一级保护野生动物，在青海湖及环湖区域主要分布在泉湾、甘子河、倒淌河近入湖口的河段沼泽地和小泊湖沼泽地及海晏湾湖滨湿地。由于几处沼泽面积不大，加之水位下降、放牧的侵扰和人为活动的影响，总数量50～60只基本稳定，因而保护好黑颈鹤栖息的沼泽湿地对恢复发展其种群数量至关重要。

大天鹅在青海湖为越冬候鸟，每年的9月下旬陆续从北方迁来，栖息在青海湖西岸的泉湾、那尕泽、尕日拉近湖岸水面及沼泽地带。它在青海湖的越冬时间约为180天。夏季在甘子河入湖口处的小湖泊沼泽中偶有几只停留，据观测，近几年有1对在裙裾湖的芦苇丛中繁殖。青海湖越冬的大天鹅数量在1500只左右。

另外，每年春秋季在黑马河至泉湾一线，鸟岛、泉吉至沙柳河一线，洱海等湖面有近7万只的赤嘴潜鸭、绿头鸭、赤麻鸭等水禽戏嬉停留，准备北飞、南迁，场面十分壮观。

青海湖自然保护区是世界著名的湿地自然保护区，是青藏高原生物多样性的宝库，既是我国重要的高原湿地，又是青藏高原上生物多样性最丰富的地区之一，是水禽的集中栖息地和繁殖育雏场所，也是多种珍稀动植物生长繁育区，特别是濒危动物——普氏原羚的唯一栖息地。普氏原羚为极度濒危野生动物物种之一，被列入15大野生动植物拯救保护工程。青海裸鲤俗称湟鱼，被誉为"青海湖精灵"，是青海湖内占绝对优势的主要鱼类资源，约占湖内鱼类资源总量的95%以上，为青海湖最具高原

特色的鱼类资源。由于湖区气候相对较为寒冷和鱼类饵料相对贫乏，湖中鱼类的生长速度十分缓慢，一般体重250g的鱼平均年龄为8～9年，体重500g的青海裸鲤平均年龄为13～15年。而且近年来气候变化和人为活动的综合影响，入湖河流水量减少，部分青海裸鲤洄游产卵河道出现断流现象，致使大量的繁殖鱼群搁浅死亡，加之人为捕捞，青海裸鲤资源锐减。青海湖区域是青海省主要少数民族藏族聚居区，也是青海省的重要牧区之一。草地畜牧业较为发达，在青海省国民经济中占有重要地位。

青海湖是高原高寒干旱地区重要的水源，是青海湖周边及更广大地区的气候调节器。青海湖区有日照时间长，太阳辐射量高，气压及含氧量低等特点。区域内年平均降水量仅300～400mm，但多年平均蒸发量在1300～2000mm。青海湖成为高寒干旱地区重要的水源，对环湖及周边的气候影响非常之大。据有关研究，青海湖的存在使环湖地区年平均气温升高了0.1℃以上，无霜期延长了10天，气温日变化和缓；青海湖还使湖区及周边地区的湿

度变大，阴雨天气增多，蒸发量相对减少。因此，青海湖及周边地区成为了青海省的优良牧场、野生动植物资源特别是水禽鸟类良好的栖息、繁育分布地，并形成了独有的高原自然风光。

◎ 功能区划

保护区划分为核心区、缓冲区和实验区3部分。

核心区：根据保护区面积大、鸟类分布聚集、湿地保护需要等实际情况，设立6个核心区，分别为鸟岛核心区、鸬鹚岛核心区、湿地核心区、三块石核心区、海心山核心区及沙地核心区，分别保护鸟类和普氏原羚等珍稀动物。

核心区自然资源和生态环境保存较

为完好，具有典型的代表型。实行绝对保护，面积共计917.52km²，占总面积的18%。

缓冲区：在各核心区周围根据实际需要划定缓冲区范围。本区内可进行必要的监测、科研等工作，通过保护，缓解生态环境逐步恶化的势头。面积为472.15 km²，占总面积的10%。

实验区：除核心区，缓冲区外的所有区域。该区青海湖水域占了99%，河口湿地较多，是开展各种治理工程，进行科学实验活动的集中地区。面积为3567.33km²，占保护区总面积的72%。

◎ 管理状况

保护区现已建成鸟岛、黑马河2个保护管理站投入使用，建设的保护围栏达10km。在鸟岛核心区安装有自动气象观测设备和资源及野生动物疫源疫病监测信息系统，可全天候、全方位对在此栖息的鸟类进行监测。

为了加强保护工作，对资源及其生态环境实行定期或不定期的管护和监测，还建有湿地、鸟类和野生动物疫源疫病监测站、点和野生动物救护中心，供监测、科研和非正常来源野生动物的救护饲养。

保护区管理局为了积极履行相关法律法规赋予的职责和《拉姆萨尔公约》明确的义务，有效保护区内的野生动植物资源和湿地生态环境，在管理工作中：一是强化了自然资源和湿地环境的保护管理工作；二是针对保护区管护范围涉及环湖地区两州三县和面广、线长、点多、且分散的特点，加强了保护设施建设，提高了保护能力；三是针对保护区沙化现象日趋严重的情况，在鸟岛区域采取草场封育、人工种草种树，设植草方格治理流动沙丘等措施进行植被恢复建设；四是在保护区的重点区域设有监测点和监测样地，定期或不定期地进行监测、分析，并和中国科学院等积极合作，进行鸟类环志、湿地恢复和野生动物疫源疫病监测等研究试验；五是针对普氏原羚这一珍稀物种目前仅存青海湖地区的情况，一方面开展详细的资源调查工作，另一方面积极采取多种形式进行宣传；六是开展青海湖流域生态现状实地科考和治理规划编制工作，全力促进青海湖流域的生态建设；七是积极与新闻媒体紧密配合，通过制作专题片、系列片、联合出版宣传画册等形式，进一步加大宣传力度，使青海湖生态环境的保护引起全社会的关注；八是青海湖保护区管理局地处少数民族聚居区，因此长期以来，把保护管理工作与当地农牧民群众的利益有机结合起来，而且利用部分生态旅游收入支持地方经济，使社区经济得到了共同发展，有效地促进了社区共管工作。

（青海湖自然保护区供稿）

青海 可可西里
国家级自然保护区

青海可可西里国家级自然保护区位于青海省玉树藏族自治州西北部,地理坐标为东经89°25′~94°05′,北纬34°19′~36°16′,北以昆仑山为界,西北至西以省界为界,南以格尔木市管辖的唐古拉乡界为界,东至青藏公路109国道。属野生动物类型自然保护区,总面积450万hm²。保护区建立于1996年,1997年经国务院批准晋升为国家级自然保护区。

可可西里自然保护区是中国生物多样性11个关键区域之一,其高原荒漠生态系统保存完好,自然条件非常恶劣,大部分属于无人区,是全世界原始生态环境保存最完好的地区之一。动物组成多为青藏高原特有种,特别是作为藏羚羊繁殖地,具有重要保护价值和国际影响力。

国家一级保护野生动物——野牦牛

◎ 自然概况

可可西里自然保护区内地势高峻,平均海拔4600m以上,最高6860m。受地质地貌构造控制,区内山地、宽谷和盆地呈有规律的带状排列,自北向南为:昆仑山东段博卡雷克塔格山和马兰山—大雪峰组成的大、中起伏的高山和极高山;勒斜武担湖—可可西里湖—卓乃湖—库赛湖高海拔湖盆带;可可西里山中小起伏的高山带;西金乌兰湖—楚玛尔河高海拔宽谷湖盆带;冬布勒山—乌兰乌拉山中小起伏的高山带。区内中部较低缓,西部高而东部低,基本地貌类型除南北边缘为大中起伏的高山和极高山外,广大地区为中小起伏的高山和高海拔丘陵、台地和平原。

可可西里地区因海拔高、气候干旱寒冷,形成了典型的高寒气候。年均温为-10.0~-4.1℃,绝对最低气温-46.2℃。变化趋势是由东南向西北逐渐降低。最冷月出现在1月,而在西金乌兰湖地区则有一明显的相对暖区,最暖月出现在7月。可可西里只有冷暖两季之分。在7~9月,一天之内可以领略和感受春、夏、秋、冬四季气温。保护区年均降水量在173~495mm之间,由东南向西北逐渐减少。降水主要集中在5~9月份,占年降水量的90%以上。可可西里地区由于受高空强劲西风动量下传的影响,成为整个青藏高原和全国风速主值区之一,年均风速由东南、东北向腹地及西部逐渐增大,等值线基本呈喇叭口型。风速在8.0~3.5 m/s之间。

可可西里自然保护区是羌塘高原内流湖区和长江北源水系交汇地区。东部为楚玛尔河水系组成的长江北源水系,以雨水、地下水形式补给,水量较小,以季节性河流为主。西部和北部是以湖泊为中心的内流水系,处于羌塘高原内流湖区的东北部,湖泊众多。

由于气候严寒,植被以高寒草甸、高寒草原和垫状植被为主。区内地形起伏

雪域高原景观

库赛湖

和缓, 土壤类型比较简单, 以高山草甸土、高山草原土和高山寒漠土 3 种地带性土壤为主, 其次为沼泽土, 零星分布有草甸土、龟裂土、盐土、碱土和风沙土等。

可可西里自然保护区地处青藏高原高寒草原 (草甸) 向高寒荒漠的过渡区, 主要植被类型是高寒草原和高寒草甸, 高山冰缘植被也有较大面积的分布, 高寒荒漠草原、高寒垫状植被和高寒荒漠植被有少量分布。有种子植物 214 种。野生动物资源十分丰富, 已知哺乳动物 32 种, 其中国家一级保护动物 5 种: 藏羚羊、野牦牛、藏野驴、雪豹、白唇鹿; 国家二级保护动物 8 种: 棕熊、猞猁、兔狲、石貂、豺、藏原羚、盘羊、岩羊。鸟类 53 种, 其中有国家一级保护鸟类 2 种: 金雕、黑颈鹤; 国家二级保护动物 8 种: 秃鹫、大鵟、猎隼、红隼、游隼、燕隼、大天鹅、藏雪鸡。另有爬行类 1 种, 鱼类 6 种。

可可西里自然保护区是昆仑山古老褶皱和喜马拉雅造山运动形成的高原隆起之结合部, 境内的山峰和冰川峻峭雄伟。著名的山峰有青海第一高峰布喀达坂峰和马兰山、岗扎日山、巍雪山、大雪峰、五雪峰和约巴杂钦等。区内还有众多的高原湖泊与河流, 号称 "湖的世界", 大大小小的高原湖泊有 7000 多个, 乌兰乌拉湖湖水面积 544km² , 是青海第四大湖; 西金乌兰湖由于小气候影响和矿化度特别高, 一般冬季不结冰, 在飓风中汹涌澎湃, 蔚为壮观; 太阳湖水深 41m, 是区内最深的湖泊; 卓乃湖藏语意思是 "藏羚羊集中的湖", 还有太阳湖、西多乌兰湖周围都是每年藏羚羊集中产仔的地区。可考湖是野牦牛重要的集中分布区。可可西里地处长江北源地区, 其西部和北部地区的河流大部分为内流河, 源源不断地注入各个湖泊, 因而保持着这些湖泊千万年来碧波荡漾, 永不涸竭。著名的河流有楚玛尔河、北麓河、红水河等。

◎ **保护价值**

可可西里自然保护区是中国生物多样性保护的 11 个关键区域之一, 自晚新生代以来, 青藏高原隆升强烈, 构造运动十分活跃, 自然环境演变急剧, 生物迁徙、融合比较复杂, 形成了独特的高原生物地理区系。保护区既保留了许多古老的物种, 同时又在该地区产生了许多新的属种, 成为现代物种分化和分布的中心之一, 是我国重要的物种基因库。在 200 多种植物中, 青藏高原特有种和青藏高原至中亚高山、西喜马拉雅和东帕米尔分布的种在区系成分中占主导地位。区内植物种类虽少, 但是种群大、分布广。在可可西里植物区系中垫状植物特别丰富, 全世界有垫状植物约 150 种, 在可可西里分布的垫状植物约有 50 种, 占青藏高原种类的 1/2, 占全世界的

雪豹

1/3。动物组成简单。但是，除猛兽猛禽多单独营生外，有蹄类动物具结群活动或群聚栖居的习性，因而种群密度较大，数量较多，这是青藏高原东部及南部森林动物不能比拟的。而且动物资源的特点是青藏高原特有种类多、珍贵稀有种类多，在物种保护和科学研究中具有十分重要的意义。同时，也是研究高原隆升、环境变化及其对生物发展、变化、新物种产生和进化等问题的理想场所，具有重要的生态和科研价值。

保护区高原荒漠生态系统保存完好，大部分地区海拔在5000m左右，环境条件非常恶劣，大部分属于无人居住区，也没有放牧活动，高寒荒漠生态系统类型保存得原始完整，是全世界原始生态环境保存最完好的地区之一，各种植被类型均保持着原生状态，同时也成为耐寒、抗缺氧的高原动物躲避天敌和人类伤害的天然乐园。

区内高原湿地资源和水生物资源具有极高的保护价值。可可西里高原湿地资源丰富，是青藏高原最重要的湿地分布区之一。有众多的湖泊、冰川、河流、沼泽，形成了独特的高寒湿地资源。贯穿可可西里的昆仑山、可可西里山、乌兰乌拉山、海拔5500m以上的山峰终年冰雪覆盖，积蓄着丰富的水资源，区内发育着各种类型的冰川437条，面积达1552.39km²，冰储量为162.8349km²。最大的布喀冰川长24.2km，尾宽3km。

保护区独特的地质地貌景观对古生物古地理研究具有十分重要的意义。据

地质资料表明本区特提斯洋在侏罗纪末最终消失，全部脱离海侵。乌兰乌拉山西端长达2000m的海相侏罗系剖面，具重大的科考价值。白垩纪开始陆地地貌发育的新阶段。白垩纪和早第三纪均以红色砂岩沉积为主，反映了当时干热环境。早第三纪地壳相对稳定，夷平面发育，目前本区高山夷平面是在这个时期形成的。中新世时期形成了一些新的盆地，古湖分布较广，普遍含有泥灰岩沉积，此期火山喷发活动强烈。本区西部熔岩被、平顶桌状方山地形很可能在这个时期开始形成的。上新世以来青藏高原的强烈隆起，本区地处高原腹地，主要表现为大面积的整体抬升，基本地貌形态变化不明显，区内局部差异性构造运动形成了一些第四纪古湖泊，如在昆仑山口附近和清水河等都发育的是更新世古湖。由于高原隆起，环境发生巨大变化，更新世期间，区内至少发生3次冰期。冰期和间冰期的冷暖、干温变化以及晚更新世以来环境强烈寒旱化，对本区气候地貌过程和现代自然环境形成都有重大影响。

可可西里地质构造发育年轻，地质十分活跃，是我国西部主要的地震发育

地带。据有关资料表明，20世纪20年代以来，可可西里共发生过大于或等于6.0级的强地震10次，5.0～5.9级的中度地震16次。2001年11月14日，区内发生的8.1级大地震所形成的新断裂更是吸引着一批批地质工作者前来考察研究，众多的地震断裂对开展探险考察，研究可可西里地质有着特别重要的价值。

可可西里的自然景观具有广袤的土地，巍峨的冰川，多彩的湖泊，蜿蜒的河流，加上这里又是一个寂静的无人区，勾画出一幅苍凉、博大、雄浑、奇特的高原画卷，给人一种身临世外的感觉。可可西里的自然景观复杂、多样，是世界上独一无二的旅游资源。随着青藏铁路的建成，旅游条件的日趋成熟，为保护区可持续发展创造了良好的机遇。

由保护区管理局筹集社会资金建成的可可西里藏羚羊救护中心坐落在保护区索南达杰保护站旁的清水河畔，这里水草肥美，交通方便。

2004年6月，建成昆仑山口可可西里环保碑。环保碑主体为5只藏羚羊，象征吉祥、平安。环保碑落成后，所有往来人员都在这里观赏宏伟的碑体，阅读碑文，拍摄留念。

藏羚羊

野牦牛

可可西里自然保护区是我国野生动物资源较为丰富的国家级自然保护区之一，也是我国最大的无人区自然保护区之一。保护区不但珍稀物种丰富而且具有丰富而独特的旅游资源，随着我国西部大开发战略的实施，保护区在自然环境保护，生物多样性保护，科学研究和生态探险旅游等方面将具有不可替代的科研、生态和经济价值。

◎ **功能区划**

保护区现有功能区划包括核心区、缓冲区和实验区。核心区在目前仍无人类活动的可可西里山与乌兰乌拉山－冬布勒山之间的地区，面积 255 万 hm²，占保护区总面积的 56.67%。

由于保护区的边界是青藏公路和铁路，大多数人为活动也主要集中在公路附近，因此，已经以青藏铁路为界，将保护区内青藏铁路以西 2km 的范围划为保护区的实验区，总面积 42700hm²，占保护区总面积的 0.95%。

缓冲区位于核心区与实验区之间，面积 1907300hm²，占保护区总面积的 42.38%。

更新世古湖

荒漠景观

卓乃湖的自然风光

长江北源楚玛尔河

◎ **管理状况**

保护区管理局行政上由青海玉树藏族自治州管辖，业务上由青海省林业局领导，内设森林公安分局、办公室、保护管理科和计划财务科，外设不冻泉、索南达杰、五道梁、沱沱河 4 个常设保护站和卓乃湖季节性保护站。

保护区管理措施：①严格按照《中华人民共和国自然保护区条例》，对保护区实行封闭式保护，严格保护区内原始生态与环境和野生动物栖息地。②开展基础性巡山反盗猎行动，严厉打击盗猎藏羚羊等违法犯罪活动。已多次成功破获盗猎藏羚羊未遂案件，挽救了上万只藏羚羊的生命。③开展野生动物救护和科学研究工作。几年来救护各类野生动物 248 只，其中大小藏羚羊 177 只，还建起了目前海拔最高的野生动物救护中心。还与青海大学医学院合作建起了我国海拔最高的高原医学研究基地。④开展生态保护宣传，一是在保护区周边开展经常性的宣传月和各种规模、形式的宣传活动；二是借助各地媒体，广泛宣传我国对野生动物保护的重视和为藏羚羊保护做出的努力及取得的成绩。

为增强保护工作的后劲，走可持续发展道路，可可西里自然保护区管理局经过多年的调查、论证，正筹备在保护区的实验区开展可可西里生态探险旅游，目前"可可西里生态探险旅行社有限责任公司"已经成立，力争早日开展工作。

（可可西里自然保护区供稿）

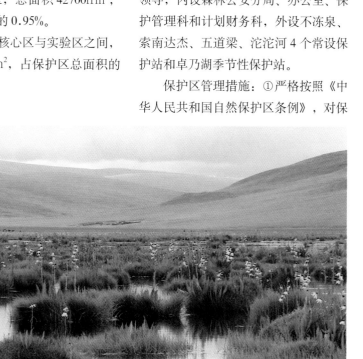

高寒沼泽

青海孟达国家级自然保护区位于循化撒拉族自治县境内，地处青藏高原与黄土高原的交汇地带，地理坐标为东经102°36′～102°43′，北纬35°43′～35°50′，总面积17290hm²，属森林生态系统类型自然保护区，是青海省建立的第一个以保护森林生态系统与野生动植物为主的自然保护区，主要保护较完整地植被垂直带、类型多样的森林生态系统和种类繁多的珍稀动植物资源，是我国西部罕见的古亚热带、亚温带和亚寒带南缘植物的汇集生长区，被誉为"青藏高原上的西双版纳"。保护区由省林业局和循化县人民政府双重领导，实行局所站三级管理模式。2000年4月经国务院批准晋升为国家级自然保护区。

国家二级保护动物——小鲵

◎ 自然概况

孟达自然保护区位于巴颜喀喇山支脉西倾山的东北边缘，在地质构造上属阿沁卡金—当蕊五台山隆起地带，属强烈切割的花岗岩闪长岩断块高中山地形，整个山区断裂呈地垒式抬升，山体主要由花岗闪长岩组成，岩性坚硬，节理裂隙发育，块体崩落盛行，整个地形切割破碎，分水岭薄，山脊两侧多折转为40°以上的陡坡，沟谷呈"V"形而狭窄，坡降大，河漫滩及阶地不发育。海拔从黄河岸边的1780m向南逐步升高，中部以上山势突起陡峭，海拔急剧增高。区内东南边界的黑大山高3357m，其阳坡属甘肃省积石县，地势急下，相对高差达800m，府视可见黄河沿岸景物，自然保护区的南界则是海拔4000m以上的当蕊山和五台山。

孟达自然保护区有大小河流支流5条，南北平行流入黄河，在自然保护区的中心地带，有一面积不大的高山湖泊——孟达天池，池长约700m，平均宽250m，略呈长方形，近东南向伸展，水面海拔2504m，平均水深10m左右，最深处可达37m，湖面面积为17.5km²，蓄水量约200万m³，每到雨季（7～8月份）水深在37m以上，蓄水量则达300万m³，湖水清澈，无臭，无味，水温较高，夏季深水处水温通常在15℃以上，天池的水源主要是由池脑沟的水注入湖内。

天池东端有一条南北走向的"天然大坝"，坝长200m，宽百余米，高出湖面50～70m，坝体由花岗闪长岩、变闪长岩及角闪片岩组成，块体崩落作

孟达秋景

天池斜阳

青杆

用盛行，天池水通过渗漏而外泄，流入木厂沟而注入黄河。

孟达自然保护区以其特殊的地形和高度，迎受着东南气流，加之由天池山间湖盆的影响，形成了优越的气候，温度、湿度及降水等均利于植物生长。由于山体对含有大量水汽的气流抬升和湿润的下垫面作用，使山地迎风面一侧的降水量大为增加。另一方面，四周山峦突起的群峰，起着屏障作用，阻止或减弱了来自高原内部干燥的气流，使天池附近较相同纬度和海拔地区的降水量增大，风速减少，地温提高，空气湿度增加，植物生长期较快。据调查，天池年平均气温5.4℃，日照时数为2685.8h，全年积温2797℃，极端最低气温−2.4℃，无霜期216天，年降水量622.7mm，风速2m/s。

孟达自然保护区的地形地貌形成了利于植物生长的小气候，其中天池是一个重要因素，水面的蒸发和周围茂密的森林植被的蒸腾作用，使林区空气中水含量增多，不仅能保持一定的湿度，而且增加了局部地区的降水量。

保护区土壤类型呈现明显的垂直分布，在海拔1780～2100m的下界林缘外的山麓丘陵及开阔谷地之间，土壤为温带半干旱地区地带性的栗钙土，土壤母质主要为第四纪黄土及砂砾层，土层厚度为30～100cm，腐殖质累积作用弱，有机质含量为3%～5%，土壤表层的钙质经淋溶后，在深60～70cm处，有一层厚15～20cm不很明显的钙积层，属于发育在黄土母质上的栗钙土，其上植被稀疏，为旱生型，土壤保水性差，侵蚀严重。在海拔2100～3000m之间，主要是在花岗岩上发育的灰褐色森林土，土壤肥力较高，腐殖质层厚，分解良好。在海拔3100m以上，属于高山灌丛草甸土，在阴坡生长着茂密的杜鹃灌丛，期间散生有巴山冷杉，而在阳坡土层薄而干旱，以稀疏的灌丛和草类为主。

◎ 保护价值

孟达自然保护区内物种资源丰富，是青海省唯一一处以保护森林生态系为主的自然保护区，区内的主要建群树种

和优势树种有：青杆、华山松、油松、巴山冷杉、辽东栎、红桦、牛皮桦、山杨等，此外还有圆柏属数种、紫果云杉、青海云杉、台湾桧及陇南杨、宽叶青杨等。

区内共有植物90科302属537种，其中木本植物159种，草本植物365种，蕨类10种，苔藓类3科3种。保护区面积虽不到全省总面积的三万分之一，却生长着青海省1/5的植物种，科数则占全省种子植物的81.8%。

孟达自然保护区地区森林茂密，山峦起伏，气候适宜，同时地处偏僻，交通不便，人烟稀少，这些都为野生动物的繁殖和生存提供了优越的条件。历史上曾有熊、豹、猞猁、狐等出没，后来由于伐木和放牧活动日益频繁，大量的动物逐渐迁徙而趋于绝迹。现存的哺乳动物仅有2目6科23种，鸟类68种，其中大多数是以捕食森林害虫为主的益鸟。

保护区还有独特的地质及植被景观。神仙洞景观位于天池以北，有洞3个，主洞高2m，宽2.8m，深2.6m，人称"神仙洞"；百岁海棠景观在天池西北边缘的石崖上，它部分树根露出，最

长的可达 3m, 盘曲蜿蜒的"双龙戏珠";
回音崖、虎啸泉、万亩杜鹃林等景观为
孟达天池增添了几处秀丽的景观, 是青
海省较理想的旅游和休闲胜地。

　　孟达自然保护区山体古老, 地形复
杂, 生态环境优越, 蕴藏着丰富的野生
动植物资源, 具有重要的保护价值。

　　以天池为中心的自然保护区, 呈
现着与青藏高原风光迥然不同的自然景
观, 这里植物种类多而繁茂, 成分复杂
而多异, 在这数百种植物中有 41 种是
青海其他林区尚未发现的新记录, 有巴
山冷杉、侧柏、春榆、小叶朴、啤酒花、
毛叶芍药、山荷叶、短角淫羊藿、类叶牡
丹、绢毛木姜子、落新妇、山楂、山荆子、
毛山荆子、变叶海棠、地锦、毛脉槭、栾
树、文冠果、桑叶葡萄、捕虫草、八仙花、

桃儿七

红花杓兰

黄花杓兰

白射干、北重楼等, 在这些植物中, 许多
种是在全国范围的水平分布上, 正处于
西界的边缘地带, 而中间又被黄土高原
西部边缘的延伸带所隔断, 东距西秦岭
西端的临洮线 100 多 km。在保护区内

共有国家重点保护珍稀濒危植物11种,
包括太白红杉、羽叶丁香、桃儿七及 8
种兰科植物, 划为第一批青海省重点保
护的植物有辽东栎、巴山冷杉、华山松、
油松、圆柏、侧柏等 8 种。

　　孟达自然保护区还是一个天然药
物植物园, 有药用植物 326 种, 分属于
77 科, 占全区植物的 63.1%, 其中已收
载在国家药典中的有 44 科 81 种, 其分
布的明显特点是集中于天池周围生境优
越、海拔在 2300 ~ 2700m 的针叶林和
针阔叶混交林下。较名贵和常用的药用
植物有大叶三七、羽叶三七、党参、桃
儿七、七叶一枝花、甘肃贝母、黄精、
短角淫羊藿、白首乌、黄瑞香、秦岭柴
胡、山荷叶、类叶牡丹、紫花碎米荠、
隐序南星、升麻、川赤芍、羌活、蕨叶
天门冬、南沙参、血满草、莲子藨等。
在海拔 3000m 左右的高山草甸及阳坡
灌丛中还生长有红花绿绒蒿、全缘绿绒
蒿、红紫桂竹香、长梗金腰子等。

　　保护区内除有丰富的药用植物外,
还有数十种可供观赏的灌木和小乔木,
如羽叶丁香、珍珠梅、东陵八仙花、山
梅花、蔷薇、海棠、花楸等, 均可引种
培植, 作为观赏植物资源。

　　孟达自然保护区极其优越的自然环
境, 为野生动物提供了一个理想的天地,
使其在这里繁衍、栖息, 但后来由于伐
木和放牧等人类活动日益频繁, 导致大

夏日天池

青杆林

孟达古栾树

量的动物迁徙而趋于绝迹。较珍贵或有一定经济价值的只有鬣羚、原麝、岩羊、黄鼬等；鸟类只有白腰雨燕、楼燕、绿啄木鸟、大杜鹃及多种柳莺属鸟类等，鸟类对某些树木种子，特别是较大种子的传播也起着积极作用，如蓝马鸡、星鸦皆食华山松的种子，但多数不得消化而随粪便排出，仍然能保持发芽能力。在保护区内属国家重点保护的动物有鬣羚、原麝、岩羊、红隼、黄鼬、蓝马鸡、斑尾榛鸡、环颈雉等。

保护区主要是保护孟达较完整的植被垂直带，类型多样的森林生态系统和种类繁多的珍稀动植物资源，是青海省次生林系统最为复杂的林区之一，也是我国西部罕见的古亚热带、亚温带和亚寒带南缘植物的汇集生长区，集中生长了由唐古特地区、华北地区、横断山脉地区三大植物区系的植物种，区内共有种子植物90科302属537种，其中有国家重点保护的濒危物种11种，这对物种稀少，植物景观单纯的青海，堪称为一座天然植物园，是研究植物群落结构及群落特征的基因库，而保护区的建立对青海东部地区水土保持、荒山造林、种源保护、引种驯化、黄河上游生态建设等方面有一定的现实意义，而且在植物学、动植物分类学和生态学等方面的学术研究具有重要的科研价值。

◎ 管理状况

为进一步加大保护力度，1981年由青海省农牧委员会组织综合考察队，对保护区的森林、植被、动物、水文、地质、气象、土壤等进行了科学考察，为保护区的管理工作提供了可靠的科学数据，而我局针对保护区实际情况，认真执行有关国家自然保护区的法令和相应的管理条例，采取了行之有效的管理措施，尤其是1998年国家实施禁伐以来，加大了对保护区的保护力度，从而使保护区内的森林资源和植被得到有效保护，林地面积也逐步增加，生态环境逐步得到改善，主要保护对象和野生动植物资源也得到切实有效保护。

保护区是在原孟达林场的基础上划建的，以前基础设施条件简陋。经过多年的不懈努力，2000年4月晋升为国家级自然保护区。随着保护区管理体制、职能、功能、经营思想的转变，有力地促进了保护区的保护和建设，景区道路全面完成并投入运行，珍稀植物园的框架已完成；同时保护区列入了"天保工程"范围，有力地促进了保护区各项事业的发展。通过项目的实施，我区基础设施条件进一步得到完善，项目区的社会效益大大提高，生态环境进一步得到改善，农民收入有了明显的提高。

保护区通过广泛的宣传教育，使广大干部和群众充分认识到加强自然保护区建设对保护生态环境，构筑黄河上游生态屏障，促进社会经济可持续发展的重要意义。形成了全社会都来关心自然保护区发展的良好氛围，使自然保护区的人文景观、自然资源、生态环境都得到了妥善的保护。

护林防火工作是保护区工作的关键环节。按保护区实际，成立了护林防火办公室，成立了以群众为主的防火突击队，以职工为主的消防队，并划分责任区，明确职责，完善各项护林防火制度，加大督促检查力度，确保护林防火工作的有序开展。

加强社区联系，促进社区经济发展。关心保护区及其周边社区的经济发展，促进当地群众脱贫致富，减轻对保护区自然资源的压力是保护区生存和持续发展的前提。我们与地方政府、社区群众加强联系，加强合作，融洽关系，尊重当地政府和群众的建议，合理安排当地群众搞第三产业，帮助他们走生产致富之路，同时建立互利互惠的社区共管关系，为改善保护区的周边环境，推进保护区的健康发展奠定了坚实的群众基础。

（孟达自然保护区供稿）

三江源
国家级自然保护区

青海三江源国家级自然保护区位于青海省南部。西、西南与可可西里自然保护区、西藏自治区接壤，东、东南与四川省、甘肃省毗邻，北以青海省海西蒙古族藏族自治州、海南藏族自治州的共和、贵南、贵德县及黄南藏族自治州的同仁县为界。地理坐标为东经89°24′～102°23′，北纬31°39′～36°16′，保护区行政区划涉及玉树、果洛、海南、黄南藏族自治州和海西蒙古族藏族自治州的17个县（市）69个乡（镇），总面积15.23万km²，约占青海省总面积的21%。由于该保护区地处长江、澜沧江和黄河的源头，所以简称"三江源"自然保护区，属湿地类型自然保护区，主要保护对象为珍稀动物、湿地、森林、高寒草甸、冰川等。

2000年5月23日青海省人民政府批准建立了"三江源省级自然保护区"，保护区的建立得到了党中央、国务院的高度重视。2000年7月21日江泽民总书记亲笔为"三江源自然保护区"题写区名，同年8月19日青海省人民政府和国家林业局在玉树通天河桥畔立碑纪念，全国人大常委会副委员长布赫题写碑文。2003年1月24日，国务院正式批准设立了三江源国家级自然保护区。2001年9月，省机构编制委员会批准成立了青海省三江源自然保护区管理局，2005年5月调整为青海省三江源国家级自然保护区管理局。

三江源针叶林

◎ 自然概况

三江源自然保护区地理环境独特，位于世界上最年轻的高原——青藏高原的主体部分。区域内地形复杂，地势高耸，山脉绵亘。昆仑山及其支脉阿尼玛卿山、巴颜喀拉山和唐古拉山脉构成了区内地形骨架，巴颜喀拉山是长江、黄河的分水岭。海拔5000m以上的山峰可见古冰川地貌。长江源区、澜沧江源区群山高耸，雄伟壮观，以冰川、冰缘地貌、高山地貌、高平原丘陵地貌为主，间有温泉谷地、盆地沼泽。黄河源区相对海拔较低，呈强烈侵蚀中山地貌、弱侵蚀的高原低山丘陵地貌、湖盆地貌及河谷地貌。三江源区海拔为3335～6621m，平均海拔4400m左右，海拔4000～5800m的高山是区内地貌的主要骨架。中西部和北部呈山原状，起伏不大，切割不深，多宽阔而平缓的滩地，因地势平缓，冰期较长，排水不畅，形成了大面积沼泽。东南部高山峡谷地带，切割强烈，相对高差多在1000m以上，地形陡峭，坡度多在30°以上。

保护区的气候属于青藏高原气候系统。为典型的高原大陆性气候。总的气候特征是热量低、年温差小、日温差大、日照时间长、辐射强烈、风沙大、植物生长期短，绝大部分地区

无绝对无霜期，无四季区分的气候特征。冷季为青藏冷高压控制，长达7个月，热量低、降雨少、风沙大；暖季受西南季风的影响，产生热低压，水汽丰富，降水较多，形成明显干湿两季。年平均气温为 −5.6 ~ 3.8℃。最热月7月平均气温为 6.4 ~ 13.2℃，极端最高气温28℃，最冷月1月为 −13.8 ~ −6.6℃，极端最低气温为 −48℃，年平均降水量 262.2 ~ 772.8mm。年日照时数 2300 ~ 2900h，年辐射量 5500 ~ 6000MJ/m^2。沙暴日数一般19天左右，最多达40天（曲麻莱）。区域内年降水高度集中，水热同期。降水量集中在 5 ~ 9月，占全年降水量的 80% ~ 90%，冷季干燥，雨量不到全年降水量的20%。由于地域差异，降水呈东南至西北递减趋势，在班玛、久治县年降水量在 700mm 以上，杂多、玉树、称多一带为 400 ~ 500mm，治多、曲麻莱、兴海等地降水量 300 ~ 400mm，莫云、五道梁一带在 300mm 以下。

保护区内土壤受环境、地形地貌等自然因素的影响，土层薄，质地粗。随着海拔由高到低，土壤类型依次为高山寒漠土、高山草甸土、高山草原土、山地草甸土、灰褐土、栗钙土、沼泽土、潮土、泥炭土、风沙土和山地森林土。土壤总特点是发育年轻、微生物活动较少、化学作用较弱、土层浅薄贫瘠、土壤容重较轻、保水性能差、容易受侵蚀而造成水土流失。

三江源地区植被的水平带谱和垂直带谱均十分明显，自东而西（海拔自低而高）依次为山地森林、高寒灌丛草甸、高寒草甸、高寒草原、高寒荒漠、沼泽植被和垫状植被。森林植被主要优势群落的建群种为川西云杉、紫果云杉、青海云杉、大果圆柏、祁连圆柏。灌丛植被与高寒草甸成复合分布，构成高山灌丛草甸，主要植被有山生柳、金露梅、杜鹃、高山绣线菊、沙棘等。高山草甸和高寒草原是三江源地区主要植被类型和天然草场，高山草甸植被以小嵩草、藏嵩草、异叶针茅等种群为优势，种类成分较丰富。高寒草原以青藏薹草和紫花针茅为主，植被稀疏，覆盖度小，草丛低矮，层次结构简单。垫状植被分布在山地高寒草甸带以上与高山流石坡稀疏植被带之间，常见的种有垫状点地梅、虎耳草、风毛菊以及垫状驼绒藜和葶苈等。沼泽植被则主要分布于源头地区，一般形成藏嵩草、薹草为主的草甸化沼泽以及以杉叶藻为建群种的单优群落。植被类型虽复杂多样，但群系内部组成较为单一，多为单优势结构，建群种和优势种明显，伴生种不多。植被的原始性和脆弱性十分突出，部分地区仍保持原始景观。

保护区内河流、湖泊、沼泽等湿地面积达 7.33 万 km²，其中：河流 180 多条，面积 0.16 万 km²；大小湖泊约 16000 个，面积 0.51 万 km²；源头发育有大片沼泽，面积达 6.66 万 km²，成为中国最大的天然沼泽分布区；有雪山、冰川面积为 2400km²。

在三江源地区，河流主要分为内流河和外流河两大类，外流河主要是通天河、黄河、澜沧江三大水系，支流有雅砻江、当曲、卡日曲、子曲、解曲等大小河川并列组成。

长江发源于唐古拉山北麓格拉丹冬雪山，省内全长 1217km，占干流全长的 19%。除正源沱沱河外，区内主要支流还有楚玛尔河、布曲、当曲、聂恰曲等，年平均径流量为 177 亿 m³。

黄河发源于巴颜喀拉山北麓各姿各雅雪山，省内全长 1959km，占干流全长 5464km 的 36%，主要支流有多曲、热曲等，年平均径流量 232 亿 m³。

澜沧江发源于果宗木查雪山，省内全长 448km，占干流全长的 10%，年平均径流量 107 亿 m³。

青藏高原独特的地理环境和特殊的气候条件，发育了世界上独一无二的大面积的高寒湿地、高寒荒漠、高寒干旱草原等独特的生态系统。孕育了三江源地区独特的生物区系，集中分布有大量的特有珍稀濒危野生动物，被誉为高寒生物自然种质资源库，是世界上高海拔地区生物多样性最集中的地区。三江源地区的动植物资源较为丰富且独具特点。区内共有野生维管束植物 87 科 471 属 2238 种，约占全国植物种类的 8%，其中，药用植物有 1000 余种。区内野生动物有兽类 8 目 20 科 85 种，鸟类 16 目 41 科 237 种，两栖爬行类 4 目 10 科 16 种，其中国家一、二级保护动物有 69 种。

◎ **保护价值**

根据保护区主体功能确定其为以高原湿地生态系统为主体功能的自然保护区。其主要保护对象为：

高原湿地生态系统，重点是长江源区的格拉丹冬雪山群、尕恰迪如岗雪山群、岗钦雪山群，黄河流域的阿尼玛卿雪山、脱洛岗雪山和玛尼特雪山群，澜沧江流域的色的日冰川群；当曲、果宗木查、约古宗列、星宿海、楚玛尔河沿岸等主要沼泽；以及列入中国重要湿地名录的扎陵湖、鄂陵湖、玛多湖、黄河源区岗纳格玛错、依然错、多尔改错等湿地群。

国家与青海省重点保护的藏羚、野牦牛、西藏野驴、雪豹、岩羊、藏原羚、冬虫夏草、兰科植物等珍稀、濒危和有经济价值的野生动植物物种及栖息地。

高原森林生态系统与典型的高寒草甸、高山草原生态系统。

青海（川西）云杉林、祁连（大果）圆柏林、山地圆柏疏林、高寒灌丛、冰缘植被、流坡植被、高寒草甸与高山草原植被等特有植被。

保护区划分 3 个功能区，其中核心区面积 3.12 万 km²，缓冲区面积 3.92

三江源针叶林

万 km²，实验区面积 8.19 万 km²。保护区共有 18 个核心区，其中湿地类型核心区 8 个，面积为 1.52 万 km²，为阿尼玛卿雪山、星星海、年保玉则、当曲、格拉丹冬、约古宗列、扎陵湖—鄂陵湖和果宗木查核心区；野生动物类型核心区 3 个，面积为 1.14 万 km²，为索加—曲玛河、江西和白扎核心区；森林灌丛核心区 7 个，面积为 0.46 万 km²，为通天河沿岸、东仲—巴塘、昂赛、中铁—军功、多可河、麦秀和玛可河核心区。

◎ **管理状况**

国家林业局把青海三江源国家级自然保护区作为全国自然保护区建设的一

三江源景观

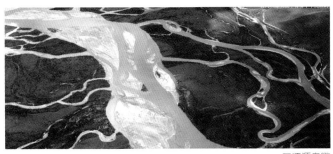

三江源鸟瞰　　　　　　　　　三江源混交林

三江源针阔混交林

号工程，从投资、项目等方面给予了重点倾斜，先后实施了三江源国家级自然保护区纪念碑立碑建设工程、碑址周围造林绿化工程、站址建设一期工程、基层监测站、保护站建设等建设项目。

为把三江源自然保护区规划好、建设好，青海省政府、国家林业局及有关部门多次组织专家进行科学考察和规划工作。编撰了《青海三江源自然保护区科学考察报告》《青海三江源自然保护区总体规划》《黄河、长江源头天然林保护规划》等规划、可行性研究报告30多本，为三江源地区的生态保护与建设、三江源国家级自然保护区的建设与发展以及编制《三江源自然保护区生态保护

和建设总体规划》提供了科学依据。

为加快三江源国家级自然保护区生态保护和建设，2005年1月26日国务院批准通过了《青海三江源国家级自然保护区生态保护和建设总体规划》，主要建设内容有3大类22个子项目，一是生态保护与建设项目，二是农牧民生产生活基础设施建设项目，三是支撑项目，规划总投资75亿元。

保护区严厉打击野生动植物资源违法犯罪活动，加大管护力度。2000年起，保护区每年都在三江源地区组织开展专项打击行动，通过三江源地区的各级森林公安队伍开展了"春雷行动""三江源行动"和"护草行动"等严厉打击野生动植物资源违法犯罪活动的专项打击行动。

保护区还积极争取国际组织的援助项目，开展国际交流合作。2002年12月，由FFI申请英国达尔文基金会的资助，组织开发了索加地区野生动物保护与社区生计共管计划；2003年10月，IFAW资助开展了以保护藏羚羊为主的野生动物专项巡护行动。2004年在国际爱护动物基金会和FFI的资助下，保护区管理局及各保护站职工参加了青

海省藏羚羊资源调查培训和在新疆阿尔金山保护区开展的藏羚羊、雪豹资源野外调查培训。2006年1月19～26日由国际雪豹基金会和FFI资助在索加－曲麻河保护分区开展了雪豹野外监测培训活动。

保护区开展的生态监测工作主要包括以下方面：一是开展野生动物疫源疫病监测工作，特别是重点地区野生鸟类的监测巡护工作。保护区管理局作为国家级监测点，划定了3个重点监测区：扎陵湖－鄂陵湖、隆宝湖和索加湿地。二是继续开展了保护站的气象和水文监测工作。开通了雪山气象数据传输及周监测管理工作，在制定气象监测有关规章制度的同时，定机定人管理气象监测工作，每周一、周四通过微机传输气象数据，通过收集和整理这些数据，对照历年来的气象数据，从而达到科学地分析气候变化对雪山地区的雪线、湿地的影响。曲麻河保护站水文监测站于2004年6月底建成，已开展水文监测试点工作，采集基本的水文资料。

（三江源自然保护区供稿）

封沙育林（草）——梭梭

青海 柴达木梭梭林
国家级自然保护区

青海柴达木梭梭林国家级自然保护区位于青海省柴达木盆地东部荒漠地区，分别由德令哈市、乌兰县、都兰县的3大块相对独立的区域组成（德令哈市包括怀头他拉、柯鲁柯和尕海镇；乌兰县包括柯柯镇；都兰县包括宗加镇和巴隆乡），地理坐标为东经96°07′～97°42′，北纬36°00′～37°22′，总面积373391hm²。保护区是以高原荒漠生态系统为主要保护对象的荒漠生态系统类型自然保护区。2000年5月经青海省人民政府批准成立。2013年经国务院批准晋升为国家级自然保护区，并将周边有梭梭分布的乌兰、都兰两县也纳入梭梭林自然保护区范围内。

◎自然概况

保护区位于柴达木地层区，北部区以欧龙布鲁克地层分区为代表，南部区以柴南缘地层分区为代表。本区基岩长期以来遭受历次构造运动,断层较发育。与保护区关系较为密切的是中、新生界地层在喜马拉雅构造运动作用下产生的褶皱。在北部区以北西西向斜列的短轴背斜为主，主要分布于丘陵区，核部为第三系地层，翼部为第四系地层。构成背斜成丘、向斜成谷的构造景观。在南部区努尔河上游、诺木洪农场以北及宗加乡以西下更新统——中更新统冲湖积地层中发育有一大型复式背斜，即所谓弧形构造。它呈S形展布，弧顶分别向南、向北突出。

保护区地貌类型复杂多样，主要有风积地貌、湖积地貌、洪积地貌、干燥剥蚀山地等四类。

保护区由于地势较平坦开阔，地理条件较为相似，故气候类型较为单一，都属于凉温干旱、极干旱农牧林气候型。区内年平均气温0～5℃，最暖月平均气温13～17℃，最冷月平均气温-14～-9℃，≥0℃年积温2000～2800℃，作物生长季150～200天，牧草生长季190～215天；年降水量200mm以下，诺木洪仅44.3mm，年湿润系数小于0.2；年日照时数2900～3200h，年总辐射量6800～7300MJ/m²。可见保护区内光能资源丰富，热量资源一般也可满足植物的正常生长，但水分奇缺，严重限制

唐古特白刺

1270

灶河景观 I

盐爪爪

了光、热资源的充分利用。

保护区年平均气温 4.5 ~ 3.0℃；年降水量分布基本遵循柴达木盆地降水分布的规律。各区中除宗加区年降水量不足 100mm 外，其余各区均在 100 ~ 200mm。保护区干、湿季分明，降水高度集中，雨季雨量占年降水量的百分率分别为 70.4% 和 73.6%。整个保护区的日照时在 2900 ~ 3200h 之间，日照时数十分丰富。

保护区南侧的布尔汗布达山，对众多河流的形成具有举足轻重的影响。形成的主要河流有香日德河、巴音河、诺木洪河、察汗乌苏河等，河水流出山口或冲积扇前缘下渗成为地下河，在细土带下缘或沼泽上缘溢出。

保护区分布的土壤主要为栗钙土、棕钙土、灰棕漠土、盐土、草甸土、沼泽土、风沙土 7 个土类。

保护区植被以旱生、盐生荒漠植被为主。据统计，保护区有种子植物 38 科 131 属 277 种。其中裸子植物 1 科 1 属 3 种；被子植物 37 科 130 属 274 种。

保护区是高寒荒漠地区野生动物的重要栖息地，野生动物种类较多，共有脊椎动物 122 种，隶属于 23 目 46 科。陆栖动物占绝对优势，其数量占保护区动物总数的 95.93%。其中：鱼类 5 种，隶属于 1 目 2 科；两栖类 1 种，隶属于 1 目 1 科；爬行类 3 种，隶属于 2 目 3 科；鸟类有 76 种，隶属于 12 目 24 科；兽类 37 种，隶属于 7 目 16 科。

在保护区内，栖息的鸟、兽种类虽然并不多，但包括国家一级保护野生动物 4 种、二级保护野生动物 7 种，分别占青海省一、二级保护动物的 30% 和 14%。此外，褐背拟地鸦、喜马拉雅旱獭、藏野驴等均属青藏高原特种。保护区内的国家一级保护野生动物为：藏野驴、胡兀鹫、金雕和黑颈鹤；国家二级保护野生动物为：棕熊、荒漠猫、兔狲、猞猁、鹅喉羚、大鵟和灰鹤。

◎保护价值

柴达木梭梭林国家级自然保护区主要保护对象是以梭梭为主的荒漠植被类型及荒漠生态系统和珍稀野生动物及其栖息地。梭梭是荒漠地区特有的植被类群，具有耐干旱、耐风蚀沙埋、耐酷热严寒的特征。保护区内的核心区和大部分缓冲区梭梭保存相当完好，相对而言，生产力较高，发育较完善，能量流与物质循环活跃，结构与功能协调，形成一个相对稳定，处于主导地位的自然生态系统，这个系统不仅可以调节气候、净化大气和水体、防风固沙、防止水土流失、保持和美化自然环境，而且它保藏、庇护、孕育、繁衍着大量动物、植物和微生物，不仅是一个蕴藏大量荒漠物种资源的"基因库"，也是一个遗传多样性的"繁育场"。

然而，随着青藏公路、青新公路和青藏铁路的建设，以及大力发展绿洲农业和开发工矿业，使以梭梭为主的沙生植被遭到了极大的破坏。该地区的生态环境日趋恶化，土壤沙化干旱进一步加剧，境内的河流流量普遍锐减，并均已出现断流现象，且断流期日渐增大，若不采取有效的措施对以梭梭为主的荒漠灌丛加以保护，天然梭梭将面临毁灭的危险。并且梭梭地处荒漠地区，各物种之间及物种与

沙 棘

芦 苇

灶河景观II

环境之间的依存关系十分紧密和敏感，一个物种的兴衰会直接影响到另一物种的存亡，而环境因子的变化直接影响到动植物的发展变化。荒漠生态环境十分恶劣，其生态系统也十分脆弱，一旦破坏，极难恢复，需要及时保护和特殊管理。

保护区内还具有丰富的沙生植物，这些物种大多是在严酷的自然条件下经过长期选择而保留下来的，具有顽强的生命力，是特殊荒漠系统的组成部分，它不仅对西部地区防风固沙、改变荒漠面貌和保护绿洲生态环境、引种驯化等方面具有一定的现实意义，而且在植物

学、分类学、生态学等方面的学术研究，也有很重要的科学研究价值。

◎功能区划

保护区划分为核心区、缓冲区和实验区3部分。其中，核心区面积130289hm²，占保护区总面积的

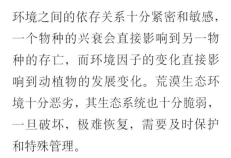
细枝盐爪爪

七彩保护区

红脚鹬

34.9%；缓冲区面积104737hm²，占保护区总面积28.0%；实验区面积138365hm²，占保护区总面积的37.1%。目前，保护区已形成管理局——管理分局——管理站三级管理体系，现有管理人员20人，各类管护人员114人。区内无常住人口。

◎科研协作

2006年以来，为掌握保护区资源本底现状，保护区协同青海省林业调查规划院对保护区的植被和动物资源开展了两次专项调查。另外，由德令哈保护分局承担的梭梭林人工辅助自然修复技术的引进与示范；由都兰管理分局承担的梭梭育苗造林技术研究、肉苁蓉人工接种技术引进与推广等科研项目，都取得了成功。但保护区由于地处偏远难以吸引高端科技人才，现有科研人员又水平有限，且没有科研监测设施设备和专项经费，科研监测体系尚未建立起来，科研监测水平还有待进一步提高。

（柴达木梭梭林自然保护区供稿）

摩托车巡护

青海 **大通北川河源区**
国家级自然保护区

青海大通北川河源区国家级自然保护区位于西宁市大通县境内，地处大通县北部，北川河源头。东与本县向化乡接壤，西和海晏县为邻，南与本县桦林、宝库、青林、青山乡相接，北与祁连县、门源县、本县宝库乡相连。地理坐标为东经 100°52′~101°47′，北纬 37°03′~37°28′。保护区总面积 107870hm²，是以保护森林生态系统及其生物多样性，集物种与生态保护、水源涵养、科普宣传、科学研究、自然资源可持续发展等多功能于一体的"森林生态系统类型"自然保护区。保护区始建于 2005 年 10 月，2013 年 12 月经国务院批准晋升为国家级自然保护区。

◎自然概况

保护区地处青藏高原和黄土高原的过渡地带，深居内陆，属典型大陆性高原气候。冬季寒冷、干燥、多风、降水少，夏季受西南暖湿气流的影响，降水集中。总的气候特征是：春季干旱多风，气温上升慢；夏季凉爽不热；秋季短暂；冬季漫长寒冷。保护区年平均气温 −1.8~3.9℃，多年平均年降水量为 609.1mm。

保护区内土壤共有高山石质土、高山草甸土、山地棕褐土、黑钙土、栗钙土、潮砂土和沼泽土 7 个土壤类型。

保护区河流属黄河一级支流湟水河水系，三面高山环绕，水力资源十分丰富，主要有宝库河、黑林河、东峡河，三条河流汇集而成北川河，由北向南注入湟水河，区内有大小沟岔 180 多条，形如羽毛。河流上游降雨多，气温低，蒸发量小，较易产生径流。植被较好，有利于水源涵养，增加了地下水的补给。

保护区海拔在 2680~4622m 之间，相对高差 1942m，植被的垂直分布特性明显，分布着 7 个植被带，自下而上分别为：一是河川谷地落叶阔叶林植被带，分布在海拔 2680~2900m 的河滩阶；二是山地针阔叶林植被带，分布在海拔 2800m 上下的山地中下部的阴坡和半阴坡；三是山地常绿针叶林植被带，分布在海拔 2700~3200m 的山地中上部；四是山地灌丛类草地带，分布在海拔 2700~3800m 的山地阴坡坡麓地带；五是亚高山灌木林植被带，分布在海拔 3200~3600m 的地带；六是亚

青海云杉

毛枝山居柳

云桦混交林

祁连圆柏林

高山灌丛植被带，分布在海拔 3000 ～
4200m 的地区；七是高山草甸地带，海
拔 3600 ～ 4622m。保护区内复杂的地
形地貌及其过渡属性，孕育了较为丰富
的生物多样性。经调查统计，区内共有
维管束植物 77 科 282 属 612 种，其中，
蕨类植物有 11 种，隶属于 8 科 8 属；
种子植物 601 种，隶属于 69 科 274 属，
野生动物 25 目 51 科 178 种。

◎保护价值

　　保护区主要保护对象为北川河源自
然的高原森林生态系统及其生物多样
性，完整的植被垂直带谱，马麝、冬虫
夏草等国家重点保护野生动植物及其栖
息地等。保护区列为国家二级保护植物
有角盘兰、珊瑚兰、对叶兰、绶草、唐

青海云杉林

红桦林

白桦林

糙皮桦林

雪 莲

唐古特山莨菪

白苞筋骨草

桃儿七

西藏沙棘

祁连獐牙菜

百里香杜鹃

古特山莨菪、雪莲、冰沼草等。列入《中国物种红色名录》的植物有 32 种。省级重点保护植物肋果沙棘、中国沙棘、西藏沙棘、狭叶红景天、粗茎红景天、四裂红景天、青海黄耆、金翼黄耆、马河山黄耆、草木犀状黄耆、二叶兜被兰等 12 种。保护区还有高山药用植物异叶青兰、祁连獐牙菜、黑柴胡等。

保护区有国家重点保护动物 28 种。

其中，国家一级保护动物 6 种，分别为雪豹、马麝、白唇鹿、胡兀鹫、白肩雕、金雕；国家二级保护动物有石貂、荒漠猫、兔狲、猞猁、马鹿、岩羊、猎隼、蓝马鸡等 22 种。

◎功能区划

依据保护功能划分为核心区、缓冲区、实验区三个功能区。

核心区面积 40156.6hm^2，包括东部核心区和西部核心区。东部核心区为 3597.7hm^2，主要保护区域为东峡河源区，西部核心区为 36558.9hm^2，主要保护区域为宝库河源区。核心区区域内乔、灌木林分布集中，是野生动物及冬虫夏草的集中分布区，同时也是宝库河、黑林河、东峡河的水源地，主要保护森林生态系统、生物多样性、水源地、野生

无距楼斗菜

五脉绿绒蒿

绶 草

角盘兰

大通翠雀花

异叶青兰

蓝花翠雀

雕鸮

赤颈鸫

红腹红尾

大鵟

蓝马鸡

岩羊

马鹿

白唇鹿

动植物及其栖息地。核心区占保护区面积的37.23%，实行绝对保护，严禁开展任何形式的生产开发、狩猎等活动，未经批准，任何人不得入内，保证水源地的绝对安全，保持生态系统不受人为干扰，让其在自然状态下进行更新和繁衍。核心区只可以用作生态系统基本规律研究和作为环境监测的对照场所，但要避免对生态环境产生不利影响。

金露梅

达板山杜鹃林

缓冲区面积38447.4hm²，分为东部、南部、北部缓冲区3个区域。东部缓冲区为6592.6hm²，主要保护区域为东峡河源区；南部缓冲区为12775.1hm²，主要保护区域为黑林河源区；北部缓冲区为19079.7hm²，主要保护区域为宝库河源区。缓冲区占保护区总面积的35.64%，除起一定的缓冲作用外，可在不破坏其群落环境的条件下，用作某些试验性科学考察、试验，禁止捕鱼、狩猎和经营性生产。

除核心区和缓冲区之外的区域为实验区，总面积29266.0hm²，分为东部实验区1160.1hm²、中部实验区20468.6hm²和北部实验区7637.3hm²三个区域。实验区占保护区总面积的27.13%，是科研教学、宣传教育以及适度开发利用的区域，可不破坏原生性植被和有效保护区内珍稀动植物资源的前提下，适度安排林业生产、生活、生态旅游和管理设施等项目。

◎科研协作

（1）中国林业科学研究院、北京林业大学、青海大学等林业科研院所，与保护区先后开展了森林经营与培育、森林水文、林木良种选育、森林植被恢复技术等方面开展科学研究，取得了十余项科研成果，建立了青海省大通高寒区森林生态系统研究定位站。

（2）国家林业局野生动植物监测中心、北京林业大学、青海省林业厅、青海省林业调查规划设计院、青海省大通县林业局共同组成科考队与科考报告编辑组，联合对保护区资源、环境本底进行系统全面的综合科学考察，编制完成了《青海大通北川河源区自然保护区科学考察报告》，并编辑出版《青海大通北川河源区自然保护区生物多样性研究》。

（郭永兴、陈永国、祁正显供稿；魏有才、李福华摄影）

宁夏 贺兰山 国家级自然保护区

宁夏贺兰山国家级自然保护区地处银川平原和阿拉善高原之间，位于贺兰山脉北段和中段，地跨银川市、石嘴山市两市四县（区），地理坐标为东经105°49′～106°41′，北纬38°19′～39°22′，南起银巴公路，西北依宁夏、内蒙古行政区界，东至西夏王陵，西北以煤机总厂及石谊甲和三柳高压输电线为界，另有东北角铁路一侧石嘴山落石滩洪积扇（四合木生境）片区。保护区总面积206266.2hm²，属森林生态系统类型的国家级自然保护区。1988年5月9日经国务院批准晋升为国家级自然保护区。

◎ 自然概况

贺兰山为一地垒式山地。在地貌形态上呈东仰西倾，地势特点是南缓北陡。水资源比较贫乏，年径流系数为0.12～0.15。具有典型的大陆性气候特征。土壤分布主要有粗骨土、山地灰钙土、山地灰褐土、山地草甸土4个类别。

保护区分布着脊椎动物179种，其中鸟类115种和5个亚种，分属于10目30科；兽类51种，分属于10目14种；爬行类8种，分属2目4科；两栖类3种，分属1目2科；鱼类2种，分属于2科。有维管束植物690种，隶属80科324属。其中蕨类植物9科10属12种；裸子植物3科5属8种；被子植物68科309属670种。

贺兰山植被类型多样，垂直分布明显，带谱完整，主要类型有：森林灌丛植被、疏林草原植被、草原植被、荒漠草甸植被和栽培植被等。森林资源是保护区生物资源的主体，森林为天然次生林，针叶林比重大。天然次生林的树种主要是青海云杉，有大量分布，其次有油松、山杨、灰榆、杜松等。有林地面积17227.4hm²，疏林地7998.74hm²，灌木林地3865.21hm²，宜林地167076.8hm²，森林覆盖率10.2%，加之代管贺兰山东麓围栏封育区，植被覆盖度达到40%。

贺兰山纵卧于宁夏大地，飞崎于黄河之滨，延伸200余km，素有"朔方之保障，沙漠之咽喉"之称，是历代兵家必争之地。贺兰山以风景清幽而出名，中段山体高大，海拔多在2000～2500m，峰峦叠嶂、沟谷深邃、植被茂密。尤其夏秋季节，山花烂漫，姹紫嫣红，枸子、山桃挂满枝头，特有的白樱桃尤为珍贵。在海拔2000m以上的阴坡有成片的油松林、青海云杉林，杂有山杨、杜松、白桦、山柳傲然挺立。夜宿山中，"万壑松涛"犹如钱塘怒潮汹涌澎湃，秋初至仲春，"贺兰山晴雪"也是塞上古今奇景。

贺兰山以风景清幽而出名，峰峦叠嶂，沟谷深邃，植被茂密，苏峪口国家

国家一级保护植物——四合木

贺兰山濒危植物——叉子圆柏

原始次生林

森林公园，拥有众多自然人文景点，有"万壑松涛"和"贺兰晴雪"等塞上奇景，有"灵光寺""三清观""灵光庙"等宗教场所，还有贺兰山博物馆等旅游服务设施。沿途有沙湖、贺兰山岩画、拜寺口双塔、西夏王陵、西部影视城等区内外旅游景区。

◎ 保护价值

宁夏贺兰山保护区地处蒙古高原中部的南缘，华北黄土高原的西北侧，它的西南则邻近于青藏高原的东北部。保护区地跨温带草原与荒漠两大植被区域的交接处，是我国风沙干旱区中山山地森林生态系统的典型代表地带，是我国西北地区少有的自然历史"本底"，同时也是我国八大生物多样性中心之一的阿拉善—鄂尔多斯中心的核心区域，保护区内自然资源极其丰富，是我国生态环境严酷的荒漠与半荒漠地带重要的生物种质资源库。因此贺兰山自然保护区具有十分重要的保护价值。

保护区同时具有重要意义的生物多样性保护价值。贺兰山保护区的动植物资源极其丰富，其植被类型多样，垂直分布明显，带谱完整，并且是华北森林植被、蒙古草原植被、阿拉善戈壁荒漠植被和青藏高原高寒植被的汇集地，充分显示出它在植物区系、植被类型和植被带的组成方面所具有的过渡性、复杂性和独特性，同时，贺兰山森林西北部接阿拉善荒漠，东距黄河，南部被腾格里沙漠阻隔，生境破碎化严重，森林分布集中，树种单一，是西北乃至全国罕见而又典型的森林岛屿。20多年来，保护区大力实施封山育林政策，经过严格的封育，保护区内森林植被得到了明显的恢复，森林覆盖率已达到10.2%。随着保护区自然环境状况的逐步改善，各类生物种群也有所壮大。宁夏贺兰山植物多，其中国家一级保护植物有四合木1种，保护区是天然的植物种质资源库，也是多种植物模式标本的原产地。特别是贺兰山保护区还具有独特的野生动植物种群，特有种包括贺兰山棘豆、贺兰山蝇子草等10种，变种包括贺兰山翠雀、贺兰山稀花紫堇等7种，准特有种包括贺兰山南芥等3种。在保护区丰富的植物种类中，有药用植物约310种，其中属于国家"药典"规范的正品中药材就有70余种，主要为银柴胡等。此外，贺兰山还具有十分丰富的其他经济植物，具有一定的开发利用价值。野生动物资源中，有许多重要的物种，其中国家一级保护野生动物有大鸨、金雕、原麝3种；国家二级保护动物岩羊、马鹿、猎隼、秃鹫、鹅喉羚、蓝马鸡等16种，自治区级保护动物27种，中国特有种鸟类7种。

然而，近些年来，国家重点保护动物大鸨、马麝等的种群数量锐减。由此可见，一方面，宁夏贺兰山保护区的生物物种及其遗传基因等方面所具有的多样性是我国西部干旱区域中不可多得的，另一方面珍稀动植物种群所面临的威胁也是极为严重的，而保护区完整的生态系统对维护区域生态平衡具有不可估量的作用，因此保护区具有重要的生物多样性保护价值。

贺兰山是我国西北干旱地区的著名山地之一，纵峙于银川平原与阿拉善高原之间，地跨温带草原与荒漠两大植被区域的交接处，是一条重要的自然地理分界线；同时它以迤逦高大的山体和绵延阴翳的森林，有效地阻挡腾格里沙漠的东移和冬冷夏湿气流的南来北往，并且明显地减弱了山地水土流失与洪水暴发，既涵养水源，又调节气候，成为银川平原的天然生态屏障。

保护区是研究贺兰山地区森林生态系统发生、发展和演替规律的活教材，是重要的动植物基因库，对于开展干旱

区山地天然生态系统的类型、结构、功能及在垂直空间分布，以及干旱区山地生态系统与周围平原生态系统之间相互关系的研究，特别是开展以保护区内珍稀动植物为对象的相关学科研究具有很高的科研和学术价值。

宁夏贺兰山风景区自然、人文景观融为一体，有滚钟口、拜寺口双塔、贺兰山岩画及山麓明代长城等著名的文化遗迹，同时，宁夏著名的ＡＡＡＡ级生态旅游景区苏峪口国家森林公园位于保护区实验区内，自然景观秀丽，人文景观独特。公园内林海连绵，树种繁多，一年四季葱茏茂密。春天，绵延数里的"丁香谷"花团锦簇，香气袭人；"碧兔坪"内野花遍地，彩蝶飞舞。夏日，姊妹涧"九道湾""森林迷宫""杉林幽径"等处曲径通幽，松涛如海，游人穿行其间，竟不知身在何处。放眼青崖峭壁，青海

云杉树弥山遍岭，遮天蔽日。秋冬时节，水落石出，又是另一番景象："白玉谷"石白如玉，优雅脱俗；"姐妹峰"嵯峨俊秀，美若天仙。"一线天""飞来石""蘑菇石"等如巨匠妙成。"狮吼石""卧虎石""仙人指路石"等自然石塑与丰富的峡谷景域组成一个个景色不同的游赏空间。同时保护区内丰富的野生动物资源也具有极强的观赏价值，拉近了游人与野生动物的距离，增强了人们的野生动物保护意识。

◎ **功能区划**

保护区功能区划为核心区面积89780.91hm²，占保护区总面积的43.5%；缓冲区面积48684.04hm²，占保护区总面积的23.6%；实验区面积67801.25hm²，占保护区总面积的32.9%。

贺兰山油松林

贺兰山特有植物——斑子麻黄

贺兰山红尾鸲

国家二级保护野生动物——岩羊

蒙古扁桃

岩羊

国家二级保护野生动物——马鹿

◎ 管理状况

贺兰山自然保护区自建立以来，在自治区党委和人民政府、国家林业局的高度重视下，管理局全面贯彻落实科学发展观，坚持"以保护促进发展、以发展推动保护"的工作思路，提出了争创"管理水平一流、基础设施一流、科研水平一流"自然保护区的奋斗目标，紧紧抓住国家重视生态建设的历史机遇，全面加强自然保护区建设，保护区的各项事业取得显著成就。主要表现在：一是森林资源得到保护。坚持"预防为主、积极消灭"的方针，进一步加大护林防火工作力度，确保了贺兰山林区56年无一般森林火灾的成就，保护了森林资源安全。依法加大对自然保护区占用林地的单位进行清理整顿和规范的力度，关停非法侵占林地的小煤矿96家，依法关闭占用林地的硅石矿、石料厂88家，多方筹措资金收购位于保护区核心区内严重破坏森林资源的贺兰山磷矿，上缴各项政策性规管费3000多万元，使林地管理走上了规范化、法制化

轨道。开展严厉打击破坏森林资源和野生动物的整治和专项斗争，教育了广大群众。二是加强科研工作。积极与科研院所开展动植物研究，与西北濒危动物研究所开展的《岩羊种群动态及保护对策研究》获得自治区科技进步三等奖。完成宁夏贺兰山综合考察和资源一、二类清查工作，同时开展对岩羊和资源清查及小叶朴等动态监测，建立目标管理体系。三是加强基础设施建设，1996年、2004年先后完成自然保护区一、二期建设工程。同时加大对防火基础设施的投入力度，建设了防火物资库，配备了防火工具。四是加大对生态建设的力度。根据自治区人民政府《关于对贺兰山国家级自然保护区实施禁牧封育的通告》，2001年，将保护区的14.8万只羊全部迁出。组织实施了贺兰山东麓1150m等高线以上，150km的网围栏工程，搬迁了8万只家畜。强化对围栏封育区和保护区的管理。五是开展保护区扩界工作。2003年，经国务院办公厅批准，将保护区的面积由606km²扩大到2062km²，为全面管理保护区打

下坚实的基础。通过保护和管理，贺兰山的生态得到明显改善，森林覆盖率为10.2%，（原区域内）围栏封育区的植被覆盖度由10%提高到40%。岩羊、马鹿、石鸡等野生动物种群数量不断增加，特别是岩羊的种群数量达到15000只。管理局多次被国家有关部门评为"森林防火""林政管理"先进单位，公安分局被最高人民法院等五部委授予"打击破坏森林资源先进集体"称号。2005年被评为全国精神文明创建先进单位和全国绿化模范单位。

（贺兰山自然保护区供稿）

宁夏 灵武白芨滩 国家级自然保护区

宁夏灵武白芨滩国家级自然保护区位于毛乌苏沙地边缘，宁夏灵武市境内引黄灌区东部的荒漠区域，地理坐标为东经106°20′22″～106°37′19″，北纬37°49′05″～38°20′54″，南北长61km，东西宽21km，总面积74843hm²，属荒漠类型生态系统自然保护区。2000年4月经国务院批准晋升为国家级自然保护区。

◎ 自然概况

灵武白芨滩自然保护区属于我国西部鄂尔多斯台地西南缘的一部分，南部以沙地丘陵为主，北部以山地荒漠为主，最高海拔1650m。保护区地质依据沉积特征和构造发育状况，属鄂尔多斯西缘断褶带的银川地堑、陶乐台拱、马家滩台陷、青云台拱4个Ⅲ级构造单元。各构造单元形态多为向北封闭收敛、向南侧伏撤开呈扫帚状展布的背向斜。主干褶曲宽缓连续，多呈东北或南北向，次级褶曲多呈西北向。两翼多不对称，东缓西陡。

保护区水资源补给主要是大气降水，地下水主要是埋藏在砂砾层中的潜水，类型主要是基岩裂隙孔隙水带、碎屑岩裂隙孔隙水带。地形特征是沟壑纵横，沙垴发育，而且加上黄土堆积物垂直节理发育，疏松多孔，不具良好的含水节理，富水性差。保护区局部地区地下水储量相对较为丰富，但大部分区域地下水储量贫乏，深层水有待进一步勘察，浅层水储量为0.0041亿m³/年，分布较广，但均属沙漠凝结水。河流主要有苦水河、大河子沟和长城边沟。区内湖泊较少，主要有鸳鸯湖，目前大部分时间干涸，雨季还可清晰地看到两湖依在。保护区内主要水蚀冲沟有长城边沟、大河子沟、二道沟、庙梁子沟、长

白芨滩景观

流水沟。

保护区处于我国大西北内陆地区，属中温带干旱气候区，具有典型的大陆性气候特征，气候特点是干燥、雨量少而集中，蒸发量强，冬寒长，夏热短，温差大，日照长，光能丰富，冬春季风沙多，无霜期短。保护区全年日照时数3012.5h，日照百分率67.9%，平均每天12.1h。年平均气温6.7~8.8℃，7月最热、1月最冷。≥10℃年平均积温为3334.8℃，无霜期多年平均为154天。保护区属于多风地区，年平均风速为3.1m/s。全年大风（17m/s以上）日数为63天，沙暴日数为35天。瞬时最大风速1963年1月28日达24.0m/s。全年盛行风向为北风，春季多东南风，夏季多南风，秋末冬初西北风最多。保护区地处季风区，降水以雨为主，降水的季节变化和年际变化均较大，多年平均降水量255.2mm，尤以7~9月最多，平均占全年降水量的61.6%。

据气象局观测资料，该区相对湿度年平均为57.0%，夏秋高于冬春；水气压多年平均为7.9MPa。年平均蒸发量为2862.2mm，为年降水量的10.5倍。

保护区的土壤可分为2个土纲，2个亚纲，2个土类，4个亚类。其中典型灰钙土分布在东湾片区，灵武和盐池交界的缓坡丘陵地带，表土层含有机质0.78%~2.89%，表土层以下含磷酸钙10%~23%，土壤质地为轻壤和中壤；草原风沙土主要分布在林场中南部的猪头岭、大小柳毛子等地区，成土母质为风积物，质地沙土或沙壤土，有机质含量低，不足1%，表层疏松，沙层厚度10~20cm。有机质含量低，一般在0.1%~0.6%，钾含量较丰富，氮磷缺乏。

◎ **保护价值**

灵武白芨滩自然保护区主要保护对象有1.73万hm²以柠条为主的天然灌木林，是国内面积最大最集中的特有类型，其面积之大、保存之完好，非常罕见，是天然柠条在我国分布面积最大的灌木林地之一，得到了各级领导和专家、学者的高度重视，也引起了国内外有关方面的极大关注；2万hm²以猫头刺为主的小灌木荒漠生态系统，是国内已建自然保护区中少有的一处；野生植物53科170属306种。野生动物23目47科115种，占宁夏回族自治区野生动物种数的43.3%。国家二级保护植物有发菜、沙芦草。国家一级保护动物黑鹳、大鸨2种；国家二级保护动物鸢、大天鹅、鸳鸯等20种；列入《濒危野生动物种国际贸易公约》保护的有绿翅鸭、白琵鹭、猎隼等23种；列入《中日保护候鸟及其栖息环境协定》的有凤头䴙䴘、草鹭、大麻鳽等39种；列入《中澳保护候鸟及其栖息环境协定》的有普通燕鸥、白眉鸭、琵嘴鸭等8种。甘草、麻黄、黄芪、沙苁蓉等野生固沙经济植物；鄂尔多斯台地非

常脆弱的典型荒漠草原和毛乌素沙地的草原带沙漠景观；水洞沟古人类文化遗址、宋代马鞍山甘露寺、明长城、明代屯兵的清水营城等，其中，水洞沟遗址是我国发掘最早也是现存最好的3个石器文化晚期的遗址之一，是黄河上游唯一的旧石器文化遗址，距今达三四万年。新近发现的"梁龙化石"被初步确定为亚洲首次发现，距今已有1.5亿年左右；沙冬青，是第三纪荒漠植物区系的残遗种，被列入《中国珍稀濒危保护植物名录》二级保护物种，对研究古地理、气候和植物区系有重要价值，是我国荒漠半荒漠地区特有的常绿灌木，又是宁夏回族自治区唯一的抗旱性极强的常绿稀有珍贵乡土树种。在保护区内分布较为普遍，并成片分布于保护区南部区域。

灵武白芨滩自然保护区属荒漠类型生态系统自然保护区，区内70%的土地面积为荒漠化土地，生态系统十分脆弱。

灵武白芨滩自然保护区地理位置特殊，与河东机场相毗邻，其北界距银川市仅10km，其西界距黄河5～10km不等，而这之间还是引黄灌区的农业主产区，并有307国道和大古铁路在此贯通，这里地势又呈东高西低状，沟水均向西流入黄河，因此它在保卫母亲河，

维护河东机场的安全，使铁路、公路不被冲毁和不被沙埋起着不可替代的作用，同时它又是宁夏引黄灌区几十万公顷良田的天然屏障，对银川市生态环境的改善也起着积极的作用。

◎ 功能区划

保护区总体规划划分为核心区、缓冲区和实验区3个部分，其中核心区在地域上由北部猫头刺荒漠核心区、中部柠条群落荒漠核心区和南部猫头刺—沙冬青荒漠核心区3块组成，面积31318hm²，占保护区总面积的41.84%；缓冲区在3个核心区间，地域上连成一片，面积18606hm²，占保护区总面积的24.86%；实验区在核心区和缓冲区以外区域，面积24919hm²，占保护区总面积的33.30%。

◎ 管理状况

灵武白芨滩自然保护区地理位置特殊，区内植物资源具有多样性、稀有性、脆弱性、自然性、典型性的特点，在生态与环境保护方面有不可替代的作用。白芨滩国家级自然保护区建立以来，保护区管理局就根据国家、自治区有关保护区管理建设的法规、制度有计划有步

骤地开展了大量的工作。完成了对保护区的科学考察和总体规划以及一期工程建设项目。

自1953年，白芨滩国家级自然保护区的前身——白芨滩防风固沙林场建场以来，经过近半个世纪的艰苦创业，在毛乌素沙漠深处营造防风固沙林30万亩，控制流沙36万亩，有效地阻止了毛乌素沙漠的南移和西扩。特别是1985年以来，白芨滩防沙林场大胆探索制定了在市场经济条件下经济效益和社会效益同步增长的双赢战略，以经济

有效增长促进治沙事业的发展，在资源保护、防沙治沙、科学研究和多种经营方面做了大量的工作，取得了一定业绩，为防沙治沙、防治荒漠化作出了贡献。

自晋升为国家级自然保护区以来，保护区日益重视科研监测和技术培训工作的开展，先后在各管理站建设固定样地10个，半固定样地和临时样地计20个，在大泉管理站和原白芨滩管理站建设气象观测点3处，在大泉和羊场湾管理站建设水文观测点2个，在原白芨滩管理站建设生态定位监测点1处，定期开展保护区内生态因子调查和监测，通过分析、对比研究保护成效，为进一步科学研究项目和科研课题的开展打下了基础。保护区还对沙冬青进行了试验性培育与栽培，并获得了成功，为挽救这一稀有的沙漠常绿重点保护植物摸索出了一定的经验。在提高工程建设科技含量方面，保护区于1999年组织开展了科学考察，对保护区内资源进行较为系统全面的考察；与大专院校合作开展了荒漠化动态监测项目；由保护区科研人员积极配合，中国林业科学研究院、宁夏大学环境学院、宁夏科学技术协会等单位科研人员都对保护区进行多项科学研究项目。保护区还十分注重参与建设

管理人员和技术人员的培训工作，于2001年和2002年，积极选派优秀干部参加国家林业局举办的"国家级自然保护区关键岗位培训班"；2002年，选派人员到日本考察学习，还选派业务骨干到北京、新疆维吾尔自治区及宁夏回族自治区林业局参加自然保护区管理、林政执法等专业学习培训，并取得了岗位证书；同时还选派中级技术人员到宁夏大学深造学习；通过学习培训，保护区专业人员技术素质有了明显提高，促进了保护事业的进一步发展。保护区不断加强宣传教育工作，除每年定期不定期地组织职工学习、培训外，还利用世界环境日等节假日向周边群众发放宣传单、开展义务咨询等活动，一大批内容丰富、色彩鲜明、材料翔实的照片、录像、文字资料的储备，为保护区的对外宣传创造了条件。保护区还借助在实验区内实施的日援项目，组织、接待各类宣教活动235次，参加活动接受教育15000多人次，发放技术手册1600本，宣传资料9600份，彩色宣传折页2500份，大型图片展示200幅，纸媒宣传58篇近3万字，电媒报道20多次，提高了保护区知名度，扩大了保护区的社会影响力。日、中、韩三国青年友好交流团、

世界摄影家眼中的宁夏采访团、日本岛根县民间友好交流团、日本一级造林技术协会等近700多名外宾到保护区访问，环境保护意识已深入人心，增加了群众自然保护知识，形成了爱护资源、保护自然的良好氛围。

在管理体制方面，保护区实行事业费差额管理，管理局制定了科室、站、点工作制度，从局长到一般管护人员，层层签定岗位目标责任书，明确岗位职责和目标，充分调动干部职工工作积极性。

各项工作的开展，使保护区面貌发生了质的变化，职工工作、生活条件得到改善，人心稳定，自然资源得到了有效地保护，科研工作有了良好的开端，宣教工作跃上了新的台阶，人员素质得到进一步提高，自然保护区在防止荒漠化的继续扩大和荒漠生物多样性的丧失，实现社会、经济、环境的协调发展和人与自然的和谐、共生方面发挥着越来越重要的作用。2002年10月，管理局被国家林业局评为全国自然保护区建设先进集体。

（灵武白芨滩自然保护区供稿）

柠条锦鸡儿群落

宁夏 盐池哈巴湖 国家级自然保护区

宁夏盐池哈巴湖国家级自然保护区位于宁夏回族自治区盐池县中北部，处于陕西、甘肃、宁夏、内蒙古交界地，黄土高原向鄂尔多斯台地过渡、半干旱区向干旱区过渡、干草原向荒漠草原过渡、农区向牧区过渡的交错地带。地理坐标为东经106°53′~107°40′，北纬37°37′~38°03′，总面积8.4万hm²，属湿地生态系统类型的自然保护区。2006年2月经国务院批准晋升为国家级自然保护区。

国家二级保护植物——沙冬青

刺叶柄棘豆（猫头刺）

◎ 自然概况

盐池哈巴湖自然保护区地处鄂尔多斯台地西缘，在祁连山、吕梁山、贺兰山的山字形构造的脊柱部位的布伦庙－镇原白垩系大向斜和贺兰山—青龙山褶皱带内。保护区地势南高北低，海拔1300~1622m，由黄土侵蚀高坡丘陵、缓坡丘陵、平坦洼地、河流冲沟、沙漠丘陵等地貌单元组成，沙漠丘陵为主要地貌类型之一。地带性土壤主要有灰钙土，非地带性土壤主要有风沙土、潮土、盐土、新积土、堆垫土等类型。

保护区境内无大河流，均为内陆冲沟水系，地表水以大气降水和泉水补给。保护区内流域面积大于300hm²的河沟有22条。地下水主要有毛乌素沙地第四系地下水，毛乌素沙地基岩地下水以及承压自流水和南部黄土区地下水。地下水从南向北埋藏渐浅，水量逐渐增多，水质逐渐变好，其含水量、面积、富含水地区占盐池县地下水资源总量的80%以上。

保护区处于中温带大陆性季风气候区，气候特征是冬寒长，夏热短，春迟秋早；太阳辐射强烈，日照资源充足；热量较为丰富，昼夜温差大；降水量少，持续干旱时间长；盛行西风，春季为多风季节；空气湿度小，蒸发量大；无霜期短，土壤冻结时间长。年均气温7.1℃，最高气温37.0℃，最低气温−29.5℃，≥10℃的年均积温3081.2℃，年均日照2852.9h，平均无霜期128天，年均降水量285mm，全年降水量80%多集中在7~9月，年均蒸发量2727.4mm，是全年降水量的9.6倍；年均风速2.7m/s，大风日数为45.8天，多集中在11月至翌年4月间，最多达52天，最大风速15~18m/s，年平均沙暴日数20.6天，以春季最多；灾害天气主要

二道湖湿地

国家二级保护动物——蓑羽鹤

鵟

石鸡

雉鸡

蒙古岩黄芪（杨柴）

有干旱、霜冻、冰雹、风、沙暴、干热风等。

保护区植被区划属于温带草原区、温带东部草原亚区、草原地带。天然植被分为灌丛植被、草甸植被、干草原植被、荒漠草原植被、草原带沙生植被、荒漠植被、水生植被、沼泽及河漫滩植被7个植被型13个植被亚型25个群系。有野生维管束植物315种，分属于54科169属，其中有国家二级保护植物中麻黄、甘草、沙冬青、沙棘、沙芦草、草麻黄6种。中草药资源极为丰富，是驰名中外的"甘草之乡"。野生植物有旱生、中旱生、强旱生植物189种，占总种数的60%，具有较强的荒漠草原特征。由于保护区地处四大过渡带的交错区，植被的过渡性十分明显，典型黄土高原草原植物，典型荒漠草原植物，典型的毛乌素沙地沙生草原植物，非地带性的盐

地灌丛和湿地草甸植物交错分布，表现为过渡地带植物相互交汇渗透的特征。

保护区动物区系属古北界的东北亚界，东北区的黄土高原亚区和中亚界的蒙新区西部荒漠亚区。同青藏区的青藏南亚区和东洋界中印亚界的华中区西部山地高原亚区相接壤。有脊椎动物24目50科140种和44个亚种，其中鱼类2目3科10种；两栖类1目2科2种；

爬行类1目3科6种；鸟类14目29科90种；哺乳类6目13科32种。

盐池哈巴湖自然保护区具有丰富的动植物资源和自然景观。2002年经国家林业局批准在保护区实验区内建立花马寺国家森林公园。森林公园内山、沙、水交融，树木繁茂、沙山雄浑、草原广袤、沙滩浴场细软宽阔，湖水清澈湛蓝，风光旖旎，景色壮美。有"花马鸟瞰""沙海观云""云中折柳""西湖烟云""柳浪听莺""沙岛观潮"等知名景点，同时又有悠远漫长的哈巴湖细石器文化遗址，历尽沧桑的古城堡，闻名遐迩的明长城和香火旺盛的花马寺等历史遗迹，是人们旅游观光、科考探险、消夏避暑的理想之地。

◎ 保护价值

盐池哈巴湖自然保护区的重要的保护价值在于：一是过渡带典型的自然生态系统。保护区地处鄂尔多斯台地向黄土高原的过渡地带，地势南高北低。黄土高原集中在保护区的南部，塬面破碎，沟壑纵横，侵蚀严重，呈典型的黄土丘陵地貌。鄂尔多斯台地为一波状

八字洼湿地

四尔滩湿地

哈巴湖湿地

骆驼井湿地

人工湿地——水库

芨芨草

沙柳

平原,地势平缓起伏,平均海拔 1300～1500m。同时受风蚀影响,保护区内风沙地貌发育,沙地多呈带状或块状分布。气候属温带半干旱与干旱的交接地带。

二是内陆干旱区湿地生态系统。区内分布着湿地面积达 2.16 万 hm²,占保护区总面积的 25.7%,其水系、湿地多互不沟通,呈岛屿状分布。湿地不仅为荒漠地带大多隐域性动植物类群提供了理想的生存场所,使之成为干旱区生物多样性最富集的区域;也是不少地带性荒漠动物种类赖以生存的饮水水源地与食物基地。

三是鄂尔多斯台地向黄土高原、干草原向荒漠草原、半干旱区向干旱区、农区向牧区过渡带、湿地等自然生态综合体。哈巴湖特有的过渡地带性,形成了自然条件和生物资源等丰富的自然生态综合体。其典型性、多样性、过渡性、独特性、稀有性、学术性和脆弱性成为自然科学研究的重点。

四是落叶灌丛、草甸、干旱草原、荒漠草原、荒漠、湿地植被等典型的自然景观,与生态系统的多样性。

五是珍稀动植物资源的保护。保护区内有国家重点保护植物 6 种,其中中国特有植物有地构叶、紫蒿、知母 3 种。有脊椎动物 24 目 50 科 140 种和 44 个亚种,其中有国家一级保护动物白尾海雕、大鸨、小鸨、黑鹳 4 种;国家二级保护动物有荒漠猫、兔狲、鹅喉羚、大天鹅、白琵鹭、蓑羽鹤等 18 种;自治区级保护动物 28 种;《濒危野生动植物种国际贸易公约》附录种 28 种;中澳保护候鸟及其栖息环境协定保护的鸟类有 43 种;有中日保护候鸟及其栖息环境协定规定的保护鸟类 8 种;有国家保护的有益的或者有重要经济、科学研究价值的陆生野生动物 65 种。如此独特的自然条件拥有如此丰富的动植物资源在同纬度地区实属少见,被誉为"西部种质资源的基因库"。

六是重要的水源涵养地和毛乌素沙地丰富的地下水保护。保护区内有丰富的毛乌素沙地第四系地下水,毛乌素沙地基岩地下水以及承压自流水和南部黄土区地下水,形成了丰富的湿地资源。通过对主要对象的保护,最终建成以自

杠柳

中麻黄

柽柳

然资源的可持续利用和自然生态系统的良性循环为宗旨，集资源保护、科学研究、科普宣传及生态旅游为一体的自然保护区。

◎ 功能区划

盐池哈巴湖自然保护区依据资源特点和区划原则，划分为核心区、缓冲区、实验区。核心区面积 3.07 万 hm²，占保护区总面积的 36.5%，地域上由 3 块组成，即南部沙棘、沙芦草、毛柳天然灌丛，湿地及珍稀动物分布区；东北部柠条、锦鸡儿、小叶锦鸡儿天然灌丛、沙芦草、麻黄、甘草群落，湿地及珍稀动物分布区；西北部沙柳天然灌丛，沙芦草、甘草群落，湿地及珍稀动物分布

区；缓冲区面积 2.23 万 hm²，占保护区总面积的 26.5%，实验区面积 3.1 万 hm²，占总面积的 37%。

◎ 管理状况

保护区管护宣传教育设施齐全，并制定了各种管理制度，对不同的区域制定了相应的保护管理措施，在人畜干扰严重区域实现了围栏封育。同时建立了野生动物救护站、繁殖站、投饲点、珍稀植物繁殖园及生态定位监测站、鸟类环志站、气象观测站、水文水质监测站等保护和科研监测设施，资源保护和科研监测系统已正常运转。保护区和北京林业大学联合开展了植被封育和沙漠化监测与评价研究项目，通过开展系统的

监测和研究，探索和揭示湿地－荒漠化变迁的一般过程，过渡地带荒漠草原植被的变迁规律，人类经营活动对湿地、过渡地带植被的变化和影响。探索合理开发利用方式，提高该地区自然资源有效利用方式及经营管理能力，为荒漠化土地综合治理、改善生态环境、恢复植被景观提供科学依据。

为了提高保护区的管理水平，保护区成立了由保护区有关人员和周边社区热爱保护事业和管理经验的村民组成社区共管委员会，制定社区发展规划、建立生产发展信息网络、开展培训教育、完善社区服务设施、合理利用资源优势。

（盐池哈巴湖自然保护区供稿）

哈巴湖核心区一瞥

宁夏 罗山 国家级自然保护区

宁夏罗山国家级自然保护区位于宁夏回族自治区吴忠市，距同心县城50km，距红寺堡开发区12km。地理坐标为东经106°04′～106°24′，北纬37°11′～37°25′，保护区南北长36km，东西宽18km，总面积33710hm²。主要保护对象是以青海云杉、油松为建群种的典型的森林生态系统，属荒漠区域干旱风沙区水源涵养林森林生态系统类型的自然保护区。2002年7月经国务院批准为国家级自然保护区。

◎ 自然概况

罗山自然保护区内出露的地层有奥陶系、第三系和第四系，其中第四系地层分布面积较大；地质构造横跨两个一级构造单元，以牛首山—固原大断裂为界，以西属祁连褶皱系，以东属中朝准地台；地貌上，罗山属于中生代，主要构造特征为南北向复式背斜构造，因受罗山、蜗牛山褶曲带与陇西旋卷结构的影响形成南北偏西的大、小罗山山系，绵延40余km，由于凸起的构造向盆地倾斜，对盆地产生一种压力，迫使盆地不断下降，山系不断升高，直延至下生代，目前仍在微弱运动。保护区以山地地形为主，高差大，海拔1560～2625m。

罗山的地表水资源较为贫乏，主要依靠天然降水并由山体内的森林植被进行蓄水。保护区内泉眼比较多，大小达30多处，日均流量约826.8t。其中，日均流量超过100t的水沟有6条，50～100t的水沟有5条。此外还有10余条日流量不到2t的水沟。

罗山的地下水主要埋藏在潜水层，类别主要是裂隙、缝隙水，地下水位埋深大于50m。区域水资源补给主要是大气降水，地下水补给较少。

保护区属中温带干旱大陆性气候区，地处东亚季风区边缘。气候特点是：冷暖干湿四季分明，春暖迟，夏热短，秋凉早，冬寒长。大风、沙暴、干旱、热干风、霜冻等灾害性天气比较多。与周边地区比，有降雨量较多、气候多变的特点。年平均气温8.8℃，极端最高气温34～38℃；极端最低气温−29～−25℃。≥10℃的积温为3100℃。无霜期130～150天。年平均降水量261.8mm，多集中在7～9月，约占全年降水的60%。年平均蒸发量2467.3mm，是降水量的9.4倍。年平

青海云杉林

均相对湿度49%。风向随大气环流的季节变化而变化,全年主导风向是东南风,其次是西北风。年平均风速3.0m/s,以春季风速最大。

保护区因地形隆起显著,海拔较高,雨量较多,土壤在发育上与四周有所不同。保护区内地带性土壤有灰褐土、灰钙土、粗骨土3个土类,普通灰钙土、淡灰钙土、侵蚀灰钙土、石灰性灰褐土、侵蚀灰褐土5个亚类,山地灰钙土、普通淡灰钙土、侵蚀灰钙土、林地石灰性灰褐土、荒地侵蚀灰褐土5个土属。

据统计,保护区有高等植物65科170属275种,分别占自治区119科593属1811种的54.6%、28.7%、15.2%。保护区共有陆生野生脊椎动物114种,82亚种,隶属22目44科,占自治区陆生野生动物种类总数的29.16%。其中,国家级重点保护动物22种,自治区级重点保护动物20种。

罗山自然保护区独然屹立,峰峦重叠,山上有珍禽异兽,奇花异草;同心清真大寺、预旺古城、韦州康济寺塔、温泉、红城水娘娘庙等名胜古迹分布在罗山周围;由玄震和尚始建于宋初(约公元900年)的"云青寺"坐落于罗山腹地,风景秀丽,历史悠久;先秦时戎狄诸部落、秦汉的匈奴、唐代吐蕃族、宋代党项、元代蒙古族、明代回族、清代满族等各民族群众长期共同生活、相互影响,创造了具有浓郁地方民族特色的光辉灿烂文化,使保护区成为一座天然博物馆和民俗风情园。

◎ 保护价值

保护区主要保护对象是以青海云杉、油松为建群种的典型的森林生态系统;干旱风沙区水源涵养林及其自然生态综合体;在相对狭小范围内垂直或水平展现的森林、森林草原、干旱草原、荒漠草原典型过渡带的自然景观;以金雕、草原雕、鹅喉羚及荒漠猫为主的珍稀动物及其栖息地,以发菜、甘草等为主的珍稀植物物种及区内的生物多样性。

罗山保护区是当地主要的水源涵养林区,为周边十多万群众和数十万只羊畜持续提供优质水源,也是区域生态系统的有效屏障。其保护价值体现在以下方面:首先,宁夏罗山国家级自然保护区处于干草原向荒漠草原的过渡地带,自然环境恶劣,生境严酷,表现为对外界干扰的敏感性和系统结构的不稳定性,生态系统极其脆弱,森林植被一旦遭受破坏,很难恢复,从而使这一特殊的生态系统在宁夏中部干旱地带上消失,因此,加强对罗山的保护极迫切。其次,罗山是宁夏中部干旱带的水源涵养中心,保护区西麓的地表水,经洪沟等沟系流入清水河,东麓的地表水经甜水河与苦水河，最后都汇入黄河，保护区生态环境的优劣，直接影响着我们的母亲河——黄河。第三，罗山是毛乌素沙地西部边缘的绿洲，罗山保护区的保护与建设，对于改善当地生态与环境、社会经济可持续发展有着重要的促进作用，还能对周边社区的发展起示范、推动作用，有利于区域生态环境的改善。第四，作为宁夏中部干旱带上的水源涵养林区，该保护区是维系同心县和红寺堡开发区贫困带8个乡镇近12万人和家畜生存的唯一水源区，以其地下水浇灌了万亩良田，具有极高的社会经济价值，在当地经济发展中具有重要的战略地位。保护区的建设和发展，关系着西海固贫困经济带的社会经济可持续发展问题，具有举足轻重的作用。第五，保护区处于宁夏中部干草原向荒漠草原的过渡带，有丰富的动植物资源。

保护区主要植被有：干旱草原植被，主要分布海拔高度1758～1940m的低山区，即罗山基带，主要生长猫头刺、冷蒿、麻黄、锦鸡儿等，对固定流沙起了积极作用，形成大面积半荒漠景观；次生灌丛植被，分布海拔1940～2135m的山区，主要生长虎榛子、榛子、丁香、蔷薇、山杨等植物，一般呈片状或丛状分布，是林分形成的先锋和基础；混交林，分布海拔2135～2475m的山区，为针叶混交及针阔混交林带，从下到上依次有山杨纯林、白桦、山杨混交林、白桦、油松混交林，小片油松纯林及油松、云杉混交林，下木有黄蔷薇，混交林是保护区森林的主要类型；针叶纯林，分布海拔2475～2625m的山区，以青海云杉纯林为主，是保护区生长最好、生长力最高的森林。除局部因地形关系散生山柳、山杨、油松外，其他均为青海云杉。下木有栒子，地被物有苔藓等。针叶纯林是保护区最稳定的森林植被群落，也是保护区森林植被演替的顶极，间有高山草原植被类别，形成高寒半干旱森林植被自然景观。

相对于保护区总土地面积来讲，区内森林面积小，覆被率低。包括四旁树折算面积的林木覆被率也只有9.34%，有林地覆盖率仅为4.67%，远低于全国的森林覆盖率，但却高于自治区的森林覆盖率。

据统计，保护区共有陆生野生脊椎动物114种82个亚种，隶属22目44科，占自治区陆生野生动物种类总数的29.16%。在一个自然条件极度恶劣、面积狭小的地区，集中了如此多的物种，

灌丛植被与青海云杉林植被景观

与同纬度干旱、半干旱地区相比，实属罕见。

保护区有典型的古北界动物 49 种，占保护区动物种类的 42.98%；东洋界动物 2 种，占 1.75%；古北界和东洋界均有分布的动物 63 种，占 55.27%。即广布种类最多，古北界种类其次，东洋界种类最少。

保护区内有国家一级保护野生动物金雕 1 种；国家二级保护动物有斑嘴鹈鹕、角䴙䴘、鸢、白尾鹞、猎隼等 21 种；自治区级的重点保护动物 20 种，占自治区重点保护种类 (51 种) 的 39.2%。保护区的鸟类中有 25 种属于中日候鸟保护协定规定的保护种类，占中日候鸟类保护种的 11%；有 3 种属于中澳候鸟保护协定所规定的保护种类，占中澳保护种 3.7%；属于《濒危野生动植物种国际贸易公约》附录一的有 17 种，附录三的有 5 种。从保护区物种和植物群落的稀有和珍贵性看，具有全国乃至全球意义，具有极高的保护价值。

◎ 功能区划

保护区划分为核心区、缓冲区、实验区 3 个部分。

核心区：核心区由两块构成，即大罗山核心区和小罗山核心区。大罗山核心区南北长 15km，东西宽 6km，面积 6269hm²。小罗山核心区南北长 12km，东西宽 7km，面积 3376hm²。核心区总面积为 9645hm²，占保护区总面积的 28.61%。核心区保护对象最为集中，主要是青海云杉、油松和山杨等天然次生林，虎榛子、枸子等天然灌木林以及中生杂草类草甸和以此为栖息地的珍稀野生动物。

缓冲区：也有大罗山与小罗山缓冲区之分。缓冲区面积计 8870hm²，占保护区总面积的 26.07%。主要植被是以猫头刺群落等为代表的荒漠植被。

实验区：保护区内除核心区、缓冲

大面积青海云杉林

区以外的区域为实验区，分别由大罗山的东、西部，小罗山的东、西部共四部分构成，面积为 15278hm²，占保护区总面积的 45.32%。

◎ 管理状况

罗山自然保护区属宁夏回族自治区林业局主管，并于 2002～2005 年实施了一期工程投资建设，国家级保护区能力建设，实施了天然林保护、"三北"四期、退耕还林等工程，主要建设内容包括：

新建 3 个管理站与 17 个护林点。并对原有的一个管理站和 4 个护林点进行了维修，安装了风光互补发电机和土暖，建 3 座瞭望塔，进行了立标定界，给各管理站、护林点引水，新建和维修巡护道路 50km，购置防火器材、科研器材和办公设备。完成新造林 11 万亩，管护能力得到明显提高。

自治区人民政府对保护区生态建设给予高度重视和大力支持，先后以政府名义发布公告并提供经济扶持，2001年对宁夏罗山国家级自然保护区全面禁牧封育，先后对保护区范围实施围栏封

育，加速了自然保护区的生态建设。自然保护区科研业务水平提高，完成了保护区本底调查，制作标本上千份，对管理处全体职工进行了技术培训，鼓励职工积极参加函授学习，科研成果逐渐成为保护区可持续发展的支撑点。

在保护区干部职工多年的努力下，罗山的自然资源得到了良好的保护，也为贫困山区农民的生产、生活和区域经济的发展做出了巨大贡献。保护区曾被自治区护林防火指挥部评为 55 年来无火灾先进单位。

在社区共建方面，当地政府非常重视保护区建设，将保护区内的农民全部搬出保护区，在开发区安排水浇地，并对群众原有的耕地实施退耕还林，为保护区建设创造了良好的外部环境。保护区管理部门在造林、管护等方面雇佣当地群众，以增加群众收入，同时，将泉水引到群众新居，解决当地群众生活用水。

（罗山自然保护区供稿）

六盘山
国家级自然保护区

六盘山景观

宁夏六盘山国家级自然保护区位于六盘山主脉南段，地理坐标为东经106°09′～106°30′，北纬35°15′～35°41′。保护区跨宁夏回族自治区固原市隆德、泾源两县，南北长110km，东西宽5～12km，总面积6.78万hm²，属森林生态系统类型自然保护区。保护区建立于1982年，1988年经国务院批准晋升为国家级自然保护区。六盘山是我国黄土高原西部具有代表性的温带山地森林生态系统和重要的水源涵养地，是宁夏森林面积最大，物种资源最丰富，保护最完整的区域，具有十分重要的生态保护价值。

◎ 自然概况

六盘山自然保护区内地形海拔大多在2000～2500m之间，它包括两列近于南北走向的平行山脉：西列为六盘山主脉，即狭义的六盘山，又称大关山，海拔多在2500m以上；东列称小关山，长约70km，宽10km余，海拔2000～2400m。在大小关山之间，是一条宽5km左右的新生代断陷盆地。

区内土壤类型有亚高山草甸土、灰褐土、新积土、红土、潮土、粗骨土6种。保护区气候具有大陆性季风特点，属暖温带半湿润区，春季回暖快而不稳定，夏季短促而凉爽，秋季降温早而快，冬季长而严寒，四季与昼夜的温差大，年平均降水量676mm，年均蒸发量1426.5mm。

保护区内地表水资源十分丰富，山间溪流众多，河网密布，有常流水60余条，是黄河重要支流——泾河、渭河、清水河的发源地，六盘山东麓属泾河、清水河水系，西麓属渭河水系，分别向南北注入黄河。但地下水资源总量只有0.58亿m³/年，仅占宁夏天然地下水资源总量的2.4%，从总体上来讲，保护区内水质较好，宜于饮用，保护区内水资源丰富，是宁夏境内唯一有余水可供外调的地区。

六盘山自然保护区是宁夏最大的天然次生林区，森林覆盖率达72.8%，活立木总蓄积量198万m³。森林类型主要有华山松林，油松林，辽东栎林，山杨林，白桦林，红桦林和糙皮桦林7个类型。六盘山自然生态环境优越，孕育着丰富的动、植物资源，由于气候、植被、土壤等条件与周围地区迥然不同，因而形成了不同的相对稳定的动、植物群落和生态系统，是宁夏物种资源最富集的地区。

六盘山林区境内植物资源十分丰富，有"西北种质资源的基因库"之

春桃满山

天然林

称，经查明，保护区内有高等植物 113 科 382 属 788 种。其中苔藓植物 20 科 31 属 41 种；蕨类植物 7 科 14 属 18 种；裸子植物 2 科 5 属 6 种；被子植物 84 科 332 属 723 种；种子植物共计 86 科 337 属，占我国种子植物科数的 28.5%，属数的 11.3%；经济价值较高的植物有 150 种；属于国家重点保护的植物有桃儿七、黄芪 2 种。这些植物类型构成了天然次生林、天然灌丛、荒山和草原等天然植物群落，是保护区的重要生物资源。

经考察，六盘山林区共有陆栖脊椎动物 206 种 2 亚种，隶属 24 目 60 科，其中含自治区新纪录 36 种，占总种数的 17.5%；两栖类 5 种，隶属 1 目 3 科，占六盘山陆栖脊椎动物总数的 2.4%；爬行类 4 种，隶属 2 目 4 科，占六盘山陆栖脊椎动物的 1.9%；鸟类 158 种，

隶属 15 目 36 科，占 76.8%；哺乳类 39 种，隶属 6 目 17 科，占六盘山陆栖脊椎动物的 18.9%；以鸟类占优势、哺乳类动物次之，爬行类最少。

六盘山陆栖脊椎动物中留居种类 103 种，占总种数的 50%；夏候鸟 66 种，占总种数的 32%；冬候鸟 9 种，占总种数的 4.4%；旅鸟 28 种，占总种数的 13.6%。在这一地区繁殖的种类共计 169 种，占总种数的 82%。在区系成分上，主要或完全分布于古北界的有 107 种，占六盘山陆栖脊椎动物总数的 51.7%；主要或完全分布于东洋界的种类有 22 种，约占总种数的 10.7%；其余 77 种，约占总种数的 37.9%，为两界兼有种，即古北界种类占绝对优势。列为国家一级保护动物有金钱豹，其数量很少，处于濒危；还有林麝以及金雕，共 3 种。另有红腹锦鸡、勺鸡等 15 种

国家二级保护动物。经济动物中仅蒙古兔、狍、石鸡、雉鸡和毛腿沙鸡有一定的储量。鸟类中列入"中日候鸟协定"应受到保护的有草鹭、绿翅鸭、青头潜鸭、白尾鹞、燕隼、林鹬、大杜鹃、长耳鸮、白腰雨燕、角百灵和金腰燕等 34 种。昆虫有 17 目 123 科 905 种，以华北亚区种类占优势，其中鳞翅目、鞘翅目、半翅目、同翅目种类最多，珍贵稀有种有金幅蛾、丝带凤蝶、黑凤蝶、波水蜡蛾等。

六盘山自然保护区内景观资源丰富，景点分布于保护区全境，归纳起来有 7 处主要景观资源：

一是野荷谷自然景观。位于自然保护区西峡保护站的西北部，主峰米缸山西南角，距泾源县城 7km。其谷狭长，悬崖峭壁，华山松在石壁上苍翠挺拔，致使奇峰翠秀，松海涛涛，8km 长的

主峡谷中有草沟等3个分谷，每条谷中香水溪流潺潺，一望无际的野荷亭亭玉立于香溪之中。

二是六盘胜迹老龙潭。老龙潭位于泾源县南20km，是横贯陕、甘、宁三省区泾河发源之地，习惯说六盘山"利及宁夏、功在陕甘"，就是指发源于六盘山的泾河，流经甘肃、陕西。引水灌田，提高产量，惠及多方，誉为胜迹。

三是避暑胜地凉殿峡。凉殿峡位于泾源县西南，居六盘山之中，为群山挟持下一道长20km余的峡谷。谷岸奇峰绝石千姿百态，谷内林荫葱郁，泾河水穿峡而出，峡谷东侧有一块约2000m² 大的平台。史料记载，元太祖成吉思汗西征围困西夏时，于宋宝庆三年（1227年）曾在此避暑，建有亭台楼阁和殿堂。元世祖忽必烈于宋宝祐六年（1258年）出兵云南时，也曾屯兵六盘山，在此避暑。如今，凉殿峡谷还留有当时建筑物的基石，断垣残壁，桥墩和喂马的石槽。

四是神奇传说秋千架。位于泾源县城东约10km处的向阳河上，紧连崆峒。向阳河谷狭窄，深数十米，两壁山峰如柱。在一处河谷两岸石柱高耸对称，样子颇像秋千架，因此得名。

五是石窑湾石窟。位于泾源县东南25km的新民乡胜利村东南。石窟寺坐北向南、背山面河，凿于石嘴河北岸山峰崖面，计四窟。上仰青峰遮天，下视河床深百余米，当地称石窑湾。

六是人文景观东山坡白云寺。据传道教人物广成子最先在此修道。黑虎把门，得道后在崆峒山传教。因此有"先有白云，后有崆峒"之说。

七是红色旅游胜境六盘山红军长征纪念亭。在中国革命史上，六盘山又是一座丰碑。1935年10月，毛泽东率领的红一方面军长征时翻越六盘山，打开了通往陕北革命根据地的最后通道。毛泽东登上六盘山，临风寄情，气贯长虹，遥想红军走过的艰难历程，展望革命的未来，即兴填词写下了气壮山河的光辉辞章《清平乐·六盘山》，六盘山因此扬名中外。1961年9月，应宁夏人民之请，毛泽东主席以大手笔书写长卷相赠，激励以"不到长城非好汉"的精神建设宁夏。现在六盘山下和尚铺立有伟人手书全词石碑，以昭示后人，激励来者。

林 海

人工林

清澈见底

勺 鸡

六盘山锦鸡

狍

金 雕

◎ 保护价值

六盘山是我国黄土高原西部具有代表性的温带山地森林生态系统和重要的水源涵养地，是宁夏森林面积最大，物种资源最丰富，保护最完整的区域，具有十分重要的生态保护价值。其保护价值主要体现在：一是六盘山森林生态系统对陕西、甘肃和宁夏两省一区交界地带近20万人民群众生产生活区域的生态调节功能，主要作用有涵养水源、防风固沙、调节气候净化空气等。二是六盘山自然保护区处于西北温带干旱气候带与温带半湿润气候带的过渡带上，其森林植被兼具秦岭植被群落和西部黄土高原干旱带

六盘山景观

植被群落的特点，是黄土高原上重要的种质资源库，保护意义十分重大。三是野生动物群落兼有华北种群、西北种群和部分西南种群特色，有典型意义。四是保护对象中以鸟类为主，其中候鸟占大多数，六盘山是候鸟迁徙中途站，山地森林小气候适合南北鸟类生存，候鸟停留时间较长，需要加以重点保护。

◎ 功能区划

六盘山国家级自然保护区建立以来，经过多年的努力，现已基本达到国家建设标准。1985年聘请自治区内外知名专家在六盘山范围内开展了地质、水文、森林、植物、动物、气候等多门学科的综合考察，对保护区功能区进行了科学合理的区划，核心区12200hm²，占保护区总面积的18%，位于六盘山西列主脉最南端宁夏与甘肃交界处，是泾河、渭河源头，森林植被最富代表性，也是国家一、二级保护野生动物集中分布区。缓冲区12100hm²，占总面积的18.1%，围绕核心区分布。实验区43300hm²占总面积的63.9%，是旅游景观的主要分布地带。

◎ 管理状况

在保护区建设和管理过程中，得到了国家林业局、自治区林业局及有关部门的大力扶持，通过保护区一、二期工程项目的实施，保护区管理局办公条件和下属各保护站管理设施条件明显改善，由于六盘山自然保护区范围处于狭长的山体上，因此大多数是浅山区，区内长期生活和居住着5万多群众，保护工作难度相当大，林农、林牧矛盾十分突出，为保证保护工作顺利进行，在建设过程中把建设保护点作为重心，现已建成谷口、边界保护点65处，每点有2～3名专职保护人员驻守。目前保护区知名度已大大提高，保护区周边社会各界十分关注。自治区"十一五"建设规划中，全区林业工作把六盘山自然保护区的建设和管理已列为重点。

（六盘山自然保护区供稿）

绿林青苔

六盘秋色

宁夏 南华山 国家级自然保护区

宁夏南华山国家级自然保护区地处我国黄土高原西北边缘，宁夏南部六盘山—月亮山—南华山—西华山弧形山地中段，位于宁夏回族自治区中部的中卫市海原县中心部位，其地域范围分别与海城镇、史店乡、曹洼乡、红羊乡、树台乡和西安镇接壤。地理坐标为东经105°31′～105°44′，北纬36°20′～36°33′，呈西北—东南走向，长约26.4km，宽约19.2km。保护区总面积为20100hm²，是以保护森林、草原、草甸植被和金雕、猎隼等珍稀野生动物为主的具有我国黄土高原森林草原地带最为典型、保存最为完整的森林—草原复合生态系统类型自然保护区。始建于1993年，2014年12月经国务院批准晋升为国家级自然保护区。

金雕

◎ 自然环境

南华山自然保护区系土石山地，南华山地区出露了早古生时代中酸性岩浆岩，分布在山体西北、北东侧和西侧。南华山所属区域大地构造属于较活动的秦祁昆地槽褶皱系"北祁连褶皱系的北祁连走廊过渡带"。最高峰马万山2954.68m，平均海拔2600m左右，沟口海拔一般北麓2000m，南麓2200m，相对高差700～900m。南华山属中纬度内陆中温带半干旱区，属山地气候，气温由北而南逐渐降低。最冷月在1月份，月平均气温为−9.8℃，最热月在7月，月平均气温为10.9℃，全年平均气温为0.8℃，年较差20.7℃，无霜期107天。年平均降雨量为562.7mm，降雨主要分布在植物生长季的5～9月份，占全年降雨量的77.15%。具有冬长夏短、春迟秋早、冬寒夏凉、无霜期短、云雾多、气温低、温度日／年较差大等气候特点。

南华山自然保护区山间河谷及山洪沟较多，但地表径流不大，多为间歇河，季节性变化大，遇到暴雨即发洪水，雨后基本干涸，部分降水渗入地下，以泉水的形式溢出；地下水受地质构造的影响，而大气降水是地下水的重要补给来源。南华山山体内部冲沟切割强烈，沟谷水系呈放射状、羽状展布，分别属于清水河水系二级流域的西河流域和苋麻河流域。南华山有大小冲沟约35条，分别汇入西河、苋麻河。

南华山由于不同的海拔高度，阴坡和阳坡，所接受的阳光不同、降水和相对湿度的不同、植被类型的不同，形成了垂直地带性土壤—灰褐土和山麓为基

南华山保护区全景

灵光寺风景

南华烟云

湿地

自然选择

华山叠翠

带土壤—黑垆土为主的土类。

南华山自然保护区是黄土高原西部的重要绿岛，是黄土高原周边山地与青藏高原边缘带物种传播廊道上的重要结点，兼具原始性与次生性。南华山自然保护区共6个植被型、23个群系和21个群丛（人工植被不划分群丛）。有以白桦、少脉椴为建群种的落叶阔叶林；由银露梅、华北紫丁香、黄瑞香、蒙古扁桃、灰栒子、虎榛子、沙棘和其他多种灌木植物组成的耐寒落叶灌丛与适温中生灌丛；由灰榆与芨芨草、大针茅、铁杆蒿、中旱生杂类草等为建群种的疏林草原和典型草原；由短叶羊茅、蕨、黄花棘豆和多种杂类草组成的山地草甸，与草本沼泽、人工林等一道共同组成了南华山自然保护区复杂相对稳定的山地草甸草原生态系统。南华山自然保护区共有野生维管植物426种（包括种以下单位），隶属58科203属；野生动物有5纲25目57科126属173种（含116亚种）。

◎ 保护价值

南华山自然保护区拥有《国家重点保护野生植物名录》第一批的国家重点野生保护植物3种，蒙古扁桃、短芒披碱草和发菜；1999年国家林业局公布《中国珍稀濒危保护植物名录》中的5种，即蒙古扁桃、华北驼绒藜、青杨、短芒披碱草和发菜。宁夏濒危保护植物11种中的6种，蕨菜、青杨、短角淫羊藿、油松和山楂。在脊椎动物资源中，有国家重点保护动物22种，其中属于国家一级保护野生动物仅有金雕1种，国家二级保护野生动物由大天鹅、鸳鸯、秃鹫、白尾鹞、猎隼等21种，其中鸟类二级保护物种17种，哺乳类二级保护物种4种。南华山作为半干旱地区一个相对高差约800m、面积201km^{2}的山地，其重点保护植物可谓具有一定的丰富性，这些植物不仅是重要的资源植物，在这一区域的分布，对于种群生态学、遗传学方面也具有一定的研究意义。

南华山自然保护区内有维管植物58科205属425种（含亚种和变种），其中蕨类植物2科2属4种；裸子植物2科5属6种；被子植物 54科198属415种（及亚种、变种）。南华山自

白桦　　　　糙叶鼠李　　　　稠李全　　　　葱皮忍冬

暴马丁香果　　　　单瓣黄刺玫　　　　华茶藨　　　　披碱草

银露梅　　　　金露梅　　　　沙棘豆　　　　沙棘

然保护区位于宁夏的几个以森林为主的国家级自然保护区的中心位置，其东南的六盘山国家级自然保护区总面积678.6k㎡，最高峰2931m，有维管植物96科361属896种（含变种），保护着暖温带北缘半干旱区典型的森林生态系统类型；其北部的贺兰山国家级自然保护区在宁夏境内面积约1820km²，最高峰3556m，有维管植物77科303属652种（含变种、亚种）；其东北侧的大罗山国家级自然保护区是总面积337k㎡，最高峰2624m，有维管植物65科170属275种（含变种）。南华

山的野生维管植物总数虽然低于上述几个自然保护区，但是其单位面积物种数却远远高于这些国家级自然保护区。

总体来看，南华山所在区域属于我国植被区划中温带东部草原亚区域的山地草甸、落叶阔叶林森林草原小区，植被基带是为干草原带。所谓森林草原一方面表现为灌丛植被和草甸植被的背景上散生一些小乔木，另一方面表现为落叶阔叶林在阴坡适合地境上的分布。

南华山的生态系统类型，从分布面积来看，草甸占绝对优势，其次为草原，再次才是森林和灌丛，人工林和湿地植

被分布零星。以上各类生态系统在南华山不但有一定的空间分异，而且在局部地境也表现出一定的演替关系，即从杂类草草甸—适温中生灌丛—落叶阔叶小叶林的动态变化。

从建群植物的生活力和群落的结构组成来看，南华山自然保护区包括草甸和草原在内的草地生态系统类型多样，组成复杂，动态性也比较强，对气候变化和人类干扰的响应程度高；包括乔木林和灌木林在内的森林生态系统类型相对简单，尤其是前者，多为覆盖度在30%左右的疏林，即使是人工林也如此，

野獾

山鸡

野鸡

显示该区域已到森林分布边缘地带，对自然和人为影响也同样响应敏感。所以南华山自然保护区的建立及保护，将对研究温带半干旱区过渡性的森林－草原生态系统、黄土高原与青藏高原边缘物种传播路径、宁夏南部黄土丘陵区的重要水源涵养以及维护生态平衡和保护物种基因等方面提供评价依据，并对探讨本地区生态系统的天然和人工演化，提供多学科综合性的研究基地。南华山地区国土开发历史久远，丝路文化、佛教文化、西夏文化、回族文化先后在这里繁兴，保留了丰富的历史文化遗存。南华山地处宁夏中南部地区，与宁夏南部月亮山、西华山、六盘山及宁夏北部的贺兰山逶迤相连，几座3000m左右的山峰和2500m以上的山梁，构成了一个近乎南北走向的山链，有效阻挡了来自沙尘暴西北和偏西路径风沙对宁夏中南部、陕西中西部、甘肃东部乃至我国中东部地区的侵袭，发挥了生态屏障的作用。

◎ 功能区划

南华山自然保护区功能区划为核心区、缓冲区和实验区三个功能区。核心区分布在该保护的人为活动较少的中部，是保护区的重点保护区域，核心区面积6181.1hm²，占保护区总面积的30.76%。大部分是林地，包括天然林地和人工林地，有一小部分是草甸，其生态环境会在自然状态下演进和繁衍，最终成为宁夏干旱半干旱地区生物的遗传基因库。缓冲区分布在核心区外围，形成环状区域，缓冲区面积5235.3hm²，占保护区面积的26.05%。一部分为人工林地，另一部分为坡耕地，随着退耕还林还草工程的实施，已经或将要改变为林地或牧草地。实验区分布在保护区的周边，人为活动较为频繁的区域，是为各种实验活动提供的区域。实验区总面积为8683.14hm²，占保护区总面积43.20%。

◎ 科研协作

已出版《宁夏南华山与动植物图谱》1部专著；在《森林防火》《农业与环境》《北京农业》《生态文化》《林业资源管理》《现代园艺》等杂志上公开发表学术论文98篇；制作了大量动植物标本，为科研和教学提供了依据；建成六要素气象监测站4处，为气象科研及森林防火预警提供了保障；与宁夏水文局中卫分局完成宁夏南华山自然保护区北坡主要泉水调查。蒙古扁桃引种：蒙古扁桃是荒漠区和荒漠草原的水土保持植物和景观植物，对其进行深入研究对于了解蒙古高原植被演替以及当地生态环境的稳定和恢复有重要意义，正是从这个角度出发，在南华山保护区引种蒙古扁桃，主要种植在浅山地带的阳坡、半阳坡和开阔谷地，蒙古扁桃对保护当地生态环境及生态系统稳定发挥了不可替代的作用。2004年与宁夏大学合作进行了第一次综合科学考察，2008年与

灵光神龟

草原草甸

天然白桦林

内蒙古大学、内蒙古师范大学、国家林业局林产工业规划设计院合作进行了第二次综合科学考察，2012年与宁夏退化生态系统恢复自治区重点实验室合作进行了第三次综合科学考察，完善了对南华山自然保护区的生态、经济和社会效益的全面评价，为南华山自然保护区的进一步发展奠定了坚实基础。

（南华山自然保护区马春雷供稿）

雄伟南华山

哈纳斯 国家级自然保护区

新疆

新疆哈纳斯国家级自然保护区位于新疆北部的阿尔泰山，地处布尔津县哈纳斯蒙古自治乡境内。北邻哈萨克斯坦和俄罗斯，东连蒙古国，西临哈巴河县。地理坐标为东经86°54′～87°54′，北纬48°35′～49°11′，南北长66km，东西宽74km，总面积为220162hm²，属于森林生态系统类型自然保护区。哈纳斯保护区创建于1980年，1986年国务院批准晋升为国家级自然保护区。

哈纳斯自然保护区森林、草原、草甸相间交错垂直分布，河流、湖泊镶嵌其中，顶峰保存着完整的第四纪冰川，是以西伯利亚代表树种为主体的泰加林在我国的唯一分布区，也是中国唯一的古北界—欧洲西伯利亚动植物分布区。

神仙湾（杨振海摄）

哈纳斯湖

卧龙湾（刘新海摄）

◎ 自然概况

哈纳斯自然保护区的土壤主要有山地冰沼土、高山石漠土、高山草甸土、山地棕色针叶林土、山地黑钙土、山涧洼地沼泽土和暗色草甸土。保护区的气候属温带高寒山区气候，冬季长，春秋两季相连，无夏季。由于地处欧亚大陆腹地，远离海洋，纬度较高，相对高差悬殊，地形复杂，以及森林、湖泊的影响，使得这里的气候与邻近地区有较大的差异。年平均气温 -0.2℃，平均气温低于 0℃ 的时间持续 4 个月，冬季长达 7 个月。极端最高气温 29.3℃，极端最低气温 -37℃。7 月份平均气温 15.9℃，1 月份平均气温 -16℃。年平均降水量 1065.4mm。地形由西南向东北逐渐抬高，降水量从南到北逐渐增加。北部、东北部海拔高，终年冰雪覆盖，成为保护区巨大的固

体水库和壮观的现代冰川。保护区全年日照时数为 2157.4h，相对湿度一般为 59% ～ 90%，湿度随海拔升高而增大，林内湿度 90% 以上。保护区年蒸发量为 1097mm，常年盛行西南风，最大风速可达 19m/s（风力 8 级），一般风速在 8m/s 以下，保护区无霜期在 80 ～ 108 天。

哈纳斯保护区是我国现代冰川的主要分布区之一，共有冰川 210 条，面积达 209.51km²，冰储量 1.3 万 km³，折合淡水储量 120 亿 m³，是一座巨大的固体水库，对区内水分起着重要的调节作用。

森林是哈纳斯山地生态系统的主体，主要树种有新疆五针松、新疆冷杉、新疆云杉、新疆落叶松。其中属国家重点保护的树种有新疆五针松、新疆冷杉及新疆云杉。乔灌木有西伯利亚刺柏、皱纹柳、蔓柳、亚谷柳、萨彦柳等 32 种。

草类有林奈草、岩高兰、阿勒泰赤芍等。保护区内以典型的西伯利亚泰加林栖息动物为主，计 160 种。其中国家一级保护野生动物有雪豹、貂熊、紫貂、北山羊 4 种。保护区内有湖泊 319 个，最大的冰川湖有哈纳斯湖和阿克库勒湖。

◎ 保护价值

哈纳斯自然保护区森林、草原、草甸相间交错，呈垂直分布；顶峰有保存完整的第四纪冰川。区内栖息着寒温带及荒漠区动物雪豹、盘羊、猞猁、紫豹、黑木鸡等。哈纳斯的自然生态系统保存完好，具有很高的科研价值。

哈纳斯自然保护区是阿勒泰山泰加林的集中分布区，是以西伯利亚代表树种为主体的泰加林在我国的唯一分布区，也是中国唯一的古北界——欧洲西伯利亚动植物分布区。

保护区物种资源丰富，珍稀种、特

友谊峰冰川（刘新海摄）

泽和水生植被 7 个类型。每个植被类型又由多种植物群系组成。

哈纳斯保护区以其区位的独特性，生态的唯一性，生物的多样性和冰川湖泊的完好性，被誉为地球上所剩无几的"人间净土"。

保护区地理位置优越，生态环境独特，景观景点比比皆是，自然风光优美，具有很高的科学与观赏价值。有人说哈纳斯是亚洲唯一具有瑞士风光的旅游胜地，但其有比瑞士风光更美丽而奇特的雪山冰川和高山深湖，以及森林草原风光，加之在人文景观的配合下，具有瑞士无可比拟的多重优势，也有称哈纳斯是人间净土，但其不只是单纯的净土，而更具有丰富的美景为净土增添了人间天堂、世外仙境的色彩。

有种多。在已发现的 798 种植物中，有近 30 种国内仅产于此，较大面积的新疆五针松成片纯林，实属难得的宝贵资源。野生动物中，列入国家重点保护的有 27 种之多，而且绝大部分国内仅产于此。昆虫、真菌也同样具有珍稀、特有种多的特点，目前已发现新记录种近 60 个。哈纳斯保护区又是我国珍稀物种的集中分布区之一。

哈纳斯保护区植被类型多样，大体可分为山地针叶林、山地落叶阔叶林、灌丛、草甸、高山植被、石生植被、沼

◎ 管理状况

保护区管理局正确处理地方畜牧业经济发展与保护区之间的关系，进行了

月亮湾（杨振海摄）

双 湖（杨振海摄）

牧道改造和植被恢复，确保了保护区原始自然景观的完整。

正确处理当地经济社会发展与保护区之间的关系，加强保护区内的社区管理。对当地牧民的牲畜实行统一放牧，限制居民生活用柴范围和数量，从资金、发展民族特色旅游和剩余劳动力转移等方面给予大力支持，引导当地牧民加快产业调整等多项措施，收到了良好的效果，为构建和谐哈纳斯林区奠定了良好的基础。

◎ 功能区划

保护区划分为核心区、缓冲区、实验区。保护区总面积为 220162h m²，其中：核心区面积 70520h m²，缓冲区面积 82342h m²，实验区面积 67300h m²。

（哈纳斯自然保护区供稿）

植物之一（刘新海摄）

植物之二（刘新海摄）

响 泉

植物之三（刘新海摄）

巴音布鲁克天鹅湖
国家级自然保护区

新疆巴音布鲁克天鹅湖国家级自然保护区坐落在巴音郭楞蒙古自治州和静县境内的巴音布鲁克地区，地理坐标为东经83°00′～86°17′，北纬42°18′～43°35′。保护区由三大部分组成：大尤路都斯盆地沼泽地、小尤路都斯盆地沼泽地以及连接它们的开都河河段。总面积136894hm²。保护区主要保护对象是天鹅等鸟类及其栖息地。1980年成立省级自然保护区，1986年经国务院批准晋升为国家级自然保护区，属湿地生态类型自然保护区。

天 鹅

◎ 自然概况

大小尤路都斯盆地均为天山中部的山间陷落盆地，基岩由泥盆纪及石炭纪的石灰岩、泥岩、变质岩及火成岩组成。盆地中部覆盖了巨厚的第四纪疏松沉积物，四周洪积冲积扇上以砾石和砾质砂土为主，上覆黄土。盆地中部沼泽地中有富含有机质的淤泥。沼泽地边缘，常形成大面积丘状草甸沼泽带，在沼泽地中部，则常形成大量的高3～5m的胀丘，是永久冻土带的典型地貌景观，约有数百个。在大尤路都斯沼泽地，还有数块突出于沼泽的大面积草原化高地，高出沼泽地3～6m，总面积6万hm²多，此外还有一些较小面积的高地，这些高地的边缘

九曲十八弯

开都河上游

常因冻土作用形成长数米至数十米不等，宽数厘米至数十厘米、深 1 ~ 3m 的冻土裂隙。

巴音布鲁克天鹅湖自然保护区属南疆温带干旱地区。其盆地内夏季凉爽而短促，冬季寒冷漫长，无霜期极短或不明显，年均温为 -4.7℃，年较差 36.1℃，7 月最高温为 28.1℃，1 月最低温 -48.1℃，年平均降水量为 276.2mm，降雨集中在 6 ~ 8 月；降雪集中于 1 ~ 3 月，年降雪天数最多可达 185 天。5 ~ 7 月冻土深度可达 439cm。多刮东北风，一般 3 ~ 6 级，最大 11 级。平均日照时数 2822.9h。年蒸发量 1128.9mm，平均相对湿度 70%。

保护区的土壤有高山谷地泥炭沼泽土，分布在盆地中部静水湖沼泽地明水区和河流泛滥区，土层主要由细腻的含腐殖质的淤泥组成。上部多生长眼子菜、狸藻、两栖蓼等沉水植物；高山谷地草甸沼泽土，分布在与泥炭沼泽土相邻而地势稍高的地段，在保护区面积很大。这种土壤大多有 18 ~ 30cm 的棕褐色腐殖质及草根层，植被以莎草科为主，也有禾本科、菊科等植物；高山谷地草甸土，分布于盆地周围沼泽与草原的交接带及盆地中部低洼地中，地下水位 0.5 ~ 1.5m。生长禾本科、菊科及杂类草，土壤表层 15 ~ 25cm 为棕褐色有机质层；草甸草原土，主要分布在保护区内旱化高地上和盆地周围，地下水很深，植物水分主要靠降雨供给。

保护区位于山间盆地，盆地为开都河上游汇水区，集水面积为 19000km²，最大年径流量为 45.8 亿 m³(1971 年)，最小年径流量为 26200m³(1974 年)。水源补给形式以冰雪融水和降雨混合为主，部分地区有地下水补给，四周雪山所形成的无数大、小河流汇入开都河中，河道沿岸形成了大约 1370km² 的沼泽草地和湖泊。

保护区植被以草本为主，约有 50 个科 160 余属 260 余种。沼泽中植物主要有薹草、水麦冬、水毛茛、毛茛、野黑麦、光叶眼子菜、看麦娘、珠芽蓼等，植被盖度 85% 以上。草原中以优良牧草针茅和羊草为主，还有早熟禾、冰草、棘豆等，植被盖度 50% ~ 70%。

保护区及其周边有兽类 10 科 19 种，鸟类 31 科 119 种，两栖类 2 科 2 种，鱼类 2 科 5 种及多种无脊椎动物。其中列为国家一级保护种类有黑鹳、白肩雕、玉带海雕、白尾海雕、新疆大头鱼 5 种；列为国家二级保护种类有兔狲、猞猁、马鹿、大天鹅、短嘴天鹅等 17 种。鸟类有 45 种被列入《中华人民共和国政府和日本国政府保护候鸟及其栖息环境

天 鹅

黑 鹳

协定》，有 15 种被列入《中华人民共和国政府和澳大利亚政府保护候鸟及其栖息环境的协定》，26 种被列入《濒危野生动植物种国际贸易公约》。

◎ 保护价值

巴音布鲁克天鹅湖自然保护区是国内大天鹅最大的繁殖栖息地，以往该地每年约有 20000 只大天鹅来此繁殖栖息，由于人为活动增加，生境变化，20 世纪 80 年代初仅剩 2000 只，保护区建立后，目前已恢复到 5000 ~ 8000 只，大尤路都斯每年有 600 ~ 1200 个繁殖对，幼鸟离巢总数约 2100 只。

保护区内动植物资源丰富，风光秀丽、景色宜人，是开展旅游的理想之地。境内美丽的湖泊、沼泽、河流、独特的湿地景观、形态各异的花草树木和栖息于区内的野生动物，均为宝贵的旅游资源。开都河及沿岸可以进行观鸟、划船、垂钓等休闲娱乐活动。保护区有综合展览室、动物标本室、植物标本室等可供旅游参观，并可成为生态教育的理想课堂。

保护区包含了巴音布鲁克草原具有很高保护价值的草甸、草原湿地，成为不同生态类型的典型自然综合体及其生态系统。可有效地保护区域生态环境，有效地维持生态系统的结构和功能。

巴音布鲁克天鹅湖自然保护区是全球同一生物气候带上具有较高代表性和典型性的区域。位于天山中部的尤路都斯盆地底部沼泽中，是我国沼泽湿地集中分布且面积较大的湿地区域。从其地质形成、环境变迁和生态系统动态演化看，在亚洲甚至全球都有着重要的地位。保护区地处南疆暖温带干旱地区，是极具代表性的低地高寒湿地生态系统。保护区是巴音布鲁克草原的一个重要代表，是巴音布鲁克草原原始沼泽湿地的核心和缩影。

保护区以"天鹅湖"驰名中外，是我国最大的天鹅繁殖地，也是世界上野生大天鹅繁殖的最南限。保护区湿地以内陆干旱地区湿地代表类型被列入亚洲重要湿地之一。特殊的生态与环境及其富足的野生物种均有着极高的自然、历史、科研及美学价值。

保护区内河流、湖泊、草甸、草原、沼泽、水域、高山一起构成了复杂多样的生境类型；全区植物区系、植物生活型谱复杂，植被类型多样。保护区植物区系组成有南北疆种类混合的特点；物种资源具珍稀种类多、特色种类多、经济种类多的特点。

巴音布鲁克天鹅湖自然保护区是巴音布鲁克草原上面积较大、保存较完整的一块湿地，保持着原始自然状态，人

为干扰少。大量的鸟兽在此繁殖，并为多种旅鸟的迁徙停歇站。由于食物丰富，也为多种候鸟创造了良好的取食和栖息繁殖场所。保护区生境、种群丰富，是研究巴音布鲁克草原湿地生态系统发生、发展及演替规律的活教材，是重要的物种基因库，对开展相关学科研究具有很高的科研和学术价值。

保护区的成立，使保护区内的动植物得到妥善保护，保护了脆弱的湿地生态系统，在和静县建立起一个天然绿色宝库，减缓了湿地退化进程，为和静经济发展提供了有力的保障。保护区自然环境优美，鸟类资源丰富，被冠为"天山明珠"之称，更以"天鹅湖"誉满中外。

◎ 功能区划

巴音布鲁克天鹅湖自然保护区划分为核心区、缓冲区与实验区 3 个功能区。保护区面积为 136894hm²，其中核心区面积 45175hm²，缓冲区面积 68816hm²，实验区面积 21903hm²。

（巴音布鲁克天鹅湖自然保护区供稿）

栖息于保护区中的灰鹤

新疆 托木尔峰 国家级自然保护区

新疆托木尔峰国家级自然保护区位于新疆维吾尔自治区阿克苏地区温宿县境内，地理坐标为东经79°50′～80°54′，北纬41°40′～42°04′，保护区东起木扎尔特河，西至科其喀尔冰川，南邻克孜勒布拉克、包孜东牧场，北到托木尔峰、台兰峰、琼库孜巴依峰，东西长105km，南北宽28km，总面积23.76万hm²，占温宿县面积的20%，属森林生态系统类型自然保护区。保护区始建于1980年6月，2003年经国务院批准晋升为国家级自然保护区。主要保护高山冰川及其下部的森林和野生动植物及其生境。

◎ 自然概况

托木尔峰自然保护区位于天山南坡，毗邻塔克拉玛干大沙漠。托木尔峰是天山山脉最高峰，海拔7435.29m，是天山南坡降水量最丰富的地段。海拔2000～4000m，年平均气温2～7℃，1月平均气温−23～−14℃，7月平均气温20～22℃，无霜期为150天左右，年平均降水量90～700mm，主要集中在7～8月。托木尔峰有2个最大的降水带，在海拔2400～2900m降水量为250～400mm，2900～4200m降水略有减少，在海拔4200m以上降水量为200mm，局部山地幽谷降水量可高达1000mm，保护区主风向为西北，最大风速10m/s，平均冻土深度2m。保护区平均海拔4000m，海拔高，空气稀薄，紫外线辐射强，光照资源较为丰富。

保护区的土壤类型较多，垂直分布不明显。保护区内有6个土类，主要包括原始土、高山草甸土、亚高山草原土、山地灰褐色森林土、山地栗钙土、山地棕钙土。

保护区内共有现代冰川197条，冰川储水量50亿m³，冰川融水发源的主要河流有10条，其中托什干河和昆马力克河是阿克苏河、塔里木河的主要源头，还有台兰河、木扎尔特河等，地表水总流量50亿m³，总流域面积6000km²。

托木尔峰自然保护区林业用地总面积为15196.36hm²，其中有

林 地 面 积 为 10528.90hm²，疏 林 地
面 积 为 3477.28hm²，灌 木 林 地 面
积 为 1080.07hm²，宜 林 地 面 积 为
110.11hm²，活 立 木 总 蓄 积 量 120 万
m³，森林覆盖率 6.4%，草场面积 3.4
万 hm²。因载畜量过大，近 2/3 的草场
退化较为严重。

◎ 保护价值

托木尔峰自然保护区主要是保护高
山冰川和其下部的森林和野生动植物及
其生境。高山冰川主要包括现代冰川
197 条，此外还有丰富的古冰川遗迹。

保护区内高等植物 382 种，隶属
60 科 238 属。真菌 167 种；地衣 19 种；
不完全地衣 2 种。野生动物主要包括
陆栖脊椎动物 77 种，隶属 13 目 28 科
73 属；昆虫 1000 余种。其中国家一级
保护动物 5 种，包括雪豹、北山羊、金雕、

玉带海雕、胡兀鹫。

托木尔峰自然保护区是我国少有的
高山保护区，平均海拔 4000m，区内
有大型冰川 8 条，现代冰川 197 条，是
天山山脉现代冰川作用区之一，古冰川
遗迹随处可见。1977 ~ 1978 年，科学
考察队发现了阿克布隆冰期的典型剖
面。保护区南部为塔克拉玛干大沙漠，
受极端干旱气候的影响，托木尔峰地区
气候特征独特，这在我国干旱荒漠乃至
亚洲荒漠区也是极为稀有的。保护区海
拔 2100 ~ 3300m，发育广泛的灌木、
半灌木、山地草原和针叶林带在我国干
旱荒漠区是少有的。因受塔里木干旱气
候的影响，加之保护区内地势从海拔
2100m 开始抬升，土壤发育较差，草
原发育受到挤压和限制，森林也仅生长
在阴坡和半阴坡，植被一旦遭到破坏，
将造成水土流失严重且很难恢复，所以

其生态系统极为脆弱。保护区独特的气
候特征也决定了它生态系统的多样性和
生物物种的多样性。

托木尔峰自然保护区内发育了大小
河流 10 条，其中阿克苏河是南疆母亲
河——塔里木河最主要的源头之一。这
些河流滋润着阿克苏地区广阔的农田、
牧场，养育了流域内 200 多万各族儿女，
维系着南疆绿洲生态的平衡，为地区的
工农业的发展提供了有力的保障。保护

科学考察，也是我国高山中第一次进行的南、北两个坡面的全面考察。在大气、地质、冰川、生物、地理等专业和学科上都获得了比较完整、系统和十分宝贵的第一手资料。

保护区从第四纪以来，由于地壳运动和气候变化，曾发生过多次冰期与间冰期，留下了丰富的冰川作用遗迹。较为典型的有木扎尔特河和台兰河的第四纪冰川遗迹。国内外专家对这一地区的冰川研究十分重视，托木尔山岳冰川区，不仅是天山最大的冰川作用中心，而且也是世界上著名的山岳冰川区之一。作为我国少有的高山保护区，其在冰川、自然地理、干旱区野生动植物及其生境都极具科研价值。

◎ **功能区划**

保护区分为核心区、缓冲区、实验区。保护区总面积为237600hm²，其中核心区面积106040hm²，缓冲区面积

区生态系统的多样性和生物物种的多样性吸引了国内外专家、学者前来考察、登山。因此，保护区不仅具有很高的社会价值，而且具有很高的国际社会影响。

1977～1978年，中国科学院登山科学考察队对托木尔峰进行的考察，是继珠穆朗玛峰、希夏邦马峰的考察以来，我国进行的第3次规模较大的高山综合

64912hm²，实验区面积 66648hm²。

◎ 管理状况

托木尔峰自然保护区建立 20 多年来，特别是 1992 年至今做了大量的工作，累计更新造林 1000hm²，有成效面积 260hm²，天然更新有成效面积 684hm²，提高了森林覆盖率，维系了保护区的生态平衡，改善了自然环境，同时也保护了生物多样性。

（托木尔峰自然保护区供稿）

新疆 西天山
国家级自然保护区

新疆西天山国家级自然保护区位于新疆维吾尔自治区伊犁哈萨克自治州巩留县东部，坐落在中天山西部，天山西部林区的中心位置。东邻巩留林场大吉尔格朗营林区，西靠巩留林场大莫合营林区，北隔大吉尔格朗河与新源县相望，南依那拉提山脉的分水岭与和静县相邻，地理坐标为东经82°51′~83°06′，北纬43°03′~43°15′，保护区南北长28km，东西宽14km，总面积31217 hm²，森林覆盖率32%，活立木蓄积量2849400m³，是以森林珍贵动植物、草原、水域及有特殊作用的其他动植物资源为保护对象的森林生态系统类型的自然保护区。保护区的前身是1983年成立的巩留雪岭云杉自然保护区，2000年4月经国务院批准晋升为西天山国家级自然保护区。

天山云杉

◎ 自然概况

西天山自然保护区的南、北、东3面由高山环绕，北面有北天山的科古琴山和婆罗科努山，南面有南天山的哈尔克山，两座山会合后，形成一个喇叭口，西面开阔而地势低，东面狭窄而地势高。

保护区内地势险峻，坡度陡峭，群峰林立，总趋势南高北低，区内群峰大部分海拔在3000~3700m，3600m以上常年被冰川，积雪覆盖，最高海拔4100m，最低海拔1100m，高差

3000m。

保护区内有基本平行且南北走向的3条主要沟系，即乌勒肯库尔德宁、沙特不拉克和协天德。

经过漫长的地质运动及风雨等外营力的剥蚀，保护区形成了宏伟多姿，千沟万壑的现代地质地貌特征。其山体上部地层出露以古生代岩石为主体，变质岩系最多，还有火成岩系的花岗岩、粗面岩等出露。山地中、下部地表则覆盖着第四纪黄土沉积物。

保护区内3条主要沟系均有发源于那拉提山系的高山冰川，积雪带下缘的库尔德宁，沙特布拉克和协天德3条河流，年总径流量超过1.96亿m³，是伊犁河重要的二级支流。

保护区地理位置优越，属温带亚湿润区，其谷地地势向西倾斜而开阔，有来自西部的暖湿气流从伊犁河谷进入，受到高山阻挡形成丰富的降水，又因它地势北、东、南3面有高山环绕，阻隔蒙古高气压的干燥气流和南下的西伯利亚寒流的侵扰，也免受了南疆

干热风的影响。

保护区内年均温 5 ～ 7℃，1 月份平均气温 -8℃，7 月份平均气温 18℃，年平均降水量 600 ～ 800mm，个别年份超过 1000mm，最大降水带在海拔 2000 ～ 2700m 的云杉森林带。年平均蒸发量 1100 ～ 1200mm，年平均相对湿度 70% 以上，气候干燥度小于 4，无霜期 120 天，风力 4 级左右，风向西北，多为地形风。

保护区有着完整的山地土壤垂直带谱，土壤类型随着海拔高度的变化呈有规律的带状分布。境内中低山区成土母质为黄土沉积物，山体上部以变质岩系风化形成的坡积、残积母质最多。保护区有 6 大土类，即高山草甸土（海拔 2800 ～ 3500m）、亚高山草甸土（海拔 1800 ～ 2800m）、山地灰褐色森林土（海拔 1500 ～ 1600m）、山地黑钙土（海拔 1400 ～ 1800m）、山地黑棕色野果林土（主要分布在大吉尔格郎河河岸，谷底及谷地两侧山麓地带）、冲积性草甸土（主要分布在库尔德宁河漫滩上）。

西天山自然保护区内物种种类繁多，已发现高等植物 70 科 339 属 752 种。被列入《国家重点保护植物名录》的有新疆野苹果、野杏、阿魏、紫草、雪莲、黄芪、牡丹等 10 余种。保护区内野生动物资源丰富，有陆栖脊椎动物 146 种，

含两栖纲 3 种，爬行纲 7 种，鸟纲 101 种，哺乳纲 35 种。其中国家一级保护野生动物有黑鹳、金雕、白肩雕、雪豹、北山羊 5 种，国家二级保护动物有棕熊、马鹿、盘羊、高山雪鸡等 19 种。保护区内有昆虫 25 目 102 科 194 种；大型真菌 20

科 55 属 90 种。

保护区有非常美丽的景观资源，广袤的草原，碧绿如茵，芳草萋萋，繁花盛开，彩蝶飞舞；绵延几千米的山地森林，莽莽苍苍，高耸云天。区内高山群集，雪峰连绵，沟壑纵横。在茂密的原始森林里有马鹿、野猪、狼群等野兽出没，河畔有黑鹳、野鸭等珍禽游弋，空中有金雕、燕隼等猛禽盘旋，一派人间仙境的景色。

◎ **保护价值**

西天山自然保护区以云杉林及其生境为主要保护对象，保护区独特的地理位置，优越的生态环境使这里的云杉类型齐全，生境保存原始完整，野生动植物区系成分复杂，种类丰富，具有重大的自然保护和科研价值。

区内保存完整的原始云杉类型及山地植被自然垂直带谱，是天山山地森林生态系统的典型代表，是目前天山林区仅有的一片生长最好，分布集中的原始云杉林。区内云杉林单位面积蓄积量很高达 $800 \sim 900 m^3/hm^2$，个别林分甚至达到 $1000m^3/hm^2$，区内的雪岭云杉及其变种天山云杉，具有树体高大，材质优良，抗性强，生产力高的特点，是历史遗留给人类的珍贵树种。

西天山保护区是我国珍稀物种的主要分布区之一，其温和湿润的气候条件孕育了多种稀有生物物种，如：保护区内大面积的野苹果、野杏是第三纪温带阔叶林的残遗。野生动物中列入国家一、二级保护的有 24 种之多，而且绝大部分仅分布或主要分布于本保护区。昆虫、真菌也同样具有珍稀性、特有物种多的特点。

保护区森林资源基本无人为干扰，其自然环境和生态系统较为稳定，森林和其他生物资源及其生境呈现原始状态，是一个保存完整的自然综合体，是天山山地生态系统的原始本底。因

那拉提

此保护这一生态系统为雪岭云杉及其变种天山云杉林原始群落的发生、发展、结构演替、科学经营管理、生态

西天山景观

系统与生境相互关系，生态系统的演变提供极为珍贵的"科学情报资源"，为发展新疆的森林和野生动植物资源及自然环境的保护事业，以及合理地、持续地发展自然资源提供科学依据与示范基地。同时保护区内的森林和植被具有涵养水源，保持水土的重要作用，生态效益巨大。

◎ 功能区划

西天山自然保护区的功能分区，坚持以保护山地森林及其生态系统，拯救濒危物种，积极开展科学研究，适当发展多种经营和生态旅游为原则，将保护区分为核心区、缓冲区、实验区。核心区：南至山脊线，北至阿克吐也克与喀腊马拉卡依两沟汇合处以及至吉尔格郎河边，西至阿克吐也克沟东侧的山脊线，东以山脊线与巩留林场大吉尔格郎营林区相邻，面积12956hm²，占保护区总面积的41.5%，为森林和野生动物集中分布区；缓冲区：位于核心区外围，面积12421hm²，占保护区总面积的39.8%；实验区：面积5840 hm²，占保护区总面积的18.7%。

◎ 管理状况

保护区自成立以来，严格执行国家有关自然保护区建设和管理的法律，法规，坚持依法治区，努力做好保护区的管理工作。

保护区资源丰富，特别是旅游资源的开发利用有着得天独厚的有利条件，坚持"保护第一，合理开发"原则，积极有序开发生态旅游，取得了较好地经济和社会效益，促进了保护区的保护，管理与建设，增加了社区居民的就业机会和产品销售渠道，带动了当地经济的发展。

（西天山自然保护区供稿）

新疆

新疆维

甘家湖梭梭林
国家级自然保护区

新疆甘家湖梭梭林国家级自然保护区位于准噶尔盆地西南部，属艾比湖盆地，保护区地跨新疆塔城地区乌苏市和博尔塔拉蒙古自治州精河县。西接艾比湖畔，北临准噶尔界山支脉——北山南麓，东和东南连接乌苏、奎屯、独山子金三角地区，南抵天山北麓；地理坐标为东经83°18′~83°52′，北纬44°46′~44°58′，总面积54667hm²，属荒漠生态系统类型的自然保护区。甘家湖梭梭林自然保护区于1983年成立，为自治区级自然保护区，2001年6月经国务院批准晋升为国家级自然保护区。

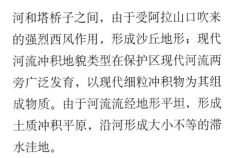

泡泡刺（王刚摄）

◎ 自然概况

甘家湖梭梭林自然保护区属于盆地地带，实际是低洼地中的一片沙海。在大地貌单元上，属于以艾比湖为中心的凹陷的平缓起伏的荒漠平原。地貌类型可分4种：山前强倾斜砾质洪积平原分布于浅山山麓地带，由晚更新世的粗粒洪积物组成，北面海拔在300~450m，平均宽度10~12km；南面海拔400~1400m，平均宽度16~18km；中部土质冲积平原分布于保护区中部绝大多数地区，由全新世早期河流冲积物组成，质地较细，多粉沙和黏土，地势平坦，河道在这个平原内曲流广泛发育。奎屯河北岸宽2~3km范围内，由于受古地形影响，形成倾斜土质平原。风积沙丘地貌类型分布于保护区中部奎屯河和塔桥子之间，由于受阿拉山口吹来的强烈西风作用，形成沙丘地形；现代河流冲积地貌类型在保护区现代河流两旁广泛发育，以现代细粒冲积物为其组成物质。由于河流流经地形平坦，形成土质冲积平原，沿河形成大小不等的滞水洼地。

甘家湖梭梭林自然保护区位于欧亚大陆腹地，远离海洋，受温带天气系统和北冰洋冷空气制约，又受南亚干旱气流影响，因而，光热资源丰富，风多且大，无霜期较长，夏季炎热，冬季严寒，气温日、年较差大，干燥少雨，蒸发强烈，具温带大陆性干旱气候的特征。年日照时数为2700h，无霜期180天左右，年平均气温6.7℃，年降水量140mm左右，蒸发量2000mm，蒸降比为14:1，年平均风速1.4m/s，最大风速23m/s。

保护区内原有水系丰富，发源于乌苏境内北天山的奎屯河、四棵树河、古尔图河均流经保护区汇集，注入艾比湖。过去这些河流，夏秋之际不断沿河形成很多河沟、苇湖、沼泽等广阔水域，年径流量12亿m³。但是近20年这几条

柽柳花开时——甘家湖热情的七月

三千岁元帅——胡杨（甘家湖）

河流的中上游层层截流，水源断绝、河沟、苇湖、水草滩日渐减少。只有雪洪或夏洪季节有少量洪水漫流，地面水源日趋枯竭，由于地质结构为坡积－洪积的沙砾碎石层，具有很大的渗透性，地下径流，流至扇缘地带溢出，成为泉水。本区泉水很多。但流量较小，又由于地下径流的路线被河谷或冲沟切断，流入河道成为地面水，河道成了地下水的排泄场所。

保护区位于温带的干旱地区，地带性土壤属于荒漠－灰棕色荒漠土地带。土壤类型主要有灰棕色荒漠土、灰漠土、风沙土、草甸土、盐渍土。

甘家湖梭梭林自然保护区野生植物种类丰富、类型多样，隶属43科137属270余种植物（含盐生、水生植物），其中濒危植物物种32种，保护物种66种。主要是肉苁蓉、锁阳、罗布麻、苏枸杞、甘草等，优势树种为梭梭、白梭梭、

胡杨、柽柳。区内植物类型有中亚荒漠植物区系和蒙古荒漠植物区系的2种成分。它对保存和丰富保护区内珍稀沙生植物资源及动物资源，为自然资源合理利用提供了宝贵的科学依据。

保护区以其荒漠林结构的复杂性和物种多样性为各种野生动物栖息繁衍提供了理想的场所。保护区内有兽类15种、鸟类36种、爬行类2种、两栖类和鱼类12种，其中国家一级保护野生动物有黑鹳、波斑鸨2种；国家二级保护野生动物有马鹿、鹅喉羚、水獭、大天鹅、苍鹰、灰鹤、猎隼、红隼等10种。

甘家湖梭梭林国家级自然保护区地处荒漠腹地，既有大漠景观，又有水域景观，自然环境独特，自然风景别具一格，具有很高的科学与观赏价值。区内容纳了木特塔尔沙漠自然景观、胡杨林景观、梭梭林景观、天鹅湖湿地景观等多种景观类型。

木特塔尔沙漠主要地貌为沙丘链，景观独特，有一座座连绵不断的自然形成的高大沙丘，而且还有沿水域边缘的固定半固定沙丘景色，是沙漠探险、旅游观光的好去处。

沿着蜿蜒曲折的四棵树河谷河床两岸，生长着茂密的胡杨林。高大茂密的胡杨林不亚于南方的热带雨林，尤其是秋季，树上挂满了金黄色的树叶，形成了一道金黄亮丽的甘家湖秋景，美不胜收，特别是那千年古树胡杨，显出千年不死，死了千年不倒，倒了千年不朽的顽强精神，让人感叹不已。

梭梭在戈壁、沙漠地带，是真正的植物之王。荒漠腹地梭梭林景观，一棵棵饱经风霜的梭梭形态各异，根深叶茂，虽经千年风沙的洗礼，却依然苍翠挺拔，显现出强大的生命力。而在流动性较大的沙垄、沙丘上，白梭梭林顽强地起着抗风固沙的巨大作用。春季还可看

白梭梭母树林之王——白梭梭王

鸬鹚对歌（王刚摄）

鹅喉羚（雄）

到梭梭根下寄生着的具有极高药用价值的"沙漠人参"——肉苁蓉，它是沙漠中天然独特、很有价值的稀有中药材。

天鹅湖湿地面积 1333.3 hm²，水草丰茂，是各种野生鸟类的栖息地，还是西欧候鸟的迁徙地。每逢春秋两季，以大天鹅、野鸭为主的成千上万的各种水鸟汇集到这里，变成了鸟的世界。

◎ 保护价值

梭梭为国家保护植物，建立梭梭林自然保护区目的是为了保护濒危的梭梭植物及其荒漠地带的自然环境和生态系统。甘家湖梭梭林国家级自然保护区是我国梭梭生长最好、最集中的保护区，也是我国唯一的温热荒漠地带的梭梭保护区，同时还是世界上白梭梭最集中分

布、面积最大的区域。

梭梭为藜科梭梭属植物，属旱生、超旱生灌木或小乔木，是构成梭梭荒漠的主体。梭梭是温带荒漠地区的地带性植物，其分布横跨欧亚大陆。梭梭分布在中国境内西北各地，总分布面积为 11667200 hm²。其中 68.2% 分布在新疆准噶尔盆地，新疆梭梭分布面积为 8441600 hm²，为我国梭梭分布面积的

72.3%。甘家湖梭梭林保护区则是准噶尔盆地的精华，我国的白梭梭仅在此盆地分布。

梭梭具有"沙漠活煤"之称。梭梭的燃烧值高（4499kJ），优于煤，火力强，经久不息，其原理有待深入研究。对现有梭梭如何合理樵采，是今后研究的重要课题。梭梭荒漠林是荒漠地区优良的冬春草场，但目前对梭梭荒漠牧场现有饲草质量，饲草改良以及合理放牧，梭梭林区的气候改善与牧业的关系等问题的研究，在我国荒漠地区还是空白。

建立梭梭自然保护区不仅在研究其发生起源、演替规律及荒漠生态系统等方面具有很大价值，而且对保护、改良、利用梭梭林也有十分重要的意义。

甘家湖地区的梭梭是在干旱条件下

保护区内骆驼（谢兴慧摄）

鹅喉羚（雌）

形成的一种独特的森林类型，是温带干旱荒漠区的代表性植物，具有极强的抗逆性和适应性、耐干旱、贫瘠、盐碱、抗风沙、耐严寒酷暑，是防风固沙的优良植物，它矗立在古尔班通古特沙漠与绿洲之间，是绿洲边缘阻挡风沙侵袭的天然屏障，是维护荒漠绿洲生态平衡和国民经济发展的重要保障。由于种种原因，致使有林地面积大幅度下降，梭

梭林资源枯竭，土地荒漠化、盐渍化程度加剧，风沙危害上升，近千千米风沙线上沙漠以每年 5～10m 的速度向东南推进，沙丘逼近北疆铁路最近处不足1km，每年仅风灾给沿线造成的损失在6000 万元以上，严重威胁着第二条欧亚大陆桥的畅通，对甘家湖地区周边的经济发展以及艾比湖流域的生态环境构成了极大的威胁。

甘家湖梭梭林自然保护区不仅在生态区位上极其重要，而且保护区内分布有种类多样的野生动植物资源，是研究准噶尔盆地荒漠地区生物多样性的重要地区，在稳定和改善自然环境，拯救和保护濒危的生物，监测人为活动对自然的影响，探索和保护人类生存环境，研究其自然规律、合理利用生物资源、防止和减少自然灾害、人为破坏等方面均有重要的现实意义。

乌苏地处北疆腹地、位于天山北坡，是自治区西部大开发首先推出的天山北坡重点经济带。乌苏市西北部分布着 30.67 万 hm² 天然荒漠林，犹如一把巨大的生态保护伞，保护着甘家湖地区

以东金三角地区乃至天山北坡经济带数百万各族人民的生存以及天山北坡经济带的可持续发展。甘家湖地区的荒漠生态林是整个新疆地区的一条"生命保护线"。

◎ 功能区划

保护区划分为核心区、缓冲区、实验区。保护区总面积为 54667hm²，其中核心区面积 21514.66hm²，缓冲区面积 21055.94hm²，试验区面积12096.40 hm²。

（甘家湖梭梭林自然保护区供稿）

新疆 塔里木胡杨 国家级自然保护区

新疆塔里木胡杨国家级自然保护区地处塔克拉玛干大沙漠北缘，位于塔克拉玛干沙漠的北部，是我国典型荒漠地带。地处我国最长的内陆河塔里木河中游，巴音郭楞蒙古自治州境内，英巴扎—喀尔曲尕段。地理坐标为北纬40°52′~41°19′，东经84°15′~85°30′，东西长109.7km，南北宽47.1km，总面积为39.542万 hm²，是塔里木盆地内陆干旱区中以胡杨林荒漠生态系统为保护对象的森林生态系统类型的自然保护区。1983 年 10 月成立新疆塔里木省级自然保护区，2006 年 2 月经国务院批准晋升为国家级自然保护区。

洪水中的胡杨

◎ 自然概况

塔里木胡杨自然保护区地貌类型组成为冲积洪积平原和沙漠，冲积洪积平原包括塔里木河两岸河漫滩、常年洪水水洼地、阶地、古老的河道河床、间歇性的河道干沟、平原湖泊周围和沙漠边缘地带等，地势平缓，海拔800~940m，地面坡降1/4000左右。

保护区属典型的温带大陆性平原区荒漠气候，少雨、干旱、酷热、多风。年均气温9.7~10.8℃；1月平均气温 −10.5~−8.7℃；7月平均气温24.8℃；日较差 20~27.5℃；极端最高气温40.6℃，极端最低气温−25.5℃；≥10℃年积温 4040~4210℃，年日照时数为2573.5h，无霜期218天；多年平均降水量仅45.2mm，蒸发量却高达

1887~2910mm。干热风和大风频繁，8级以上大风年平均为 15 天。

保护区土壤有草甸胡杨林土、淡色草甸土、胡杨林土、灌木林土、盐化胡杨林土、盐化草甸土、沙化胡杨林土、风沙土等土壤种类。草甸胡杨林土位于塔里木河河漫滩地，土壤湿润，盐分不高，生长有胡杨幼林，地下水位1~2m。淡色草甸土为水成性土壤，分布于塔里木河新老河滩地，生长有拂子茅、芦苇、莎草等草本植物，地下水位1~3m。胡杨林土随着幼龄胡杨的生长，胡杨林冠郁闭度增大，消耗水分增多，土壤中盐分逐渐积累，不利于草甸植物的生长；随着胡杨林化的过程，土壤发育为胡杨林土，分布于保护区河滩阶地，土壤盐分一般在0.7%~1.0%。灌木林土分布于塔里木河河阶地，多生柽柳、铃铛刺、苏枸杞等，土壤质地为沙壤。盐化胡杨林土生长有成林化或老龄化的胡杨林，其土壤总盐量达2%，有的高达4%~5%，分布于河阶地。盐化草甸土为草甸化成土过程中，附加盐化过程形成，土壤生产能力差，地下水位高，土质较重，气热状况差，主要生长有甘

红柳胡杨灌丛

金色胡杨

草、罗布麻等草本植物。沙化胡杨林土主要分布于塔里木河老河床，由于地下水位高，矿化度高，为衰退、稀疏的胡杨林地，但仍能起到防风固沙之功效。风沙土分布于保护区西南部，无植被或植被盖度小于10%，又分为风沙土亚类及流动风沙土亚类。

塔里木河自西向东横贯保护区全境。塔里木河的支流沙吉力克河和艾买塔台塔河也穿过保护区。塔里木河中游年径流量已由20世纪80年代的35亿 m^3，降至目前的20亿 m^3 左右，其水量的季节分配不均，丰枯悬殊，以8月份的流量最大，占全年40%以上。

保护区的植物分布区域属于亚非荒漠植物区—亚洲中部亚区—新疆荒漠植物省、南疆荒漠州，成分是以干旱地区的种类占主导地位。植物区系起源古老，区系成分上不仅有典型的荒漠成分和古

地中海成分，也渗入一些草原区的植物种类。植被的组成成分以被子植物为主。灌木或半灌木是保护区内最基本的生活型类群，其次是多年生草本，1～2年生草本植物占最大比例。保护区共有种子植物34科84属132种，多为被子植物，裸子植物只有2种；蕨类植物1种。在保护区分布有我国古老属植物白刺属、霸王属、梭梭属等。这些植物长期适应干旱的气候条件，成为荒漠地区的主要建群种或优势种。区内单种科属较多，有单种科13个，如白花菜科、金鱼藻科、小二仙草科、报春花科、旋花科、茄科、狸藻科等；有单种属55个。广布种也较多，如藜科、莎草科等。

塔里木胡杨国家级自然保护区的植被划分为绿洲植被和荒漠植被两大类体系。保护区的绿洲植被为森林、灌木、草甸、沼泽和水生植被型。它们是：胡

杨林群系、灰胡杨林群系、多枝柽柳群系、刚毛柽柳群系、铃铛刺群系、西伯利亚白刺群系、黑刺群系、假苇拂子茅群系、芦苇群系、大叶白麻群系、疏叶骆驼刺群系；沼泽植被有芦苇群系、香蒲群系、荆三棱、牛毛毡群系、薹草群系；水生植被有金鱼藻、轮叶狐尾藻、狸藻群系、眼子菜群系。荒漠植被有梭梭群系、盐穗木群系、盐节木群系。

保护区内现有哺乳类动物6目15科28种，鸟类17目40科140种，爬行类2目5科12种，两栖类1目2科4种，鱼类1目3科19种，此外还有丰富的昆虫等无脊椎动物。

◎ 保护价值

塔里木胡杨自然保护区处于塔里木河中游的绿洲—荒漠生态交错带，在生物地理区划上，属塔克拉玛干戈壁荒

大白鹭

鸬鹚

团状和带状分布，为其他森林类型所少见。保护区内有胡杨林2个林型组、6个类型，区内胡杨林分布之广、面积之大，举世罕见。区内未受人类干扰的大片原始胡杨林，是地球上较好保留下来的原始胡杨林和珍贵的胡杨基因资源，也是人们研究自然、了解自然，探讨塔里木河两岸天然植被演变规律的研究对象。

保护区分布有许多具有重要科研、经济、文化价值的珍稀濒危野生动植物种类。肉苁蓉为国家二级保护植物，并被列入《濒危野生动植物种国际贸易公约》。野生动物中，国家一级保护动物有黑鹳、金雕、白肩雕、白尾海雕、玉带海雕、小鸨、野骆驼（双峰驼）、新疆大头鱼8种；国家二级保护动物有大天鹅、鸢、苍鹰、棕尾鵟等26种；列入《濒危野生动植物种国际贸易公约》的有小雕、金雕、白肩雕、雕鸮等32种。列入《中日保护候鸟协定》的有大白鹭、大麻鸭、黑鹳、角鸊鷉等41种，列入《中澳保护候鸟协定》的有黄头鹡鸰、黄鹡鸰、白腰杓鹬、矶鹬等13种。保护区还是塔里木盆地特有种——塔里木马鹿的良好避难所，其种群数量不足千只，对保存塔里木盆地独特的生物物种有着十分重要的意义。塔里木兔是塔里木盆地的特有兔种，其兴衰较之濒危物种更能反映现代生态条件的变化，作为环境优劣的监测和指示，塔里木兔在生物学科领域具有重要的研究价值。新疆大头鱼是新疆特有鱼类，分布于塔里木河水系，具有重要的科学研究和经济价值。

塔里木胡杨自然保护区处于典型的过渡地带，生态系统类型多样，是研究塔里木特有野生动物生长、繁衍及其与环境关系的重要场所，研究不同地带植被分布、生长、发育、演替的重要基地，特别是研究荒漠化生态系统发生、发展及其演替规律的活教材，是荒漠化地区重要的物种基因库，对开展相关学科研

漠、大陆性荒漠、半荒漠生物群落的典型代表，是世界上胡杨林分布最集中、保存最完整、最具代表性的地区之一，也是生态交错带上不同生态系统的典型代表。

保护区所在的塔里木河盆地属于亚—非荒漠区的一部分，古地中海荒漠区的组成部分，具有明显的过渡性。保护区还处于塔克拉玛干沙漠向天山南麓干旱荒漠区的过渡带，自然环境具有明显的过渡性特点。

保护区所在的范围是塔里木河胡杨林分布最集中、林相最整齐的地段。胡杨林是大自然的一个伟大创造。胡杨抗热、抗寒、抗风、抗沙、抗碱、抗旱、抗瘠，是演化在干旱地区的一种奇特的森林类型，是在年降水量仅20～60mm的极端干旱沙漠地区唯一能生存的乔木树种；胡杨依水而存，随水变迁，随着河道的变化和摆动形成胡杨孤立、

究具有很高的科研和学术价值。

胡杨能顽强地生存繁衍于沙漠之中，被称为"第三纪活化石"，被联合国粮农组织（FAO）林木基因资源专家确定为全世界最急需优先保护的林木基因资源之一，是干旱和半干旱地区保护的重点。保护区河岸林与塔里木河相伴而生，像一条绿色长城，长期以来紧紧锁住塔克拉玛干沙漠的扩张，屏护着塔里木河流域各族人民的生产生活，被誉为南疆人民的保护神。

保护区塔里木河湿地和以胡杨、灌木林为主的森林，是一些迁徙性鸟类繁殖地、停留地和越冬地，是进行鸟类保护和科研的良好场所，在全国的野生动物保护全局中起着不可估量的作用。

保护区在塔里木河流域生态治理中起着重要的作用，这是由保护区的地理位置和生态特征所决定。保护区是胡杨荒漠生态系统保存较为完整的地带，也是当今世界上原始胡杨林分布最集中、保存最完整的地区之一，起到了保存原始本底的作用。

保护区是荒漠绿洲区珍稀野生动植物物种的主要繁殖栖息地，是一个巨大的动植物天然"基因库"，保存着荒漠绿洲生态系统的一个自然地段及其包含的遗传材料。

◎ 功能区划

保护区核心区面积为180382.6hm²；缓冲区面积181995.8hm²；实验区面积33041.6hm²。

（塔里木胡杨自然保护区供稿）

罗布麻

艾比湖
国家级自然保护区

新疆艾比湖是我国西部的国门湖泊，位于新疆维吾尔自治区博尔塔拉蒙古自治州境内，地理坐标为东经 82°36′~83°50′，北纬 44°30′~45°09′，是准噶尔盆地西南缘最低洼地和水盐汇集中心，是新疆最大的咸水湖，已被列入《中国重要湿地名录》。2000年6月，新疆维吾尔自治区人民政府将艾比湖湿地、湖滨洼地及周边地域划定成立了新疆艾比湖湿地自然保护区，2007年4月经国务院批准晋升为艾比湖湿地国家级自然保护区。保护区总面积 267085hm²，其中：水域面积 68381hm²，林地面积 182625hm²，草地面积 6552hm²，农地面积 9hm²，未利用地面积 9518hm²。

胡杨

◎ 自然概况

艾比湖流域是一个封闭性的流域。特殊的地理位置，地形地貌特征和气候条件，使保护区形成了石漠、砾漠、沙漠、土漠、盐漠、沼泽、盐湖等多种荒漠地类。植被也依次形成旱生、超旱生、沙生、盐生、水生等多种类型。植被分布同时受中亚和蒙古两个植物区系的影响，过渡明显，是新疆境内荒漠植物种类最多

沙丘

阿奇克苏湿地

的区域。据初步调查，本区有各类野生植物 52 科 191 属 598 种，水生浮游植物 7 门 57 种。分布有胡杨、白梭梭等国家重点保护植物 12 种。艾比湖湿地丰富的荒漠植物群落为野生动物提供了栖息场所，为各种珍禽鸟类提供了繁殖地、停歇地和越冬地。目前已记载到本区共有各种脊椎动物 50 科 267 种，其中：国家一级保护野生动物 8 种，国家二级保护动物 30 种，自治区级保护动物 18 种。昆虫种类共 20 目 357 种。艾比湖浮游动物有 5 类 21 种，其中艾比湖卤虫资源十分丰富，列我国榜首。

沙丘植被

柽柳

胡 杨

紫翅猪毛菜

木合塔尔沙漠

◎ 保护价值

　　艾比湖湿地作为一个特殊的自然地理单元，因地广人稀，大部分仍保持着原生状态，为野生动植物的生存、繁衍提供了丰富多样的环境，是我国生物多样性的重要组成部分和天然基因库，对研究我国和世界动植物分布区系的形成与演变具有重要意义。

　　湿地被称为"地球之肾"。内陆干旱区的湿地则由于所处地理环境的特殊性而更具有保护价值。艾比湖湿地属湖泊湿地和沼泽湿地及河流湿地的组合，具有这些湿地种类的共性。但由于处在内陆干旱区及阿拉山口大风通道区，显示出极为重要的生态区位。艾比湖正常年份湖水面积为540km^{2}左右，湖水平均深1.4m，最深处3m，湖面海拔高189m。随着入湖水量的减少，湖面的萎缩、地下水位的下降，亦使湖区荒漠化加剧，干涸湖底已沦为盐漠，成为浮尘天气的发源地，目前已成为我国四大浮尘源之一。艾比湖湿地生态系统极不稳定，具有很强的敏感性和脆弱性，是影响整个新疆北部乃至内地生态系统的重要因素之一。为此将这块湿地划定和建立自然保护区成为维系整个区域生态系统的重要措施。

（艾比湖自然保护区供稿）

水 鸟

鹅喉羚

胡杨幼树

湿地植被

湿地

湿地景色

布尔根河狸
国家级自然保护区

新疆布尔根河狸国家级自然保护区位于新疆维吾尔自治区阿勒泰地区青河县境内，地理坐标为东经90°27′～91°00′，北纬46°05′～46°15′。保护区行政区划范围以布尔根河主流中线为起点，向两岸外侧各延伸500m，自中蒙边境线开始向西延长至布尔根河与青格里河两河交汇处，总面积5000hm²，其中核心区691.50hm²，占保护区总面积的13.83%；缓冲区1262.69hm²，占保护区总面积的25.25%；实验区3045.98hm²，占保护区总面积的60.92%。布尔根河狸自然保护区是以保护蒙新河狸及其栖息地为主要保护对象的野生动物类型的自然保护区。

秋季夜间活动的蒙新河狸（初红军摄）

◎自然概况

布尔根河狸自然保护区位于布尔根河下游我国境内，属阿尔泰山脉东南缘前山丘陵侵蚀冲积的河谷地。河谷两岸地形复杂，基本属于丘陵地带，地势东北高西南低，河谷两侧为山地，海拔高度在1000～1900m之间，山地之间夹着平坦闭塞的凹地。整个山麓平原区由东南向西北倾斜，属于阿尔泰山东南部典型的洪积平原。布尔根河东由蒙古国入境，向西汇入乌伦古河。

阿尔泰山地位于新疆最北部，布尔根河狸自然保护区位于其东部，大陆性寒温带寒冷气候特征显著。年平均气温在3℃左右，7月份平均气温为20.7℃，1月份平均气温为-15.8℃，无夏季，春秋相连，一年只有暖、冷季之分。一般年日照2850h，日照百分率在60%以上，最高可达71%。年降水量80～130mm。在保护区内一般11月中旬开始降雪，翌年4月上旬终止，阿尔泰山河流是以季节雪融水和雨水补给为主的河流，其补给量占年径流量的72%。保护区以西北风为主，东南风次之。保护区气象灾害主要有雪害、寒潮大风、干旱、暴雨和冰雹等。

布尔根河发源于蒙古国阿尔泰山南麓的Chmra-nuur冰川湖，在蒙古国境内流经约250km后即进入中国新疆阿勒泰地区青河县境内，是乌伦古河（湖）湿地区上游的主要支流之一，曲长88km，集水面积3182km²。

布尔根河上游自东从蒙古国入境，纵穿布尔根河狸自然保护区全境。布尔根河水源来自高山融雪和降水补给，地下水补给较少，由于源头没有较多的冰川分布，使得径流的年际变化较大。枯水期一般出现在2月，整个冬季也只占全年径流量的2.3%。根据塔克什肯水文站水文观测资料计算得知，布尔根河多年平均年径流量为3.34亿m³，其中

冬季布尔根河狸自然保护区中蒙边境区域景观（初红军摄）

布尔根河狸自然保护区河谷林景观

年最大径流量为4.60亿m³，年最小径流量为1.66亿m³。

布尔根河狸自然保护区土壤有亚高山草甸草原土、山地黑钙土、栗钙土、棕钙土、漠钙土、灰棕漠土等，主要为棕钙土，土层较厚而松软，透气性良好。土壤有机质和全钾较为丰富，速效磷、速效氮普遍不足。土层厚度一般为60～100cm，冬季冻土厚度可达70cm。

布尔根河狸自然保护区内鱼类有4科10种，主要为湖拟鲤、鲤鱼、河鲈、西伯利亚驼鳅等。保护区内两栖、爬行类种类较少，两栖类仅有一种为绿蟾蜍。爬行类种类有快步麻蜥、荒漠麻蜥、密点麻蜥、捷蜥蜴、白条锦蛇等10种。保护区鸟类较为丰富，初步估计有42科214种，属于国家一级保护动物7种，属于国家二级保护动物30种，其中：国家一级保护动物有：黑鹳、金雕等；国家二级保护动物有：大天鹅、灰鹤、鸢、猎隼、黄爪隼、红隼、长耳鸮、短耳鸮、雕鸮等。

初步调查，保护区内及周边地区有哺乳类14科46种，主要动物有蒙新河狸、雪豹、北山羊、盘羊、猞猁、沙狐、狗獾、野猪、小五趾跳鼠、五趾跳鼠等，其中属于国家一级保护动物有蒙新河狸、北山羊、雪豹3种，属于国家二级保护动物有盘羊、鹅喉羚、兔狲、猞猁4种。根据《阿勒泰地区森林病虫普查资料汇编（1980～1982）》初步统计，阿勒泰地区平原河谷次生林及荒漠灌木林昆虫种类为10目322种，布尔根河狸自然保护区生态环境与其他县（市）环境相似，种数应基本相同。

初步估计，保护区内苔藓41科137种，真菌16科44种，高等植物有49科387种，有国家二级保护植物宽叶红门兰1种。木本以杨柳科、蔷薇科和豆科为主，占总体木本植物的80%以上；草本以禾本科、莎草科、菊科、藜科、蓼科为主，占总体草本植物的75%以上。保护区属于荒漠绿洲，植被类型多样，荒漠类型和湿地类型植物都可以在这里找到。对于开展保护区及周围临近区域野生植物资源的就地保护和深入系统的研究具有十分重要的意义。

布尔根河狸自然保护区的景观资源非常丰富。

（1）干旱荒漠区独特的荒漠绿洲景观。保护区位于准噶尔盆地中东部，河谷两侧多为戈壁荒漠，东南侧更是紧邻浩瀚无垠的古尔班通古特戈壁沙漠，是干旱荒漠区荒漠"海洋"中的"绿洲"。这里的湿地及周围荒漠是由古地中海植物区系经过第三纪、第四纪的旱化过程发展而来的成分所组成，逐步形成了西北独特的干旱区绿洲自然景观。

（2）新疆地区典型的河谷林景观。新疆境内的河谷林按纬度自北而南分为三个大区：阿勒泰—塔城区、天山区和帕米尔—昆仑山西区。其中：阿勒泰—塔城区包括乌伦古河、额尔齐斯河等河流流经的山谷地带，保护区位于阿勒泰—塔城区，是新疆天然杨柳林最集中的分布区。河谷林由苦杨以及土伦柳、油柴柳等灌木组成，高大的苦杨、成丛的土伦柳和油柴柳像一把把张开的巨伞，郁郁葱葱，景观原始独特，别具风格。

（3）"中国龙"般迂回曲折的河流景观。保护区内的寒温带河流景观极具特色，由于上下游海拔变化不大，布尔根河水面舒展平缓，岸线迂回曲折，犹如蜿蜒潜行的长龙，亦如环绕山间的玉带。河流改道以及洪水淤积形成了许多大小不一的环岛，低温时湿地空气中水汽凝结成雾，使之晨昏之时，云雾缥缈，充满生机与神秘。

（4）四季景观。布尔根的春天是绿草如茵、百鸟啼鸣、万物复苏的季节。布尔根的夏天翠绿欲滴，河谷两岸仿佛被盖上了绿色的绒毯。布尔根的秋天，层林尽染，浓妆艳抹，四周的山顶已开始有雪，原本绿色的山坡，树林成了一片片的金黄，整个山野愈发浓秋溢香。布尔根的冬天银装素裹，这片神奇的土地几乎被大雪封闭，圣洁而寂静，雪与雾静静地挂在树枝上，只依稀发现哈萨克牧民的羊群在远处山脚下的深雪中觅食。

◎保护价值

河狸是 200 万年前第四纪早更新世幸存的物种，极具科学研究价值。世界上现存的河狸仅有美洲河狸和欧亚河狸两种。我国分布的蒙新河狸属于欧亚河狸亚种之一，蒙新河狸在我国被列为国家一级保护野生动物，国际自然保护联盟（IUCN）也将其列入濒危物种"红皮书"。

春季布尔根河狸自然保护区杨树林鸢群（初红军摄）

春季布尔根河狸自然保护区蓑羽鹤群（初红军摄）

春季蒙新河狸（初红军摄）

秋季夜间储食的蒙新河狸（初红军摄）

蒙新河狸地理分布窄，数量少，在中国仅分布于乌伦古河及其上游的青格里河、布尔根河、查干郭勒河两岸，尤以布尔根河最为集中。2014 年 12 月下旬，蒙新河狸野外专项调查工作小组根据前期护林员调查时获得的各自管辖区内河狸家族位置，参照梁崇岐等（1985）、于长青等（1992，1993）的方法，采用秋季储存的越冬食物堆作为蒙新河狸家族数量统计的一对一参数，系统地记录了 32 个蒙新河狸家族的详细资料，估算 2014 秋冬季有 108～118 只蒙新河狸在布尔根河自然保护区越冬生存。

（1）典型性。布尔根河狸自然保护区内的河谷林是由分布在布尔根河两岸的乔木树种苦杨和土伦柳、油柴柳、沼泽柳等灌木树种为主组成。新疆境内的河谷林从纬度来区别，自北而南可以三个大区为代表：阿勒泰—塔城区；天山区；帕米尔—昆仑山西区。其中：阿勒泰—塔城区包括额尔齐斯河及其支流乌伦古河等河流流经的山谷地带，是新疆的天然杨柳林最集中的分布区。布尔根河狸国家级自然保护区是新疆境内河谷林三个大区之一：阿勒泰—塔城区河谷林的集中分布区。树种古老珍稀，群落原始独特，在国内具有典型的代表性。它的存在，为我国进行寒温带河谷林生态系统理论研究，探讨在寒温带河谷林生态系统中合理有效、持续的利用自然资源提供了理想的场所，具有重大的科研价值和自然保护价值。

（2）稀有性。蒙新河狸是国家一级保护动物，是世界现存最古老的动物之一，有动物世界"建筑师"和古脊椎动物"活化石"之称，在中国仅分布于乌伦古河及其上游的青格里河、布尔根河、查干郭勒河两岸，布尔根河是蒙新河狸在我国唯一的国家级自然保护区，

秋季布尔根河狸自然保护区河谷林景观（初红军摄）

秋季夜间储食的蒙新河狸家族（初红军摄）

蒙新河狸储存的过冬食物堆

秋季布尔根河狸自然保护区蒙其克景观（初红军摄）

栖息着超过整个水系 20% 以上的蒙新河狸家族，具有很高的自然保护价值和科学研究价值。

（3）脆弱性。布尔根河狸自然保护区是由阿尔泰山中山带一直到山前广大荒漠形成的荒漠"海洋"中的"绿洲"，其南侧紧邻广袤的古尔班通古特戈壁沙漠，布尔根河两岸分布的河谷林为在其内生存的蒙新河狸等珍稀动物提供了食物来源和隐蔽场所。所以布尔根河两岸分布的河谷林是维护保护区自然综合体生态平衡、保护环境稳定的主导因素，其一旦受损，将有可能引起整个生态系统的失衡。

（4）多样性。保护区动物区系属古北界中亚亚界蒙新区西北荒漠亚区，除了蒙新河狸集中分布外，保护区及周围区域还分布有北山羊、雪豹、盘羊、鹅喉羚、猞猁、兔狲、狼、赤狐、麝鼠等大约 46 种兽类；黑鹳、蓑羽鹤、大天鹅、鸿鹕等大约 214 种鸟类。

（5）自然性。保护区地处我国西北边陲，远离城市交通相对落后。历史上人迹罕至，当地经济活动长期处于一种低水平的封闭状态，人群活动对自然景观和物种资源影响较小。布尔根河两岸分布的河谷林是保护区自然生态系统的主体，植物种类繁多，保存基本完好，是我国河谷林自然生态系统的自然本底，具有典型的原始性和代表性，是不可多得的基因库。

（6）环境容纳能力。根据《新疆河狸的栖居条件、家域及洞巢分布格局》及多年实地观测研究成果表明，蒙新河狸优先选择水深 137cm、岸高 101cm 及沿岸河谷林茂密的河段掘洞栖居。河谷林密度、水源及地形条件是决定其栖息地适度的主要因子。蒙新河狸种群通过其领域性及繁殖力的抑制与否来调节种群密度，其最大环境容纳量约为每公里河段 1 个家族，保护区蒙新河狸的最大环境容纳量约为 50 个家族。

（7）潜在保护价值。保护区保存完好的河谷林具有较强的涵养水源、保持水土的功能。贯穿保护区的布尔根河发源于东部的蒙古人民共和国境内，是准噶尔盆地的最大内陆河—乌伦古河的主要支流之一，多年平均径流量为 3.34 亿 m^3，占乌伦古河年均径流量的 37%。保护区对于调节乌伦古河水量、保障乌伦古河中下游河两岸河谷林等生物多样性和工农牧业生产具有重要作用。

◎科研协作

1989 年，在自治区林业厅自保办主持下，山东大学生物系与阿勒泰地区林业局及布尔根河狸保护管理站的有关教授和学者组成课题组，开展历时 5 年的"蒙新河狸人工养殖与活体取香研究"，基本摸清了蒙新河狸种群分布范围和数量以及决定其栖息地适度的主要因子，但人工繁育蒙新河狸没有成功。在此基础上，2001 年受自治区林业局委托，新疆林业勘察设计院编制了《新疆河狸野外种群保护及栖息地恢复工程建设项目可行性研究报告》。新疆阿勒泰地区林业局组织阿勒泰地区野生动植物保护办公室、布尔根河狸自然保护区以及阿勒泰地区野生动物保护协会，在各县市林业局的大力支持和帮助下，对布尔根河狸自然保护区以及整个乌伦古河水系的蒙新河狸种群以及栖息地因子进行了多年持续且较为详细的调查研究，获得大量具有学术价值的宝贵资料，并在此基础上在 SCI 刊物《ORYX》上首次发表了我国蒙新河狸生存现状及保护的研究论文。

（布尔根河狸自然保护区供稿）

野巴旦杏花

野巴旦杏果实

新疆 巴尔鲁克山 国家级自然保护区

新疆巴尔鲁克山国家级自然保护区位于东经82°26′～83°13′，北纬45°42′～46°03′，总面积为115037.3hm²。保护区由东西两个区块组成：西区块是野巴旦杏保护区区块，面积为1832.0hm²，占保护区总面积的1.6%；东区块是巴尔鲁克山林场区块，面积为113205.3hm²，占保护区总面积的98.4%。地跨塔城地区裕民和托里两县，其中裕民县境内面积为102958.4hm²，占89.5%，托里县境内面积为12078.9hm²，占10.5%。该保护区的前身是"新疆野巴旦杏林自然保护区"，1980年4月，经新疆维吾尔自治区人民政府批准成立，总面积为1832.0hm²，是新疆历史上建立的第一批自然保护区之一。2005年1月，经新疆维吾尔自治区人民政府批准，保护区面积扩大，将巴尔鲁克山林场部分范围也纳入到保护区内，并更名为"新疆巴尔鲁克山自然保护区"。增加后的保护区总面积为：115037.3hm²。2014年12月经国务院批准晋升为国家级自然保护区。

◎自然概况

巴尔鲁克山自然保护区是以寒温带和中温带针叶林森林生态系统为主，其次在针叶林之下还分布着针叶阔叶混交林及阔叶落叶林的森林生态系统为主的自然保护区。

保护区西临哈萨克斯坦阿拉库里湖，北依塔城盆地，气候受阿拉库里湖湿润空气影响，独特的山地气候滋养了

山间众多的野生动植物。所以被称为野生动植物的天堂，野生植物主要有欧洲荚蒾、雪岭云杉、天山樱桃、野巴旦杏、野苹果、野蔷薇、贝母、块根芍药、阿魏等1244多种，濒危珍稀植物有65种。野生动物包括兽类59种，隶属5目18科41属；鸟类有149种，隶属于16目42科；爬行类有7种，两栖类2种。其中，国家一级保护动物有4种（雪豹、北山羊、金雕、大鸨），国家二级保护动物有44种（如：棕熊、鹅喉羚、马鹿、雪兔、黑琴鸡等），新疆一级保护动物有9种（虎鼬、艾鼬、香鼬、伶鼬、白鼬、赤狐、沙狐等）。另外，巴尔鲁克山自然保护区内还有昆虫有585种，隶属于92个科；鱼类有几种鳅科，如高原鳅、黑斑条鳅、中亚条鳅、背瓣

雪岭云杉

条鳅等。保护区不仅是物种多样性最为丰富的地区，也是新疆重要的水源地。保护区的最高峰是海拔 3252m 的孔塔坎普峰，是塔斯特河的发源地。塔斯特河自东南向西北穿过保护区出国境注入哈萨克斯坦的阿拉湖，保护区生态环境的好坏直接影响着下游水质的好坏和取水、调水设施的安全。由此可见，对巴尔鲁克山保护区物种资源的保护及水源地的保护尤为重要。

◎保护价值

巴尔鲁克山自然保护区生物物种多样性丰富、地理区系呈现成分复杂又古老的特征，生物区系上具有伊朗—吐兰（哈萨克斯坦）过渡到准噶尔区系、西伯利亚—阿尔泰山过渡到中亚—天山区

系的过渡性，是观测和研究中亚环境变化对生物多样性影响的最理想的天然实验室。因此，尽快将保护区纳入国家级自然保护区行列，对保护区进行重点保护和监测，进一步进行深入和系统的研究是非常必要的。

为了及时有效地保护好巴尔鲁克山自然保护区这块绿色资源宝库，从 1980 年起，就已成立了野巴旦杏自然保护区管理所，2005 年，更名为巴尔鲁克山自然保护区管理局，配备工作人员 19 名、明确了土地所有权和管理权，并开展了多项保护基础设施建设，区内自然生态系统功能明显增强，生物多样性指数不断提高，周边群众生态保护意识逐步加强，自然保护区已开始成为当地自然资源保护、生态理念宣传和科学

研究监测的重要基地。可以坚信，提高保护区级别，通过合理规范的建设管理，新疆巴尔鲁克山自然保护区必将成为当地植物物种基因库、西北生态屏障和野生动物栖息的乐园。在保护珍稀濒危植物，维护区域生物多样性，促进当地社会经济可持续发展，优化当地乃至周边区域生态系统上起到不可估量的作用。

多年来，巴尔鲁克山自然保护区得到了自治区人民政府和和塔城地委、行署的高度重视。也到了相关厅、局的大力支持和关心。通过不懈的努力，已具备了申报国家级自然保护区的条件。从 2009 年到 2011 年，塔城地区林业局邀请了新疆大学专家和工作人员对区内动植物资源与森林植被进行了科学考察，对动植物物种、区系地理成分、植被类

雪 豹

盘 羊

型及其生态地理分布的调查研究，建立了较为完整的区内野生植物标本和照片样本材料，并编制完成了综合科学考察报告，后又进行了多次修正，为保护区的建设和晋升打下了坚实基础。2011年在综合科学考察的基础上由国家林业局调查规划设计院编制完成了巴尔鲁克山自然保护区总体规划，后也进行了多次修改和完善。2012年6月经自治区人民政府同意，正式推荐巴尔鲁克山自然保护区晋升为国家级自然保护区。2013年3月全票通过国家林业局的评审。2013年12月19日通过国家级自然保护区审核委员会的评审，2014年12月9日，国务院正式批准公布。

野芍药花

山花馆

◎功能区划

巴尔鲁克山自然保护区核心区面积为43469.3hm²，占保护区总面积的37.8%；缓冲区面积38671.5hm²，占保护区总面积的33.6%；实验区面积32896.5hm²，占保护区总面积的28.6%。

（塔城地区野生动植物保护管理办公室主任 张勇供稿）